"十二五"普通高等教育本科国家级规划教材

嵌入式系统及其应用
——基于 Cortex-M3 内核和 STM32F 系列微控制器的系统设计与开发
（第三版）

同济大学电子与信息工程学院控制科学与工程系

陈启军　余有灵　张　伟　潘　登　周　伟　编著

同济大学出版社
Tongji University Press
·上海·

内 容 提 要

本书介绍了嵌入式系统领域的基本原理、技术和方法，在内容上偏重自动化和电气类专业的教材选择需求，强调基本原理、硬件设计、软硬件交互，强调在自动化和电气领域的应用，力求能够改变目前高校教学上"软强硬弱"的现状。全书紧跟时代潮流，以 ARM 公司的 Cortex-M3 内核和 ST 公司的 STM32F 系列 MCU 为主要介绍对象，在普适的嵌入式基本原理与具体芯片的结合上较为深入。本书适合专业教育阶段的自动化电气类本科教学，也适合具有初步经验的嵌入式系统开发者自学或研究生学习，对其他从事电子技术和软件技术开发的人员亦有较大参考价值。

图书在版编目(CIP)数据

嵌入式系统及其应用/陈启军编著.--3 版.--上海:同济大学出版社,2015.12(2025.1 重印)
普通高等教育"十二五"国家级规划教材
ISBN 978-7-5608-6136-4

Ⅰ.①嵌… Ⅱ.①陈… Ⅲ.①微型计算机－系统设计－高等学校－教材 Ⅳ.①TP360.21

中国版本图书馆 CIP 数据核字(2015)第 314132 号

"十二五"普通高等教育本科国家级规划教材

嵌入式系统及其应用（第三版）
——基于 Cortex-M3 内核和 STM32F 系列微控制器的系统设计与开发

陈启军　余有灵　张　伟　潘　登　周　伟　编著

责任编辑　张平官　　责任校对　徐春莲　　封面设计　陈益平

出版发行	同济大学出版社　www.tongjipress.com.cn	
	（地址：上海市四平路 1239 号　邮编：200092　电话：021－65985622）	
经　　销	全国各地新华书店	
印　　刷	常熟市大宏印刷有限公司	
开　　本	787mm×1092mm　1/16	
印　　张	33	
印　　数	13 501—14 600	
字　　数	824 000	
版　　次	2015 年 12 月第 3 版	
印　　次	2025 年 1 月第 6 次印刷	
书　　号	ISBN 978-7-5608-6136-4	
定　　价	65.00 元	

本书若有印装质量问题，请向本社发行部调换　　版权所有　侵权必究

前　言

本教材自 2011 年初版以来,深受广大读者的欢迎,被不少兄弟院校选作本科生及研究生的教材。随着时代的进步、技术的发展,以及读者的反馈意见,为适应教学的需要,我们特结合教学与科研的实践,对本教材做了再次修订。

本次修订工作,主要以 Cortex-M3 微处理器和 STM32F 系列微控制器所采取的先进技术为切入点,对为断、异常与事件等概念作了更为清晰的阐述或讨论,并依据中文表达习惯将微处理器工作模式改为"微处理器工作模态"。相信上述修订工作有助于读者深刻理解 Cortex-M3 微处理器和 STM32F 系列微控制器的先进工作原理,并在嵌入式系统开发中充分利用其所能提供的先进技术和卓越性能。同时,教材补充了第 16 章"面向物联网的智能硬件设计"(周伟编写),一定程度上反映了当前嵌入式系统研发的前沿领域与热点问题,也体现了编者对教材内容与时俱进的孜孜追求。

本教材有幸被列入教育部"十二五"普通高等教育本科国家级规划教材,在此,对支持本教材编写、出版的相关部门、领导以及长期使用本教材的兄弟院校,特致谢意!

编者

2015 年 12 月 20 日

初版前言

通用电子计算机自 20 世纪 40 年代诞生之后,一直向着高性能和智能化两个方向发展。但在近 20 年间特别是最近 10 年,借助于微电子技术、通信技术和感知测量技术的发展,一个完整的计算机系统可以在更小的空间内实现,且仍能满足用户的需求,这使得计算机系统的应用范围从传统的科学计算与信息处理进一步拓展到通信、娱乐、视讯、测量、控制、国防和航空航天等各类应用,这种趋势体现为近年嵌入式技术的兴起,大量计算机系统设计的目标,也由传统的以高性能为重偏向更加强调满足用户需求和资源约束的平衡设计。

在这种产业背景下,作为一家在 20 世纪 90 年代初刚刚推出 ARM 内核的小公司,就在 20 年内迅速成长为全球领先的嵌入式与移动领域的旗舰厂商。今天,基于 ARM 内核的芯片年销售量就已超过百亿,ARM 已经成为嵌入式领域的事实标准之一。Cortex 系列内核是 ARM 公司在新的技术条件下推出的全新 ARM 内核产品,并按照市场和应用不同分成高性能、控制和实时应用三个系列,即 Cortex-A、Cortex-M 和 Cortex-R,其中,Cortex-M3 内核旨在面向控制类应用,提供一种高性能、低成本、具有卓越计算能力和出色中断响应速度的 32 位嵌入式平台。由于 Cortex-M3 定位准确,出色地平衡了成本、性能及功耗等各方面的要求,在市场上迅速被 ST、TI、Philips/NXP 等众多厂商所接受,并在实际中替代了传统应用中大量的 16 位和高端 8 位芯片。其中,ST 公司推出的 STM32F103 系列通用微控制器芯片性能优越、成本低廉、资源丰富,尤其适合工业自动化测控应用。自推出伊始就获得了市场的高度认可并在实际中获得了广泛应用,也恰为本书偏重工业市场和自动化类应用的定位提供了完美的硬件支持。

在长期的嵌入式相关类课程的教学中,我们也发现许多嵌入式系统教材重点讲述偏软的嵌入式操作系统上的应用程序开发技术,而对硬件方面的基本原理与设计所述较少,特别是许多应用例子以网络通信、手机等为应用背景,不符合自动化、电气和机电等偏电类专业的定位和培养目标。因此,我们在编写本书时,结合自身的需求也重点考虑了电气类专业的教材要求,在陈述内容上更加强调底层、强调硬件原理、强调软硬件交互、强调在自动化和电气领域的应用,而在更高层的软件开发上适当弱化。我们希望,选择本教材的学生,能够更加深刻地从最基本原理和最底层硬件出发,理解嵌入式系统的设计与开发流程,改善过去许多院校教学中软强硬弱的现实情况。

本书从结构上可分为四大部分,第一部分由第 1 章导论构成,讲述嵌入式系统的概念、设计中的一些深层次思考和共性理论基础;第二部分是第 2 章,主要讲述 ARM 公司 Cortex-M3 内核的基本原理,包括 Thumb 2 指令体系、向量中断处理、调试与开发支持等内容;第三部分包含第 3 章至第 12 章,讲述 STM103F 系列微控制器的内部原理与应用设计技术,其中第 3 章讲述了基于 STM32F103 的最小系统设计,围绕此目标,陈述了与一个基本嵌入式系统设计有关的存储区域管理、中断控制器、时钟树等重要概念,第 4 章至第 12 章则依模块分别陈述,在教学上可适当取舍,这些模块主要由 STM32F103 芯片提供;第四部分包含第 13 章至第 16 章,主要介绍与工程开发有关的基本原理和技能,以及一些具体应用实例,特别是几个大的案例在硬件设计方面介绍得较为详细。其中,第 13 章与嵌入式系统软件开发有关,涉及支撑环境、基本开发流程和原理,限于本书篇幅和定位,内容略少,实际教学中可根据专业定位和学生情况适当增加。

  本书是普通高等教育"十一五"国家级规划教材,其编著工作是在同济大学精品课程建设基金的资助下完成的,其中第1,7,8,11,12,15章由张伟编写,第2章由余有灵、潘登编写(内容以Joseph Yiu著、宋岩译的《ARM Cortex-M3权威指南》一书为蓝本,在此鸣谢),第3章由潘登、张伟编写,第4,5章由潘登编写,第6,9,10,13,14章由周伟编写,陈启军教授负责全书的规划、内容组织、目录制定和统稿。在本书撰写过程中,得到了ST公司中国区MCU技术中心梁平经理、ST公司蒋建国工程师、ARM公司原中国区总裁谭军博士、ARM公司姜宁和秦好亮工程师、上海庆科(MXCHIP)公司王永虹总经理和徐炜工程师等专家的大力支持,在此一并致谢。本书编写过程中,还参考和吸收了互联网上大量关于Cortex技术发展的文章和资料,以期能够博采众家之长,更好地服务教学,在此也对这些网络上大量Cortex爱好者和工程师朋友的奉献表示真挚的感谢。本书在编写过程中,一直得到同济大学出版社张平官编审的热情关心与大力支持;同济大学电信学院控制系的程微宏、马杏宇、厉鹏飞三位同学为本书绘制了许多插图;同济大学出版社的工作人员也付出了辛勤的劳动,在此谨向各位支持、关心本书编著的同仁和朋友一并致谢!

  由于嵌入式领域发展迅速,加之作者对有关具体技术细节把握不够,成书较为仓促,书中难免存在差错,包含中外文档规范不一致引起符号表达不统一,以及一些需要进一步商榷甚至是错误的观点,敬请广大专家和读者指正,我们力争未来再版,并吸收更多工业实际应用与教学实践中的经验教训,使之能够成为适合自动化、电气和机电等专业的首选嵌入式系统教材。

编 者

于同济大学

2010年9月10日

目　录

前言
初版前言
第 1 章　嵌入式系统导论……………………………………………………………（1）
　1.1　嵌入式系统——从部件到系统的集成 ……………………………………（1）
　　1.1.1　什么是嵌入式系统 …………………………………………………（1）
　　1.1.2　嵌入式系统——从部件到系统的集成 ……………………………（2）
　1.2　计算的基本原理和历史演变 ………………………………………………（4）
　　1.2.1　计算的概念——从数值计算到通用信息处理和智能计算 ………（4）
　　1.2.2　计算的基本模型:图灵机理论模型 ………………………………（5）
　　1.2.3　计算的发展规律 ……………………………………………………（7）
　1.3　计算机的基本原理和历史演变 ……………………………………………（8）
　　1.3.1　计算机的诞生 ………………………………………………………（8）
　　1.3.2　计算机的发展 ………………………………………………………（9）
　　1.3.3　面向嵌入式应用的架构改进 ………………………………………（12）
　1.4　嵌入式系统的历史沿革 ……………………………………………………（14）
　1.5　ARM,Cortex 和 STM32 简介 ………………………………………………（15）
　　1.5.1　ARM 系列内核 ……………………………………………………（15）
　　1.5.2　Cortex 系列内核 ……………………………………………………（19）
　　1.5.3　STM32F103 系列微控制器 …………………………………………（20）
　1.6　嵌入式系统工程设计与开发 ………………………………………………（23）
　　1.6.1　需求分析 ……………………………………………………………（23）
　　1.6.2　架构和概要设计 ……………………………………………………（24）
　　1.6.3　详细设计与开发 ……………………………………………………（25）
　　1.6.4　测试反馈 ……………………………………………………………（25）
　1.7　本课程学习内容和目标 ……………………………………………………（26）
　习题 ………………………………………………………………………………（26）
第 2 章　Cortex-M3 微处理器………………………………………………………（27）
　2.1　Cortex-M3 微处理器内核 …………………………………………………（27）
　　2.1.1　内核体系结构 ………………………………………………………（28）
　　2.1.2　系统总线结构 ………………………………………………………（30）
　　2.1.3　寄存器 ………………………………………………………………（32）
　　2.1.4　存储器管理 …………………………………………………………（37）
　　2.1.5　工作模态 ……………………………………………………………（50）
　　2.1.6　异常与中断 …………………………………………………………（52）

    2.1.7 堆栈 ……………………………………………………………………………… (67)
    2.1.8 CoreSight 调试与跟踪系统 ………………………………………………………… (69)
    2.1.9 Cortex-M3 内核的其他特性 ………………………………………………………… (72)
  2.2 指令系统 ……………………………………………………………………………………… (75)
    2.2.1 Thumb-2 指令分类 …………………………………………………………………… (77)
    2.2.2 统一汇编语言 ………………………………………………………………………… (78)
    2.2.3 16-bit Thumb-2 指令集编码格式 …………………………………………………… (79)
    2.2.4 32-bit Thumb-2 指令集编码格式 …………………………………………………… (85)
    2.2.5 条件执行 ……………………………………………………………………………… (96)
    2.2.6 未定义及不可预测指令 ……………………………………………………………… (98)
    2.2.7 寄存器域编码 0b1111 的用途 ……………………………………………………… (99)
    2.2.8 寄存器域编码 0b1101 的用途 ……………………………………………………… (100)
    2.2.9 Cortex-M3 常用的 Thumb-2 指令 …………………………………………………… (101)
    2.2.10 Thumb-2 指令与 ARM 体系架构下的指令比较 …………………………………… (116)
    2.2.11 基于 Cortex-M3 的 Thumb-2 指令集 ……………………………………………… (120)
  习题 ………………………………………………………………………………………………… (131)
第 3 章 STM32 基础及最小系统设计 …………………………………………………………… (132)
  3.1 从 Cortex-M3 到 STM32F103 ……………………………………………………………… (132)
    3.1.1 微处理器、微控制器和系统 ………………………………………………………… (132)
    3.1.2 STM32F103 微控制器 ……………………………………………………………… (133)
  3.2 存储器与总线架构 …………………………………………………………………………… (141)
    3.2.1 存储子系统基本构架 ………………………………………………………………… (141)
    3.2.2 存储器映像 …………………………………………………………………………… (142)
    3.2.3 位带绑定(Bit-Banding) …………………………………………………………… (146)
    3.2.4 嵌入式闪存 …………………………………………………………………………… (147)
    3.2.5 寄存器说明 …………………………………………………………………………… (157)
    3.2.6 启动配置 ……………………………………………………………………………… (160)
    3.2.7 应用实例 ……………………………………………………………………………… (161)
  3.3 中断和事件 …………………………………………………………………………………… (163)
    3.3.1 嵌套向量中断控制器(NVIC)及其特性 ………………………………………… (164)
    3.3.2 外部中断/事件控制器(EXTI) …………………………………………………… (167)
    3.3.3 中断寄存器描述 ……………………………………………………………………… (168)
    3.3.4 应用实例 ……………………………………………………………………………… (171)
  3.4 STM32F103x 的时钟系统 ………………………………………………………………… (175)
  3.5 基于 STM32 的最小系统参考设计 ………………………………………………………… (176)
  习题 ………………………………………………………………………………………………… (180)
第 4 章 DMA 控制器 ……………………………………………………………………………… (181)
  4.1 主要特性 ……………………………………………………………………………………… (181)
  4.2 功能描述 ……………………………………………………………………………………… (182)

4.2.1　DMA 处理 ……………………………………………………………… (184)
4.2.2　仲裁器 …………………………………………………………………… (184)
4.2.3　DMA 通道 ……………………………………………………………… (185)
4.2.4　可编程的数据传输宽度、对齐方式和数据大小端 …………………… (187)
4.2.5　错误管理 ……………………………………………………………… (189)
4.2.6　DMA 请求映像 ………………………………………………………… (189)
4.3　DMA 寄存器 ………………………………………………………………… (190)
4.4　DMA 应用实例 ……………………………………………………………… (194)
习题 ………………………………………………………………………………… (198)

第 5 章　通用和复用功能 I/O 模块 ……………………………………………… (199)
5.1　GPIO 功能描述 ……………………………………………………………… (199)
5.1.1　通用目标 I/O(GPIO) …………………………………………………… (200)
5.1.2　原子位设置或位清除 …………………………………………………… (201)
5.1.3　外部中断/唤醒线 ……………………………………………………… (201)
5.1.4　复用功能(AF) ………………………………………………………… (201)
5.1.5　I/O 复用功能的软件重新映射 ………………………………………… (202)
5.1.6　GPIO 锁定机制 ………………………………………………………… (202)
5.1.7　输入配置与输出配置 …………………………………………………… (202)
5.1.8　复用功能配置 …………………………………………………………… (203)
5.1.9　模拟输入配置 …………………………………………………………… (204)
5.2　GPIO 寄存器描述 …………………………………………………………… (205)
5.3　复用功能 I/O 和调试配置(AFIO) ………………………………………… (208)
5.3.1　引脚功能选择 …………………………………………………………… (208)
5.3.2　BXCAN 复用功能重映射 ……………………………………………… (208)
5.3.3　JTAG/SWD 复用功能重映射 ………………………………………… (209)
5.3.4　定时器复用功能重映射 ………………………………………………… (210)
5.3.5　USART 复用功能重映射 ……………………………………………… (211)
5.3.6　I2C 复用功能重映射 …………………………………………………… (212)
5.3.7　SPI 复用功能重映射 …………………………………………………… (212)
5.4　AFIO 寄存器描述 …………………………………………………………… (212)
5.5　GPIO 和 AFIO 寄存器地址映像 …………………………………………… (217)
5.5.1　GPIO 寄存器地址映像 ………………………………………………… (217)
5.5.2　AFIO 寄存器地址映像 ………………………………………………… (218)
5.6　应用实例 ……………………………………………………………………… (218)
习题 ………………………………………………………………………………… (220)

第 6 章　定时器原理与应用 ……………………………………………………… (221)
6.1　定时/计数器的基本原理与实现方法 ……………………………………… (221)
6.1.1　完全硬件实现 …………………………………………………………… (221)
6.1.2　纯软件方式 ……………………………………………………………… (222)

6.1.3 微控制器中的可编程定时/计数器……………………………………………………（222）
6.2 STM32 高级定时/计数器………………………………………………………………（223）
　　6.2.1 STM32 高级定时器的主要特点………………………………………………………（223）
　　6.2.2 高级定时器概述…………………………………………………………………（224）
6.3 STM32 高级定时器寄存器描述…………………………………………………………（225）
6.4 STM32 高级定时器工作原理及应用……………………………………………………（242）
　　6.4.1 定时器的时基信号………………………………………………………………（242）
　　6.4.2 重复计数器………………………………………………………………………（248）
　　6.4.3 定时器定时应用实例……………………………………………………………（249）
　　6.4.4 输入捕获…………………………………………………………………………（250）
　　6.4.5 输出比较模式……………………………………………………………………（251）
　　6.4.6 STM32 高级定时器捕获/比较应用实例…………………………………………（255）
　　6.4.7 STM32 高级定时器触发工作模式………………………………………………（259）
习题………………………………………………………………………………………………（261）

第 7 章　STM32 的 USART 模块……………………………………………………………（262）

7.1 串行通信概述……………………………………………………………………………（262）
7.2 串行通信的基本原理……………………………………………………………………（262）
　　7.2.1 USART 的扩展——RS232C 接口和标准……………………………………………（262）
　　7.2.2 RS232C 的连接…………………………………………………………………（264）
　　7.2.3 流控和握手………………………………………………………………………（265）
　　7.2.4 组帧和分帧………………………………………………………………………（266）
　　7.2.5 错误检测和 CRC 校验……………………………………………………………（266）
　　7.2.6 RS485………………………………………………………………………………（267）
7.3 STM32F103 的串行通信模块……………………………………………………………（267）
　　7.3.1 基本结构和连接…………………………………………………………………（268）
　　7.3.2 单字节传输………………………………………………………………………（269）
　　7.3.3 分频设置和波特率选择…………………………………………………………（270）
　　7.3.4 基于 RTS 和 CTS 硬件握手协议的流控过程……………………………………（271）
　　7.3.5 常用全双工异步通信的发送配置………………………………………………（273）
　　7.3.6 全双工异步通信的接收配置……………………………………………………（274）
　　7.3.7 关于传输错误……………………………………………………………………（275）
　　7.3.8 多处理器通信……………………………………………………………………（276）
　　7.3.9 校验控制…………………………………………………………………………（276）
　　7.3.10 LIN 模式…………………………………………………………………………（276）
　　7.3.11 USART 同步模式…………………………………………………………………（276）
　　7.3.12 单线半双工通信…………………………………………………………………（277）
　　7.3.13 智能卡……………………………………………………………………………（277）
　　7.3.14 IrDA SIR ENDEC 功能块…………………………………………………………（278）
　　7.3.15 利用 DMA 实现连续通信…………………………………………………………（279）

  7.3.16 中断请求 ·· (280)
 7.4 USART 寄存器描述 ·· (281)
 7.5 USART 应用实例分析 ·· (289)
 习题 ·· (292)

第 8 章　STM32 的 SPI 模块 ·· (293)
 8.1 串行外设接口概述 ·· (293)
 8.2 串行外设接口 SPI 的基本原理 ··· (294)
  8.2.1 主从式连接架构 ·· (294)
  8.2.2 接口信号线介绍 ·· (295)
  8.2.3 数据传输的时序模式 ·· (296)
  8.2.4 多个从机的连接 ·· (297)
 8.3 STM32F103 的串行外设接口模块 ··· (297)
  8.3.1 基本结构和连接 ·· (298)
  8.3.2 时钟信号的相位和极性 ·· (299)
  8.3.3 数据帧格式 ·· (300)
  8.3.4 SPI 从模式 ··· (300)
  8.3.5 SPI 主模式 ··· (301)
  8.3.6 状态标志 ·· (302)
  8.3.7 CRC 计算 ··· (302)
  8.3.8 利用 DMA 的 SPI 通信 ··· (303)
  8.3.9 错误标志 ·· (303)
  8.3.10 中断 ·· (304)
 8.4 SPI 寄存器描述 ·· (304)
 8.5 SPI 应用实例分析 ·· (309)
 习题 ·· (314)

第 9 章　I2C 总线原理及其应用 ··· (315)
 9.1 I2C 总线概述 ·· (315)
  9.1.1 I2C 总线特点 ·· (315)
  9.1.2 I2C 总线标准的发展历史 ·· (316)
  9.1.3 I2C 总线术语 ·· (316)
 9.2 I2C 总线原理 ·· (317)
  9.2.1 I2C 硬件构成 ·· (317)
  9.2.2 位传输 ·· (318)
  9.2.3 数据传输格式 ·· (319)
 9.3 STM32 I2C 模块原理 ·· (322)
  9.3.1 STM32 I2C 模块特点 ·· (322)
  9.3.2 I2C 寄存器描述 ·· (323)
  9.3.3 STM32 I2C 模块的通信实现 ·· (333)
 9.4 STM32 I2C 扩展 EEPROM 应用 ·· (338)

- 9.4.1 概述 … (339)
- 9.4.2 管脚描述 … (339)
- 9.4.3 串行 EEPROM 芯片的寻址 … (339)
- 9.4.4 写操作方式 … (340)
- 9.4.5 读操作方式 … (341)
- 9.4.6 STM32 I2C 模块扩展 24C64 应用 … (342)
- 习题 … (348)

第 10 章 CAN 总线原理及其应用 … (349)

- 10.1 CAN 总线概述 … (349)
  - 10.1.1 CAN 总线通信概述 … (349)
  - 10.1.2 CAN 报文传输 … (351)
- 10.2 STM32 的 CAN 通信模块 … (353)
  - 10.2.1 STM32 bxCAN 通信模块概述 … (353)
  - 10.2.2 控制寄存器描述 … (354)
  - 10.2.3 邮箱寄存器描述 … (362)
  - 10.2.4 CAN 过滤器寄存器 … (366)
- 10.3 STM32 bxCAN 模块工作过程 … (367)
  - 10.3.1 bxCAN 模块工作模式 … (367)
  - 10.3.2 bxCAN 模块数据发送管理 … (368)
  - 10.3.3 bxCAN 模块数据接收管理 … (370)
  - 10.3.4 bxCAN 模块标识符过滤器 … (371)
  - 10.3.5 bxCAN 模块出错管理 … (373)
  - 10.3.6 bxCAN 模块位时间特性 … (373)
  - 10.3.7 bxCAN 通信与出错中断管理 … (374)
- 10.4 STM32 CAN 应用实例 … (376)
  - 10.4.1 CAN 总线硬件设计 … (376)
  - 10.4.2 STM32 CAN 通信软件示例 … (376)
- 习题 … (381)

第 11 章 STM32 的模拟数字转换模块 … (382)

- 11.1 A/D 变换的基本原理 … (382)
  - 11.1.1 采样 … (383)
  - 11.1.2 量化 … (383)
  - 11.1.3 编码 … (384)
- 11.2 ADC 模块的主要技术指标和选型考虑 … (386)
  - 11.2.1 位数 … (386)
  - 11.2.2 采样速率 … (386)
  - 11.2.3 分辨率 … (386)
  - 11.2.4 量化误差 … (387)
  - 11.2.5 绝对精度 … (388)

- 11.2.6 相对精度 (388)
- 11.2.7 偏移误差 (388)
- 11.2.8 增益误差 (388)
- 11.2.9 AD 线性误差 (389)
- 11.2.10 微分非线性 (390)
- 11.2.11 积分非线性 (390)
- 11.2.12 输入失调电压 (391)
- 11.2.13 输入失调电流 (391)
- 11.2.14 输入阻抗 (391)
- 11.2.15 增益带宽积 GBP (392)
- 11.2.16 运放的单位增益带宽 (392)
- 11.2.17 运放建立时间 (392)
- 11.2.18 压摆率 (393)
- 11.3 ADC 模块的外围软硬件设计 (393)
  - 11.3.1 电压测量与峰值测量 (394)
  - 11.3.2 单路测量与多路测量 (394)
  - 11.3.3 异步测量和同步测量 (394)
  - 11.3.4 关于电压基准 (394)
  - 11.3.5 查询式 A/D (395)
  - 11.3.6 中断式 A/D (396)
  - 11.3.7 Timer 驱动的周期采样 (396)
  - 11.3.8 外部触发式启动 A/D (397)
  - 11.3.9 同步 A/D (398)
  - 11.3.10 DMA 数据传输 (398)
  - 11.3.11 STM32F103 的 A/D 变换模块 (398)
- 11.4 STM32F103 ADC 寄存器介绍 (400)
- 11.5 STM32F103 的 ADC 模块的使用 (408)
  - 11.5.1 ADC 的使能 (408)
  - 11.5.2 ADC 时钟 (408)
  - 11.5.3 通道选择 (408)
  - 11.5.4 转换模式 (409)
  - 11.5.5 模拟看门狗 (409)
  - 11.5.6 扫描模式 (410)
  - 11.5.7 注入通道管理 (410)
  - 11.5.8 间断模式 (411)
  - 11.5.9 校准 (411)
  - 11.5.10 数据对齐 (411)
  - 11.5.11 可编程的通道采样时间 (412)
  - 11.5.12 外部触发转换 (412)

11.5.13 DMA 请求 ··· (413)
11.5.14 双 ADC 模式 ·· (413)
11.5.15 温度传感器/VREFINT 内部通道 ··· (416)
11.5.16 中断 ·· (417)
11.6 基于 STM32F103 的 A/D 变换示例 ··· (417)
习题 ·· (420)

第 12 章 STM32 支撑开发环境 ··· (421)
12.1 嵌入式系统开发的流程 ·· (421)
12.1.1 嵌入式项目的生命周期 ·· (421)
12.1.2 嵌入式软件的开发环节 ·· (422)
12.1.3 交叉编译与软件调试 ·· (422)
12.2 基于 Keil MDK 的 STM32 开发支撑环境 ··· (424)
12.2.1 ARM 开发工具 ··· (424)
12.2.2 基于 Keil MDK 的 STM32 开发环境 ·· (425)
12.2.3 开发环境硬件连接 ·· (426)
12.2.4 基于 Keil 的软件开发流程 ··· (426)
12.3 STM32 启动文件解析 ·· (436)
12.4 ARTX 嵌入式操作系统使用初步 ·· (443)
12.5 嵌入式系统软件开发的高级主题 ·· (445)
12.5.1 形式化规范与证实技术 ·· (445)
12.5.2 设计架构与模式 ·· (445)
12.5.3 低功耗软件设计 ·· (447)
习题 ·· (447)

第 13 章 基于 STM32 的多功能综合实验板设计 ·· (448)
13.1 综合实验板介绍 ·· (448)
13.2 MDVSTM32-107 实验板模块设计 ·· (449)
13.2.1 电源电路设计 ·· (449)
13.2.2 通用 I/O 口电路设计 ·· (450)
13.2.3 基于 I2C 总线扩展 ·· (450)
13.2.4 CAN 总线扩展 ··· (452)
13.2.5 USB 总线扩展 ··· (453)
13.2.6 智能卡接口电路 ·· (453)
13.2.7 I2S 扩展音频电路 ·· (453)
13.2.8 RS232 扩展和 IrDA 扩展 ··· (456)
13.2.9 SD 卡扩展电路 ·· (456)
13.2.10 TFT 液晶扩展电路 ·· (456)
13.2.11 电机扩展接口 ··· (457)
13.2.12 以太网扩展 ··· (460)
13.2.13 AD 电路扩展 ·· (460)

13.2.14　MCU 电路设计 …………………………………………………（460）
　　13.2.15　调试电路设计 …………………………………………………（461）
　　13.2.16　扩展接口 ………………………………………………………（463）
习题 ………………………………………………………………………………（465）

第 14 章　基于 STM32 的电动自行车控制器设计 …………………………（466）
14.1　直流无刷电机的基本原理 …………………………………………………（466）
　　14.1.1　直流无刷电机结构 ………………………………………………（466）
　　14.1.2　直流无刷电机工作原理 …………………………………………（467）
14.2　直流无刷电机应用系统设计 ………………………………………………（470）
　　14.2.1　硬件电路实现 ……………………………………………………（472）
　　14.2.2　软件电路实现 ……………………………………………………（478）
习题 ………………………………………………………………………………（484）

第 15 章　AMR 单相电能表的参考设计 …………………………………（485）
15.1　需求和目标系统特性 ………………………………………………………（485）
15.2　硬件设计方案 ………………………………………………………………（486）
　　15.2.1　层次化硬件架构和接口设计 ……………………………………（486）
　　15.2.2　测量电路 …………………………………………………………（486）
　　15.2.3　MCU 和外设电路 ………………………………………………（487）
　　15.2.4　供电电路 …………………………………………………………（488）
　　15.2.5　磁保持继电器 ……………………………………………………（489）
15.3　STPM10 测量集成芯片 ……………………………………………………（489）
　　15.3.1　STPM10 测量芯片介绍 …………………………………………（489）
　　15.3.2　STPM10 与 MCU 的接口 ………………………………………（489）
　　15.3.3　使用 DMA 的 SPI 读过程 ………………………………………（493）
　　15.3.4　STPM10 校准 ……………………………………………………（493）
15.4　账户管理 ……………………………………………………………………（494）
15.5　目标机的测试与评估 ………………………………………………………（495）
　　15.5.1　目标机 ……………………………………………………………（495）
　　15.5.2　AMR 的评估 ……………………………………………………（496）
习题 ………………………………………………………………………………（497）

第 16 章　面向物联网的智能硬件设计 ……………………………………（498）
16.1　嵌入式系统设备应用框架 …………………………………………………（498）
16.2　物联网设备硬件设计 ………………………………………………………（499）
　　16.2.1　电源电路 …………………………………………………………（500）
　　16.2.2　MCU 电路 ………………………………………………………（501）
　　16.2.3　USB 转 UART 电路 ……………………………………………（501）
　　16.2.4　按键与显示电路 …………………………………………………（502）
　　16.2.5　主板接口电路 ……………………………………………………（503）
　　16.2.6　扩展板传感器电路 ………………………………………………（503）

16.2.7 扩展板 RGB LED 灯与电机驱动电路 (504)
16.2.8 扩展板距离检测和光敏电路 (505)
16.2.9 扩展板显示电路 (505)
16.2.10 扩展板接口电路 (506)
16.2.11 扩展板其他电路 (506)
16.3 物联网设备软件设计 (507)
16.3.1 物联网设备软件一般框架 (508)
16.3.2 基于 MiCO 操作系统的软件框架 (509)
16.4 总结 (509)
习题 (510)
主要参考文献 (511)

第 1 章　嵌入式系统导论

本章首先陈述嵌入式系统的基本概念，然后通过对计算和计算机发展历史的凝练以及相应时代社会需求的特点来挖掘嵌入式领域发展的规律，使读者得以把握这个领域的发展方向。最后介绍嵌入式系统领域的典型供应商 ARM 和 ST 的产品，以及嵌入式系统工程开发的流程，并提出了本课程的学习目标。

1.1　嵌入式系统——从部件到系统的集成

1.1.1　什么是嵌入式系统

通用电子计算机自 20 世纪 40 年代诞生之后，一直向着高性能和智能化两个方向发展。但是在近 20 年间特别是最近 10 年，借助于微电子技术、通信技术和感知测量技术的发展，一个完整的计算机系统可以在更小的空间内实现，且仍能满足用户的需求，这使得计算机系统的应用范围从传统的科学计算与信息处理进一步拓展到通信、娱乐、视讯、测量、控制、国防、航空航天等各个领域，如图 1-1 常见嵌入式系统示例，计算机系统设计的目标，也由传统的以高性能为重偏向更加强调满足用户需求和资源约束的平衡设计。总结计算机领域过去 60 年的发

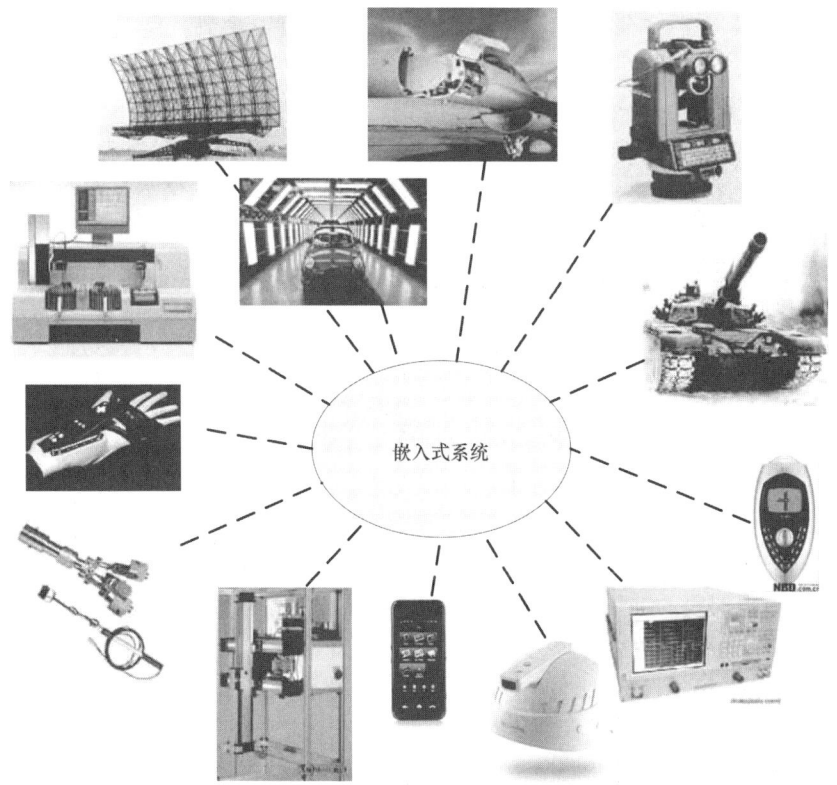

图 1-1　常见嵌入式系统示例

展历史可以发现，计算机系统经过了专用—通用—再专用的螺旋式发展道路，其中，今天嵌入式系统的广泛应用就是其"再专用"阶段的直接体现。

但是，由于嵌入式系统技术与非计算机学科如电子、通信、传感与测量、控制等学科的结合非常紧密，应用范围非常广泛，以至于很难给出一个严格的、公认的嵌入式系统定义，这里我们给出一个比较全面合理的说明：

嵌入式系统是以应用为中心，以现代计算机技术为基础，能够根据用户需求（功能、可靠性、成本、体积、功耗、环境等）灵活裁剪软硬件模块的专用计算机系统。

在上述关于什么是嵌入式系统的说明中，有这样几个要点：

- 以应用为中心：强调嵌入式系统的目标是满足用户的特定需求，而不是像目前的 PC 机那样定位在通用信息处理。就绝大多数完整的嵌入式系统而言，用户打开电源即可直接享用其功能，无需二次开发或仅需少量配置操作。
- 专用性：嵌入式系统的应用场合大多对可靠性、实时性有较高要求，这就决定了服务于特定应用的专用系统是嵌入式系统的主流模式，它并不强调系统的通用性和可扩展性，这与 20 世纪 80 年代强调通用化的微型计算机技术在出发点上是根本不同的。这种专用性通常也导致嵌入式系统是一个软硬件紧密集成的最终系统，因为这样才能更有效地提高整个系统的可靠性并降低成本，并使之具有更好的用户体验。
- 以现代计算机技术为核心：嵌入式系统的最基本支撑技术，大致上包括集成电路设计技术、系统结构技术、传感与检测技术、嵌入式操作系统（Embedded OS/EOS）和实时操作系统（RTOS）技术、资源受限系统的高可靠软件开发技术、系统形式化规范与验证技术、通信技术、低功耗技术、特定应用领域的数据分析、信号处理和控制优化技术等，它们围绕计算机基本原理，集成进特定的专用设备就形成了一个嵌入式系统。因此，本质上嵌入式系统也是各种技术的集大成者。
- 软硬件可裁剪：嵌入式系统针对的应用场景如此之多，并带来差异性极大的设计指标要求（功能、性能、可靠性、成本、功耗），以至于现实上很难有一套方案满足所有的系统要求，因此根据需求的不同，灵活裁剪软硬件、组建符合要求的最终系统是嵌入式技术发展的必然技术路线。

早期的嵌入式系统以 8 位单片机系统如 8051 系统为典型代表，现代期的嵌入式系统则以 32 位低功耗内核 ARM 为典型代表，并综合通信技术、感知技术、用户交互技术、控制技术、低功耗技术，在系统复杂性和功能上都较早期的微控制器系统有很大变革，形成了今天以"嵌入式系统"为主题的一系列技术。

1.1.2 嵌入式系统——从部件到系统的集成

嵌入式系统课程相对其他课程，如重点讲述硬件设计的电子技术课程、讲述计算机设计与实践的微机原理与接口技术课程、讲述基础软件的操作系统课程有何区别呢？我们认为，嵌入式系统有别于其他课程的关键就在于，嵌入式系统强调的是从部件到系统的集成，课程学习的目标，相应的也应该是在掌握各项专门技术的基础上，通过实践训练掌握从需求分析、系统设计、系统开发、系统测试到系统交付的全流程工作技能。图 1-2 给出了嵌入式领域的核心技术和外围技术，也是在长期学习过程中应关注的领域。

作为以应用为中心，能够根据用户需求（功能、可靠性、成本、体积、功耗、环境等）灵活裁剪软硬件模块的嵌入式系统的出现与发展，是与 20 世纪 80 年代开始，计算机成本大幅度降低、

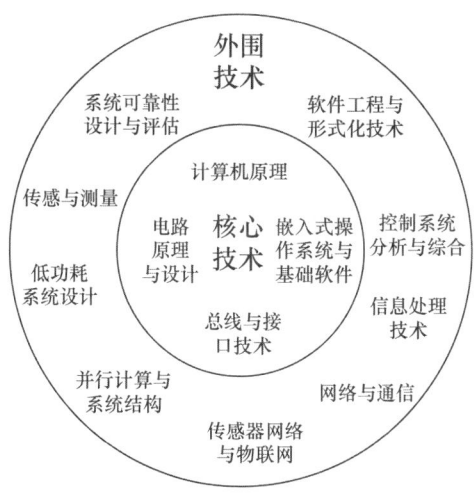

图 1-2 嵌入式系统的核心技术和外围技术

性能相对增强的产业技术趋势密切相关的。成功的嵌入式系统设计,关键也就在于平衡功能、性能和成本之间的矛盾,换言之,在用户给定了功能需求及相关技术指标之后,如何以最低的综合成本实现之。

从外部特征上看,一个嵌入式系统,通常是一个功能完备、几乎不依赖其他外部装置即可独立运行的软硬件集成的系统。如果对这样一个系统进行剖分的话,可以发现它大致可能包括这样几个层次,如图 1-3 所示。

嵌入式系统最核心的层次是中央处理单元(CPU)部分,它包含运算器和控制器模块,在 CPU 的基础上进一步配上存储器模块、电源模块、复位模块等就构成了通常所说的最小系统。由于技术的进步,集成电路生产商通常会把许多外设如 ADC,Timer,USART,SPI,PWM,RTC 等做进同一个集成电路中,这样在使用上更加方便,这样一个芯片通常称之为微控制器(MCU)。在 MCU 的基础上进一步扩展电源、传感与检测、执行器模块以及配套软件并构成一个具有特定功能的完整单元,就称之为一个嵌入式系统或嵌入式应用,见表 1-1。

图 1-3 嵌入式系统的层次

表 1-1　　　　　　　　　嵌入式系统常用模块

类别	说明
硬件	基础模块:微控制器模块,电源和能量供给模块,复位模块 扩展模块:各种传感器模块,对传感器输出的信号进行处理和转换的检测电路模块,提供数据和指令存储的各种存储器模块(如内置 SRAM 和 Flash、外扩的 E2PROM、铁电存储器、Flash、SD 卡、微型硬盘等)、通信模块(如 SPI,I2C,USART,CAN,USB,Ethernet,G7PRS 等)、看门狗模块、加密模块、图像处理加速模块以及各种执行器模块(如电动机、空调机等)
软件	平台软件:各种硬件模块的驱动程序,嵌入式操作系统内核 应用组件:信号处理程序库,加密解密,压缩解压缩,音频视频编解码,控制算法,安全算法,网络通信,各种通信媒体的通信协议栈

所以，从本质上看，嵌入式系统开发技术主要是基于已经存在的各个软硬件模块，采用各种手段（硬件手段和软件手段），把它们集成在一起，并最终形成一个可独立运行具有特定功能的完整系统。这里集成中最关键的是软硬件的集成和感知与执行的集成，因此它们也是嵌入式技术学习的重点。

1.2 计算的基本原理和历史演变

1.2.1 计算的概念——从数值计算到通用信息处理和智能计算

在讨论嵌入式系统为什么可以具备强大的功能之前，首先，让我们从计算和计算的基本模型谈起。在计算机诞生之前，"计算"主要是指数值计算，即使是在计算机发展的早期，计算机本质上也只不过是个体积巨大的计算器，主要用于科学研究和军事领域，用于执行数值计算任务。例如，由美国陆军兵器局出资、数学家冯·诺依曼主持设计的 ENIAC 作为电子计算机最早期的代表，即主要用于弹道计算，该机在 30s 内即可完成弹道计算，在当时被称为"比子弹还快的超人"。这一进展实现了计算机科学家的第一个设想——自动化的计算。ENIAC 是最早期的电子计算机之一，但就自动化的计算或者是机械辅助的计算这一主题而言，人类早已开展各种探索。英国工程师巴贝奇（1791—1871）在 1834 年设计了一台完全用程序控制的机械计算机，通过齿轮旋转来进行计算，用齿轮和杠杆传送数据，用穿孔卡片输入程序和数据，用穿孔卡片和打印机输出计算结果，见图 1-4。限于当时的技术条件，这台分析机未能制造出来，但巴贝奇的设计思想是不朽的，它与现代电子计算机的设计完全吻合。

图 1-4 后人复制的巴贝奇分析机原型

伴随着电子技术特别是微电子技术的发展，计算机本身的成本得以大幅度降低，使得其应用范围真正地从极少数尖端科研机构走向普通大众，个人机（PC）一度成为计算机的代名词。而在成本降低的同时，计算机本身的性能却在大幅度提高，特别是存储器容量的增加、工作速度的提高和外围接口（I/O）设备的增强，使得计算机有能力将物理世界中的大量模拟信息，如文字、语音、图片和视频，转换成二进制数字格式进行存储、处理、传输和展示，使得计算机能够处理的数据范围远远扩大，计算机的主要用途也终于由传统的单纯的数值计算演化为通用的信息处理，实现了早期计算机科学家所梦想的第二个目标：通用信息处理，而不是仅仅局限在数值计算。"计算"这个术语的内涵也随之同步扩大，在今天应理解为"信息处理"而不限于"科学计算"，计算机本身，更准确地说，也应称之为"通用信息处理机"。在这一历史趋势下，诞生了 IBM 的 PC 286、Apple 的图形用户界面、Microsoft 的 MSDOS 和 Windows 操作系统等一系列优秀的产品，它们使得计算机步入人们日常的生活，成为日常工作、交流、娱乐的核心平台，这一趋势即使至今也没有改变。

尽管计算机作为通用信息处理机，在过去30年里，成功地改造了我们的世界，但是仍应看到，绝大多数情况下，计算机是在人的操作和控制下机械式地处理数据，尽管性能比较高，但是就其智力程度而言，还不如人类中的一个3岁小孩。而计算机科学家的第三个梦想，就是希望计算机能够成为机器脑，能够像人脑那样处理输入的数据，如语音和图像，并能自主运行，与人类协作。这一目标也就是智能计算机的终极目标。

但是，在追求智能终极目标的过程中，在许多具体的应用中，却出现了计算能力相对过剩的问题，许多实际系统的设计，更看重功能的完整性、可靠性及成本等非性能问题。因此，计算机工程应用中的一个重要问题就是：**如何在保证功能完整性、满足用户需求的前提下，综合考虑功能、性能、成本、可靠性多因素，实现平衡设计，以及如何借助网络通信实现分布式计算。**对平衡设计的追求，最终以嵌入式系统的具体形式体现出来，比如说一部手机、一台洗衣机、一个机器人等。可以这么说，如同PC机在20世纪80年代成为计算机技术的代名词一样，嵌入式技术＋智能是目前这个时代计算机技术的主流。

1.2.2 计算的基本模型：图灵机理论模型

为什么计算机具有近乎无限的处理能力而不是像人类发明的其他工具那样在诞生之后功能即被固定化？计算的能力边界在何处？它可以应付今天还没有出现的未来问题吗？究竟应该如何理解"计算"的内涵？

为了回答这些最基本问题，计算机理论界的先驱者阿兰·图灵（Alan Turing）提出了图灵机理论模型。阿兰·图灵，1912年6月23日出生于英国伦敦，他被认为是20世纪最著名的数学家之一和计算机科学的先驱。1936年，年仅24岁的图灵在其著名论文《论可计算数在判定问题中的应用》(On Computer Numbers with an Application to the Entscheidungs-problem)一文中，以布尔代数为基础，将逻辑中的任意命题（即可用数学符号）用一种通用的机器来表示和完成，并能按照一定的规则推导出结论。这篇论文被誉为现代计算机原理的开山之作，它描述了一种假想的可实现通用计算的机器，后人称之为"图灵机"。

图灵的基本思想是用机器来模拟人用纸笔进行数学运算的过程，他把这样的过程看作下列两种简单的动作：

(1) 在纸上写上或擦除某个符号；
(2) 把注意力从纸的一个位置移动到另一个位置。

而在每个阶段，人要决定下一步的动作，依赖于：①此人当前所关注的纸上某个位置的符号；②此人当前思维的状态。

如图1-5所示，图灵假想的这台抽象机器包括这样几部分：

(1) 一条无限长的纸带TAPE。纸带被划分为一个接一个的小格子，每个格子上包含一个来自有限字母表的符号，字母表中有一个特殊的符号表示空白。纸带上的格子从左到右依此被编号为0，1，2，…，纸带的右端可以无限伸展。

(2) 一个读写头HEAD。该读写头可以在纸带上左右移动，它能读出当前所指的格子上的符号，并能改变当前格子上的符号。

(3) 一套控制规则TABLE。它根据当前机器所处的状态以及当前读写头所指的格子上的符号来确定读写头下一步的动作，并改变状态寄存器的值，令机器进入一个新的状态。

(4) 一个状态寄存器。它用来保存机器当前所处的状态。机器的所有可能状态的数目是有限的,并且有一个特殊的状态,称为停机状态。

注意这个机器的每一部分都是有限的,但它有一个潜在的无限长的纸带,因此这种机器只是一个理想的设备。图灵认为这样的一台机器就能模拟人类所能进行的任何计算过程。

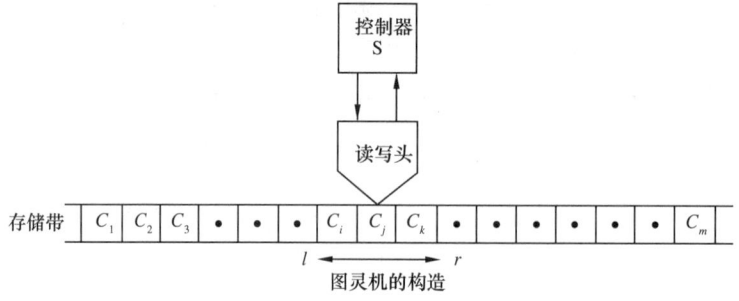

图 1-5　图灵计算机模型的构造

对于任意一个图灵机,因为它的描述是有限的,因此我们总可以用某种方式将其编码为一个长字符串,我们用＜M＞表示图灵机 M 的编码。我们可以构造出一个特殊的图灵机,它接受任意一个图灵机 M 的编码＜M＞,然后模拟 M 的运作,这样的图灵机就称为通用图灵机(Universal Turing Machine)。现代电子计算机本质上就是这样一种通用图灵机,它能接受一段描述其他图灵机的程序,并运行程序实现该程序所描述的算法。

图灵说明了这种机器能进行多种运算并可用于证明一些著名的定理。这就是最早给出的通用计算机模型,尽管遵照这一思想设计的具体机器还要再经过 10 年左右才问世,所谓图灵机设计还是一纸空文,但其思想奠定了整个现代计算机发展的理论基础。

图灵机模型的贡献突出表现在下面几方面。

1. 它回答了计算的能力范围

这是实现通用信息处理机的必备理论基础。作为计算机领域中的最基本模型,它从最抽象的层次回答了最基本的计算机系统是什么样子,以及这一系统为什么具备"完成通用计算"的能力而不是像历史上其他人类发明的工具那样仅具有少数特化的功能。换言之,它回答了计算机为什么可以是一台通用信息处理机而不是专用信息处理机。图灵机模型对于一大类有限步数可计算的问题给出了一个普适性的定义。每一个这样的问题都存在一个图灵机可对其进行计算给出的答案。换言之,一个现实问题,不论其多么复杂,如果可以抽象为这样一个有限步数的计算问题,那么它一定是图灵可解的,也就是说可以用图灵机在有限步数内给出最终答案。而且幸运的是,绝大多数现实世界中的问题,都是图灵可解的。对这些问题的讨论导致可计算性和计算复杂度领域的诞生。

2. 符合图灵机原理的不同技术实现在理论上具有相同的计算能力

图灵机模型并没有限定用什么技术来实现它,可以用电子管、晶体管、集成电路等实现,甚至用机械装置实现也没有问题,只要它们符合图灵机原理,这些装置的计算能力在本质上就是相同的。因此,任何一个符合图灵机模型的计算机系统,不论其简单或复杂,都具备了在理论上处理一切可解问题的能力,这是计算机在理论上能够处理纷繁的信息、进行处理并得到结果的理论保证。因此,计算机是通用信息处理机,这也是计算机技术能够吸引很多研究者的重要原因,因为其能力是无限的。用于计算天气预报和模拟核爆炸的巨型机、用作办公的笔记本以及洗衣机中控制电机转动的微控制器,都是图灵机理论模型的具体实现,都可以用来解决问题。

就嵌入式系统而言,普遍存在着存储器容量、运算速度、电源、尺寸、成本等各方面的约束,但这些并不妨碍一个控制洗衣机的4位低成本微处理芯片和一个用于高速图像处理的64位高性能处理芯片在"能力"上的理论等价性,因为它们都是图灵机模型的具体实现。它们的区别不在于理论上可求解问题的不同,而在于解决问题的过程快慢,即所谓的"性能"。一个问题在巨型机上可解,那么换成笔记本或微控制器,理论上也是一定可解的,只不过计算的过程慢许多而已。而这个区别在汉语中常常被混淆,例如我们在评价某人说他很有能力的时候,往往隐含着两重含义,一是他可以解决未知问题和疑难问题,这是他的能力,另一重含义是他做事做得又快又好,这其实是他的效率问题。而图灵机模型中的"能力"(Capability)是指前者,后者应属于"性能"(Performance)范畴。今天的计算机,尽管形态各异,本质上都是图灵计算机模型的一个个技术实现,因此它们都具有相同的理论计算能力。

3. 它在理论上规范了计算机的实现思路

图灵机模型并没有告诉我们如何设计和实现一个计算机系统,但是它已经隐含地说明了一个计算装置应至少包含存储器(代替图灵机中的纸带)、运算器和控制器(代替图灵机中的读写头和控制器)。只要再配上输入输出设备就几乎是冯·诺依曼模型了。

1945年图灵结束了战争期间的密码服务工作,来到英国国家物理实验室工作。他结合自己多年的理论研究和战时制造密码破译机的经验,起草了一份关于研制自动计算机器(ACE:Automatic Computer Engine)的报告,以期实现他曾提出的通用计算机的设计思想。通过长期研究和深入思考,图灵预言,总有一天计算机可通过编程获得能与人类竞争的智能。1950年10月,图灵发表了题为《机器能思考吗?》的论文,在计算机科学界引起巨大震撼,为人工智能学的创立奠定了基础。同年,图灵花费4万英镑、用了约800个电子管的ACE样机研制成功,ACE被认为是当时世界上速度最快、功能最强的计算机之一。图灵还设计了著名的"模仿游戏试验",后人称之为"图灵测试"。该实验把被提问的一个人和一台计算机分别隔离在两间屋子,让提问者用人和计算机都能接受的方式来进行问答测试。如果提问者分不清回答者是人还是机器,那就证明计算机已具备人的智能。

现代计算机之父冯·诺依曼生前曾评价说:如果不考虑巴贝奇等人早先提出的有关思想,现代计算机的概念当属于阿兰·图灵。冯·诺依曼能把"计算机之父"的桂冠戴在比自己小10岁的图灵头上,足见图灵对计算机科学影响之巨大。为了纪念图灵在计算机学科的开创性贡献,计算机领域的最高奖命名为图灵奖。

1.2.3 计算的发展规律

计算在本质上就是信息处理。人类对信息处理的需求自古就存在,最早的结绳计数和古老的算盘都可以认为是计算的具体形式之一。但是,现代意义上的信息处理,主要是指基于电子计算机的信息处理,开始于20世纪40年代,基于第三次工业革命,即电气革命的技术和物质成就,在军事、科学计算等领域的需求推动下发展起来的。它大致上可以概括为这样三个趋势。

1. 从人动计算迈向机动计算——追求更快的计算

从20世纪40年代计算机诞生之初到80年代末,计算机界的主流工作是如何设计制造更高性能的计算机,以拓展计算机的应用范围,使机器可以代替人,让以人为主的工作变成以机器为主的工作,典型的代表就是军事弹道轨道计算、科学研究、账务处理、办公文字处理、计算机辅助设计制造(CAD/CAM)等。

2. 从科学计算迈向智能计算——追求更好的计算

事实上,对智能计算的期待,即让计算机能够像人一样思考和工作并替代人是计算机科学发展的基本目标,但是,限于这一问题的难度,特别是早期计算机无法在性能上提供有效的支持,真正与智能相关的工程实践主要是萌芽于20世纪70年代,并在20世纪八九十年代达到第一个小高峰,这一阶段的主要工作以人工智能和专家系统、神经网络、模糊计算、遗传与进化计算、统计学习、复杂自适应系统、自然语言处理、图像处理与模式识别等为典型代表,它们的成果部分地应用在高级工业过程控制、监控、故障监测与诊断、语音识别和自动输入等领域,解决了传统方法不能解决的一大批问题。许多方面的工作在今天依然是研究的热点。

3. 从集中计算迈向普适计算——计算无处不在

在学术界集中大部分精力处理智能问题的时候,工业界也在为降低计算机的成本、提高计算机的性能做长期的努力。特别是自20世纪90年代以来,计算机的性能已经可以满足许多领域的需要,计算机核心芯片的生产成本也已经降低到可被许多系统所采用之后,计算机应用的范围也进一步扩大,计算机系统本身也从传统的温室般的机房走向恶劣的应用现场,与物理环境的融合趋势更加明显,这一趋势从而引导和推动了嵌入式系统技术的发展。仅ARM公司的ARM7类芯片,在全球就运行于60多亿个设备中。

导致出现这一趋势的另外一个重要原因是网络的迅速普及,而大量联网的设备比少数孤立设备在很多应用中更能发挥效用。所以,今天的重要趋势就是计算无处不在,分布化,网络化,嵌入化,如图1-6。而这一技术趋势对传统的一些计算理论和方法也提出了新的挑战。

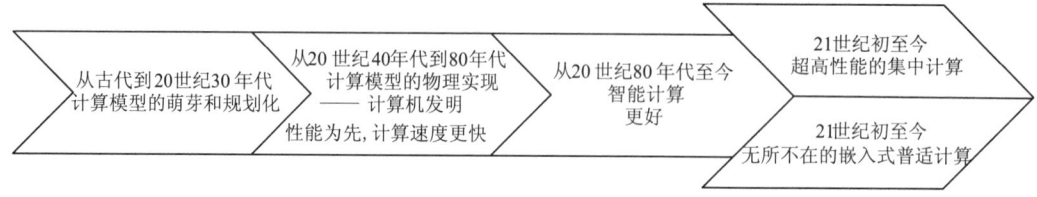

图1-6 计算的历史沿革

1.3 计算机的基本原理和历史演变

1.3.1 计算机的诞生

什么是计算机?现代意义上的计算机与古代的计算辅助工具如中国的算盘和欧洲中世纪的莱布尼兹计算器有何本质不同?对后一问题的回答归根到底还是要回到1.2节中提到的图灵机计算模型。该模型的强大计算能力取决于两点:存储程序及其动态修改能力,而这恰恰是一切"计算器"设备所缺乏的。而"计算机",就可以认为是这一理论模型的物理实现,而不论该物理实现是采用机械装置、电子管技术、晶体管和集成电路技术、光计算器件还是生物分子技术。

但是,计算机的物理实现受限于每个时代所能提供的技术手段。由此不难理解,英国数学家巴贝奇设计的机械式通用计算机尽管具有和现代计算机一样的存储程序和自动执行等一系列先进思想,但是从1837年提出设计方案,到1871年巴贝奇去世,这台机器一直没有最终完工。过去,大多数人认为第一台计算机是在1946年2月由宾夕法尼亚大学的莫奇利和艾克特研制成功的电子数字积分计算机 ENIAC(Electronic Numerical Integrator and Calculator),它从 1946 年 2 月投入使用,到 1955 年 10 月最后切断电源,服役 9 年多。虽然它每秒只能进行 5000 次加、减运算,但它预示了科学家们将从奴隶般的计算中解脱出来。但是 ENIAC 机本身存在两大缺点:一是没有严格意义上的存储器;二是用布线接板进行控制非常麻烦,计算速度也被这一人工操作所抵消,所以,ENIAC 是否可被认为是一台计算机也引起了一些争议。

几乎在同一时期,先后就有十几所大学和科研机构宣称实现了计算机,共同推动了计算机学科的早期发展。有意思的是,计算机设计制造技术的突破几乎是在同一时期由不同的人分别独立实现的,这也反映了科技上的重大发明从来都是时代进步的结果,并不完全取决于某个个人的天才和努力。

美国衣阿华州立大学的数学物理教授阿塔纳索夫与同事和研究生贝利在 1941 年最早采用电子管技术设计了 ABC 计算机,两个人用 500 美元的资助和自己的工资开始。设计始于 1935 年,于 1939 年完工。阿塔纳索夫等最终完成了控制器等一些关键部件,但却由于战争期间转入军队服务未全部完工。莫奇利曾亲自到衣阿华州立大学所在地,住了 5 天,仔细了解 ABC 的设计细节和内部工作原理,1941 年时曾阅读过阿塔纳索夫关于电子计算机设计的笔记并运用到之后 ENIAC 的设计中。1973 年,美国明尼苏达地区法院经过数年调查,确认莫奇利的设计是来自与衣阿华州立大学阿塔纳索夫的交谈和其笔记,深受阿塔纳索夫设计的 ABC 机器的影响,因此 ENIAC 不能作为一项独立发明,故最终正式宣判取消了莫奇利等的计算机专利,肯定了 ABC 的设计者阿塔纳索夫才是真正的现代计算机的发明人。作为一段小插曲,阿塔纳索夫终于得到人们的承认,不过,这也不妨碍 ENIAC 在计算机发展历史上的地位。

1.3.2 计算机的发展

事实上,图灵机模型已经包含了如何设计并实现一台计算机的基本思路,图灵机包含三个基本的组成模块,分别是纸带、读写头和控制电路,它们反映到计算机设计中,分别就是存储器、运算器和控制器。冯·诺依曼意识到这一点,进一步扩展了输入设备和输出设备,并在莫奇利建造的 ENIAC 基础上,对计算机组织结构进一步规范化,总结出了指导计算机设计的冯·诺依曼计算机模型,如图 1-7 所示。

在冯·诺依曼模型中,完整的计算机系统被认为应包含这样五部分:存储器、运算器、控制器、输入设备和输出设备,其中,运算器作为计算环节需要处理好操作数的输入(从哪里来)和输出(到哪里去)问题,因此自然地被作

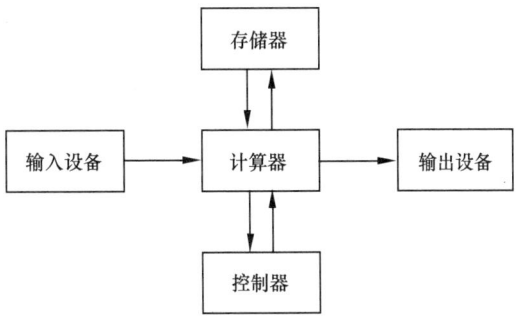

图 1-7 早期的冯·诺依曼架构

为整个系统的中心。但是,这种架构很快就暴露出其弱点,就是运算器的数据吞吐能力十分有限,会成为整个系统的瓶颈,因此很快演化为以存储器为中心的改进型冯·诺依曼架构,如图 1-8 所示。这样在各个模块的高速数据交换中就可以利用存储器这个大容量中介,极大地提高了效率。

冯·诺依曼模型的价值在于它首次规范了计算机系统的具体设计技术,回答了"应如何构建一台计算机"的问题。在冯氏模型诞生之前,历史上也曾出现过多个具有计算能力的设备,

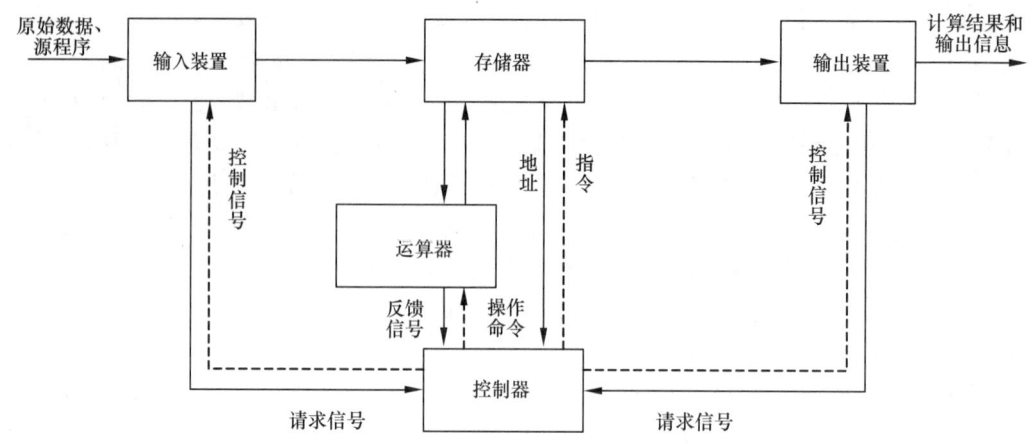

图 1-8 改进的冯·诺依曼架构

从中国早期的算盘,到欧洲的水力计算机,达·芬奇的计算机,但是所有这些更多的是依赖设计者本人的巧妙构思,并未上升到通用的层次。冯氏模型清楚地说明:只要分别设计存储器、运算器、输入设备、输出设备和控制器五大部件,然后把它们连接到一起,就组成了计算机。至于这些部件采用何种方式实现,是用人力驱动、水力驱动还是电力驱动,是采用原始的石头摆放、穿孔卡片存储、磁记录方式存储还是触发器电路存储,都没有关系。当然,电子技术的发展在竞争中提供了最有力、最方便的实现手段,并在计算机发展史中成为主流直到今天。

冯·诺依曼清楚地意识到 ENIAC 的设计不足,并加入到 EDVAC 的设计群体中。1945年 6 月,他在内部发布了 EDVAC 设计初稿《关于 EDVAC 的报告草案》(*First Draft of a Report on the EDVAC*),报告提出的体系结构一直延续至今,即冯·诺伊曼结构。长达 101 页的 EDVAC 最终版设计方案明确指出了新机器有五个构成部分,即:计算器 CA,逻辑控制装置 CC,存储器 M,输入 I,输出 O;并描述了这五个部分的职能和相互关系。这份报告也因此成为一份划时代的文献,它奠定了现代计算机的设计基础,直接推动了 20 世纪 40 年代末数十种早期计算机的诞生。EDVAC 方案有两个非常重大的改进:一是为了充分发挥电子元件的高速度而采用了二进制;二是提出了"存储程序",可以自动地从一个程序指令进到下一个程序指令,其作业顺序可以通过一种称为"条件转移"的指令而自动完成。"指令"包括数据和程序,把它们用码的形式输入到机器的记忆装置中,即用记忆数据的同一记忆装置存储执行运算的命令,这就是所谓存储程序的新概念。这个概念也被誉为计算机史上的一个里程碑。EDVAC 的发明才真正为现代计算机在体系结构和工作原理上奠定了基础。

EDVAC 于 1949 年 8 月交付给弹道研究实验室,它使用了大约 6 000 个真空管和 12 000个二极管,占地 $45.5 m^2$,重达 7 850kg,消耗电力 56kW,具有加、减、乘和除的功能,整个系统包括一个使用汞延迟线容量为 1 000 个字的存储器(每个字 44bit)、一个磁带记录仪、一个连接示波器的控制单元、一个分发单元用于从控制器和内存接受指令并分发到其他单元、一个运算单元及一个定时器。

在发现和解决许多问题之后,EDVAC 直到 1951 年才开始运行,而且局限于基本功能。延迟的原因是莫奇利和艾克特从宾夕法尼亚大学离职并带走了大部分高级工程师,开始组建莫奇利-艾克特电子计算机公司,由此与宾夕法尼亚大学产生了专利纠纷。到 1960 年,ED-VAC 每天运行超过 20h,平均 8h 无差错时间。EDVAC 的硬件不断升级,1953 年添加穿孔卡片输入输出;1954 年添加额外的磁鼓内存;1958 年添加浮点运算单元。直到 1961 年,EDVAC

才被 BRLESC 所取代;在其生命周期里,EDVAC 被证明是一台可靠和可生产的计算机。

现代的嵌入式计算机往往在图 1-8 基础上进一步做了如下两个改进,如图 1-9 所示。

(1) 区分内存储器和外存储器,以平衡功能、性能和成本之间的矛盾,一般用速度快、性能高但是价格贵的静态存储器(SRAM)作为内存储器,用于存放正在运行的程序代码与数据,用闪存(Flash)、硬盘等速度较慢但是单位存储成本较低的器件作为外存储器,用于脱机断电期间提供程序和数据存储。这种存储层次在嵌入式系统中经常体现为高速 SRAM 和大容量 Flash 的区别。

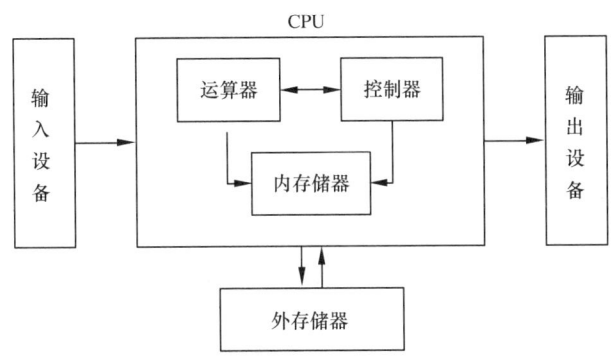

图 1-9　冯·诺依曼架构的扩展

(2) 区分指令存储器和数据存储器,并分别设置指令总线和数据总线进行存取。这样可以进一步提高 CPU 访存的性能,这种架构被称为哈佛架构。这一设计在高性能芯片如 TI 和 ADI 公司的各种数字信号处理芯片中广泛存在;而在低成本微控制器应用中,出于降低成本和复杂度的需要,大多只提供一条总线通向存储器。一个折衷的方案是总线仍然只有一条,但是允许程序代码和数据可以分开存储在不同的存储器区域中,这样就可以根据不同存储器的性能来分配指令存储器和数据存储器以达到较优的性能。ARM 和 Cortex 都支持存储器重映射以提供上述功能。

图 1-10 所示是冯·诺依曼架构和哈佛架构的比较。

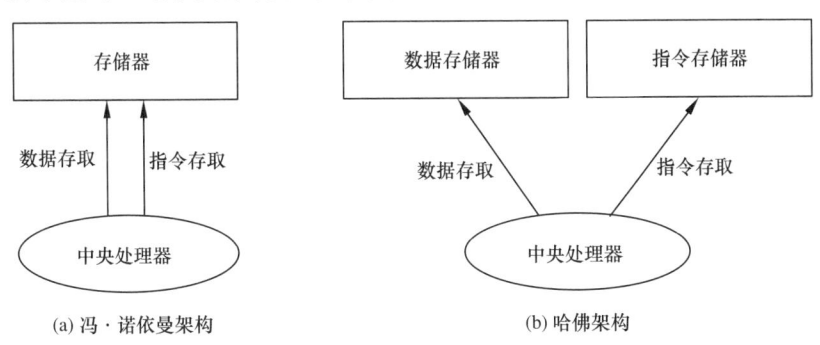

图 1-10　冯·诺依曼架构和哈佛架构的比较

与阿塔纳索夫等设计 ABC、莫奇利等设计 ENIAC、冯·诺依曼设计 EDVAC 同时期,世界上其他大学和科研机构也纷纷展开这方面的工作。德国的许莱尔、朱斯合作,计划制造一台有 1500 个电子管、每秒钟能运算 10 000 次的通用机,这台机器的运算部件于 1942 年完成,但整个计划由于遭到政府的拒绝而夭折。图灵在二战期间曾参与英国军方破译德国密码的工作,并在战争结束后于 1945 年 2 月向英国国家物理实验室(NPL)执行委员会提交了一份详细文档,给出了存储程序式计算机的第一份完全可行性设计。但是,由于图灵和他最初的工程师朋友都已签署保密协议,图灵在 NPL 的同事不了解图灵先期工作的成就,认为建造完整 ACE 的工程太宏大。在图灵离开 NPL 后,威尔金森接手整个项目,建造了 ACE 的一个简化版本,也是第一台 ACE 的实现——Pilot ACE,于 1950 年 5 月 10 日运行了第一个程序。它比图灵先前设计的规模要小,使用了大约 800 个真空管,存储器是水银延迟线,它有 12 个延迟线,每个包含 32 条 32 位元的指令或数据,时钟频率为 1MHz,这在当时的电子计算机中是最快的,但由于完工时间较晚,因此与第一台计算机诞生的荣誉失之交臂。第一款商用计算机是 1951 年开始生产的 UNIVAC 计算机。1947 年,ENIAC 的两个发明人莫奇利和艾克特创立了自己的计算机公司,开始生产 UNIVAC 计算机,计算机第一次作为商品被出售,并用于公众领域的数据处理,共生产了近 50 台,不像 ENIAC 只有一台并且只用于军事目的。尽管莫奇利和艾克特的抄袭并不光彩,但他们以及 UNIVAC 还是奠定了早期计算机工业的基础。

回顾计算机诞生和发展的这段历史,令人不得不思考这样一个问题:阿塔纳索夫、朱斯等人具备了电子计算机的构思,当时也拥有相应的技术手段,为什么他们都不能最后完成这项发明呢?原因在于,技术的进步已经进入新的历史时期,电子计算机的诞生不再是凭借某位杰出人物个人的努力就能诞生的,制造电子计算机不仅需要巨大的投资,而且需要科学家、工程技术人员以及科学组织管理人员的密切合作。这一点恰恰反映了 20 世纪的科学已进入各门学科互相渗透,科学研究社会化的特点。

1.3.3　面向嵌入式应用的架构改进

充分了解计算机科学家们的理论追求和现实技术条件支持与约束,对理解和把握计算机产业发展的规律和趋势非常重要。限于冯氏模型提出时的技术条件限制,冯氏模型并未在如何构建更好的计算机系统这一问题上给出回答。对这一问题的探索后来演变成为对计算机系统结构领域的研究,它主要考虑在现有技术水平和工艺条件下,如何设计更快、更高、更强的计算机。特别是在嵌入式领域,常用的系统结构技术如下:

- 从冯氏模型架构到改进的冯氏模型架构再到哈佛架构:最初的冯氏模型由运算器或控制器负责传递,改进的冯·诺依曼架构利用存储器来实现中转,提高了性能。哈佛架构进一步将指令流和数据流分开,且支持并行传输,进一步提高了系统性能。
- 流水线技术:由于每条指令的执行都需要经过取指、分析、取操作数、执行、保存结果等环节,而每个环节所用的硬件资源是不同的,因此下一条指令可以在上一条指令尚未彻底执行完毕时即开始执行而不会冲突。流水线技术只需简单地对控制器进行改进,即可在有限的时间内执行 3～8 倍同等非流水线技术的 CPU。但是,流水线技术的引入也使得中断处理变得复杂。绝大多数现代微处理器和嵌入式 CPU 都支持流水线,例如 ARM7 和 Cortex-M 支持三级流水。
- 并行处理:并行处理的方式之一是在不同物理空间放置多个同功能部件或类似功能部件,同时处理多个类似任务以加快多任务执行的技术。并行处理技术可以在不同层面实现,例如指令级并行、流水线并行、任务级并行、处理器并行乃至多个计算机模块并行。例如 Intel 提出并命名的"超纤程"技术和"多核"技术,就分别是在任务级和处理器内核级的并行。
- 硬件加速:针对特定的应用,找出其中对性能影响最大的软件环节,并用硬件以电路方式直接实现,从而达到提高性能的目的,例如高速路由器中的快速查找表、便携媒体播放器中解码器核心算法的部分耗时操作、高级图形图像显示卡中的图形图像处理等。
- 指令预取和推断执行:为进一步提高指令执行性能,可在指令尚未进入取指阶段前即安排有关部件提前从存储器中取至 CPU 中并在面临分支判断时猜测可能执行路径,减少了流水线中断的次数,提高了性能。

- 层次设计和缓存:冯氏结构中并没有层次观念,但是在具体设计和实现时,出于技术手段、成本和性能的综合考虑,可以引入层次设计,例如存储器的层次设计,即灵活搭配 CPU 内部具有最高性能可与 CPU 同步工作但容量很小的寄存器组、速度略慢但仍具有很高性能、成本高的半导体存储器和性能低但容量大、成本低的磁存储器,并在各个层次之间加入缓存(cache)匹配读写速度,实现一个性能接近于最快层次、容量接近于最大层次的复合存储器,满足多方面需求。
- 总线和交换式部件互联:冯氏模型规范了部件,但没有明确各个部件之间应如何交换数据并通信。事实上,在现代计算机系统包括嵌入式系统中,各个部件之间的通信设计与实现在整个系统也占据了相当多资源,可根据需求和设计要求取舍。
- 虚拟化技术:即在某种平台上模拟出另外一个平台的功能,如 ARM 9 中开始引入 Jazzler 技术,引入硬件加速的 Java 指令执行,并配合软件虚拟机使整个系统成为一个理想的 Java 运行平台。
- 寄存器窗口:函数调用是现代程序设计语言的重要特征,寄存器窗口技术可降低频繁函数调用所花费的时间。
- 实时技术:评估每个设计细节,使得执行成为一个时间确保或近似确保的严格实时或准实时平台;Cortex-R 就是这样一个面向关键实时应用的平台。

从上述罗列来看,早期的系统架构技术偏重于硬件改进,而现代期则更多地考虑了应用和软件的需求,例如寄存器窗口技术和超纤程,以及各种与应用有关的硬件加速技术,它们往往需要软硬件配合在一起方能发挥威力,相应的软硬件之间的界限也不再那么清楚,如图 1-11 所示。

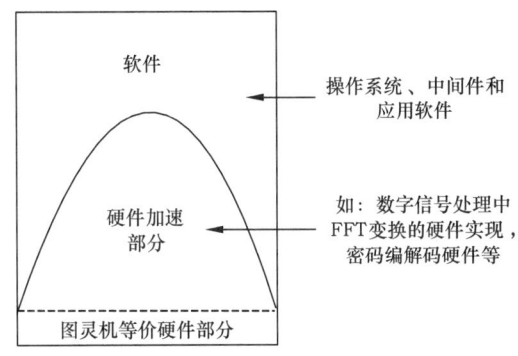

图 1-11 计算机系统软硬件的比例及其分界线

由图 1-11 可以看到,对任何一个真实的、技术可实现的计算机系统,都需要有最基础的一薄层硬件来实现,这一最基础的硬件实现了图灵机模型的要求,其上大部分都是各种硬件加速手段,对一个具体的计算机系统而言,软硬件的分割线在哪里,主要取决于性能和成本之间的折衷。如果要求高性能,那么硬件加速的部件可以多些,相应成本也不可避免会增加;如果要求低成本,那么图中曲线可以下移,即用软件完成大部分处理,但性能会有所下降。

针对不同的应用市场和应用场景,不同公司的不同产品都制定了自己的软硬件分割线,使得嵌入式系统这一领域百花齐放,日益繁荣。

1.4 嵌入式系统的历史沿革

嵌入式系统的发展主要来源于两大动力:社会需求的拉动和先进技术的推动,而且需求拉动为主,技术推动为辅。需求提供了市场,带动了新技术的产生,刺激了新技术的推广,如果没有需求就没有市场,再好的技术最终也会走向消亡;另一方面,技术在一定程度上也可以反作用于需求,因为先进的技术使得不可能成为可能,使人们最初的梦想成为现实,最终有可能创造出新的需求和市场。

图 1-12 嵌入式系统产业的发展动力示意图:需求拉动和技术驱动

嵌入式系统的发展也深受这两大动力的左右。让我们简单回顾一下,体味其中蕴含的发展规律:

20 世纪 30—50 年代:计算机诞生,十余台设计各异的计算机诞生在世界各地,并很快统一到冯·诺依曼架构下。

1958 年,TI 公司的杰克·基尔比(Jack Kilby)发明了第一块集成电路(IC),从此,计算机技术的发展与集成电路工艺的发展紧密结合在一起。

1961 年,TI 公司研发出第一个基于 IC 的计算机。

1964 年,全球 IC 出货量首次超过 10 亿美元。

1965 年,高登·摩尔(Gordon Moore)提出了描述集成电路工业发展规律的摩尔定律;同年,中国的第一块集成电路诞生,仅比美国晚了 7 年。

1968 年,Intel 公司诞生,推出第一片 1K 字节的 RAM。

1971 年,Intel 推出微处理器 4004。这是第一块在实际中被广泛使用的 CPU 芯片。紧接着,TI、Zilog、Motorola 分别于 1971、1973、1974 年推出了基于半导体集成电路技术的 CPU。集成电路技术成为计算机工业的基础支撑技术。嵌入式系统从此也步入了它的早期发展阶段。这一阶段的突出特征是:以微处理器 CPU 芯片为核心,辅以外围电路,形成一块相对完整的电路模块,用于工业控制等系统中,这种架构与同时期计算机的架构基本完全相同,只不过用途不同而已。这些模块被称为单板机,意指在一块电路板上实现了一台计算机。即使是在今天,单板机模块依然在很多领域发挥余热。

1981 年,Intel 公司推出了 8 位微控制器 8051,它在单芯片内集成了 CPU、4KB 内存、通用 I/O、计数器、串行通信模块以及中断管理模块,已经是一个实用的微控制器(MCU)芯片了。在 IC 工业的支持下,8051 的出现极大降低了计算机应用的门槛,实现了从单板到单片的飞跃(因此也被称为单片机),8051 因此在实际中获得了极其广泛的应用,其他各大公司如 ATMEL、飞利浦、华邦等也相继开发了功能更多、更强大的 8051 兼容产品,即使是在今天,8051 架构仍然随处可见。这一阶段的主要特征就是从单板到单片的技术飞跃,以及 8051 在实际中的广泛应用,可认为是嵌入式系统发展的中期阶段。

1990年,ARM公司诞生。

1991年,ARM公司推出32位ARM6低功耗内核,旋即升级为ARM7。ARM7成为世界上采用量最大的CPU内核,当今世界ARM7内核驱动了超过60亿的设备,成为嵌入式系统领域发展中的重要里程碑。至2009年,采用ARM内核的处理器的销售量已经超过了100亿个。

但是,在这一过程中,ARM的发展并非一帆风顺。ARM的前身Acorn早在1985年即成立,并继承了英国剑桥大学从图灵以来从事计算机CPU研发的传统,采用精简指令技术(RISC)从事通用CPU芯片的研发,明显不敌Intel公司基于CISC技术的X86系列CPU。Intel依靠逐步升级和强化且向下兼容的X86系列CPU芯片,以及丰富的配套软件,牢牢占据着高端CPU市场。在这种情况,ARM公司无法在市场上突破,被迫转型走嵌入式和低功耗路线,并在20世纪90年代末搭上了无线通信系统在全球迅速发展的快车,最终独辟蹊径,反而成为嵌入式世界的霸主和领头羊。细究ARM系列芯片的设计,可以明显地看到许多早期RISC设计思想的延续,例如流水线技术、寄存器窗口技术、精简指令系统设计等。

从20世纪末开始,嵌入式系统的发展进入了黄金期,社会需求的释放极大地促进了嵌入式领域的发展,与此相适应,一些嵌入式底层的技术也相应地为此做出了调整,例如流水线处理(含指令预取分支预测等)、中断、内存保护、启动引导、安全、与嵌入式操作系统的配合、对Java的加速、图形和媒体处理指令的引入等。这一阶段,是嵌入式系统需求和技术相互影响的阶段。

2004年,ARM公司推出了Cortex内核系列,Cortex的A,M和R系列分别针对高性能类、微控制器类和实时类应用,既是对过去ARM产品线的重新整理,也包含了大量革命式的技术突破,特别是进一步强化了ARM在低功耗领域的技术优势。Cortex的优点也正在逐步为各大厂商和客户所认识,正在代替传统的ARM系列内核成为客户的首选技术方案。本书即是以Cortex-M3内核为主要介绍对象。

回顾过去的这段历史,我们可以发现,需求是嵌入式技术和系统得以生存发展的根本动因,但是技术的突破也可能创造出新的需求,两者的发展呈现典型的互动关系。任何产业趋势的动向,都应该放到需求拉动和技术驱动的框架下去体味。

1.5 ARM,Cortex和STM32简介

1.5.1 ARM系列内核

ARM这个缩写至少有两种含义,一是指ARM公司,二是指ARM公司设计的低功耗CPU内核及其架构,包括ARM1到ARM11以及Cortex,其中获得广泛应用的有ARM7,ARM9,ARM11以及正在被广大客户接受的Cortex系列。

1. ARM公司简介

作为全球领先的32位嵌入式RISC芯片内核设计公司,ARM公司的经营模式与众不同,它以出售ARM内核的知识产权为主要业务模式,并据此建立了与各大芯片厂商和软件厂商的产业联盟,形成了包括内核设计、芯片定制与生产、开发环境与支撑软件、整机集成等领域的完整产业链,在32位高端嵌入式系统领域居于统治地位,也是嵌入式系统课程学习的主流内容。

ARM的前身是成立于1983年的英国Acorn公司,最初只有4名工程师,其第一个产品

Acorn RISC 于 1985 年问世。该产品集成了 25 000 个晶体管,是世界上首个商用单芯片处理器,但是市场方面并不成功,无法与 Intel 等大型企业竞争。针对当时的市场形势和发展趋势,公司决定转攻低功耗低成本领域,避开 Intel 等强大对手的竞争和市场方面的不足,并于 1990 年 11 月联合苹果电脑和 VLSI Technology 合资成立了 ARM(Advanced RISC Machine 的缩写),由此可见该公司的技术定位仍然是采用精简指令设计方案。1991 年,公司的 12 个工程设计人员正式开始了 ARM 产品的研发,并迅速推出 ARM6 并授权给 VLSI 和夏普公司使用,并在之后用于 Apple 公司的创新产品 Apple Newton PDA 中,这是历史上第一个 PDA 产品,是今天各种便携智能终端包括智能手机的鼻祖。1993 年推出 ARM7 并授权给 TI 和 Cirrus Logic 公司,本身也开始盈利。值得称道的是,ARM7 系列到今天仍然被广泛使用和正在运行。1994 至 1997 年,公司的工程师达到了 100 人,提供了面向低成本应用的 16 位 Thumb 扩展指令集,并在世界各地开设办事处。1998 年在伦敦和纳斯达克成功上市,同年,采用 ARM 公司产品的出货量达到了 5 000 万件,ARM9E 系列问世,并推出了针对 Java 字节码的 Jazelle 硬件加速方案,使得能够在基于 ARM 的手机系统中流畅高效地运行 Java 程序。1999 年到 2000 年,合作伙伴采用 ARM16/32 位处理器解决方案的产品出货量达到了 1.8 亿件,2000 年,Intel 公司宣布推出基于 ARM 芯核的 Xscale 微处理器架构。由于无线通信特别是手机对低功耗芯片的强劲需求,2001 年 ARM 芯片出货量达到 10 亿件,世界顶级的半导体公司和晶圆厂商 Intel、TI、Qualcomm、Motorola、Samsung 及 TSMC(台积电)、UMC(联电)纷纷取得了公司的专利授权,ARM 公司成为 IP 市场最为炫目的一颗明珠。2001 年,在全球半导体行业大为下滑的一年,ARM 公司的销售收入达到了 1.46 亿英镑(2.25 亿美元),比 2000 年的 1.01 亿英镑增长了 45%,并从 2000 年占全球 18.2%的份额增长到 20.1%,远远超过了其他竞争对手。2008 年 1 月 24 日,基于 ARM 技术的处理器出货总量已超过 100 亿个,ARM 的迅速发展已经成为 IC 发展史上的一个奇迹。

目前可以提供 ARM 芯片的著名欧美半导体公司有:Intel、TI、Samsung、Motorola、Philips、NXP、ST、ADI、Qualcomm、Atmel、Intersil、Alcatel、Altera、Cirrus Logic、Linkup、LSI Logic、Micronas、Silicon 等。日本的许多著名半导体公司如东芝、三菱半导体、爱普生、富士通半导体、松下半导体等早期都大力投入开发自主的 32 位 CPU 结构,但现在都转向购买 ARM 公司的内核 IP 进行新产品设计。我国的中兴、华为等大量企业也购买了 ARM 授权用于自主版权专用芯片的设计。

追踪 ARM 公司的发展历史,我们不难发现,ARM 在合适的时间(20 世纪 80 年代末)转向低功耗嵌入式领域,并搭上了手机和无线通信的发展浪潮(20 世纪 90 年代),实现了自身的快速发展,同时坚持扶植产业联盟的政策、广泛授权并培养第三方软硬件厂商确立了难以撼动的竞争优势。

2. ARM 指令集和架构的发展

如果说 ARM 公司的发展历史是产业趋势的代表,那么 ARM 指令集和架构的发展则可让我们领略一下技术发展的趋势,如图 1-13 所示。

ARM 的设计具有典型的精简指令系统(RISC)风格,从其诞生起就具有这样一些 RISC 系统中常见的特性:

- 提供专门的读取/保存指令访问存储器,其他指令主要是针对寄存器操作不允许直接访存。这样可简化指令实现的复杂度,便于提高性能;
- 访存时要求地址对齐(从 ARMv6 开始才放开此限制);

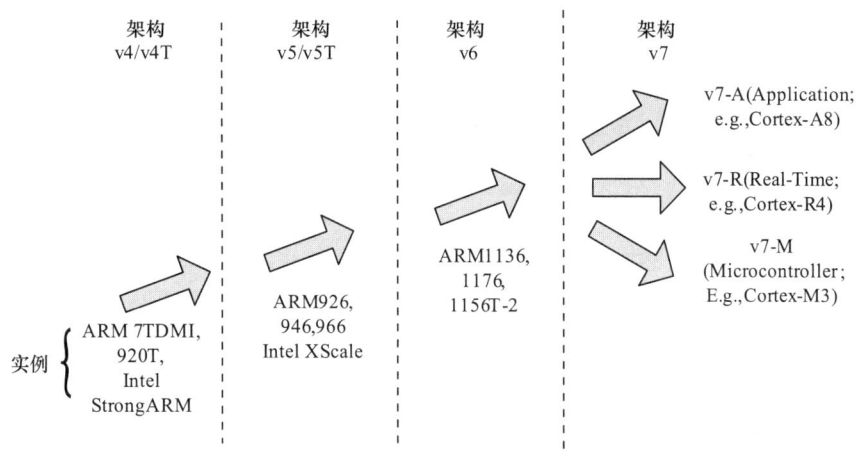

图 1-13 ARM 处理器进化史

- CPU 内部设置了大量 16×32bit 寄存器;
- 固定的 32bits 指令宽度,且指令结构十分规整,便于存储、传输、解析和执行;
- 大多数指令可在平均一个 CPU 周期内完成。

为了提高效率,早期的 ARM 架构相比于同时代的 CPU,如 Intel 80286 和 Motorola 68020,还增加了这样一些特征,其中有一些一直延续到今天的 Cortex 设计中:

- 大部分指令可以条件式地执行,即指令本身可以带有 4bit 条件头缀以实现条件执行,这样就不必使用专门的条件判断与跳转指令,可以降低 CPU 指令流水线为处理分支跳转产生的停顿,并弥补传统分支预测器的不足;
- 提供 32bit 筒型移位寄存器;
- 强大的索引寻址模式(相比 X86 系统更加简单而且更强大);
- 精简快速的双中断子系统(快速中断和普通中断),并支持不同模式下寄存器组的自动切换。

这些在今天的 Cortex 设计中也大多保留,但早期的双中断子系统已升级为今天专门的支持嵌套和抢断的中断向量控制器 NVIC。

严格意义上来说,这一时期的 ARM 还在遵循传统的微处理器(MPU)的设计思路,但是 32 位 ARM 和传统的 8 位单片机在成本上相比并无过多优势。为了更好地满足低成本嵌入式系统市场的需要,自 ARM7 开始增加了 Thumb 指令集。Thumb 是一个精简的 16 位指令集,从功能上看,它只能完成 32 位标准 ARM 指令集的大部分而不是全部功能,但是由于它的 16 位设计,可以有效减小最终二进制代码的大小,降低对存储器容量的要求,从而降低成本。

16 位的 Thumb 指令集和 32 位标准 ARM 指令集一起,较好地平衡了性能和成本及低功耗之间的矛盾,但是 Thumb 的引入也使得整个 CPU 体系更加复杂,特别是开发人员必须谨慎处理两类指令模式的切换。这一复杂性直到 Cortex 系列中才得到简化和彻底解决,以 Cortex-M3 为例,它仅支持 Thumb-2 指令集,且 Thumb-2 本身就已经是一个 16/32 位混合指令集,因此就可以取消自 ARM7 以来一直存在的两种指令集切换。

Thumb-2 指令集首见于 ARMv6,发表于 2003 年,它扩充了 Thumb 原先受限的 16 位 Thumb 指令集,辅以部分 32 位指令,最终目标是使这套指令集能独立工作、保持接近 Thumb 的指令密度以及近乎 32 位标准 ARM 指令集的性能。事实上,这种区分主要是历史传统而非技术必须,故最终走向了统一的 Thumb-2 指令集。

以下为几个采用 ARM 指令集实现高效程序代码编译的例子。在 C 程式语言中,以求最大公约数的 gcd 函数为例:

```
int gcd (int i, int j)
{
    while (i！＝j)
    if (i>j) i—＝j; else j—＝i;
    return i;
}
```

可被编译器翻译为如下汇编语句,假定参数 i 和 j 已经被放入寄存器 Ri 和 Rj 中:

Loop:
  CMP Ri, Rj ;通过比较设置状态寄存器条件标志,条件标志位有"NE"(不等于)、"GT"(大于)、"LT"(小于)
  SUBGT Ri, Ri, Rj;若"GT"(大于)标志置位,则执行 i＝i－j 操作
  SUBLT Rj, Rj, Ri;若"LT"(小于)标志置位,则执行 j＝j－i 操作
  BNE loop;若"NE"(不等于)标志置位,则继续循环

这种设计可避免 IF 分支判断,提高性能。

ARM 指令集的另外一个技巧和特色是,能将移位(shift)和回转(rotate)等功能与数据处理型指令的执行合并,例如,C 语言中的:

a＋＝(j<<2);

可被编译成如下一条指令:

ADD Ra, Ra, Rj, LSL ♯2

只需占用一个字的存储空间并在一个周期内执行完毕,不会因为增加了移位操作而消耗额外的周期。

正是由于 ARM 指令集这些精心的设计,使得其既具有类似 CISC 体系强大的指令功能,又具有 RISC 体系的高效特点:

- 作为 RISC CPU 的典型特征,ARM 内核也采用了流水线设计以提高连续指令段的执行效果,例如 ARM7TDMI 采用了三级流水,ARM9 则采用了五级流水并增加了分支预测,Cortex-M3 因为定位在中低成本微控制器类应用,所以也采用了三级流水。
- Jazelle:针对手机产业的兴起特别是在手机上运行并下载 Java 程序的需要,ARM 的 ARM926EJ-S 内核支持以硬件方式而不是纯软件的虚拟机程序运行 J2ME 程序,这种技术称之为 Jazelle,可大幅度提高 Java 程序的运行性能,使得在手机上能够流畅地显示视频和运行游戏。
- 单指令流多数据流支持:为了更好地支持多媒体应用,ARM 的高端版本中加入了单指令流多数据流支持(SIMD),它采用 64 位或 128 位 SIMD 指令支持,可同时执行多个动作并有效提高音视频的编解码性能。
- 安全性扩充(TrustZone):TrustZone(TM)技术出现在 ARMv6KZ 以及较晚期的应用核心架构中。它提供了一种低成本的安全支持方案,通过在硬件中加入专用的安全模块,使得内核可以在较可信的核心领域与较不安全的领域间切换并执行,各个领域可以各自独立运作

但却仍能使用同一颗内核。该技术有助于在一个缺乏安全性的环境下完整地执行操作系统，并减少在可信环境中的安全性编码。

可以看出，ARM 指令集的变化不仅仅是技术上的改进，更多的是反映了产业趋势的要求。这也反映了嵌入式系统发展的一个特点，就是与实际结合紧密，一般不作为一个独立的技术领域出现。目前，ARM 体系结构已经经历了 6 个版本，版本号分别为 1~6，从 v4 开始，各个版本几乎都在实际中获得了广泛应用。各版本中还有一些变种，例如支持 Thumb 指令集，称为 T 变种。长乘法指令（M）变种，ARM 媒体功能扩展（SIMD）变种，支持 JAVA 的 J 变种和增强功能的 E 变种，例如 ARM7TDMI 就表示该变种支持 Thumb 指令集(T)、片上 Debug(D)、内嵌硬件乘法器(M)、嵌入式 ICE(I)。

需要注意的是，ARM 的各个版本并不完全说明高版本一定应该替换低版本使用，不同版本由于其设计定位和特色不同，因此在实际中应用的领域也有所区分。应用数量最多的 ARM7 实际上是 v4 版本的代表，它采用三级流水、空间统一的指令与数据 Cache，平均功耗为 0.6mW/MHz，时钟速度为 66MHz 或更高，每条指令平均执行 1.9 个时钟周期，由于其结构简单、功耗低、可靠性高，因此主要在工业控制、Internet 设备、网络和调制解调器设备等多种嵌入式中应用。

ARM9 实际上是 v5 版本，采用五级流水处理以及指令、数据分离的 Cache 结构，平均功耗为 0.7mW/MHz。时钟速度为 120~200MHz，每条指令平均执行 1.5 个时钟周期。ARM9E 系列微处理器也是可综合的处理器，能够在单一处理器内核上提供微控制器、DSP、Java 应用系统的解决方案，极大地减少了芯片的面积和系统的复杂程度。例如 ARM9E 系列微处理器提供了增强的 DSP 处理能力，很适合于那些需要同时使用 DSP 和微控制器的应用场合。与 ARM7 最大的区别之一在于 ARM9 中引入了内存管理单元 MMU，这使得 ARM9 可以更好地支持各种现代操作系统，如 Embedded Linux、Windows CE 等。但也因此引入了程序执行中额外的不确定性，因此在对实时性可靠性要求较高的监控监测类应用中，ARM7 反而是更加合适的选择。

ARM10 采用了 v5 架构，采用六级流水，平均功耗为 1000mW，时钟频率高达 300MHz，指令 Cache 和数据 Cache 分别为 32K，宽度为 64bits，能够运行多种商用操作系统，适用于高性能手持式因特网设备及数字式消费类应用。相比 ARM9，ARM10 的性能提高了近 50%。

ARM11 发布于 2001 年，采用了 v6 架构，时钟频率 350~500MHz，最高可达 1GHz，在提供高性能的同时，也允许在性能和功耗间做权衡以满足某些特殊应用。通过动态调整时钟频率和供应电压，开发者完全可以控制这两者的平衡。在 0.13μm 工艺，1.2V 条件下，ARM11 处理器的功耗可以低至 0.4mW/MHz。ARM11 强大的多媒体处理能力，低功耗、高数据吞吐量和高性能的特点使其成为无线和消费类电子产品、网络处理应用、汽车电子类应用的理想选择。

1.5.2 Cortex 系列内核

Cortex 是 ARM 的新一代处理器内核，它在本质上也是 ARM v7 架构的实现。与前代的向下兼容、逐步升级策略不同，Cortex 系列是全新开发的，如表 1-2 所示，因此在设计上没有包袱，可以大胆采用各种新技术，但因为放弃了向前兼容，老版本的程序必须经过移植才能在 Cortex 上运行，因此对软件和支撑环境提出了更高的要求。

表 1-2　　ARM7TDMI-S 内核和 Cortex-M3 内核的比较

特性	ARM7TDMI-S	Cortex-M3
架构	ARMv4T（冯·诺依曼）	ARMv7-M（哈佛）
ISA 支持	Thumb/ARM	Thumb/Thumb-2
流水线	3 级	3 级＋分支预测
中断	FIQ/IRQ	NMI＋1 到 240 个物理中断
中断延迟	24～42 个时钟周期	12 个时钟周期
休眠模式	无	内置
存储器保护	无	8 段存储器保护单元
Dhrystone	0.95DMIPS/MHz（ARM 模式）	1.25DMIPS/MHz
功耗	0.28mW/MHz	0.19mW/MHz
面积	0.62mm^2（仅内核）	0.86mm^2（内核＋外设）

Cortex 按照三类典型的嵌入式系统应用，即高性能（High Performance）类、微控制器类（Microcontroller）和实时类分成三个系列，即 Cortex-A、Cortex-M 和 Cortex-R。本书主要讲述 Cortex-M3™ 系列。ARM 的 Cortex-M3™ 处理器的开发旨在提供一种高性能、低成本平台，以满足最小存储器实现、小管脚数和低功耗的需求，同时提供卓越的计算性能和出色的对中断的系统响应。

在设计上，Cortex 不再区分 ARM 标准指令和 Thumb 指令，而是完全采用 Thumb-2 指令，达到了精简高效的目标。绝大部分厂家提供的基于 Cortex 内核的微控制器芯片会在内部集成大容量 Flash（数十 KB 到数百 KB）以及 A/D 采样、USART、Timer 等组件，这样几乎可以用一块芯片就构建一个低成本的监测系统，在实际中使用更加方便，受到广大工程师欢迎。

除了整个体系的全性设计与开发，Cortex 全面改革了调试技术及其支持，将调试用的管脚数从 5 减少到 1，这是通过采用新的调试接口技术——单线调试实现的，它可以取代现有的多管脚 JTAG 端口，更加适合于空间有限的微型电池供电系统。

除了无与伦比的性能、功耗和存储器使用之外，ARM Cortex-M3 处理器还首次配备了可嵌入式中断向量控制器 NVIC，实现了出色的中断处理。通过用硬件实现在处理中断时所需要的寄存器操作，这个内核能够以最小的时钟开销进入中断以及在挂起或更高优先级的中断之间进行切换，只需 6 个时钟周期。这种设计的标准中断通道数是 32，但是也能够配置为 1～240 多条通道。

不仅如此，Cortex-M3 处理器还包含了一个可选的存储器保护单元（MPU），以便为复杂应用提供特权工作模式，以协助操作系统软件工作或者在对可靠性要求更高的安全软件中应用。

此外，借助更先进的 0.35μm 和 0.25μm 集成电路生产工艺，Cortex 实现了成本与性能的理想折衷。目前，各大厂商基于 Cortex 内核的芯片正在推出，可以预见，Cortex 在未来将获得更为广泛的应用。

1.5.3　STM32F103 系列微控制器

按照 ARM 公司的经营模式，ARM 只提供 IP 核，ARM 公司本身并不生产销售集成电路芯片，后者是由大量 ARM 的合作伙伴完成的。以 Cortex 内核为例，截至 2010 年初，已发出

69份授权,其中Cortex-M3内核发出的授权最多,为29份,这29家客户中包括了Actel、Broadcom、TI、ST、Fujitsu、NXP等业界重量级公司,它们在标准Cortex-M3内核的基础上,进一步扩充GIO、USART、Timer、I2C、SPI、CAN、USB等外部设备,以及对Cortex内核进行少量定制修改,然后结合各自的技术优势进行生产销售,共同推动基于Cortex内核的嵌入式市场的发展。

在诸多公司中,意法半导体(STMicroelectronics)是较早在市场上推出基于Cortex内核的微处理器产品的公司,其设计生产的STM32系列产品充分发挥了Cortex-M3内核低成本、高性能的优势和ST公司长期的技术积累,并且以系列化的方式推出方便用户选择,在市场上获得了广泛的好评,如图1-14。本书即是以STM32为主进行介绍并选用STM32F103进行实验。

图1-14 STM32产品线的设计理念

按照时间推出的先后,STM32产品线目前包含STM32F101、STM32F102、STM32F103、STM32F105、STM32F107,如图1-15所示。目前常用的为103~107系列,在每一系列的内部,根据外设配置、存储器容量和封装形式又可分多款芯片以方便用户选用,见图1-16和图1-17的比较。

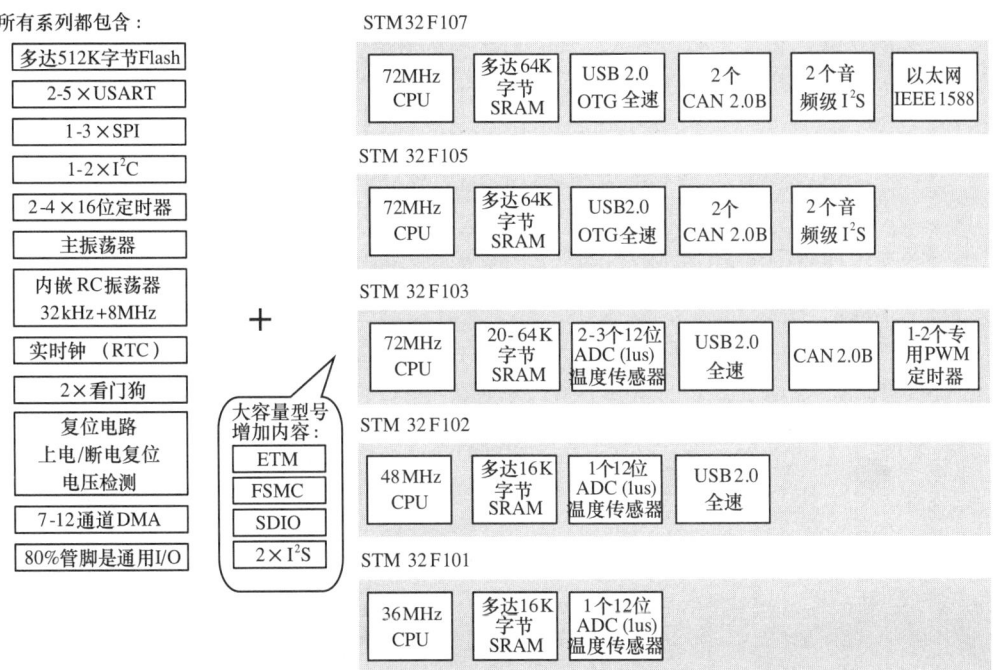

图1-15 基于Cortex-M3内核的STM32系列芯片

STM32 device	Low-density STM32F103xx devices		Medium-density STM32F103xx devices			High-density STM32F103xx devices			STM32F105xx			STM32F107xx	
Flash size(KB)	16	32	32	64	128	256	384	512	64	128	256	128	256
RAM size(KB)	6	10	10	20	20	48	64	64	20	32	64	48	64
144 pins						5 × USARTs 4 × 16-bit timers, 2 × basic timers, 3 × SPI,2 × I²Cs, 2 × I²Ss,USB,CAN, 2 × PWM timer 3 × ADCs,1 × DAC, 1 × SDIO, FSMC(100- and 144-pin packages)⁽¹⁾			5 × USARTs 4 × 16-bit timers, 2 × basic timers, 3 × SPIs,2 × I²Cs,2 × I²Ss, USB OTG FS, 2 × CANs,1 × PWM timer 2 × ADCs 1 × DAC			5 × USARTs 4 × 16-bit timers, 2 × basic timers, 2 × SPIs, 2 × I²Cs,2 × I²Ss, USB OTG FS, 2 × CANs, 1 × PWM timer 2 × ADCs 1 × DAC, Ethernet	
100 pins			3 × USARTs 3 × 16-bit timers 2 × SPI, 2 × I²C, USB,CAN, 1 × PWM timer 2 × ADCs										
64 pins	2 × USARTs 2 × 16-bit timers 1 × SPI,1 × I²C, USB,CAN, 1 × PWM timer 2 × ADCs		2 × USARTs 2 × 16-bit timers 1 × SPI, 1 × I²C, USB,CAN, 1 × PWM timer 2 × ADCs										
48 pins													
36 pins													

图 1-16 STM32F103、STM32F105 和 STM32F107 系列的比较

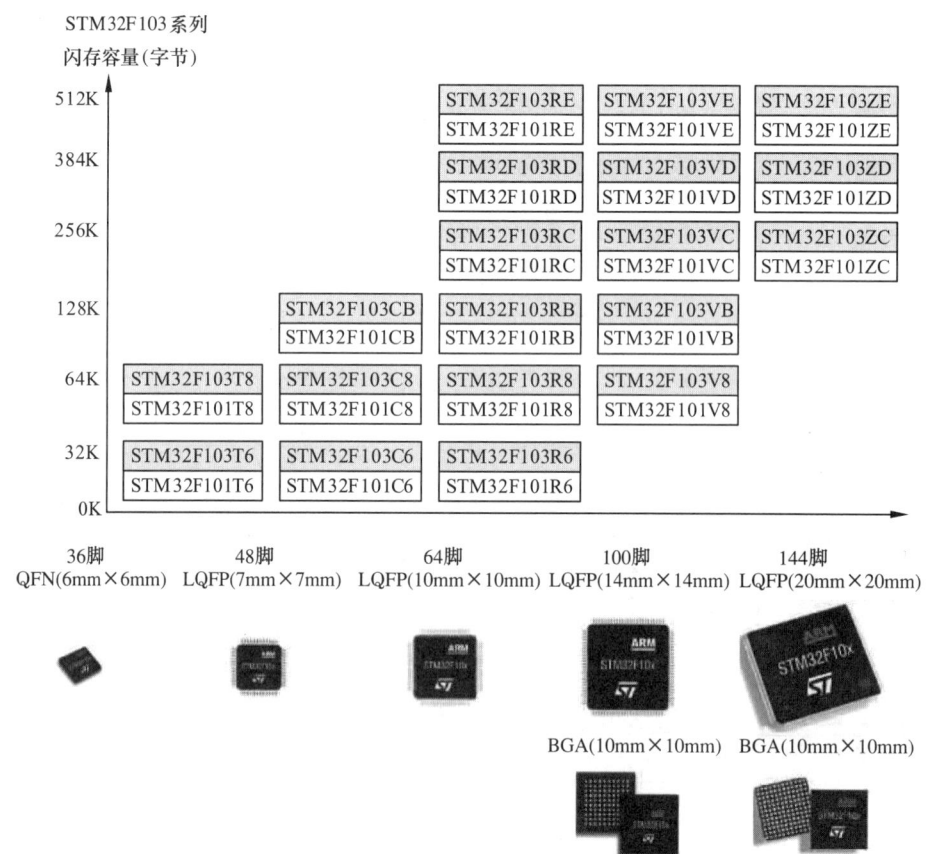

图 1-17 STM32 系列芯片闪存容量比较和封装形式

STM32 系列微控制器芯片的突出优点就是内部高度集成,且提供高质量的固件库,方便开发:

• 内嵌电源监视器,可减少对外部期间的需求,提供上电复位、低电压检测、掉电检测;

- 自带时钟的看门狗定时器；
- 一个主晶振可驱动整个系统：低成本的4～16MHz晶振即可驱动CPU、USB和其他所有外设，不会像某些系统那样为了USB或其他外设需要额外提供晶振，内嵌PLL产生多种频率；
- 内嵌出厂前调校的8MHz RC振荡器，可以用作低成本主时钟源。

基于STM32的最小系统元件数最少可为7个，大大简化了整个嵌入式系统的设计与生产成本。不仅如此，STM32内部集成的其他外设模块也极具特色：

- USB：传输速率高达12Mbit/s；
- USART：传输速率高达4.5Mbit/s；
- SPI：传输速率高达18Mbit/s，支持主模式和从模式；
- I2C：工作频率可达400kHz；
- GPIO：最大翻转频率为18MHz；
- PWM定时器：可接受最高72MHz时钟输入；
- SDIO：48MHz；
- I2S：采样率可选范围为8～48kHz；
- ADC：12位，最快1μs转换时间；
- DAC：提供2个通道，12位。

与市场同期产品比较，STM32内部集成的模块更丰富，性能也更强大，产品线也非常齐全，因此在2008年荣获了"2008年EDN China创新奖最佳产品奖"。2009年，意法半导体再次扩充STM32微控制器阵营，发布了超低功耗的STM32L和自带2.4G无线收发器的STM32W，可以预见，这些新器件将衍生出更多的创新应用和市场。

1.6 嵌入式系统工程设计与开发

嵌入式系统和产品的开发过程大致可分为需求分析、架构和概要设计、详细设计和开发与测试反馈。

1.6.1 需求分析

需求分析阶段的根本目的是明确用户对待开发嵌入式系统和产品的要求，明确用户究竟需要一个怎样的产品。从技术角度看，需求分析文档是对用户要求的明确总结，从商务角度看，需求分析文档是用户和开发人员两方都认可的目标文档，需求分析中的条款往往也就是开发活动需达到的目标。

对需求的凝练和总结需要系统分析师对目标应用领域有较为深入的了解，与客户具有良好的沟通技能，对技术手段也有深刻的领会。实际中的困难之一是用户往往不能很好地总结其需求，这就需要系统分析师加以总结和沟通，并且帮助用户考虑那些用户本人都没有认真考虑的潜在问题。

常见的需求项目包括：
1) 功能性需求
（1）基本功能是什么，用在什么地方，使用环境是怎样的？

(2) 有哪些输入？模拟量还是数字量？如果是模拟量，输入信号的范围和阻抗如何？
(3) 有哪些输出？作为模拟量还是数字量输出？
(4) 有哪些人机交互手段？LCD 还是 LED？是否支持蜂鸣器？
(5) 采用何种通信手段？RS232 串口，485 串口，USB 接口还是网络接口？
(6) 提供何种调试手段、升级手段、自我校正或维护手段？
(7) 采用何种电源和能量供给手段？用电池、市电、还是 USB 供电等。
(8) 功耗如何？
(9) 质量和体积如何？
(10) 外观如何？现场如何安装和部署？

2) 性能性需求

(1) 整体运行速度如何？各模块运行速度又如何？特别是各模块间是否匹配，是否存在瓶颈？
(2) 内部存储器大小，可存储数据量大小多少？

3) 可靠性需求

(1) 抗干扰性和 EMC 特性如何？
(2) 能承受何种幅度的输入？能承受何种规模的过载输出？
(3) 整体寿命如何？一些易损器件如电解电容的最大使用寿命如何？
(4) 程序跑飞或其他故障情况下能够自我检查并恢复和重新启动？
(5) 对实时性要求如何？
(6) 对响应时间（快速性）要求如何？
(7) 对可靠性还有什么其他期望？

4) 成本

(1) 总体拥有成本如何？包含器件成本、制造成本、人力成本、运营成本、维护成本等。
(2) 供货渠道是否稳定？供货风险是高还是低？

需求分析的结果依具体项目有所区别，对开发方而言，需求分析宜详细不宜精简，甚至要把用户潜在的还没有提出的需求考虑在内。

1.6.2 架构和概要设计

架构设计规定了整个系统的大致技术路线，而概要设计则可以认为是其更加具体的描述。因为嵌入式系统是一个软硬件集成的系统，所以在架构和概要设计阶段，较通常的纯软件系统或纯硬件系统考虑得就更多。

(1) 系统的层次、剖面或模块划分。层次是按照横向对系统进行分层，剖面是按照纵向对系统进行分列，横纵交织的单元就构成一个个模块。这种划分在硬件设计和软件设计中都是存在的，而在软件设计中尤为重要。合理地划分既需要深刻地认识整个目标系统，也带有较多的经验成分。

(2) 系统软硬件交互的界面放在何处，是采用高性能高成本的硬件加速方案多一些，还是采用性能相对较低但成本也更低的软件实现多一些？

(3) 硬件上核心关键器件的选择，例如 MCU 或 CPU 的大致型号，这在很大程度上会影响到软件方案的选择。

(4) 软件的工作量较大,所选软件方案是否可以得到良好的支持?这种支持来自开发人员的水平、厂商的技术支持、第三方软件以及各种可以获得的技术资料。鉴于软件的工作量在整个项目中经常超过硬件部分,良好的软件支持和开发支持对保证进度、降低开发成本是必不可少的。除了上述几个问题,嵌入式操作系统的选择、开发语言、开发平台和工具也应在这个阶段明确下来,以方便对人员展开培训。

(5) 系统的成本和性能如何平衡?通常总是希望在性能达标的情况下尽可能降低成本,但在综合考虑开发成本、维护成本、升级和扩展成本、制造成本等因素后,这一问题就比较复杂。

1.6.3 详细设计与开发

详细设计是对概要设计的进一步细化,详细设计阶段需要明确一切未确定之处,使工程师可以在工作中具体参照执行。嵌入式系统的开发包括硬件开发、软件开发,也包括两者的集成和联合测试。如果整个系统涉及外设(如电动机、阀门),还需要跟具体的外设和物理对象联合在一起进行测试。

在开发阶段,硬件方面的工作相对明确,主要是根据需求和架构设计,选择合适的器件并设计电路,完成硬件部分的制作、焊接、测试等工作。相比硬件,软件部分由于其复杂度随着模块数量的增加指数上升,特别是各模块之间沟通联络协调的困难以及每个软件模块本身的功能细节不完备性,导致软件反而成为最大的影响进度的因素,且越到项目开发后期越明显。实际中出现这些问题的常见原因是前期需求分析不明确,架构设计、概要设计不到位,为了赶进度而直接进入开发编码阶段。必须认识到项目的执行过程有其自身规律,前期的工作必须到位,否则欲速则不达。不论是采用"自顶向下"的策略还是采用"快速原形多次迭代"的开发策略,项目管理者都必须能够有效地管控每个阶段的目标、进度和质量。

1.6.4 测试反馈

测试是整个系统开发中必不可少的环节。严格意义上,测试与反馈并不是一个单独的阶段,它应该贯穿于整个项目生命流程周期管理中的每一个环节:在需求阶段,需要随时就需求分析的结果与用户交流,确保在这一过程中用户需求被准确地传递给开发团队;在详细设计和开发阶段,在每一个模块完成之后都要进行单元测试,在模块之间拼接组装时要进行集成测试,在整个系统完成后要进行整体测试。可以说,测试贯穿整个阶段,随时为前一阶段的工作提供反馈,这是保证质量的最基本途径。如果在任何一个环节发现问题,都必须及时修改避免带入后续环节,因为后期更改的成本远远高于先期修正的成本。

系统软硬件完成之后的测试属于整体测试范畴,硬件上主要是确认各种功能是否都已实现,各种技术指标是否能够达到,软硬件和可能的其他设备在一起是否可以协同工作,对外部干扰是否具有足够的鲁棒性等(如 EMC 测试),以及可靠性测试。软件测试从目标上分,主要可分为正确性测试和性能测试(或称压力测试)两大类,正确性主要是提高软件质量,保证软件按照预期的设计路径演进并能得到正确的结果。而性能测试则主要用于确认整个系统在面临大数据量、大负载输入时是否依然可以稳定工作。由于现今的软硬件大量采用了第三方开发的独立模块,其质量难以度量,因此在这样的基础上构建的整个系统除了进行充分的测试,没有太多的好办法可以保证其质量。

测试的结果通常反馈给直接的开发人员修正，但也可能导致整个系统在方案上必须作出重大修改，这往往会带来重大损失，因此，需求分析和架构设计的责任尤为重大，因为这两个阶段工作到位至少可以保证后期不会出现重大修改。

1.7 本课程学习内容和目标

本课程的学习目标是：掌握嵌入式系统开发的基本原理和技术，领悟和理解嵌入式系统是如何实现软硬件集成并达到需求的，并能够独立设计和实现一个小型嵌入式系统。

嵌入式系统在本质上是一门实践课而非理论课，内容跨度大，知识点多，技能要求高，在有限的时间内难以充分掌握每个所有相关知识点，故在学习时，可选择少数应用实例，抽象其需求，从上到下完成整个系统的分析设计，然后从下向上自行搭建整个系统，并在实践中体悟基本原理、准确掌握基本概念、培养和锻炼实际系统开发的技能，并最终能够独立设计和实现一个简单的小型嵌入式系统。实际中切忌贪多求全，而应选择重点进行学习，因为整个开发技能的训练是一个长期的过程，入门和举一反三很重要。

习题

1. 请列举 10 个以上身边嵌入式系统的例子。
2. 为什么嵌入式系统的开发在过去 10 年间成为业界关注的重点？试从产业发展规律方面进行陈述。
3. 请归纳整理嵌入式系统开发全流程中涉及的知识领域，并思考哪些属于嵌入式系统初学者应掌握的关键技能。
4. 嵌入式系统设计中有哪些矛盾需要设计者和开发者解决？
5. 如何理解计算机的计算能力和性能之间的概念差异？
6. 20 世纪五六十年代，阿塔纳索夫等人都具备了电子计算机的构思，当时也拥有相应的技术手段，为什么他们都不能最后完成计算机的发明？
7. 如何理解计算机系统软硬件边界？

第 2 章　Cortex-M3 微处理器

Cortex-M3 是 ARM 公司推出的新一代 32 位低成本、高性能通用微控制器内核,它放弃了与前代的二进制兼容而引入大量最新设计,出色地平衡了强计算能力、低功耗和低成本之间的矛盾,广泛应用于工业控制等各个领域,代表了目前微控制器内核发展的趋势。本章详述了该内核的设计原则、内部结构和指令体系。

2.1　Cortex-M3 微处理器内核

Cortex-M3 系列微处理器是专门为那些对成本和功耗非常敏感但同时又对性能有较高要求的应用而设计的。其核心是基于哈佛架构的三级流水线内核。该内核基于最新的 ARMv7 架构,采用 Thumb-2 指令集,集成了分支预测、单周期乘法、硬件除法等众多功能。

基于 Cortex-M3 处理器内核构建的 Cortex-M3 系列微处理器呈现为一个分级结构,它包括 ARM 本身提供的 Cortex-M3 处理器内核、调试系统,再配置相应的时钟、存储器、外设以及 I/O 组件等部件共同构建了处理器单元,从而系统地实现内置的中断控制、存储器保护、I/O 访问控制以及系统的调试和跟踪等功能。

经过 ARM 公司授权后,基于 Cortex-M3 处理器内核和调试系统,芯片制造商可以根据需要自由配置必要的部件进行微处理器芯片设计和制造,如图 2-1 所示。不同厂家设计出的微处理器会有不同的配置,包括存储器容量、类型、外设等都各具特色。

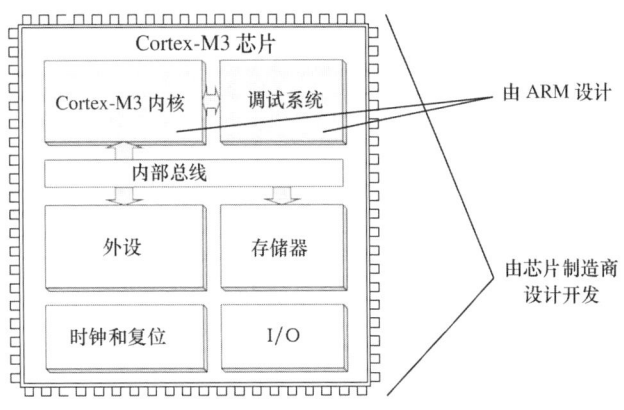

图 2-1　Cortex-M3 微处理器系统架构图

Cortex-M3 内核和集成部件已进行了专门的设计,用于实现最小存储容量、减少管脚数目和降低功耗,凭借对代码大小和中断延迟的优化、高度集成的系统部件、灵活多变的系统配置、简单高效的高级语言编程和强大的软件系统,Cortex-M3 系列微处理器已逐步成为嵌入式系统的理想解决方案。

2.1.1 内核体系结构

Cortex-M3 处理器内核是建立在一个高性能哈佛结构的三级流水线技术上的 ARM v7 架构,可满足事件驱动的应用需求。内核的内部数据路径宽度为 32 位,寄存器宽度为 32 位,存储器接口宽度也是 32 位,是典型的 32 位处理器内核。内核拥有独立的指令总线和数据总线,取指与数据访问可同时进行。但指令总线和数据总线共享同一个存储器空间,其寻址能力为 4G。通过广泛采用时钟选通等技术,改进了每个时钟周期的性能,获得优异的能效比。Cortex-M3 内核实现了 Thumb-2 指令集(传统 Thumb 指令集的超集),既获得了传统 32 位代码的性能,又具有 16 位代码的高代码密度。

Cortex-M3 处理器主要由两大部分组成:Cortex-M3 内核和调试系统。其内核体系结构方框图如图 2-2 所示。

1. Cortex-M3 内核

Cortex-M3 内核主要包括:

1) 中央处理器核心(Cortex-M3 Core)

这是 Cortex-M3 处理器的中央处理核心,即通常所说的 CPU,包括指令提取单元(Instruction Fetch Unit)、译码单元(Decoder)、寄存器组(Register Bank)和 ALU(Arithmetic Logic Unit)等。

2) 嵌套向量中断控制器(NVIC)

NVIC 是一个在 Cortex-M3 中内建的中断控制器,与 CPU 核心紧耦合。包含众多控制寄存器,支持中断嵌套模式,提供向量中断处理机制等功能。中断发生时,自动获得服务例程入口地址并直接调用,无需软件判定中断源,大大缩短中断延时。

3) 系统时钟(SYSTICK)

由 Cortex-M3 内核提供的一个 24 位倒计时计数器,可产生定时中断,作为系统定时器用。所有 Cortex-M3 处理器均有该计数器,因此系统级移植时不必修改系统定时器相关代码,移植效率高。特别注意的是,即使系统处于睡眠模式,该计数器也能正常工作。

4) 存储器保护单元(MPU)

可选单元。可以视为一个简化的存储器管理单元(MMU,Memory Management Unit),但重点在于存储器保护。即通过将存储器划分成存储区域块,并设置其存取特性(是否缓冲、是否读写、是否执行、是否共享等)对存储区域块进行访问保护。

5) 总线矩阵

总线矩阵是 Cortex-M3 内部总线系统的核心,它是一个 32 位的 AMBA AHB Lite 总线互连网络。该网络把处理器内核及调试接口连接到不同类型和功能划分的外部总线,如系统总线、ICode 指令总线、DCode 数据总线、私有外设总线等,从而提供数据在不同总线上的并行传输功能。此外,总线矩阵还提供了附加数据传送功能,如写缓冲、位带(bit banding)等,支持非对齐数据访问,以及通过总线桥(AHB to APB Bridge)支持向 APB 总线的连接。

2. 调试系统

调试系统包括如下模块,它们用于调试和测试,通常不会在应用程序中直接使用。

1) 串行线调试端口/串行线 JTAG 调试端口(SW-DP/SWJ-DP)

SW-DP/SWJ-DP 两种端口都与 AHB 访问端口(AHB-AP)协同工作,以使外部调试器可

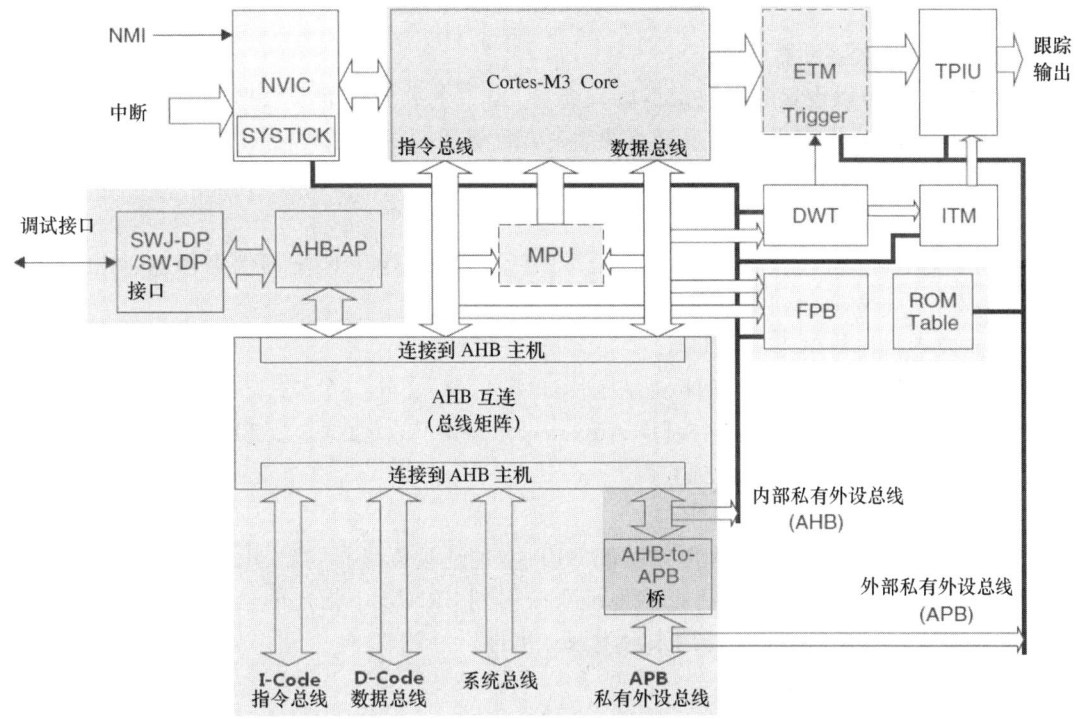

NVIC:嵌套向量中断控制器(NVIC,Nested Vector Interrupt Controller)
SYSTICK:系统时钟
Cortex-M3 Core:Cortex-M3 处理器核心
MPU:存储器保护单元(MPU,Memory Protection Unit)
SW-DP/SWJ-DP:串行线调试端口/串行线 JTAG 调试端口(DP,Debug Port)
AHB-AP:AHB(Advanced High performance Bus)访问端口(AP,Access Port)
ETM:嵌入式跟踪宏单元(ETM,Embedded Trace Macrocell)
DWT:数据观察点触发器(DWT,Data Watchpoint Trigger)
ITM:指令跟踪宏单元(ITM,Instrumentation Trace Macrocell)
TPIU:跟踪端口接口单元(TPIU,Trace Port Interface Unit)
FPB:Flash 重载及断点单元(FPB,Flash Patch Breakpoint)

图 2-2　Cortex-M3 内核体系结构方框图

注:虚线框所示的 MPU 和 ETM 是可选单元,即在不同的 Cortex-M3 处理器设计中,可视具体应用场合选配这些单元。

以发起 AHB 上的数据传送,从而执行调试活动。在处理器核心的内部没有 JTAG 扫描链,大多数调试功能都是通过在 NVIC 控制下的 AHB 访问来实现的。SWJ-DP 支持串行线协议和 JTAG 协议实现与调试接口的连接,而 SW-DP 只支持串行线协议。

2) 基于 AHB 总线的通用调试接口(AHB-AP)

AHB 访问端口通过少量的寄存器,提供了对全部 Cortex-M3 存储器的访问机能。该功能块由 SW-DP/SWJ-DP 通过一个通用调试接口(DAP)来控制。当外部调试器需要执行动作的时候,就要通过 SW-DP/SWJ-DP 来访问 AHB-AP,从而产生所需的 AHB 数据传送。

3) 嵌入式跟踪宏单元(ETM)

ETM 用于实现实时指令跟踪,但它是一个选配件,所以不是所有的 Cortex-M3 产品都具有实时指令跟踪能力。ETM 的控制寄存器是映射到主地址空间上的,因此调试器可以通过

DAP 来控制它。

4) 数据观察点触发器(DWT)

通过 DWT, 可以设置数据观察点触发条件, 当一个数据地址或数据值匹配观察点条件, 触发一次匹配命中并产生一个观察点事件, 从而激活调试器以产生数据跟踪信息, 或者让 ETM 联动以跟踪在哪条指令上发生了匹配命中事件。

5) 指令跟踪宏单元(ITM)

软件通过控制该模块直接把消息送给 TPIU 或者让 DWT 匹配命中事件通过 ITM 产生数据跟踪包, 并把它输出到一个跟踪数据流中。

6) 跟踪端口接口单元(TPIU)

TPIU 用于和外部的跟踪硬件(如跟踪端口分析仪)交互。在 Cortex-M3 的内部, 跟踪信息都被格式化成"高级跟踪总线(ATB, Advanced Trace Bus)数据包", TPIU 重新格式化这些数据, 从而让外部设备能够捕捉到它们。

7) Flash 重载及断点单元(FPB)

FPB 提供 Flash 地址重载和断点功能。Flash 地址重载是指: 当 CPU 访问的某条指令匹配到一个特定的 Flash 地址时, 将把该地址重映射到 SRAM 中指定的位置, 从而取指后返回的是另外的值。匹配的地址还能用来触发断点事件。

8) 配置查找表(ROM 表)

提供存储器映射信息的查找表。当调试系统定位各调试组件时, 它需要找出相关寄存器在存储器的地址, 这些信息由此表给出。由于 Cortex-M3 有固定的存储器映射, 因此在绝大多数情况下, 各组件都拥有一致的起始地址。然而, 有些组件是可选的或者由芯片制造商另行添加的, 各芯片制造商可能需要定制他们芯片的调试功能。在这种情况下, 必须在 ROM 表中给出这些额外的信息, 这样调试软件才能判定正确的存储器映射, 进而可以检测可用的调试组件是何种类型。

2.1.2 系统总线结构

在计算机系统中, 各个部件之间传送信息的公共通路叫总线(Bus)。它是计算机各种功能部件之间传送信息的公共通信干线。按照计算机所传输的信息种类, 计算机的总线可以划分为数据总线、地址总线和控制总线, 分别用来传输数据、地址和控制信号。主机的各个部件通过总线相连接, 外部设备通过相应的接口电路再与总线相连接, 从而形成了计算机硬件系统。

常见的计算机系统是采用冯·诺依曼结构构建而成。在该结构中, 程序指令和数据不加以区分, 均采用数据总线进行传输。因此, 数据访问和指令存取不能同时在总线上传输。Cortex-M3 内核是基于哈佛结构构建的, 有专门的数据总线和指令总线, 使得数据访问和指令存取可以并行处理, 效率大大提高。Cortex-M3 内核通过总线矩阵对外部设备提供多种总线接口。

1. I-Code 指令总线

基于 AHB-Lite 总线协议的 32 位总线, 默认映射到 0x00000000～0x1FFFFFFF 内存地址段, 主要用于取指操作。取指以字方式操作, 即每次取 4 字节长度指令。即使对 16 位指令进行取指也是如此。因此 CPU 内核可以一次取出两条 16 位的 Thumb 指令。

2. D-Code 数据总线

基于 AHB-Lite 总线协议的 32 位总线,默认映射到 0x00000000～0x1FFFFFFF 内存地址段,主要用于数据访问操作。尽管 Cortex-M3 支持非对齐数据访问,但地址总线上总是对齐的地址。然而对于非对齐的数据传送,都将转换成多次的对齐数据传送,然后拼装而成所需的数据。因此,连接到 D-Code 总线上的任何设备都只需支持 AHB-Lite 的对齐访问,不需要支持非对齐访问。

3. 系统总线

基于 AHB-Lite 总线协议的 32 位总线,默认映射到 0x20000000～0xDFFFFFFF 和 0xE0100000～0xFFFFFFFF 两个内存地址段,用于访问内存和外设,即 SRAM,片上外设,片外 RAM,片外扩展设备以及系统级存储区。可以根据需要传送指令和数据。和 D-Code 总线一样,所有的数据传送都是对齐的。

4. 外设总线

基于 APB 总线协议的 32 位总线,用于访问私有外设,默认映射到 0xE0040000～0xE00FFFFF 内存地址段。由于 TPIU、ETM 以及 ROM 表占用了部分空间,实际可用地址区间为 0xE0042000～0xE00FF000。在系统连接结构中,通常借助 AHB-APB 桥实现内核内部高速总线到外部低速总线的数据缓冲和转换。

一个典型的总线连接范例如图 2-3 所示。

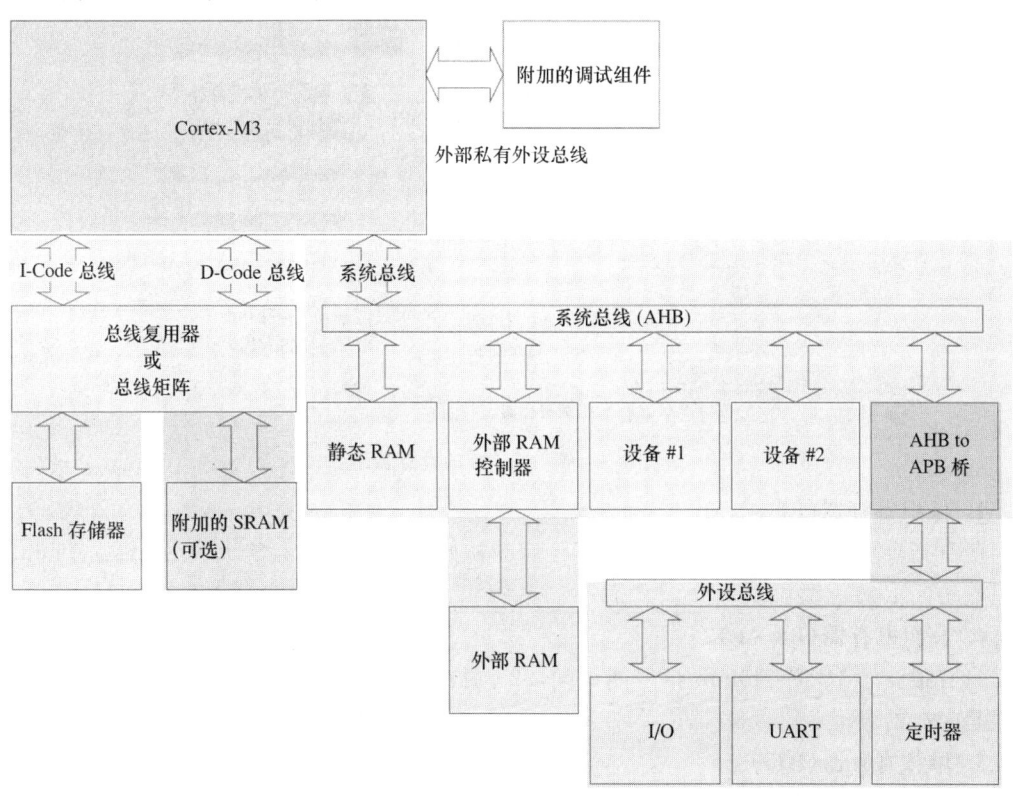

图 2-3　Cortex-M3 总线连接范例

2.1.3 寄存器

Cortex-M3 拥有通用寄存器(R0～R15)和特殊功能寄存器。其中 R0～R7 是低组寄存器，R8～R12 是高组寄存器，如图 2-4 所示。绝大多数 16 位指令只能使用低组寄存器，32 位 Thumb-2 指令可以访问所有通用寄存器。R13 作为堆栈指针 SP。R14 是连接寄存器 LR，R15 是程序计数器 PC。特殊功能寄存器有预定义的功能，必须通过专用指令进行访问。

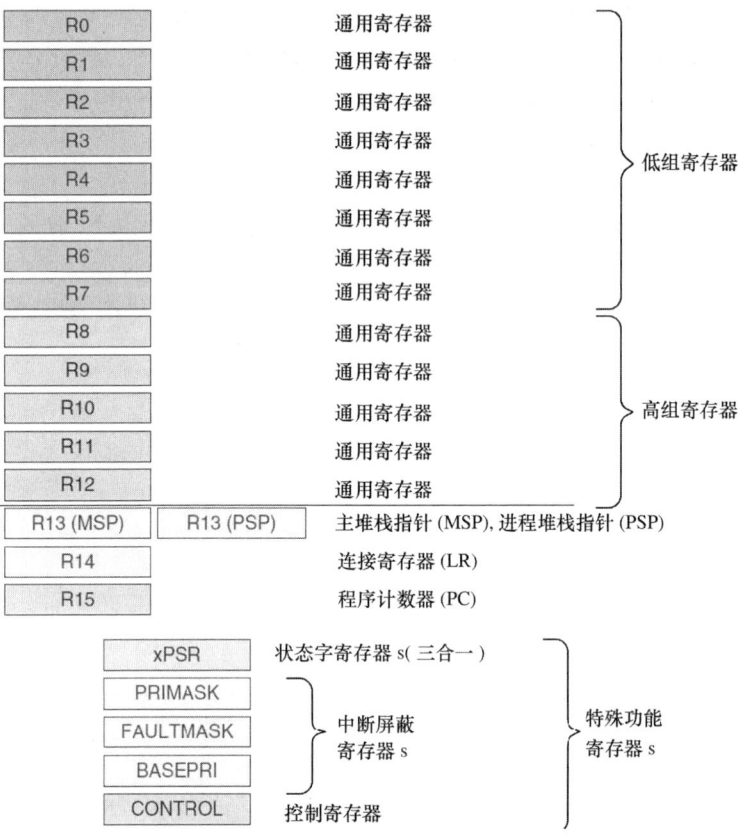

图 2-4 Cortex-M3 的寄存器组

1. 低组寄存器(R0～R7)

所有指令均能访问，字长为 32 位，复位后的初始值是随机的。绝大多数 16 位 Thumb 指令只能访问 R0～R7。

2. 高组寄存器(R8～R12)

只有很少的 16 位 Thumb 指令能访问，32 位指令则不受限制，字长为 32 位，复位后的初始值是随机的。

3. 堆栈寄存器(R13)

堆栈寄存器又称堆栈指针 SP(Stack Pointer)，在 ARM 汇编程序中 SP 和 R13 写法可以互换。Cortex-M3 处理器内核中共有两个堆栈指针，因而有两个堆栈。但这两个寄存器不会同时生效，根据系统运行状态进行堆栈切换，以保证程序运行的快速性、安全性等要求，因而堆栈寄存器也称为分组寄存器(Banked Register)。当作为堆栈功能对 R13(SP)进行引用时，你只能引用到当前系统状态确定的堆栈,另一个堆栈寄存器则只能通过特殊的指令进行访问(MRS,MSR 指令)。

这两个堆栈指针分别是:

(1) 主堆栈指针(MSP),或写作 SP_main,缺省堆栈指针,它由 OS 内核、异常服务例程以及所有需要特权访问的应用程序代码来使用。

(2) 进程堆栈指针(PSP),或写作 SP_process。用于常规的应用程序代码(不处于异常服用例程中时)。

堆栈是一种存储器的使用模型。它由一块连续的内存,以及一个栈顶指针组成,用于实现"先进后出"(FILO,First In Last Out)的缓冲区,见图 2-5。其最典型的应用就是在数据处理前先保存寄存器的值,再在处理任务完成后从中恢复先前保护的这些值。

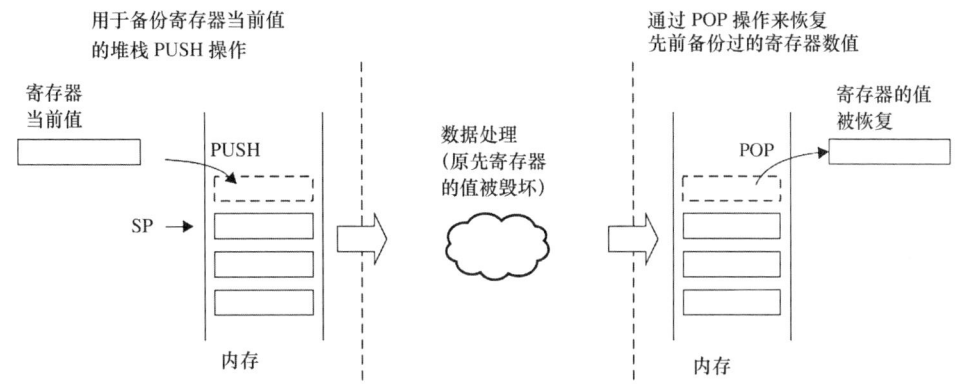

图 2-5 堆栈内存的基本概念

特别注意,并不是每个应用程序都能用到两个堆栈指针,简单应用程序只使用 MSP 即可。堆栈指针用于访问堆栈,采用专门的 PUSH 指令和 POP 指令进行入栈和出栈操作。在执行这些操作时,堆栈指针 SP 的内容会自动调整,以避免后续操作破坏先前的数据。如下所示:

PUSH   {R0}   ; *(--R13)=R0。R13 是 long * 的指针(32 位字长)
POP   {R0}   ;R0= * R13++

Cortex-M3 中的堆栈是"向下生长的满栈"。因此,在 PUSH 新数据入栈时,堆栈指针先减一个单元,然后将数据压入到堆栈指针所指的内存单元。通常在调用并进入一个子程序后,为保证子程序运行过程中不影响调用程序所使用的寄存器内容,第一件事就是把寄存器的值先 PUSH 入堆栈中,并在子程序退出前再将堆栈中保存的值 POP 到原来的寄存器,以恢复调用程序寄存器的原有内容。

PUSH 和 POP 还能一次操作多个寄存器,如下所示:

subroutine_1   ;子程序 1
PUSH {R0~R7,R12,R14}   ;保存寄存器列表
…   ;执行处理
POP {R0~R7,R12,R14}   ;恢复寄存器列表
BX R14   ;返回到主调函数

MSP 和 PSP 都被称为 R13,但在任一时刻不都呈现堆栈功能,在程序中可以通过 MRS/MSR 指令来指定访问具体的堆栈指针。由于 R13 的最低两位被硬线连接到 0,因此堆栈的 PUSH 和 POP 操作永远都是 4 字节对齐的,即堆栈指针指向的内存起始地址必定是 0x4,

0x8,0xC,诸如此类。

4. 连接寄存器(R14)

连接寄存器 LR(Linked Register)不同于大多数其他处理器。ARM 微处理器为减少访问内存的次数,把返回地址直接存储在连接寄存器 R14 中而不是存放在内存的堆栈中。这样,对于只有一级子程序调用时,不需访问堆栈内存就可返回到主调用程序,从而提高子程序调用的效率。

在针对 ARM 微处理器编写的汇编程序中,LR 和 R14 写法可以互换(以下不做区分)。LR 用于在调用子程序时存储返回地址。例如,当你在使用 BL(分支并连接,Branch and Link)指令时,就自动填充 LR 的值。

```
main                ;主程序
…
BL function1        ;使用"分支并连接"指令调用 function1
                    ;PC= function1,并且 LR=main 中当前执行指令的下一条指令地址
…
function1
…                   ;function1 的代码
BX LR               ;函数返回
```

Cortex-M3 微处理器在中断处理上与 ARM 微处理器存在较大差异:尽管 R14 寄存器仍称为链接寄存器,但并不像 ARM 微处理器那样存放当前(主)程序的返回地址,以便分支程序执行完毕后能够顺利返回,从而实现当前(主)程序与分支程序的链接,而是用来存放 Cortex-M3 微处理器的当前工作模式,即 Cortex-M3 微处理器转去执行分支程序时,R14 寄存器用来存放一个能够描述 Cortex-M3 微处理器当前工作模式的值 EXC_RETURN。当 Cortex-M3 微处理器在分支程序中执行 BXLR 指令时,首先明确自身应当从当前工作模式切换到何种目标工作模式,然后再进一步触发自身由分支程序返回先前被中断的程序。EXC_RETURN 并不是分支程序执行完毕后的返回地址,R14 寄存器用以实现的是 Cortex-M3 微处理器切换过程中不同工作模式的链接。

5. 程序计数寄存器(R15)

程序计数寄存器又称程序计数器 PC(Program Counter),在 ARM 汇编程序中 R15 和 PC 写法可以互换,用以指明指向当前的指令地址。如果修改它的值,即向 PC 中写数据,就会引起一次程序跳转,就能改变程序的执行流,但此时不更新 LR 寄存器。

由于 ARM 处理器发展的历史原因,PC 的第 0 位(LSB)用于指示 ARM/Thumb 状态。0 表示当前指令环境处于 ARM 状态,而 1 则表示当前指令环境处于 Thumb 状态。Cortex-M3 中的指令是隶属于 Thumb-2 指令集,且至少是半字对齐的,所以 PC 的 LSB 总是读回 0。然而在编写分支指令时,无论是直接写 PC 的值还是使用分支指令,都必须保证加载到 PC 的数值是奇数(即 LSB=1),用以表明当前指令在 Thumb 状态下执行,但微处理器在执行分支指令时,必须屏蔽 LSB 位的"1",才能保证程序的正确运行。倘若写了 0,则视为企图转入 ARM 模式,Cortex-M3 将产生一个 Fault 异常。

因为 Cortex-M3 内部使用了指令流水线,读取 PC 内容时返回的值是当前指令的地址+4。比如说:

```
0x1000:MOV R0,PC        ;R0=0x1004
```

表明当前指令地址为 0x1000,此时读取 PC 内容到 R0 寄存器。执行过程中 PC 的值为 0x1004＝0x1000＋4。

6. 特殊功能寄存器

Cortex-M3 内核还有三类特殊功能寄存器(图 2-6):

(1) 程序状态字寄存器(Program Status Register,PSRs);

(2) 中断屏蔽寄存器(PRIMASK,FAULTMASK,BASEPRI);

(3) 控制寄存器(CONTROL)。

这些寄存器只能采用 MSR 和 MRS 指令进行访问。指令访问的格式为:

MRS <gp_reg>,<special_reg>   ;读特殊功能寄存器(special_reg)的值到通用寄存器(gp_reg)

MSR <special_reg>,<gp_reg>   ;写通用寄存器(gp_reg)的值到特殊功能寄存器(special_reg)

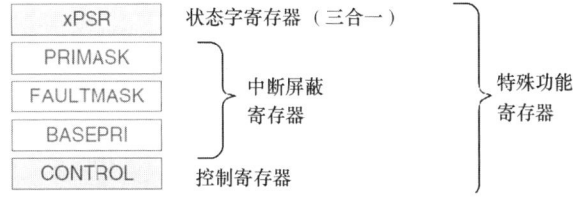

图 2-6 Cortex-M3 中的特殊功能寄存器集合

三类特殊寄存器的功能说明如表 2-1 所示。

表 2-1   寄存器及其功能

类别	寄存器	功能
程序状态字寄存器	xPSR	记录 ALU 标志(零标志、进位标志、负数标志、溢出标志以及饱和标志),执行状态,以及当前正服务的中断号
中断屏蔽寄存器	PRIMASK	除能所有的中断,但非屏蔽中断除外
	FAULTMASK	除能所有的 Fault,但非屏蔽中断除外。而且被除能的 Faults 会"上访"
	BASEPRI	除能所有优先级不高于某个具体数值的中断
控制寄存器	CONTROL	定义特权状态,并且决定使用哪一个堆栈指针

1) 程序状态字寄存器(PSR 或 xPSR)

程序状态寄存器是一个 32 位寄存器,依据位段划分,可分为三个子状态寄存器(图 2-7)。

(1) 应用程序 PSR(APSR):占据第 27～31 位,0～26 保留:

N:ALU 的运算结果为负,N=1;否则,N=0。

Z:ALU 运算结果为 0,则 Z=0;否则 Z=1。

C:ALU 运算存在仅为借位,C=1;否则 C=0。

V:ALU 运算结果溢出,V=1;否则 V=0。

Q:ALU 运算结果饱和溢出,Q=1;否则 Q=0。

(2) 中断号 PSR(IPSR):占据第 0～8 位;

Exception Number=0:表示基础级别的线程上下文,无被激活异常。

Exception Number＝n：表示向量表位置 n 处的异常发生，例如：n＝2 表示 NMI 非屏蔽中端，n＝15 表示 SysTick 中断请求，n＝16＋m 表示中断号 m INTISR[m])。

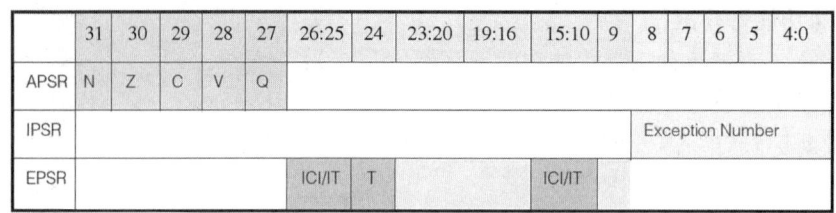

图 2-7 Cortex-M3 中的程序状态寄存器(xPSR)

（3）执行 PSR(EPSR)：占据第 10～15 和 24～26 位。

IT/ICI 标志位：包含 IF-THEN 指令的基础条件码和支持中断继续执行的相关信息。LDM/STM 指令可以利用 ICI(interrupt-continuable information)继续执行被中断的程序，但包含在 IT 指令块中的 LDM/STM 指令无此功能，因为 IT 与 ICI 域占用相同的比特位。

T 标志位：指示 Thumb 工作状态，对于 Cortex-M3 微处理器 T＝1 恒成立；T＝0 将引发异常，因为 Cortex-M3 无法执行 ARM 指令。

借助 MRS/MSR 指令，这 3 个 PSPS 既可以单独访问，也可以组合访问（2 个或 3 个组合都可以）。EPSR 可以使用 MRS 读取，但只能被间接修改。当使用三合一的方式访问时，应使用名字"xPSR"或者"PSR"，见图 2-8。

发生异常时，合体后的寄存器 xPSR 被自动全部压入堆栈。

	31	30	29	28	27	26:25	24	23:20	19:16	15:10	9	8	7	6	5	4:0
xPSR	N	Z	C	V	Q	ICI/IT	T			ICI/IT		Exception Number				

图 2-8 合体后的程序状态寄存器(xPSR)

2）中断屏蔽寄存器（PRIMASK，FAULTMASK 和 BASEPRI）

这三个寄存器用于控制异常的使能和除能，见表 2-2。

对于时间关键任务而言，PRIMASK 和 BASEPRI 对于暂时关闭中断是非常重要的。而 FAULTMASK 则可以被操作系统用于暂时关闭 Fault 处理机能，这种处理在某个任务崩溃时可能需要。因为在任务崩溃时，常常伴随着一大堆 Faults。在系统料理"后事"时，通常不再需要响应这些 Fault。总之 FAULTMASK 就是专门留给 OS 用的。

表 2-2 Cortex-M3 的屏蔽寄存器

名称	功能描述
PRIMASK	这是个只有 1 位的寄存器。当它置 1 时，就关闭所有可屏蔽的异常，只剩下 NMI 和硬 fault 可以响应。它的缺省值是 0，表示没有关中断
FAULTMASK	这是个只有 1 位的寄存器。当它置 1 时，只有 NMI 才能响应，所有其他的异常，包括中断和 fault，通通失效。它的缺省值也是 0，表示没有关异常
BASEPRI	这个寄存器最多有 9 位（由优先级的位数决定）。它定义了被屏蔽优先级的阈值。当它被设成某个值后，所有优先级号大于等于此值的中断都被关闭（优先级号越大，优先级越低）。但若被设成 0，则不关闭任何中断，0 也是缺省值

要访问 PRIMASK，FAULTMASK 以及 BASEPRI，同样要使用 MRS/MSR 指令，如：
MRS R0, BASEPRI   ;读取 BASEPRI 寄存器内容到 R0 中

MRS R0, FAULTMASK	;读取 FAULTMASK 寄存器内容到 R0 中
MSR BASEPRI, R0	;写入 R0 寄存器内容到 BASEPRI 中
MSR FAULTMASK, R0	;写入 R0 寄存器内容到 FAULTMASK 中
MSR PRIMASK, R0	;写入 R0 寄存器内容到 PRIMASK 中

只有在特权级下,才允许访问这 3 个寄存器。

其实,为了快速地开关中断,Cortex-M3 还专门设置了一条 CPS 指令。该指令有 4 种用法,分别为:

CPSID I	;PRIMASK=1,	;关中断
CPSIE I	;PRIMASK=0,	;开中断
CPSID F	;FAULTMASK=1,	;关异常
CPSIE F	;FAULTMASK=0	;开异常

可见,中断、异常是两个不同的概念。详见 2.1.6 节"异常与中断"。

3) 控制寄存器(CONTROL)

控制寄存器用于定义特权级别,还用于选择当前使用哪个堆栈指针,见表 2-3。

表 2-3   Cortex-M3 的 CONTROL 寄存器

位	功能描述
CONTROL[1]	堆栈指针选择 0 表示选择主堆栈指针 MSP(复位后缺省值); 1 表示选择进程堆栈指针 PSP。 在线程或基础级,可以使用 PSP。在 Handler 模式下,只允许使用 MSP,所以此时不得往该位写 1
CONTROL[0]	0 表示特权级的线程模式; 1 表示用户级的线程模式。 注意 Handler 模式永远都是特权级的

(1) CONTROL[1]:在 Cortex-M3 的 Handler 模式中,CONTROL[1]总是 0。在线程模式中则可以为 0(特权级)或 1(用户级)。

特别注意的是:仅当处于特权级的线程模式下,此位才可写。其他场合下禁止写此位。

(2) CONTROL[0]:仅当在特权级下操作时才允许写该位。一旦进入了用户级,唯一返回特权级的途径,就是触发中断异常,再由中断服务例程改写该位。

CONTROL 寄存器也是通过 MRS 和 MSR 指令来操作的:

MRS R0, CONTROL
MSR CONTROL, R0

2.1.4 存储器管理

Cortex-M3 是一个 32 位处理器,支持 4GB 存储空间,与前代 ARM 架构相比有如下优点:

(1) 预定义的存储器映射和总线配置;

(2) 支持"位带"(Bit-Band)操作以实现单一比特的原子操作;

(3) 支持非对齐访问和互斥访问。

Cortex-M3 只有一个单一固定的存储器映射,如图 2-9 所示。这极大地方便了软件在各种 Cortex-M3 单片机间的移植。如各款 Cortex-M3 单片机的 NVIC 和 MPU 都在相同的位置布设寄存器,使得它们变得通用;如通过把片上外设的寄存器映射到外设区(0x40000000～0x5FFFFFFF)中的某个位置,就可以简单地以访问内存的方式来访问这些外设的寄存器,从而对外设施加控制。这种预定义的映射关系,使得系统可以针对不同的存储器应用进行访问速度优化,同时针对片上系统应用而言更易集成。尽管如此,Cortex-M3 预定义的存储器映射是粗线条的,它依然允许芯片制造商灵活地分配存储器空间加以改变,以制造出各具特色的单片机产品。

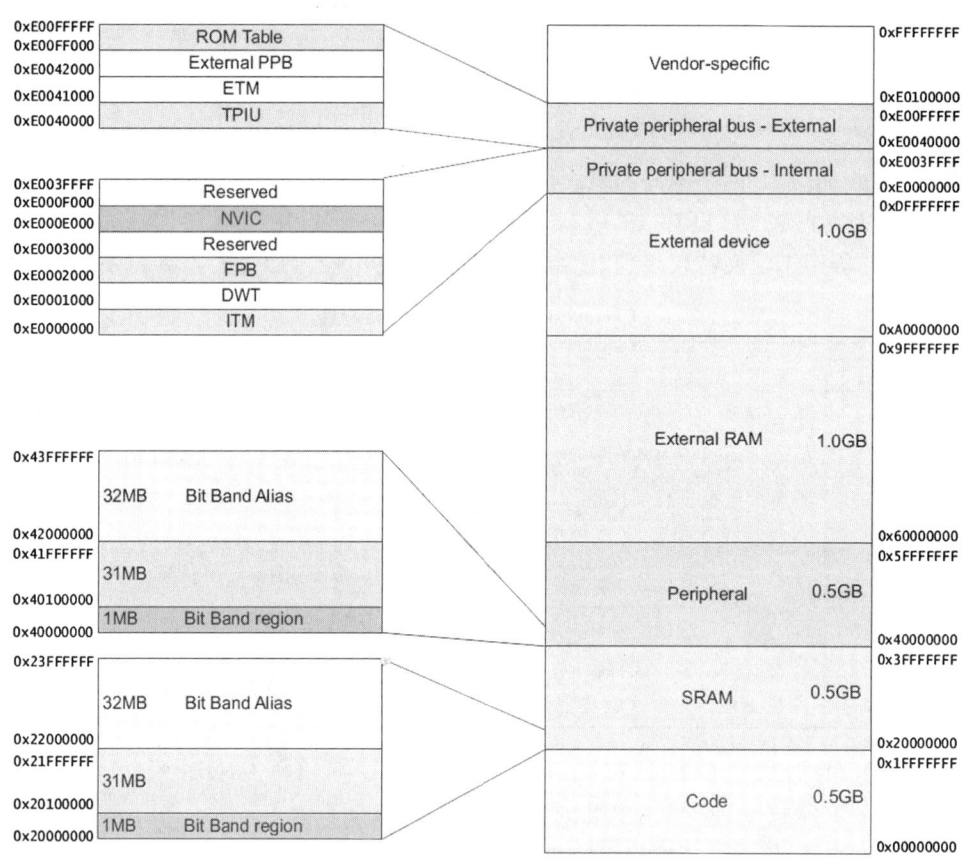

图 2-9 Cortex-M3 预定义的存储器映射

1. 存储器空间分配

1) 代码区(Code,0x00000000～0x1FFFFFFF)

地址范围大小为 512MB,主要用于存放程序代码。当然,代码也可存放在内部 SRAM 区以及外部 RAM 区。因指令总线与数据总线是分开的,为使取指和数据访问各自使用自己的总线,最理想的是把程序放到代码区。

2) 内部 SRAM 区(SRAM,0x20000000～0x3FFFFFFF,512MB)

内部 SRAM 区的大小是 512MB,用于让芯片制造商连接片上的 SRAM,这个区通过系统总线来访问。该区最底部 1MB 地址范围是"位带区"(0x20000000～0x200FFFFF),可存放 8M 个位(bit)变量。与此对应,该位带区有一个 32MB 的"位带别名(Alias)区"(0x22000000～0x23FFFFFF),用一个字(4 字节)来代表每一个位带区的每一个位(因为 Cortex-M3 每次存储器操作的数据是一个字)。这样使用地址对位带别名区中每一个字进行读写时,实际上就是对位带区的每一个位进行读写。

位带操作只适用于数据访问,不适用于取指。通过位带的功能,可以把多个布尔型数据打包在单一的字中,却依然可以从位带别名区中,像访问普通内存一样地使用它们。位带别名区中的访问操作是原子的,消灭了传统的"读-改-写"三部曲以及由此产生的被中断的可能。该特性可以显著提高位操作的效率和安全性,对许多底层软件开发特别是操作系统和驱动程序具有重要意义。

3)片内外设区(Peripheral,0x40000000～0x5FFFFFFF,512MB)

片内外设区的大小为512MB,主要由片内外设使用,用于映射其寄存器。同样,该区也有一个32MB的位带别名,以便于快捷地访问外设寄存器。例如,可以方便地访问各种控制位和状态位。特别注意的是,外设区内不允许执行指令。

4)外部RAM区(External RAM,0x60000000～0x9FFFFFFF)和外部设备区(External Device,0xA0000000～0xDFFFFFFF)

外部RAM区大小为1.0GB,用于连接外部RAM;外部设备区大小为1.0GB,用于连接外部设备。这两个存储区不包含位带。两者的区别在于外部RAM区允许执行指令,而外部设备区则不允许。

5)私有外设总线区(0xE0000000～0xE00FFFFF)

私有外设总线区由两部分组成:内部私有外设总线区(0xE0000000～0xE003FFFF,256KB)和外部私有外设总线区(0xE0040000～0xE00FFFFF,768KB)。AHB私有外设总线,对应于内部私有外设总线区,只用于Cortex-M3内部AHB外设,如NVIC,FPB,DWT和ITM,SYSTICK等。APB私有外设总线,对应于外部私有外设总线区,用于Cortex-M3内部APB设备,如TPIU,ETM,ROM配置表等。此外,Cortex-M3允许器件制造商添加其他片上APB外设到APB私有外设总线上并通过APB接口来访问。

其中,内部私有外设总线区里NVIC所处的区域也叫做"系统控制空间(SCS)",映射有SysTick,MPU以及代码调试控制所用的寄存器,如图2-10所示。

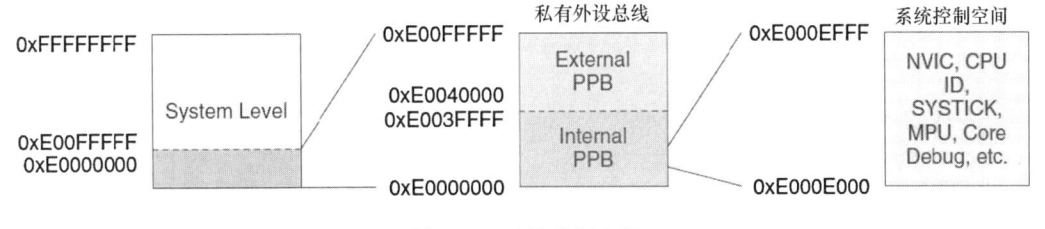

图2-10 系统控制空间

6)提供商指定区

最后,未用的提供商指定区也通过系统总线来访问,但是不允许在其中执行指令。

上述的存储器映射只是个粗线条的模板。通过这种存储器映射,使得所有这些设备均使用固定的地址,从而可以保证至少在内核水平上的应用程序的移植。然而,根据具体应用不同,具体的Cortex-M3芯片制造商会进行适当的调整并提供更详细的存储器映射图,来表明芯片中片上外设的具体分布、RAM与ROM的容量和位置等信息。

Cortex-M3的内部拥有一个总线基础设施,专用于优化对这种存储器结构的使用。在此之上,Cortex-M3甚至还允许这些区域之间"越段使用"。例如:数据存储器也可以被放到代码区,而且代码也能够在外部RAM区中执行。然而,Cortex-M3有一个可选的存储器保护单元 MPU。借助 MPU 可以对特权级访问和用户级访问分别施加不同的访问限制。最常见的就是由操作系统使用 MPU，以使特权级代码的数据，包括操作系统本身的数据不被其他用户程序弄坏。当检测到违规的存储位置访问时，MPU 就会产生一个 Fault 异常，可以由 Fault 异常的服务例程来分析该错误，并在可能时改正它。MPU 在保护内存时是按区管理的。它可以把某些内存 Region 设置成只读，从而避免了那里的内容意外被更改；还可以在多任务系统中把不同任务之间的数据区隔离。

2. 位带操作

位带操作可以使用普通的加载/存储指令来对单一的比特进行读写。在 Cortex-M3 中，有两个区中实现了位带。其中一个是内部 SRAM 区的最低 1MB 范围，第二个则是片内外设区的最低 1MB 范围。这两个区中的地址除了可以像普通的 RAM 一样使用外，它们还都有自己的"位带别名区"。位带别名区把每个比特膨胀成一个 32 位的字。当你通过位带别名区访问这些字时，就可以达到访问原始比特的目的，参见图 2-11。

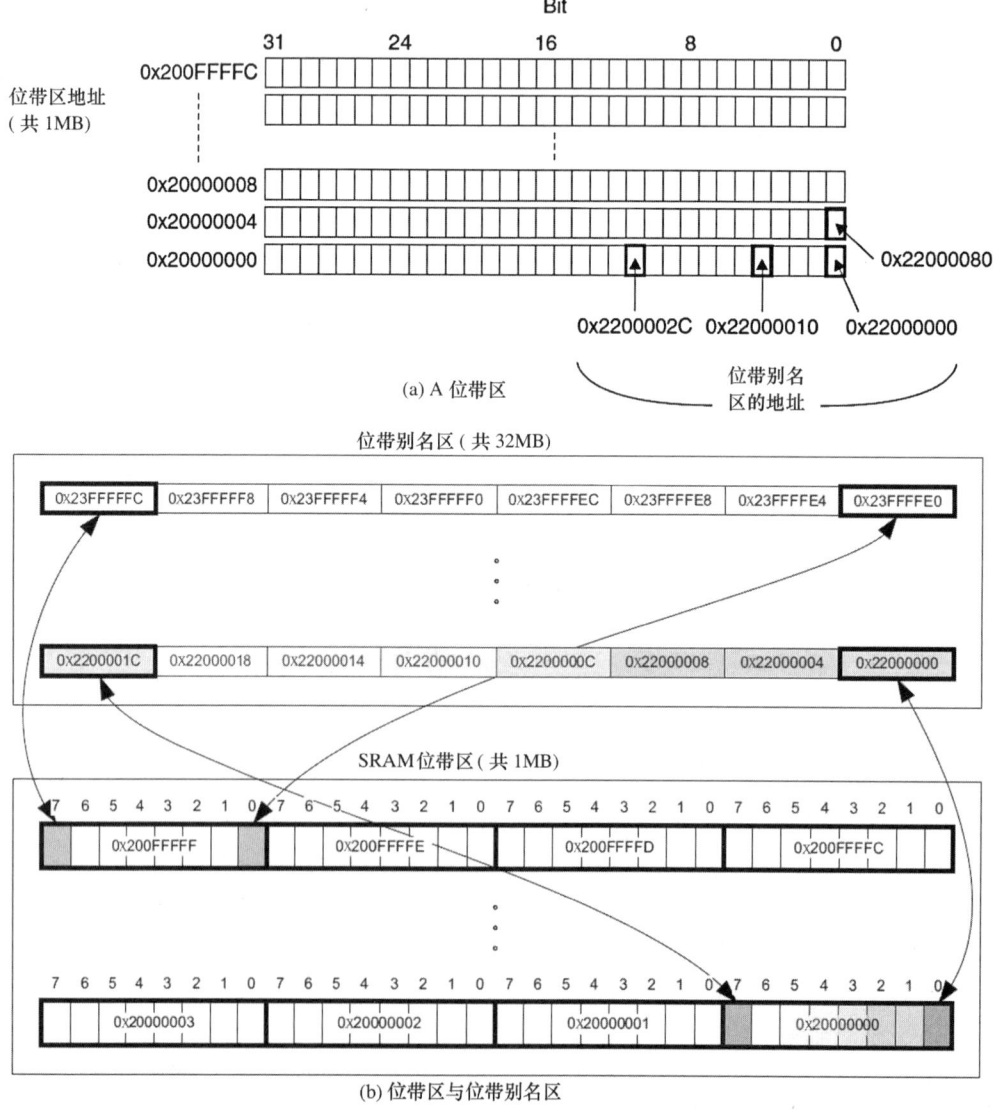

图 2-11 两个位带区与位带别名区的膨胀映射关系

例如,欲设置地址 0x20000000 中的比特 2,则使用位带操作的设置过程可参照图 2-12 所示。

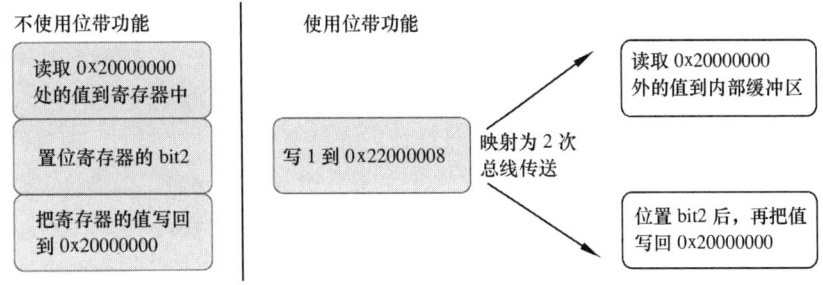

图 2-12 写数据到位带别名区

对应的汇编代码如图 2-13 所示。

```
       无位带                               有位带
LDR    R0,=0x20000000; Setep address    LDR    R0,=0x22000008; Setep address
LDR    R1, [R0]       ; Read            MOV    R1, #1         ; Setup data
ORR.W  R1, #0x4       ; Modify bit      STR    R1, [R0]       ; Write
STR    R1, [R0]       ; Write back result
```

图 2-13 位带操作与普通操作的对比

在汇编程序的角度上位带读操作相对简单些,如图 2-14 所示。

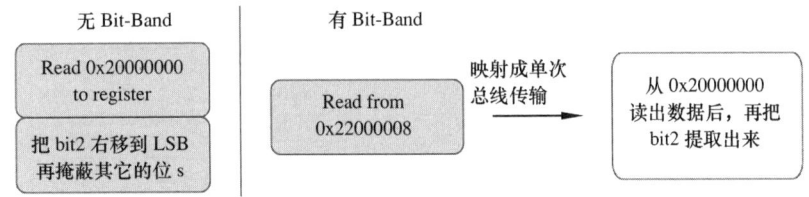

图 2-14 从位带别名区中读取比特

```
           无位带                              有位带
LDR     R0,=0x20000000 ；建立地址        LDR    R0,=0x22000008 ；建立地址
LDR     R1, [R0]       ; Read            LDR    R1, [R0]       ; Read
UBFX.W  R1,R1, #2, #1  ; 提取 bit2
```

图 2-15 读取比特时传统方法与位带方法的比较

Cortex-M3 使用下列术语来表示位带存储的相关地址:
(1)位带区:支持位带操作的地址区。支持位带操作的两个内存区的范围是:
- 0x20000000~0x200FFFFF(内部 SRAM 区中的最低 1MB);
- 0x4000_000~0x400FFFFF(片内外设区中的最低 1MB)。

(2)位带别名:位带区中位的别名,对别名的访问最终映射到位带区中位的访问上。位带别名区有两个:
- 0x22000000~0x23FFFFFF(内部 SRAM 区中的最低 32MB);
- 0x42000000~0x43FFFFFF(片内外设区中的最低 32MB)。

在位带区中,每个比特都映射到别名地址区的一个字,该字只有最低位有效。当一个别名地址被访问时,会先把该地址变换成位带地址。对于读操作,读取位带地址中的一个字,再把需要的位右移到最低位并把最低位返回。对于写操作,把需要写的位左移至对应的位序号处,然后执行一个原子的"读—改—写"过程。

位带别名区与位带区的映射公式为

$$bit\_word\_addr = bit\_band\_base + byte\_offset \times 32 + bit\_number \times 4$$

其中，bit_word_addr 是别名存储器区中字的地址 AliasAddr，它映射到某个目标位，bit_band_base 是别名区的基址，即起始地址 0x22000000 或 0x42000000，byte_offset 是包含目标位的字节在位段里的序号，bit_number 是目标位所在位置(0-7)。

记位带区某比特位所在字节地址为 A，位序号为 n(0≤n≤7)，则 byte_offset = A-0x20000000，bit_number=n。对于内部 SRAM 位带区的某个比特，该比特在别名区的地址为

$$bit\_word\_addr = 0x22000000 + byte\_offset \times 32 + bit\_number \times 4$$

对于片内外设位带区的某个比特，该比特在别名区的地址为

$$bit\_word\_addr = 0x42000000 + byte\_offset \times 32 + bit\_number \times 4$$

对于内部 SRAM 区和片内外设区，位带区与位带别名区的映射关系如表 2-4 和表 2-5 所示。

表 2-4 SRAM 区中的位带地址映射

位带区	等效的位带别名地址
0x20000000.0	0x22000000.0
0x20000000.1	0x22000004.0
0x20000000.2	0x22000008.0
…	…
0x20000000.31	0x2200007C.0
0x20000004.0	0x22000080.0
0x20000004.1	0x22000084.0
0x20000004.2	0x22000088.0
…	…
0x200FFFFC.31	0x23FFFFFC.0

表 2-5 SRAM 区中的位带地址映射

位带区	等效的位带别名地址
0x40000000.0	0x42000000.0
0x40000000.1	0x42000004.0
0x40000000.2	0x42000008.0
…	…
0x40000000.31	0x4200007C.0
0x40000004.0	0x42000080.0
0x40000004.1	0x42000084.0
0x40000004.2	0x42000088.0
…	…
0x400FFFFC.31	0x43FFFFFC.0

位带区操作示例：

(1) 在地址 0x20000000 处写入 0x3355 AACC。

(2) 读取地址 0x22000008。本次读访问将读取 0x20000000，并提取比特 2，值为 1。

(3) 往地址 0x22000008 处写 0。本次操作将被映射成对地址 0x20000000 的"读—改—写"操作（原子操作），把 bit 2 清 0。

(4) 现在再读取 0x20000000，将返回 0x3355AAC8(bit 2 已清零)。

位带别名区的字只有最低位有意义。另外，在访问位带别名区时，不管使用哪一种长度的数据传送指令(字/半字/字节)，都把地址对齐到字的边界上，否则会产生不可预料的结果。

3. 位带操作的优越性

位带操作可以为 Cortex-M3 通过 GPIO 的管脚来单独控制每盏 LED 的点亮与熄灭，也为操作串行接口器件提供了很大的方便。总之位带操作对于硬件 I/O 密集型的底层程序极为有用。

位带操作还能用来化简跳转的判断。当跳转依据是某个位时，以前必须这样做：

(1) 读取整个寄存器；

(2) 掩蔽不需要的位；

(3) 比较并跳转。

比较并跳转现在只需:

(1) 从位带别名区读取状态位;

(2) 比较并跳转。

位带操作因为其原子操作模式,还有一个重要的好处是在多任务中,用于实现共享资源在任务间的"互锁"访问。多任务的共享资源必须满足一次只有一个任务访问它,亦即所谓的"原子操作"。以前的"读—改—写"需要 3 条指令,指令执行期间可能会被中断,这对于某些高可靠应用会带来潜在的冒险,特别是在涉及操作系统和驱动程序底层开发时。

例如,如下程序执行过程:

(1) 主程序读取输出端口值到寄存器(输出端口一般与外设相连,下同),取得值 0x01。

(2) 主程序准备清除取得值的 bit0 位,这时出现中断请求,主程序挂起,中断请求被响应。中断服务程序 ISR 也读出输出端口值为 0x01(注意,这时可能被更高优先级中断服务再次中断)。

(3) 中断服务程序置位所取值 0x01 的 bit1 位,值变为 0x03。

(4) 中断服务程序写回修改后的值到输出端口,输出端口得到值 0x03。

(5) 中断服务程序返回。

(6) 主程序继续执行,清除主程序所取得值的 bit0 位,值变为 0x00。

(7) 主程序写回修改后的值到输出端口,输出端口的值为 0x00;此时,中断服务程序对端口值的修改全部丢失。

整个执行过程如图 2-16 所示。

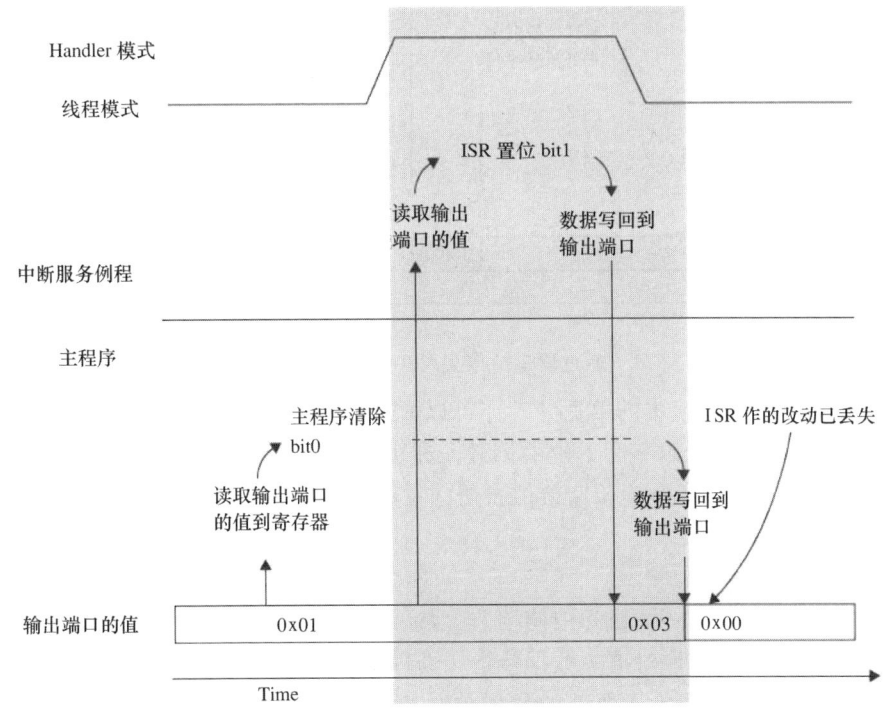

图 2-16 非原子操作图示

同样的情况可以出现在多任务的执行环境中,如可将主程序视为一个任务,ISR 是另一个任务,这两个任务并发执行。

通过使用 Cortex-M3 的位带操作,就可以避免上例情况。Cortex-M3 把这个"读—改—写"做成一个硬件级别支持的原子操作,不能被中断。

同样,上例的指令执行序列如下:

(1) 主程序执行"读—改—写"的位带操作来读取输出端口(该端口已经被映射到位带区)的值到寄存器。

(2) 这时出现中断,因为是原子操作,不能被中断。主程序取出值 0x01,清除 bit0 位,并返回。这时输出端口值变为 0x00。

(3) 主程序的"读—改—写"的位带操作完成,开始响应中断。中断服务程序 ISR 读出输出端口值。取得值 0x00。

(4) 中断服务程序也开始执行"读—改—写"的位带操作来读取输出端口,取出值 0x00,置位 bit1 位,并返回。这时输出端口值变为 0x02。

(5) 此时,中断服务程序对端口值的修改得以保留。

整个执行过程如图 2-17 所示。

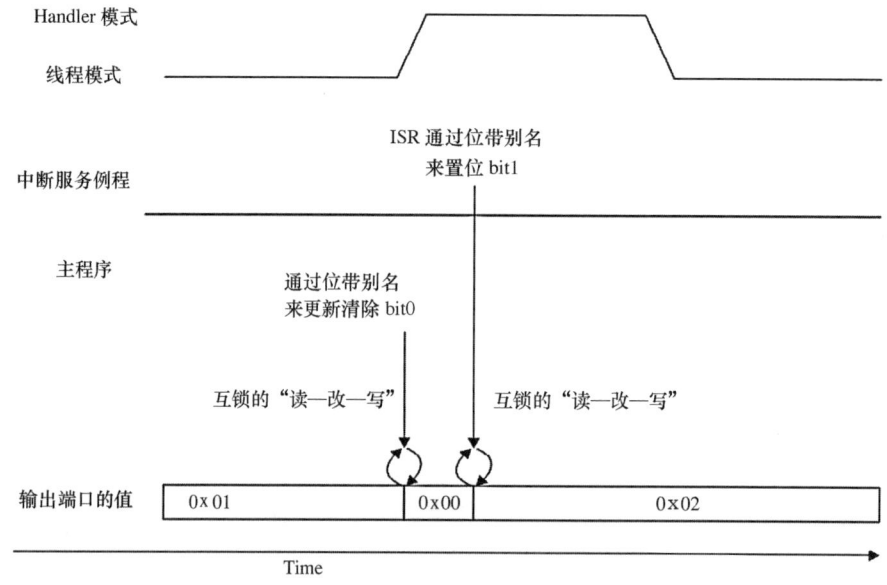

图 2-17　通过位带操作实现互锁访问,从而避免紊乱

同样道理,多任务环境中的数据处理亦可以通过"读—改—写"的位带操作来避免。

位带操作并不只限于以字为单位的传送。亦可以按半字和字节为单位传送。例如,可以使用 LDRB/STRB 来以字节为长度单位去访问位带别名区。但需要注意,目标地址必须对齐到字的边界上。

4. 非对齐数据传送

Cortex-M3 支持在单一的访问中使用非(地址)对齐的传送,数据存储器的访问无需对齐。以前的 ARM 处理器只允许对齐的数据传送。即以字为单位的数据传送地址的最低两位必须是 0;以半字为单位的数据传送地址的最低位必须是 0;以字节为单位的传送则无所谓对齐。非对齐传送的 5 个例子如图 2.18(a)—(e)所示(图中假设 Address N 的地址最低两位为 0)。对于字的传送而言,任何一个不能被 4 整除的地址都是非对齐的。而对于半字,任何不能被 2

整除的地址(也就是奇数地址)都是非对齐的。

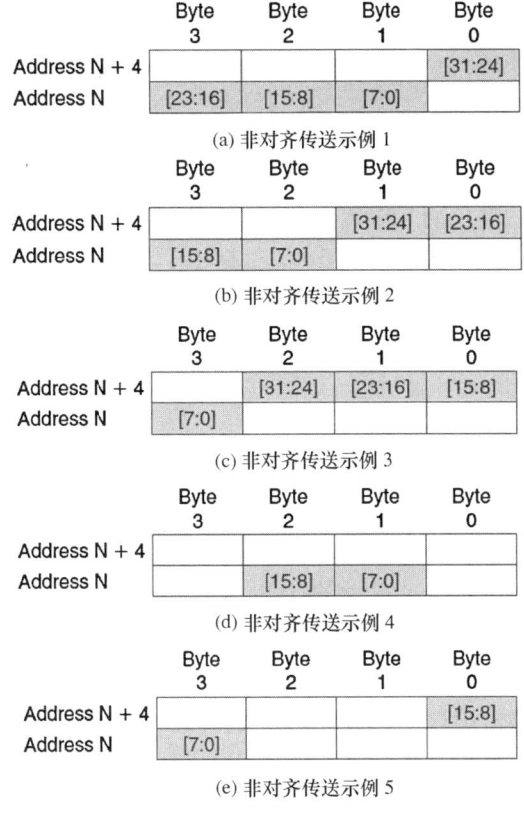

图 2-18 非对齐传送示例

在 Cortex-M3 中,非对齐的数据传送只发生在常规的数据传送指令中,如 LDR/LDRH/LDRSH。其他指令则不支持,包括:
- 多个数据的加载/存储(LDM/STM);
- 堆栈操作 PUSH/POP;
- 互斥访问(LDREX/STREX);
- 位带操作。因为只有最低位有效,非对齐的访问会导致不可预料的结果。

事实上,在内部是把非对齐的访问转换成若干个对齐的访问的。这种转换动作由处理器总线单元来完成。这个转换过程对程序员是透明的。但是,因为它通过若干个对齐的访问来实现一个非对齐的访问,会需要更多的总线周期。

为此,可以通过对 NVIC 进行编程,使之监督地址对齐。当发现非对齐访问时触发一个错误(Fault)。

5. 互斥访问

互斥体在多任务环境中使用,也在中断服务例程和主程序之间使用,用于给任务申请共享资源(如一块共享内存)。在某个(排他型)共享资源被一个任务拥有后,直到这个任务释放它之前,其他任务是不得再访问它的。为建立一个互斥体,需要定义一个标志变量,用指示其对应的共享资源是否已经被某任务拥有。当另一个任务欲取得此共享资源时,它要先检查这个互斥体,以获知共享资源是否无人使用。

在传统的 ARM 处理器中,这种互斥检查操作是通过 SWP 指令来实现的。SWP 保证互斥体检查是原子操作的,从而避免了一个共享资源同时被两个任务占有。然而在新版的 ARM 处理器中,读/写访问往往使用不同的总线,导致 SWP 无法再保证操作的原子性,因为只有在同一条总线上的读/写能实现一个互锁的传送,互锁传送必须用另外的机制实现。因此 Cortex-M3 引入了"互斥访问"。

互斥访问的理念同 SWP 非常相似,不同之处在于:在互斥访问操作下,允许互斥体所在的地址被其他总线控制器访问,也允许被运行在本机上的其他任务访问,但是 Cortex-M3 能够"驳回"有可能导致竞态条件的互斥写操作。

互斥访问分为加载和存储,相应的指令对为 LDREX/STREX,LDREXH/STREXH,LDREXB/STREXB,分别对应于字/半字/字节。下面以 LDREX/STREX 为例讲述它们的使用方式。

LDREX/STREX 的语法格式为:

  LDREX Rxf,[Rn,♯offset]

  STREX Rd,Rxf,[Rn,♯offset]

LDREX 的语法同 LDR 相同,这里不再赘述。而 STREX 则不同,STREX 指令的执行是可以被"驳回"的。当处理器同意执行 STREX 时,Rxf 的值被存储到(Rn+offset)处,并且把 Rd 的值更新为 0。但若处理器驳回了 STREX 的执行,则不会发生存储动作,并且把 Rd 的值更新为 1。

互斥访问的"驳回"规则可宽可严,最严格的规则是:

当遇到 STREX 指令时,仅当在这之前执行过 LDREX 指令,且在 LDREX 指令执行后没有执行过其他的 STR/STREX 指令,才允许执行 STREX 指令。即只有在 LDREX 执行后最近的一条 STREX 才能成功执行。其他情况下,驳回此 STREX,包括:

- 中途有其他的 STR 指令执行;
- 中途有其他的 STREX 指令执行。

在使用互斥访问时,LDREX/STREX 必须成对使用。下面的例子说明了互斥访问的使用方法。

例:该程序由一个主程序和一个中断服务例程组成。主程序尝试对 R0 所指向的内存单元(R0)自增两次,中断服务例程则把(R0).5 置位。设(R0)的初始值为 0。

```
MainProgram           ;主程序
;进入互斥,第一次自增
LDREX R2,[R0]
ADD R2,♯1
;执行到这里时,处理器接收到外中断 3 请求,于是转到其中断服务程序 ISREx3 中
STREX R1,R2,[R0]     ; STREX 被驳回,R1=1,(R0)=0x20
;第二次互斥自增
LDREX R2,[R0]
ADD R2,♯1
STREX R1,R2,[R0]     ; STREX 得到执行,R1=0,(R0)=0x21


… ISREx3              ;中断服务程序
;处理器已经自动把 R0-R3,R12,LR ,PC,PSR 压入栈
LDR R2,[R0]
ORR R2,♯0x20
STR R2,[R0]          ;在 ISREx3 中设置了(R0)的 Bit5
```

BX LR   ;返回时,处理器会自动把 R0-R3,R12,LR,PC,PSR 弹出堆栈

在例 1 中,主程序在即将执行第一条 STREX 时,产生了外部中断♯3。处理器打断主程序的执行,进入其服务例程 ISREx3,它对(R0)执行了一个写操作(STR),因此在 ISREx3 返回后,STREX 不再是 LDREX 执行后的第一条存储指令,故而被驳回。从而 ISREx3 对(R0)的改动就不会遭到破坏。随后主程序再次尝试自增运算,这一次在 STREX 执行前没有其他任何形式的存储指令,所有 STREX 成功执行。

如果主程序使用普通的 STR,对于第一次自增,主程序的 R2=1,于是执行后(R0)=1,结果,中断服务程序对(R0)的改动在此丢失!

上例是为演示方便才写了第 2 次自增尝试。实际情况是用循环实现,以保证第一次自增操作能顺利完成:

TryInc
LDREX R2,[R0]
ADD   R2,♯1
STREX R1,R2,[R0]
CMP   R1,♯1   ;检查 STREX 是否被驳回
BEQ TryInc   ;如果发现 STREX 被驳回,则重试;

LDREX/STREX 的工作原理其实很简单。仍然以上一段程序为例:当执行了 LDREX 后,处理器会在内部标记出一段地址。原则上,这段地址从 R0 开始,范围由芯片制造商定义。技术手册推荐的范围是在 4B 至 4KB 之间,但是很多粗线条的实现会标记整个 4GB 的地址。在标记以后,对于第一个执行到的 STR/STREX 指令,只要其存储的地址落在标记范围内,就会清除此标记(对于整个 4GB 地址都被标记的情况,则任何存储指令都会清除此标记)。如果先后执行了两次 LDREX,则以后一个 LDREX 标记的地址为准。执行 STREX 时,会先检查有没有做出过标记,如果有,还要检查存储地址是否落在标记范围内。只有满足着两个条件,STREX 才会执行。否则,就驳回 STREX。

当使用互斥访问时,在 Cortex-M3 总线接口上的内部写缓冲会被旁路,即使是 MPU 规定此区是可以缓冲的也不行。这保证了互斥体的更新总能在第一时间内完成,从而保证数据在各个总线控制器之间是一致的。如果是多核系统,则必须保证各核之间看到的数据也是一致的。

6. 端模式

Cortex-M3 同时支持小端模式和大端模式。但是在绝大多数情况下,基于 Cortex-M3 的单片机都使用小端模式,如表 2-6 所示。

表 2-6   Cortex-M3 的小端模式:存储器视图

地址,长度	Bits 31—24	Bits 23—16	Bits 15—8	Bits 7—0
0x1000,字	D[31:24]	D[23:16]	D[15:8]	D[7:0]
0x1000,半字			D[15:8]	D[7:0]
0x1002,半字	D[15:8]	D[7:0]		
0x1000,字节				D[7:0]
0x1001,字节			D[7:0]	
0x1002,字节		D[7:0]		
0x1003,字节	D[7:0]			

Cortex-M3 中对大端模式的定义还与 ARM7 的不同(小端的定义都是相同的)。在 ARM7 中,大端的方式被称为"字不变大端",而在 Cortex-M3 的存储器中,使用的是"字节不变大端",即第一个字节总是存放在字的最高地址,第二字节总是存放在次高地址,第三字节总是存放在次低地址,第四字节总是存放在最低地址。如表 2-7 所示。

表 2-7　　　　　　　　　　Cortex-M3 的字节不变大端:存储器视图

地址,长度	Bits 31—24	Bits 23—6	Bits 15—8	Bits 7—0
0x1000,字	D[7:0]	D[15:8]	D[23:16]	D[31:24]
0x1000,半字	D[7:0]	D[15:8]		
0x1002,半字			D[7:0]	D[15:8]
0x1000,字节	D[7:0]			
0x1001,字节		D[7:0]		
0x1002,字节			D[7:0]	
0x1003,字节				D[7:0]

在 Cortex-M3 中,是在复位时确定使用哪种端模式的,且运行时不得更改。指令预取永远使用小端模式,在配置控制存储空间的访问也永远使用小端模式(包括 NVIC,FPB 之流)。另外,私有外设总线区 0xE0000000 至 0xE00FFFFF 也永远使用小端模式。针对采用大端模式工作的外设时,可以使用 REV/REVH 指令来完成端模式的转换。

7. 存储保护单元

在 Cortex-M3 处理器中可以选配一个存储器保护单元(MPU),它可以实施对存储器(主要是内存和外设寄存器)的保护,以使软件更加健壮和可靠。在使用前,必须根据需要对其设置。如果没有启用 MPU,则等同于系统中没有配 MPU。MPU 可以提供以下功能:

- 阻止用户应用程序破坏操作系统使用的数据;
- 阻止一个任务访问其他任务的数据区,从而把任务隔开;
- 可以把关键数据区设置为只读,从根本上消除了被破坏的可能;
- 检测意外的存储访问,如堆栈溢出、数组越界;
- MPU 设置存储器区段的访问属性。

MPU 在执行其功能时,是以存储区段为单位的。一个存储区段就是一段连续的地址,只是它们的位置和范围都要满足一些限制(如对齐方式,最小容量等)。Cortex-M3 的 MPU 共支持 8 个存储区段,并允许把每个存储区段进一步划分成更小的子区段。此外,还允许启用一个后台存储区段(即没有 MPU 时的全部地址空间),不过它是只能由特权级享用。在启用 MPU 后,就不得再访问定义之外的地址区间,也不得访问未经授权的存储区段。否则,将以"访问违例"处理,触发 MemManage Fault。

MPU 定义的存储区段可以相互交叠。如果某块内存落在多个存储区段中,则访问属性和权限将由编号最大的存储区段来决定。比如,若 1 号存储区段与 4 号存储区段交叠,则交叠的部分受 4 号存储区段控制。

在典型的情况下，当需要阻止用户程序访问特权级的数据和代码时，可以启用 MPU。在设计 MPU 存储区段时，需要考虑到下列的存储区段：
- 代码存储区段
    - ——特权极代码，包括初始的向量表
    - ——用户级代码
- SRAM 存储区段
    - ——特权级数据，包括主堆栈
    - ——用户级数据，包括进程堆栈
    - ——特权级位带别名区
    - ——用户级位带别名区
- 外设
    - ——特权级外设
    - ——用户级外设
    - ——特权级外设的位带别名区
    - ——用户级外设的位带别名区
- 系统控制空间（NVIC 以及调试组件）
    - ——仅允许特权级访问

上述划分给出 11 个存储区段，已经超出了 MPU 支持的最多 8 个。这时就可把所有的特权级存储区段都归入特权级的后台存储区段中。因此，用户级的存储区段只有 5 个。

8．存储器访问属性

Cortex-M3 为存储器访问规定了 4 种属性：

(1) 可否缓冲(Bufferable)。

(2) 可否缓存(Cacheable)。

(3) 可否执行(Executable)。

(4) 可否共享(Sharable)。

如果有 MPU，则可以通过它配置不同的存储区，并且覆盖缺省的访问属性。Cortex-M3 片内没有配备缓存，也没有缓存控制器，但是允许在外部添加缓存。通常，如果提供了外部内存，芯片制造商还要附加一个内存控制器，它可以根据可否缓存的设置，来管理对片内和片外 RAM 的访问操作。

9．存储器的缺省访问许可

Cortex-M3 有一个缺省的存储访问许可，它能防止使用户代码访问系统控制存储空间，保护 NVIC、MPU 等关键部件。缺省访问许可在下列条件时生效：

(1) 没有配备 MPU；

(2) 配备了 MPU，但是 MPU 被除能。

如果启用了 MPU，则 MPU 可以在地址空间中划出若干个存储区段，并为不同的存储区段规定不同的访问许可权限。

缺省的存储器访问许可权限如表 2-8 所示。

表 2-8　　　　　　　　　　　　　存储器的缺省访问许可

存储区段	地址范围	用户级许可权限
代码区	00000000 ～ 1FFFFFFF	无限制
片内 SRAM	20000000 ～ 3FFFFFFF	无限制
片上外设	40000000 ～ 5FFFFFFF	无限制
外部 RAM	60000000 ～ 9FFFFFFF	无限制
外部外设	A0000000 ～ DFFFFFFF	无限制
ITM	E0000000 ～ E0000FFF	可以读。对于写操作，除了用户级下允许时的 Stimulus 端口外，全部忽略
DWT	E0001000 ～ E0001FFF	阻止访问，访问会引发一个总线 Fault
FPB	E0002000 ～ E0003FFF	阻止访问，访问会引发一个总线 Fault
NVIC	E000E000 ～ E000EFFF	阻止访问，访问会引发一个总线 Fault。但有个例外：软件触发中断寄存器可以被编程为允许用户级访问。
内部 PPB	E000F000 ～ E003FFFF	阻止访问，访问会引发一个总线 Fault
TPIU	E0040000 ～ E0040FFF	阻止访问，访问会引发一个总线 Fault
ETM	E0041000 ～ E0041FFF	阻止访问，访问会引发一个总线 Fault
外部 PPB	E0042000 ～ E0042FFF	阻止访问，访问会引发一个总线 Fault
ROM 表	E00FF000 ～ E00FFFFF	阻止访问，访问会引发一个总线 Fault
供应商指定	E0100000 ～ FFFFFFFF	无限制

当一个用户级访问被阻止时，会立即产生一个总线 Fault。

2.1.5　工作模式

Cortex-M3 微处理器支持两种模式和两个特权等级，理论上可组合成 4 种工作模式，如图 2-19 所示。

	特权级	用户级
异常Handler 的代码	Handler 模式	错误的用法
主应用程序的代码	线程模式	线程模式

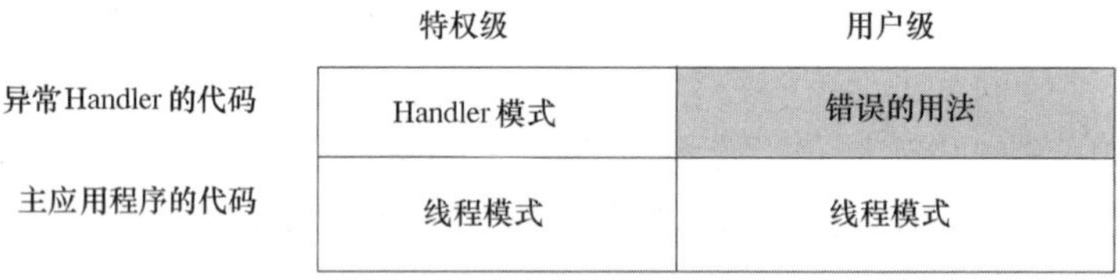

图 2-19　操作模式和特权等级

Cortex-M3 处理器实际上只使用 3 种工作模式，分别是：
(1)特权级线程模式(模态 1)：线程模式＋特权级
(2)用户级线程模式(模态 2)：线程模式＋用户级
(3)特权级 Handler 模式(模态 3)：handler 模式＋特权级

图 2-20 描述 Cortex-M3 微处理器各工作模式之间的互动关系。

显而易见：处理器复位后，首先进入特权级线程模式；在特权级线程模式下，可通过置位 CONTROL[0]来进入用户级线程模式；在任意模式下，不管是任何原因产生了任何异常或中断，处理器都将以特权级 handler 模式来运行其服务例程，异常或中断返回后微处理器必须恢复到先前的工作模式。

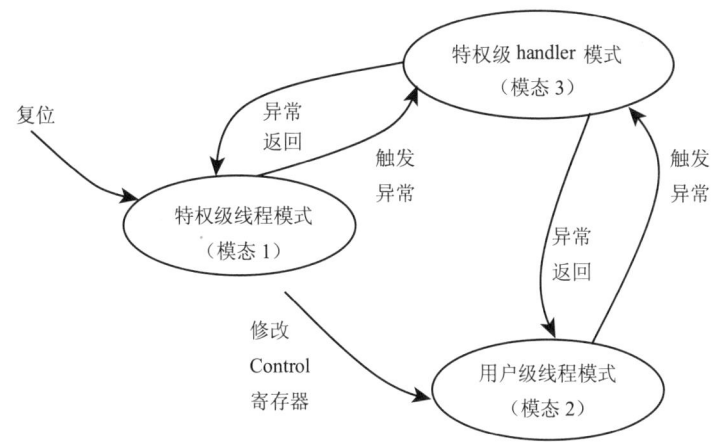

图 2-20　Cortex-M3 微处理器各工作模态的互动关系

用户级下的代码不能再试图修改 CONTROL[0] 来回到特权级。它必须通过产生异常,并通过异常处理程序(处于特权级 handler 模式下)来修改 CONTROL[0],才能在返回到特权级线程模式。切换过程如图 2-21 所示。

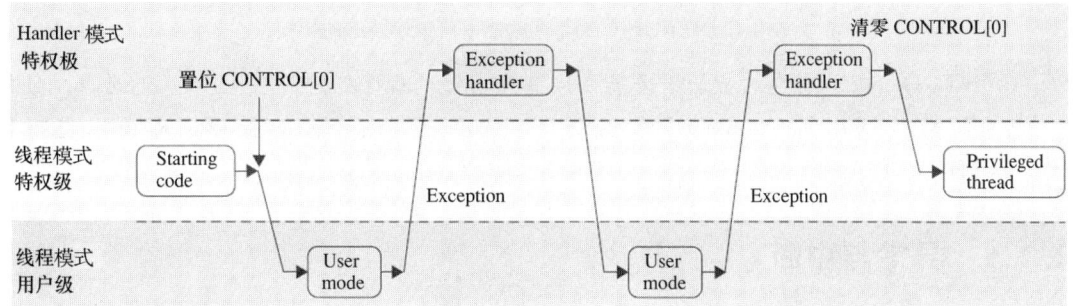

图 2-21　特权级和处理器模式的改变图

在用户级线程模式下,禁止访问包含配置寄存器以及调试组件的寄存器的系统控制空间(SCS),禁止使用 MSR 访问除 APSR 外的特殊功能寄存器。

按特权级和用户级区分代码,有利于架构的安全和健壮。例如,当用户代码出问题时,因其被禁止写特殊功能寄存器和 NVIC 中寄存器,不会影响系统中其他代码的正常运行。另外,如果还配有 MPU,保护力度就更大,甚至可以阻止用户代码访问不属于它的内存区域。

为了避免系统堆栈因应用程序的错误使用而毁坏,你可以给应用程序专门配一个堆栈,不让它共享操作系统内核的堆栈。在这个管理制度下,运行在线程模式的用户代码使用 PSP,而异常服务例程则使用 MSP。这两个堆栈指针的切换是全自动的,就在出入异常服务例程时由硬件处理。

如前所述,特权等级和堆栈指针的选择均由 CONTROL 负责。当 CONTROL[0]=0 时,表示 Cortex-M3 微处理器处于或将切换到特权级线程模式。异常/中断发生时,Cortex-M3 微处理器进入特权级 handler 模式,从而能够通过清零 Control 寄存器的 bit0 位,重新进入特权级线程模式。因此,CONTROL[0]=0 时,在异常/中断处理的始末,处理器始终处于特权级,仅仅进行处理器模式的转换,如图 2-22 所示。

但若 CONTROL[0]=1(线程模式+用户级),则在中断响应的始末,处理器模式和特权等级都要发生变化,如图 2-23 所示。

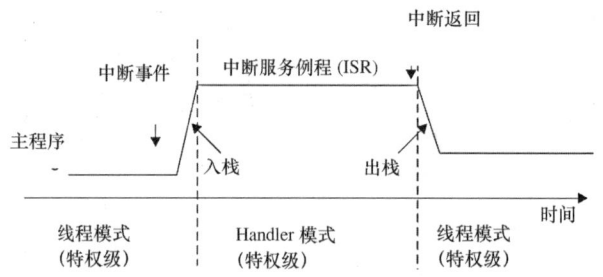

图 2-22　CONTROL[0]＝0 时微处理器工作模态的切换过程

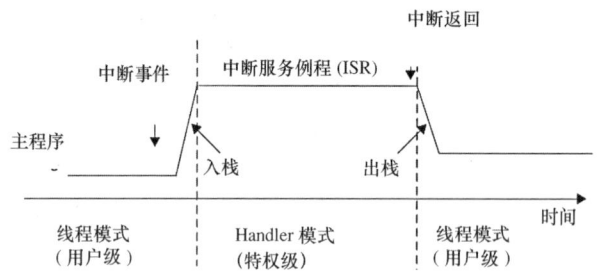

图 2-23　CONTROL[0]＝1 时微处理器工作模态的切换过程

CONTROL[0]只有在特权级下才能访问。用户级的程序如想进入特权级，通常都是使用一条"系统服务调用指令（SVC）"来触发"SVC 异常"，该异常的服务例程可以选择修改 CONTROL[0]。

2.1.6　异常与中断

事件，为触发系统某种行为的消息或请求，由某个对象发出，并由某个对象接收和处理。

当软硬件出现不正常的行为时，通常会发出代表错误或危险的警告，这类事件被称为异常事件。异常事件的发生往往需要 CPU 中止正在运行的程序进入特权状态去执行特定的指令或程序的事件。通过对异常事件进行处理，能够控制系统异常行为，避免错误的蔓延，这对安全苛求系统是至关重要的。根据触发源的不同，一般将异常分为同步异常和异步异常。同步异常是指与 CPU 当前执行的指令密切相关、造成 CPU 正常运行状态被中止的系统事件（或称内部事件），如指令未定义、指令预取中止、数据访问中止等。异步异常则是由于外部事件的触发而产生的，与 CPU 当前执行的指令无关，故被称为异步异常。复位即属于异步异常。

由于微处理器内部事件或外部事件（外设请求服务，即中断请求），引起 CPU 中止正在运行的程序，转去执行相应的其他程序（一般称之为服务程序），完毕后再返回被中止的程序，这一过程被称为中断。

中断请求与异常都是事件的子集，而中断是处理各种异常和外设请求服务的一种机制或方式。CPU 与外部设备之间的数据交换，可以采取无条件传送、查询传送，也可以采用中断的方式。若采取中断的方式，相应的服务程序一般被称作"中断服务（子）程序"。就 Cortex-M3 微处理器而言，对异常的处理借用了中断请求的处理机制，包括本书在内的大多数教材和参考资料，因为这个缘故，对异常和中断并不加以区分，实际上二者是两个不同的概念，这一点必须对其有深刻的认识。

常见的异常、中断有：
- 外部中断
- 非法指令操作
- 非法数据访问
- 错误
- 不可屏蔽中断等

Cortex-M3 内核集成了中断控制器——嵌套向量中断控制器 NVIC（Nested Vectored Interrupt Controller）。NVIC 具有以下功能：

（1）可嵌套中断支持。通过赋予中断优先级而提供可嵌套中断支持。当一个异常发生时，硬件会自动比较该异常的优先级是否比当前正在运行的程序的优先级更高。如果发现存在更高优先级的异常，处理器就会中断当前程序，而服务于新来的异常。

（2）向量中断支持。中断发生并开始响应后，Cortex-M3 自动定位一张向量表，并根据中断号从表中找出中断服务程序 ISR 的入口地址，然后跳转过去执行。

（3）动态优先级调整支持。软件可以在运行时期更改中断的优先级。如果在某 ISR 中修改了自己所对应中断的优先级，而且这个中断又有新的实例处于挂起中（Pending），也不会自己打断自己，从而没有重入（Reentry）风险。

（4）中断延迟大大缩短。Cortex-M3 为了缩短中断延迟，引入了好几个新特性。包括自动的现场保护和恢复，以及其他的措施，用于缩短中断嵌套时的 ISR 间延迟。详情请见后面关于"咬尾中断"和"晚到中断"的讲述。

（5）中断可屏蔽。既可以屏蔽优先级低于某个阈值的中断/异常（设置 BASEPRI 寄存器），也可以全体封杀（设置 PRIMASK 和 FAULTMASK 寄存器）。这是为了让时间苛求（Time Critical）的任务能在截止期（Deadline）到来前完成，而不被干扰。

Cortex-M3 内核中的 NVIC 支持总共 256 种异常和中断，其中中断编号为 1~15 的对应系统异常，大于等于 16 的则全是外部中断，通常外部中断写作 IRQs。此外，NVIC 还有一个非屏蔽中断（NMI）输入。因为芯片设计商可以修改 Cortex-M3 的硬件描述源代码，所以最终芯片支持的中断源数目常常不到 240 个，且优先级的位数也由芯片设计商最终决定。

NVIC 的访问地址是 0xE000E000，除软件触发中断寄存器可以在用户级下访问外，其他所有 NVIC 的中断控制/状态寄存器都只能在特权级下访问。所有的中断控制/状态寄存器均可按字/半字/字节的方式访问。此外，中断控制还涉及中断屏蔽寄存器的内容设置，这些特殊功能寄存器只能通过 MRS/MSR 及 CPS 指令来访问。

1. 中断号与优先级

Cortex-M3 在内核水平上支持为数众多的系统异常和外部中断。中断编号为 1~15 的对应系统异常如表 2-9 所示（注意：没有编号为 0 的异常）；大于等于 16 的则全是外部中断如表 2-10 所示。除了个别异常的优先级被定死外，其他异常的优先级都是可编程的。

表 2-9　　　　　　　　　　　　　　系统异常清单

编号	类型	优先级	简介
0	N/A	N/A	没有异常在运行，此为正常状态
1	复位	−3（最高）	复位
2	NMI	−2	不可屏蔽中断（来自外部 NMI 输入脚）

续表

编号	类型	优先级	简介
3	硬(Hard)Fault	−1	所有被除能的 fault,都将"上访"(Escalation)成硬 Fault。只要 FAULTMASK 没有置位,硬 fault 服务例程就强制执行。Fault 被除能的原因包括被禁用,或者 FAULTMASK 被置位
4	MemManage Fault	可编程	存储器管理 Fault,MPU 访问犯规以及访问非法位置均可触发。企图在"非执行区"取指也会引发此 Fault
5	总线 Fault	可编程	从总线系统收到了错误响应,原因可以是预取流产(Abort)或数据流产,或者企图访问协处理器
6	用法(Usage)Fault	可编程	由于程序错误导致的异常。通常是使用了一条无效指令,或者是非法的状态转换,例如尝试切换到 ARM 状态
7-10	保留	N/A	N/A
11	SVCall	可编程	执行系统服务调用指令(SVC)引发的异常
12	调试监视器	可编程	调试监视器(断点,数据观察点,或者是外部调试请求)
13	保留	N/A	N/A
14	PendSV	可编程	为系统设备而设的"可悬挂请求"(Pendable Request)
15	SysTick	可编程	系统滴答定时器(注:也就是周期性溢出的时基定时器)

表 2-10　　　　　　　　　　　外部中断清单

编号	类型	优先级	简介
16	IRQ #0	可编程	外中断 #0
17	IRQ #1	可编程	外中断 #1
…	…	…	…
255	IRQ #239	可编程	外中断 #239

在 Cortex-M3 中,优先级对于异常来说很关键的,它会影响一个异常是否能被响应,以及何时可以响应。优先级的数值越小,则优先级越高。Cortex-M3 支持中断嵌套,使得高优先级异常会抢占低优先级异常。有 3 个系统异常:复位、NMI 以及硬 Fault,它们有固定的优先级,并且它们的优先级号是负数,从而高于所有其他异常。所有其他异常的优先级则都是可编程的,但不能编程为负数。

原则上,Cortex-M3 支持 3 个固定的高优先级和多达 256 级的可编程优先级,并且支持 128 级抢占。但是,绝大多数 Cortex-M3 芯片都会精简设计,以致实际上支持的优先级数会更少,如 8 级,16 级,32 级等。它们在设计时会裁掉表达优先级的几个低端有效位,以达到减少优先级数的目的。如果只使用了 3 个位来表达优先级,则优先级配置寄存器的结构会如图 2-24 所示。

Bit 7	Bit 6	Bit 5	Bit 4	Bit 3	Bit 2	Bit 1	Bit 0
用于表达优先级			没有实现,读回零				

图 2-24　使用 3 个位来表达优先级的情况

在图中，bit[4:0]没有被实现，所以读它们总是返回零，写它们则忽略写入的值。因此 8 个优先级为：0x00（优先级最高），0x20，0x40，0x60，0x80，0xA0，0xC0 以及 0xE0（优先级最低）。Cortex-M3 允许的最少使用位数为 3 位，亦即至少要支持 8 级优先级。图 2-25 给出 3 个优先级位和 4 个优先级位的对比。

通过让优先级以 MSB 对齐，可以简化程序的移植。比如，如果一个程序支持 4 位优先级，在移植为支持 3 位优先级后，其功能不受影响。但若是对齐到 LSB，则会使 MSB 丢失，导致数值大于 7 的低优先级级别升高，甚至出现优先级反转。如 8 号优先级因为损失了 MSB，现在反而变成 0 号了！但支持的优先级位数为 8 位时，优先级数目就达到了 256 级。

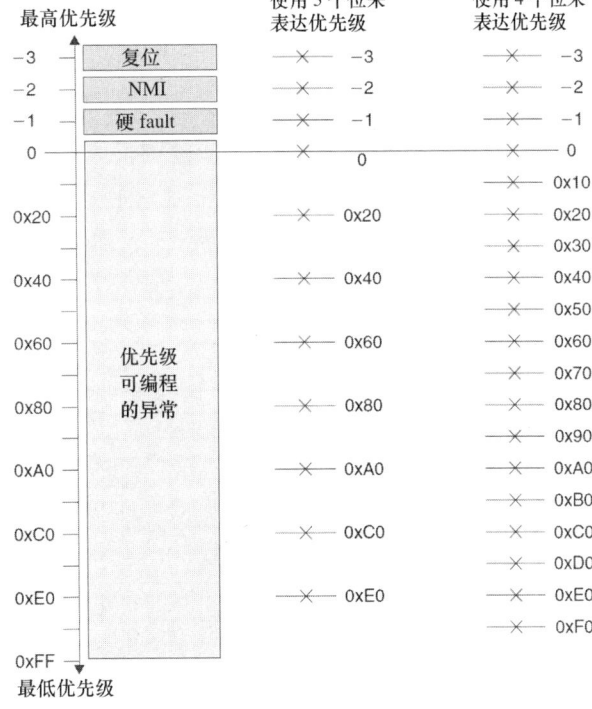

图 2-25 3 位表达的优先级和 4 位表达的优先级对比

Cortex-M3 除配置优先级外，还通过把 256 级优先级分为抢占优先级和亚优先级支持最多 128 个抢占级。抢占优先级决定了抢占行为，即当系统正在响应某异常 E5 时，如果来了抢占优先级更高的异常 E2，则 E2 可以抢占 E5。亚优先级则处理"内务"，即当抢占优先级相同的异常有不止一个挂起时，在当前任务完成后就优先响应亚优先级最高的异常，即使当前正在执行的任务的亚优先级比较低。优先级分组规定：亚优先级至少是 1 位，因此抢占优先级最多是 7 位，128 级抢占优先级，如表 2-11 所示。

表 2-11　　抢占优先级和亚优先级的表达，位数与分组位置的关系

优先级组	表达抢占优先级的位段	表达亚优先级的位段
0	[7:1]	[0:0]
1	[7:2]	[1:0]
2	[7:3]	[2:0]
3	[7:4]	[3:0]
4	[7:5]	[4:0]
5	[7:6]	[5:0]
6	[7:7]	[6:0]
7	无	[7:0]（所有位）

NVIC 中有一个寄存器是"应用程序中断及复位控制寄存器 AIRCR"（内容见表 2-12），它里面有一个位段名为"优先级组（PRIGROUP）"，其值对每一个优先级可配置的异常都有影响。

表 2-12　　　应用程序中断及复位控制寄存器(AIRCR)(地址:0xE000ED00)

位	名称	读写类型	复位值	描述
31:16	VECTKEY	RW	—	访问钥匙:任何对该寄存器的写操作,都必须同时把 0x05FA 写入此段,否则写操作被忽略。若读取此半字,则 0xFA05
15	ENDIANESS	R	—	指示端设置。 • 1:大端 • 0:小端 此值是在复位时确定的,不能更改
10:8	PRIGROUP	RW	0	优先级分组,表示当前从第几位开始分组
2	SYSRESETREQ	W	—	请求芯片控制逻辑产生一次复位
1	VECTCLRACTIVE	W	—	清零所有异常的活动状态信息。通常只在调试时用,或者在 OS 从错误中恢复时用
0	VECTRESET	W	—	复位 Cortex-M3 处理器内核(调试逻辑除外),但是此复位不影响芯片上在内核以外的电路

Cortex-M3 允许从 Bit 7 处分组,此时所有的位都表达亚优先级,没有任何位表达抢占优先级,因而所有优先级可编程的异常之间就不会发生抢占,这意味 Cortex-M3 的中断嵌套机制失效。当然这对于复位、NMI 和硬 Fault 三个最高优先级无效,即它们无论何时出现,都立即无条件抢占所有优先级可编程的异常。

在计算抢占优先级和亚优先级的有效位数时,必须先求出下列值:
- 芯片实际使用了多少位来表达优先级;
- 优先级组是如何划分的。

例如,采用 3 位来表达优先级([7:5]),并且优先级组的值是 5(从 Bit5 处分组),则你得到 4 级抢占优先级,且在每个抢占优先级的内部有 2 个亚优先级,如表 2-13 所示。

表 2-13　　　　　　　　　　优先级位段的划分表

Bit7	Bit6	Bit5	Bit4	Bit3	Bit2	Bit1	Bit0
抢占优先级		亚优先级					

根据表 2-13 中的设置,其可用优先级的具体情况如图 2-26 所示。

在上例中,分组位置在 Bit5,其实也可在未用的 Bit[4:0]中设置分组。例如,如果优先级组设为 Bit1,则所有可用的 8 个优先级都是抢占优先级,如表 2-14 和图 2-27 所示。

表 2-14　　　　　　　　　Bit1 处分组优先级位段划分表

Bit7	Bit6	Bit5	Bit4	Bit3	Bit2	Bit1	Bit0
抢占优先级[7:5]			(未使用)			亚优先级[1:0] (未使用)	

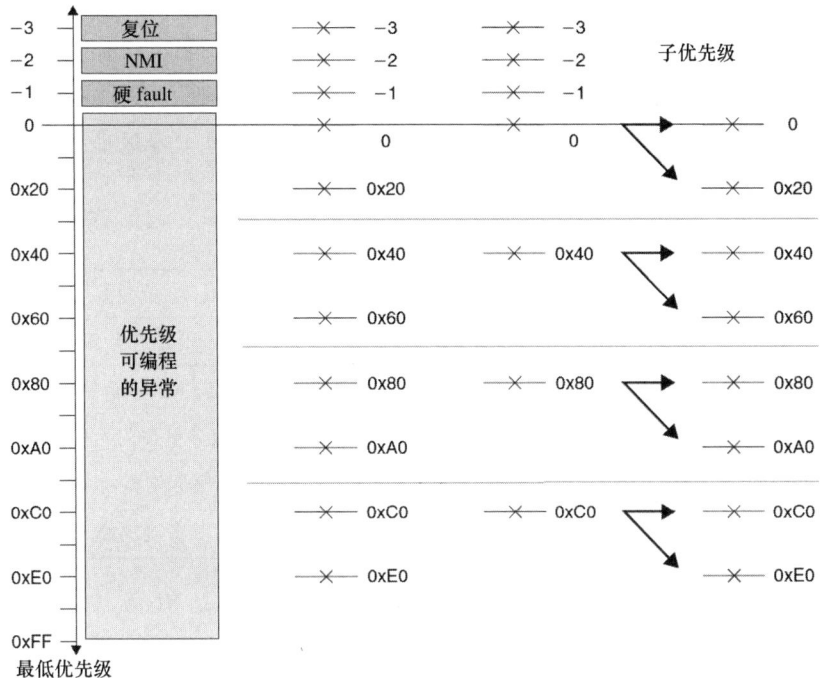

图 2-26　三位优先级，从 Bit 5 处分组

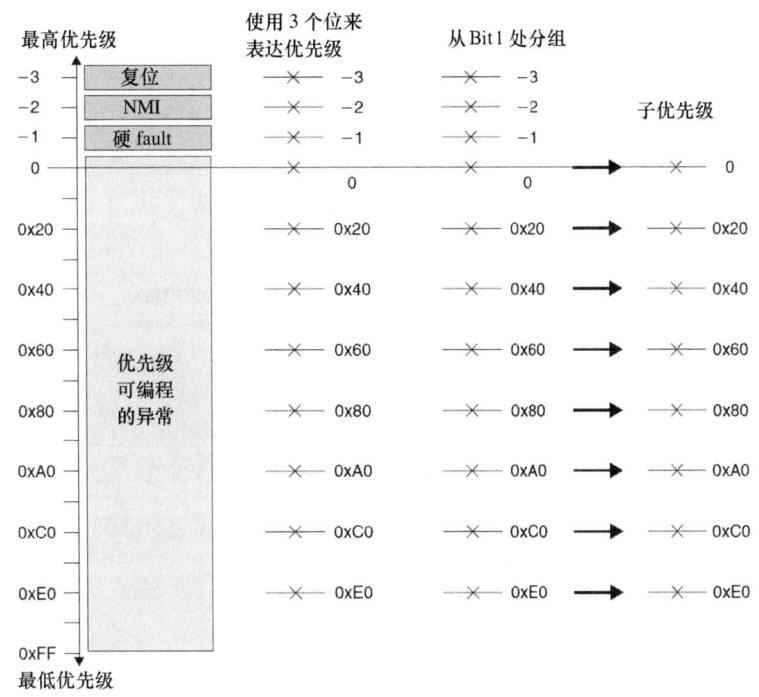

图 2-27　3 位优先级，从 Bit 1 处分组，但亚优级未使用时的详细情况

虽然优先级分组的功能很强大，但需要认真对待，若设计不当，常常会改变系统的响应特性，导致某些关键任务有可能得不到及时响应。因此，优先级的分组都要预先经过计算论证，并且在开机初始化时一次性地设置好。只有在绝对需要且绝对有把握时，才小心地更改，并且要经过尽可能充分的测试。另外，优先级组所在的寄存器 AIRCR 也基本上是一次性设置好，

只是需要手工产生复位时才写里面相应的位。

2. 向量表

Cortex-M3 拥有一张向量表,用于在发生中断并作出响应时,从表中查询与中断对应的处理例程的入口地址向量。缺省情况下,Cortex-M3 认为该表位于零地址处,且各向量占用 4 字节,因此每个表项占用 4 字节,如表 2-15 所示。

表 2-15 上电后的向量表

地址	异常编号	值(32 位整数)
0x00000000	—	MSP 的初始值
0x00000004	1	复位向量(PC 初始值)
0x00000008	2	NMI 服务例程的入口地址
0x0000000C	3	硬 Fault 服务例程的入口地址
…	…	其他异常服务例程的入口地址

因为地址 0 处应该存储引导代码(BootStrap),所以它通常是 Flash 或者是 ROM 器件,并且它们的值不得在运行时改变。然而,为了动态重分发中断,Cortex-M3 允许向量表重定位——从其他地址处开始定位各异常向量。这些地址对应的区域可以是代码区,但也可以是 RAM 区。在 RAM 区就可以修改向量的入口地址了。为了实现这个功能,NVIC 中有一个寄存器,称为"向量表偏移量寄存器 VTOR"(在地址 0xE000ED08 处),通过修改它的值就能定位向量表。但必须注意的是:向量表的起始地址是有要求的:必须先求出系统中共有多少个向量,再把这个数字向上增大到 2 的整次幂,而起始地址必须对齐到后者的边界上。例如,如果一共有 32 个中断,则共有 32+16(系统异常)=48 个向量,向上增大到 2 的整次幂后值为 64,因此地址必须能被 64×4=256 整除,从而合法的起始地址可以是 0x0,0x100,0x200 等。向量表偏移量寄存器的定义如表 2-16 所示。

表 2-16 向量表偏移量寄存器(VTOR)(地址:0xE000ED08)

位段	名称	类型	复位值	描述
29	TBLBASE	R/W	0	0:向量表在 Code 区 1:向量表在 RAM 区
28:7	TBLOFF	R/W	0	向量表相对于 Code 区或 RAM 区的偏移地址

如果需要动态地更改向量表,则对于任何器件来说,向量表的起始处都必须包含以下向量:
- 主堆栈指针(MSP)的初始值;
- 复位向量;
- NMI;
- 硬 Fault 服务例程。

后两者也是必需的,因为有可能在引导过程中发生这两种异常。可以在 SRAM 中开出一块用于存储向量表。然后在引导完成后,就可以启用内存中的向量表,从而实现向量可动态调整的功能。

3. 中断输入及挂起

若当前中断优先级较低,该中断就被挂起,并对其挂起状态进行标记。即使后来中断源取消了中断请求,在系统所有中断中它的优先级最高时,也会因为其挂起状态标记而得到响应,如图2-28所示。

但是,如果中断得到响应之前,其挂起状态被清除了(例如,在 PRIMASK 或 FAULTMASK 置位的时候软件清除了挂起状态标志),则中断被取消,如图2-29所示。

当某中断的服务例程开始执行时,此中断进入"活跃"状态,并且其挂起位会被硬件自动清除,如图2-30所示。中断服务例程执行完毕且中断返

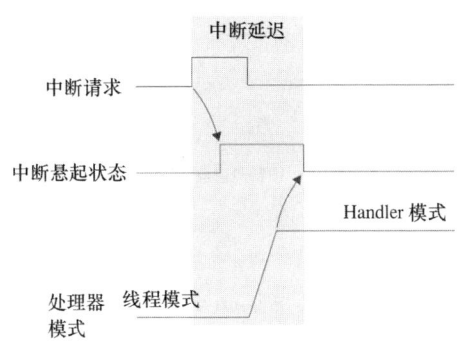

图 2-28 中断挂起示意图

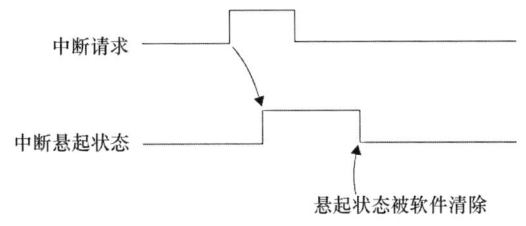

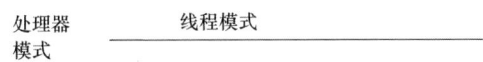

图 2-29 中断在得到处理器响应之前被清除挂起状态

回后,才能对该中断的新请求予以响应(即单实例)。当然,新请求的响应亦是由硬件自动清零挂起标志位。中断服务例程也可以在执行过程中把自己对应的中断重新挂起。

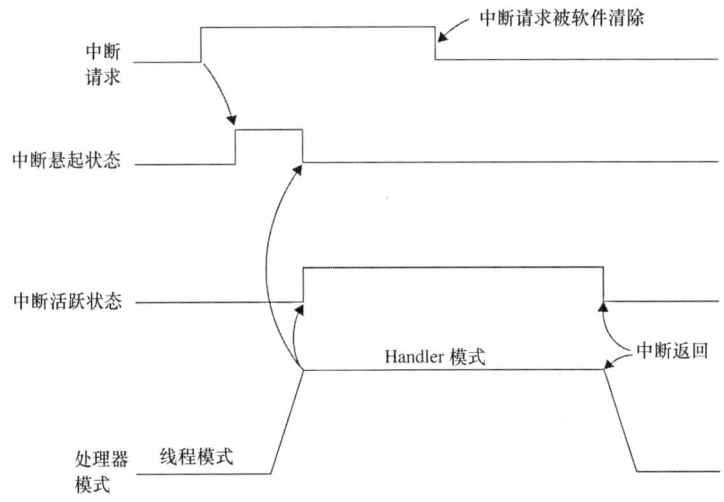

图 2-30 在处理器进入服务例程后对中断活跃状态的设置

如果中断请求信号一直保持,则该中断就会在其上次服务例程返回后再次被置为挂起状态,如图2-31所示。

如果某个中断在得到响应之前,其请求信号以多个脉冲形式呈现,则被视为只有一次中断请求,多出的请求脉冲全部错失。如图2-32所示。

如果在服务例程执行时,中断请求释放了,但是在服务例程返回前又重新被置为有效,则

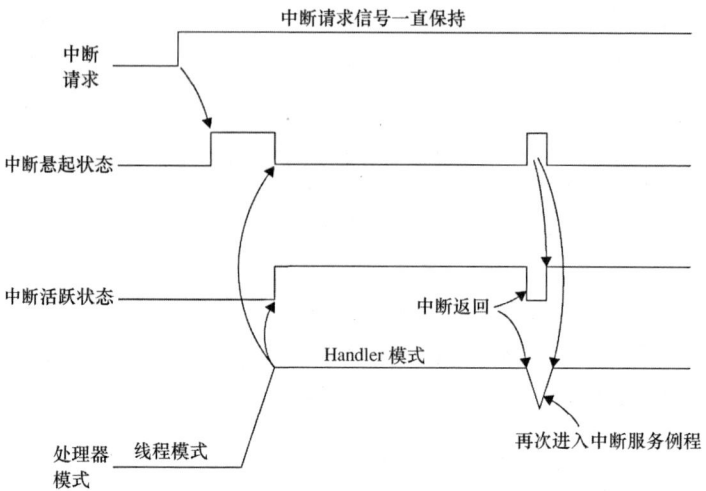

图 2-31 一直维持的中断请求导致服务例程返回后再次挂起该中断

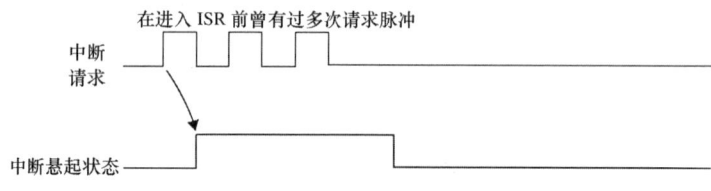

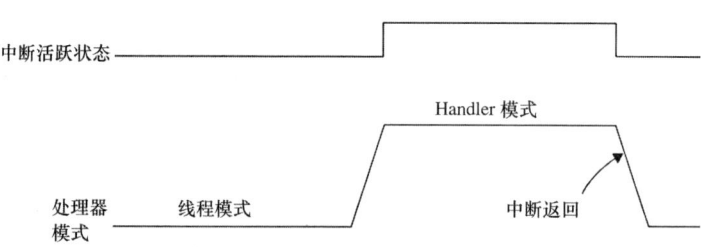

图 2-32 中断请求过快导致一部分请求错失的情况

Cortex-M3 会记住此动作，重新挂起该中断。如图 2-33 所示。

4. Fault 类异常

Cortex-M3 中的 Fault 可分为以下几类：

1) 总线 Fault

当 AHB 接口上正在传送数据时，如果回复了一个错误信号，则会产生总线 Fault。如指令预取流产、数据读写流产；入栈错误、出栈错误；无效存储器区段访问、设备数据传送未准备好；等等。

2) 存储器管理 Fault

存储器管理 Fault 多与 MPU 有关，其诱因常常是某次访问触犯了 MPU 设置的保护策略。另外，某些非法访问也会触发该 Fault，例如，在不可执行的存储器区域试图取指（没有 MPU 也会触发）、访问了 MPU 设置区域覆盖范围之外的地址、访问了没有存储器与之对应的空地址，往只读 Region 写数据，用户级下访问了只允许在特权级下访问的地址等。

3) 用法 Fault

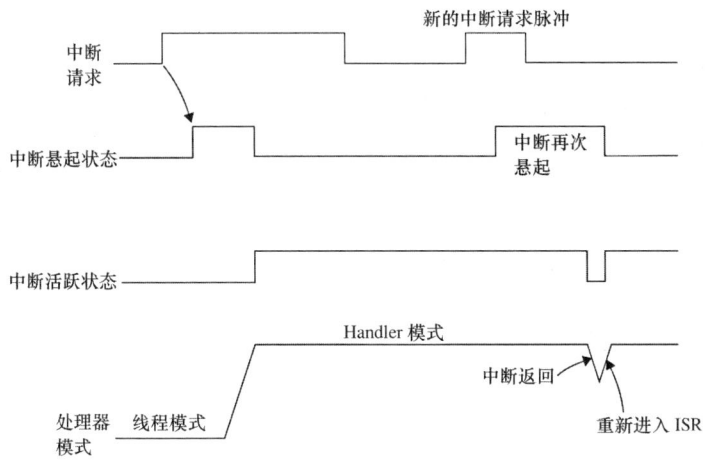

图 2-33 在执行 ISR 时中断挂起再次发生

若执行了未定义的指令、执行了协处理器指令(Cortex-M3 不支持协处理器,但是可以通过 Fault 异常机制来使用软件模拟协处理器的功能,从而可以方便地在其他 Cortex 处理器间移植)、尝试进入 ARM 状态(因为 Cortex-M3 不支持 ARM 状态,所以用法 Fault 会在切换时产生。软件可以利用此机制来测试某处理器是否支持 ARM 状态)、存在无效的中断返回(LR 中包含了无效/错误的值)、使用多重加载/存储指令时,没有对齐地址等等都会触发用法 Fault。

4) 硬 Fault

硬 Fault 是上文讨论的总线 Fault、存储器管理 Fault 以及用法 Fault 上访的结果。如果这些 Fault 的服务例程无法执行,它们就会成为"硬伤"——上访(Escalation)成硬 Fault。另外,在取向量(异常处理是对异常向量表的读取)时产生的总线 Fault 也按硬 Fault 处理。在 NVIC 中有一个硬 Fault 状态寄存器(HFSR),它指出产生硬 Fault 的原因。如果不是由于取向量造成的,则硬 Fault 服务例程必须检查其他的 Fault 状态寄存器,以最终决定是谁上访的。

在软件开发过程中,我们可以根据各种 Fault 状态寄存器的值来判定程序错误,并且改正它们。然而,在一个实时系统中,情况则大不相同。Fault 如果不加以处理常会危及系统的运行。因此在找出了导致 Fault 的原因后,软件必须决定下一步该怎么办。不同的目标应用对 Fault 恢复的要求也不同,采取适当的策略有利于软件更健壮。下面就给出一些应付 Fault 的常用方法。

• 复位:通过设置 NVIC"应用程序中断及复位控制寄存器"中的 VECTRESET 位,将只复位处理器内核而不复位其他片上设施。取决于芯片的复位设计,有些 Cortex-M3 芯片可以使用该寄存器的 SYSRESETREQ 位来复位。这种只限于内核中的复位,不会复位其他系统部件。

• 恢复:在一些场合下,还是有希望解决产生 Fault 的问题的。例如,如果程序尝试访问了协处理器,可以通过一个协处理器的软件模拟器来解决此问题。

• 中止相关任务:如果系统运行了一个 RTOS,则相关的任务可以被终结或者重新开始。

各个 Fault 状态寄存器(FSRs)都保持住它们的状态,直到手工清除。Fault 服务例程在处理了相应的 Fault 后不要忘记清除这些状态,否则如果下次又有新的 Fault 发生时,服务例程在检视 Fault 源时又将看到早先已经处理的 Fault 状态标志,因此无法判断哪个 Fault 是新发生的。FSRs 采用一个写时清除机制(写 1 时清除)。芯片厂商也可以再添加自己的 FSR,以表示其他 Fault 情况。

5．中断的具体行为

当 Cortex-M3 开始响应一个中断时,将依次执行以下操作:

(1) 取向量:从向量表中找出对应的服务程序入口地址。

(2) 选择堆栈指针 MSP/PSP,更新堆栈指针 SP,更新连接寄存器 LR,更新程序计数器 PC。

(3) 入栈操作:自动保存现场是入栈操作的必要部分,即依次把 xPSR、PC、LR、R12 以及 R3~R0 等 8 个寄存器内容由硬件自动压入适当的堆栈中,见例程 1。如果 ISR 逻辑比较复杂,需要更多的寄存器,堆栈操作可能需要启用 R4~R11。但是它们不是自动入栈的,必须手工 PUSH,见例程 2。如果当响应异常时,当前的代码正在使用 PSP,则压入 PSP,即使用线程堆栈;否则压入 MSP,使用主堆栈。一旦进入了服务例程,就将一直使用主堆栈。

例程 1:
  irq1_handler
   ;处理中断请求
   …
   ;消除在设备中的 IRQ 请求信号
   …
   ;中断返回
   BX LR

例程 2:
  irq1_handler
   PUSH(R4-R11,LR);保存所有可能用到的,又没有被自动入栈的寄存器
   ;处理中断请求
   …
   ;消除在设备中的 IRQ 请求信号
   …
   ;中断返回
   POP(R4-R11,PC)

假设入栈开始时,SP 的值为 N,则在入栈后,堆栈内部的变化如表 9-1 表示。因为 AHB 接口上的流水线操作本质,地址和数据都在经过一个流水线周期之后才进入。同时,Cortex-M3 的入栈操作在内核内完成,并不是严格按堆栈操作的顺序的,因此表中寄存器内容保存得顺序与地址顺序有所不同。但是 Cortex-M3 保证正确的寄存器将被保存到正确的栈地址位置,如图 2-34 和表 2-17 的第 3 列所示。

表 2-17   入栈顺序以及入栈后堆栈中的内容

地址	寄存器	被保存的顺序
旧 SP(N 0)	原先已压入的内容	—
(N 4)	xPSR	2
(N 8)	PC	1
(N 12)	LR	8
(N 16)	R12	7
(N 20)	R3	6
(N 24)	R2	5
(N 28)	R1	4
新 SP(N 32)	R0	3

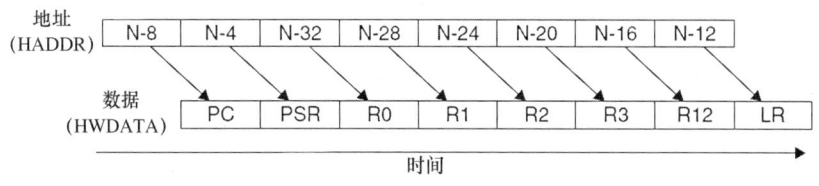

图 2-34 内部入栈序列

1）取向量

当数据总线（系统总线）开始入栈操作时，指令总线（I-Code 总线）也启动响应中断流程，开始从向量表中找出正确的异常向量，随后在中断服务程序的入口处预取指令。此时，入栈与取指这两个工作能同时进行。

2）更新寄存器

在入栈和取向量操作完毕，中断服务例程执行之前，有一系列的寄存器内容需要更新：

- SP：在入栈中会把堆栈指针（PSP 或 MSP）更新到新的位置，在执行服务例程后，将由 MSP 负责对堆栈的访问；
- PSR：IPSR 位段（地处 PSR 的最低部分）会被更新为新响应的异常编号；
- PC：在向量取出完毕后，PC 将指向服务例程的入口地址；
- LR：LR 的用法将被重新解释，其值也被更新成一种特殊的值，称为"EXC_RETURN"，并且在异常返回时使用。EXC_RETURN 的二进制值除了最低 4 位外全为 1，而其最低 4 位则有特殊含义。

同时，NVIC 也会更新相关寄存器。例如，新响应异常的挂起位将被清除，同时其活动位将被置位。

3）异常返回

当异常服务例程执行完毕后，借助"异常返回"操作恢复先前的系统状态，使先前被中断程序得以继续执行。有 3 种途径可以触发异常返回操作，如表 2-18 所示。不管使用哪一种，都需要用到先前存储的 LR 的值。

表 2-18　　　　　　　　　　　触发中断返回的指令

指令	工作原理
BX <reg>	当 LR 存储 EXC_RETURN 时，使用 BX LR 即可返回
POP {PC}和 POP {…,PC}	在服务例程中，LR 的值常常会被压入栈。此时即可使用 POP 指令把 LR 存储的 EXC_RETURN 往 PC 里弹，从而激起处理器做中断返回
LDR 与 LDM	把 PC 作为目的寄存器，亦可启动中断返回序列

Cortex-M3 中，是通过把 EXC_RETURN 往 PC 里写来识别返回动作的。因此，在 C 语言中，无需使用特殊的编译器命令（如 __interrupt 关键词）就可以编写中断服务例程。

4）出栈

恢复压入栈中的寄存器内容。内部的出栈顺序与入栈时的相对应，堆栈指针的值也改回去。

5）更新 NVIC 寄存器

中断返回后，NVIC 的活动位也被硬件清除。

对于外部中断，倘若中断输入再次被置为有效，挂起位也将再次置位，新一次的中断响应序列也将再次开始。

6. 中断嵌套控制

Cortex-M3 内核配合 NVIC 提供了完备的中断嵌套控制。在程序中，通过为每个中断建立适当的优先级，就可以实施中断嵌套控制。表现在：

（1）通过对 NVIC 以及 Cortex-M3 处理器相关寄存器的设置，可以方便地确定中断源的优先级。系统正在响应某个异常时，所有优先级不高于它的异常都不能抢占它，且它自己也不能抢占自己。

（2）自动入栈和出栈能及时保存相关寄存器内容，不至于中断嵌套发生时寄存器内容受损。

但是需要注意堆栈溢出现象。所有服务例程都只使用主堆栈。每嵌套一级，就至少再需要 8 个字，即 32 字节的堆栈空间（不包括中断服务程序自身状态保存对堆栈的额外需求）。这样，当中断嵌套层次很深时，对主堆栈的容量空间压力会增大，甚至出现堆栈容量用光导致堆栈溢出。堆栈溢出对系统正常运行是很致命的。因为入栈数据会持续入栈而越过栈底，使入栈数据与主堆栈前面的数据区发生混叠而破坏数据区内容；这样，在中断返回后，系统极可能功能紊乱，出现程序跑飞/死机。

同时还需注意相同异常的不可重入特性。因为每个异常都有自己的优先级，并且在异常处理期间，同级或低优先级的异常是要阻塞的，因此对于同一个异常，只有在上次实例的服务例程执行完毕后，方可继续响应新的请求。

7. 高级中断操作

1）咬尾中断

Cortex-M3 为缩短中断延迟做了很多努力，特别新增了"咬尾中断"（Tail-Chaining）机制。

当处理器在响应某异常时，如果又发生其他异常，但它们优先级不够高，则被阻塞。那么中断返回时正常操作流程为：

（1）POP 以恢复系统现场；

（2）系统处理挂起的异常；

（3）PUSH 以保存系统现场。

显然，POP 和 PUSH 所涉及的系统现场是一样的，这个操作会白白浪费 CPU 时间。正因此，Cortex-M3 提供了"咬尾中断"来缩短这些不必要的操作，通过继续使用上一个异常已经 PUSH 好的系统现场，在本次异常完成后才执行现场恢复操作。形象一点说，后一个异常把前一个的尾巴咬掉了，前前后后只执行了一次入栈/出栈操作，如图 2-35 所示。

通过与 ARM7TDMI 的中断操作对比，可以看出 Cortex-M3 提供的"咬尾中断"大大缩短了系统响应时间，参见图 2-36。

2）晚到异常处理

"咬尾中断"是在中断结束出栈时起作用的，与之对应，Cortex-M3 在入栈时也提供一种高效的操作模式，称为"晚到异常"。当 Cortex-M3 对某异常的响应序列还处在入栈的阶段，尚未执行其服务例程时，如果此时收到了高优先级异常的请求，则本次入栈就成了为高优先级中断所做的入栈操作，并进一步执行高优先级异常的服务例程。可见该操作强调了异常优先级在中断服务入栈阶段的作用。

如图 2-37 所示，若在响应某低优先级异常 #1 的早期，检测到了高优先级异常 #2，则只

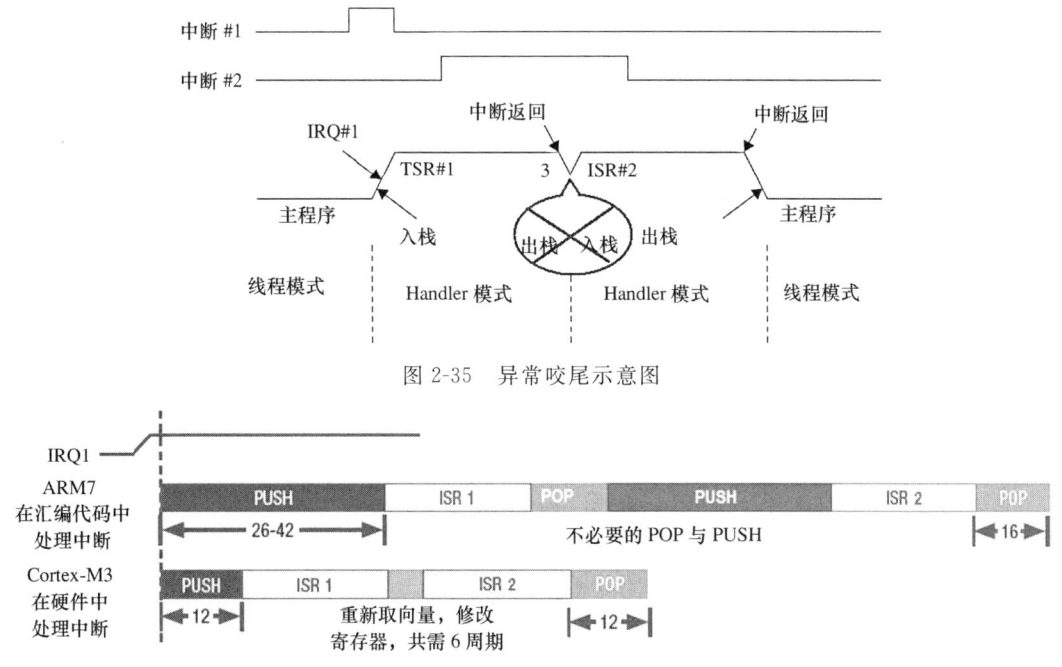

图 2-35 异常咬尾示意图

图 2-36 异常咬尾与常规处理的比较(与 ARM7TDMI 比较)

要#2 没有太晚,就能以"晚到中断"的方式处理,在入栈完毕后执行 ISR #2。如果异常#2 来得太晚,以至于 ISR #1 的指令已经开始执行,则按普通的抢占处理,这会需要更多的处理器时间和额外 32 字节的堆栈空间。

在 ISR #2 执行完毕后,则以刚刚讲过的"咬尾中断"方式,来启动 ISR #1 的执行。

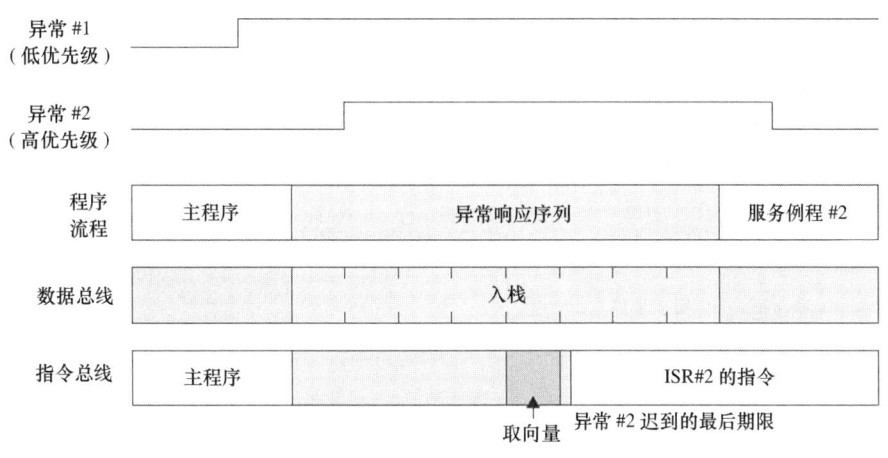

图 2-37 晚到异常的处理模式图

8. 异常返回值

中断响应过程中,LR 等寄存器被押入堆栈后,LR 的值被自动更新为特殊的 EXC_RE-TURN,这是一个高 28 位全为 1 的值,只有[3:0]的值有特殊含义,如表 2-19 所示。当异常服务例程把这个值送往 PC 时,就会启动处理器的中断返回序列。因为 LR 的值是由 Cortex-M3 自动设置的,所以只要没有特殊需求,就不要改动它。

表 2-19　　　　　　　　　　　　EXC_RETURN 位段详解

位段	含义
[31:4]	EXC_RETURN 的标识:必须全为 1
3	• 0:返回后进入 Handler 模式； • 1:返回后进入线程模式
2	• 0:从主堆栈中做出栈操作,返回后使用 MSP； • 1:从进程堆栈中做出栈操作,返回后使用 PSP
1	保留,必须为 0
0	• 0:返回 ARM 状态； • 1:返回 Thumb 状态。在 Cortex-M3 中必须为 1

合法的 EXC_RETURN 值共 3 个,如表 2-20 所示。

表 2-20　　　　　　　　　合法的 EXC_RETURN 值及其功能

EXC_RETURN 数值	功　　能
0xFFFFFFF1	返回 handler 模式
0xFFFFFFF9	返回线程模式,并使用主堆栈(SP=MSP)
0xFFFFFFFD	返回线程模式,并使用线程堆栈(SP=PSP)

如果主程序在线程模式下运行,并且在使用 MSP 时被中断,则在服务例程中 LR＝0xFFFFFFF9(主程序被打断前的 LR 已被自动入栈),参见图 2-38。如果主程序在线程模式下运行,并且在使用 PSP 时被中断,则在服务例程中 LR＝0xFFFFFFFD(主程序被打断前的 LR 已被自动入栈)。

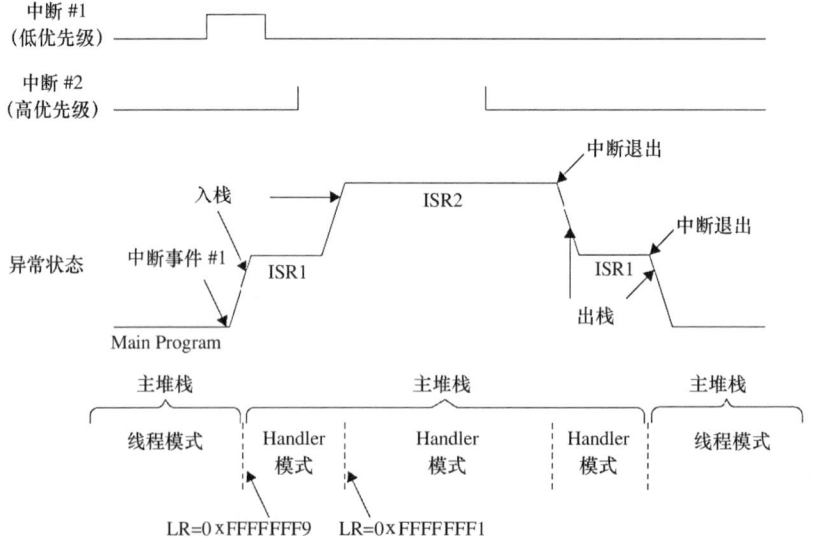

图 2-38　LR 的值在异常期间被设置为 EXC_RETURN(线程模式使用主堆栈)

如果主程序在 Handler 模式下运行,则在服务例程中 LR＝0xFFFFFFF1(主程序被打断前的 LR 已被自动入栈)。这时的"主程序",其实更可能是被抢占的服务例程。事实上,在嵌套时,更深层 ISR 所看到的 LR 总是 0xFFFFFFF1,如图 2-39 所示。

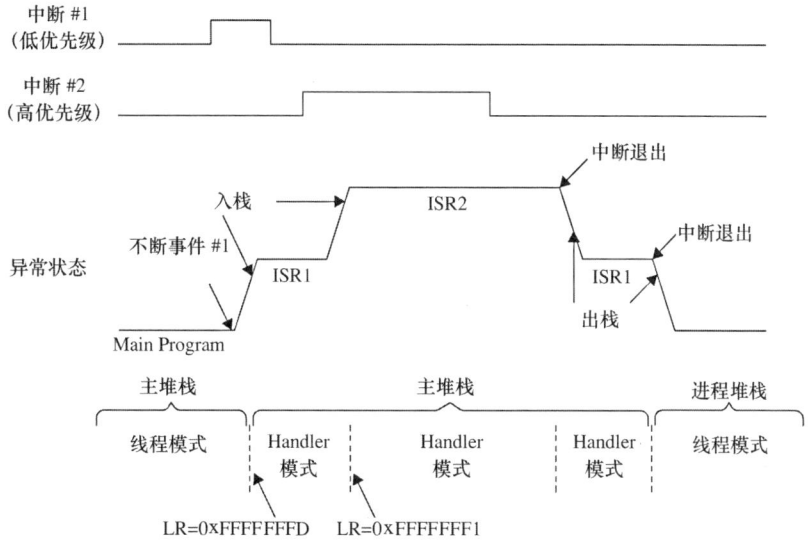

图 2-39　LR 的值在异常期间被设置为 EXC_RETURN（线程模式使用进程堆栈）

由 EXC_RETURN 的格式可见，你不能把 0xFFFFFFF0～0xFFFFFFFF 中的地址作为任何返回地址。其实也并用不担心会弄错，因为 Cortex-M3 已经把这个范围标记成"取指不可取"了。

2.1.7　堆栈

1. 堆栈的基本操作

堆栈操作就是对内存的读写操作，但是其地址由专门的寄存器——堆栈指针 SP 给出，其数据操作模式满足先进后出（FILO，First In Last Out）的规则。寄存器的数据通过入栈（PUSH）操作存入堆栈，以后用出栈（POP）操作从堆栈中取回。在 PUSH 与 POP 的操作中，SP 的值会按堆栈的使用法则自动调整，以保证后续的 PUSH 不会破坏先前 PUSH 进去的内容。正常情况下，PUSH 与 POP 必须成对使用，还要特别注意进出栈数据的顺序。当 PUSH/POP 指令执行时，SP 指针的值也跟着自减/自增。

例：主程序调用自程序。调用完成后不影响保存在栈内的主程序寄存器内容。

```
…main(主程序)
;R0=X，R1=Y，R2=Z
BL Fx1

…Fx1(子程序)
PUSH {R0}           ;把 R0 存入栈 & 调整 SP
PUSH {R1}           ;把 R1 存入栈 & 调整 SP
PUSH {R2}           ;把 R2 存入栈 & 调整 SP
…                   ;执行 Fx1 的功能，中途可以改变 R0-R2 的值
POP {R2}            ;恢复 R2 早先的值 & 再次调整 SP
POP {R1}            ;恢复 R1 早先的值 & 再次调整 SP
POP {R0}            ;恢复 R0 早先的值 & 再次调整 SP
```

```
BX      LR              ;返回
```

;回到主程序 ;R0=X,R1=Y,R2=Z(调用 Fx1 的前后 R0-R2 的值没有被改变)

如果需要保护的寄存器较多,可以采用另一种 PUSH/POP 指令,以实现一次操作多个寄存器。例如:

```
PUSH {R0—R2}                    ;压入 R0—R2
PUSH {R3—R5,R8,R12}             ;压入 R3—R5,R8,以及 R12
```

在 POP 时,可以如下操作:

```
POP {R0—R2}                     ;弹出 R0—R2
POP {R3—R5,R8,R12}              ;弹出 R3—R5,R8,以及 R12
```

注意:不管在寄存器列表中,寄存器的序号是以什么顺序给出的,汇编器都将把它们升序排序。然后 PUSH 指令按照从大到小的顺序依次入栈,POP 则按从小到大的顺序依次出栈。

PUSH/POP 对子还有这样一种特殊形式:

PUSH {R0-R3,LR} POP {R0-R3,PC}

请注意:POP 的最后一个寄存器是 PC,并不是先前 PUSH 的 LR。这其实是一个调用返回的小技巧。因为总要把先前 LR 的值弹出来,再使用此值返回,干脆绕过 LR,直接传给 PC! 因为 LR 在子程序返回时的唯一用处就是提供返回地址,在返回后,先前保存的返回地址就没有利用价值了,所以只要 PC 得到了正确的值,不恢复也没关系。

2. Cortex-M3 堆栈操作

Cortex-M3 使用的是"向下生长的满栈"模型。堆栈是按字操作的,即每次入栈和出栈都是 32 位数据,因此 SP 值总是执行自增/减 4 操作。堆栈指针 SP 指向最后一个被压入堆栈的 32 位数值。

PUSH 操作时,SP 先自减 4,再存入数据到 SP 所指存储器位置,参见图 2-40。

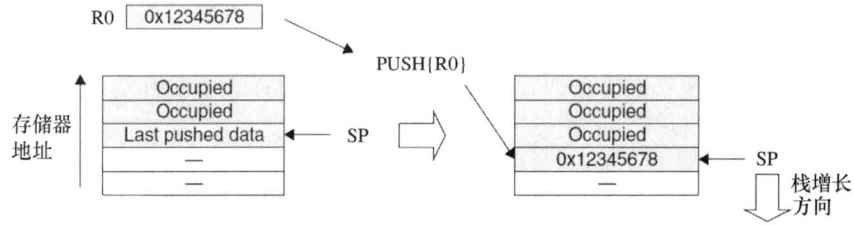

图 2-40 Cortex-M3 的 PUSH 操作

POP 操作刚好相反:先从 SP 所指存储器位置读出数据,SP 再自增 4,参见图 2-41。

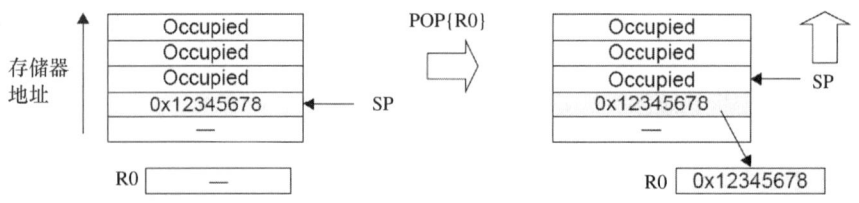

图 2-41 Cortex-M3 的 POP 操作

在进入 ISR 时,Cortex-M3 会自动把一些寄存器压栈,这里使用的是进入 ISR 之前使用的 SP 指针(MSP 或者是 PSP)。离开 ISR 后,只要 ISR 没有更改过 CONTROL[1],就依然使用先前的 SP 指针来执行出栈操作。

3. Cortex-M3 的双堆栈机制

Cortex-M3 的堆栈有两个:主堆栈 MSP 和进程堆栈 PSP,由 CONTROL[1] 来控制堆栈的选择。

(1) 当 CONTROL[1]=0,只使用 MSP,此时用户程序和异常 Handler 共享同一个堆栈。这也是复位后的缺省使用方式,参见图 2-42。

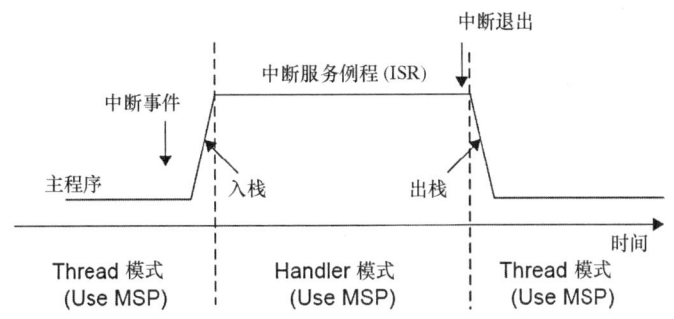

图 2-42 CONTROL[1]=0 时的堆栈使用情况

(2) 当 CONTROL[1]=1,进入异常时的自动压栈使用的是进程堆栈 PSP,进入异常 handler 后才自动改为 MSP,退出异常时切换回 PSP,并且从进程堆栈上弹出数据,参见图 2-43。

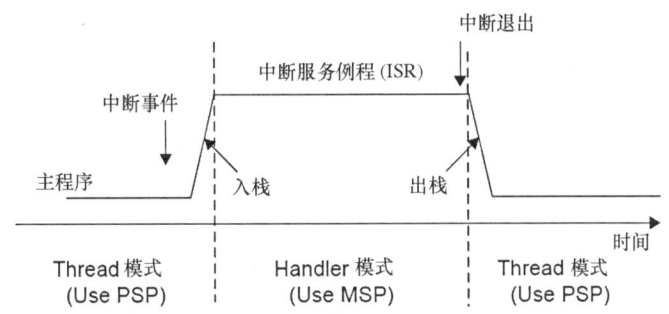

图 2-43 CONTROL[1]=0 时的堆栈切换情况

在特权级下,可以指定具体的堆栈指针,而不受当前使用堆栈的限制,例如:

```
MRS R0,MSP      ;读取主堆栈指针到 R0
MSR MSP,R0      ;写入 R0 的值到主堆栈中
MRS R0,PSP      ;读取进程堆栈指针到 R0
MSR PSP,R0      ;写入 R0 的值到进程堆栈中
```

通过读取 PSP 的值,操作系统 OS 就能够获取用户应用程序使用的堆栈,进而知道发生异常时被入栈寄存器的内容。OS 还可以修改 PSP,用于实现多任务中的任务上下文切换。

2.1.8 CoreSight 调试与跟踪系统

Cortex-M3 基于 CoreSight 构建的调试与跟踪系统提供了多种多样的调试组件,能实现丰富的调试功能。常见的调试设计思路有两种。

(1) 侵入式调试:
- 停机以及单步执行程序;

- 硬件断点；
- 断点指令（BKPT）；
- 数据观察点，作用于单一地址、一个范围的地址，以及数据的值；
- 访问寄存器的值（既包括读，也包括写）；
- 调试监视器异常；
- 基于 ROM 的调试［闪存地址重载（Flash Patching）］。

（2）非侵入式调试：
- 在内核运行的时候访问存储器；
- 指令跟踪，需要通过可选的嵌入式跟踪宏单元（ETM）；
- 数据跟踪；
- 软件跟踪［通过 ITM（指令跟踪单元）］；
- 性能速写（Profiling）（通过数据观察点以及跟踪模块）。

侵入式调试对硬件要求低，但这种方式需要在目标代码中插入调试指令或调试代码，会影响程序的全速运行。而非侵入式调试在系统运行时在线检测与控制系统状态，特别适用于调试实时性较强的嵌入式控制系统任务。Cortex-M3 架构中的 CoreSight 调试体系支持上述丰富的调试方案，且具有一些显著的技术优势，包括：
- 处理器运行时在线查看存储器和外设寄存器内容；
- 使用单一调试器，就可以控制多核系统的调试接口；
- 单总线的内部调试接口；
- 多跟踪数据流可以由单一的跟踪捕获设备来收集，再在 PC 上还原出先前的各条数据流。

1. CoreSight 技术概览

CoreSight 调试架构包括调试接口协议、调试总线协议、对调试组件的控制、安全特性、跟踪接口等。

1）调试接口

Cortex-M3 的调试系统对处理器上总线逻辑的控制使用"调试访问端口"（DAP）。通过把 JTAG 或串行线协议都转换成 DAP 总线接口协议，再控制 DAP 来执行调试动作。DAP 总线与 APB 总线很相似，很容易地连接其他调试组件，把调试接口和调试硬件分开，使得调试系统规模可调整，伸缩性很强。

Cortex-M3 支持两种调试主机接口（图 2-44）。
- JTAG 接口；
- 串行线（Serial Wire，SW）调试接口。

DP 充当处理器与调试器的中介。它的一端连接到调试器上，另一端则连接到 Cortex-M3 的 DAP 接口上。

在 Cortex-M3 处理器内核中，实际的调试功能由 NVIC 和若干调试组件来协作完成。调试组件包括 FPB、DWT、ITM 等。NVIC 中有一些寄存器，用于控制内核的调试动作，如停机、单步；其他的一些功能块则控制观察点、断点，以及调试消息的输出。

从外部调试器到 Cortex-M3 调试接口的连接，需要多级互联才能完成，如图 2-44 所示。

第一步，是通过 DP 接口模块（通常是 SWJ-DP 或 SW-DP），先把外部信号转换成一个通用的 32 位调试总线信号（DAP 总线信号）。SWJ-DP 支持 SW 与 JTAG 两种协议，而 SW-DP 则只支持 SW。DAP 总线上的地址是 32 位的，其中高 8 位用于选择访问哪一个设备，由此可见最多可以在 DAP 总线上面挂 256 个设备。在 Cortex-M3 处理器的内部，只用掉了一个设备的地址，还剩下的 255 个都可以用于连接访问端口（AP）到 DAP 总线上。

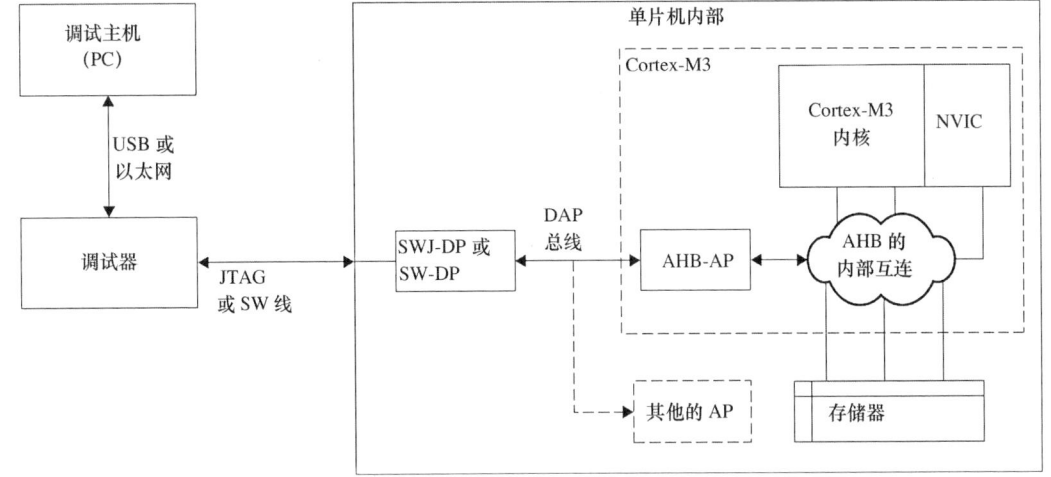

图 2-44　高度主机到 Cortex-M3 的连接

第二步，DAP 接口连接到了一个称为"AHB-AP"的 AP 设备上，它相当于一个总线桥，用于把 DAP 总线的命令转换为 AHB 总线上的数据传送，再插入到 Cortex-M3 内部的总线网络中。这样，Cortex-M3 的整个存储器映射都可以访问，包括 NVIC 中的调试控制寄存器组。在 CoreSight 系列产品中，AP 设备可以有好几种类型，包括 APB-AP 和 JTAG-AP。顾名思义，APB-AP 是用于产生 APB 总线数据传送动作的，而 JTAG-AP 则用于控制传统的基于 JTAG 的测试接口，例如 ARM7 上的调试接口。

2）跟踪接口

CoreSight 架构还可以用于数据跟踪。跟踪源产生的数据被封装成数据包，数据包长度可变。这些包通过"高级跟踪总线"（ATB）送往 TPIU（跟踪端口接口单元），由 TPIU 把它们格式化，转换成符合"跟踪总线接口协议"的数据包，再把数据导出到片外的跟踪硬件设备，如跟踪端口分析仪（TPA）等设备捕获它们并送到调试主机（PC），再由 PC 端的调试软件还原为先前的多条数据流。整个数据流动的路线如图 2-45 所示。

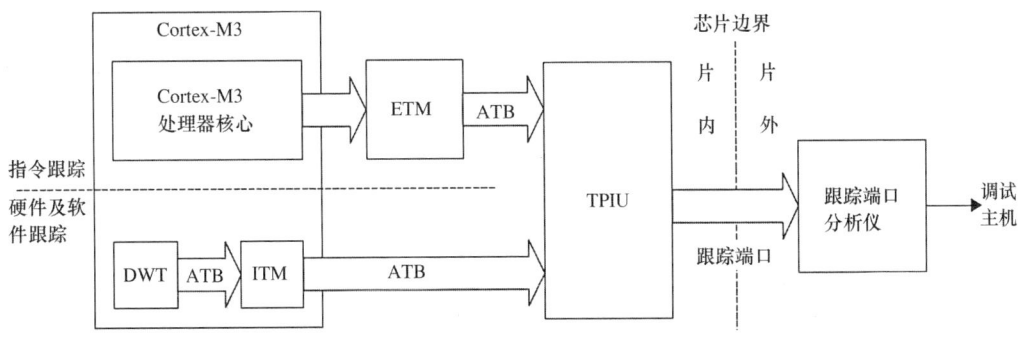

图 2-45　Cortex-M3 的跟踪系统模式图

从图 2-45 可见，在 Cortex-M3 中可以有 3 种跟踪源：ETM，ITM 和 DWT。其中 ETM 是一个可选组件。在操作中，每个跟踪源都被赋予一个 7 位的 ID 号（ATID），跟随它所发出的数据包一起送出。这样，在从归并的数据流中还原各原始的数据流时，就可以使用 ATID 来作为识别的手段。

正常工作情况下,为降低系统功耗,不需要进行跟踪,即跟踪系统是处于除能状态的,寄存器 DEMCR.TRCENA 默认值为 0。在使用跟踪系统时,必须先把寄存器 DEMCR.TRCENA 置位以使能调试系统。

2.1.9 Cortex-M3 内核的其他特性

1. SysTick 定时器

SysTick 是一个 24 位的倒计数定时器,当计到 0 时,将从 RELOAD 寄存器中自动重装载定时初值。只要不把它在 SysTick 控制及状态寄存器中的使能位清除,就永不停息。图 2-46 中给出了 SysTick 的相关寄存器。

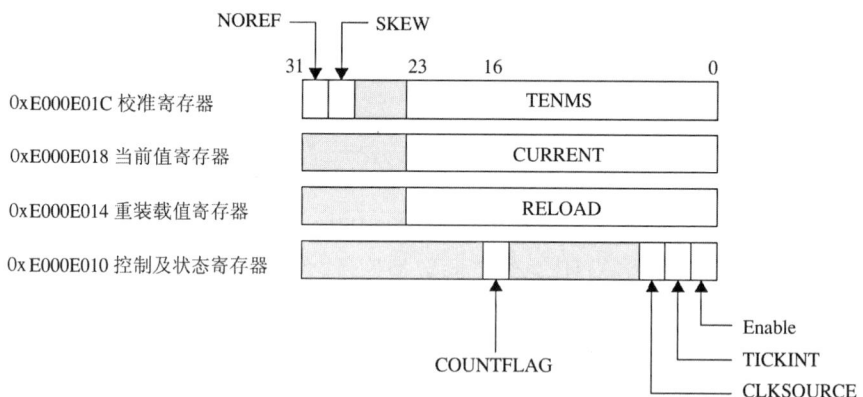

图 2-46 SysTick 相关寄存器的定义

Cortex-M3 允许为 SysTick 提供两个时钟源以供选择。第一个是内核的"自由运行时钟" FCLK。该时钟不来自系统时钟 HCLK,因此在系统时钟停止时 FCLK 也继续运行。第二个是一个外部的参考时钟。但是使用外部时钟时,因为它在内部是通过 FCLK 来采样的,因此其周期必须至少是 FCLK 的两倍。很多情况下芯片厂商都会忽略此外部参考时钟,因此通常不可用。通过检查校准寄存器的位[31](NOREF),可以判定是否有可用的外部时钟源,而芯片厂商则必须把该引线连接至正确的电平。

2. 电源管理

Cortex-M3 对内核级上提供了电源管理,有两种睡眠模式。在睡眠时,可以停止系统时钟,但可以让 FCLK 继续走,以允许处理器能被 SysTick 异常唤醒。这两种睡眠模式为:

(1)睡眠:由 Cortex-M3 处理器的 SLEEPING 信号指示。

(2)深度睡眠:由 Cortex-M3 处理器的 SLEEPDEEP 信号指示。

可以通过读取 NVIC 的相关系统控制寄存器判定当前使用的睡眠模式及睡眠时的上下文。

3. 多核系统

Cortex-M3 通过一个用于内核之间同步任务的简单通信接口支持简单的多核系统构建。处理器有一个名为 TXEV(Transmit Event)的输出信号,用于发送信号给其他内核;还有一个名为 RXEV(Receive Event)的输入信号,以接收从其他内核发来的信号。对于一个双核系统来说,事件通信的信号的连接可以如图 2-47 所示。

例如,当某 Cortex-M3 内核因为 WFE(Wait For Event)而睡眠时,可以通过执行 SEV 指令(Send EVent)发送外部事件来唤醒。当执行该指令时,当前内核就会在 TXEV 上发送一个

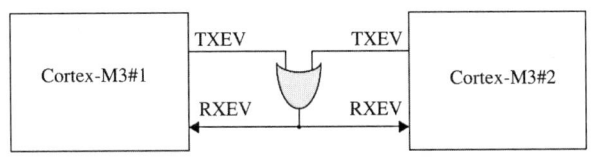

图 2-47 双核处理系统间的事件信号连接

脉冲,其他睡眠中的内核在 RXEV 上接收到该脉冲时被唤醒,从而实现同步,如图 2-48 所示。

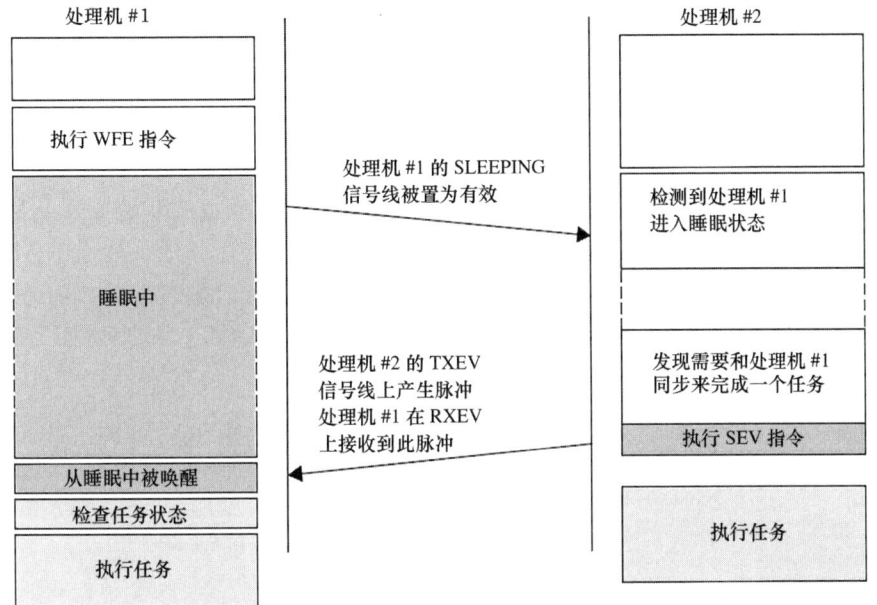

图 2-48 双核之间使用事件信号来做同步任务

在使用 WFE 同步任务时,要明白内核也可以被其他事件唤醒,比如中断和调试事件。所以在被唤醒时,需要先检查是不是由同步事件信号唤醒的。使用 WFE 同步任务的流程如图 2-49 所示。

通过使用 WFE,我们可以让两个处理机同步地配合完成一个任务。当 WFE 被执行时,它首先查看本地事件锁存器。如果锁存器的值为零,则使内核睡眠;如果发现锁住了先前的事件信号,则清零锁存器,并且取消此次睡眠,继续执行下一条指令。早先发生的异常、执行的 SEV 指令都可以置位锁存器。所以要注意,如果曾经执行过 SEV,则紧挨着的 WFE 不会使处理器睡眠,只是清除了锁存的值,处理器依然继续执行。

大多数 Cortex-M3 处理器只有一个处理器内核。此时,RXEV 信号被硬线连接到 0。

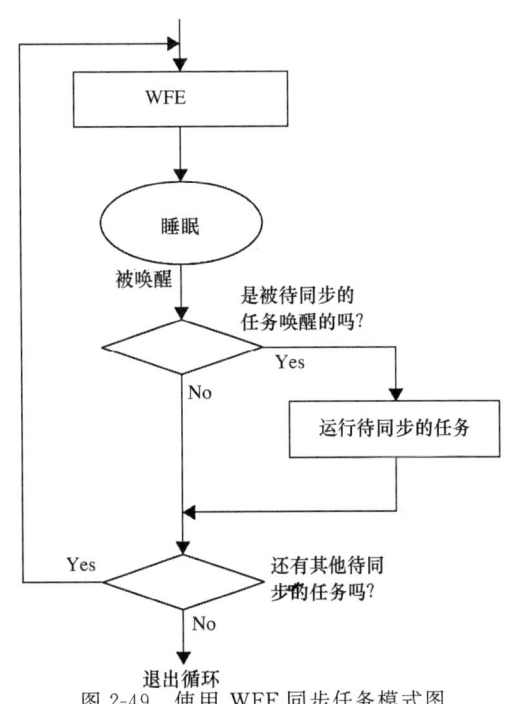

图 2-49 使用 WFE 同步任务模式图

4. 复位

在复位时，Cortex-M3 会首先读取下列两个 32 位整数的值，参见图 2-50。

（1）从地址 0x00000000 处取出 MSP 的初始值。

（2）从地址 0x00000004 处取出 PC 的初始值，该值是复位向量，LSB 必须是 1。然后从这个值所对应的地址处取指。

图 2-50 复位序列

请注意，这与传统的 ARM 架构不同。传统的 ARM 架构总是从 0 地址开始执行第一条指令，因此它们的 0 地址处总是一条跳转指令。在 Cortex-M3 中，0 地址处提供 MSP 的初始值，然后就是向量表（向量表在以后还可以被移至其他位置）。向量表中的数值是 32 位的地址，而不是跳转指令。向量表的第一个条目指向复位后应执行的第一条指令（图 2-51）。

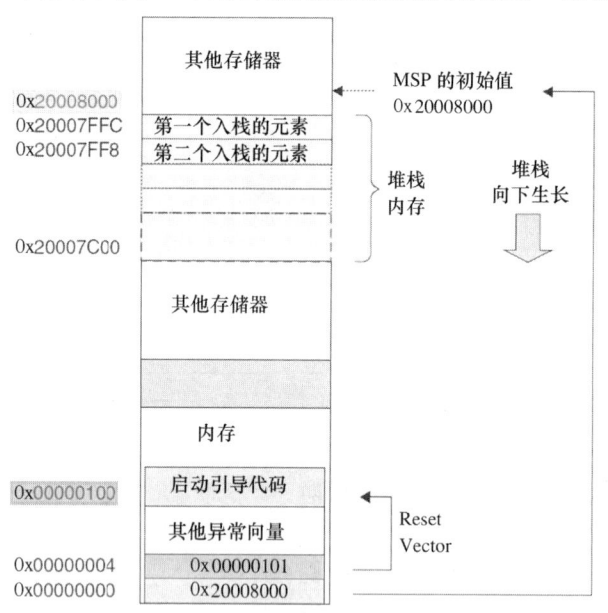

图 2-51 初始 MSP 及 PC 初始化的一个范例

因为 Cortex-M3 使用的是向下生长的满栈，所以 MSP 的初始值必须是堆栈内存的末地址加 1。举例来说，如果你的堆栈区域在 0x20007C00—0x20007FFF 之间，那么 MSP 的初始值就必须是 0x20008000。

向量表跟随在 MSP 的初始值之后，即第 2 个表目。要注意，因为 Cortex-M3 是在 Thumb 态下执行，所以向量表中的每个数值都必须把 LSB 置 1（奇数）。正因如此，图 2-51 中使用 0x101 来表达地址 0x100。当 0x100 处的指令得到执行后，就正式开始了程序的执行。在此之前初始化 MSP 是必需的，因为可能第 1 条指令还没执行就会被 NMI 或是其他 Fault 打断。MSP 初始化好后就已经为它们的服务例程准备好了堆栈。

2.2 指令系统

Cortex-M3 只使用 Thumb-2 指令集，不再像前代 ARM 那样经常需要考虑在标准 ARM 指令集和 Thumb 指令集之间切换。Thumb-2 允许 32 位指令和 16 位指令水乳交融，很好地平衡了代码密度与指令性能两者的矛盾，并更加容易使用。

在过去，基于 ARM 的软件开发需要考虑全功能的 32 位 ARM 指令集和精简的 16 位 Thumb 指令集，并处理好 ARM 和 Thumb 两个执行状态的切换，参见图 2-52。32 位的 ARM 指令集性能较高，16 位的 Thumb 指令集存储密度较高，但不能完全独立工作。在实际中，为了取长补短，很多应用程序都混合使用 ARM 和 Thumb 代码段。这看似给开发者更多的自由，但是，由此引入的两种状态的切换开销却不可忽略，并不是一种理想的设计方案。

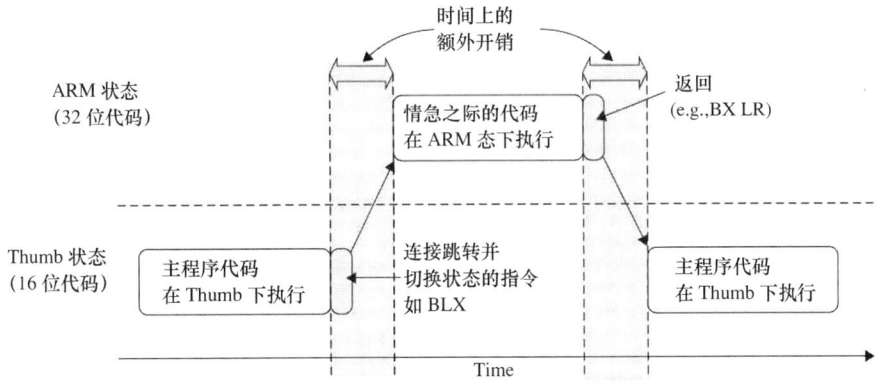

图 2-52 在诸如 ARM7 处理器上的状态切换模式图

作为前一代 Thumb 指令集的升级版，Thumb-2 功能更加完备，终于可以替代 ARM 和 Thumb 这两套指令集而独立工作，特别是取消了 ARM 和 Thumb 状态的切换，可以在单一操作模式下完成所有处理，包括中断处理，而以前的 ARM 总是要切换到 ARM 状态以处理中断和异常。事实上，Cortex-M3 内核干脆都不支持 ARM 指令，这种新的设计与传统的 ARM 处理器相比更加简洁高效，突出地体现在：

- 消灭了状态切换的额外开销，同时节省了动态执行时间和程序存储空间；
- 不再需要把源代码文件分成按 ARM 编译的和按 Thumb 编译的，软件开发的管理大大减负；
- 无需再反复地求证和测试：究竟该在何时何地切换到何种状态下，程序才较有效率。

软件开发也变得更加方便。不少有趣和强大的指令为 Cortex-M3 注入了新鲜的青春血液，例如：

- UBFX, BFI, BFC：分别是位段提取，位段插入和位段清零指令。支持 C 位段，可简化外设寄存器操作；
- CLZ, RBIT：计算前导零指令和位反转指令，二者组合使用能实现一些算法特技；
- UDIV, SDIV：无符号除法和带符号除法指令；
- SEV, WFE, WFI：发送事件，等待事件以及等待中断指令，用于实现多处理器之间的任务同步，还可以进入不同的休眠模式；
- MSR, MRS：访问特殊功能寄存器。

因为 Cortex-M3 专情于全新的 Thumb-2,旧的应用程序需要移植和重建。对于大多数 C 源程序,只需简单地重新编译就能重建,而汇编代码则可能需要大幅度地修改和重写,才能使用 Cortex-M3 的新功能,并且融入 Cortex-M3 新引入的统一汇编器框架(Unified Assembler Framework)中。

请注意:Cortex-M3 并不支持所有的 Thumb-2 指令,ARMv7-M 的规格书只要求实现 Thumb-2 的一个子集。举例来说,协处理器指令就被裁掉了(可以使用外部的数据处理引擎来替代)。Cortex-M3 也没有实现 SIMD 指令集,前代的一些 Thumb 指令不再需要,因此也被排除。不支持指令还包括 v6 中引入的 SETEND 指令。

对于确定的微处理器而言,编写紧凑的代码以降低消耗显得至关重要。通常,存储器的大小是固定的,而产品的功能特性却各异,对于代码密度很差的处理器,选择恰当的处理器并精心调整代码是明智的。

在 32 位嵌入式处理器中,ARM、MIPS 以及 PowerPC 曾是首先寻找出降低其存储器消耗、提高代码密度方法的几种处理器。更早一些的处理器,如摩托罗拉的 68K 系列以及英特尔的 x86 系列,并不需要代码压缩。事实上,其标准代码密度都比 RISC 处理器的代码压缩模式还要高。

Thumb 指令集作为 ARM 指令集的压缩方案,简洁、有效,应用广泛并得到很好的支持。实际上 Thumb 指令集是添加到 ARM 的标准 RISC 指令集之上的独立指令集。在 ARM 体系架构中,可以通过模式切换指令在这两种指令集代码之间进行切换。也就是说,Thumb 代码和标准 ARM 代码不能混杂使用,必须显式地在两种模式间进行切换,这迫使程序员必须将所有的 16 位代码与 32 位代码分开并隔离到独立的模块中。

Thumb 指令集架构(Instruction Set Architecture, ISA)是由大约 36 条 16 位指令组成,包括了基本的加法、减法、循环移位以及跳转等指令,通过使用这些较短的指令替换 ARM 标准的 32 位指令,可以将某些代码的规模减小大约 20%~30%。但是,这些有限的 Thumb 指令仅对基本的算术和逻辑操作有用。Thumb 模式下,处理器将仅可使用有限数量的寄存器,R8~R12 的使用受到限制,无法完成诸如处理中断、长跳转、原子存储器(Atomic Memory)操作,或协处理器操作等复杂任务,也无法像 ARM 模式那样进行条件执行和移位或循环移位等操作。其次,模式之间来回切换需要消耗时间,导致代码运行速度降低大约 15%,不仅要增加代码,而且还需要几十个前导(Preamble)以及后同步指令(Postamble)来组织指针并清空 CPU 的流水线。如果在 Thumb 模式中运行的代码小于几十条指令,就不值得为之付出这样的开销。虽然 Thumb 指令能够实现较高密度的代码,缓存使用效率更高,但实现 ARM 指令代码的功能往往需要较多的 Thumb 指令代码,相比较而言,ARM 指令使用起来更灵活。

Thumb-2 并不是 Thumb 的升级,相反,它是另起炉灶,继承并集成了传统的 Thumb 指令集和 ARM 指令集的各自优点,可以完全代替 Thumb 和原先的 ARM 指令集,是 Thumb 指令集和 ARM 指令集的一个超集。Thumb-2 指令集体系架构,无需模式切换就运行 16 位与 32 位混合代码,消除了原先 Thumb 模式的限制。尽管没有了模式切换开销,与标准 ARM 代码相比,它还是要花费多一些的 Thumb-2 指令来完成特定的任务。对于 ARM 处理器而言,这些额外的指令(以及额外的周期)会使速度降低大约 15%~20%。

未来的 ARM 处理器最终将只运行 Thumb-2 代码。由于它用一套单一的更多压缩指令的指令集有效地取代了 ARM 和 Thumb 指令集,支持 Thumb-2 的新型处理器将能运行现有的 ARM 和 Thumb 代码,但反之则不行。当 Thumb-2 广泛推广后,它将创建一套单独但等价的软件库。

Cortex-M3 处理器使用的指令集是 Thumb-2 指令集的子集,它的工作状态(工作模式)只有一个,那就是 Thumb-2 状态(部分专著、教材仍称之为 Thumb 状态,因与 ARM 体系架构下的 Thumb 状态有所不同,这里称之为 Thumb-2 状态)。

本章首先对 Thumb-2 指令集进行介绍,然后基于 Cortex-M3 介绍其常用的 Thumb-2 指令。

2.2.1 Thumb-2 指令分类

1. 按指令长度分类

按照指令的长度,Thumb-2 指令可分为两种:16-bit 指令和 32-bit 指令。基于 Thumb-2 指令体系架构编写的代码在执行过程中,处理器不存在工作模式的切换。那么,处理器必须能够自动识别当前指令长度是 16-bit 还是 32-bit,以正确地执行 Thumb-2 指令代码,它是如何识别呢?

在 PC 寄存器指向的半字中,Bits<15:11>决定该半字是 16-bit 指令,还是属于 32-bit 指令的一部分。图 2-53 说明了 Bits<15:11>确定指令长度的功能。

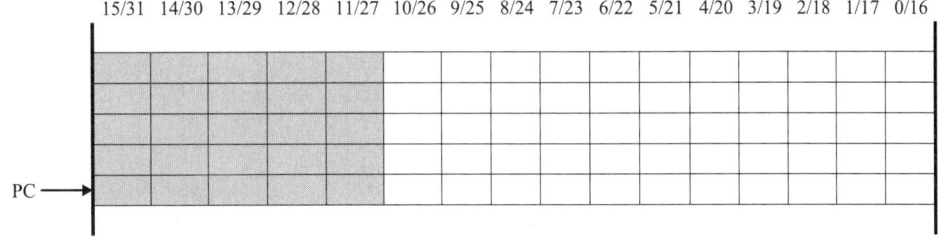

图 2-53 指令长度的确定

表 2-21 描述了 PC 寄存器所指向半字的且决定不同指令长度的 Bits<15:11>的编码格式。

表 2-21   不同指令长度的 Bits<15:11>编码格式

Halfword1 Bits<15:11>	功能
0b11100	16-bit 无条件分支 Thumb 指令,在所有 Thumb 体系结构中定义
0b111xx	32-bit Thumb-2 指令,在 Thumb-2 中定义
0bxxxxx	16-bit Thumb 指令

从表 2-21 可以看出,Thumb-2 指令集空间被划分为 16-bit 和 32-bit 两个子集。其中,x 可以为 0 或 1,但 x 的取值不能使得 0b111xx = 0b11100,以及 0bxxxxx = 0b111xx 或者 0bxxxxx = 0b11100。

2. 按功能和寻址方式分类

按照指令的功能,Thumb-2 指令可分为下列几类:
- 数据传送指令;
- LOAD/STORE 指令;
- 多数据 LOAD/STORE 指令;

- 算术四则运算指令；
- 逻辑操作指令；
- 移位和循环指令；
- 符号扩展指令；
- 字节调序指令，如 REV，REVH，REV16，REVSH；
- 位域处理指令；
- 子程序调用与无条件转移指令；
- 隔离(Barrier)指令；
- 饱和运算指令；
- IF-THEN 指令；
- 比较跳转指令等。

2.2.2　统一汇编语言

为了最有力地支持 Thumb-2 指令的体系架构，Cortex-M3 引入了"统一汇编语言"(Unified Assembly Language，UAL)语法机制。对于 16 位指令和 32 位指令均能实现的一些操作(常见于数据处理操作)，虽然有时指令的实际操作数不同，或者对立即数的长度有不同的限制，但是汇编器允许开发者以相同的语法格式书写，并且由汇编器来决定是使用 16 位指令，还是使用 32 位指令。以前，Thumb 的语法和 ARM 的语法不同，在有了 UAL 之后，两者的书写格式就统一了。

　　ADD R0，R1　　　　　　；使用传统的 Thumb 语法
　　ADD R0，R0，R1　　　　；UAL 语法允许的等值写法(R0＝R0＋R1)

虽然引入了 UAL，但是仍然允许使用传统的 Thumb 语法。不过有一项必须注意：如果使用传统的 Thumb 语法，有些指令会默认地更新 APSR，即使你没有加上 S 后缀。如果使用 UAL 语法，则必须指定 S 后缀才会更新。例如：

　　AND R0，R1　　　　　　；传统的 Thumb 语法
　　ANDS R0，R0，R1　　　 ；等值的 UAL 语法(必须有 S 后缀)

在 Thumb-2 指令集中，有些操作既可以由 16 位指令完成，也可以由 32 位指令完成。例如，R0＝R0＋1 这样的操作，16 位与 32 位的指令都提供了助记符为"ADD"的指令。在 UAL 下，你可以让汇编器决定用哪个，也可以手工指定是用 16 位的还是 32 位的：

　　ADDS R0，＃1　　　　　；汇编器将为了节省空间而使用 16 位指令
　　ADDS.N R0，＃1　　　　；指定使用 16 位指令(N＝Narrow)
　　ADDS.W R0，＃1　　　　；指定使用 32 位指令(W＝Wide)

".W"(Wide)后缀指定 32 位指令。如果没有给出后缀，汇编器会先试着用 16 位指令以缩小代码体积，如果不行再使用 32 位指令。因此，使用".N"其实是多此一举，不过汇编器可能仍然允许这样的语法。

上述讨论的是 ARM 公司汇编器的语法，其他汇编器的可能略有区别，但如果没有给出后缀，汇编器就总是会尽量选择更短的指令。

其实在绝大多数情况下，程序是用 C 写的，C 编译器也会尽可能地使用短指令。然而，当立即数超出一定范围时，或者 32 位指令能更好地适合某个操作，将使用 32 位指令。

32 位 Thumb-2 指令也可以按半字对齐(以前 ARM 32 位指令都必须按字对齐),因此下例是允许的:

0x1000: LDR R0, [R1]   ;一个 16 位的指令
0x1002: RBIT.W R0   ;一个 32 位的指令,跨越了字的边界

绝大多数 16 位指令只能访问 R0~R7;32 位 Thumb-2 指令则无任何限制。不过,把 R15(PC)作为目的寄存器要格外谨慎,就像 C 语言中"指针",用对了会有意想不到的妙处,出错时则会出现不可预测的结果。

2.2.3　16-bit Thumb-2 指令集编码格式

16-bit Thumb-2 指令集的主要分类及其编码格式见表 2-22 所示。

表 2-22　　　　16-bit Thumb-2 指令集的主要分类及其编码格式

类别	15	14	13	12	11	10	9	8	7	6	5	4	3	2	1	0
移位	0	0	0	opcode[1]		imm5					Rm			Rd		
寄存器加/减	0	0	0	1	1	0	opc		Rm			Rn			Rd	
立即数加/减	0	0	0	1	1	1	opc		imm3			Rn			Rd	
立即数加/减/比较/传送	0	0	1	opcode		Rdn			imm8							
寄存器数据处理	0	1	0	0	0	0	opcode				Rm			Rdn		
特殊数据处理	0	1	0	0	0	1	opcode[1]		DN	Rm				Rdn		
跳转/交换指令集	0	1	0	0	0	1	1	1	L	Rm				(0)	(0)	(0)
文字池数据 Load	0	1	0	0	1	Rd			PC-relative imm8							
带寄存器偏移的 LOAD/STORE 指令	0	1	0	1	opcode			Rm			Rn			Rd		
带字/字节立即数偏移的 LOAD/STORE 指令	0	1	1	B	L	imm5					Rn			Rd		
带半字立即数偏移的 LOAD/STORE 指令	1	0	0	0	L	imm5					Rn			Rd		
堆栈 LOAD/STORE 指令	1	0	0	1	L	Rd			SP-relative imm8							
PC 或 SP 加法指令	1	0	1	0	SP	Rd			imm8							
杂项指令	1	0	1	1	×	×	×	×	×	×	×	×	×	×	×	×

续表

多数据 LOAD/STORE 指令	1	1	0	0	L	Rn	register list
条件跳转指令	1	1	0	1	Cond[2]		imm8
未定义指令	1	1	0	1	1 1 1 0		× × × × × × × ×
服务(系统)呼叫指令	1	1	0	1	1 1 1 1		imm8
无条件跳转指令	1	1	1	0	0		imm11
32bit 指令	1	1	1	0	1	× × × × × × × × × ×	
32bit 指令	1	1	0	1		× × × × × × × × × × ×	

注:opcode[1]! = 0b11;cond[2]! = 0b111x。

1. 立即数移位与寄存器数据传送指令

Thumb-2 主要的立即数移位与寄存器数据传送指令见表 2-23。

表 2-23　　　　　　　立即数移位与寄存器数据传送指令

功能	指令	opcode	imm5
寄存器数据传送(not in IT block)	MOV (register)	0b00	0b00000
逻辑左移	LSL (immediate)	0b00	! = 0b00000
逻辑右移	LSR (immediate)	0b01	any
算术右移	ASR (immediate)	0b10	any

2. 寄存器加/减指令

寄存器加/减指令参见表 2-24。

表 2-24　　　　　　　寄存器加/减指令

功能	指令	操作码
寄存器加法	ADD (register)	0b0
寄存器减法	SUB (register)	0b1

3. 立即数加/减/比较/传送指令

立即数加/减/比较/传送指令参见表 2-25 和表 2-26。

表 2-25　　　　　　　3-bit 立即数加/减指令

功能	指令	操作码
立即数加法	ADD (immediate)	0b0
立即数减法	SUB (immediate)	0b1

表 2-26　　　　　　　　　8-bit 立即数比较/传送指令

功能	指令	操作码
立即数传送	MOV (immediate)	0b00
立即数比较	CMP (immediate)	0b01
立即数加法	ADD (immediate)	0b10
立即数减法	SUB (immediate)	0b11

4. 寄存器数据处理指令

寄存器数据处理指令参见表 2-27 和表 2-28。

表 2-27　　　　　　　　　寄存器数据处理指令

功能	指令	操作码
逐位与	AND (register)	0b0000
逐位异或	EOR (register)	0b0001
逻辑左移	LSL (register)	0b0010
逻辑右移	LSR (register)	0b0011
算术右移	ASR (register)	0b0100
带进位加	ADC (register)	0b0101
带进位减	SBC (register)	0b0110
循环右移	ROR (register)	0b0111
位测试	TST (register)	0b1000
逆向减（from zero）	RSB (immediate)	0b1001
比较	CMP (register)	0b1010
负数比较	CMN (register)	0b1011
逻辑或	ORR (register)	0b1100
乘法	MUL	0b1101
位清零	BIC (register)	0b1110
数据取反传送	MVN (register)	0b1111

表 2-28　　　　　　　　　特殊数据处理指令

功能	指令	操作码
加（寄存器，包括高端寄存器 R8～R12）	ADD (register)	0b00
比较（寄存器，包括高端寄存器 R8～R12）	CMP (register)	0b01
传送（寄存器，包括高端寄存器 R8～R12）	MOV (register)	0b10

5. 分支(跳转)与交换指令集指令

分支(跳转)与交换指令集指令参见表 2-29。

表 2-29　　　　　　　　　分支(跳转)切换指令集指令

功能	指令	L
分支(跳转)切换	BX	0b0
带链接的分支(跳转)切换	BLX (register)	0b1

6. 带寄存器偏移的 LOAD/STORE 指令

带寄存器偏移的 LOAD/STORE 指令参见表 2-30。

表 2-30　　　　　　　　　　带寄存器偏移的 LOAD/STORE 指令

功能	指令	操作码
字数据存储	STR（register）	0b000
半字数据存储	STRH（register）	0b001
字节存储	STRB（register）	0b010
加载带符号字节数据	LDRSB（register）	0b011
加载字数据	LDR（register）	0b100
加载无符号半字数据	LDRH（register）	0b101
加载无符号字节数据	LDRB（register）	0b110
加载带符号半字数据	LDRSH（register）	0b111

7. 带 5-bit 立即数偏移的字/字节 LOAD/STORE 指令

带 5-bit 立即数偏移的字/字节 LOAD/STORE 指令参见表 2-31。

表 2-31　　　　　　　带 5-bit 立即数偏移的字/字节 LOAD/STORE 指令

功能	指令	B	L
字数据存储	STR（immediate）	0b0	0b0
加载字数据	LDR（immediate）	0b0	0b1
字节存储	STRB（immediate）	0b1	0b0
加载字节数据	LDRB（immediate）	0b1	0b1

8. 带 5-bit 立即数偏移的半字 LOAD/STORE 指令

带 5-bit 立即数偏移的半字 LOAD/STORE 指令参见表 2-32。

表 2-32　　　　　　　带 5-bit 立即数偏移的半字 LOAD/STORE 指令

功能	指令	L
半字数据存储	STRH（immediate）	0b0
加载半字数据	LDRH（immediate）	0b1

9. 堆栈 LOAD/STORE 指令

堆栈 LOAD/STORE 指令参见表 2-33。

表 2-33　　　　　　　　　　堆栈 LOAD/STORE 指令

功能	指令	L
向堆栈存储	STR（immediate）	0b0
从堆栈加载	LDR（immediate）	0b1

10. SP 或 PC 与 8-bit 立即数加法指令

SP 或 PC 与 8-bit 立即数加法指令参见表 2-34。

表 2-34　　　　　　　　SP 或 PC 与 8-bit 立即数加法指令

功能	指令	SP
加（PC 加立即数）	ADR	0b0
加（SP 加立即数）	ADD（SP 加立即数）	0b1

11. 多数据 LOAD/STORE 指令

多数据 LOAD/STORE 指令参见表 2-35。

表 2-35　　　　　　　　多数据 LOAD/STORE 指令

功能	指令	L
多数据存储	STMIA/STMEA	0b0
多数据加载	LDMIA/LDMFD	0b1

12. 杂项指令

杂项指令包括不适宜归入上面类别的一些指令，参见表 2-36～表 2-42。

表 2-36　　　　　　　　杂项指令编码格式

功能	15	14	13	12	11	10	9	8	7	6	5	4	3	2	1	0
堆栈指针调整指令	1	0	1	1	0	0	0	0	opc			imm7				
符号位/零扩展	1	0	1	1	0	0	1	0	opc		Rm		Rd			
比较零值/非零值分支（跳转）指令	1	0	1	1	N	0	i	1	imm5					Rn		
PUSH/POP 寄存器列表	1	0	1	1	L	1	0	R	register list							
不可预测指令	1	0	1	1	0	1	0	1	0	0	1	1	×	×	×	×
处理器状态改变指令																
字节调序指令	1	0	1	1	1	0	1	0	opc		Rn		Rd			
软件断点指令	1	0	1	1	1	1	1	0	imm8							
If-THEN 指令	1	0	1	1	1	1	1	1	cond				mask（!=0b0000）			
NOP兼容HINT指令	1	0	1	1	1	1	1	1	hint				0	0	0	0
未定义指令	1	0	1	1	其他											

1) 堆栈指针调整指令

表 2-37　　　　　　　　　　　　堆栈指针调整指令

功能	指令	opc
堆栈指针增大	ADD（SP 加立即数）	0b0
堆栈指针减小	SUB（SP minus immediate）	0b1

2) 符号位/零扩展指令

表 2-38　　　　　　　　　　　　符号位/零扩展指令

功能	指令	opc
带符号半字扩展	SXTH	0b00
带符号字节扩展	SXTB	0b01
无符号半字扩展	UXTH	0b10
无符号字节扩展	UXTB	0b11

3) 比较零值/非零值分支（跳转）指令

表 2-39　　　　　　　　　　　　比较零值/非零值分支（跳转）指令

功能	指令	N
比较零值分支（跳转）	CBZ	0b0
比较非零值分支（跳转）	CBNZ	0b1

5) PUSH/POP 指令

表 2-40　　　　　　　　　　　　Push/pop 指令

功能	指令	L
寄存器入栈	PUSH	0b0
寄存器出栈	POP	0b1

5) 字节调序指令

表 2-41　　　　　　　　　　　　字节调序指令

功能	指令	opc
寄存器中字数据字节调序	REV	0b00
寄存器中半字数据字节调序	REV16	0b01
未定义	-	0b10
寄存器中带符号半字数据字节调序	REVSH	0b11

6) NOP 兼容 HINT 指令

表 2-42　　　　　　　　　　NOP 兼容 HINT 指令

功能	指令	Hint
空操作	NOP	0b0000
Yield	YIELD	0b0001
等待事件	WFE	0b0010
等待中断	WFI	0b0011
发送事件	SEV	0b0100

2.2.4　32-bit Thumb-2 指令集编码格式

表 2-43 描述了 32-bit Thumb-2 指令集的编码格式。

表 2-43　　　　　　　　　　32bit Thumb-2 指令的编码格式

	Halfword1																Halfword2															
	15	14	13	12	11	10	9	8	7	6	5	4	3	2	1	0	15	14	13	12	11	10	9	8	7	6	5	4	3	2	1	0
带立即数的数据处理指令（包括位运算、饱和运算）	1	1	1	1	0												0															
非立即操作数的数据处理指令	1	1	1		1	0	1																									
单数据项 LOAD/STORE 与存储提示指令	1	1	1	1	1	0	0																									
双字/互斥 LOAD/STORE 与表分支（跳转）指令	1	1	1	0	1	0	0	1																								
多数据 LOAD/STORE 指令及 RFE、SRS	1	1	1	0	1	0	0	0																								
分支（跳转）与杂项控制指令	1	1	1	1	0												1															

1. 带立即数的数据处理指令

带立即数的数据处理指令见表2-44所示。其中包括带位运算指令、饱和运算指令。

表 2-44　　　　　　　　数据处理指令：立即数、位运算、饱和运算

通用格式	Halfword1 15 11 10 9 8 7 6 5 4 3 2 1 0							Halfword2 15 14 13 12 11 10 9 8 7 6 5 4 3 2 1 0				
	15 11	10	9 8 7	6 5	4 3 2 1 0	15	14 13 12	11 10 9 8	7 6 5 4 3 2 1 0
数据处理：经过修改的12bit立即数	1 1 1 1 0	i	0	op	S	Rn	0	imm3	Rd	imm8
普通12bit立即数加/减指令	1 1 1 1 0	i	10	op	0	Op2	Rn	0	imm3	Rd	imm8
普通16bit立即数传送指令	1 1 1 1 0	i	10	op	1	Op2	imm4	0	imm3	Rd	imm8
位运算和带移位的饱和运算	1 1 1 1 0	(0)	11	op	0	Rn	0	imm3	Rd	imm2	(0)	imm5
预留	1 1 1 1 0		11		1		0		

表2-45给出了更详细的经过修改的12-bit立即数的数据处理指令。在这些指令中,如果S比特位被置位,该指令按照执行结果更新条件码标志。

表 2-45　　　　　经过修改的12-bit立即数的数据处理指令

功能	指令	OP	Notes
带进位加	ADC (immediate)	0b1010	
加	ADD (immediate)	0b1000	
逻辑与	AND (immediate)	0b0000	
位清零	BIC (immediate)	0b0001	
负数比较	CMN (immediate)	0b1000	ADD with Rd == 0b1111, S == 1
比较	CMP (immediate)	0b1101	SUB with Rd == 0b1111, S == 1
异或	EOR (immediate)	0b0100	
数据传送	MOV (immediate)	0b0010	ORR with Rn == 0b1111
数据取反传送	MVN (immediate)	0b0011	ORN with Rn == 0b1111
逻辑或非	ORN (immediate)	0b0011	
逻辑或	ORR (immediate)	0b0010	
逆向减	RSB (immediate)	0b1110	
带进位减	SBC (immediate)	0b1011	
减	SUB (immediate)	0b1101	
相等测试	TEQ (immediate)	0b0100	EOR with Rd == 0b1111, S == 1
位测试	TST (immediate)	0b0000	AND with Rd == 0b1111, S == 1

普通 12-bit 立即数的数据处理指令的编码格式详见表 2-46。这些指令中,立即数的值存于比特位 i:imm3:imm8 中。

表 2-46　　　　　　　　　普通 12-bit 立即数的数据处理指令

功能	指令	OP	OP2
宽加法	ADD (immediate)	0	0b00
宽减法	SUB (immediate)	1	0b10
读取当前指令之前的地址	ADR	0	0b10
读取当前指令之后的地址	ADR	1	0b00

使用其他任意 OP 和 OP2 组合编码格式的指令没有定义。

带普通 16-bit 立即数的数据处理指令的编码格式详见表 2-47。这些指令中,立即数的值存于比特位 imm4:i:imm3:imm8 中。

表 2-47　　　　　　　　　普通 16-bit 立即数的数据处理指令

功能	指令	OP	OP2
把立即数传送到目标寄存器的高半字,低半字不受影响	MOVT	1	0b00
把 16 位立即数传送到目标寄存器的低 16 位,高 16 位清零	MOV (immediate)	0	0b00

使用其他任意 OP 和 OP2 组合编码格式的指令没有定义。

饱和运算及比特位提取、清零和插入指令的编码格式详见表 2-48。

表 2-48　　　　　　　　　杂项数据处理指令

功能	指令	OP	Notes
位域清零	BFC	0b011	Rn == 0b1111, meaning #0
位域插入	BFI	0b011	
带符号位域提取	SBFX	0b010	
带符号的饱和运算,逻辑左移	SSAT	0b000	
带符号的饱和运算,算术右移	SSAT	0b001	
无符号位域提取	UBFX	0b110	
无符号的饱和运算,逻辑左移	USAT	0b100	
无符号的饱和运算,算术右移	USAT	0b101	

使用其他任意 OP 组合编码格式的指令没有定义。

2. 非立即数的数据处理指令

表 2-49 详细描述了非立即数数据处理指令的编码格式。这些指令中,如果 S bit 位被置位,指令执行影响条件标志。

表 2-49　　　　　　　　　　　　非立即数数据处理指令

功能	15 14 13	12 11	10 9 8	7	6 5 4 3 2	1 0	15	14	13	12	11 10 9 8	7	6 5	4 3 2 1 0
通用格式	1 1 1		1			0 1								
带常数移位的数据处理	1 1 1 0	1			OP	S	Rn	(0)		imm3	Rd	imm2	type	Rm
寄存器移位	1 1 1 1 1		010	0	OP	S	Rn	1 1 1 1			Rd	0	OP2	Rm
带附加选项的符号位/零扩展指令	1 1 1 1 1		010	0	OP		Rn	1 1 1 1			Rd	1	(0) rot	Rm
SIMD加/减	1 1 1 1 1		010	1	OP		Rn	1 1 1 1			Rd	0	prefix	Rm
3个寄存器其它数据处理指令	1 1 1 1 1		010	1	OP		Rn	1 1 1 1			Rd	1	OP2	Rm
预留	1 1 1 1 1						Not 1 1 1 1							
32位数据乘及其乘/加/减混合指令	1 1 1 1 1		0 1 1 0		OP		Rn	Racc			Rd		OP2	Rm
64位数据乘/乘加及除法指令	1 1 1 1 1		0 1 1 1		OP		Rn	RdLo			RdHi		OP2	Rm

表2-49给出了常数移位的数据处理指令的详细编码格式。这些指令中,如果S bit位被置位,指令执行影响条件标志。SIMD为Single Instruction,Multiple Data的缩写。

1) 带常数移位的数据处理指令

带常数移位的数据处理指令参见表2-50。

表 2-50　　　　　　　　　带常数移位的数据处理指令

功能	指令	OP	Notes
带进位加	ADC (register)	0b1010	
加	ADD (register)	0b1000	
逻辑与	AND (register)	0b0000	
位清零	BIC (register)	0b0001	
负数比较	CMN (register)	0b1000	ADD with Rd == 0b1111, S == 1
比较	CMP (register)	0b1101	SUB with Rd == 0b1111, S == 1

续表

功能	指令	OP	Notes
异或	EOR（register）	0b0100	
数据传送和立即数移位	Move, and immediate shift instructions	0b0010	ORR with Rn == 0b1111
数据非传送	MVN（register）	0b0011	ORN with Rn == 0b1111
逻辑或非	ORN（register）	0b0011	
逻辑或	ORR（register）	0b0010	
逆向减	RSB（register）	0b1110	
带进位减	SBC（register）	0b1011	
减	SUB（register）	0b1101	
相等测试	TEQ（register）	0b0100	EOR with Rd == 0b1111, S == 1
位测试	TST（register）	0b0000	AND with Rd == 0b1111, S == 1

使用其他任意 OP 组合编码格式的指令没有定义。

如果 S == 1 或者 shift_type == 0b01 或者 shift_type == 0b11, OP == 0b0110 编码格式的指令未定义。

表 2-51 给出了立即数移位数据传送指令的详细编码格式。

表 2-51　　　　　立即数移位数据传送指令编码格式

功能	指令	type	imm5
寄存器数据传送	MOV(register)	0b00	0b00000
逻辑左移	LSL(immediate)	0b00	not 0b00000
逻辑右移	LSR(immediate)	0b01	any
算术右移	ASR(immediate)	0b10	any
循环右移	ROR(immediate)	0b11	not 0b00000
扩展循环右移	RRX	0b11	0b00000

表 2-51 中，若 S bit 位被置位，将按照指令执行的结果更新条件标志位。

2）寄存器移位指令

寄存器移位指令参见表 2-52。

表 2-52　　　　　寄存器移位指令编码格式

功能	指令	type	OP
逻辑左移	LSL(register)	0b00	0b000
逻辑右移	LSR(register)	0b01	0b000
算术右移	ASR(register)	0b10	0b000
循环右移	ROR(register)	0b11	0b000

表 2-52 中,若 S bit 位被置位,将按照指令执行的结果更新条件标志位。表中未列出的其他任意 OP 和 OP2 比特位组合的指令编码格式均为未定义。

3) 带附加选项的有符号数/无符号数扩展指令

带附加选项的有符号数/无符号数扩展指令参见表 2-53。

表 2-53　　　　带附加选项的有符号数/无符号数扩展指令编码格式

功能	指令	OP	Rn
带符号字节扩展	SXTB	0b100	0b1111
带符号半字扩展	SXTH	0b000	0b1111
无符号字节扩展	UXTB	0b101	0b1111
无符号半字扩展	UXTH	0b001	0b1111

表 2-53 中,未定义的其他 OP 比特位任意组合的指令编码格式表中未列出。

4) 寄存器其他数据处理的指令

寄存器其他数据处理的指令参见表 2-54。

表 2-54　　　　寄存器其他数据处理指令编码格式

功能	指令	OP	OP2
前导零计算	CLZ	0b011	0b000
比特位逆序	RBIT	0b001	0b010
字数据字节调序	REV	0b001	0b000
寄存器中半字数据字节调序	REV16	0b001	0b001
寄存器中带符号半字数据字节调序	REVSH	0b001	0b011

表中未列出的其他任意 OP 和 OP2 比特位组合的指令编码格式均为未定义。

5) 32 位数据乘及其乘/加/减混合指令

32 位数据乘及其乘/加/减混合指令参见表 2-55。

表 2-55　　　　32 位数据乘及其乘/加/减混合指令编码格式

功能	指令	OP	OP2	Ra
32+32×32-bit,最低有效字	MLA	0b000	0b0000	not R15
32−32×32-bit,最低有效字	MLS	0b000	0b0001	not R15
32×32-bit,最低有效字	MUL	0b000	0b0000	0b1111

表中未列出的其他任意 OP 和 OP2 比特位组合的指令编码格式均为未定义。根据 R15 寄存器的使用规则,与 OP 和 OP2 比特位匹配但与 Ra 不匹配的指令,亦未给出定义。

6) 64-bit 乘/乘加及除法指令

表 2-56 给出了 64-bit 操作码的详细编码格式。

表 2-56　　64 位数据乘/乘加及除法指令编码格式

功能	指令	OP	OP2
带符号数 32×32	SMULL	0b000	0b0000
带符号数除法	SDIV	0b001	0b1111
无符号数 32×32	UMULL	0b010	0b0000
无符号数除法	UDIV	0b011	0b1111
带符号数 64+32×32	SMLAL	0b100	0b0000
无符号数 64+32×32	UMLAL	0b110	0b0000

表中未列出的其他任意 OP 和 OP2 比特位组合的指令编码格式均为未定义。

3. 单数据项 LOAD/STORE 指令和内存 HINTS 指令

表 2-57 为单数据项 LOAD/STORE 指令的编码格式。

表 2-57　　单数据项数据处理及内存 HINT 指令

	Halfword1 (15..0)						Halfword2 (15..0)						
	15 14 13 12 11 10 9	8	7	6 5 4	3 2 1 0		15 14 13 12	11 10	9 8 7	6	5 4	3 2 1 0	
通用格式	1 1 1 1 1 0 0												
PC+/-imm1	1 1 1 1 1 0 0	S	U	size	1 1 1 1	Rt	imm12						
Rn+imm12	1 1 1 1 1 0 0	S	1	size	L Rn	Rt	imm12						
Rn-imm8	1 1 1 1 1 0 0	S	0	size	Rn	Rt	1 1	0	0		imm8		
Rn+imm8, 用户特权	1 1 1 1 1 0 0	S	0	size	L Rn	Rt	1 1	1	0		imm8		
Rn post-indexed by +/-imm8	1 1 1 1 1 0 0	S	0	size	L Rn	Rt	1 0		1		imm8		
Rn pre-indexed by +/-imm8	1 1 1 1 1 0 0	S	0	size	L Rn	Rt	1 1	1	1		imm8		
Rn+shifted register	1 1 1 1 1 0 0	S	0	size	L Rn	Rt	0 0	0	0 0	0	shift	Rm	
预留	1 1 1 1 0 0			0	not 1111		1 0		0				
预留	1 1 1 1 0 0			0	not 1111		0	not 00000					
预留	1 1 1 1 0 0				0 1 1 1 1								

表 2-57 指令中：

L 表明指令是 LOAD(L=1) 还是存储 STORE(L=0)；

S 表示数据装载是进行有符号数的符号位扩展(S=1)，还是无符号数的"零"扩展(S=0)；

U 表示向上索引（U=1）或向下索引（U=0）；

Rn 不能取 R15；

Rm 不能取 R13 或 R15，因为相应的指令未定义。

表 2-58 给出了单数据 LOAD/STORE 和内存 HINT 指令的编码格式。

表 2-58　　　　单数据项 LOAD/STORE 指令和内存 hint 指令编码

指令	Format	S	Size	L	Rt
LDR，LDRB，LDRSB，LDRH，LDRSH（immediate offset）	2	×	0b0×	1	not R15
		0	0b10	1	Any, including R15
LDR，LDRB，LDRSB，LDRH，LDRSH（negative immediate offset）	3	×	0b0×	1	not R15
		0	0b10	1	Any, including R15
LDR，LDRB，LDRSB，LDRH，LDRSH（post-indexed）	5	×	0b0×	1	not R15
		0	0b10	1	Any, including R15
LDR，LDRB，LDRSB，LDRH，LDRSH（pre-indexed）	6	×	0b0×	1	not R15
		0	0b10	1	Any, including R15
LDR，LDRB，LDRSB，LDRH，LDRSH（register offset）	7	×	0b0×	1	not R15
		0	0b10	1	Any, including R15
LDR，LDRB，LDRSB，LDRH，LDRSH（PC-relative）	1	×	0b0×	1	not R15
		0	0b10	1	Any, including R15
LDRT，LDRBT，LDRSBT，LDRHT，LDRSHT	4	×	0b0×	1	not R15
		0	0b10	1	not R15
PLD	1，2，3，7	0	0b00	1	R15
PLI	1，2，3，7	1	0b00	1	R15
未分配内存 HINT 指令（execute as NOP）	1，2，3，7	×	0b01	1	R15
UNPREDICTABLE	4，5，6	×	0b0×	1	R15
STR, STRB, STRH（immediate offset）	2	0	not 0b11	0	not R15
STR，STRB，STRH（negative immediate offset）	3	0	not 0b11	0	not R15
STR, STRB, STRH（post-indexed）	5	0	not 0b11	0	not R15
STR, STRB, STRH（pre-indexed）	6	0	not 0b11	0	not R15
STR, STRB, STRH（register offset）	7	0	not 0b11	0	not R15
STRT, STRBT, STRHT	4	0	not 0b11	0	not R15

表 2-58 中未予列出的 Format，S，Size 和 L 组合编码格式未定义。由于 R15 为程序指针寄存器，与 Format，S 和 L 匹配，而与 Rt 不匹配的指令，根据 R15 的使用规则，可知其结果为不可预测。

4. 双字 LOAD/STORE、互斥 LOAD/STORE 及表分支(跳转)指令

表 2-59 描述了双字 LOAD/STORE、互斥 LOAD/STORE 及表分支(跳转)指令的编码格式。

表 2-59　　　双字 LOAD/STORE、互斥 LOAD/STORE 及表分支(跳转)指令

	Halfword1								Halfword2				
	15 14 13 12 11 10 9	8	7	6	5	4 3 2 1 0	15 14 13 12	11 10 9 8	7 6 5 4	3 2 1 0
通用格式	1 1 1 0 1 0 0			1						
双字 LOAD/STORE 指令 (only if PW!=0b00)	1 1 1 0 1 0 0	P	U	1	W	L	Rn	Rt	Rt2	imm8
互斥 LOAD/STORE 指令	1 1 1 0 1 0 0	0	0	1	0	L	Rn	Rt	Rd	imm8
字节、半字互斥 LOAD/STORE 及表分支(跳转)指令	1 1 1 0 1 0 0	0	1	1	0	L	Rn	Rt	Rt2	OP	Rm

在表 2-59 指令中：

L 　表明指令是 LOAD(L=1) 还是存储 STORE(L=0)；
P 　表明是地址前向索引(P=1)或者地址后向索引(P=0)；
U 　表示向上索引(U=1)或向下索引(U=0)；
W 　表明地址是否写回基寄存器，W=1 表示写回，W=0 则不写回。

表 2-60 给出了字节/半字/双字异或 LOAD/STORE、表分支等指令的详细编码格式。

表 2-60　　　字节/半字/双字异或 LOAD/STORE、表分支等指令编码格式

指令	L	OP	Rn	Rt	Rt2	Rm
LDREXB	1	0b0100	not R15	not R15	SBO	SBO
LDREXH	1	0b0101	not R15	not R15	SBO	SBO
STREXB	0	0b0100	not R15	not R15	SBO	not R15
STREXH	0	0b0101	not R15	not R15	SBO	not R15
TBB	1	0b0000	Any including R15	SBO	SBZ	not R15
TBH	1	0b0001	Any including R15	SBO	SBZ	not R15

使用 L 和 OP 其他任意组合格式的指令为未定义指令。与 OP 和 L 域匹配但与 Rn, Rm, Rt 或 Rt2 不匹配的指令执行后，会产生不可预测的后果。

5. 多数据 LOAD/STORE 指令

表 2-61 为多数据 LOAD/STORE 指令，以及 RFE 和 SRS 指令的编码格式。

表 2-61　　　　　多数据 LOAD/STORE 指令以及 RFE 和 SRS 指令的编码格式

	Halfword1							Halfword2			
	15 14 13 12 11 10 9	8	7	6	5 4	3 2 1 0	15	14	13	12 …	0
通用格式	1 1 1 0 1 0 0			0							
多数据 Load/Store 指令	1 1 1 0 1 0 0	V	U	0	W L	Rn	P	M	(0)	mask	
预留	1 1 1 0 1 0 0	V	U	0							

表 2-61 所示的指令中：

L　　　表明指令是 LOAD（L＝1）还是存储 STORE（L＝0）；
mask　　说明 R0～R12 中那些寄存器必须用来装载或存储数据；
M　　　说明 R14 是否将被用来装载或存储数据；
P　　　说明 PC 是否将用于装载数据，注意 PC 不能用于存储数据用；
U　　　表示向上索引（U 1）或向下索引（U＝0）；
V　　　＝ not U；
W　　　表明地址是否写回基寄存器，W＝1 表示写回，W＝0 则不写回。

主要指令有：
- LDMDB/LDMEA（多数据加载 Decrement Before/Empty Ascending）；
- LDMIA/LDMFD（多数据加载 Increment After/Full Descending）；
- POP；
- PUSH；
- STMDB/STMFD（多数据存储 Decrement Before/Full Descending）；
- STMIA/STMEA　（多数据存储 Increment After/Empty Ascending）。

6. 分支(跳转)与杂项控制指令

表 2-62 为分支(跳转)指令和各种控制指令的编码格式。

表 2-62　　　　　　　　　　跳转/杂项控制指令

	Halfword1						Halfword2				
	15 14 13 12 11	10	9 8 7	6 5	4	3 2 1 0	15	14	13	12	11	10 9 8 7 … 0
通用格式	1 1 1 0						1				
跳转链接	1 1 1 0	S	offset[21:12]				1	0	J1	1	J2	offset[11:1]
跳转条件	1 1 1 0	S	offset[21:12]				1	1	J1	0	J2	offset[11:1]
跳转	1 1 1 0	S	cond	offset[17:12]			1	0	J1	0	J2	offset[11:1]
从寄存器到状态寄存器数据传送	1 1 1 0	0	1 1 1	0 0	0	Rn	1	0	(0)	0	1	0 0 0 SYSm

续表

功能																		
无操作	1 1 1 1 0	0	1	1	1	0	1	0	(1)(1)(1)(1)	1	0	(0)	0	(0)	0	0	0	hint
特殊控制运算	1 1 1 1 0	0	1	1	1	0	1	1	(1)(1)(1)(1)	1	0	(0)	0	(1)(1)(1)(1)				SYSm
从状态寄存器到寄存器数据传送	1 1 1 1 0	0	1	1	1	1	1	0	(1)(1)(1)(1)	1	0	(0)	0	Rd			OP	option
未定义	1 1 1 1 0	1	1	1	1	1	1			1	0	1	0	1 1 1 1				

上述这些指令中：

I,F   CPS 必须修改的中断禁止标志（注：Cortex-M3 不支持 CPS＜IE/ID＞.W A 和 CPS.W ♯mode 两种 CPS 指令）；

I1,I2 包含与 S bit 位异或运算的偏移量的 bits＜23：22＞；

J1,J2 包含偏移量的 bits＜19：18＞；

M   表明 CPS 指令是否改变模式，改变 M＝1,不改变 M＝0；

R   表明 MRS 指令访问寄存器 SPSR（R＝1）or the CPSR（R＝0）；

S   包含符号位,复制到偏移量的 bits＜31:24＞,或者条件分支程序偏移量的 bits＜31:20＞。

主要指令包括：

- B；
- BL；
- BLX；
- BX；
- MRS；
- MSR。

杂项指令采用与跳转指令相同的编码格式,参见表 2-62,相关指令参见表 2-63 和表 2-64。

表 2-63　　　　　　　　　空操作兼容 HINT 指令

功能	Hint number	指　　令
空操作	0b00000000	NOP
Yield	0b00000001	YIELD
等待事件	0b00000010	WFE
等待中断	0b00000011	WFI
发送事件	0b00000100	SEV
Debug hint	0b1111xxxx	DBG

注：Cortex-M3 不支持 YIELD、DBG 功能。

表 2-64　特殊控制指令

功能	OP	指令
互斥清除	0b0010	CLREX
数据同步隔离	0b0100	DSB
数据存储隔离	0b0101	DMB
指令同步隔离	0b0110	ISB

编码格式使用任意其他 OP 码组合的特殊控制指令均为未定义指令。

2.2.5　条件执行

大多数 Thumb-2 指令都是可以无条件执行的。Thumb-2 指令出现之前,只有一条 Conditional Thumb 跳转指令 B<cond>是条件执行的,跳转范围为 $-256 \sim +254$ bytes。Thumb-2 指令集增加了以下指令:
- 一条 32-bit 条件跳转指令 B,跳转范围约为 ± 1MB;
- 一条 16-bit IF-THEN 指令,由 IT 指令实现指令的条件执行,该部分指令称为 IT 块;
- 一条 16-bit 比较跳转零指令 CBZ,跳转范围为 $+4 \sim +130$ bytes;
- 一条 16-bit 比较跳转非零指令 CBNZ,跳转范围为 $+4 \sim +130$ bytes。

1. 条件执行助记符及编码

尽管大多数 Thumb-2 指令是无条件执行的,但通过 IT 指令条件执行的指令必须给出其执行的条件,这些条件必须与 IT 指令给出的条件匹配。例如,一条 ITTEE EQ 指令使得下面前两个指令在 EQ 条件下被执行,再下面两条指令则在 NE 条件下执行。这四条指令分别被赋予 EQ,EQ,NE,NE 的执行条件。参见表 2-65。

还有一些指令不允许通过 IT 指令条件执行,或者只有 IT 块中的最后一条指令被允许条件执行。

包含条件域编码的跳转指令不允许被 IT 指令条件执行。如果编译器语义显示条件跳转与前面的 IT 指令匹配,则该指令必须被编译为不包含条件域的跳转指令编码格式。

表 2-65　条件编码

条件码<opcode>	条件码助记符	含义	条件标志位状态
0000	EQ	相等	Z=1
0001	NE	不相等	Z=0
0010	CS a	进位	C=1
0011	CC b	未进位	C=0
0100	MI	负数	N=1
0101	PL	非负数	N=0
0110	VS	溢出	V=1

续表

条件码 \<opcode\>	条件码助记符	含义	条件标志位状态
0111	VC	无溢出	V=0
1000	HI	无符号数大于	C=1 且 Z=0
1001	LS	无符号数小于等于	C=0 或 Z=1
1010	GE	带符号数大于等于	N=V
1011	LT	带符号数小于	N！=V
1100	GT	带符号数大于	Z=0 且 N=V
1101	LE	带符号数小于等于	Z=1 或 N！=V
1110	AL	无条件执行，只能同 IT 指令一起使用	—
1111	—	可选择指令，无条件执行	—

注：HS（Unsigned Higher or Same）与 CS 语义相同；LO（Unsigned Lower）与 CC 语义相同。

例：(1) BEQ label ；当 Z=1 时转移；
(2) 在指令后面加上".W"，来强制使用 Thumb-2 的 32 位指令来做更远的转移：
BEQ.W label
(3) 条件组合还可以用在 IF-THEN 语句块中：
CMP R0，R1   ；比较 R0,R1
ITTET GT   ；If R0>R1 Then(T 代表 Then，E 代表 Else)
MOVGT R2，R0
MOVGT R3，R1
MOVLE LR2，R0
MOVGT R3，R1

2. IT 执行状态比特位

IT bits 在特殊目标处理器的状态寄存器（The Special-Purpose Processor Status Registers，xPSR）中被定义为系统级资源，在 Thumb-2 指令集中，用以指示执行 IT 指令和条件指令时的系统状态。

IT<7：5> 为基本条件编码，当前 IT 块未被激活时，IT<7：5>=0b000。

IT<4：0> 为条件执行指令的数目以及每条指令是否是基本条件的编码。当前 IT 块未被激活时，IT<4：0>=0b00000。

当 IT 指令被执行时，IT bits 按照指令中的条件、Then and Else（T and E）参数被置位，参见表 2-66 和表 2-67。

IT 块执行期间，IT<4：0>被移位：
- 以减少条件执行的指令条数；
- 将下一个比特位移动到位，形成条件码的最低有效位。

表 2-66　　　　　　　　　　　　　　　IT 执行状态比特位的移位

原状态						新状态					
IT[7∶5]	IT[4]	IT[3]	IT[2]	IT[1]	IT[0]	IT[7∶5]	IT[4]	IT[3]	IT[2]	IT[1]	IT[0]
cond_base	P1	P2	P3	P4	1	cond_base	P2	P3	P4	1	0
cond_base	P1	P2	P3	1	0	cond_base	P2	P3	1	0	0
cond_base	P1	P2	1	0	0	cond_base	P2	1	0	0	0
cond_base	P1	1	0	0	0	0b000	0	0	0	0	0

表 2-67　　　　　　　　　　　　　　　IT 执行状态比特位的功效

IT 指令的入口点	IT[7∶5]	IT[4]	IT[3]	IT[2]	IT[1]	IT[0]	说明
4-instruction IT block	cond_base	P1	P2	P3	P4	1	下一步指令的执行以 cond_base,P1 为条件
3-instruction IT block	cond_base	P1	P2	P3	1	0	下一步指令的执行以 cond_base,P1 为条件
2-instruction IT block	cond_base	P1	P2	1	0	0	下一步指令的执行以 cond_base,P1 为条件
1-instruction IT block	cond_base	P1	1	0	0	0	下一步指令的执行以 cond_base,P1 为条件
	0b000	0	0	0	0	0	正常执行(not in an IT block)
	non-zero	0	0	0	0	0	不可预知
	0bxxx	1	0	0	0	0	不可预知

在 Cortex-M3 中,对条件后缀的使用有限制,只有转移指令(B 指令)才可随意使用。而对于其他指令,Cortex-M3 引入了 IF-THEN 指令块,由 IT 指令定义,在这个块中才可以加后缀,且必须加以后缀。另外,S 后缀可以和条件后缀在一起使用。共有 15 种不同的条件后缀。

2.2.6　未定义及不可预测指令

执行未分派的指令,将造成以下后果,在软件开发中必须避免,同时做好整个嵌入式系统的抗干扰性工作,避免存储器出错:
- 不可预测的行为。该情况下的指令称为不可预测指令;
- 未定指令异常。该情况下的指令称为未定义指令。

1. 16-bit 指令集空间

指令的 bits<15∶6>被用作译码。

bits<15∶10> == 0b010001 的指令为特殊数据处理操作,在此空间中未分派编码格式的指令是不可预测的。其中:在 ARMv6 中,bits<9∶6> == 0b0000 或 0b0100。在 ARMv7 中,bits<9∶6> == 0b0100。

其他未分派编码格式的指令均为未定义指令。bits<15∶8> == 0b11011110 的指令集空间部分在体系结构上还未予定义。这部分空间可用于指令仿真,或者用于软件未定义指令异常的处理等其他目的。

2. 32-bit 指令集空间

下面是 32-bit Thumb-2 指令集的通用规则:
- Halfword1 <15:11> 比特域一般在 0b11101~ 0b11111 范围之内;
- Halfword1<15:8,6> 和 Halfword 2<15>.决定了指令的分类;
- 指令由 3 种类型的比特域组成:操作码域;寄存器域,用于指定寄存器;立即数域,用于说明移位位数或立即数的值。

指令是未定义的,如果:
- 任何非定义或者与预留指令编码相对应的指令;
- 未列出的操作码编码格式,或者在文中特别注明的;
- 指令描述中明确指出为未定义的。

指令是不可预测的,如果:
- 寄存器域为 0b1111 或 0b1101,以及无明确描述的指令的情形;
- SBZ bit 或者 多比特域(multi-bit field)不为 0 或者全为 0;
- SBO bit 或者 多比特域(multi-bit field)不为 1 或者全为 1;
- 指令描述中明确指出为不可预测的。

2.2.7 寄存器域编码 0b1111 的用途

在 Thumb-2 指令集中,编码格式的寄存器域的值为 0b1111 时,可能蕴含多种含义。对读寄存器来说,有以下含义:

(1) 读 PC 的值,即当前指令地址+4。表跳转指令 TBB 和 TBH 中的基址寄存器允许为 PC 寄存器,且允许跳转表在指令执行后立即存放于存储器中(某些隐含读 PC 值得指令未使用寄存器域,例如条件跳转指令 B<cond>)。

(2) 读字对齐(word-aligned) PC 的值,即当前指令的地址+4,并且 bits<1:0> 被强制置 0。LDC,STC,LDR,LDRB,LDRD(前项索引且非写回),LDRH,LDRSB 和 LDRSH 指令的基址寄存器允许为字对齐的 PC 寄存器;允许 PC 相对寻址方式。另外,ADDW 和 SUBW 指令允许它们的源寄存器域为 0b1111。

(3) 读 0,当指令属于另一种更普遍且不带 0 操作数的指令的特殊情形时。下面的指令即是此种情形:

    BFC   BFI 的特殊情形
    MOV   ORR 的特殊情形
    MUL   MLA 的特殊情形
    MVN   ORN 的特殊情形

对写寄存器来说,有以下含义:

(1) PC 作为 LDR 指令的目标寄存器,由 Rt 编码为 0b1111 来实现。将子程序的地址装进 PC 寄存器,执行 LDR 指令后,即跳到子程序的入口地址。装载值的 Bit<0> 决定指令的执行状态,且 Bit<0>=1。

其他某些指令以类似方式写 PC 寄存器,使用隐含方式(例如:B<cond>)或使用寄存器掩码指令而不是寄存器标识符(LDM)。子程序的地址可以是一个装载值(例如：使用 LDM 指令),也可以是寄存器值(例如：使用 BX 指令),或者是计算结果(例如：使用 TBB or TBH 指令)。

(2) 舍弃计算结果。当指令属于另一种更普遍且不舍弃结果的指令的特殊情形,下面的指令即是此种情形：

  CMN   ADDS 的特殊情形
  CMP   SUBS 的特殊情形
  TEQ   EORS 的特殊情形
  TST   ANDS 的特殊情形

(3) 如果 LDRB,LDRH,LDRSB 或 LDRSH 指令的目标寄存器域为 0b1111,指令为内存 hint,而不是加载操作。下面的指令即是此种情形：

  PLD   使用 LDRB 编码
  PLI   使用 LDRSB 编码

未分派编码格式的存储 HINT 指令(LDRH 和 LDRSH)被视作空操作执行,而不是像其他大多数未分派编码格式的指令是未定义的或不可预测的。

2.2.8 寄存器域编码 0b1101 的用途

Thumb-2 指令集中,R13 被定义为堆栈指针。16-bit 指令集中 PUSH 和 POP 指令支持堆栈操作。

在 32-bit Thumb-2 指令集中,如果 R13 被用作通用目标寄存器,结果将是不可预测的。

1. R13<1：0> 定义

对 R13 的 bits<1：0>来讲,软件必须采用 SBZP(Should Be Zero or Preserved)写策略,也就是说,它允许写 0 或是从堆栈中读取的值。在 bits<1：0>中写入其他值,将会出现不可预测的结果。读取 bits<1：0>返还先前写入的值,除非读取的值是不可预测的。

这个定义意味着 R13 可以被设置为字对齐的地址。它支持 ADD/SUB R13、R13、♯4 指令,无需要求 R13<1：0>必须为 0,也无须使用 ADD/SUB Rt、R13、♯4；BIC R13、Rt、♯3 实现写入 R13 的值为字对齐。

2. Thumb-2 指令体系结构对 R13 的支持

对 R13 指令的支持有以下限制：

(1) R13 作为 MOV 指令的源寄存器或目标寄存器,只能进行无一位的寄存器至寄存器的数据传送,且不能进行标值位的设置。例如：

  MOV SP，Rm
  MOV Rn，SP

(2) 通过多次对齐,向上或向下调整 R13 的值：

  ADD{W} SP,SP,♯N   ;For N a multiple of 4
  SUB{W} SP,SP,♯N   ;For N a multiple of 4
  ADD   SP,SP,Rm,LSL ♯shft ;For shft=0,1,2,3
  SUB   SP,SP,Rm,LSL ♯shft ;For shft=0,1,2,3

(3) R13 作为任意 LOAD/STORE 指令的基址寄存器<Rn>。支持 LOAD/STORE 指

令或者存储器提示指令的基于 SP 的寻址方式,正、负地址偏移和是否写回均可。

(4) R13 作为任意 ADD{S},ADDW,CMN,CMP,SUB{S}或 SUBW 指令中第一个操作数<Rn>。ADD/SUBTRACT 指令支持基于 SP 的地址生成,并将地址送入通用目标寄存器中。CMN 和 CMP 指令在某些场合可用于堆栈检查。

(5) R13 作为任意 LDR or STR 指令的数据传送寄存器<Rt>。

3. Thumb-2 16-bit 指令体系结构对 R13 的支持

对除了 R0~R7 外影响高寄存器的 16-bit 数据处理指令来说,R13 只能按照在 Thumb-2 指令体系结构的描述来使用。这影响到 CMP 指令中高寄存器的形式,这里 R13 一般不可用作<Rm>。

2.2.9 Cortex-M3 常用的 Thumb-2 指令

1. 数据传送指令

处理器的基本功能之一就是数据传送。Cortex-M3 中的数据传送类型包括:
- 两个寄存器间传送数据;
- 寄存器与特殊功能寄存器间传送数据;
- 把一个立即数加载到寄存器。

数据传送指令见表 2-68 所示。

表 2-68 数据传送指令

指令	功能描述
MOV <Rd>,#<immed_8>	将 8 位立即数传送到目标寄存器
MOV <Rd>,<Rn>	将寄存器值传送给目标寄存器
MOV <Rd>,<Rm>	将寄存器值传送给目标寄存器
MVN <Rd>,<Rm>	将寄存器值取反后传送给目标寄存器
MOV{S}.W <Rd>,#<modify_constant(immed_12)>	将 12 位立即数传送到寄存器中
MOV{S}.W <Rd>,<Rm>{,<shift>}	将移位后的寄存器值传送到寄存器中
MOVT.W <Rd>,#<immed_16>	将 16 位立即数传送到寄存器的高半字[31:16]中
MOVW.W <Rd>,#<immed_16>	将 16 位立即数传送到寄存器的低半字[15:0]中,并将高半字[31:16]清零
MRS<c> <Rd>,<psr>	将特殊功能寄存器的值传送到通用寄存器中
MSR<c> <psr>_<fields>,<Rn>	将 Rn 的数据传送到特殊功能寄存器的位域中

1) MOV 指令

例:　　　MOV R8,R3　　　;把 R3 的数据传送给 R8
　　　　　MVN R8,R3　　　;把 R3 的数据取反后再传送给 R8

2) MRS 和 MSR 指令

这两条指令用于特权级别条件下访问特殊功能寄存器,APSR 除外。指令语法如下:
　　　　MRS <Rn>,<SReg>　;　加载特殊功能寄存器的值到 Rn

MSR <Sreg>,<Rn> ;   存储 Rn 的值到特殊功能寄存器

其中,SReg 可以是表 2-69 中的一个。

表 2-69   MRS/MSR 可以使用的特殊功能寄存器

符号	功能
IPSR	当前服务中断号寄存器
EPSR	执行状态寄存器。它里面含 T 位,在 Cortex-M3 中 T 位必须是 1
APSR	上条指令运算结果的标志
IEPSR	IPSR+EPSR
IAPSR	IPSR+APSR
EAPSR	EPSR+APSR
PSR	xPSR=APSR+EPSR+IPSR
MSP	主堆栈指针
PSP	进入堆栈指针
PRIMASK	常规异常屏蔽寄存器
BASEPRI	常规异常的优先级阈值寄存器
BASEPRI_MAX	等同 BASEPRI,但是施加了写的限制:新的优先级比较比旧的高(更小的数)
FAULTMASK	Fault 屏蔽寄存器(同时还包含了 PRIMASK 的功能,因为 Fault 的优先级更高)
CONTROL	控制寄存器(堆栈选择,特权等级)

例: LDR R0,=0x20008000
         MSR PSP,R0
         BX LR ;如果是从异常返回到线程状态,则使用新的 PSP 的值作为栈顶指针

3) PUSH/POP 堆栈数据传送指令

PUSH/POP 作为堆栈专用操作,也属于数据传送指令类。通常 PUSH/POP 对子的寄存器列表是一致的,但是 PC 与 LR 的使用方式更显灵活性。

例: ;子程序入口
         PUSH {R0-R3,LR}
         ...
         ;子程序出口
         POP {R0-R3,PC}
         在这个例子中,旁路了 LR,直接返回。

2. LOAD/STORE 指令

用于访问存储器的基础指令是"加载(LOAD)"和"存储(STORE)"。加载指令 LDR 把存储器中的内容加载到寄存器中,存储指令 STR 则把寄存器的内容存储至存储器中,最常使用的格式见表 2-70 所示。

表 2-70　　　　　　　　　　　存储器访问指令

指令	功能描述
LDRB Rd, [Rn, #offset]	从地址 Rn+offset 处读取一个字节到 Rd
LDRH Rd, [Rn, #offset]	从地址 Rn+offset 处读取一个半字到 Rd
LDR Rd, [Rn, #offset]	从地址 Rn+offset 处读取一个字到 Rd
LDRD Rd1, Rd2, [Rn, #offset]	从地址 Rn+offset 处读取一个双字(64 位整数)到 Rd1(低 32 位)和 Rd2(高 32 位)中
STRB Rd, [Rn, #offset]	把 Rd 中的低字节存储到地址 Rn+offset 处
STRH Rd, [Rn, #offset]	把 Rd 中的低半字存储到地址 Rn+offset 处
STR Rd, [Rn, #offset]	把 Rd 中的低字存储到地址 Rn+offset 处
LDRD Rd1, Rd2, [Rn, #offset]	把 Rd1(低 32 位)和 Rd2(高 32 位)表达的双字存储到地址 Rn+offset 处

例:记 (0x1000)=0x12345678ABCDEF00;则
　　　　　　　LDR R2, =0x1000
　　　　　　　　LDRD.W R0, R1, [R2]　　;R0= 0xABCDEF00, R1=0x12345678
　　　　　　　　STRD.W R1, R0, [R2]　　;(0x1000)=0xABCDEF0012345678
从而实现了双字的字序调序操作。

LDR/STR 除了其基本形式之外,还有一种在实际中利用索引加载与存储的变种形式。感叹号可以用于单一数据的加载与存储指令——LDR/STR。这也就是所谓的"带预索引"(Pre-Indexing)的 LDR 和 STR。例如:
　　　　　　　LDR.W R0, [R1, #20]!　　;预索引

该指令先把地址 R1+offset 处的值加载到 R0,然后,R1=R1+ 20。这里的"!"就是指在传送后更新基址寄存器 R1 的值。"!"是可选的。如果没有"!",则该指令就是普通的带偏移量加载指令。带预索引的数据传送可以用在多种数据类型上,并且既可用于加载,又可用于存储,参见表 2-71。

表 2-71　　　　　　　　　　　预索引数据传送

指令	功能描述
LDR.W Rd, [Rn, #offset]! LDRB.W Rd, [Rn, #offset]! LDRH.W Rd, [Rn, #offset]! LDRD.W Rd1, Rd2, [Rn, #offset]!	字/字节/半字/双字的带预索引加载(不做带符号扩展,没有用到的高位全清 0)
LDRSB.W Rd, [Rn, #offset]! LDRSH.W Rd, [Rn, #offset]!	字节/半字的带预索引加载,并且在加载后执行带符号扩展成 32 位整数
STR.W Rd, [Rn, #offset]! STRB.W Rd, [Rn, #offset]! STRH.W Rd, [Rn, #offset]! STRD.W Rd1, Rd2, [Rn, #offset]!	字/字节/半字/双字的带预索引存储

Cortex-M3 除了支持"预索引",还支持"后索引"(Post-Indexing)。后索引也要使用一个立即数 offset,但与预索引不同的是,后索引是忠实使用基址寄存器 Rd 的值作为数据传送的地址的。待到数据传送后,再执行 Rd=Rd+offset,参见表 2-72。例如:

STR.W R0,[R1],#-12 ;后索引

该指令是把 R0 的值存储到地址 R1 处的。在存储完毕后,R1=R1+(-12)注意,[R1]后面是没有"!"的。可见,在后索引中,基址寄存器是无条件被更新的——相当于有一个"隐藏"的"!"。

表 2-72 后索引的常见用法

指令	功能描述
LDR.W Rd,[Rn],#offset LDRB.W Rd,[Rn],#offset LDRH.W Rd,[Rn],#offset LDRD.W Rd1,Rd2,[Rn],#offset	字/字节/半字/双字的带后索引加载(不做带符号扩展,没有用到的高位全清 0)
LDRSB.W Rd,[Rn],#offset] LDRSH.W Rd,[Rn],#offset]	字节/半字的带后索引加载,并且在加载后执行带符号扩展成 32 位整数
STR.W Rd,[Rn],#offset STRB.W Rd,[Rn],#offset STRH.W Rd,[Rn],#offset STRD.W Rd1,Rd2,[Rn],#offset	字/字节/半字/双字的带后索引存储

3. 多数据 LOAD/STORE 指令

表 2-73 常用的多重存储器访问方式

指令	功能描述
LDMIA Rd!,{寄存器列表}	从 Rd 处读取多个字。每读一个字后 Rd 自增一次,16 位宽度
STMIA Rd!,{寄存器列表}	存储多个字到 Rd 处。每存一个字后 Rd 自增一次,16 位宽度
LDMIA.W Rd!,{寄存器列表}	从 Rd 处读取多个字。每读一个字后 Rd 自增一次,32 位宽度
LDMDB.W Rd!,{寄存器列表}	从 Rd 处读取多个字。每读一个字前 Rd 自减一次,32 位宽度
STMIA.W Rd!,{寄存器列表}	存储多个字到 Rd 处。每存一个字后 Rd 自增一次,32 位宽度
STMDB.W Rd!,{寄存器列表}	存储多个字到 Rd 处。每存一个字前 Rd 自减一次,32 位宽度

表 2-73 中,加粗的是符合 Cortex-M3 堆栈操作的 LDM/STM 使用方式。并且,如果 Rd 是 R13(即 SP),则与 POP/PUSH 指令等效 (LDMIA->POP,STMDB-> PUSH)。

STMDB SP!,{R0—R3,LR} 等效于 PUSH {R0—R3,LR}

LDMIA SP!,{R0—R3,PC} 等效于 POP {R0—R3,PC}

Rd 后面的"!"表示在每次访问前(Before)或访问后(After),要自增(Increment)或自减(Decrement)基址寄存器 Rd 的值,增/减单位:1 个字(4 字节)。

例:记 R8=0x8000,则下面两条指令:

STMIA.W R8!,{R0—R3};

R8 值变为 0x8010,每存一次增一次,先存储后自增

STMDB.W R8,{R0—R3};

R8 值的"一个内部复本"先自减后存储,但是 R8 的值不变。

4. 算术四则运算指令

算术四则运算指令参见表 2-74。

表 2-74 算术四则运算指令

指令	功能描述

ADD Rd, Rn, Rm ; Rd=Rn+Rm
ADD Rd, Rm ; Rd += Rm
ADD Rd, #imm ; Rd += imm
	常规加法
	imm 的范围是 im8(16 位指令)或 im12(32 位指令)

ADC Rd, Rn, Rm ; Rd=Rn+Rm+C ADC Rd, Rm ; Rd += Rm+C ADC Rd, #imm ; Rd += imm+C	带进位的加法 imm 的范围是 im8(16 位指令)或 im12(32 位指令)
ADDW Rd, #imm12 ; Rd += imm12	带 12 位立即数的常规加法

SUB Rd, Rn ; Rd −= Rn
SUB Rd, Rn, #imm3 ; Rd=Rn−imm3
SUB Rd, #imm8 ; Rd −= imm8
SUB Rd, Rn, Rm ; Rd=Rm−Rm
	常规减法

SBC Rd, Rm ; Rd −= Rm+C SBC.W Rd, Rn, #imm12 ; Rd=Rn−imm12−C SBC.W Rd, Rn, Rm ; Rd=Rn−Rm−C	带借位的减法
RSB.W Rd, Rn, #imm12 ; Rd=imm12−Rn RSB.W Rd, Rn, Rm ; Rd=Rm−Rn	反向减法
MUL Rd, Rm ; Rd *= Rm MUL.W Rd, Rn, Rm ; Rd=Rn*Rm	常规乘法
MLA Rd, Rm, Rn, Ra ; Rd=Ra+Rm*Rn MLS Rd, Rm, Rn, Ra ; Rd=Ra−Rm*Rn	乘加与乘减 (译者添加)
UDIV Rd, Rn, Rm ; Rd=Rn/Rm (无符号除法) SDIV Rd, Rn, Rm ; Rd=Rn/Rm (带符号除法)	硬件支持的除法,余数被丢弃
SMULL RL, RH, Rm, Rn ;[RH:RL]= Rm*Rn SMLAL RL, RH, Rm, Rn ;[RH:RL]+= Rm*Rn	带符号的 64 位乘法
UMULL RL, RH, Rm, Rn ;[RH:RL]= Rm*Rn SMLAL RL, RH, Rm, Rn ;[RH:RL]+= Rm*Rn	无符号的 64 位乘法

例: LDR r0, =300
             MOV R1, #7
             UDIV.W R2, R0, R1   ;R2= 300/7 =44

为了捕捉被零除的非法操作,可以在 NVIC 的配置控制寄存器中置位 DIVBZERO 位。如果出现了被零除的情况,将会引发一个用法 Fault 异常。如果没有任何措施,Rd 将在除数为零时被清零。

5. 逻辑操作指令

逻辑运算以及移位运算也是基本的数据操作。表 2-75 列出 Cortex-M3 在这方面的常用指令。

表 2-75　　　　　　　　　　　常用逻辑操作指令

指令	功能描述
AND Rd, Rn ; Rd &= Rn AND.W Rd, Rn, #imm12 ; Rd=Rn & imm12 AND.W Rd, Rm, Rn ; Rd=Rm & Rn	按位与
ORR Rd, Rn ; Rd |= Rn ORR.W Rd, Rn, #imm12 ; Rd=Rn | imm12 ORR.W Rd, Rm, Rn ; Rd=Rm | Rn	按位或
BIC Rd, Rn ; Rd &= ~Rn BIC.W Rd, Rn, #imm12 ; Rd=Rn & ~imm12 BIC.W Rd, Rm, Rn ; Rd=Rm & ~Rn	位清零
ORN.W Rd, Rn, #imm12 ; Rd=Rn | ~imm12 ORN.W Rd, Rm, Rn ; Rd=Rm | ~Rn	按位或反码
EOR Rd, Rn ; Rd ^= Rn EOR.W Rd, Rn, #imm12 ; Rd=Rn ^ imm12 EOR.W Rd, Rm, Rn ; Rd=Rm ^ Rn	（按位）异或，异或总是按位的

6. 移位和循环指令

Cortex-M3 还支持为数众多的移位运算。移位运算既可以与其他指令组合使用也可以独立使用，如表 2-76 所示。

表 2-76　　　　　　　　　　　移位和循环指令

指令	功能描述
LSL Rd, Rn, #imm5 ; Rd=Rn<<imm5 LSL Rd, Rn ; Rd <<= Rn LSL.W Rd, Rm, Rn ; Rd=Rm<<Rn	逻辑左移
LSR Rd, Rn, #imm5 ; Rd=Rn>>imm5 LSR Rd, Rn ; Rd >>= Rn LSR.W Rd, Rm, Rn ; Rd=Rm>>Rn	逻辑右移
ASR Rd, Rn, #imm5 ; Rd=Rn·>>imm5 ASR Rd, Rn ; Rd ·>>= Rn ASR.W Rd, Rm, Rn ; Rd=Rm·>> Rn	算术右移
ROR Rd, Rn ; Rd 　　=Rn ROR.W Rd, Rm, Rn ; Rd=Rm 　Rn	循环右移
RRX.W Rd, Rn ; Rd=(Rn>>1)+(C<<31) RRXS.W Rd, Rn ; tmpBit=Rn & 1 　　　　　　　; Rd=(Rn>>1)+(C<<31) 　　　　　　　; C= tmpBit	带进位的右移一格 亦可写作 RRX{S} Rd 。注意：此时，Rd 也要担当 Rn 的角色

如果在移位和循环指令上加上"S"后缀,这些指令会更新进位位 C。如果是 16 位 Thumb-2 指令,则总是更新 C 的。图 2-54 给出了一个直观的印象。

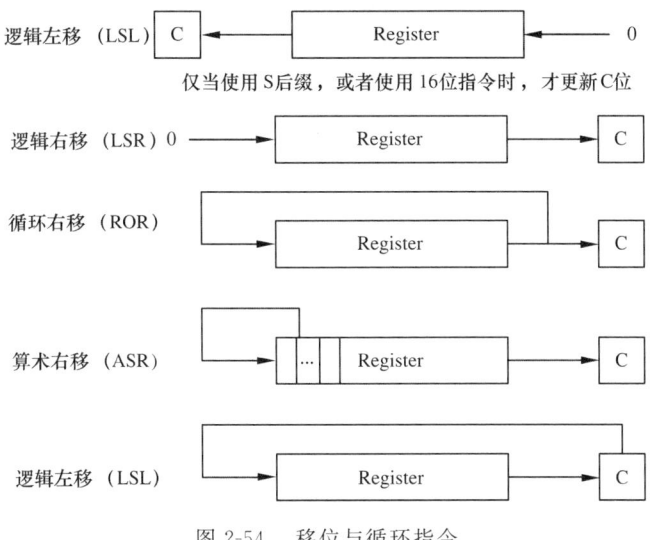

图 2-54　移位与循环指令

7. 符号扩展指令 SXTB, SXTH, UXTB, UXTH

二进制补码表示法中,最高位是符号位,且所有负数的符号位都是 1,而且不管在符号位的前面再添加多少个 1,值都不变。于是,把一个 8 位或 16 位负数扩展成 32 位时,欲使其数值不变,就必须把所有高位全填 1。至于正数或无符号数,则只需简单地把高位清 0。符号扩展指令见表 2-77。

表 2-77　　　　　　　　　符号扩展指令

指令	功能描述
SXTB Rd, Rm ; Rd = Rm 的带符号扩展	把带符号字节整数扩展到 32 位
SXTH Rd, Rm ; Rd = Rm 的带符号扩展	把带符号半字整数扩展到 32 位
UXTB Rd, Rm ; Rd = Rm 的无符号扩展	把无符号字节整数扩展到 32 位
UXTH Rd, Rm ; Rd = Rm 的无符号扩展	把无符号半字整数扩展到 32 位

SXTB,SXTH,UXTB,UXTH 的语法格式如下:
　　SXTB Rd, Rn
　　SXTH Rd, Rn
　　UXTB Rd, Rn
　　UXTH Rd, Rn
对于 SXTB/SXTH,数据带符号位扩展成 32 位整数。对于 UXTB/UXTH,高位清零。

例:记 R0=0x55aa8765,则
　　SXTB R1, R0 ; R1=0x00000065
　　SXTH R1, R0 ; R1=0xffff8765
　　UXTB R1, R0 ; R1=0x00000065
　　UXTH R1, R0 ; R1=0x00008765

8. 字节调序指令

REV 用于调整 32 位整数中的字节序，REVH 则以半字为单位进行调整字节顺序，且只调整低半字，参见表 2-78 和图 2-55。语法格式为：

    REV Rd，Rm
    REVH Rd，Rm
    REV16 Rd，Rm
    REVSH Rd，Rm

表 2-78   字节调序指令

指令	功能描述
REV.W Rd，Rn	在字中调整字节序
REV16.W Rd，Rn	在高低半字中调整字节序
REVSH.W	在低半字中调整字节序，并做带符号扩展

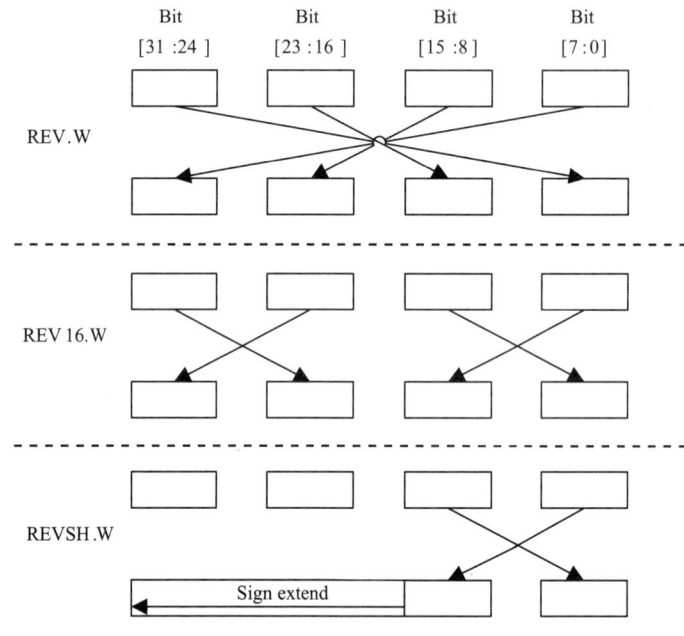

图 2-55 字节调序操作

例：记 R0＝0x12345678，在执行下列两条指定后：

    REV R1，R0
    REVH R2，R0
    REV16 R3，R0

则 R1＝0x78563412，R2＝0x12347856，R3＝0x34127856。

这些指令专门服务于小端模式和大端模式的转换，最常用于网络应用程序中（网络字节序是大端，主机字节序常是小端）。REVSH 在 REVH 的基础上，还把转换后的半字做带符号扩展。

例：记 R0＝0x33448899，则

    REVSH R1，R0

执行后,R1=0xFFFF9988

9. 位域处理指令

位域处理指令参见表 2-79。

表 2-79　　　　　　　　　　位域处理指令

指令	功能描述
BFC. W Rd, Rn, #＜width＞	位域清零
BFI. W Rd, Rn, #＜lsb＞, #＜width＞	将一个寄存器的位域插入另一个寄存器中
CLZ. W Rd, Rn	计算前导 0 的数目
RBIT. W Rd, Rn	按位旋转 180°
SBFX. W Rd, Rn, #＜lsb＞, #＜width＞	拷贝位域,并带符号扩展到 32 位
SBFX. W Rd, Rn, #＜lsb＞, #＜width＞	拷贝位域,并无符号扩展到 32 位

(1) BFC(位域清零)指令把 32 位整数中任意一段连续的二进制比特位清 0,语法格式为:

　　　　　　　BFC. W Rd, #lsb, #width

其中:

　　　lsb　　为位域的末尾

　　　width　指定为段宽度,在 lsb 和它的左边(更高有效位)

位域指令不支持首尾拼接。如 BFC R0, #27, #9 将产生不可预料的结果。

例:　　　　　LDR R0, =0x1234FFFF

　　　　　　　BFC R0, #4, #10

执行完后,R0= 0x1234C00F。

(2) BFI(位域插入指令)把某个寄存器按 LSB 对齐的数值,拷贝到另一个寄存器的某个位域中,其语法格式为:

　　　　　　　BFI. W Rd, Rn, #lsb, #width

功能为从 Rn 的最低位提取宽度为 Width 的连续比特位,插入 Rd 中 #lsb-#lsb+Width 位域中。

例:　　　　　LDR R0, =0x12345678

　　　　　　　R1, =0xAABBCCDD7

　　　　　　　BFI. W R1, R0, #8, #16

则执行后,R1= 0xAA5678DD。

(3) CLZ. W 计算前导 0 的数目

　　　　　　　CLZ. W Rd, Rn ;计算 Rn 的前导 0 的个数,将结果存入 Rd 中去

(4) RBIT 按位旋转 180°,它比前面介绍的 REV 指令更精细,它是按位反转的,相当于把 32 位整数的二进制表示法水平旋转 180°。其语法格式为:

　　　　　　　RBIT. W Rd, Rn

这个指令多用于处理串行比特流。

例:记 R1=0xB4E10C23(二进制数值为 1011,0100,1110,0001,0000,1100,0010,0011),指令

　　　　　　　RBIT. W R0, R1

执行后,则 R0＝0xC430872D(二进制数值为 1100,0100,0011,0000,1000,0111,0010,1101)。

(5) UBFX/SBFX 位域提取指令,语法格式为:

    UBFX.W Rd,Rn,♯lsb,♯width
    SBFX.W Rd,Rn,♯lsb,♯width

UBFX 从 Rn 中取出任一个位域,执行零扩展后放到 Rd 中。

例: LDR R0,＝0x5678ABCD
    UBFX.W R1,R0,♯12,♯16 ;R0＝0x0000678A

类似地,SBFX 也抽取任意的位域,但是以带符号的方式进行扩展。

例: LDR R0,＝0x5678ABCD
    SBFX.W R1,R0,♯8,♯4 ;R0＝0xFFFFFFFB

10. 子程序调用与无条件转移指令

1) B,BL,BLX 和 BX 指令

最基本的无条件转移指令有两条:

  B Label ;转移到 Label 处对应的地址
  BX reg ;转移到由寄存器 reg 给出的地址

在 ARM 体系结构中,BX 指令中的 reg 的最低位指示出在转移后,将进入的状态是 ARM(LSB＝0)还是 Thumb(LSB＝1)。但 Cortex-M3 除调试状态外,一般只在 Thumb 状态运行,因此必须保证 reg 的 LSB＝1,否则将出现 Fault 提示。

Cortex-M3 处理器,调用子程序时,需要保存返回地址,例如:

BL Label ;转移到 Label 处对应的地址,并且把转移前的下条指令地址保存到 LR

BLX reg ;转移到由寄存器 reg 给出的地址,根据 REG 的 LSB 切换处理器状态,并且把转移前的下条指令地址保存到 LR

执行这些指令后,就把返回地址存储到 LR(R14)中了,从而才能使用"BX LR"等形式返回。使用 BLX 要小心,因为它还带有改变状态的功能。因此 reg 的 LSB 必须是 1,以确保不会试图进入 ARM 状态。如果忘记置位 LSB,则出现 Fault 提示。

2) 利用 MOV,LDR 指令实现程序转移

使用以 PC 为目的寄存器的 MOV 和 LDR 指令也可以实现转移,常见形式有:

  MOV PC,R0   ;转移地址由 R0 给出
  LDR PC,[R0]   ;转移地址存储在 R0 所指向的存储器中
  POP {…,PC}   ;把返回地址以弹出堆栈的风格送给 PC,从而实现转移
  LDMIA SP!,{…,PC} ;POP 的另一种等效写法

上述指令必须保证传送给 PC 的值必须是奇数(LSB＝1)。

11. 程序状态寄存器标志位的更新指令

在 Cortex-M3 中,下列指令可以更新 PSR 中的标志:

- 16 位算术逻辑指令;
- 32 位带 S 后缀的算术逻辑指令;
- 比较指令(如 CMP/CMN)和测试指令(如 TST/TEQ);
- 直接写 PSR/APSR(MSR 指令)。

1) 逻辑运算指令

大多数 16 位算术逻辑指令会自动更新标志位(不是所有,例如 ADD.N Rd,Rn,Rm 是 16 位指令,但不更新标志位),32 位的都可以让你使用 S 后缀来控制。

例： ADDS.W R0,R1,R2 ;使用 32 位 Thumb-2 指令,并更新标志
ADD.W R0,R1,R2 ;使用 32 位 Thumb-2 指令,但不更新标志位
ADD R0,R1 ;使用 16 位 Thumb 指令,无条件更新标志位
ADDS R0,♯0xcd ;使用 16 位 Thumb 指令,无条件更新标志位

对于 ARM 汇编器而言,调整的结果是:如果没有写后缀 S,汇编器就一定会产生不更新标志位的指令。但 16 位 Thumb 指令可能会无条件更新标志位,但也可能不更新标志位。为了代码能在不同汇编器下有相同的行为,当需要更新标志以作为条件指令的执行判据时,一定不能忘记加上 S 后缀。这一点对 Cortex-M3 处理器来说尤其重要。

2) 比较和测试指令

- CMP 指令。CMP 指令在内部做两个数的减法,并根据计算结果来设置标志位,但是不把计算结果写回寄存器。CMP 可有如下的形式:

CMP R0,R1 ;计算 R0—R1 的差,并且根据结果更新标志位
CMP R0,0x12 ;计算 R0—0x12 的差,并且根据结果更新标志位

- CMN 指令。CMN 是在内部做两个数的加法,即相当于减去减数的相反数。CMN 可有如下的形式:

CMN R0,R1 ;计算 R0+R1 的和,并根据结果更新标志位
CMN R0,0x12 ;计算 R0+0x12 的和,并根据结果更新标志位

- TST 指令。TST 指令的内部其实就是 AND 指令,只是不写回运算结果,但是它无条件更新标志位。它的用法和 CMP 的相同:

TST R0,R1 ;计算 R0 & R1,并根据结果更新标志位
TST R0,0x12 ;计算 R0 & 0x12,并根据结果更新标志位

- TEQ 指令。TEQ 指令的内部其实就是 EOR 指令,只是不写回运算结果,但是它无条件更新标志位。它的用法和 CMP 的相同:

TEQ R0,R1 ;计算 R0—R1,并根据结果更新标志位
TEQ R0,0x12 ;计算 R0—0x12,并根据结果更新标志位

12. 指令隔离指令和存储器隔离指令

针对结构比较复杂的存储器系统流水线作业和写缓冲,Cortex-M3 引进了隔离指令(Barrier),以避免系统发生可能的竞争冒险现象(Race Condition)。

举例来说,如果存储器的映射关系,或者内存保护区的设置可以在运行时更改(通过写 MMU/MPU 的寄存器),就必须在更改之后立即补上一条 DSB 指令(数据同步指令)。因为对 MMU/MPU 的写操作很可能会被放到一个写缓冲中。写缓冲是为了提高存储器的总体访问效率而设的,但它会导致写内存的指令被延迟几个周期执行,因此对存储器的设置不能即刻生效,这会使下一条指令仍然使用旧的存储器设置——但程序员的本意显然是使用新的存储器设置。这种紊乱现象是后患无穷的,常会破坏未知地址的数据,有时也会产生非法地址访问错误。紊乱现象还有其他的表现形式。

隔离指令就是要消灭这些紊乱现象。Cortex-M3 中共有 3 条隔离指令,如表 2-80 所示。

表 2-80　　　　　　　　　　　　　　　隔离指令

指令	功能描述
DMB	数据存储器隔离。DMB 指令保证：仅当所有在它前面的存储器访问都执行完毕后，才提交（commit）在它后面的存储器访问动作
DSB	数据同步隔离。比 DMB 严格：仅当所有在它前面的存储器访问都执行完毕后，才执行它在后面的指令
ISB	指令同步隔离。最严格：它会清洗流水线，以保证所有它前面的指令都执行完毕之后，才执行它后面的指令

13. 饱和运算指令

Cortex-M3 中的饱和运算指令分为两种：一种是带符号饱和运算；另一种是无符号饱和运算。饱和运算多用于信号处理。比如，信号放大。当信号被放大后，有可能使它的幅值超出允许输出的范围。如果简单地清除 MSB，则常常会严重破坏信号的波形，而饱和运算则只是使信号产生削顶失真。如图 2-56 所示。

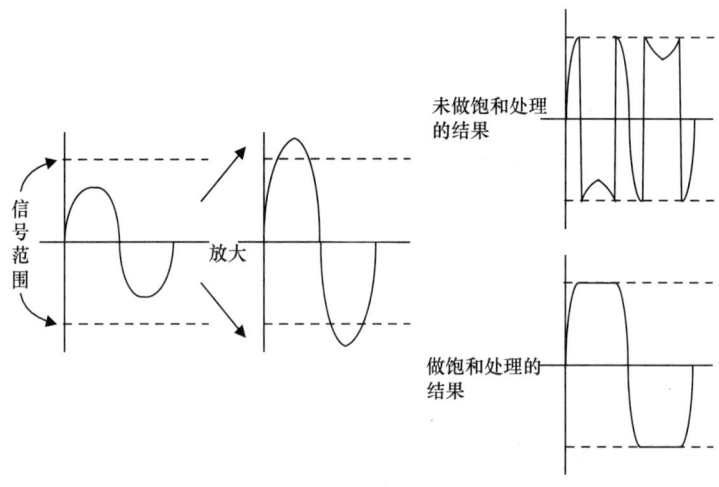

图 2-56　带符号饱和运算

表 2-81 列出饱和运算指令。

表 2-81　　　　　　　　　　　　　　饱和运算指令

指令名	功能描述
SSAT.W Rd, ♯imm5, Rn, {,shift}	以带符号数的边界进行饱和运算（交流）
USAT.W Rd, ♯imm5, Rn, {,shift}	以无符号数的边界进行饱和运算（带纹波的直流）

饱和运算的结果可以用于更新应用程序状态寄存器 APSR 中 Q 标志。Q 标志在写入后可以通过写 APSR 清 0。表 2-81 指令中的 Rn 存储"放大后的信号（32 位带符号整数）"。

Rd 存储饱和运算的结果，♯imm5 用于指定饱和边界——该由多少位的带符号整数来表达允许的范围，取值范围是 1～32。

例：如果要把一个 32 位（带符号）整数饱和到 12 位带符号整数（−2048 ～2047），则可以如下使用 SSAT 指令：

$$\text{SSAT\{.W\} R1, \#12, R0}$$

这条指令对于 R0 不同值的执行结果如表 2-82 所示。

表 2-82　　　　　　　　　　带符号数饱和运算的结果

输入(R0)	输出(R1)	Q 标志位
0x2000(8192)	0x7FF(2047)	1
0x537(1335)	0x537(1335)	无变化
0x7FF(2047)	0x7FF(2047)	无变化
0	0	无变化
0xFFFFE000(−8192)	0xFFFFF800(−2048)	1
0xFFFFFB32(−1230)	0xFFFFFB32(−1230)	无变化

例：如果需要把 32 位整数饱和到无符号的 12 位整数(0～4095)，则可以如下使用 USAT 指令：

$$\text{USAT\{.W\} R1, \#12, R0}$$

该指令的执行情况如图 2-57 所示。

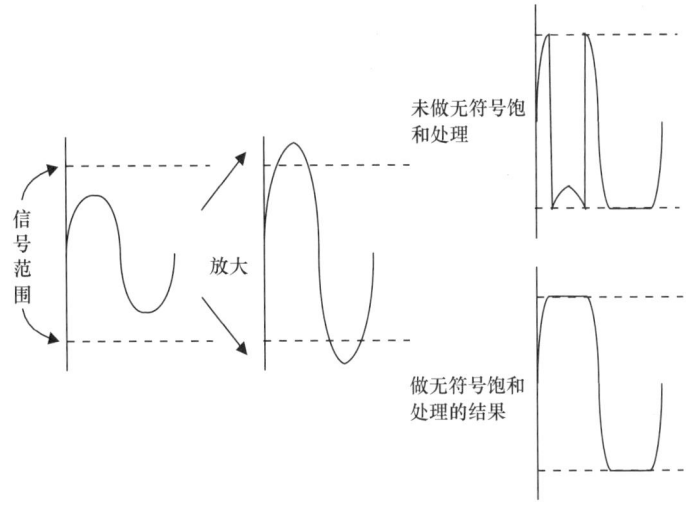

图 2-57　无符号数饱和运算

表 2-83　　　　　　　　　　无符号数饱和运算的结果

输入(R0)	输出(R1)	Q 标志位
0x2000(8192)	0xFFF(4095)	1
0xFFF(4095)	0xFFF(4095)	无变化
0x1000(4096)	0xFFF(4095)	1
0x800(2048)	0x800(2048)	无变化
0	0	无变化
0x80000000(−2G)	0	1
0xFFFFFB32(−1230)	0	1

14. IF-THEN 指令

IF-THEN(IT)指令围起一个块,里面最多有 4 条指令,它里面的指令可以条件执行。IT 已经带了一个"T",因此还可以最多再带 3 个"T"或者"E"。并且对 T 和 E 的顺序没有要求。其中 T 对应条件成立时执行的语句,E 对应条件不成立时执行的语句。在 IF-THEN 块中的指令必须加上条件后缀,且 T 对应的指令必须使用和 IT 指令中相同的条件,E 对应的指令必须使用和 IT 指令中相反的条件。

IT 的使用形式总结如下:

    IT <cond>   ;围起 1 条指令的 IF-THEN 块
    IT<x> <cond>   ;围起 2 条指令的 IF-THEN 块
    IT<x><y> <cond>   ;围起 3 条指令的 IF-THEN 块
    IT<x><y><z> <cond> ;围起 4 条指令的 IF-THEN 块

其中<x>,<y>,<z>的取值可以是"T"或者"E"。而<cond>则是在表 2-65 中列出的条件(AL 除外)。

IT 指令使能了指令的条件执行方式,并且使 Cortex-M3 不再预取不满足条件的指令。又因为它在使用时取代了条件转移指令,还避免了在执行流转移时,对流水线的清洗和重新指令预取的开销,所以能优化 C 结构中的小型 IF 块。

IT 指令优化 C 代码的例子如下面伪代码所示:

```
if (R0==R1)
{
    R3=R4 + R5;
    R3=R3/2;
}
else
{
    R3=R6 + R7;
    R3=R3/2;
}
```

可以写作:

    CMP R0, R1   ;比较 R0 和 R1
    ITTEE EQ   ;如果 R0 == R1
    ADDEQ R3, R4, R5   ;相等时加法
    ASREQ R3, R3, #1   ;相等时算术右移
    ADDNENE R3, R6, R7 ;不等时加法
    ASRNENE R3, R3, #1 ;不等时算术右移

15. 比较跳转指令

比较跳转指令专为循环结构的优化而设,它只能做前向跳转。语法格式为:

    CBZ <Rn>, <label>
    CBNZ <Rn>, <label>

它们的跳转范围较窄,只有 0~126。

例：   while (R0!=0)
　　　　{
　　　　　　Function1();
　　　　}
变成
Loop
　　CBZ R0，LoopExit
　　BL Function1
B Loop
LoopExit：

与其他的比较指令不同，CBZ/CBNZ 不会更新标志位。

16. TBB 和 TBH 指令

TBB(查表跳转字节范围的偏移量)指令用于从一个字节数组表中查找转移地址，TBH(查表跳转半字范围的偏移量)指令用于从半字数组表中查找转移地址。二者均只能作前向跳转，因此偏移量是一个无符号整数。

Cortex-M3 的指令至少是按半字对齐的，表中的数值都是在左移一位后才作为前向跳转的偏移量的。而 PC 的值为当前地址+4，故 TBB 的跳转范围可达 $255 \times 2 + 4 = 514$；TBH 的跳转范围可达 $65535 \times 2 + 4 = 128KB + 2$。

1) TBB 指令

TBB 指令的语法格式为：

　　　　　　TBB.W [Rn, Rm]　　；PC+= Rn[Rm]×2

在这里，Rn 指向跳转表的基址，Rm 则给出表中元素的下标。图 2-58 指示了这个操作。

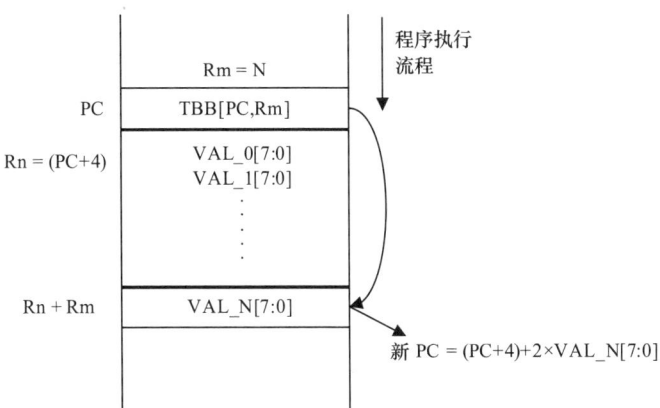

图 2-58　TBB 指令功能

如果 Rn 是 R15，则由于指令流水线的影响，Rn 的值将是 PC+4。另外还要注意的是，不同的汇编器可能会要求不同的语法格式。在 ARM 汇编器(armasm.exe)中，TBB 跳转表的创建方式如下所示：

TBB.W [pc, r0]；执行此指令时，PC 的值正好等于 branchtable
branchtable：
DCB ((dest0 — branchtable)/2)；注意：因为数值是 8 位的，故使用 DCB 指示字
DCB ((dest1 — branchtable)/2)

DCB ((dest2 — branchtable)/2)

DCB ((dest3 — branchtable)/2)

dest0 ... ;R0=0 时执行

dest1 ... ;R0=1 时执行

dest2 ... ;R0=2 时执行

dest3 ... ;R0=3 时执行

2) TBH 指令

TBH 的操作原理与 TBB 相同,只不过跳转表中的每个元素都是 16 位的。故而下标为 Rm 的元素要从 Rn+2×Rm 处去找,如图 2-59 所示。

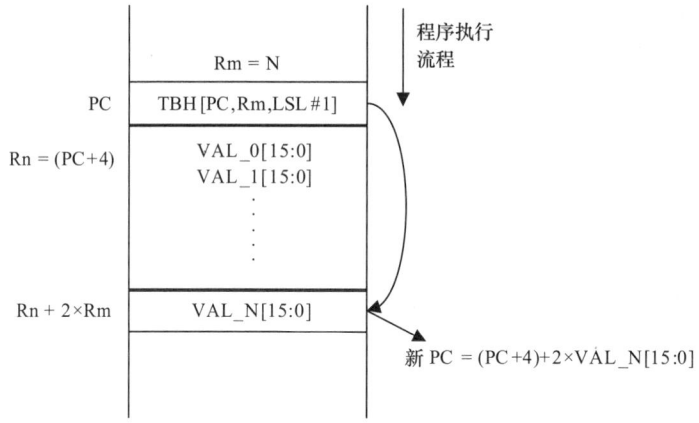

图 2-59 TBH 功能演示

TBH 跳转表的创建方式与 TBB 的类似,如下所示:

TBH.W [pc,R0,LSL #1] ;执行此指令时,PC 的值正好等于 branchtable

branchtable:

DCI ((dest0 — branchtable)/2) ;注意:数值是 16 位的,故使用 DCI 指示字

DCI ((dest1 — branchtable)/2)

DCI ((dest2 — branchtable)/2)

DCI ((dest3 — branchtable)/2)

dest0 ... ;R0=0 时执行

dest1 ... ;R0=1 时执行

dest2 ... ;R0=2 时执行

dest3 ... ;R0=3 时执行

2.2.10 Thumb-2 指令与 ARM 体系架构下的指令比较

1. 16-bit 指令汇编语法的变化

表 2-84 描述了 Cortex-M3 引入统一汇编语言(Unified Assembly Language,UAL)语法机制后,与 ARM 架构下的 Thumb 指令相比较,Thumb-2 指令汇编语法发生的变化。

2. 新的 16-bit Thumb 指令

有 7 条新的 16-bit Thumb 指令。因为指令长度为 16-bit,又被称作新的 Thumb 指令。

1) IF-THEN

IF-THEN(IT)指令允许后续 1 至 4 条指令条件执行。

表 2-84　　　　　　　　　　　　汇编语法的变化

ARM 架构下的 Thumb 指令	Thumb-2 指令	变化
ADD R0，R8	ADD R0，R0，R8	指令中第一个操作数和目标寄存器为同一寄存器,均予以指定
ADD R0，R1，R2	ADDS R0，R1，R2	指令改变条件标志位,必须明确指定 S 后缀
NEG R0，R1	RSBS R0，R1，#0	NEG 指令变为逆减指令
MOV R0，R1	ADDS R0，R1，#0	MOV R0，R1 指令后附加了 #0
CPY R0，R1	MOV R0，R1	CPY 指令变为 move 操作
SWI #80	SVC #80	SWI 指令变为 SVC 指令
LSL R0，R1，#0	MOVS R0，R1	LSL R0，R1，#0 指令变为 move 操作
LDMIA R0!，{R1,R2}	LDM R0!，{R1,R2}	IA 变成了多数据 Load 指令的默认寻址模式
LDMIA R0!，{R0,R1}	LDM R0，{R0,R1}	如果基址寄存器在寄存器列表中,LDM 指令可以不用指定写回

2) CBZ,CBNZ

通过替代两条普通指令序列,以改善代码密度;还可以保护条件码标志位,这意味着该指令之前产生的条件码标志能够在该指令之后派上用场。

3) NOP

用 NOP 指令作"填充"用。例如将后续指令放在 64-bit 边界。

4) SEV

SEV（Send Event）是一条 HINT 指令。

5) WFE

WFE（Wait For Event）是一条 HINT 指令。

6) WFI

WFI（Wait For Interrupt）是一条 HINT 指令。

7) YIELD

YIELD 是一条 HINT 指令。

3. 新的 32-bit Thumb 指令和 ARM 指令

1) 新的 32-bit Thumb 指令

增加新的 32-bit Thumb 指令的目的在于：

（1）以尽可能少的修改,最大限度地兼容现有的 ARM/Thumb 编程模型。某些变化必须引入 32 位 Thumb 指令,特别是对预取中止和未定义指令异常。通用寄存器或特殊寄存器的数量没有增加,寄存器的大小也没有增加。

（2）尽可能兼容现有的编译器代码生成技术。新概念作为一种补充,而不是强制性的。

新的 32 位 Thumb 指令是对以前 Thumb 指令 BL 和 BLX 占用的空间增加。这使得 BL 和 BLX 被作为 32-bit 指令而不是 16-bit 指令成为可能。

这意味着 BL 和 BLX,以及所有其他 32-bitThumb 指令,只能在它们的起始地址而不能在指令的 halfword1 和 halfword2 边界发生异常。所有的实现必须遵守这一异常事件的限制,确保两个半字的提取、合并顺利执行。这是对 Thumb 指令的变化,故称为"新的 32-bit Thumb 指令"。

在 Thumb-2 之前,指令 BL 和 BLX 的两个半字独立地执行,异常发生也是独立的。

2) 新的 32-bit ARM 指令

Thumb-2 指令的一些新增功能在 ARM 指令体系架构中也可以得到。

(1) LDR 和 STR 新 T 变种指令:ARM 指令体系架构下 LDRH、LDRSB、LDRSH 和 STRH 指令,在 Thumb-2 指令体系架构下有了 T 变种,用于后索引寻址方式,不同于 LDR 和 STR 的 Thumb 变种指令,后者用于前索引寻址方式。

(2) LDREX 和 STREX 新变种指令:ARM 指令体系架构下 LDREX 和 STREX 指令,在 Thumb-2 指令体系架构下,有了 B 和 H 及 D(字节、半字和双字)变种指令。

(3) 杂项指令。主要有:
- BFC 比特域清零;
- BFI 比特域插入;
- MLS 乘减指令,从累加寄存器减去乘积;
- MOV 新的宽变种数据传送指令,装载 16-bit 立即数至一个寄存器的 bits[15:0];
- MOVT Move Top 指令,装载 16-bit 立即数至一个寄存器的 bits[31:16],bits[15:0] 不变;
- RBIT 字比特位逆序指令;
- SBFX 带符号的比特域提取;
- UBFX 无符号的比特域提取。

4. HINT 指令

ARM 体系架构有 2 条 HINT 指令:

1) 内存 HINT 指令

用于与存储器系统交互。除了 PLD 和 PLI 指令,新增的 32-bit Thumb 指令集空间为内存 HINT 指令预留。32-bit Thumb-2 内存 HINT 指令译码为 hw1[12:4]=0b1100Ax0B1,其中:

AB=0b00 分配给 PLD;

AB=0b10 分配给 PLI;

AB=0bx1 被预留且必须表现为 NOP 指令。

内存 HINT 指令不强制执行,如果执行的话,必须表现为 NOP 指令。

2) NOP 兼容 HINT 指令

独立于相关寄存器。有 3 类编码格式,参见表 2-85,表 2-86 和表 2-87。

表 2-85　　　　　　　　　32-bit Thumb 指令编码格式

15	14	13	12	11	10	9	8	7	6	5	4	3	2	1	0	15	14	13	12	11	10	9	8	7	6	5	4	3	2	1	0
1	1	1	1	0	0	1	1	1	0	1	0	(1)	(1)	(1)	(1)	1	0	(0)	0	(0)	0	0	0	hint							

表 2-86　　　　　　　　　16-bit Thumb 指令编码格式

15	14	13	12	11	10	9	8	7	6	5	4	3	2	1	0
1	0	1	1	1	1	1	1	hint				0	0	0	0

表 2-87　　　　　　　　　　32-bit ARM 指令编码格式

31 28	27	26	25	24	23	22	21	20	19 16	15 12	11 8	7 0
cond	0	0	1	1	0	0	1	0	0 0 0 0	(1) (1) (1) (1)	(0) (0) (0) (0)	hint

NOP：HINT 为 0x0
YIELD：HINT 为 0x1
WFE：HINT 为 0x2
WFI：HINT 为 0x3
SEV：HINT 为 0x4
DBG：HINT 为 0xF0-0xFF

5．Thumb-2 架构对指令的约束

1）Thumb-2 指令集中没有的 ARM 指令
RSC 带借位的逆减指令；
SWP SWAP 指令，被 LDREX 和 STREX 取代；
SWPB 字节 Swap 指令，被 LDREXB 和 STREXB 取代。

2）Thumb-2 引进的新功能指令
除了前面介绍的新 32-bit Thumb 指令和新 32-bit ARM 指令，还有两个新的 32-bit Thumb 指令可以受限使用。
SDIV 带符号的除法指令；
UDIV 无符号的除法指令。
这令条指令只有在 ARMv7-R 中可用，ARM 工作状态下不可用。

3）弱于 ARM 指令功能的 32-bit Thumb 指令
下面的 32-bit Thumb 指令不能更新条件码标志位：
MLA 乘加指令；
MUL 乘法指令；
SMLAL 带符号长乘加指令；
SMULL 带符号长乘指令；
UMLAL 无符号长乘加指令；
UMULL 无符号长乘指令。

数据处理指令不能将寄存器控制的移位与其他功能结合起来，寄存器控制的移位只能作为单独的指令，这影响下面的指令：
AND 逻辑与指令；
EOR 逻辑异或指令；
SUB 减法指令；
RSB 逆减指令；
ADD 加法指令；
ADC 带进位加法指令；
SBC 带借位减法指令；
TST 测试指令；
TEQ 测试相等指令；

CMP 比较指令；
CMN 负数比较指令；
ORR 逻辑或指令；
MOV 数据传送指令；
BIC 比特位清零指令；
MVN 数据取反传送指令。

传送到状态寄存器指令 MSR，不能装载立即数；LDMDB/LDMEA，LDMIA/LDMFD，POP/PUSH，STMDB/STMFD，STMIA/STMEA 等多数据 LOAD/STORE 指令在功能上也存在一些限制。

2.2.11 基于 Cortex-M3 的 Thumb-2 指令集

1. 常用 16 位 Cortex-M3 指令

常用 16 位 Cortex-M3 指令参见表 2-88。

表 2-88　　　　　　　　　16 位 Cortex-M3 指令汇总

指令	功能
ADC <Rd>，<Rm>	寄存器值与寄存器值及 C 标志相加
ADD <Rd>，<Rn>，#<immed_3>	3 位立即数与寄存器值相加
ADD <Rd>，#<immed_8>	8 位立即数与寄存器值相加
ADD <Rd>，<Rn>，<Rm>	低寄存器值与低寄存器值相加
ADD <Rd>，<Rm>	高寄存器值与低或高寄存器值相加
ADD <Rd>，PC，#<immed_8>*4	PC 加 4×(8 位立即数)
ADD <Rd>，SP，#<immed_8>*4	SP 加 48×(8 位立即数)
ADD <Rd>，SP，#<immed_7>*4 或 ADD SP，SP，#<immed_7>*4	SP 加 4×(7 位立即数)
AND <Rd>，<Rm>	寄存器值按位与
ASR <Rd>，<Rm>，#<immed_5>	算术右移，移位次数取决于立即数值
ASR <Rd>，<Rs>	算术右移，移位次数取决于寄存器中的值
B<cond> <target address>	条件分支
B<tartet address>	无条件分支
BIC <Rd>，<Rs>	位清零
BKPT <immed_8>	软件断点
BL <Rm>	带链接分支
CBNZ <Rn>，<label>	比较结果不为零时分支
CBZ <Rn>，<Rm>	比较结果为零时分支
CMN <Rn>，<Rm>	将寄存器值取反与另一个寄存器值比较

续表

指令	功能
CMP <Rn>,#<immed_8>	与8位立即数比较
CMP <Rn>,<Rm>	寄存器比较
CMP <Rn>,<Rm>	高寄存器与高或低寄存器比较
CPS <effect>,<iflags>	改变处理器状态
CPY <Rd>,<Rm>	将高或低寄存器的值复制到另一个高或低寄存器中
EOR <Rd>,<Rm>	寄存器的值按位异或
IT<cond> IT<x> <cond> IT<x><y> <cond> IT<x><y><z> <cond>	以下一条指令为条件,以下面两条指令为条件,以下面三条指令为条件,以下面四条指令为条件
LDMIA <Rn>!,<register>	多个连续的存储器字加载
LDR <Rd>,[<Rn>,#<immed_5*4>]	将基址寄存器与5位立即数偏移的和的地址处的数据加载到寄存器中
LDR <Rd>,[<Rn>,<Rm>]	将基址寄存器与寄存器偏移的和的地址处的数据加载到寄存器中
LDR <Rd>,[PC,#<immed_8>*4]	将PC与8位立即数偏移的和的地址处的数据加载到寄存器中
LDR <Rd>,[SP,#<immed_8>*4]	将SP与8位立即数偏移的和的地址处的数据加载到寄存器中
LDRB <Rd>,[<Rn>,#<immed_5>]	将寄存器与5位立即数偏移的和的地址处的字节[7:0]加载到寄存器中
LDRB <Rd>,[<Rn>,<Rm>]	将寄存器与寄存器偏移的和的地址处的字节[7:0]加载到寄存器中
LDRH <Rd>,[<Rn>,#<immed_5>*2]	将寄存器与5位立即数偏移的和的地址处的半字[15:0]加载到寄存器中
LDRH <Rd>,[<Rn>,<Rm>]	将寄存器与寄存器偏移的和的地址处的半字[15:0]加载到寄存器中
LDRSB <Rd>,[<Rn>,<Rm>]	将寄存器与寄存器偏移的和的地址处的带符号字节[7:0]加载到寄存器中
LDRSH <Rd>,[<Rn>,<Rm>]	将寄存器与寄存器偏移的和的地址处的带符号半字[15:0]加载到寄存器中
LSL <Rd>,<Rm>,#<immed_5>	逻辑左移,移位次数取决于立即数值

续表

指令	功能
LSL <Rd>, <Rs>	逻辑左移,移位次数取决于寄存器中的值
LSR <Rd>, <Rm>, #<immed_5>	逻辑右移,移位次数取决于立即数值
LSR <Rd>, <Rs>	逻辑右移,移位次数取决于寄存器中的值
MOV <Rd>, #<immed_8>	将 8 位立即数传送到目标寄存器
MOV <Rd>, <Rn>	将低寄存器值传送给低目标寄存器
MOV <Rd>, <Rm>	将高或低寄存器值传送给高或低目标寄存器
MUL <Rd>, <Rm>	寄存器值相乘
MVN <Rd>, <Rm>	将寄存器值取反后传送给目标寄存器
NEG <Rd>, <Rm>	将寄存器值取负并保存在目标寄存器中
NOP <C>	无操作
ORR <Rd>, <Rm>	将寄存器值按位作逻辑或操作
POP <寄存器>	寄存器出栈
POP <寄存器,PC>	寄存器和 PC 出栈
PUSH <registers>	寄存器压栈
PUSH <registers, LR>	寄存器和 LR 压栈
REV <Rd>, <Rn>	将字内的字节逆向(reverse)并复制到寄存器中
REV16 <Rd>, <Rn>	将两个半字内的字节逆向并复制到寄存器中
REVSH <Rd>, <Rn>	将低半字[15:0]内的字节逆向并将符号位扩展,复制到寄存器中
ROR <Rd>, <Rs>	循环右移,移位次数由寄存器中的值标识
SBC <Rd>, <Rm>	寄存器中的值减去寄存器值和 C 标志
SEV <c>	发送事件
STMIA <Rn>!, <registers>	将多个寄存器字保存到连续的存储单元中
STR <Rd>, [<Rn>, #<immed_5> * 4]	将寄存器字保存到寄存器与 5 位立即数偏移的和的地址中
STR <Rd>, [<Rn>, <Rm>]	将寄存器字保存到寄存器地址中
STR <Rd>, [SP, #<immed_8> * 4]	将寄存器字保存到 SP 与 8 位立即数偏移的和的地址中
STRB <Rd>, [<Rn>, #<immed_5>]	将寄存器字节[7:0]保存到寄存器与 5 位立即数偏移的和的地址中
STRB <Rd>, [<Rn>, <Rm>]	将寄存器字节[7:0]保存到寄存器地址中

续表

指令	功能
STRH <Rd>，[<Rn>，#<immed_5> * 2]	将寄存器半字[15：0]保存到寄存器与5位立即数偏移的和的地址中
STRH <Rd>，[<Rn>，#<immed_5> * 2]	将寄存器半字[15：0]保存到寄存器地址中
STRH <Rd>，[<Rn>，#<immed_5> * 2]	寄存器值减去3位立即数
SUB <Rd>，#<immed_8>	寄存器值减去8位立即数
SUB <Rd>，<Rn>，<Rm>	寄存器值减去寄存器值
SUB SP，#<immed_7> * 4	SP减4(7位立即数)
SVC <immed_8>	操作系统服务调用,带8位立即数调用代码
SXTB <Rd>，<Rm>	从寄存器中提取字节[7：0],传送到寄存器中,并用符号位扩展到32位
SXTH <Rd>，<Rm>	从寄存器中提取半字[15：0],传送到寄存器中,并用符号位扩展到32位
TST <Rn>，<Rm>	将寄存器与另一个寄存器相与,测试寄存器中的置位的位
UXTB <Rd>，<Rm>	从寄存器中提取字节[7：0],传送到寄存器中,并用零位扩展到32位
UXTH <Rd>，<Rm>	从寄存器中提取半字[15：0],传送到寄存器中,并用零位扩展到32位
WFE <c>	等待事件
WFI <c>	等待中断

2. 32位Coxtex-M3指令

32位Coxtex-M3指令参见表2-89。

表2-89　　　　　　　　32位Coxtex-M3指令汇总

指令	功能
ADC{S}.W <Rd>，<Rn>，#<modify_constant(immed_12)>	寄存器值与12位立即数及C位相加
ADC{S}.W <Rd>，<Rn>，<Rm>{,<shift>}	寄存器值与移位后的寄存器值及C位相加
ADD{S}.W <Rd>，<Rn>，#<modify_constant(immed_12)>	寄存器值与12位立即数相加
ADD{S}.W <Rd>，<Rm>{,<shift>}	寄存器值与移位后的寄存器值相加
ADDW.W <Rd>，<Rn>，#<immed_12>	寄存器值与12位立即数相加

续表

指令	功能
AND{S}.W <Rd>，<Rn>，#<modify_constant(immed_12)>	寄存器值与12位立即数按位与
AND{S}.W <Rd>，<Rn>，Rm>{,<shift>}	寄存器值与移位后的寄存器值按位与
ASR{S}.W <Rd>，<Rn>，<Rm>	算术右移,移位次数取决于寄存器值
B{cond}.W <label>	条件分支
BFC.W <Rd>，#<lsb>，#<width>	位域清零
BFI.W <Rd>，<Rn>，#<lsb>，#<width>	将一个寄存器的位域插入另一个寄存器中
BIC{S}.W <Rd>，<Rn>，#<modify_constant(immed_12)>	12位立即数取反与寄存器值按位与
BIC{S}.W <Rd>，<Rn>，{,<shift>}	移位后的寄存器值取反与寄存器值按位与
BL <label>	带链接的分支
BL<c> <label>	带链接的分支(立即数)
B.W <label>	无条件分支
CLZ.W <Rd>，<Rn>	返回寄存器值中零的数目
CMN.W <Rn>，#<modify_constant(immed_12)>	寄存器值与12位立即数两次取反后的值比较
CMN.W <Rn>，<Rm>{,<shift>}	寄存器值与移位后的寄存器值两次取反后的值比较
CMP.W <Rn>，#<modify_constant(immed_12)>	寄存器值与12位立即数比较
CMP.W <Rn>，<Rm>{,<shift>}	寄存器值与移位后的寄存器值比较
DMB <c>	数据存储器隔离(barrier)
DSB <c>	数据同步隔离(barrier)
EOR{S}.W <Rd>，<Rn>，#<modify_constant(immed_12)>	寄存器值与12位立即数作异或操作
EOR{S}.W <Rd>，<Rn>，<Rm>{,<shift>}	寄存器值与移位后的寄存器值作异或操作
ISB <c>	指令同步隔离(barrier)
LDM{IA|DB}.W <Rn>{!},<registers>	多存储器寄存器加载,加载后加1或加载前减1
LDR.W <Rxf>,[<Rn>，#<offset_12>]	保存寄存器地址与12位立即数偏移的和的地址处的数据字
LDR.W PC,[<Rn>，#<offset_12>]	将寄存器地址与12位立即数偏移的和的地址处的数据字保存到PC中
LDR.W PC，#<+/-<offset_8>	将基址寄存器地址的8位立即数偏移的地址处的数据字保存到PC中,后索引

续表

指令	功能
LDR.W <Rxf>,[<Rn>],#+/-<offset_8>	保存基址寄存器地址的8位立即数偏移的地址处的数据字,后索引
LDR.W <Rxf>,[<Rn>,#<+/-<offset_8>]!	保存基址寄存器地址的8位立即数偏移的地址处的数据字,前索引
LDR.W PC,[<Rn>,#+/-<offset_8>]!	将基址寄存器地址的8位立即数偏移的地址处的数据字保存到PC中,前索引
LDR.W <Rxf>,[<Rn>,<Rm>{,LSL #<shift>}]	保存寄存器地址左移0,1,2或3个位置后的地址处的数据字
LDR.W PC,[<Rn>,<Rm>{,LSL #<shift>}]	将寄存器地址左移0,1,2或3个位置后的地址处的数据字保存到PC中
LDR.W <Rxf>,[PC,#+/-<offset_12>]	保存PC地址的12位立即数偏移的地址处的数据字
LDR.W PC,[PC,#+/-<offset_12>]	将PC地址的12位立即数偏移的地址处的数据字保存到PC中
LDRB.W <Rxf>,[<Rn>,#<offset_12>]	保存基址寄存器地址与12位立即数偏移的和的地址处的字节[7:0]
LDRB.W <Rxf>,[<Rn>],#+/-<offset_8>	保存基址寄存器地址的8位立即数偏移的地址处的字节[7:0],后索引
LDRB.W <Rxf>,[<Rn>,<Rm>{,LSL #<shift>}]	保存寄存器地址左移0,1,2或3个位置后的地址处的字节[7:0]
LDRB.W <Rxf>,[<Rn>,#<+/-<offset_8>]!	保存基址寄存器地址的8位立即数偏移的地址处的字节[7:0],前索引
LDRB.W <Rxf>,[PC,#+/-<offset_12>]	保存PC地址的12位立即数偏移的地址处的字节
LDRD.W <Rxf>,<Rxf2>,[<Rn>,#+/-<offset_8>*4]{!}	保存寄存器地址8位偏移4的地址处的双字,前索引
LDRD.W <Rxf>,<Rxf2>,[<Rn>],#+/-<offset_8>*4	保存寄存器地址8位偏移4的地址处的双字,后索引
LDRH.W <Rxf>,[<Rn>,#<offset_12>]	保存基址寄存器地址与12位立即数偏移的和的地址处的半字[15:0]
LDRH.W <Rxf>,[<Rn>,#<+/-<offset_8>]!	保存基址寄存器地址的8位立即数偏移的地址处的半字[15:0],前索引

续表

指令	功能
LDRH.W <Rxf>.[<Rn>],#+/-<offset_8>	保存基址寄存器地址的8位立即数偏移的地址处的半字[15:0],后索引
LDRH.W <Rxf>,[<Rn>,<Rm>{,LSL # <shift>}]	保存基址寄存器地址左移0,1,2或3个位置后的地址处的半字[15:0]
LDRH.W <Rxf>,[PC,#+/-<offset_12>]	保存PC地址的12位立即数偏移的地址处的半字
LDRSB.W <Rxf>,[<Rn>,#<offset_12>]	保存基址寄存器地址与12位立即数偏移的和的地址处的带符号字节[7:0]
LDRSB.W <Rxf>.[<Rn>],#+/-<offset_8>	保存基址寄存器地址的8位立即数偏移的地址处的带符号字节[7:0],后索引
LDRSB.W <Rxf>,[<Rn>,#<+/-<offset_8>]!	保存基址寄存器地址的8位立即数偏移的地址处的带符号字节[7:0],前索引
LDRSB.W <Rxf>,[<Rn>,<Rm>{,LSL # <shift>}]	保存寄存器地址左移0,1,2或3个位置后的地址处的带符号字节[7:0]
LDRSB.W <Rxf>,[PC,#+/-<offset_12>]	保存PC地址的12位立即数偏移的地址处的带符号字节
LDRSH.W <Rxf>,[<Rn>,#<offset_12>]	保存基址寄存器地址与12位立即数偏移的和的地址处的带符号半字[15:0]
LDRSH.W <Rxf>.[<Rn>],#+/-<offset_8>	保存基址寄存器地址的8位立即数偏移的地址处的带符号半字[15:0],后索引
LDRSH.W <Rxf>,[<Rn>,#<+/-<offset_8>]!	保存基址寄存器地址的8位立即数偏移的地址处的带符号半字[15:0],前索引
LDRSH.W <Rxf>,[<Rn>,<Rm>{,LSL # <shift>}]	保存寄存器地址左移0,1,2或3个位置后的地址处的带符号半字[15:0]
LDRSH.W <Rxf>,[PC,#+/-<offset_12>]	保存PC地址的12位立即数偏移的地址处的带符号半字
LSL{S}.W <Rd>,<Rn>,<Rm>	逻辑左移,移位次数由寄存器中的值标识
LSR{S}.W <Rd>,<Rn>,<Rm>	逻辑右移,移位次数由寄存器中的值标识
MLA.W <Rd>,<Rn>,<Rm>,<Racc>	将两个带符号或无符号的寄存器值相乘,并将低32位与寄存器值相加
MLS.W <Rd>,<Rn>,<Rm>,<Racc>	将两个带符号或无符号的寄存器值相乘,并将低32位与寄存器值相减

续表

指令	功能
MOV{S}.W <Rd>，#<modify_constant(immed_12)>	将12位立即数传送到寄存器中
MOV{S}.W <Rd>，<Rm>{,<shift>}	将移位后的寄存器值传送到寄存器中
MOVT.W <Rd>，#<immed_16>	将16位立即数传送到寄存器的高半字[31:16]中
MOVW.W <Rd>，#<immed_16>	将16位立即数传送到寄存器的低半字[15:0]中，并将高半字[31:16]清零
MRS<c> <Rd>，<psr>	将特殊功能寄存器的值传送到目标寄存器中
MSR<c> <psr>_<fields>，<Rn>	将通用寄存器的值传送到特殊功能寄存器中
MUL.W <Rd>，<Rn>，<Rm>	将两个带符号或不带符号的寄存器值相乘
NOP.W	无操作
ORN{S}.W <Rd>，<Rn>，#<modify_constant(immed_12)>	将寄存器值与12位立即数作逻辑"或非"操作
ORN{S}.W <Rd>，<Rn>，<Rm>{,<shift>}	将寄存器值与移位后的寄存器值作逻辑"或非"操作
ORR{S}.W <Rd>，<Rn>，#<modify_constant(immed_12)>	将寄存器值与12位立即数作逻辑"或"操作
ORR{S}.W <Rd>，<Rn>，<Rm>{,<shift>}	将寄存器值与移位后的寄存器值作逻辑"或"操作
RBIT.W <Rd>，<Rm>	将位顺序逆向
REV.W <Rd>，<Rm>	将字内的字节逆向
REV16.W <Rd>，<Rn>	将每个半字内的字节逆向
REVSH.W <Rd>，<Rn>	将低半字内的字节逆向并用符号扩展
ROR{S}.W <Rd>，<Rn>，<Rm>	循环右移，移位次数取决于寄存器中的值
RSB{S}.W <Rd>，<Rn>，#<modify_constant(immed_12)>	寄存器值与12位立即数相减
RSB{S}.W <Rd>，<Rn>，<Rm>{,<shift>}	寄存器值与移位后的寄存器值相减
SBC{S}.W <Rd>，<Rn>，#<modify_constant(immed_12)>	寄存器值与12位立即数及C位相减
SBC{S}.W <Rd>，<Rn>，<Rm>{,<shift>}	寄存器值与移位后的寄存器值及C位相减
SBFX.W <Rd>，<Rn>，#<lsb>，#<width>	将所选的位复制到寄存器中并用符号扩展
SDIV<c> <Rd>，<Rn>，<Rm>	带符号除法
SEV<c>	发送事件
SMLAL.W <RdLo>，<RdHi>，<Rn>，<Rm>	将带符号半字相乘并用符号扩展到2个寄存器值

续表

指令	功能
SMULL.W <RdLo>,<RdHi>,<Rn>,<Rm>	两个带符号寄存器值相乘
SSAT <c> <Rd>,♯<imm>,<Rn>{,<shift>}	带符号饱和操作
STM{IA|DB}.W <Rn>{!},<registers>	多个寄存器字保存到连续的存储单元中
STR.W <Rxf>,[<Rn>,♯<offset_12>]	寄存器字保存到寄存器地址与12位立即数偏移的和的地址中
STR.W <Rxf>,[<Rn>],♯+/-<offset_8>	寄存器字保存到寄存器地址的8位立即数偏移的地址中,后索引
STR.W <Rxf>,[<Rn>,<Rm>{,LSL ♯<shift>}]	寄存器字保存到寄存器地址移位0,1,2或3个位置的地址中
STR{T}.W <Rxf>,[<Rn>,♯+/-<offset_8>]{!}	寄存器字保存到寄存器地址的8位立即数偏移的地址中,前索引
STRB{T}.W <Rxf>,[<Rn>,♯+/-<offset_8>]{!}	寄存器字节[7:0]保存到寄存器地址的8位立即数偏移的地址中,前索引
STRB.W <Rxf>,[<Rn>,♯<offset_12>]	寄存器字节[7:0]保存到寄存器地址与12位立即数偏移的和的地址中
STRB.W <Rxf>,[<Rn>],♯+/-<offset_8>	寄存器字节[7:0]保存到寄存器地址的8位立即数偏移的地址中,后索引
STRB.W <Rxf>,[<Rn>,<Rm>{,LSL ♯<shift>}]	寄存器字节保存到寄存器地址移位0,1,2或3个位置的地址中
STRD.W <Rxf>,<Rxf2>,[<Rn>,♯+/-<offset_8> * 4]{!}	存储双字,前索引
STRD.W <Rxf>,<Rxf2>,[<Rn>],♯+/-<offset_8> * 4	存储双字,后索引
STRH.W <Rxf>,[<Rn>,♯<offset_12>]	寄存器半字[15:0]保存到寄存器地址与12位立即数偏移的和的地址中
STRH.W <Rxf>,[<Rn>,<Rm>{,LSL ♯<shift>}]	寄存器半字保存到寄存器地址移位0,1,2或3个位置的地址中
STRH{T}.W <Rxf>,[<Rn>,♯+/-<offset_8>]{!}	寄存器半字保存到寄存器地址的8位立即数偏移的地址中,前索引
STRH.W <Rxf>,[<Rn>],♯+/-<offset_8>	寄存器半字保存到寄存器地址的8位立即数偏移的地址中,后索引
SUB{S}.W <Rd>,<Rn>,♯<modify_constant(immed_12)>	寄存器值与12位立即数相减

续表

指令	功能
SUB{S}.W <Rd>,<Rn>,<Rm>{,<shift>}	寄存器值与移位后的寄存器值相减
SUBW.W <Rd>,<Rn>,#<immed_12>	寄存器值与12位立即数相减
SXTB.W <Rd>,<Rm>{,<rotation>}	将字节符号扩展到32位
SXTH.W <Rd>,<Rm>{,<rotation>}	将半字符号扩展到32位
TBB [<Rn>,<Rm>]	表格分支字节
TBH [<Rn>,<Rm>,LSL #1]	表格分支半字
TEQ.W <Rn>,#<modify_constant(immed_12)>	寄存器值与12位立即数作逻辑"异或"操作
TEQ.W <Rn>,<Rm>{,<shift>}	寄存器值与移位后的寄存器值作逻辑"异或"操作
TST.W <Rn>,#<modify_constant(immed_12)>	寄存器值与12位立即数作逻辑"与"操作
TST.W <Rn>,<Rm>{,<shift>}	寄存器值与移位后的寄存器值作逻辑"与"操作
UBFX.W <Rd>,<Rn>,#<lsb>,#<width>	将寄存器的位区复制到寄存器中,并用零扩展到32位
UDIV<c> <Rd>,<Rn>,<Rm>	无符号除法
UMLAL.W <RdLo>,<RdHi>,<Rn>,<Rm>	两个无符号寄存器值相乘并与两个寄存器值相加
UMULL.W <RdLo>,<RdHi>,<Rn>,<Rm>	两个无符号寄存器值相乘
USAT <c> <Rd>,#<imm>,<Rn>{,<shift>}	无符号饱和操作
UXTB.W <Rd>,<Rm>{,<rotation>}	将无符号字节复制到寄存器中并用零扩展到32位
UXTH.W <Rd>,<Rm>{,<rotation>}	将无符号半字复制到寄存器中并用零扩展到32位
WFE.W	等待事件
WFI.W	等待中断

3. Cortex-M 不支持的 Thumb-2 指令

Cortex-M 不支持的 Thumb-2 指令参见表 2-90。

表 2-90　　　　　　　　　　Cortex-M 不支持的 Thumb-2 指令

	指令	功能	说明
原 Thumb 指令	BLX immediate	带链接的分支切换指令	BLX immediate 总是要切入 ARM 状态。因为 Cortex-M3 只在 Thumb 态下运行，试图切入 ARM 态的操作，都将引发一个用法 Fault
	SETEND	存储格式设置	由 v6 引入的，在运行时改变处理器端设置的指令（大端或小端）。Cortex-M3 不支持动态端的功能，所以此指令也将引发 Fault 使用配置管脚选择 Cortex-M3 的存储方式
ARMv7-M 允许的 Thumb-2 协处理器相关指令	MCR	把通用寄存器的值传送到协处理器的寄存器中	Cortex-M3 不挂协处理器。如果试图执行它们，则将引发用法 Fault（NVIC 中的 NOCP(No CoProcessor)标志置位）
	MCR2	把通用寄存器的值传送到协处理器的寄存器中	
	MCRR	把通用寄存器的值传送到协处理器的寄存器中，一次操作两个	
	MRC	把协处理器寄存器的值传送到通用寄存器中	
	MRC2	把协处理器寄存器的值传送到通用寄存器中	
	MRRC	把协处理器寄存器的值传送到通用寄存器中，一次操作两个	
	LDC	把某个连续地址空间中的一串数值传送至协处理器中	
	STC	从协处理器中传送一串数值到地址连续的一段地址空间中	

续表

	指令	功能	说明
Thumb-2 的某些 CPS 指令	CPS<IE/ID>.W A	改变处理器状态	v6 中定义的某些位在 Cortex-M3 的 PSRs 无"A"位
	CPS.W #mode	改变处理器状态	v6 中定义的某些位在 Cortex-M3 的 PSR 中无"mode"位
Thumb-2 的 HINT 指令	DBG	调试跟踪系统的 HINT 指令	按"NOP"指令处理
	PLD	预取数据。这是服务于 cache 系统的一条 HINT 指令	Cortex-M3 没有 cache，按"NOP"指令处理
	PLI	预取指令。这是服务于 cache 系统的一条 HINT 指令	Cortex-M3 没有 cache，按"NOP"指令处理
	YIELD	用于多线程处理。通知给硬件，将正在做的任务可以被交换出去（swapped out），从而提高系统的整体性能	按"NOP"指令处理

习题

1. Cortex-M3 微处理器的主要组成部分有哪些？
2. 通用寄存器和特殊功能寄存器分别有哪些？它们的主要功能是什么？
3. Cortex-M3 微处理器与外设进行数据访问的寻址方式是什么？为什么采取该种寻址方式？
4. 简述 Cortex-M3 微处理器的工作模式和工作原理。
5. 详述中断与异常的区别与联系。
6. Cortex-M3 微处理器的堆栈生长方式是什么？
7. 简述 Cortex-M3 微处理器对中断与异常的处理机制。
8. 简述中断嵌套与咬尾中断和迟到中断的工作原理。
9. 简述堆栈的工作原理及堆栈数据状态的时空变化。
10. Cortex-M3 处理器是如何识别并实现 16-bit、32-bit 两种不同代码长度的 Thumb-2 指令正确执行？

第 3 章　STM32 基础及最小系统设计

本章首先比较微处理器和微控制器的概念区别，然后介绍基于 Cortex-M3 内核开发的 STM32F103 微控制器，特别是其存储器和总线架构、中断和事件机制和时钟系统，这些是后续章节的基础，最后给出一个采用 STM32F103 的最小系统实例，作为嵌入式系统硬件设计与开发的起点。

3.1　从 Cortex-M3 到 STM32F103

3.1.1　微处理器、微控制器和系统

ARM 系列架构自 1985 年首次在实验室中诞生其第一个原型以来，先后经历了 v1—v7 多个版本，并衍生了 ARM7、ARM9、ARM9E、Secure Core 等多个产品系列，因其很好地平衡了性能和功耗之间的矛盾，且适逢全球移动通信和低功耗应用市场的发展趋势，在短时间内即获得了市场的认可，在手机和移动通信、移动多媒体、工业控制、汽车电子、测试测量等众多领域获得了广泛应用。截至 2009 年，基于 ARM 架构的微处理器/微控制器芯片全球累计出货量已经突破 100 亿个，成为嵌入式市场事实上的王者。

与业界广泛应用的 ARM7 架构相比，Cortex-M3 作为 ARM 公司提出的面向微控制器应用的新一代架构，具有占用芯片面积小、功耗低、性能高、中断响应速度快、调试与开发成本低等一系列显著的优点。在此基础上，各半导体芯片厂商进一步扩充其外设，在 Cortex 内核基础上增加 GIO、USART、SPI、I2C、CAN、A/D、Timer、RTC、PWM、USB 等外设，形成使用更加方便的单芯片微控制器系统，进一步推动其广泛使用。其中，由意法半导体（STelectronics）设计生产的 STM32 系列微控制器因其市场定位清晰、使用方便、规格型号齐全而迅速获得了广泛应用。系统（System）、目标版（Target Board）、微控制器（MCU）和微处理器内核（CPU）的关系见图 3-1。

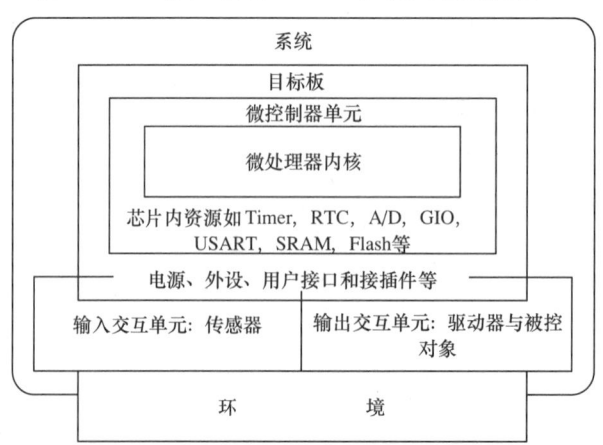

图 3-1　系统（System）、目标板（Target Board）、微控制器（MCU）和微处理器内核（CPU）的关系

3.1.2 STM32F103 微控制器

STM32F 系列是 ST 公司采用高性能的 32 位 ARM Cortex-M3 内核,主要面向工业控制领域推出的微控制器芯片,集成度高,外围电路简洁,内含 ST 公司提供的高性能 A/D 模块等组件,特别是配合 ST 公司提供的固件库,可以支持开发者快速开发高可靠性的工业级产品,自推出以来就受到广泛重视并获得广泛应用。在 103 系列之后,ST 还进一步调整内部集成的资源,推出了强调网络和设备互连、针对数据通信应用的 105/107 系列,进一步壮大了 STM32 家族。

STM32F103 系列是 STM32F 家族中的优秀代表,工作频率可高达 72MHz,内置高速存储器(高达 128K 字节的闪存和 20K 字节的 SRAM),丰富的 I/O 端口和大量联接到两条内部 APB 总线的外设,包含 2 个 12 位 ADC、3 个通用 16 位定时器和一个 PWM 定时器,还包含标准和先进的通信接口:多达 2 个 I2C 和 SPI、3 个 USART、一个 USB 和一个 CAN。STM32F103xx 增强型系列工作于 -40℃ 至 +105℃ 的工业级温度范围,供电电压 2.0~3.6V,一系列的省电模式保证低功耗应用的要求。完整的 STM32F103xx 增强型系列产品包括从 36 脚至 100 脚的五种不同封装形式,不同的封装和丰富的资源,使得 STM32F103 系列可适合于下列多种应用场合:

- 电机驱动和应用控制;
- 医疗和手持设备;
- PC 外设和 GPS 平台;
- 工业应用:可编程控制器、变频器、打印机和扫描仪;
- 警报系统、视频对讲、暖气通风空调系统。

图 3-2 为 STM32F103 内部功能模块框图。图 3-3 为 STM32F103xx 的封装形式之一:LQFP64 封装。图 3-4 为 STM32 订货代码说明。

STM32F103 的特性如下:

1) 内置闪存存储器

高达 32~128K 字节的内置闪存存储器,用于存放程序和数据。

2) 内置 SRAM

多达 20K 字节的内置 SRAM,CPU 能以 0 等待周期访问(读/写)。

3) 嵌套的向量式中断控制器(NVIC)

STM32F103xx 增强型内置嵌套的向量式中断控制器,能够处理多达 43 个可屏蔽中断通道(不包括 16 个 Cortex-M3 的中断线)和 16 个优先级。

(1) 紧耦合的 NVIC 能够达到低延迟的中断响应处理;
(2) 中断向量入口地址直接进入核心;
(3) 紧耦合的 NVIC 接口;
(4) 允许中断的早期处理;
(5) 处理晚到的较高优先级中断;
(6) 支持中断尾部链接功能;
(7) 自动保存处理器状态;
(8) 中断返回时自动恢复,无需额外指令开销。

该模块以最小的中断延迟提供灵活的中断管理功能。

4) 外部中断/事件控制器(EXTI)

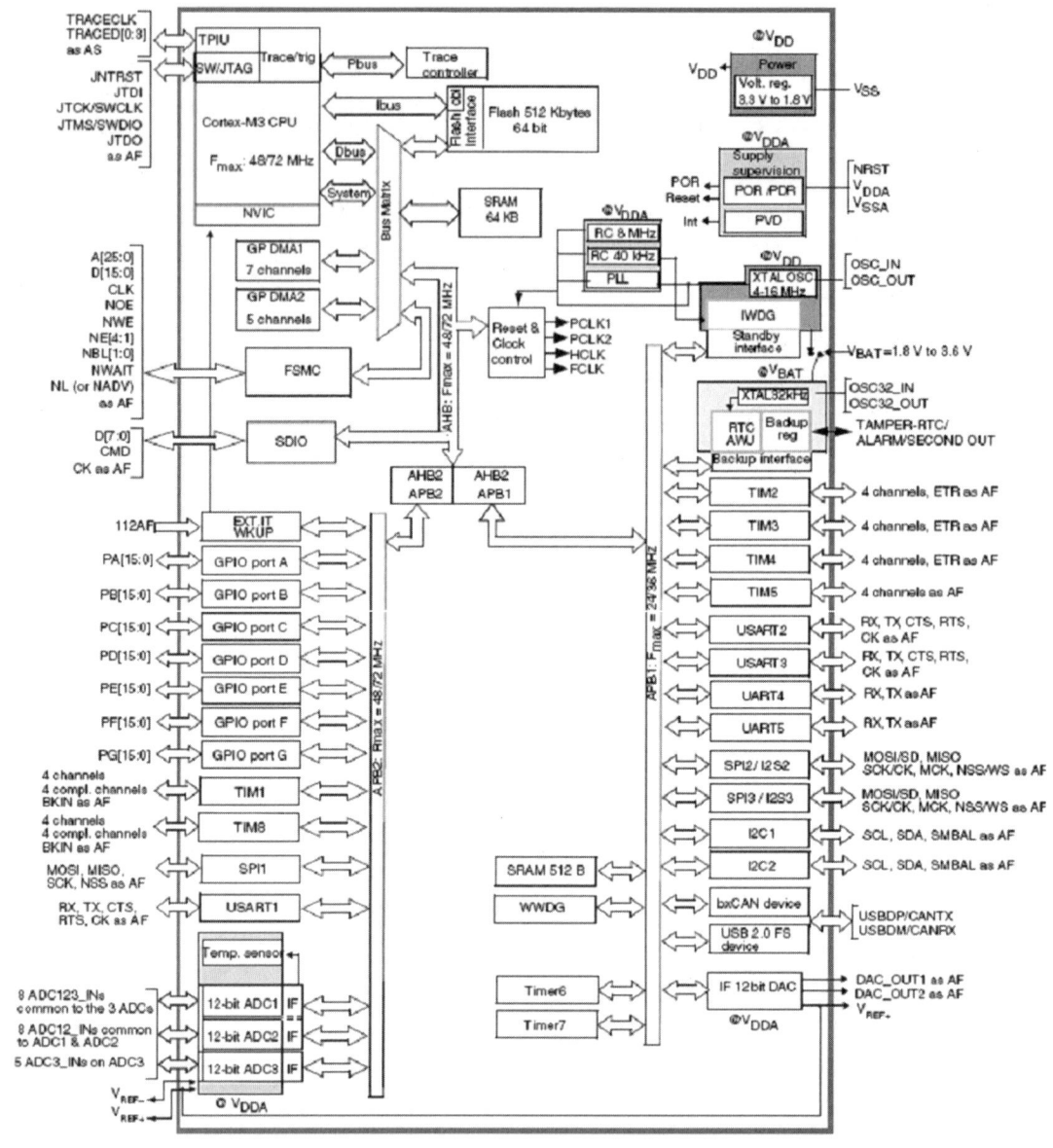

图 3-2　STM32F103 内部功能模块框图

外部中断/事件控制器包含 19 个边沿检测器,用于产生中断/事件请求。每个中断线都可以独立地配置它的触发事件(上升沿或下降沿或双边沿),能够单独地被屏蔽;有一个挂起寄存器维持所有中断请求的状态。EXTI 可以检测到脉冲宽度小于内部 APB2 的时钟周期。多达 80 个通用 I/O 口连接到 16 个外部中断线。

5) 时钟和启动

时钟是整个数字电路的驱动之源,所有数字部件的运行都依赖时钟信号的输入才得以向前推进;而时钟树反映的则是从最本原的时钟振荡器到各个部件之间的时钟信号分配层次。通常,外部的频率较低的时钟振荡器信号经过倍频后得到系统时钟信号 CLK,然后基于此分配到各个部件,但根据不同部件的特性和要求也并不总是如此。尽管软件不能控制最原始的时钟振荡源,但是后续的时钟变换和分配通路却经常需要用软件先行配置。理解时钟树和时

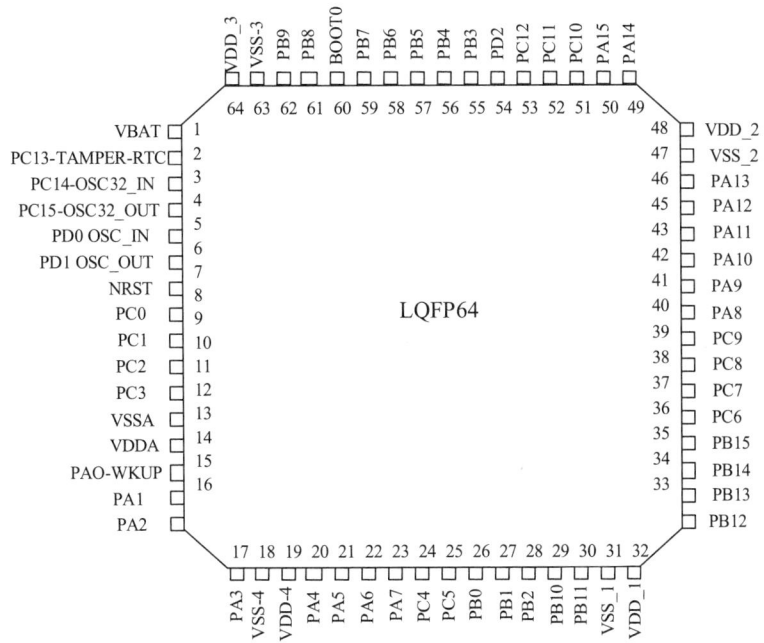

图 3-3　STM32F103xx 的封装形式之一：LQFP64 封装

图 3-4　STM32 订货代码说明

钟的层次分配体系对理解微控制器本身的设计和启动非常重要。

在 STM32F103 中，三个不同的时钟源可以用来驱动系统时钟（SYSCLK）：

(1) HSI 晶振时钟（高速内部时钟信号）；

(2) HSE 晶振时钟（高速外部时钟信号）；

(3) PLL 时钟。

STM32 有两个二级时钟源：

(1) 40kHz 的低速内部 RC，它可以驱动独立看门狗，还可通过程序选择驱动 RTC。RTC 可用于从停机/待机模式下自动唤醒系统。

(2) 32.768kHz 的低速外部晶振，可选择它驱动 RTC。

每个时钟源在不使用时都可以单独被打开或关闭，这样就可以优化系统功耗，满足低功耗系统设计的需求。

在 STM32F103 中，系统时钟的选择是在启动时进行，复位时内部 8MHz 的 RC 振荡器被选为默认的 CPU 时钟，随后可以选择外部的、具失效监控的 4~16MHz 时钟；当外部时钟失效时，它将被隔离，同时会产生相应的中断。同样，在需要时可以采取对 PLL 时钟完全的中断管理（如当一个外接的振荡器失效时）。

STM32F103 具有多个预分频器用于配置 AHB 的频率、高速 APB（APB2）和低速 APB（APB1）区域。AHB 和高速 APB 的最高频率是 72MHz，低速 APB 的最高频率为 36MHz（图 3-5）。

6) 自举模式

在启动时，自举管脚被用于选择三种自举模式中的一种：

(1) 从用户闪存自举；

(2) 从系统存储器自举；

(3) 从 SRAM 自举。

自举加载器存放于系统存储器中，可以通过 USART1 对闪存重新编程。

7) 供电方案

(1) $V_{DD}=2.0~3.6V$：V_{DD} 管脚为 I/O 管脚和内部调压器供电；

(2) V_{SSA}，$V_{DDA}=2.0~3.6V$：为 ADC、复位模块、RC 振荡器和 PLL 的模拟部分供电。使用 ADC 时，V_{DD} 不得小于 2.4V。注意 V_{DDA} 和 V_{SSA} 必须分别连到 V_{DD} 和 V_{SS}；

(3) $V_{BAT}=1.8~3.6V$：当主电源 V_{DD} 关闭时，备用电源（通常为电池）可以为 RTC、外部 32kHz 振荡器和后备寄存器供电。

电源供电一览见图 3-6。

8) 供电监控器

STM32 内部集成了上电复位（POR）/掉电复位（PDR）电路，该电路始终处于工作状态，保证系统在供电超过 2V 时工作；当 V_{DD} 低于设定的阈值（VPOR/PDR）时，置器件于复位状态，而不必使用外部复位电路。

器件中还有一个可编程电压监测器（PVD），它监视 V_{DD} 供电并与阈值 VPVD 比较，当 V_{DD} 低于或高于阈值 VPVD 时将产生中断，中断处理程序可以发出警告信息或将微控制器转入安全模式。需要通过程序开启 PVD。

9) 系统复位

系统复位将清除除时钟控制器 CSR 中的复位标志和备用域寄存器之外的所有寄存器。STM32F103 的复位电路支持，如图 3-7 所示，当任意一个下列事件发生时都将引起系统复位：

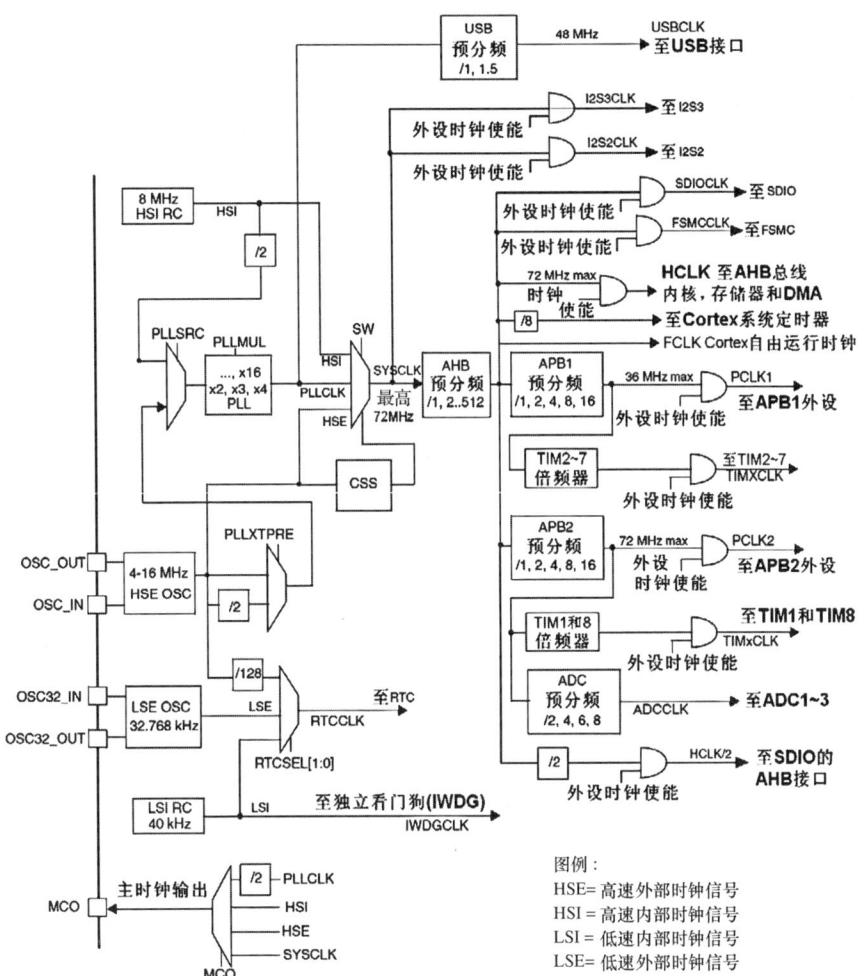

图 3-5　STM32F103 的时钟树

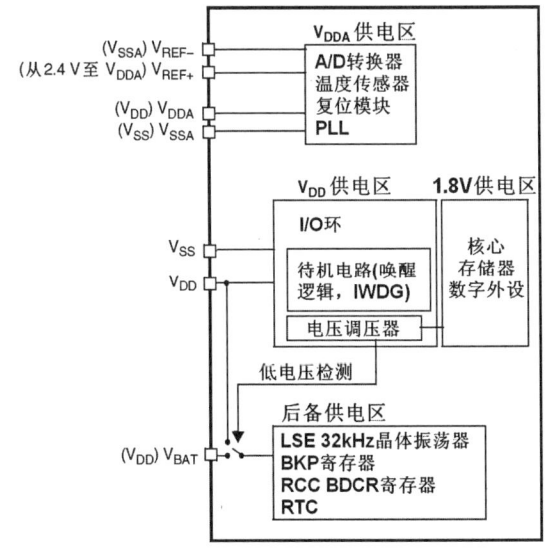

图 3-6　电源供电一览

(1) NRST 引脚出现低电平(外部复位);

(2) 看门狗计时器计时终止(WWDG 复位);

(3) 独立看门狗计数终止(IWDG 复位);

(4) 软件复位(SW 复位);

(5) 低功耗管理复位。

可通过查询控制/状态寄存器 RCC_CSR 中的复位标志来识别复位源。

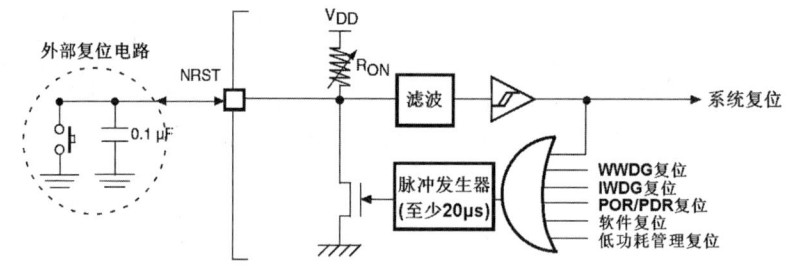

图 3-7　STM32F103 的复位电路支持

10) 电压调压器

调压器有三个操作模式:主模式(MR)、低功耗模式(LPR)和关断模式:

(1) 主模式(MR)用于正常的运行操作;

(2) 低功耗模式(LPR)用于 CPU 的停机模式;

(3) 关断模式用于 CPU 的待机模式:调压器的输出为高阻状态,内核电路的供电切断,调压器处于零消耗状态(但寄存器和 SRAM 的内容将丢失)。

该调压器在复位后始终处于工作状态,在待机模式下关闭,处于高阻输出。

11) 低功耗模式

STM32F103xx 增强型支持三种低功耗模式,可以在要求低功耗、短启动时间和多种唤醒事件之间达到最佳的平衡。

(1) 睡眠模式。在睡眠模式下,只有 CPU 停止,所有外设处于工作状态并可在发生中断/事件时唤醒 CPU。

(2) 停机模式。在保持 SRAM 和寄存器内容不丢失的情况下,停机模式可以达到最低的电能消耗。在停机模式下,停止所有内部 1.8V 部分的供电,PLL、HSI 和 HSE 的 RC 振荡器被关闭,调压器可以被置于普通模式或低功耗模式。可以通过任一配置成 EXTI 的信号把微控制器从停机模式中唤醒,EXTI 信号可以是 16 个外部 I/O 口之一、PVD 的输出、RTC 闹钟或 USB 的唤醒信号。

(3) 待机模式。在待机模式下可以达到最低的电能消耗。内部的电压调压器被关闭,因此所有内部 1.8V 部分的供电被切断;PLL、HSI 和 HSE 的 RC 振荡器也被关闭;进入待机模式后,SRAM 和寄存器的内容将消失,但后备寄存器的内容仍然保留,待机电路仍工作。

从待机模式退出的条件是:NRST 上的外部复位信号、IWDG 复位、WKUP 管脚上的一个上升边沿或 RTC 的闹钟到时。

注意:在进入停机或待机模式时,RTC、IWDG 和对应的时钟不会被停止。

12) DMA

灵活的 7 路至 12 路(不同型号略有不同)通用 DMA 可以管理存储器到存储器、设备到存储器和存储器到设备的数据传输;DMA 控制器支持环形缓冲区的管理,避免了控制器传输到达缓冲区结尾时所产生的中断。每个通道都有专门的硬件 DMA 请求逻辑，同时可以由软件触发每个通道；传输的长度、传输的源地址和目标地址都可以通过软件单独设置。

DMA 可以用于主要的外设：SPI、I2C、USART、通用和高级定时器 TIMx 和 ADC。

13）RTC（实时时钟）和后备寄存器

RTC 和后备寄存器通过一个开关供电，在 V_{DD} 有效时该开关选择 V_{DD} 供电，否则由 VBAT 管脚供电。

后备寄存器（10 个 16 位寄存器）可以用于在 V_{DD} 消失时保存数据。

实时时钟具有一组连续运行的计数器，可以通过适当的软件提供日历时钟功能，还具有闹钟中断和阶段性中断功能。RTC 的驱动时钟可以是一个使用外部晶体的 32.768kHz 的振荡器、内部低功耗 RC 振荡器或高速的外部时钟经 128 分频。内部低功耗 RC 振荡器的典型频率为 32kHz。为补偿天然晶体的偏差，RTC 的校准是通过输出一个 512Hz 的信号进行。RTC 具有一个 32 位的可编程计数器，使用比较寄存器可以产生闹钟信号。有一个 20 位的预分频器用于时基时钟，默认情况下时钟为 32.768kHz 时它将产生一个 1s 长的时间基准。

14）独立的看门狗

独立的看门狗是基于一个 12 位的递减计数器和一个 8 位的预分频器，它由一个独立的 32kHz 的内部 RC 振荡器提供时钟，因为这个 RC 振荡器独立于主时钟，所以它可运行于停机和待机模式。它可以被当成看门狗用于在发生问题时复位整个系统，或作为一个自由定时器为应用程序提供超时管理。通过选择字节可以配置成是软件看门狗或硬件看门狗。在调试模式下，计数器可以被冻结。

15）窗口看门狗

窗口看门狗内有一个 7 位的递减计数器，并可以设置成自由运行，它可以被当成看门狗用于在发生问题时复位整个系统。看门狗由主时钟驱动，具有早期预警中断功能。在调试模式下，计数器可以被冻结。

16）系统时基定时器

这个定时器是专用于操作系统，也可当成一个标准的递减计数器。它具有下述特性：

（1）24 位的递减计数器；

（2）重加载功能；

（3）当计数器为 0 时能产生一个可屏蔽中断；

（4）可编程时钟源。

17）通用定时器（TIMx）

STM32F103xx 增强型系列产品中内置 3 个同步的标准定时器。每个定时器都有一个 16 位的自动加载递加/递减计数器、一个 16 位的预分频器和 4 个独立的通道，每个通道都可用于输入捕获、输出比较、PWM 和单脉冲模式输出，在最大的封装配置中可提供最多 12 个输入捕获、输出比较或 PWM 通道。它们还能通过定时器链接功能与高级控制定时器共同工作，提供同步或事件链接功能。在调试模式下，计数器可以被冻结。

任一标准定时器都能用于产生 PWM 输出。每个定时器都有独立的 DMA 请求机制。

18）高级控制定时器（TIM1）

高级控制定时器（TIM1）可以被看成是一个分配到 6 个通道的三相 PWM 发生器，它还可以被当成一个完整的通用定时器。四个独立的通道可以用于：

（1）输入捕获；

（2）输出比较；

（3）产生 PWM（边缘或中心对齐模式）；

（4）单脉冲输出；

（5）反相 PWM 输出，具有程序可控的死区插入功能。

配置为 16 位标准定时器时，它与 TIMx 定时器具有相同的功能。配置为 16 位 PWM 发生器时，它具有全调制能力（0～100%）。在调试模式下，计数器可以被冻结。高级控制定时器的很多功能都与标准的 TIM 定时器相同，内部结构也相同，因此高级控制定时器可以通过定时器链接功能与 TIM 定时器协同操作，提供同步或事件链接功能。

19) I2C 总线

多达 2 个 I2C 总线接口，能够工作于多主和从模式，支持标准和快速模式。它们支持双从地址寻址（只有 7 位）和主模式下的 7/10 位寻址。内置了硬件 CRC 发生器/校验器。可以使用 DMA 操作并支持 SM 总线 2.0 版/PM 总线。

20) 通用同步/异步接受发送器（USART）

其中一个 USART 接口通信速率可达 4.5 兆位/秒（Mbit/s），其他 USART 接口通信速率可达 2.25Mbit/s。接口具有硬件的 CTS 和 RTS 信号管理、支持 IrDA 的 SIR ENDEC 与 ISO7816 兼容并具有 LIN 主/从功能。USART 接口可以使用 DMA 操作。

21) 串行外设接口（SPI）

多达 2 个 SPI 接口，在从或主模式下，全双工和半双工的通信速率可达 18Mbit/s。3 位的预分频器可产生 8 种主模式频率，可配置成每帧 8 位或 16 位。硬件的 CRC 产生/校验支持基本的 SD 卡和 MMC 模式。2 个 SPI 接口都可以使用 DMA 操作。

22) 控制器区域网络（CAN）

CAN 接口兼容规范 2.0A 和 2.0B（主动），位速率达 1Mbit/s。它可以接收和发送 11 位标识符的标准帧，也可接收和发送 29 位标识符的扩展帧。具有 2 个接收 FIFOs，3 级 14 个可调节的滤波器。

23) 通用串行总线（USB）

STM32F103xx 增强型系列产品内嵌 USB 设备控制器，遵循全速 USB 设备（12Mbit/s）标准，端点可由软件配置，具有待机/恢复功能。USB 专用的 48MHz 时钟由内部主 PLL 直接产生。

24) 通用输入输出接口（GPIO）

每个 GPIO 管脚都可以由软件配置成输出（推拉或开路）、输入（带或不带上拉或下拉）或其他的外设功能口。多数 GPIO 管脚都与数字或模拟的外设共用。所有的 GPIO 管脚都有大电流通过能力。在需要的情况下，I/O 管脚的外设功能可以通过一个特定的操作锁定，以避免意外的写入 I/O 寄存器。在 APB2 上的 I/O 脚提供高达 18MHz 的翻转速度。

25) ADC（模拟/数字转换器）

STM32F103xx 增强型产品内嵌 2 个 12 位的模拟/数字转换器（ADC），每个 ADC 有多达 16 个外部通道，可以实现单次或扫描转换。在扫描模式下，转换在选定的一组模拟输入上自动进行。

ADC 接口上额外的逻辑功能允许：

（1）同时采样和保持；

（2）交叉采样和保持；

（3）单次采样。

ADC 可以使用 DMA 操作。

模拟看门狗功能允许非常精准地监视一路、多路或所有选中的通道,当被监视的信号超出预置的阈值时,将产生中断。

由标准定时器(TIMx)和高级控制定时器(TIM1)产生的事件,可以分别内部级联到 ADC 的开始触发、外部触发和 DMA 触发,以使应用程序能同步 AD 转换和时钟。

26) 温度传感器

温度传感器产生一个随温度线性变化的电压,转换范围在 $2V < V_{DDA} < 3.6V$ 之间。温度传感器在内部被连接到 ADC12_IN16 的输入通道上,用于将传感器的输出转换到数字数值。

27) 串行线 JTAG 调试口(SWJ-DP)

内嵌 ARM 的 SWJ-DP 接口和 JTAG 接口,JTAG 的 TMS 和 TCK 信号分别与 SWDIO 和 SWCLK 共用管脚,TMS 脚上的一个特殊的信号序列用于 JTAG-DP 和 SWJ-DP 间的切换。

3.2 存储器与总线架构

STM32 的程序存储器、数据存储器、寄存器和输入输出端口被组织在同一个 4GB 的线性地址空间内。各种总线将 Cortex-M3 内核与各种存储器等部件连接在一起,从而形成一个有机的整体。

本节重点介绍存储器与总线的基本架构、存储器映像、嵌入式 SRAM 和嵌入式闪存,以及 Bit-Banding(位带绑定)技术、启动配置等内容。

3.2.1 存储子系统基本构架

STM32F103 的存储子系统由三部分构成。

1. 驱动单元

1) ICode 总线(I-bus)

该总线将 Cortex-M3 内核的指令总线与 Flash 指令接口相连接。指令预取在此总线上完成。

2) DCode 总线(D-bus)

将 Cortex-M3 内核的 DCode 总线与闪存存储器的数据接口相连接,用于常量加载和调试访问。DCode 接口包含 CPU Lite 接口和对闪存访问控制器的仲裁器提出访问请求的逻辑电路。DCode 的访问优先于预取指令的访问。

3) System 总线(S-bus)

连接 Cortex-M3 内核的系统总线(外设总线)到总线矩阵,总线矩阵协调着内核和 DMA 间的访问。

4) 通用 DMA 总线 (GP-DMA bus)

将 DMA 的 AHB 主控接口与总线矩阵相联,协调 CPU 的 DCode 和 DMA 到 SRAM、闪存和外设的访问。

2. 被动单元

被动单元共有三个,它们分别是内部 SRAM、内部闪存存储器、AHB 到 APB 的桥(AHB2APBx)。

Cortex-M3 的 DCode、System 总线和 DMA 总线共三个驱动单元,与闪存存储器接口、SRAM 和 AHB2APB 桥共三个被动单元,通过总线矩阵连接在一起,总线矩阵采取轮换算法仲裁、协调内核 System 总线和 DMA 主控总线之间的访问。AHB 外设通过总线矩阵与系统总线相连,允许 DMA 访问。

总线矩阵有"循环优先调度"、"多层结构和总线挪用"两个主要特性,可实现系统性能的最大化和减少延时。

两个 AHB/APB 桥在 AHB 和两个 APB 总线间提供同步连接。APB1 操作速度限于 36MHz,APB2 操作于全速 72MHz。

3. 总线矩阵

总线矩阵用来将处理器和调试接口与外部总线相连。总线矩阵与 ICode 总线、DCode 总线、System 总线、DMA 总线等外部总线相连。总线矩阵还可以实现以下控制功能:

(1) 将非对齐的处理器访问转换为对齐访问;

(2) 将 Bit-Band 别名访问转换为对 Bit-Band 区的访问:进行位域提取以进行 Bit-Band 加载和进行原子读-修改-写以进行 Bit-Band 存储;

(3) 写缓冲:总线矩阵包含一个单入口写缓冲区,该缓冲区使得处理器内核不受到总线延迟的影响。

STM32F103 的基本结构如图 3-8 所示。

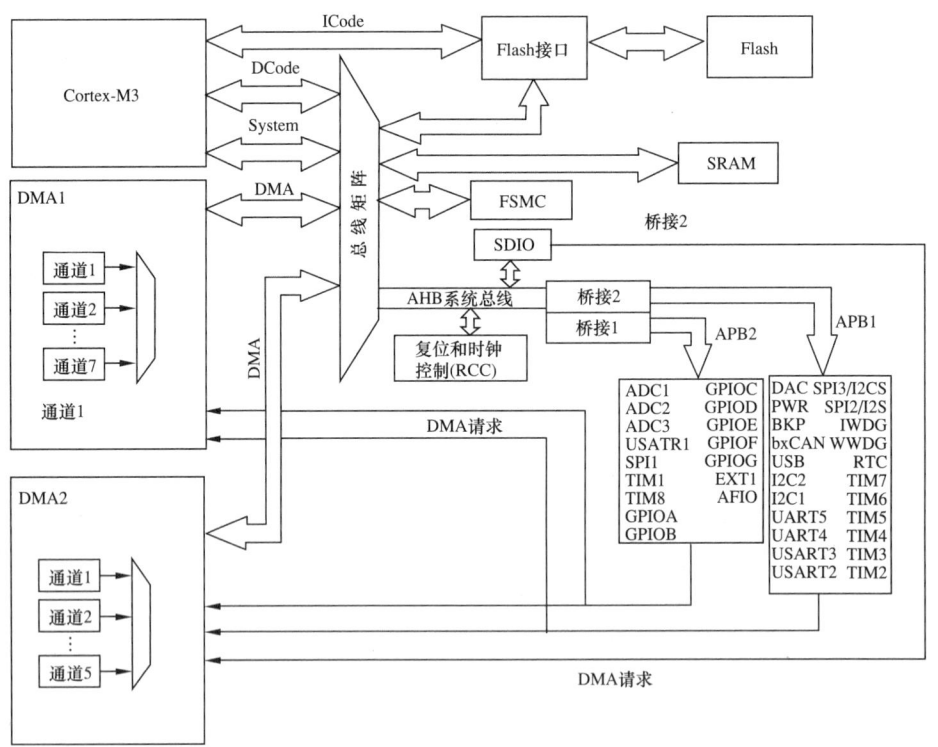

图 3-8 STM32F103 的系统基本结构

3.2.2 存储器映像

程序存储器、数据存储器、寄存器和输入输出端口被组织在同一个 4GB 的线性地址空间内。数据字节以小端格式存放在存储器中。一个字里的最低地址字节被认为是该字的最低有效字节,而最高地址字节是最高有效字节。

STM32F103 的存储器映像见图 3-9。

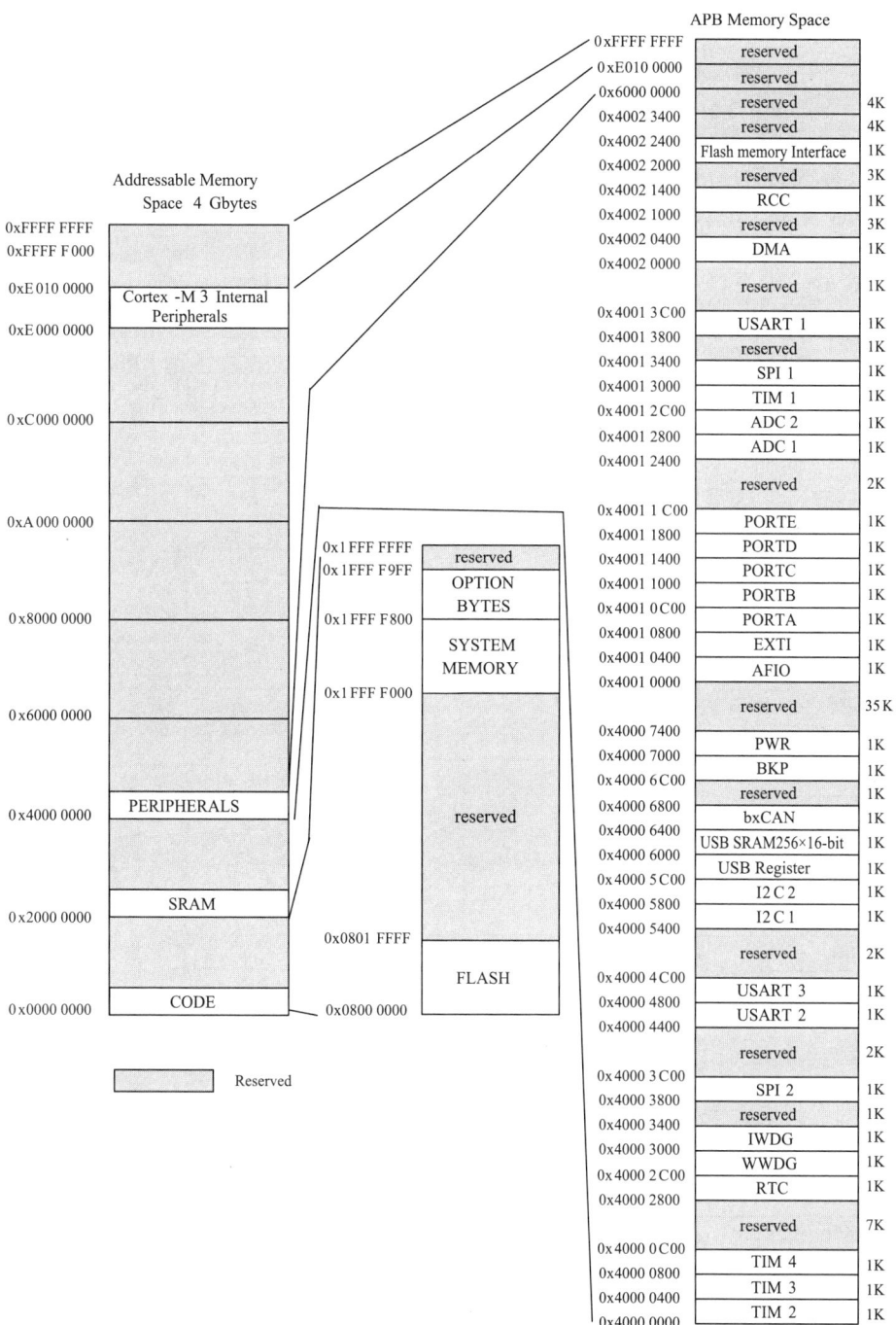

图 3-9 STM32F103 的存储器映像

可访问的存储器空间被分成 8 个主要块,每个块为 512MB。其他所有没有分配给片上存储器和外设的存储器空间都是保留的地址空间(图中的阴影部分)。

1. 外设存储器映像

表 3-1 详细开列了外设寄存器在存储器空间中的映像地址空间。

表 3-1　　　　　　　　　　　　　寄存器组起始地址

起始地址	外设	总线	寄存器映像
0x4002 2400—0x4002 3FFF	保留	AHB	参见相应章节
0x4002 2000—0x4002 23FF	闪存存储器接口		
0x4002 1400—0x4002 1FFF	保留		
0x4002 1000—0x4002 13FF	复位和时钟控制		
0x4002 0400—0x4002 0FFF	保留		
0x4002 0000—0x4002 03FF	DMA		
0x4001 3C00—0x4001 3FFF	保留	APB1 APB2	
0x4001 3800—0x4001 3BFF	USART1		
0x4001 3400—0x4001 37FF	保留		
0x4001 3000—0x4001 33FF	SPI1		
0x4001 2C00—0x4001 2FFF	TIM1 时钟		
0x4001 2800—0x4001 2BFF	ADC2		
0x4001 2400—0x4001 27FF	ADC1		
0x4001 2000—0x4001 1FFF	保留		
0x4001 1800—0x4001 1BFF	GPIO 端口 E		
0x4001 1400—0x4001 17FF	GPIO 端口 D		
0x4001 1000—0x4001 13FF	GPIO 端口 C		
0X4001 0C00—0x4001 0FFF	GPIO 端口 B		
0x4001 0800—0x4001 0BFF	GPIO 端口 A		
0x4001 0400—0x4001 07FF	EXTI		
0x4001 0000—0x4001 03FF	AFIO		
0x4000 8000—0x4000 77FF	保留		
0x4000 7000—0x4000 73FF	电源控制		
0x4000 6C00—0x4000 6FFF	后备寄存器（BKP）		
0x4000 6800—0x4000 6BFF	保留		
0x4000 6400—0x4000 67FF	bxCAN		
0x4000 6000—0x4000 63FF	USB 的 SRAM 256x16 位		
0x4000 5C00—0x4000 5FFF	USB 寄存器		
0x4000 5800—0x4000 5BFF	I2C2		
0x4000 5400—0x4000 57FF	I2C1		
0x4000 5000—0x4000 4FFF	保留		
0x4000 4800—0x4000 4BFF	USART3		
0x4000 4400—0x4000 47FF	USART2		
0x4000 4000—0x4000 3FFF	保留		
0x4000 3800—0x4000 3BFF	SPI2		
0x4000 3400—0x4000 37FF	保留		
0x4000 3000—0x4000 33FF	独立看门狗（IWDG）		
0x4000 2C00—0x4000 2FFF	窗口看门狗（WWDG）		
0x4000 2800—0x4000 2BFF	RTC		
0x4000 2400—0x4000 0FFF	保留		
0x4000 0800—0x4000 0BFF	TIM4 定时器		
0x4000 0400—0x4000 07FF	TIM3 定时器		
0x4000 0000—0x4000 03FF	TIM2 定时器		

其中，APB1 操作速度限于 36MHz，APB2 操作于全速（最高 72MHz）。

2. 嵌入式 SRAM

STM32F103x6，STM32F103x8，STM32F103xB 内置从 6K 字节至 20K 字节的静态 SRAM。STM32F103xC，STM32F103xD，STM32F103xE 则内置最高可达 64K 字节的 SRAM。它可以以字节、半字（16 位）或全字（32 位）访问。SRAM 的起始地址是 0x20000000。CPU 能以 0 等待周期访问（读/写）。

ST32F103xx 系列 SRAM 见表 3-2。

表 3-2　　　　　**ST32F103xx 系列嵌入式 SRAM 和嵌入式闪存**

型号	闪存存储器（K 字节）	SRAM 存储器（K 字节）	封装
STM32F103MC6T6	32	6	LQFP48
STM32F103C6T6	32	10	LQFP48
STM32F103C8T6	64	20	LQFP48
STM32F103MR6T6	32	6	LQFP64
STM32F103R6T6	32	10	LQFP64
STM32F103R8T6	64	20	LQFP64
STM32F103RBT6	128	20	LQFP64
STM32F103RCT6	256	64	LQFP64
STM32F103RET6	512	64	LQFP64
STM32F103V8T6	64	20	LQFP100
STM32F103VBT6	128	20	LQFP100
STM32F103VCT6	256	64	LQFP100
STM32F103VET6	512	64	LQFP100
STM32F103V8H6	64	20	LFBGA100
STM32F103VBH6	128	20	LFBGA100
STM32F103VCH6	256	64	LFBGA100
STM32F103VEH6	512	64	LFBGA100
STM32F103ZT6	0	64	LQFP144
STM32F103ZCT6	256	64	LQFP144
STM32F103ZET6	512	64	LQFP144
STM32F103ZH6	0	64	LFBGA144
STM32F103ZCH6	256	64	LFBGA144
STM32F103ZEH6	512	64	LFBGA144

3.2.3 位带绑定(Bit-Banding)

Cortex-M3 存储器设置了两个位段(带)区,分别为 SRAM 和外设存储区域中的最低的 1MB 存储空间。存储器别名区(SRAM 别名区 和外设别名区)的一个字分别被映射为相应的 bit-band 位段(带)区的一个位,即通过映射实现绑定,别名区存储空间为 32MB。位带操作,就是通过位段(带)区与各自的别名区的映射绑定来实现的。在 STM32F103 里,外设寄存器和 SRAM 都被分别映射到各自的位段区里,这允许执行单一的位段的读、写操作。

SRAM 存储区起始地址为 0x20000000,外设存储区的起始地址为 0x40000000;SRAM 位带别名区起始地址为 0x22000000,外设存储区的起始地址为 0x42000000。位段区的偏移值范围为 0x0~0xFFFFF,别名区偏移值范围则为 0x2000000~0x3FFFFFF。

所谓"位带操作",就是:

(1)将对 32MB SRAM 别名区的访问映射为对 1MB SRAM 的 bit-band 区的访问。
(2)将对 32MB 外设别名区的访问映射为对 1MB 外设 bit-band 区的访问。

映射公式参见 Cortex-M3 微处理器一章。

例 1 映射别名区中 SRAM 地址为 0x20000300 的字节中的位 2:
$$0x22006008 = 0x22000000 + (0x300 \times 32) + (2 \times 4).$$

对 0x22006008 地址的写操作和对 SRAM 中地址 0x20000300 字节的位 2 执行"读—改—写"操作有着相同的效果。读 0x22006008 地址返回 SRAM 中地址 0x20000300 字节的位 2 的值(0x01 或 0x00)。

例 2 (1)地址 0x23FFFFE0 的别名字映射为 0x200FFFFF 的 Bit-Band 字节的位 0:
$$0x23FFFFE0 = 0x22000000 + (0xFFFFF \times 32) + 0 \times 4$$

(2)地址 0x23FFFFEC 的别名字映射为 0x200FFFFF 的 Bit-Band 字节的位 7:
$$0x23FFFFEC = 0x22000000 + (0xFFFFF \times 32) + 7 \times 4$$

(3)地址 0x22000000 的别名字映射为 0x20000000 的 Bit-Band 字节的位 0:
$$0x22000000 = 0x22000000 + (0 \times 32) + 0 \times 4$$

(4)地址 0x220001C 的别名字映射为 0x20000000 的 Bit-Band 字节的位 7:
$$0x2200001C = 0x22000000 + (0 \times 32) + 7 \times 4$$

图 3-10 描述了 SRAMBit-Band 别名区与 SRAM Bit-Band 区之间的位段映射。

1. 直接访问 Bit-Band 别名区

向别名区写入一个字与在 Bit-Band 区的目标位执行"读—修改—写"操作具有相同的作用。

写入别名区的字的 bit[0]位,它的值决定了写入 Bit-Band 区的目标位的值。将别名区 bit[0]置"1"表示向 Bit-Band 位写入 1,将位别名区 bit[0]清零表示向 Bit-Band 位写入 0。

别名字的 bit[31:1]在 Bit-Band 位上不起作用。写入 0x01 与写入 0xFF 的效果相同,写入 0x00 与写入 0x0E 的效果相同。

读别名区的一个字返回 0x01 或 0x00,0x01 表示 Bit-Band 区中的目标位被置位(即为 1),0x00 表示目标位被清零(即为 0)。所返回别名字的 bit[31:1]不起作用恒为 0。

值得注意的是,采用大端格式时,对 Bit-Band 别名区的访问必须以字节方式。否则访问值不可预知。

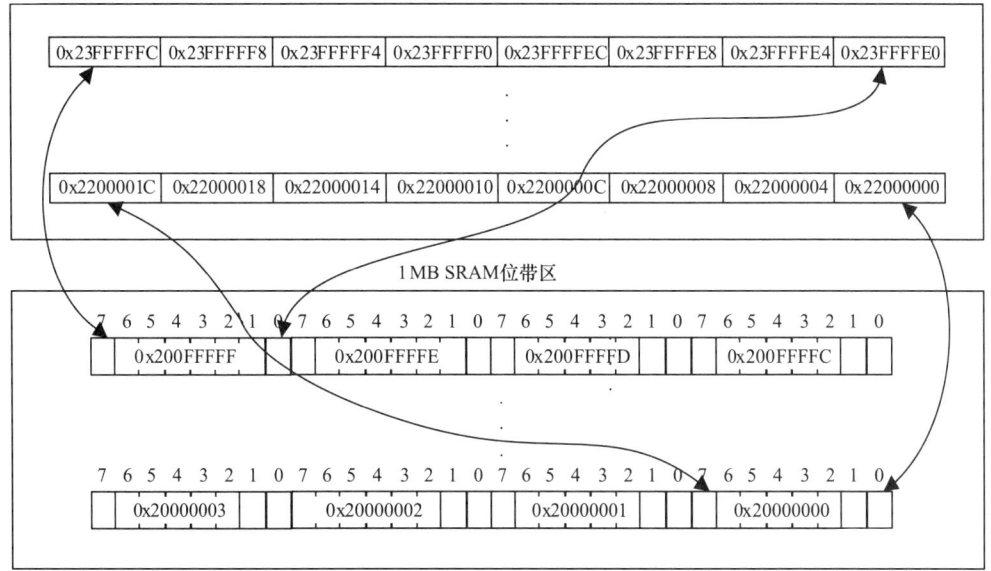

图 3-10 位段(Bit-Band)映射

2. 直接访问 Bit-Band 区

可以利用常规读、写方式访问 Bit-Band 区,并对该区进行写操作。

3. 位带绑定的主要用途

(1) 方便对串行接口器件的操作,尤其是对硬件 I/O 密集型的底层程序,如 GPIO 接口的 bit 位控制。

(2) 简化跳转的判断。当跳转依据是某个位时,传统做法是:

- 读取整个寄存器;
- 掩蔽不需要的位;
- 比较并跳转。

而位带绑定使得代码更为简洁,只需:

- 从位带别名区读取表征目标位的别名字;
- 比较并跳转。

(3) 辅助并发控制。通过不同任务对共享资源的互斥访问,可实现并发任务的串行化调度,保证并发任务的原子性、隔离性和被操作数据的一致性,避免出现紊乱现象。

3.2.4 嵌入式闪存

STM32F10x 内嵌的闪存存储器(Flash)可以用在线编程(In Circuit Programming,ICP)、在应用编程(In Application Programming,IAP)等方式进行烧写。

在线编程是目前普遍应用的一种速度较快的 MCU 编程方式,允许嵌入式处理器内部运行的程序去更新 Flash 的内容,这样,不仅可以在运行过程中修改某些运行参数,也为研制新型嵌入式应用开发工具提供了技术基础,消除了封装和管座的困扰,是必不可少的技术环节。应用编程方式,通过微机系统上的 I/O 口更新闪存存储器的全部内容,它通过 JTAG 或 SWD 协议下载用户应用程序到微控制器中。应用中编程 IAP 可以使用微控制器支持的任一种通信接口(如 I/O 端口、USB、CAN、UART 等)下载程序或数据到存储器中。IAP 允许你在程序运行时重新烧写闪存存储器中的内容。然而,IAP 要求至少有一部分程序已经用 ICP 烧到某个闪存块中。

闪存接口是在 AHB 协议上实现了对指令和数据的访问,通过对存储器的分区和预取缓存的实现,加快了存储器的访问;闪存接口还实现了闪存编程和擦除所需的逻辑电路,还包括访问和写入保护以及选择字节的控制。

STM32F10x 的闪存由主存储块和信息块组成。闪存模块的组织(低密度,中密度,高密度)见表 3-3,表 3-4,表 3-5。

表 3-3   闪存模块的组织(低密度)

模块	名称	地址	大小(字节)
主存储块	页 0	0x0800 0000—0x0800 03FF	1K
	页 1	0x0800 0400—0x0800 07FF	1K
	页 2	0x0800 0800—0x0800 0BFF	1K
	页 3	0x0800 0C00—0x0800 0FFF	1K
	页 4	0x0800 1000—0x0800 13FF	1K
	…	…	…
	…	…	…
	页 31	0x0800 7000—0x0800 73FF	1K
信息块	系统存储器	0x1FFF F000—0x1FFF F7FF	2K
	用户选择字节	0x1FFF F800—0x1FFF F80F	16
闪存接口寄存器	FLASH_ACR	0x4002 2000—0x4002 2003	4
	FALSH_KEYR	0x4002 2004—0x4002 2007	4
	FLASH_OPTKEYR	0x4002 2008—0x4002 200B	4
	FLASH_SR	0x4002 200C—0x4002 200F	4
	FLASH_CR	0x4002 2010—0x4002 2013	4
	FLASH_AR	0x4002 2014—0x4002 2017	4
	保留	0x4002 2018—0x4002 201B	4
	FLASH_OBR	0x4002 201C—0x4002 201F	4
	FLASH_WRPR	0x4002 2020—0x4002 2023	4

表 3-4　　　　　　　　　　　　　闪存模块的组织（中密度）

模块	名称	地址	大小（字节）
主存储块	页 0	0x0800 0000—0x0800 03FF	1K
	页 1	0x0800 0400—0x0800 07FF	1K
	页 2	0x0800 0800—0x0800 0BFF	1K
	页 3	0x0800 0C00—0x0800 0FFF	1K
	页 4	0x0800 1000—0x0800 13FF	1K
	…	…	…
	…	…	…
	页 127	0x0801 FC00—0x0801 FFFF	1K
信息块	系统存储器	0x1FFF F000—0x1FFF F7FF	2K
	用户选择字节	0x1FFF F800—0x1FFF F80F	16
闪存接口寄存器	FLASH_ACR	0x4002 2000—0x4002 2003	4
	FALSH_KEYR	0x4002 2004—0x4002 2007	4
	FLASH_OPTKEYR	0x4002 2008—0x4002 200B	4
	FLASH_SR	0x4002 200C—0x4002 200F	4
	FLASH_CR	0x4002 2010—0x4002 2013	4
	FLASH_AR	0x4002 2014—0x4002 2017	4
	保留	0x4002 2018—0x4002 201B	4
	FLASH_OBR	0x4002 201C—0x4002 201F	4
	FLASH_WRPR	0x4002 2020—0x4002 2023	4

表 3-5　　　　　　　　　　　　　闪存模块的组织（高密度）

模块	名称	地址	大小（字节）
主存储块	页 0	0x0800 0000—0x0800 07FF	2K
	页 1	0x0800 0800—0x0800 0FFF	2K
	页 2	0x0800 1000—0x0800 17FF	2K
	页 3	0x0800 0C00—0x0800 0FFF	2K
	页 4	0x0800 1800—0x0800 1FFF	2K
	…	…	…
	…	…	…
	页 127	0x0801 F800—0x0801 FFFF	2K
信息块	系统存储器	0x1FFF F000—0x1FFF F7FF	2K
	用户选择字节	0x1FFF F800—0x1FFF F80F	16

续表

模块	名称	地址	大小(字节)
闪存接口寄存器	FLASH_ACR	0x4002 2000—0x4002 2003	4
	FALSH_KEYR	0x4002 2004—0x4002 2007	4
	FLASH_OPTKEYR	0x4002 2008—0x4002 200B	4
	FLASH_SR	0x4002 200C—0x4002 200F	4
	FLASH_CR	0x4002 2010—0x4002 2013	4
	FLASH_AR	0x4002 2014—0x4002 2017	4
	保留	0x4002 2018—0x4002 201B	4
	FLASH_OBR	0x4002 201C—0x4002 201F	4
	FLASH_WRPR	0x4002 2020—0x4002 2023	4

不同产品系列的主存储块容量为：
- 低密度产品主存储块为 $4Kb \times 64$ 位，每个主存储块划分为 32 个 1K 字节的页；
- 中密度产品主存储块为 $16Kb \times 64$ 位，每个主存储块划分为 128 个 1K 字节的页；
- 高密度产品主存储块为 $64Kb \times 64$ 位，每个主存储块划分为 256 个 2K 字节的页。

每个信息块为 258×64 位，又可划分为两页，大小分别为 2K 字节和 16 字节。

闪存存储器接口的特性为：
- 带预取缓冲器的读接口（每字为 2×64 位）；
- 可选择字节加载器；
- 闪存编程/擦除操作；
- 访问/写保护；
- 擦写次数可达 1 000 次。

1. 闪存编程和擦除控制器(FPEC)

FPEC 模块处理闪存的编程和擦除操作，它包括 7 个 32 位的寄存器：
- FPEC 键寄存器(FLASH_KEYR)；
- 选择字节键寄存器(FLASH_OPTKEYR)；
- 闪存控制寄存器(FLASH_CR)；
- 闪存状态寄存器(FLASH_SR)；
- 闪存地址寄存器(FLASH_AR)；
- 选择字节寄存器(FLASH_OBR)；
- 写保护寄存器(FLASH_WRPR)。

只要 CPU 不访问闪存，闪存操作不会延缓 CPU 的执行。

1) 键值

共有三个键值：
- RDPRT 键 = 0x000000A5；
- KEY1 = 0x45670123；
- KEY2 = 0xCDEF89AB。

2) 解除闪存锁

复位后,FPEC 模块是被保护的,不能写入 FLASH_CR 寄存器;通过写入特定的序列到 FLASH_KEYR 寄存器可以打开 FPEC 模块,这个特定的序列是两个键值(KEY1 和 KEY2);写入任何其他序列都会在下次复位前锁死 FPEC 模块和 FLASH_CR 寄存器。写入错误的键序列还会产生总线错误;总线错误发生在第一次写入的不是 KEY1,或第一次写入的是 KEY1 但第二次写入的不是 KEY2 时,FPEC 模块和 FLASH_CR 寄存器可以由程序设置 FLASH_CR 寄存器中的 LOCK 位锁住,这时可以通过在 FLASH_KEYR 中写入正确的键值对 FPEC 解锁。

中高密度 STM32F10xxx,闪存模块的组织与表 3-3 略有不同,详见 *Medium- and High-density STM32F101xx and STM32F103xx advanced ARM-based 32-bit MCUs*。

3) 闪存读取

闪存的指令和数据访问是通过 AHB 总线完成的。预取模块是用于通过 ICode 总线读取指令的,通过预取指令可以提高对 ICode 总线访问的效率。仲裁是作用在闪存接口,并且 DCode 总线上的数据访问优先。

读访问可以有以下配置选项:
- 等待时间:可以随时更改的用于读取操作的等待状态的数量;
- 预取:可以随时被激活或被禁止,以优化 CPU 的执行;
- 半周期:用于功耗优化。

注意:
- 这些选项应与闪存存储器的访问时间一起使用。
- 半周期配置不能与使用了分频器的 AHB 一起使用,时钟系统应该等于 HCLK 时钟,该特性只能用在直接使用 8MHz 的 RC 振荡器或主振荡器时。
- 激活和禁止预取模式时应该在禁止快速时钟时进行(关闭 AHB 的分频器)。
- 使用 DMA:DMA 在 DCode 总线上访问闪存存储器,它的优先级比 ICode 上的取指高。DMA 在每一次传送完成后具有一个空余的周期。有些指令可以和 DMA 传输一起执行。

(1) 预取缓冲器:预取缓冲器包含两个数据块,每个数据块有 8 个字节。预取指令(数据)块直接映像到闪存中,因为数据块的大小与闪存的宽度相同,所以读取预取指令块可以在一个读周期完成。

设置预取缓冲器可以使 CPU 更快地执行,CPU 读取一个字的同时下一个字已经在预取缓冲器中等候,即当代码跳转的边界为 8 字节的倍数时,闪存的加速比例为 2。

(2) 预取控制器:预取控制器根据预取缓冲器中可用的空间决定是否访问闪存,预取缓冲器中有至少一块的空余空间时,预取控制器则启动一次读操作。

清除闪存访问控制寄存器中的一个控制位能够关闭预取缓冲器,这样预取缓冲器将处于关闭状态。

当 AHB 时钟的预分频系数不为 1 时,必须打开预取缓冲器(FLASH_ACR[4] = 1)。

如果在系统中没有高频率的时钟,即 HCLK 频率较低时,闪存的访问只需半个 HCLK 周期(半周期的闪存访问只能在时钟频率低于 8MHz 时进行,使用 HIS 或 HSE 并且关闭 PLL 时可得到这样的频率);在闪存访问控制寄存器中有一个控制位可以选择这种工作方式。当使用了预取缓冲器和 AHB 时钟的预分频系数不为 1 时,不能使用半周期访问方式。

(3) 访问时间调节:为了维持读闪存的控制信号,预取控制器的时钟周期与闪存访问时间的比例由闪存访问控制器控制,这个值给出了能够正确地读取数据时闪存控制信号所需的时钟周期数目,复位后,该值为1,闪存访问为两个时钟周期(FLASH_ACR 的复位值为 01,长度 =1)。

4) 闪存编程与擦除

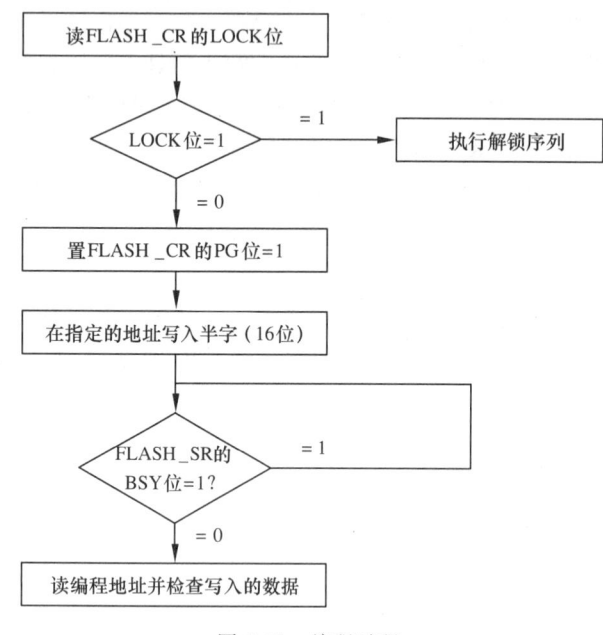

图 3-11 编程过程

每次闪存编程可以写入 16 位(半字)。当 FLASH_CR 寄存器的 PG 位为 1 时,写入一个半字到一个闪存地址将启动一次编程;写入任何非半字的数据,FPEC 都会产生总线错误。在编程过程中(BSY 位为 1),任何读写闪存的操作都会使 CPU 暂停,直到此次闪存编程结束。闪存编程过程见图 3-11。

(1) 标准编程:该模式以标准的半字写方式烧写闪存,FLASH_CR 寄存器的 PG 位必须置 1。FPEC 先读出指定地址的内容并检查它是否被擦除,如未被擦除,则不执行编程并在 FLASH_SR 寄存器的 PGERR 位提出警告(唯一的例外是当要烧写的数值是 0x0000 时,0x0000 可被正确烧入且 PGERR 位不置位);如果指定的地址在 FLASH_WRPR 中指定为写保护,则不执行编程并在 FLASH_SR 寄存器的 WRPRTERR 位置 1 提出警告。FLASH_SR 寄存器的 EOP 为 1 时表示编程结束。

标准的闪存编程顺序如下:

- 检查 FLASH_SR 寄存器的 BSY 位,以确认没有其他正在进行的编程操作;
- 设置 FLASH_CR 寄存器的 PG 位为 1;
- 写入要编程的半字到指定的地址;
- 等待 BSY 位变为 0;
- 读出写入的地址并验证数据。

注意:当 FLASH_SR 寄存器的 BSY 位为 1 时,不能对任何寄存器执行写操作。

(2) 信息块的编程

信息块的编程包括选择字节编程和数据编程。

选择字节是通过特殊的地址进行编程。选择字节只有 6 个字节(4 个用于写保护,1 个用于读保护,另一个用于器件配置)。对 FPEC 解锁后,分别写入 KEY1 和 KEY2(见表 3-13)到 FLASH_OPTKEYR,再设置 FLASH_CR 寄存器的 OPTWE 位为 1,此时可以对小信息块进行编程:设置 FLASH_CR 寄存器的 OPTPG 位为 1 后写入半字到指定的地址。

FPEC 先读出指定地址的选择字节内容并检查它是否被擦除,如未被擦除则不执行编程并在 FLASH_SR 寄存器的 WRPRTERR 位提出警告。FLASH_SR 寄存器的 EOP 为 1 时表示编程结束。

FPEC 使用半字中的低字节并自动地计算出高字节(高字节为低字节的反码),并开始编程操作,这将保证选择字节和它的反码始终是正确的。

烧写编程的顺序如下:
- 检查 FLASH_SR 寄存器的 BSY 位,以确认没有其他正在进行的编程操作;
- 设置 FLASH_CR 寄存器的 OPTWRE 位为 1;
- 设置 FLASH_CR 寄存器的 OPTPG 位为 1;
- 写入要编程的半字到指定的地址;
- 等待 BSY 位变为 0;
- 读出写入的地址并验证数据。

当读闪存保护选项从"保护"变为"未保护"时,在重新设置读保护选项前会自动执行一个全部擦除用户闪存的操作。如果用户要改变读保护之外的选项,则不会出现全部擦除操作。读保护选项上的这一擦除操作保护了闪存中的内容不被非法读出。

选择字节块之后剩余的字节(在 0x1FFF F804 未用的 OPT 字节)可以用于存储数据。对这部分地址的编程可以通过标准编程操作完成。

(3) 擦除过程:信息块的擦除顺序(OPTERASE)如下:
- 检查 FLASH_SR 寄存器的 BSY 位,以确认没有其他正在进行的闪存操作;
- 设置 FLASH_CR 寄存器的 OPTWRE 位为 1;
- 设置 FLASH_CR 寄存器的 OPTER 位为 1;
- 设置 FLASH_CR 寄存器的 STRT 位为 1;
- 等待 BSY 位变为 0;
- 读出信息块并做验证。

闪存擦除操作可以按页面擦除或全部擦除。全部擦除不影响信息块。

闪存的一个单独页可以通过 FPEC 的页擦除功能擦除。擦除一页应遵守下述过程:
- 检查 FLASH_SR 寄存器的 BSY 位,以确认没有其他正在进行的闪存操作;
- 用 FLASH_AR 寄存器选择要擦除的页;
- 设置 FLASH_CR 寄存器的 PER 位为 1;
- 设置 FLASH_CR 寄存器的 STRT 位为 1;
- 等待 BSY 位变为 0;
- 读出被擦除的页并做验证。

图 3-12 为闪存页擦除过程。

除了可以单独擦除一个闪存页,也可以用全部擦除功能擦除所有用户区的闪存,信息块不受此操作影响。建议使用下述过程:
- 检查 FLASH_SR 寄存器的 BSY 位,以确认没有其他正在进行的闪存操作;
- 设置 FLASH_CR 寄存器的 MER 位为 1;

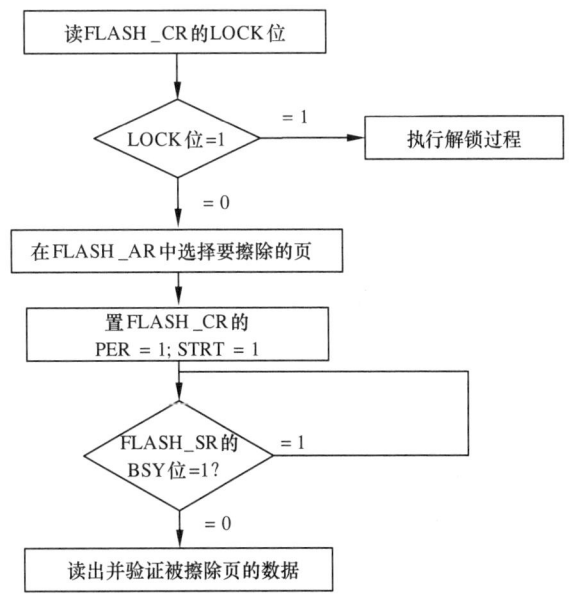

图 3-12　闪存页擦除过程

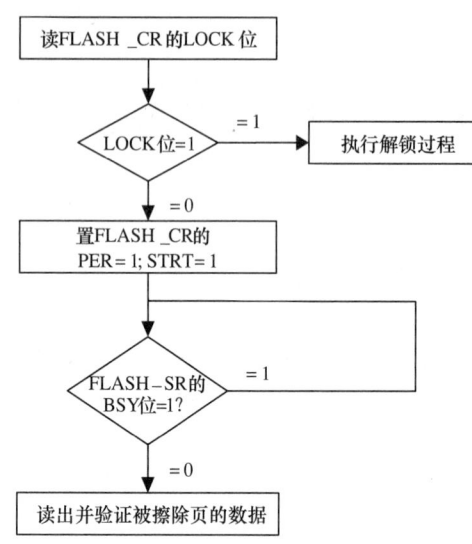

- 设置 FLASH_CR 寄存器的 STRT 位为 1；
- 等待 BSY 位变为 0；
- 读出所有页并做验证。

图 3-13 为闪存全擦除过程。

为了确保不发生过度编程，闪存编程和擦除控制器块是由一个固定的时钟控制的。写操作（编程或擦除）结束时可以触发中断。仅当闪存控制器接口时钟开启时，此中断可以用来从 WFI 模式退出。

2. 保护

闪存中的用户代码区可以防止非法的读出。闪存区可以以每 4 页为单位加以保护，以防止在程序跑飞的情况下不被意外地改变。

1）读保护

图 3-13 闪存全擦除过程

这项保护是通过设置信息块中的一个选择字节启动的。当保护字节被写入相应的值以后，在调试模式中将不允许读出闪存存储器，所有在 RAM 中加载和执行的功能（如 JTAG/SWD、从 RAM 启动等）仍然有效，这样可以用于解除读保护（访问闪存仍然被禁止）。当启动读保护后，第 0～3 页被自动加上了写保护。当信息块中的访问保护选择字节被修改到未保护状态时，全部擦除操作将自动运行。

当 RDP 选择字节和它的反码包含下列数值对时，闪存被置于保护状态（表 3-6）。

表 3-6 闪存存储器保护状态

RDP 字节的值	RDP 反码的值	读保护状态
0xFF	0xFF	保护
RDP	RDP 字节的反码	未保护
任意值	非 RDP 字节的反码	保护

解除读保护的过程是：

（1）擦除整个小信息块（用户部分），读保护码（RDP）将变为 0xFF，此时读保护仍然有效；

（2）写入正确的 RDP 代码 0xA5 以解除存储器的保护，该操作将导致对所有用户闪存的全部擦除操作；

（3）进行复位（上电复位）以重新加载选择字节（和新的 RDP 代码），此时读保护被解除。

2）写保护

写保护是以每 4 页为单位实现的，这样使用 32 个选择位可以控制到 128K 字节。以 4K 为单位实施保护是合理的，因为通常启动代码都会大于 1K。表 3-7 列出了对用户页面保护的措施。

表 3-7　　　　　　　　　　　　　用户页面的保护

RDP	WRP	作用
有效	有效	CPU 只能读；禁止调试和非法访问
有效	无效	CPU 可以读写；禁止调试和非法访问；页 0 为写保护
无效	有效	CPU 可读；允许调试和非法访问
无效	无效	CPU 可以读写；允许调试和非法访问

如果试图在一个受保护的页面进行编程或擦除操作，在闪存状态寄存器(FLASH_SR)中会返回一个保护错误标志。

下列步骤用于解除写保护：

(1) 使用闪存控制寄存器(FLASH_CR)的 OPTER 位擦除整个小信息块(用户部分)；
(2) 烧写 RDP 代码(用于解除读保护)；
(3) 烧写正确的 RDP 代码 0xA5，允许读访问；
(4) 进行系统复位，重装载选择字节(包含新的 WRP[3:0]字节)；写保护被解除。

3) 信息块保护

选择字节块写保护默认状态下，选择字节块始终是可以读且被写保护。要想对选择字节块进行写操作(编程/擦除)，首先要在 OPTKEYR 中写入正确的键序列(与上锁时一样)，随后选择字节块的写操作被允许，FLASH_CR 寄存器的 OPTWRE 位标示允许写，清除这位将禁止写操作。

3. 选择字节加载

在闪存的信息块中，存放了一组选择字节，这些字节包含产品的配置信息(如封装等)。用户部分的选择字节可以由用户根据应用程序自己选择，选择软件看门狗或硬件看门狗就是一个很好的例子。

选择字节中一个 32 位的字被分为表 3-8 所列的几部分。

表 3-8　　　　　　　　　　　　　选择字节格式

位 31～24	位 23～16	位 15～8	位 7～0
选择字节 1 的反码	选择字节 1	选择字节 0 的反码	选择字节 0

信息块中选择字节的组织结构如表 3-9 所示。

表 3-9　　　　　　　　　　　　　信息块的组织结构

块	地址	[31:24]	[23:16]	[15:8]	[7:0]
保留	0x1FFF F7F8	保留			
	0x1FFF F7FC	保留			
小信息块 (SIF)	0x1FFF F800	nUSER	USER	nRDP	RDP
	0x1FFF F804	未用			
	0x1FFF F808	nWRP1	WRP1	nWRP0	WRP0
	0x1FFF F80C	nWRP3	WRP3	nWRP2	WRP2

选择字节有 6 个字节,它们主要用于保护内部的闪存接口(读出和写入操作),只有一个字节用于用户的程序功能,见表 3-10。

表 3-10　　　　　　　　　　　　　用户选择字节说明

RDP:读出保护选择字节
读出保护功能帮助用户保护存在闪存中的软件。该功能由设置信息块中的一个选择字节启用。写入正确的数值(RDPRT 键＝0x00A5)到这个选择字节后,闪存被开放允许读出访问

USER:用户选择字节
这个字节用于配置下列功能:
— 选择看门狗事件:硬件或软件
— 进入停机(STOP)模式时的复位事件
— 进入待机模式时的复位事件

位 19:23	0xFF:不用
位 18	nRST_STDBY 0:当进入待机模式时产生复位 1:进入待机模式时不产生复位
位 17	nRST_STOP 0:当进入停机(STOP)模式时产生复位 1:进入停机(STOP)模式时不产生复位
位 16	WDG_SW 1:硬件看门狗 0:软件看门狗

WRPx:闪存写保护选择字节
用户选择字节 WRPx 中的每个位用于保护主存储器中 4 页的内容,每页为 1K 字节。总共有 4 个用户选择字节用于保护所有 128K 主闪存。
WRP0:页 0 至页 31 的写保护
WRP1:页 32 至页 63 的写保护　WRP2:页 64 至页 95 的写保护　WRP3:页 96 至页 127 的写保护

每次系统复位后,选择字节装载器读出信息块的数据并保存在寄存器中;每个选择位都在信息块中有它的反码位,在装载选择位时反码位用于验证选择位是正确的,如果有任何的差别,将产生一个选择字节错误标志(OPTERR)。当发生选择字节错误时,对应的选择字节被强置为 0xFF。当选择字节和它的反码均为 0xFF 时(擦除后的状态),上述验证功能被关闭。

所有的选择位(不包括它们的反码位)用于配置该微控制器,CPU 可以读选择寄存器,详见寄存器说明。

CPU 可以读选择字节寄存器。

3.2.5 寄存器说明

1. 闪存访问控制寄存器(FLASH_ACR)(表 3-11)

表 3-11　　　　　　　　　　闪存访问控制寄存器(FLASH_ACR)

位	名称	说　明
31:6		保留　必须保持为清除状态 0
5	PRFTBS	预取缓冲区状态　该位显示预取缓冲区的状态。 0:预取缓冲区被关闭； 1:预取缓冲区被启用
4	PRFTBE	预取缓冲区使能 0:关闭预取缓冲区； 1:启用预取缓冲区
3	HLFCYA	闪存半周期访问使能 0:禁止半周期访问； 1:启用半周期访问
2:0	LATENCY	时延　这些位表示 SYSCLK(系统时钟)周期与闪存访问时间的比例 000:零等待状态,当 0 < SYSCLK≤24MHz； 001:一个等待状态,当 24MHz < SYSCLK≤48MHz； 010:两个等待状态,当 48MHz < SYSCLK≤72MHz

地址偏移:0x00;复位值:0x0000 0001

2. FPEC 键寄存器(FLASH_KEYR)(表 3-12)

表 3-12　　　　　　　　　　FPEC 键寄存器(FLASH_KEYR)

位	名称	说　明
31:0	FKEYR	FPEC 键　这些位用于输入 FPEC 的解锁键。注意所有这些位都是只写的,如果读会返回 0

地址偏移:0x04;复位值:0xxxxx xxxx

3. 闪存 OPTKEY 寄存器(FLASH_OPTKEYR)(表 3-13)

表 3-13　　　　　　　　　　闪存 OPTKEY 寄存器(FLASH_OPTKEYR)

位	名称	说　明
31:0	OPTKEYR	选择字节键　这些位用于输入选择字节的键以解除 OPTWRE

地址偏移:0x08;复位值:0xxxxx xxxx

4. 闪存状态寄存器(FLASH_SR)(表 3-14)

表 3-14　　　　　　　　　　闪存状态寄存器(FLASH_SR)

位	名称	说明
31:6		保留　必须保持为清除状态 0
5	EOP	操作结束　当闪存操作(编程/擦除)完成时,硬件设置该位为 1,写入 1 可以清除该位状态 注:每次成功的编程或擦除都会设置 EOP 状态
4	WRPRTERR	写保护错误　试图对写保护的闪存地址编程时,硬件设置该位为 1,写入 1 可以清除该位状态
3		保留　必须保持为清除状态 0
2	PGERR	编程错误　试图对内容包含 0 的地址编程时,硬件设置该位为 1,写入 1 可以清除该位状态 注:试图写 0 前必须清除 STRT 位
1		保留　必须保持为清除状态 0
0	BSY	忙　该位指示闪存操作正在进行。在闪存操作开始时,该位被设置为 1,在操作结束 或发生错误时该位被清除为 0

地址偏移:0x0C;复位值:0x0000 0000

5. 闪存控制寄存器(FLASH_CR)(表 3-15)

表 3-15　　　　　　　　　　闪存控制寄存器(FLASH_CR)

位	名称	说明
31:13		保留　必须保持为清除状态 0
12	EOPIE	允许操作完成中断　该位允许在 FLASH_SR 寄存器中的 EOP 位变为 1 时产生中断 0:禁止产生中断; 1:允许产生中断
11,8,3		保留　必须保持为清除状态 0
10	ERRIE	允许错误状态中断　该位允许在发生 FPEC 错误时产生中断(当 FLASH_SR 寄存器中的 PGERR/WRPRTERR 置为 1 时) 0:禁止产生中断; 1:允许产生中断
9	OPTWRE	允许写选择字节　当该位为 1 时,允许对选择字节/小信息块进行编程操作。当在 FLASH_OPTKEYR 寄存器写入正确的键序列后,该位被置为 1。 软件可清除此位
7	LOCK	锁　只能写 1。当该位为 1 时表示 FPEC 和 FLASH_CR 被锁住,在检测到正确的解锁序列后,硬件清除该位为 0。在一次不成功的解锁操作后,下次复位前,该位不能再被改变
6	STRT	开始　当该位为 1 时将触发一次擦除操作。该位只可由软件置为 1 并在 BSY 变为 1 时清为 0

续表

位	名称	说明
5	OPTER	擦除选择字节　擦除选择字节/小信息块
4	OPTPG	烧写选择字节　对选择字节编程
2	MER	全擦除　选择擦除所有用户页
1	PER	页擦除　选择擦除页
0	PG	编程　选择编程操作

地址偏移:0x10;复位值:0x0000 0080

6. 闪存地址寄存器(FLASH_AR)

这些位由硬件修改为当前/最后使用的地址。在页擦除操作中,软件必须修改这个寄存器以指定要擦除的页,见表3-16。

表3-16　　　　　　　　　　闪存地址寄存器(FLASH_AR)

位	名称	说明
31:0	FAR	闪存地址　当进行编程时选择要编程的地址,当进行页擦除时选择要擦除的页 (注意:当FLASH_SR中的BSY位为1时,不能写这个寄存器)

地址偏移:0x14;复位值:0x0000 0000

7. 选择字节寄存器(FLASH_OBR)(表3-17)

表3-17　　　　　　　　　　选择字节寄存器(FLASH_OBR)

位	名称	说明
31:13		保留　必须保持为清除状态0
9:2	USER	用户选择字节　这里包含OBL加载的用户选择字节 位[9:5]:未用; 位4:nRST_STDBY; 位3:nRST_STOP; 位2:WDG_SW
1	RDPRT	读保护　当设置为1时,表示闪存存储器被写保护 (注意:该位为只读)
0	OPTERR	选择字节错误　当该位为1时表示选择字节和它的反码不匹配 (注意:该位为只读)

地址偏移:0x1C;复位值:0xFFFF FFFF

8. 写保护寄存器(FLASH_WRPR)(表3-18)

表3-18　　　　　　　　　　写保护寄存器(FLASH_WRPR)

位	名称	说明
31:0	WRP	写保护 该寄存器包含由OBL加载的写保护选择字节 0:写保护生效; 1:写保护失效(注意:这些位为只读)

地址偏移:0x20;复位值:0xFFFF FFFF

9. 闪存寄存器映像(表 3-19)

表 3-19 闪存接口-寄存器映像和复位值

偏移	寄存器	31	30	29	28	27	26	25	24	23	22	21	20	19	18	17	16	15	14	13	12	11	10	9	8	7	6	5	4	3	2	1	0
000h	FLASH_ACR	保留																											PRFTBSS	PRFTBE	HLFCYA	LATENCY[2:0]		
	复位值																											0	0	0	0	0	1
004h	FLASH_KEYR	FKEYR[31:0]																																
	复位值	x	x	x	x	x	x	x	x	x	x	x	x	x	x	x	x	x	x	x	x	x	x	x	x	x	x	x	x	x	x	x	x
008h	FLASH_KEYR	OPTKEYR[31:0]																																
	复位值	x	x	x	x	x	x	x	x	x	x	x	x	x	x	x	x	x	x	x	x	x	x	x	x	x	x	x	x	x	x	x	x
00Ch	FLASH_SR	保留																								EOP	WRPRTER	保留	PGERR	ERLYBS	BSY	
	复位值																									0	0		0	0	0		
010h	FLASH_CR	保留																						EOPIE	ERRIE	OPTWRE	保留	LOCK	STRT	OPTER	OPTPG	保留	MER	PER	PG
	复位值																							0	保留	0	0	1	0	0	0	0	0
014h	FLASH_AR	FAR[31:0]																																
	复位值	0	0	0	0	0	0	0	0	0	0	0	0	0	0	0	0	0	0	0	0	0	0	0	0	0	0	0	0	0	0	0	0
018h	保留																																		
01Ch	FLASH_OBR	保留																			未使用						nRST-STDB	nRST-STOP	WDG-SW	RDPRT	OPTERR
	复位值																				1	1	1	1	1	1	1	1	1	1	1	0
020h	FLASH_WRPR	[31:0]																																
	复位值	1	1	1	1	1	1	1	1	1	1	1	1	1	1	1	1	1	1	1	1	1	1	1	1	1	1	1	1	1	1	1	1

3.2.6 启动配置

在 STM32F103 里,可以通过 BOOT[1:0] 引脚选择三种不同的自举模式,即启动模式,如图 3-20 所示。

表 3-20　　　　　　　　　　　　　　BOOT 模式选择

启动模式选择管脚		启动模式	说明
BOOT1	BOOT0		
×	0	用户闪存存储器	用户闪存存储器被选为启动区域
0	1	系统存储器	系统存储器被选为启动区域
1	1	内嵌 SRAM	内嵌 SRAM 被选为启动区域

内嵌的自举程序存放于系统存储器中，可以通过 USART1 串行接口对闪存存储器进行重新编程，一般由 ST 在生产线上写入。

通过设置选择管脚，对应到各种启动模式的不同物理地址将被映像到第 0 块（启动存储区）。系统复位后，SYSCLK 的第 4 个上升沿，BOOT 管脚的值将被锁存。用户可以通过设置 BOOT1 和 BOOT0 引脚的状态，来选择在复位后的启动模式。

即使被映像到启动存储区，仍然可以在它原先的存储器空间内访问相关的存储器。在经过启动延迟后，CPU 从位于 0x00000000 开始的启动存储区执行代码。

系统时钟的选择是在启动时进行，复位时内部 8MHz 的 RC 振荡器被选为默认的 CPU 时钟，随后可以选择外部的、具失效监控的 4~16MHz 时钟；当外部时钟失效时，它将被隔离，同时会产生相应的中断。在需要时（如当一个外接的振荡器失效），可以采取对 PLL 时钟完全的中断管理。

具有多个预分频器用于配置 AHB 的频率、高速 APB（APB2）和低速 APB（APB1）区域。AHB 和高速 APB 的最高频率是 72MHz，低速 APB 的最高频率为 36MHz。在慢速模式下，AHB 的时钟可以显著地减小以减低功耗。

3.2.7　应用实例

典型的应用案例有 Flash 读/写、擦除、保护等。限于篇幅，这里只对 STM32F10x FLASH 编程进行描述。Flash 编程/擦除控制器在复位后处于封锁状态，首先使用 FLASH_Unlock 函数对其解锁，然后计算 FLASH 编程所用页的大小，使用 FLASH_ErasePage 函数顺序擦除页内数据，完成后，再执行 FLASH_ProgramWord 函数对目标地址进行编程，校验写入数据，编程操作的结果存储在 MemoryProgramStatus 变量。对 STM32F103 FLASH 编程的示例程序如下，该程序的完整版本可在 ARM 公司针对 Cortex 开发的 keil 工具中找到：

```
#include "stm32f10x_lib.h"
#include "platform_config.h"

typedef enum {FAILED=0, PASSED=!FAILED} TestStatus;

#define StartAddr    ((u32)0x08008000)
#define EndAddr      ((u32)0x0800C000)
u32 EraseCounter=0x00, Address=0x00;
```

```c
u32 Data;
vu32 NbrOfPage=0x00;
volatile FLASH_Status FLASHStatus;
volatile TestStatus MemoryProgramStatus;
ErrorStatus HSEStartUpStatus;

/* 初始化函数,从略 */
void NVIC_Configuration(void);
void RCC_Configuration(void);

/*Flash 擦除和读写示例主程序*/
int main(void)
{
    FLASHStatus=FLASH_COMPLETE;
    MemoryProgramStatus=PASSED;
    Data=0x15041979;

    RCC_Configuration();      /*配置系统时钟*/
    NVIC_Configuration();     /*配置向量中断控制器*/
    /*对 Flash 编程控制器执行解锁操作*/
    /* Unlock the Flash Program Erase controller */
    FLASH_Unlock();
    /*计算需要擦除*/
    /* Define the number of page to be erased */
    NbrOfPage=(EndAddr-StartAddr)/FLASH_PAGE_SIZE;

    /* 清除所有等待标记 */
    FLASH_ClearFlag(FLASH_FLAG_BSY | FLASH_FLAG_EOP | FLASH_FLAG_PGERR | FLASH_FLAG_WRPRTERR);

    /* 擦除 Flash 中的指定页 */
    for(EraseCounter=0;(EraseCounter<NbrOfPage)&&(FLASHStatus == FLASH_COMPLETE); EraseCounter++)
    {
        FLASHStatus=FLASH_ErasePage(StartAddr+(FLASH_PAGE_SIZE * EraseCounter));
    }

    /*根据预定义的 Flash 读写地址区间执行写入操作*/
    Address=StartAddr;

    while((Address < EndAddr) && (FLASHStatus == FLASH_COMPLETE))
```

```
    {
      FLASHStatus=FLASH_ProgramWord(Address,Data);
      Address=Address + 4;
    }

    /* 检查数据是否正确写入 */
    Address=StartAddr;

    while((Address < EndAddr) && (MemoryProgramStatus ! = FAILED))
    {
      if((*(vu32*) Address) ! = Data)
      {
        MemoryProgramStatus=FAILED;
      }
      Address += 4;
    }

    while (1) {}
}
```

3.3 中断和事件

事件(Event),为触发系统状态改变的某种行为。就嵌入式系统的微处理器或微控制器而言,可以理解为为触发系统某种行为的消息或请求,由某个对象发出,并由某个对象接收和处理。这个"消息或请求",最简单的表征方式就是脉冲,一般以脉冲边沿加以表征。

事件有广义与狭义之分。"Cortex-M3 微处理器"一章明确指出,中断请求与异常属于事件的子集,此"事件"具有广泛的含义。

异常,或者说"异常的发生",与通常所说的"中断请求"一样,都可归为"事件"的范畴,但并不等同于"中断请求"。

相同点:

(1)二者均为随机事件,是事件的子集;

(2)可采取相同的表征手段。

(3)都采取"中断"处理机制,以服务程序对中断请求或异常事件的发生作出相应的处理。

差异:

(1)"中断请求",一般是指确定性随机事件,肯定会发生,一旦发生必须作相应的处理;中断,除了"中断请求"具有表征"事件"发生的属性外,更多地代表一种机制。

(2)异常,往往表现为非确定性的随机事件:事件内容不清楚或产生的原因不明,不知道其发生还是不发生,其效果往往是负面的且难以预期,出乎人们的意料。如:某些原因不明的潜伏性故障、设备失效等。对异常进行处理,是为了防止"错误"的蔓延,使不良后果处在一定程度的受控状态。

而本节的"事件",应从狭义的角度予以理解。假设:中断请求的集合为 Event_IRQ,异常发生的集合为 Event_Exception，事件的集合为 Event。那么，Event_other＝Event- Event_IRQ-Event_ Exception，如图 3-14 所示。本节的"事件"即为 Event_other，它与中断请求、异常除了具有广义事件的属性之外，显然还存在明显的差异，Event_other 在嵌入式系统中具体表现为何？又应如何处理？显然不同于中断、异常的处理。

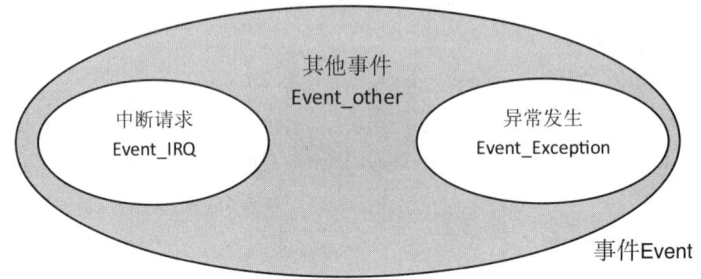

图 3-14　中断请求、异常发生与事件

中断（异常）的发生，一般需要相应的中断（异常）服务函数对其进行处理，必须要 CPU 介入，CPU 响应中断请求或异常事件时，会执行对应的处理程序。Event_other 事件与之不同，可以在不需要 CPU 干预的情况下，触发其他可编程模块的关联操作，向其他模块发送触发信号，由该模块实现某种功能需求。

本章不作特别声明处，均针对低密度 STM32F103 进行论述。中高密度 STM32F103 请参见 *Medium- and High-density STM32F101xx and STM32F103xx advanced ARM-based 32-bit MCUs*。

3.3.1　嵌套向量中断控制器(NVIC)及其特性

与 ARM7 依赖厂商提供的外部中断控制器不同，STM32F103 的 Cortex-M3 内核中集成了嵌套向量中断控制器(Nested Vectored Interrupt Controller，NVIC)，芯片制造厂商可以对其进行配置，以实现低延迟的中断处理和有效处理晚到的中断。

嵌套向量中断控制器的寄存器以存储器映射的方式来访问，除了包含控制寄存器和中断处理的控制逻辑之外，NVIC 还包含了存储器保护单元 MPU 的控制寄存器、SysTick 定时器以及调试控制，具有 43 个（低密度 STM32F103）/60 个（中高密度 STM32F103）可屏蔽中断通道（不包含 16 条 Cortex-M3 的中断线）、16 个可编程的优先等级（使用 4 个 bit 位进行优先级设置）、低延迟的异常和中断处理、电源管理控制等功能，可实现超级多向量中断处理。

NVIC 使用的是基于堆栈的异常模型。在处理中断时，将程序计数器、程序状态寄存器、链接寄存器和通用寄存器压入堆栈，中断处理完成后，再恢复这些寄存器。堆栈处理是由硬件完成的，无需用汇编语言创建中断服务程序的堆栈操作。

中断嵌套处理过程中，中断可以改为使用比先前服务程序更高的优先级，而且可以在运行时改变优先级状态。使用尾部链接(Tail-Chaining)连续中断技术只需消耗 6 个 CPU 周期，相比于 32 个时钟周期的连续堆栈操作，大大降低了延迟，提高了性能。

如果在更高优先级的中断到来之前，NVIC 已经压堆栈了，那就只需要获取一个新的向量地址，就可以为更高优先级的中断服务了，而不用出栈操作来服务新的中断。这种做法是完全确定的且具有低延迟性。

1. 系统时钟(SysTick)

Cortex-M3 内核包含一个 SysTick 时钟，与 NVIC 捆绑在一起，以维持操作系统"心跳"的节律。SysTick 为一个 24 位递减计数器，即采用倒计时方式。SysTick 设定初值并使能后，每经过一个系统时钟周期，计数值就减 1。计数到 0 时，SysTick 计数器自动重装初值并继续计数，同时内部的 COUNTFLAG 标志会置位，触发中断(如果中断使能)。

在 STM32 的应用中，使用 Cortex-M3 内核的 SysTick 作为定时时钟，设定每一毫秒产生一次中断，在中断处理函数里对 N 减一，在 Delay(N)函数中循环检测 N 是否为 0，不为 0 则进行循环等待；若为 0 则关闭 SysTick 时钟，退出函数。

SysTick 的时钟源可以是内部时钟，也可以是外部时钟。外部晶振为 8MHz，9 倍频后，系统时钟为 72MHz，SysTick 的最高频率为 9MHz(最大为 HCLK/8)，在这个条件下，把 SysTick 校验值设置成 9000，将 SysTick 时钟设置为 9MHz，就能够产生 1ms 的时间基值，即 SysTick 产生 1ms 的中断。

STM32F10x 固件库中含有 SysTick 驱动，通过调用 SysTick 驱动函数对 Cortex-M3 系统时钟进行配置。

2. 中断和异常向量

低密度 STM32F103 中断和异常向量见表 3-21。

表 3-21　　　　　　低密度 STM32F103 中断和异常向量

位置	优先级	优先级类型	名称	说明	地址
	—	—	—	保留	0x00000000
	−3	固定	Reset	复位	0x00000004
	−2	固定	NMI	不可屏蔽中断 RCC 时钟安全系统(CSS)联接到 NMI 向量	0x00000008
	−1	固定	硬件失效	所有类型的失效	0x0000000C
	0	可设置	存储管理	存储器管理	0x00000010
	1	可设置	总线错误	预取指失败，存储器访问失败	0x00000014
	2	可设置	错误应用	未定义的指令或非法状态	0x00000018
	—	—	—	保留	0x0000001C ~0x0000002B
	3	可设置	SVCall	通过 SWI 指令的系统服务调用	0x0000002C
	4	可设置	调试监控	调试监控器	0x00000030
	-	-	-	保留	0x00000034
	5	可设置	PendSV	可挂起的系统服务	0x00000038
	6	可设置	SysTick	系统时基定时器	0x0000003C
0	7	可设置	WWDG	窗口定时器中断	0x00000040
1	8	可设置	PVD	联到 EXTI 的电源电压检测(PVD)中断	0x00000044
2	9	可设置	TAMPER	侵入检测中断	0x00000048
3	10	可设置	RTC	实时时钟(RTC)全局中断	0x0000004C
4	11	可设置	FLASH	闪存全局中断	0x00000050

续表

位置	优先级	优先级类型	名称	说明	地址
5	12	可设置	RCC	复位和时钟控制（RCC）中断	0x00000054
6	13	可设置	EXTI0	EXTI 线 0 中断	0x00000058
7	14	可设置	EXTI1	EXTI 线 1 中断	0x0000005C
8	15	可设置	EXTI2	EXTI 线 2 中断	0x00000060
9	16	可设置	EXTI3	EXTI 线 3 中断	0x00000064
10	17	可设置	EXTI4	EXTI 线 4 中断	0x00000068
11	18	可设置	DMA 通道 1	DMA 通道 1 全局中断	0x0000006C
12	19	可设置	DMA 通道 2	DMA 通道 2 全局中断	0x00000070
13	20	可设置	DMA 通道 3	DMA 通道 3 全局中断	0x00000074
14	21	可设置	DMA 通道 4	DMA 通道 4 全局中断	0x00000078
15	22	可设置	DMA 通道 5	DMA 通道 5 全局中断	0x0000007C
16	23	可设置	DMA 通道 6	DMA 通道 6 全局中断	0x00000080
17	24	可设置	DMA 通道 7	DMA 通道 7 全局中断	0x00000084
18	25	可设置	ADC	ADC 全局中断	0x00000088
19	26	可设置	USB_HP_CAN_TX	USB 高优先级或 CAN 发送中断	0x0000008C
20	27	可设置	USB_LP_CAN_RX0	USB 低优先级或 CAN 接收 0 中断	0x00000090
21	28	可设置	CAN_RX1	CAN 接收 1 中断	0x00000094
22	29	可设置	CAN_SCE	CAN SCE 中断	0x00000098
23	30	可设置	EXTI9_5	EXTI 线[9:5]中断	0x0000009C
24	31	可设置	TIM1_BRK	TIM1 断开中断	0x000000A0
25	32	可设置	TIM1_UP	TIM1 更新中断	0x000000A4
26	33	可设置	TIM1_TRG_COM	TIM1 触发和通信中断	0x000000A8
27	34	可设置	TIM1_CC	TIM1 捕获比较中断	0x000000AC
28	35	可设置	TIM2	TIM2 全局中断	0x000000B0
29	36	可设置	TIM3	TIM3 全局中断	0x000000B4
30	37	可设置	TIM4	TIM4 全局中断	0x000000B8
31	38	可设置	I2C1_EV	I2C1 事件中断	0x000000BC
32	39	可设置	I2C1_ER	I2C1 错误中断	0x000000C0
33	40	可设置	I2C2_EV	I2C2 事件中断	0x000000C4
34	41	可设置	I2C2_ER	I2C2 错误中断	0x000000C8
35	42	可设置	SPI1	SPI1 全局中断	0x000000CC
36	43	可设置	SPI2	SPI2 全局中断	0x000000D0
37	44	可设置	USART1	USART1 全局中断	0x000000D4
38	45	可设置	USART2	USART2 全局中断	0x000000D8
39	46	可设置	USART3	USART3 全局中断	0x000000DC
40	47	可设置	EXTI15_10	EXTI 线[15:10]中断	0x000000E0
41	48	可设置	RTCAlarm	联到 EXTI 的 RTC 闹钟中断	0x000000E4
42	49	可设置	USB 唤醒	联到 EXTI 的从 USB 待机唤醒中断	0x000000E8

3.3.2 外部中断/事件控制器(EXTI)

外部中断/事件控制器(EXTI)由 19 个产生事件/中断请求的边沿检测器组成。每条输入线可以独立地配置输入类型(脉冲或挂起)和对应的触发事件(上升沿或下降沿触发,或者双边沿都触发)。每条输入线都可以被独立屏蔽。挂起寄存器保持着状态线的中断要求。EXTI 控制器的主要特性如下:

- 每个中断/事件都有独立的触发和屏蔽;
- 每个中断线都有专用的状态位;
- 支持多达 19 个中断/事件请求;
- 检测脉冲宽度低于 APB2 时钟宽度的外部信号。

1. EXTI 框图

EXTI 的内部结构框图如图 3-15 所示。

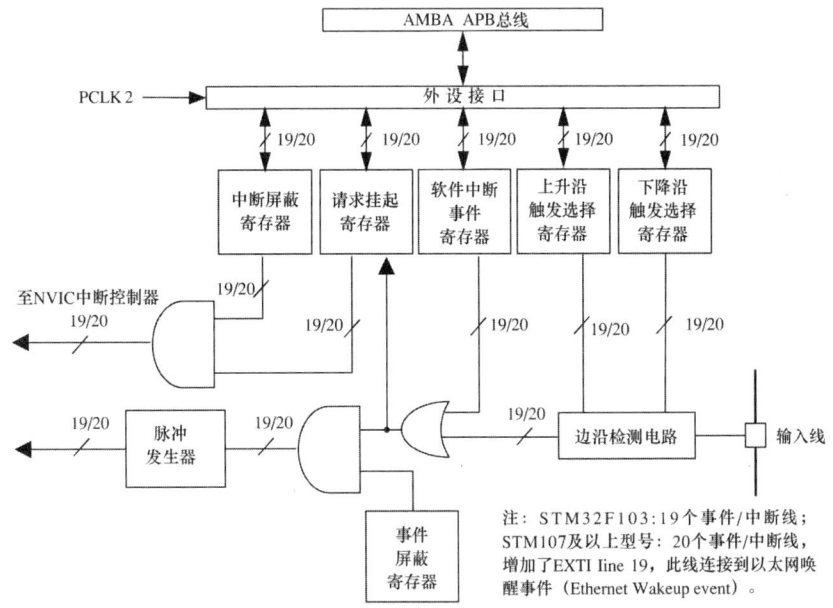

图 3-15 外部中断/事件控制器框图

2. EXTI 唤醒事件管理

STM32F103 可以处理外部或内部事件来唤醒内核(WFE)。通过配置任何一个外部 I/O 端口、RTC 闹钟和 USB 唤醒事件可以唤醒 CPU(内核从 WFE 退出)。唤醒事件可以通过下述配置产生:

- 在外设的控制寄存器使能一个中断,但不在 NVIC 中使能,同时在 Cortex-M3 的系统控制寄存器中使能 SEVONPEND 位。当 MCU 从 WFE 恢复后,需要清除相应外设的中断挂起位和外设 NVIC 中断通道挂起位(在 NVIC 中断请求挂起寄存器中)。
- 配置一个外部或内部 EXTI 线为事件模式,当 MCU 从 WFE 恢复后,因为对应事件线的挂起位没有被置位,不必清除相应外设的中断挂起位或 NVIC 中断通道挂起位。

3. EXTI 的使用

如要产生中断,中断线必须事先配置好并被使能。通过期望边沿的检测来设置 2 个触发寄存器，同时在中断屏蔽寄存器的相应位写1使能中断请求。当外部中断线上发生预先选定的边沿时，将产生一个中断请求，与中断线对应的挂起位也随之被置1。通过写1到挂起寄存器的相应位，可以清除该中断请求。

如要产生事件，事件线必须事先配置好并被使能。通过期望边沿的检测来设置2个触发寄存器，同时在事件屏蔽寄存器的相应位写1来使能事件请求。当事件线上发生预先选定的边沿时，将产生一个事件脉冲，与事件线对应的挂起位不被置位。

通过在软件中断/事件寄存器写1，一个中断/事件请求也可以通过软件来产生。

1) 硬件中断选择

通过下面的过程来配置19个线路作为中断源：

（1）配置19个中断线的屏蔽位（EXTI_IMR）；

（2）配置所选中断线的触发选择位（EXTI_RTSR和EXTI_FTSR）；

（3）配置那些控制映像到外部中断控制器（EXTI）的NVIC中断通道的使能和屏蔽位，使得19个中断线中的请求可以被正确地响应。

2) 硬件事件选择

通过下面的过程，可以配置19个线路为事件源：

（1）配置19个事件线的屏蔽位（EXTI_EMR）；

（2）配置事件线的触发选择位（EXTI_RTSR and EXTI_FTSR）。

3) 软件中断/事件的选择

19个线路可以被配置成软件中断/事件线。下面是产生软件中断的过程：

（1）配置19个中断/事件线屏蔽位（EXTI_IMR，EXTI_EMR）；

（2）设置软件中断寄存器的请求位（EXTI_SWIER）。

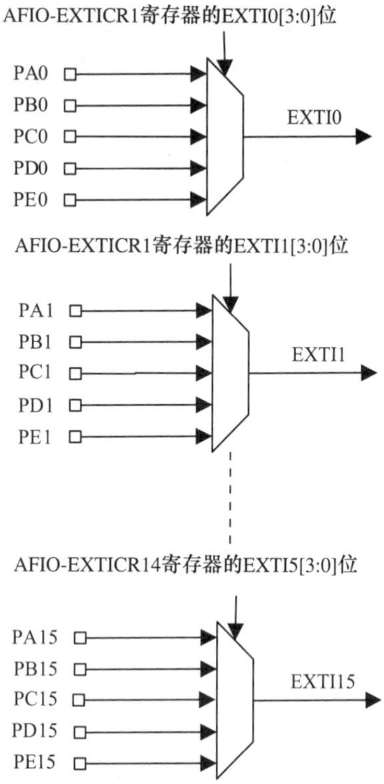

4. 外部中断/事件线路映像

80（低密度STM32F10x）或112个（中、高密度STM32F10x）GPIO端口被分配到16个外部中断/事件线上，如图3-16所示。

除此之外，EXTI线16连接到PVD输出；EXTI线17连接到RTC闹钟事件；EXTI线18连接到USB唤醒事件。

图3-16 外部中断通用I/O映像

3.3.3 中断寄存器描述

1. 中断屏蔽寄存器（EXTI_IMR）（表3-22）

表3-22 中断屏蔽寄存器（EXTI_IMR）

位	名称	说明
31：19		保留 必须保持为清除状态0
18：0	MRx	线x上的中断屏蔽 0：线x上的中断请求被屏蔽； 1：线x上的中断请求不被屏蔽

地址偏移：0x00；复位值：0x0000 0000

2. 事件屏蔽寄存器(EXTI_EMR)(表 3-23)

表 3-23　　　　　　　　　　事件屏蔽寄存器(EXTI_EMR)

位	名称	说明
31：19		保留　必须保持为清除状态 0
18：0	MRx	线 x 上的事件被屏蔽 0：线 x 上的事件请求被屏蔽； 1：线 x 上的事件请求不被屏蔽

地址偏移：0x04；复位值：0x0000 0000

3. 上升沿触发选择寄存器(EXTI_RTSR)(表 3-24)

表 3-24　　　　　　　　上升沿触发选择寄存器(EXTI_RTSR)

位	名称	说明
31：19		保留　必须保持为清除状态 0
18：0	TRx	TRx：　线 x 上的上升沿触发事件配置位； 0：禁止输入线 x 上的上升沿触发(中断和事件)； 1：允许输入线 x 上的上升沿触发(中断和事件)

地址偏移：0x08；复位值：0x0000 0000

注意：

(1) 外部唤醒线是边沿触发的,这些线上不能出现毛刺信号。

(2) 在写 EXTI_FTSR 寄存器时,若外部中断线上的上升沿信号不能被识别,挂起位不会被置位。在同一中断线上,可以同时设置上升沿和下降沿触发,即任一边沿都可触发中断。

4. 下降沿触发选择寄存器(EXTI_FTSR)(表 3-25)

表 3-25　　　　　　　　下降沿触发选择寄存器(EXTI_FTSR)

位	名称	说明
31：19		保留　必须保持为清除状态 0
18：0	TRx	TRx：　线 x 上的下降沿触发事件配置位； 0：禁止输入线 x 上的下降沿触发(中断和事件)； 1：允许输入线 x 上的下降沿触发(中断和事件)

地址偏移：0x0C；复位值：0x0000 0000

注意：

(1) 外部唤醒线是边沿触发的,这些线上不能出现毛刺信号。

(2) 在写 EXTI_FTSR 寄存器时,若外部中断线上的下降沿信号不能被识别,挂起位不会被置位。在同一中断线上,可以同时设置上升沿和下降沿触发,即任一边沿都可触发中断。

5. 软件中断事件寄存器(EXTI_SWIER)(表3-26)

表3-26　软件中断事件寄存器(EXTI_SWIER)

位	名称	说　明
31：19		保留　必须保持为清除状态0
18：0	SWIERx	线x上的软件中断　当该位为0时,写1将设置EXTI_PR中相应的挂起位。如果在EXTI_IMR和EXTI_EMR中允许产生该中断,则此时将产生一个中断。 通过清除EXTI_PR的对应位(写入1),可以清除该位为0

地址偏移：0x10；复位值：0x0000 0000

6. 挂起寄存器(EXTI_PR)(表3-27)

表3-27　挂起寄存器(EXTI_PR)

位	名称	说　明
31：19		保留　必须保持为清除状态0
18：0	PRx	挂起位 0：没有发生触发请求； 1：发生了选择的触发请求。当在外部中断线上发生了预先选定的边沿事件,该位被置1。在该位中写入1可以清除它,也可以通过改变边沿检测的极性清除。 注：如果在进入停机模式前的一个周期发生了一个中断,则EXTI_PR寄存器将只在系统从停机模式退出后才被修改,并在EXTI_IMR寄存器中未屏蔽该中断时产生中断请求

地址偏移：0x14；复位值：0xxxxxx xxxx

7. 外部中断/事件寄存器映像(表3-28)

表3-28　外部中断/事件控制器寄存器映像和复位值

偏移	寄存器	31	30	29	28	27	26	25	24	23	22	21	20	19	18	17	16	15	14	13	12	11	10	9	8	7	6	5	4	3	2	1	0
000h	EXTI_IMR	保留												MR[18:0]																			
	复位值													0	0	0	0	0	0	0	0	0	0	0	0	0	0	0	0	0	0	0	0
004h	EXTI_EMR	保留												MR[18:0]																			
	复位值													0	0	0	0	0	0	0	0	0	0	0	0	0	0	0	0	0	0	0	0
008h	EXTI_RTSR	保留												TR[18:0]																			
	复位值													0	0	0	0	0	0	0	0	0	0	0	0	0	0	0	0	0	0	0	0
00Ch	EXTI_FTSR	保留												TR[18:0]																			
	复位值													0	0	0	0	0	0	0	0	0	0	0	0	0	0	0	0	0	0	0	0
010h	EXTI_SWIE	保留												SWIER[18:0]																			
	复位值													0	0	0	0	0	0	0	0	0	0	0	0	0	0	0	0	0	0	0	0
014h	EXTI_PR	保留												PR[18:0]																			
	复位值													0	0	0	0	0	0	0	0	0	0	0	0	0	0	0	0	0	0	0	0

3.3.4 应用实例

1. 设计要求

设计一个中断优先级抢占的实例。设置三个中断：EXTI0、EXTI9 和 SysTick，在 EXTI9 的中断服务之程序中实现 EXTI1 和 SysTick 的优先级别的转换，使之分别出现：在 EXTI1 中断时可以被 SysTick 抢占和不可以被 SysTick 抢占这两种状态。

2. 硬件电路及软件设计

按键 Wakeup 与 PA0 相连作为 EXTI0，按键 Key 与 PB9 相连作为 EXTI9；LED1,LED2，LED3,LED4 分别与 PC6,PC7,PC8,PC9 相连，用于显示不同的优先级抢占状态。硬件电路设计见图 3-17。

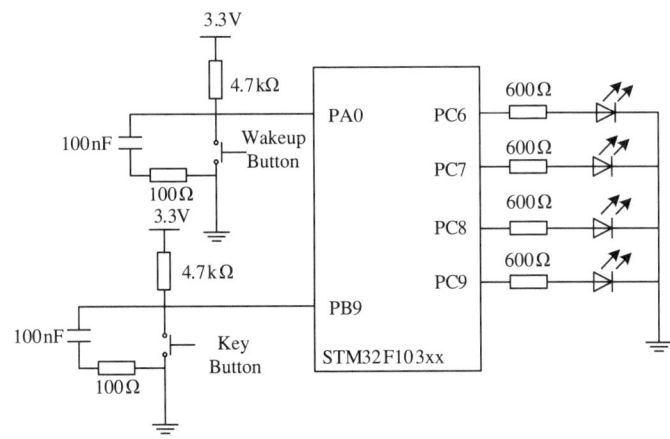

图 3-17 硬件电路设计

配置两根 EXTI 外部中断线（Wakeup button EXTI Line(EXTI0) 和 Key button EXTI Line(EXTI9)，分别与 PA0,PB9 相连），在每一个下降沿产生中断。配置 SysTick 中断。其中：

EXTI0：抢占优先级 PreemptionPriority＝PreemptionPriorityValue，子优先级＝0；

EXTI9：抢占优先级 PreemptionPriority＝ 0，子优先级＝1；

SysTick Handler：抢占优先级 PreemptionPriority＝!PreemptionPriorityValue，子优先级 SubPriority＝0。

PreemptionPriorityValue＝0，EXTI0 优先级高于 SysTick；在 EXTI9 中断服务程序中，EXTI0 和 SysTick 的优先级对换。

在 EXTI0 中断服务程序中，SysTick 中断挂起位被置1，若 SysTick 优先级比 EXTI0 优先级高，则 EXTI0 中断被抢占，转而去执行 SysTick 中断服务程序（Interrupt Service Routine,ISR）。

中断系统行为描述如下：

(1) 当 EXTI9 第一次产生中断时，SysTick 与 EXTI0 的优先级发生对换，导致 SysTick 优先级高于 EXTI0，因此 EXTI0 发生中断请求不影响 SysTick 中断服务程序的执行，抢占优先级变量 PreemptionOccured 为"TRUE"，4 个 LED 开始闪烁。

(2) 当下一个 EXTI9 中断产生，SysTick 与 EXTI0 的优先级再次发生对换，SysTick 的优先级低于 EXTI0,因此 EXTI0 发生中断时,抢占优先级变量 PreemptionOccured 为"FALSE",四个 LED1,LED2,LED3,LED4 停止闪烁。

程序 main.c 如下:

```c
#include "stm32f10x_lib.h"
#include "platform_config.h"

NVIC_InitTypeDef NVIC_InitStructure;
GPIO_InitTypeDef GPIO_InitStructure;
EXTI_InitTypeDef EXTI_InitStructure;
bool PreemptionOccured=FALSE;
u8 PreemptionPriorityValue=0;
ErrorStatus HSEStartUpStatus;

/* Private function prototypes ------------------------ */
void RCC_Configuration(void);
void GPIO_Configuration(void);
void EXTI_Configuration(void);
void Delay(vu32 nCount);

int main(void)
{
#ifdef DEBUG
  debug();
#endif

  /* 初始化系统时钟 */
  RCC_Configuration();

  /* 配置 GPIO */
  GPIO_Configuration();

  /* 配置外部中断/事件控制器 EXTI */
  EXTI_Configuration();

#ifdef  VECT_TAB_RAM
  /* Set the Vector Table base location at 0x20000000 */
  NVIC_SetVectorTable(NVIC_VectTab_RAM, 0x0);
#else  /* VECT_TAB_FLASH  */
  /* Set the Vector Table base location at 0x08000000 */
  NVIC_SetVectorTable(NVIC_VectTab_FLASH, 0x0);
#endif

  /* 配置 NVIC 为可剥夺式优先级方式 */
  NVIC_PriorityGroupConfig(NVIC_PriorityGroup_1);
```

```c
/* 使能 EXTI0 中断 */
NVIC_InitStructure.NVIC_IRQChannel=EXTI0_IRQChannel;
NVIC_InitStructure.NVIC_IRQChannelPreemptionPriority=PreemptionPriorityValue;
NVIC_InitStructure.NVIC_IRQChannelSubPriority=0;
NVIC_InitStructure.NVIC_IRQChannelCmd=ENABLE;
NVIC_Init(&NVIC_InitStructure);

/* 使能 EXTI9 中断 */
NVIC_InitStructure.NVIC_IRQChannel=EXTI9_5_IRQChannel;
NVIC_InitStructure.NVIC_IRQChannelPreemptionPriority=0;
NVIC_InitStructure.NVIC_IRQChannelSubPriority=1;
NVIC_InitStructure.NVIC_IRQChannelCmd=ENABLE;
NVIC_Init(&NVIC_InitStructure);

/* 配置系统时钟 SysTick 的优先级 */
NVIC_SystemHandlerPriorityConfig(SystemHandler_SysTick,! PreemptionPriorityValue,0);

while (1)
{
  if(PreemptionOccured ! = FALSE)
  {
     GPIO_WriteBit(GPIO_LED,GPIO_Pin_6,(BitAction)(1 - GPIO_ReadOutputDataBit(GPIO_LED,GPIO_Pin_6)));
  /* 向选定端口 GPIO_LED 的 GPIO_Pin_6 引脚写入相反的逻辑值 */
     Delay(0x5FFFF);
     GPIO_WriteBit(GPIO_LED,GPIO_Pin_7,(BitAction)(1 - GPIO_ReadOutputDataBit(GPIO_LED,GPIO_Pin_7)));
     Delay(0x5FFFF);
     GPIO_WriteBit(GPIO_LED,GPIO_Pin_8,(BitAction)(1 - GPIO_ReadOutputDataBit(GPIO_LED,GPIO_Pin_8)));
     Delay(0x5FFFF);
     GPIO_WriteBit(GPIO_LED,GPIO_Pin_9,(BitAction)(1 - GPIO_ReadOutputDataBit(GPIO_LED,GPIO_Pin_9)));
     Delay(0x5FFFF);
  }
 }
}

/* 配置通用 I/O 引脚 */
void GPIO_Configuration(void)
{
  /* Configure GPIO_LED pin 6,GPIO_LED pin 7,GPIO_LED pin 8 and GPIO_LED pin
  * as output push-pull */
```

```c
    GPIO_InitStructure.GPIO_Pin =  GPIO_Pin_6 | GPIO_Pin_7 | GPIO_Pin_8 | GPIO_Pin_9;
    GPIO_InitStructure.GPIO_Speed=GPIO_Speed_50MHz;
    GPIO_InitStructure.GPIO_Mode=GPIO_Mode_Out_PP;
    GPIO_Init(GPIO_LED, &GPIO_InitStructure);

    /* Configure PA.00 as input floating */
    GPIO_InitStructure.GPIO_Pin=GPIO_Pin_0;
    GPIO_InitStructure.GPIO_Mode=GPIO_Mode_IN_FLOATING;
    GPIO_Init(GPIOA, &GPIO_InitStructure);

    /* Configure KEY Button GPIO pin as input floating */
    GPIO_InitStructure.GPIO_Pin=GPIO_PIN_KEY_BUTTON;
    GPIO_InitStructure.GPIO_Mode=GPIO_Mode_IN_FLOATING;
    GPIO_Init(GPIO_KEY_BUTTON, &GPIO_InitStructure);
}

/* 配置外部中断/事件中断控制器 */
void EXTI_Configuration(void)
{
    /* 配置 EXTI 的线 0 连接到 PA 口的引脚 0 */
    GPIO_EXTILineConfig(GPIO_PortSourceGPIOA, GPIO_PinSource0);

    /* 配置 EXTI 线 0 在下降沿时申请中断 */
    EXTI_InitStructure.EXTI_Line=EXTI_Line0;
    EXTI_InitStructure.EXTI_Mode=EXTI_Mode_Interrupt;
    EXTI_InitStructure.EXTI_Trigger=EXTI_Trigger_Falling;
    EXTI_InitStructure.EXTI_LineCmd=ENABLE;
    EXTI_Init(&EXTI_InitStructure);

    /* 配置 EXTI 的指定线连接到按键相关的 GPIO 线上 */
    GPIO_EXTILineConfig(GPIO_PORT_SOURCE_KEY_BUTTON, GPIO_PIN_SOURCE_KEY_BUTTON);

    /* 配置 EXTI 的按键连线在下降沿时申请中断 */
    EXTI_InitStructure.EXTI_Line=EXTI_LINE_KEY_BUTTON;
    EXTI_Init(&EXTI_InitStructure);
}

/* 延迟函数 */
void Delay(vu32 nCount)
{
    for(; nCount != 0; nCount--);
}
```

3.4 STM32F103x 的时钟系统

时钟系统为整个硬件系统的各个模块提供时钟信号。由于系统的复杂性,各个硬件模块很可能对时钟信号有自己的要求,这就要求在系统中设置多个振荡器,分别提供时钟信号,实际中经常从一个主振荡器开始,经过多次的倍频、分频、锁相环等电路,生成每个模块的独立时钟信号。相应的从主振荡器到各个模块的时钟信号通路也称为时钟树。

在 STM32 中,有 5 个时钟源,分别为 HSI、HSE、LSI、LSE、PLL,如图 3-18 所示。

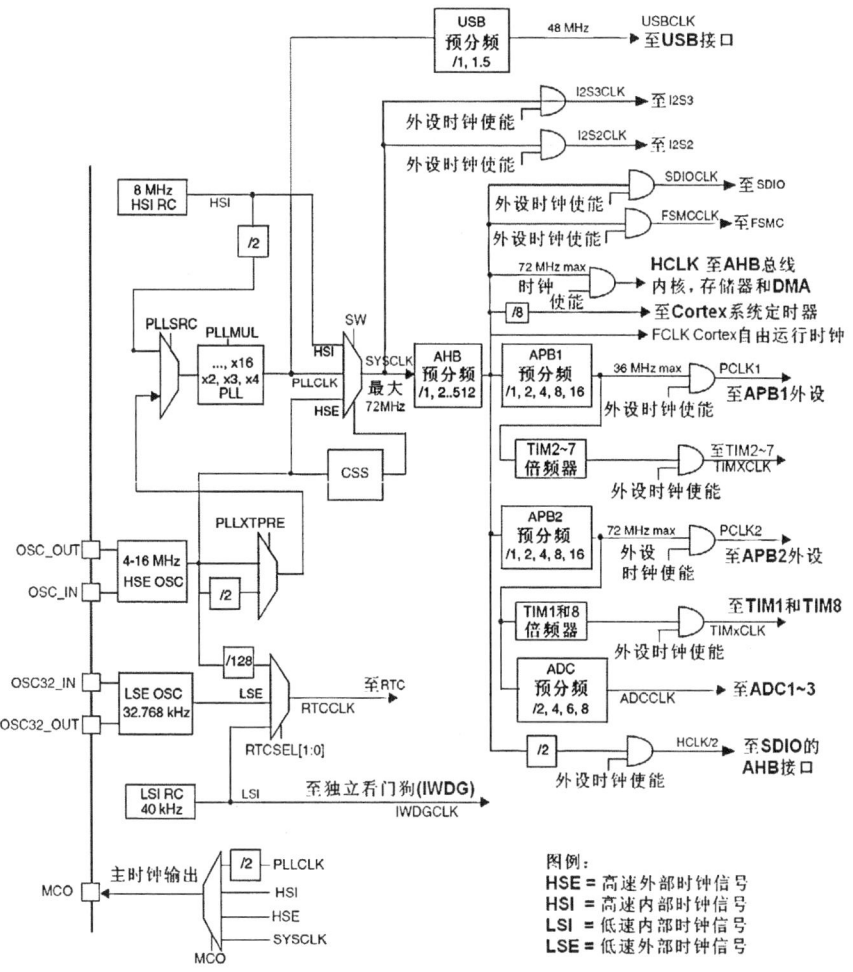

图 3-18 STM32F103 的时钟系统

图中:

HSI 是高速内部时钟,RC 振荡器,频率为 8MHz。
HSE 是高速外部时钟,可接石英/陶瓷谐振器,或者接外部时钟源,频率范围为 4~16MHz。
LSI 是低速内部时钟,RC 振荡器,频率为 40kHz。
LSE 是低速外部时钟,接频率为 32.768kHz 的石英晶体。
PLL 为锁相环倍频输出,其时钟输入源可选择为 HSI/2、HSE 或者 HSE/2。倍频可选择为 2~16 倍,最高输出频率不得超过 72MHz。

其中 40kHz 的 LSI 供独立看门狗 IWDG 使用,也可作为实时时钟 RTC 的时钟源。但 RTC 的时钟源还可以选择为 LSE,或者是 HSE 的 128 分频,这些是通过 RTCSEL[1:0]来配置的。

STM32 内部的 USB 模块可全速工作,其串行接口引擎需要一个频率为 48MHz 的时钟源。该时钟源只能从 PLL 输出端获取,可以选择为 1.5 分频或者 1 分频。这也就意味着,当需要使用 USB 模块时,PLL 必须被使能且时钟频率被配置为 48MHz 或 72MHz。

STM32 还可以选择一个时钟信号输出到 MCO 脚(PA8)上,可以选择为 PLL 输出的 2 分频、HSI、HSE,或者系统时钟,供外部其他电路使用。

系统时钟 SYSCLK 是供 STM32 中绝大部分部件工作的时钟源,可选择为 PLL 输出、HSI 或者 HSE。系统时钟最大频率为 72MHz,它通过 AHB 分频器分频后送给各模块使用,AHB 分频器可选择 1,2,4,8,16,64,128,256,512 分频。其中 AHB 分频器输出的时钟送给 5 大模块使用:

- 送给 AHB 总线、内核、内存和 DMA 使用的 HCLK 时钟;
- 通过 8 分频后送给 Cortex 的系统定时器时钟;
- 直接送给 Cortex 的空闲运行时钟 FCLK;
- 送给 APB1 分频器。APB1 分频器可选择 1,2,4,8,16 分频,其输出一路供 APB1 外设使用(PCLK1,最大频率 36MHz),另一路送给定时器(Timer)2,3,4 倍频器使用。该倍频器可选择 1 倍频或者 2 倍频,时钟输出供定时器 2,3,4 使用;
- 送给 APB2 分频器。APB2 分频器可选择 1,2,4,8,16 分频,其输出一路供 APB2 外设使用(PCLK2,最大频率 72MHz),另一路送给定时器(Timer)1 倍频器使用。该倍频器可选择 1 倍频或者 2 倍频,时钟输出供定时器 1 使用。另外,APB2 分频器还有一路输出供 ADC 分频器使用,分频后送给 ADC 模块使用。ADC 分频器可选择为 2,4,6,8 分频。

在以上的时钟输出中,有很多是带使能控制的,例如 AHB 总线时钟、内核时钟、各种 APB1 外设、APB2 外设,等等。当需要使用某模块时,记得一定要先使能对应的时钟。

需要注意的是定时器的倍频器,当 APB 的分频为 1 时,它的倍频值为 1,否则它的倍频值就为 2。

连接在 APB1(低速外设)上的设备有:电源接口,备份接口,CAN,USB,I2C1,I2C2,UART2,UART3,SPI2,WatchDog,Timer2,Timer3 和 Timer4。注意刚才提到 USB 模块需要一个单独的 48MHz 时钟信号,但它只是提供给串行接口引擎(SIE)使用的时钟,并非是 USB 模块其他电路的工作时钟,这一工作时钟由 APB1 提供。

连接在 APB2(高速外设)上的设备有:UART1,SPI1,Timer1,ADC1,ADC2,所有普通 IO 口(PA~PE),第二功能 IO 口。

在一个系统刚刚启动时,应首先根据所用到的模块配置整个系统的时钟系统。

3.5 基于 STM32 的最小系统参考设计

最小系统是指仅包含最必需元器件、仅可运行最基本软件的最简化系统,它通常仅包含主 MCU 芯片、电源供给、时钟、复位和启动设置,而不包含任何其他外部 I/O 模块。这样的系统仅能运行一些最基本软件,基本上不太可能在实际中应用,但是由于其简单性,通常是我们一个很好的学习起点和系统设计开端。因大部分内容在 3.1 节已有陈述,故这里不再赘述。图 3-19 给出了基于 STM32F103ZE(T6)的最小系统参考设计,其中:

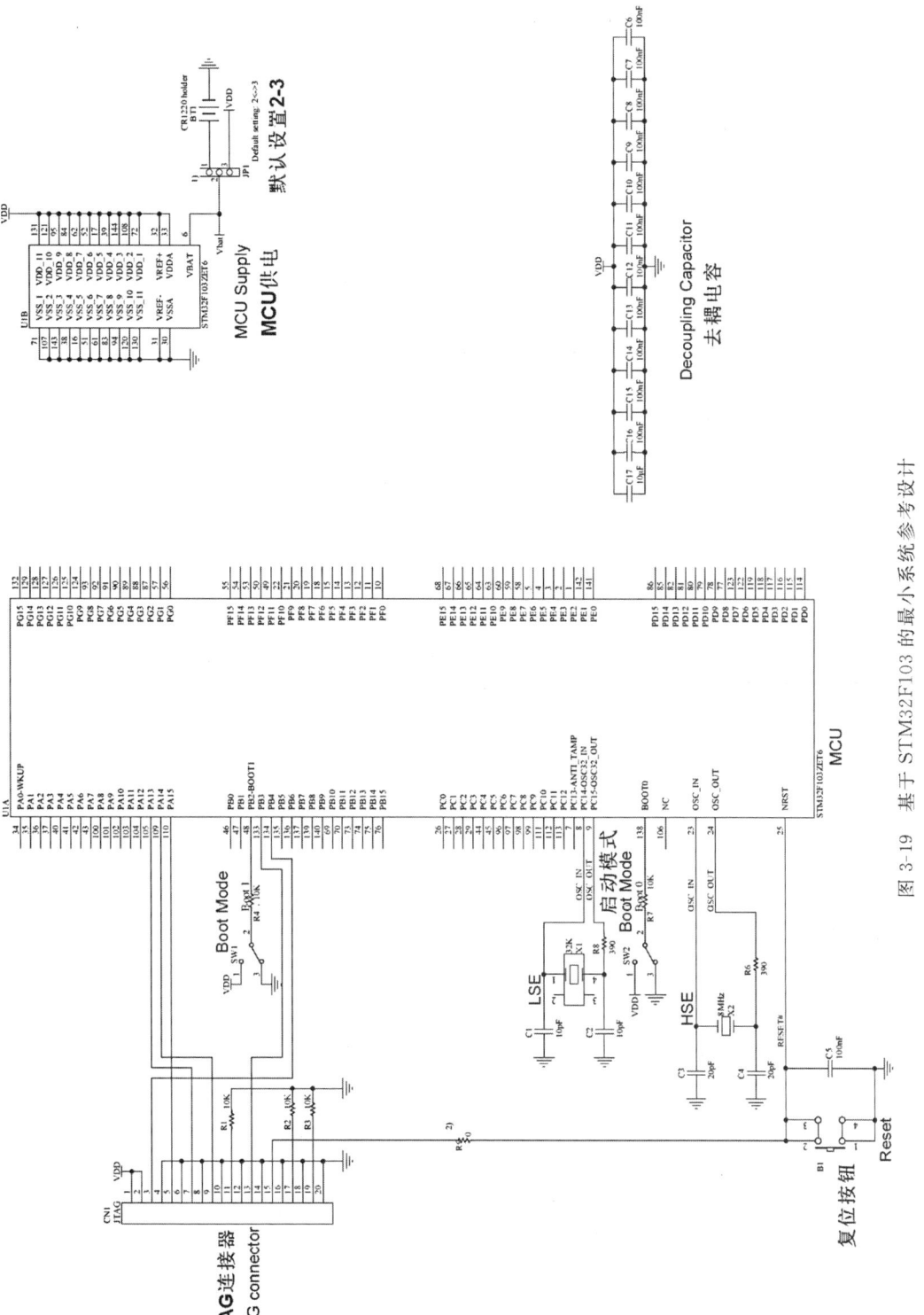

图 3-19 基于 STM32F103 的最小系统参考设计

- 所选 MCU 运行在 72MHz，内部集成了 Cortex-M3 32 位 RISC CPU 内核、512K Flash 和 64K SRAM；
- 采用双时钟源，其中 LSE 用于支持嵌入式 RTC，采用 32.768kHz 晶振，HSE 采用 8MHz 晶振，作为 MCU 芯片的主时钟；
- 复位支持：按钮 B1 以向 MCU 的 NRST 提供低电平复位信号，该复位信号也可来自用于调试的连接器 CN1；
- 启动模式选择：由开关 SW2(Boot0) 和 SW1(Boot1) 配置；
- SWJ 接口：连接了一个标准的 JTAG 连接器；
- 供电：由电池供电。

表 3-29、表 3-30、表 3-31 进一步分别给出了该最小系统所需器件、可选器件及封装连接。

表 3-29 最小系统必需器件

序	器件名称	型号	数量	说 明
1	微控制器	STM32F103ZE(T6)	1	144 引脚封装
2	电容	100nF	11	陶瓷电容（去耦电容）
3	电容	$10\mu F$	1	陶瓷电容（去耦电容）

表 3-30 最小系统可选器件

序	器件名称	型号	数量	说 明
1	电阻	$10k\Omega$	5	JTAG 和启动模式的上拉和下拉电阻
2	电阻	390Ω	1	供 HSE 使用：电阻值取决于晶振特性 该电阻值只是一个典型例子
3	电阻	0Ω	1	供 LSE 使用：电阻值取决于晶振特性 该电阻值只是一个典型例子
4	电容	100nF	1	陶瓷电容
5	电容	10pF	2	供 LSE 使用：电容值取决于晶振特性
6	电容	20pF	2	供 HSE 使用：电容值取决于晶振特性
7	晶振	8MHz	1	供 HSE 使用
8	晶振	32kHz	1	供 LSE 使用
9	JTAG 连接器	HE10	1	
10	电池	3.3V	1	如果应用中没有电池，V_{BAT} 必须连到 V_{DD}

表 3-31　　　　　　　　　　　　　　　所有封装的参考连接

管脚名称	LQFP 封装的管脚编号				BGA 封装的管脚编号		VFQFPN 封装的管脚编号
	144 脚	100 脚	64 脚	48 脚	144 脚	100 脚	36 脚
OSC_IN	23	12	5	5	D1	C1	2
OSC_OUT	24	13	6	6	E1	D1	3
PC15 OSC32_OUT	9	9	4	4	C1	B1	—
PC14 OSC32_IN	8	8	3	3	B1	A1	—
BOOT0	138	94	60	44	D5	D5	35
PB2/BOOT1	48	37	28	20	J5	G5	17
NRST	25	14	7	7	F1	E1	4
PA13	105	72	46	34	A12	A10	25
PA14	109	76	48	37	A11	A9	28
PA15	110	77	50	38	A10	A8	29
PB4	134	90	56	40	A6	A6	31
PB3	133	89	55	39	A7	A7	30
VSS_1	71	49	31	23	H7	E7	18
VSS_2	107	74	47	35	G9	E6	26
VSS_3	143	99	63	47	E5	E5	36
VSS_4	38	27	18	—	G4	E4	—
VSS_5	16	10	—	—	D2	C2	—
VSS_6	51	—	—	—	H5	—	—
VSS_7	61	—	—	—	H6	—	—
VSS_8	83	—	—	—	G8	—	—
VSS_9	94	—	—	—	G10	—	—
VSS_10	120	—	—	—	E7	—	—
VSS_11	130	—	—	—	E6	—	—
VDD_1	72	50	32	24	G7	F7	19
VDD_2	108	75	48	36	F9	F7	27
VDD_3	144	100	64	48	F5	F5	1
VDD_4	39	28	19	—	F4	F4	—
VDD_5	17	11	—	—	D3	D2	—
VDD_6	52	—	—	—	G5	—	—
VDD_7	62	—	—	—	G6	—	—
VDD_8	84	—	—	—	F8	—	—
VDD_9	95	—	—	—	F10	—	—
VDD_10	121	—	—	—	F7	—	—
VDD_11	131	—	—	—	F6	—	—
VREF+	32	21	—	—	L1	J1	—
VREF−	31	20	—	—	K1	H1	—
VSSA	30	19	12	8	J1	G1	—
VDDA	33	22	13	9	M1	K1	—
VBAT	6	6	1	1	C2	B2	—

习题

1. 简述微处理器 CPU 和微控制器的概念区别。Cortex 和 STM32F103 分别属于哪一类？
2. 简述 STM32F10x 的存储器和总线架构。
3. 用图表描述 STM32F10x 的存储器映像及相应存储区域的功能。
4. 总线矩阵的作用是什么？
5. SRAM 的起始地址是多少？
6. Bit-band 别名区与 Bit-band 区的相互关系，Bit-band 映射可实现哪些功能？
7. Flash 有哪些功能，请简述一种功能的软件实现。
8. STM32F10x 存在几种启动模式，如何实现？
9. 简述你对事件、异常和中断这几个概念的理解。
10. 简述 STM32F103 嵌套向量中断控制器（NVIC）及其特性。
11. 系统时基（SysTick）校准值寄存器的主要功能是什么？如何实现？
12. 查阅 *Medium- and High-density STM32F101xx and STM32F103xx advanced ARM-based 32-bit MCUs*，用图表说明中高密度 STM32F103 中断和异常向量。
13. 外部中断/事件控制器 EXTI 的组成，主要特性和主要功能有哪些？
14. 以低密度 STM32F103 为例，图文描述外部中断/事件线路映像。
15. 以低、中、高密度 STM32F103 为例，分别说明 NVIC 和 EXTI 的寄存器情况，举例说明相关寄存器如何使用。
16. 以低密度 STM32F103 为例，具体说明如何实现优先级的抢占。
17. 在 STM32F103 的内部，从晶体振荡器的输出是经过哪些变换得到 Cortex 内核实际运行所需的时钟信号的？
18. STM32F103 内部有哪几种基本时钟信号？
19. 在 STM32F103 内部的时钟树中，锁相环 PLL 有何用途？
20. 试设计一基于 STM32F103 系列 MCU 的最小系统，独立绘制出电路图。

第 4 章 DMA 控制器

本章首先介绍直接存储器存取(Direct Memory Access,DMA)的概念,然后介绍 STM32F 系列 DMA 体系的内部结构和主要特点,并详述 STM32F103 芯片是如何实现直接存储器存取的,最后介绍与 DMA 控制管理有关的若干寄存器和应用示例。在本章的学习中,应在理解 DMA 工作原理和内部设计的基础上,重点掌握如何启用指定外设的 DMA 传输以提高系统性能。

4.1 主要特性

直接存储器存取用来提供在外设与外设之间、外设与存储器之间、存储器与存储器之间的高速数据传输。无须 CPU 任何干预,通过 DMA 数据可以快速地移动,这就节省了 CPU 的资源来做其他操作。

STM32F103x6、STM32F103x8、STM32F103xB 的 DMA 控制器拥有 7 个独立的可配置的通道,STM32F103xC、STM32F103xD、STM32F103xE 的 DMA 控制器则拥有 12 个独立的可配置的通道,其中 7 个通道属于 DMA1,另外 5 个通道属于 DMA2。每个通道专门用来管理来自一个或多个外设对存储器访问的请求。DMA 可以用于主要的外设 SPI、I2C、USART,通用和高级定时器 TIMx 和 ADC,其中,STM32F103x6、STM32F103x8、STM32F103xB 支持定时器、ADC、SPI、I2C 和 USART 等外设,STM32F103xC、STM32F103xD、STM32F103xE 支持定时器、ADC、DAC、SDIO、I2S、SPI、I2C 和 USART 等外设。另外,STM32F103xx 还有一个仲裁器来协调各个 DMA 请求的优先权。

STM32F103x6、STM32F103x8、STM32F103xB 的 DMA 控制器拥有 7 个独立的可配置的通道(请求),如图 4-1 所示。

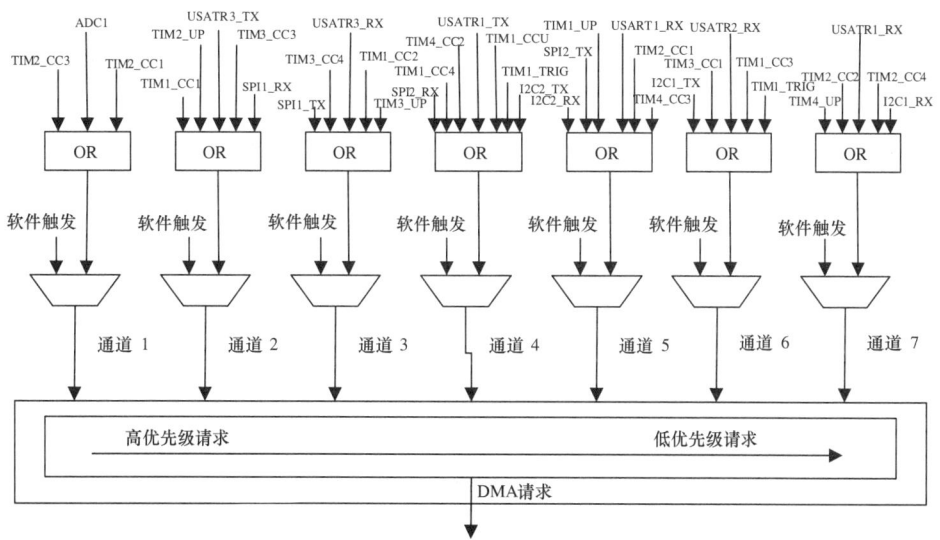

图 4-1 STM32F103x6、STM32F103x8、STM32F103xB 的 DMA 控制器 7 个传输通道

图 4-1 描述了 STM32F103x6，STM32F103x8，STM32F103xB 的 DMA 控制器 7 个传输通道，而 TM32F103xC，STM32F103xD，STM32F103xE 的 DMA 控制器则拥有 12 个独立的可配置的通道（请求）。它们的主要特性如下：

- 支持存储器与存储器间的传输，外设与存储器、存储器与外设、外设与外设之间的数据传输。闪存、SRAM、外设的 SRAM、APB1 和 APB2 外设均可作为访问的源和目标。
- 每个通道都直接连接专用的硬件 DMA 请求，每个通道都同样支持软件触发。这些功能可以通过软件来配置。
- DMA 通道支持单向的从源端到目的端的数据传输，各通道的优先权可以通过硬件和软件编程实现（共有四级：很高、高、中等和低），假如在相等优先权时由硬件决定（请求 0 优先于请求 1，依此类推）。
- 数据传输时内存和外设指针自动增加或减少，传输数据的大小可编程。
- 循环模式/非循环模式。
- 每个通道都有 3 个事件标志（DMA 半传输，DMA 传输完成和 DMA 传输出错），这 3 个事件标志逻辑或成为一个单独的中断请求。
- 总线错误自动管理。
- 可编程的数据传输数目：最大为 65536。

4.2 功能描述

DMA 是 AMBA 的先进高性能总线（AHB）上的设备，它有 2 个 AHB 端口：一个是从端口，用于配置 DMA，另一个是主端口，使得 DMA 可以在不同的从设备之间传输数据。两个 AHB/APB 桥在 AHB 和 2 个 APB 总线间提供同步连接。APB1 操作速度限于 36MHz，APB2 操作于全速（最高 72MHz）。

STM32F10xxx 的 DMA 控制器充分利用了 Cortex-M3 哈佛架构和多层总线系统的优势，达到非常低的 DMA 数据传输延时和 CPU 响应中断延迟，参见图 4-2。与分布式的解决方法（每个外设需要实现自己的数据存储）相比，这种解决方法无论在芯片使用面积还是功耗方面都要更胜一筹。DMA 控制器和 Cortex-M3 核共享系统数据线执行直接存储器数据传输。因此，1 个 DMA 请求占用至少 2 个周期的 CPU 访问系统总线时间。为了保证 Cortex-M3 核的代码执行的最小带宽，DMA 控制器总是在 2 个连续的 DMA 请求间释放系统时钟至少 1 个周期。

DMA 的作用是在没有 Cortex-M3 核心的干预下，在后台完成数据传输。在传输数据的过程中，主处理器可以执行其他任务，只有在整个数据块传输结束后，需要处理这些数据时才会中断主处理器的操作。它可以在对系统性能产生较小影响的情况下，实现大量数据的传输。

STM32F103 的 Cortex-M3 处理器和 DMA 控制器通过总线矩阵连接到从总线、Flash Memory 总线、SRAM 总线和 AHB 总线，并进一步轮流连接到两个 APB 总线以服务于所有外设。

总线矩阵有"循环优先调度"、"多层结构和总线挪用"两个主要特性，实现系统性能的最大化和减少延时。

1. 循环优先调度

又称为"轮询优先级方案"。NVIC 和 Cortex-M3 处理器实现了高性能低延时中断调度。

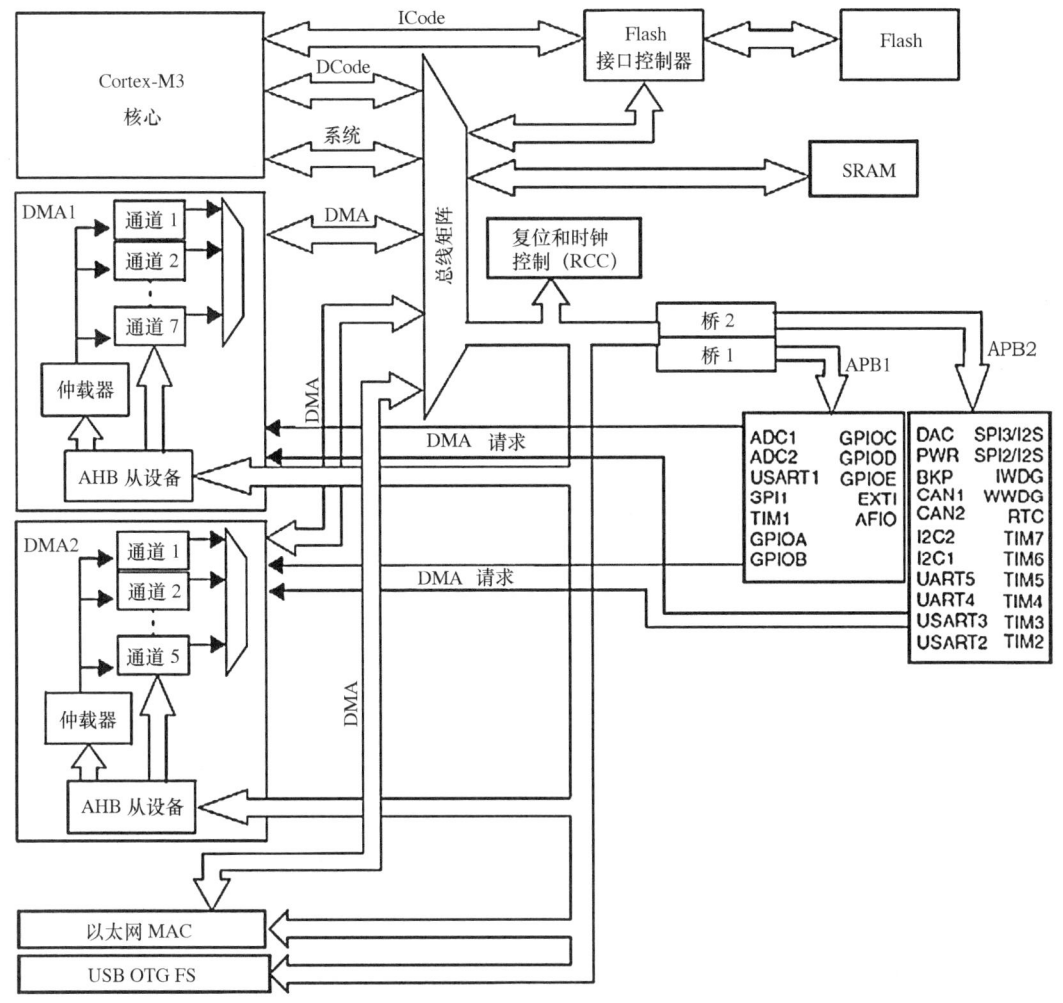

图 4-2 DMA 功能框图

所有的 Cortex-M3 指令既可以在单周期内执行,也可以在总线周期级上被中断。为了在系统水平上保证这个特性,DMA 和总线矩阵必须确保 DMA 不长时间地占有总线。循环优先级调度能够确保 CPU 在必要的时候每两个总线周期就去访问其他从总线。因此,在 CPU 看来第一个数据的最大总线系统延时,就是一个总线周期(最大两个 APB 时钟周期)。

2. 多层结构和总线挪用

多层结构允许两个主要设备并发执行数据传输。在 Cortex-M3 哈佛架构下提高数据的并发度和并行性,减少执行时间、优化 DMA 效率。从 Flash 存储器取指是通过完全独立的总线,DMA 和 CPU 只是在需要通过从总线进行数据访问时才会产生竞争,降低了 DMA 和 CPU 之间的竞争程度。

当使用总线挪用存取机制时,CPU 等待数据的最大时间是很短的,只有一个总线周期,CPU 访问 SRAM 和 DMA 存取可以自然地交叉运行,CPU 访问和 DMA 通过 APB 总线存取,外设就可以并发工作。即使更多的数据使用突(猝)发模式,DMA 也会更快一些,CPU 停止的那段时间很少被复位。DMA 总线挪用机制使得总线利用效率更高,因而减少了软件执行时间。图 4-3 为 DMA 数据传送的两种模式。

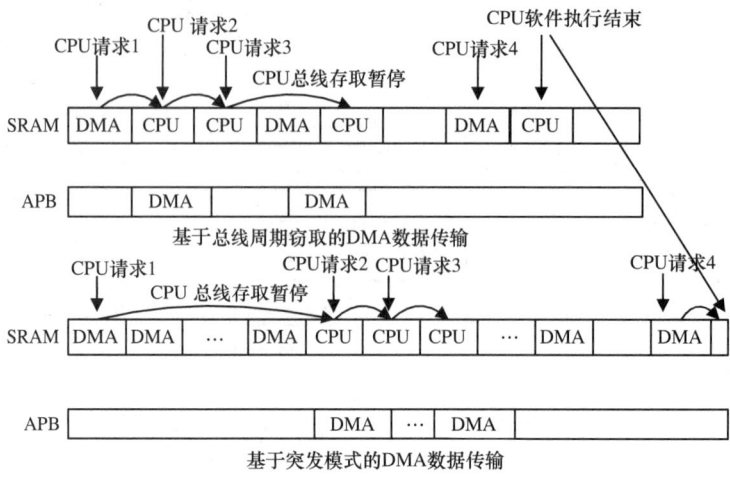

图 4-3 DMA 数据传送总线挪用与突发模式

4.2.1 DMA 处理

在发生一个事件后,外设发送一个请求信号到 DMA 控制器。DMA 控制器根据通道的优先权处理请求。当 DMA 控制器开始访问外设的时候,DMA 控制器立即发送给外设一个应答信号。当从 DMA 控制器得到应答信号时,外设立即释放它的请求。一旦外设释放了这个请求,DMA 控制器同时撤销应答信号。如果发生更多的请求时,外设可以启动下次处理。

总之,每个 DMA 传送由三个操作组成:

(1)从外设数据寄存器或者从 DMA_CMARx 寄存器指定地址的存储器单元执行加载操作。

(2)存数据到外设数据寄存器或者存数据到 DMA_CMARx 寄存器指定地址的存储器单元。

(3)执行一次 DMA_CNDTRx 寄存器的递减操作,该寄存器包含未完成的操作数目。

4.2.2 仲裁器

仲裁器根据通道请求的优先级来启动外设/存储器的访问。

1. 软件

可以在 DMA_CCRx 寄存器中设置每个通道的优先权,有四个等级:

(1)最高优先级。

(2)高优先级。

(3)中等优先级。

(4)低优先级。

2. 硬件

如果两个请求有相同的软件优先级,则拥有较低编号的通道比拥有较高编号的通道有较高的优先权。举个例子,通道 2 优先于通道 4。

4.2.3 DMA 通道

每个通道都可以在有固定地址的外设寄存器和存储器地址之间执行 DMA 传输。DMA 传输的数据量是可编程的,最大达到 65535。包含要传输的数据项数量的寄存器,在每次传输后递减。

1. 可编程的数据量

外设和存储器的传输数据量可以通过 DMA_CCRx 寄存器中的 PSIZE 和 MSIZE 位编程。

2. 指针增量

通过设置 DMA_CCRx 寄存器中 PINC 和 MINC 标志位,外设和存储器的指针在每次传输后可以有选择地完成自动增量。当设置为增量模式时,下一个要传输的地址将是前一个地址加上增量值,增量值取决于所选的数据宽度,为 1,2 或 4。第一个传输的地址存放在 DMA_CPARx/DMA_CMARx 寄存器中。

通道配置为非循环模式时,在传输结束后(即传输数据量变为 0)将不再产生 DMA 操作。

3. 通道配置过程

为了实现外设数据的连续传输,相关的 DMA 通道必须能够维持外设数据传输率,确保 DMA 服务的延迟时间少于连续两个外设数据的时间间隔。

高速/高带宽外设必须拥有最高的 DMA 优先级,这确保了最大的数据延迟对于这些外设都是可以忍受的,而且可以避免溢出和下溢的情况。

在相同带宽需求的情况下,推荐给工作在从模式下(不能对数据传输速度进行控制)的外设分配较高的优先级,工作在主模式(能够控制数据流)下的外设分配相对低的优先级。

默认情况下,通道和硬件优先级(从 1 到 7)的分配,是按照最快的外设分配最高优先级的顺序来分配的。当然,在某些运用场合下也许这种分配并不适用;此时,用户可以为每一个通道配置软件优先级(分 4 种,从非常高到低),软件优先级优先于硬件优先级。

当同时使用几个外设(不管有没有使用 DMA)时,用户必须确保内部系统能够维持应用所要求的总数据带宽,必须权衡以下两个因素,找到一个折衷方案:

- 每个外设的应用需求;
- 内部数据带宽。

下面是配置 DMA 通道的过程(x 代表通道号)。

(1) 在 DMA_CPARx 寄存器中设置外设寄存器的地址。发生外设数据传输请求时,这个地址将是数据传输的源或目标。

(2) 在 DMA_CMARx 寄存器中设置数据存储器的地址。发生外设数据传输请求时,传输的数据将从这个地址读出或写入这个地址。

(3) 在 DMA_CNDTRx 寄存器中设置要传输的数据量。在每个数据传输后,这个数值递减。

(4) 在 DMA_CCRx 寄存器的 PL[1:0] 位中设置通道的优先级。

(5) 在 DMA_CCRx 寄存器中设置数据传输的方向、循环模式、外设和存储器的增量模式、外设和存储器的数据宽度、传输一半产生中断或传输完成产生中断。

(6) 设置 DMA_CCRx 寄存器的 ENABLE 位,启动该通道。一旦启动了 DMA 通道,它即可响应联到该通道上的外设的 DMA 请求。当传输一半的数据后,半传输标志(HTIF)被置1,当设置了允许半传输中断位(HTIE)时,将产生一个中断请求。在数据传输结束后,传输完成标志(TCIF)被置1,当设置了允许传输完成中断位(TCIE)时,将产生一个中断请求。

4. 循环模式

循环模式用于处理循环缓冲区和连续的数据传输(如 ADC 的扫描模式)。在 DMA_CCRx 寄存器中的 CIRC 位用于开启这一功能。当启动了循环模式,数据传输的数目变为 0 时,将会自动地被恢复成配置通道时设置的初值,DMA 操作将会继续进行。

5. 存储器到存储器模式

DMA 通道的操作可以在没有外设请求的情况下进行,这种操作就是存储器到存储器模式。

当设置了 DMA_CCRx 寄存器中的 MEM2MEM 位之后,在软件设置了 DMA_CCRx 寄存器中的 EN 位启动 DMA 通道时,DMA 传输将马上开始。当 DMA_CNDTRx 寄存器变为 0 时,DMA 传输结束。

存储器到存储器模式不能与循环模式同时使用。

6. DMA 延迟

DMA 完成从外设到 SRAM 存储器的数据传输有三个步骤:

(1) DMA 请求仲裁;

(2) 从外设中读取数据(DMA 源);

(3) 将读取的数据写入到 SRAM 中(DMA 目标)。

当 DMA 把数据从内存中传输到外设(例如 SPI 传送),操作步骤如下:

(1) DMA 请求仲裁;

(2) 从 SRAM 中读取数据(DMA 源);

(3) 将读取到的数据通过 APB 总线写入到外设中(DMA 目标)。

服务每个 DMA 通道的总时间

$$t_S = t_A + t_{ACC} + t_{SRAM}$$

这里,

t_A 是仲裁时间

$$t_A = 1 \text{ 个 AHB 时钟周期}$$

t_{ACC} 是访问外设时间

$$t_{ACC} = 1 \text{ 个 AHB 时钟周期(总线矩阵仲裁)} +$$
$$2 \text{ 个 APB 时钟周期(实际的数据传输)} +$$
$$1 \text{ 个 AHB 时钟周期(总线同步)}$$

t_{SRAM} 是读写 SRAM 的时间

$$t_{SRAM} = 1 \text{ 个 AHB 时钟周期(总线矩阵仲裁)} +$$
$$1 \text{ 个 AHB 时钟周期(单一的读/写操作)}$$
$$\text{或者} + 2 \text{ 个 AHB 时钟周期(先读 SRAM 再写 SRAM 的情况)}$$

当 DMA 通道空闲或者是前一个 DMA 通道的第 3 步操作完成后,DMA 控制器比较所有挂起的 DMA 请求的优先级(先比较软件优先级;软件优先级相同时,再比较硬件优先级),高优先级的通道将会被服务,DMA 开始执行第 2 步操作。当一个通道正在服务时(第 2,3 步操作正在进行),没有其他的通道能够被服务,不管它的优先级如何。

当至少同时使能了两个 DMA 通道时,最高优先级通道的 DMA 延迟时间为正在传输的时间

(不包括仲裁阶段),加上下个将被服务的 DMA 通道(挂起优先级最高的通道)数据传输的时间。

7. 数据总线带宽限制

数据总线带宽限制主要是因为 APB 总线比系统 SRAM 和 AHB 总线速度慢,参见图 4-4。对于最高优先级的 DMA 通道,必须考虑以下两种情况:

(1) 当不止一个 DMA 通道被使能时,最高优先级的通道在 APB 总线上占用的数据带宽必须低于 APB 最高传输率的 25%。APB 总线传输的所有时间必须考虑在内,即 2 个 APB 时钟周期加上用来仲裁/同步的 2 个 AHB 时钟周期。

(2) 尽管高速/高优先级 DMA 传输通常发生在 APB2 上(更快的 APB 总线),但是 CPU 和其他 DMA 通道可以访问 APB1 上的外设。大约 3/4 的 APB 传输是在 APB1 上完成的,最小的 APB2 频率依赖于最快的 DMA 通道数据带宽。

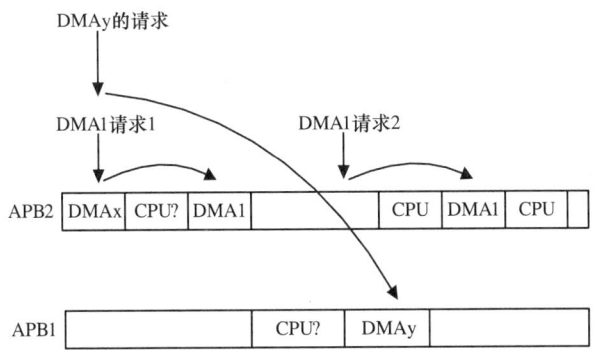

图 4-4 DMA 传输过程中 APB 总线的占用情况

最大的 APB 时钟分频因子由下列的等式给出:

$$f_{AHB} > (2 \times N_2 + 6 \times N_1 + 6) \times B_{max}$$

如果

$$N_2 < N_1 \text{ 则 } N_1 < (f_{AHB}/B_{max})/8$$

其中 f_{AHB} ——AHB 时钟频率;

N_1 和 N_2 ——分别是 APB1 和 APB2 的时钟分频因子;

B_{max} ——APB2 上的最大数据带宽,单位为传输次数/s。

4.2.4 可编程的数据传输宽度、对齐方式和数据大小端

当 PSIZE 和 MSIZE 不相同时,DMA 模块按照表 4-1 进行数据对齐。

表 4-1 可编程的数据传输宽度和大小端操作(当 PINC=MINC=1)

源端宽度	目标宽度	传输数目	源:地址/数据	传输操作	目标:地址/数据
8	8	4	0x0/B0 0x1/B1 0x2/B2 0x3/B3	1:在 0x0 读 B0[7:0],在 0x0 写 B0[7:0] 2:在 0x1 读 B1[7:0],在 0x1 写 B1[7:0] 3:在 0x2 读 B2[7:0],在 0x2 写 B2[7:0] 4:在 0x3 读 B3[7:0],在 0x3 写 B3[7:0]	0x0/B0 0x1/B1 0x2/B2 0x3/B3

续表

源端宽度	目标宽度	传输数目	源:地址/数据	传输操作	目标:地址/数据
8	16	4	0x0/B0 0x1/B1 0x2/B2 0x3/B3	1：在 0x0 读 B0[7:0]，在 0x0 写 00B0[15:0] 2：在 0x1 读 B1[7:0]，在 0x2 写 00B1[15:0] 3：在 0x2 读 B2[7:0]，在 0x4 写 00B2[15:0] 4：在 0x3 读 B3[7:0]，在 0x6 写 00B3[15:0]	0x0/00B0 0x2/00B1 0x4/00B2 0x6/00B3
8	32	4	0x0/B0 0x1/B1 0x2/B2 0x3/B3	1：在 0x0 读 B0[7:0]，在 0x0 写 000000B0[31:0] 2：在 0x1 读 B1[7:0]，在 0x4 写 000000B1[31:0] 3：在 0x2 读 B2[7:0]，在 0x8 写 000000B2[31:0] 4：在 0x3 读 B3[7:0]，在 0xC 写 000000B3[31:0]	0x0/000000B0 0x4/000000B1 0x8/000000B2 0xC/000000B3
16	8	4	0x0/B1B0 0x2/B3B2 0x4/B5B4 0x6/B7B6	1：在 0x0 读 B1B0[15:0]，在 0x0 写 B0[7:0] 2：在 0x2 读 B3B2[15:0]，在 0x1 写 B2[7:0] 3：在 0x4 读 B5B4[15:0]，在 0x2 写 B4[7:0] 4：在 0x6 读 B7B6[15:0]，在 0x3 写 B6[7:0]	0x0/B0 0x1/B2 0x2/B4 0x3/B6
16	16	4	0x0/B1B0 0x2/B3B2 0x4/B5B4 0x6/B7B6	1：在 0x0 读 B1B0[15:0]，在 0x0 写 B1B0[15:0] 2：在 0x2 读 B3B2[15:0]，在 0x2 写 B3B2[15:0] 3：在 0x4 读 B5B4[15:0]，在 0x4 写 B5B4[15:0] 4：在 0x6 读 B7B6[15:0]，在 0x6 写 B7B6[15:0]	0x0/B1B0 0x2/B3B2 0x4/B5B4 0x6/B7B6
16	32	4	0x0/B1B0 0x2/B3B2 0x4/B5B4 0x6/B7B6	1：在 0x0 读 B1B0[15:0]，在 0x0 写 0000B1B0[31:0] 2：在 0x2 读 B3B2[15:0]，在 0x4 写 0000B3B2[31:0] 3：在 0x4 读 B5B4[15:0]，在 0x8 写 0000B5B4[31:0] 4：在 0x6 读 B7B6[15:0]，在 0xC 写 0000B7B6[31:0]	0x0/0000B1B0 0x4/0000B3B2 0x8/0000B5B4 0xC/0000B7B6
32	8	4	0x0/B3B2B1B0 0x4/B7B6B5B4 0x8/BBBAB9B8 0xC/BFBEBDBC	1：在 0x0 读 B3B2B1B0[31:0]，在 0x0 写 B0[7:0] 2：在 0x4 读 B7B6B5B4[31:0]，在 0x1 写 B4[7:0] 3：在 0x8 读 BBBAB9B8[31:0]，在 0x2 写 B8[7:0] 4：在 0xC 读 BFBEBDBC[31:0]，在 0x3 写 BC[7:0]	0x0/B0 0x1/B4 0x2/B8 0x3/BC
32	16	4	0x0/B3B2B1B0 0x4/B7B6B5B4 0x8/BBBAB9B8 0xC/BFBEBDBC	1：在 0x0 读 B3B2B1B0[31:0]，在 0x0 写 B1B0[15:0] 2：在 0x4 读 B7B6B5B4[31:0]，在 0x2 写 B5B4[15:0] 3：在 0x8 读 BBBAB9B8[31:0]，在 0x4 写 B9B8[15:0] 4：在 0xC 读 BFBEBDBC[31:0]，在 0x6 写 BDBC[15:0]	0x0/B1B0 0x2/B5B4 0x4/B9B8 0x6/BDBC
32	32	4	0x0/B3B2B1B0 0x4/B7B6B5B4 0x8/BBBAB9B8 0xC/BFBEBDBC	1：在 0x0 读 B3B2B1B0[31:0]，在 0x0 写 B3B2B1B0[31:0] 2：在 0x4 读 B7B6B5B4[31:0]，在 0x4 写 B7B6B5B4[31:0] 3：在 0x8 读 BBBAB9B8[31:0]，在 0x8 写 BBBAB9B8[7:0] 4：在 0xC 读 BFBEBDBC[31:0]，在 0xC 写 BFBEBDBC[31:0]	0x0/B3B2B1B0 0x4/B7B6B5B4 0x8/BBBAB9B8 0xC/BFBEBDBC

操作一个不支持字节或半字写的 AHB 设备，当 DMA 模块开始一个 AHB 的字节或半字写操作时，数据将在 HWDATA[31:0]总线中未使用的部分重复。因此，如果 DMA 以字节

或半字写入不支持字节或半字写操作的 AHB 设备时(即 HSIZE 不适于该模块),不会发生错误,DMA 将按照下面两个例子写入 32 位 HWDATA 数据。

(1) 当 HSIZE=半字时,写入半字 0xABCD,DMA 将设置 HWDATA 总线为 0xABCDABCD。

(2) 当 HSIZE=字节时,写入字节 0xAB,DMA 将设置 HWDATA 总线为 0xABABABAB。假定 AHB/APB 桥是一个 AHB 的 32 位从设备,它不处理 HSIZE 参数,它将按照下述方式把任何 AHB 上的字节或半字按 32 位传送到 APB 上。

(3) 一个 AHB 上对地址 0x0(或 0x1,0x2 或 0x3)的写字节数据 0xB0 操作,将转换到 APB 上对地址 0x0 的写字数据 0xB0B0B0B0 操作。

(4) 一个 AHB 上对地址 0x0(或 0x2)的写半字数据 0xB1B0 操作,将转换到 APB 上对地址 0x0 的写字数据 0xB1B0B1B0 操作。

例如,如果要写入 APB 后备寄存器(与 32 位地址对齐的 16 位寄存器),需要配置存储器数据源宽度(MSIZE)为 16 位,外设目标数据宽度(PSIZE)为 32 位。

4.2.5 错误管理

在 DMA 读写操作时一旦发生总线错误,硬件会自动地清除发生错误的通道所对应的通道配置寄存器(DMA_CCRx)的 EN 位,该通道操作被停止。此时,在 DMA_IFT 寄存器中对应该通道的传输错误中断标志位(TEIF)将被置位,如果在 DMA_CCRx 寄存器中设置了传输错误中断允许位,则将产生中断。

4.2.6 DMA 请求映像

以低密度 STM32F103 为例,从外设(TIMx、ADC、SPIx、I2Cx 和 USARTx)产生的 7 个请求,通过逻辑或输入到 DMA 控制器,这意味着同时只能有一个请求有效。参见图 4-5 的 DMA 请求映像。低密度 STM32F103 各个通道的 DMA 请求一览见表 4-2。

外设的 DMA 请求,可以通过设置相应外设寄存器中的控制位,被独立地开启或关闭。

表 4-2 低密度 STM32F103 各个通道的 DMA 请求一览

外设	通道 1	通道 2	通道 3	通道 4	通道 5	通道 6	通道 7
ADC	ADC1						
SPI		SPI1_RX	SPI1_TX	SPI2_RX	SPI2_TX		
USART		USART3_TX	USART3_RX	USART1_TX	USART1_RX	USART2_RX	USART2_TX
I2C				I2C2_TX	I2C2_RX	I2C1_TX	I2C1_RX
TIM1		TIM1_CH1	TIM1_CH2	TIM1_TX4 TIM1_TRIG TIM1_COM	TIM1_UP	TIM1_CH3	
TIM2	TIM2_CH3	TIM2_UP			TIM2_CH1		TIM2_CH2 TIM2_CH4
TIM3		TIM3_CH3	TIM3_CH4 TIM3_UP			TIM3_CH1 TIM3_TRIG	
TIM4	TIM4_CH1			TIM4_CH2	TIM4_CH3		TIM4_UP

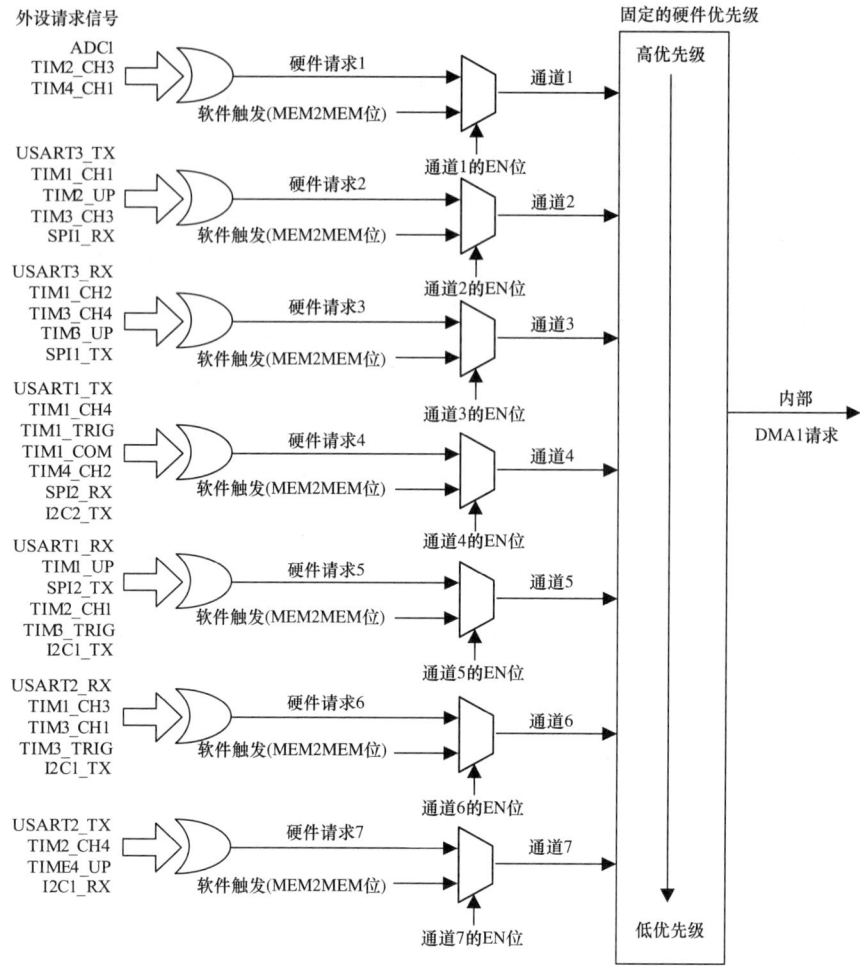

图 4-5　低密度 STM32F103 DMA 请求映像

4.3　DMA 寄存器

1. DMA 中断状态寄存器(DMA_ISR)(表 4-3)

表 4-3　　　　　　　　　　DMA 中断状态寄存器(DMA_ISR)

位	名　称	说　明
31:28		保留　始终读为 0
27,23,19,15,11,7,3	TEIFx	通道 x 的传输错误标志(x=1,…,7) 硬件设置这些位。在 DMA_IFCR 寄存器的相应位写入 1 可以清除这里对应的标志位。 0:在通道 x 没有传输错误(TE); 1:在通道 x 发生传输错误(TE)

续表

位	名称	说　明
26,22,18,14,10,6,2	HTIFx	通道 x 的半传输标志(x=1,…,7) 硬件设置这些位。在 DMA_IFCR 寄存器的相应位写入 1 可以清除这里对应的标志位。 0:在通道 x 没有半传输事件(HT); 0:在通道 x 产生半传输事件(HT)
25,21,17,13,9,5,1	TCIFx	通道 x 的传输完成标志(x=1,…,7) 硬件设置这些位。在 DMA_IFCR 寄存器的相应位写入 1 可以清除这里对应的标志位。 0:在通道 x 没有传输完成事件(TC); 0:在通道 x 产生传输完成事件(TC)

偏移地址:0x00;复位值:0x0000 0000

2. DMA 中断标志清除寄存器(DMA_IFCR)(表 4-4)

表 4-4　　DMA 中断标志清除寄存器(DMA_IFCR)比特位功能说明

位	名称	说　明
31:28		保留　始终读为 0
27,23,19,15,11,7,3	CTEIFx	清除通道 x 的传输错误标志(x=1,…,7) 这些位由软件设置和清除。 0:不起作用; 1:清除 DMA_ISR 寄存器中的对应 TEIF 标志
26,22,18,14,10,6,2	CHTIFx	清除通道 x 的半传输标志(x=1,…,7) 这些位由软件设置和清除。 0:不起作用; 0:清除 DMA_ISR 寄存器中的对应 HTIF 标志
25,21,17,13,9,5,1	CTCIFx	清除通道 x 的传输完成标志(x=1,…,7) 这些位由软件设置和清除。 0:不起作用; 0:清除 DMA_ISR 寄存器中的对应 TCIF 标志
24,20,16,12,8,4,0	CGIFx	清除通道 x 的全局中断标志(x=1,…,7) 这些位由软件设置和清除。 0:不起作用; 0:清除 DMA_ISR 寄存器中的对应的 GIF、TEIF、HTIF 和 TCIF 标志

偏移地址:0x04;复位值:0x0000 0000

3. DMA 通道 x 配置寄存器(DMA_CCRx)(x=1,…,7)(表 4-5)

表 4-5　DMA 通道 x 配置寄存器(DMA_CCRx)(x=1,…,7)比特位功能说明

位	名称	说明
31:15		保留　始终读为 0
14	MEM2MEM	存储器到存储器模式　该位由软件设置和清除。 0:非存储器到存储器模式； 1:启动存储器到存储器模式
13:12	PL[1:0]	通道优先级　这些位由软件设置和清除。 00:低； 01:中； 10:高； 11:最高
11:10	MSIZE[1:0]	存储器数据宽度　这些位由软件设置和清除。 00:8 位； 01:16 位； 10:32 位； 11:保留
9:8	PSIZE[1:0]	外设数据宽度　这些位由软件设置和清除。 00:8 位； 01:16 位； 10:32 位； 11:保留
7	MINC	存储器地址增量模式　该位由软件设置和清除。 0:不执行存储器地址增量操作； 1:执行存储器地址增量操作
6	PINC	外设地址增量模式　该位由软件设置和清除。 0:不执行外设地址增量操作； 1:执行外设地址增量操作
5	CIRC	循环模式　该位由软件设置和清除。 0:不执行循环操作； 1:执行循环操作
4	DIR	数据传输方向　该位由软件设置和清除。 0:从外设读； 1:从存储器读

续表

位	名称	说明
3	TEIE	允许传输错误中断 该位由软件设置和清除。 0:禁止 TE 中断; 1:允许 TE 中断
2	HTIE	允许半传输中断 该位由软件设置和清除。 0:禁止 HT 中断; 1:允许 HT 中断
1	TCIE	允许传输完成中断 该位由软件设置和清除。 0:禁止 TC 中断; 1:允许 TC 中断
0	EN	通道开启 该位由软件设置和清除。 0:通道不工作; 1:通道开启

偏移地址:08h+20d x 通道编号;复位值:0x0000 0000

4. DMA 通道 x 传输数量寄存器(DMA_CNDTRx)(x=1,…,7)(表 4-6)

表 4-6   DMA 通道 x 传输数量寄存器(DMA_CNDTRx)(x=1,…,7)比特位功能说明

位	名称	说明
31:16		保留 始终读为 0
15:0	NDT[15:0]	数据传输数量为 0 至 65535。这个寄存器只能在通道不工作(DMA_CCRx 的 EN=0)时写入。通道开启后该寄存器变为只读,指示剩余的待传输的字节数目。寄存器内容在每次 DMA 传输后递减。 数据传输结束后,寄存器的内容或者变为 0,或者当该通道配置为自动重加载模式时,寄存器的内容将被自动重新加载为之前配置时的数值。 当寄存器的内容为 0 时,无论通道是否开启,都不会发生任何数据传输

偏移地址:0Ch+20d x 通道编号;复位值:0x0000 0000

5. DMA 通道 x 外设地址寄存器(DMA_CPARx)(x=1,…,7)(表 4-7)

表 4-7   DMA 通道 x 外设地址寄存器(DMA_CPARRx)(x=1,…,7)比特位功能说明

位	名称	说明
31:0	PA[31:0]	外设数据寄存器的基地址,作为数据传输的源或目标

偏移地址:10h+20d x 通道编号;复位值:0x0000 0000

6. DMA 通道 x 存储器地址寄存器(DMA_CMARx)(x＝1,…,7)(表 4-8)

表 4-8　　DMA 通道 x 存储器地址寄存器(DMA_CMARRx)(x＝1,…,7)比特位功能说明

位	名　称	说　明
31：0	MA[31：0]	存储器地址作为数据传输的源或目标

偏移地址：14h＋20d x 通道编号；复位值：0x0000 0000

4.4　DMA 应用实例

利用 DMA 通道 6,将片内 FLASH 中 32 个数据传送到 RAM 中所定义的缓冲区内,属于存储器到存储器之间的数据传送,DMA 数据传送通过软件启动。数据传送过程中,源数据地址和目的地址自动增加。在每次数据传输完成后会产生一个传输完成中断,在中断服务程序中读取未传送完的数据,直至数据被全部读完,然后清除传输完毕中断挂起位,将源缓冲区和目标缓冲区内的数据进行对比,校验数据传输的正确性。

由于 DMA 是把片内 FLASH 中的数据传送到 RAM 中,故不需要硬件电路设计。C 程序如下：

```
#include "stm32f10x_lib.h"

typedef enum {FAILED=0, PASSED=! FAILED} TestStatus;

#define BufferSize    32

DMA_InitTypeDef    DMA_InitStructure;
vu16 CurrDataCounterBegin=0, CurrDataCounterEnd=0;
volatile TestStatus TransferStatus=FAILED;
ErrorStatus HSEStartUpStatus;

/*对源数据进行初始化赋值,源数据将被链接器定位于 Flash 中*/
uc32 SRC_Const_Buffer[BufferSize]= {0x01020304,0x05060708,0x090A0B0C,0x0D0E0F10,
                    0x11121314,0x15161718,0x191A1B1C,0x1D1E1F20,
                    0x21222324,0x25262728,0x292A2B2C,0x2D2E2F30,
                    0x31323334,0x35363738,0x393A3B3C,0x3D3E3F40,
                    0x41424344,0x45464748,0x494A4B4C,0x4D4E4F50,
                    0x51525354,0x55565758,0x595A5B5C,0x5D5E5F60,
                    0x61626364,0x65666768,0x696A6B6C,0x6D6E6F70,
                    0x71727374,0x75767778,0x797A7B7C,0x7D7E7F80};
u32 DST_Buffer[BufferSize];    /*定义 RAM Buffer*/

/*私有函数声明*/
void RCC_Configuration(void);
void NVIC_Configuration(void);
```

```c
TestStatus Buffercmp(uc32* pBuffer, u32* pBuffer1, u16 BufferLength);

/* 主程序 */
int main(void)
{
    /* System Clocks Configuration */
    RCC_Configuration();

    /* NVIC configuration */
    NVIC_Configuration();

    /* DMA1 channel6 configuration */
    DMA_DeInit(DMA1_Channel6);    // 将 DMA1 通道 6 寄存器 DMA_CCR6 复位
    DMA_InitStructure.DMA_PeripheralBaseAddr = (u32)SRC_Const_Buffer;
                                    // Flash 基址赋值
    DMA_InitStructure.DMA_MemoryBaseAddr = (u32)DST_Buffer;
                                    // RAM 基址赋值
    DMA_InitStructure.DMA_DIR = DMA_DIR_PeripheralSRC;
    DMA_InitStructure.DMA_BufferSize = BufferSize;
    DMA_InitStructure.DMA_PeripheralInc = DMA_PeripheralInc_Enable;
    DMA_InitStructure.DMA_MemoryInc = DMA_MemoryInc_Enable;
    DMA_InitStructure.DMA_PeripheralDataSize = DMA_PeripheralDataSize_Word;
    DMA_InitStructure.DMA_MemoryDataSize = DMA_MemoryDataSize_Word;
    DMA_InitStructure.DMA_Mode = DMA_Mode_Normal;
    DMA_InitStructure.DMA_Priority = DMA_Priority_High;
    DMA_InitStructure.DMA_M2M = DMA_M2M_Enable;
    DMA_Init(DMA1_Channel6, &DMA_InitStructure);

    /* Enable DMA1 Channel6 Transfer Complete interrupt */
    DMA_ITConfig(DMA1_Channel6, DMA_IT_TC, ENABLE);

    /* Get Current Data Counter value before transfer begins */
    CurrDataCounterBegin = DMA_GetCurrDataCounter(DMA1_Channel6);

    /* Enable DMA1 Channel6 transfer */
    DMA_Cmd(DMA1_Channel6, ENABLE);

    /* Wait the end of transmission */
    while (CurrDataCounterEnd != 0)
    {
    }

    /* Check if the transmitted and received data are equal */
```

```c
    TransferStatus=Buffercmp(SRC_Const_Buffer, DST_Buffer, BufferSize);
    /* TransferStatus=PASSED, if the transmitted and received data are the same */
    /* TransferStatus=FAILED, if the transmitted and received data are different */

    while (1)
    {
    }
}

/* 配置不同的系统时钟 */
void RCC_Configuration(void)
{
    /* RCC system reset(for debug purpose) */
    RCC_DeInit();

    /* Enable HSE */
    RCC_HSEConfig(RCC_HSE_ON);

    /* Wait till HSE is ready */
    HSEStartUpStatus=RCC_WaitForHSEStartUp();

    if(HSEStartUpStatus == SUCCESS)
    {
        /* Enable Prefetch Buffer */
        FLASH_PrefetchBufferCmd(FLASH_PrefetchBuffer_Enable);

        /* Flash 2 wait state */
        FLASH_SetLatency(FLASH_Latency_2);

        /* HCLK=SYSCLK */
        RCC_HCLKConfig(RCC_SYSCLK_Div1);

        /* PCLK2=HCLK */
        RCC_PCLK2Config(RCC_HCLK_Div1);

        /* PCLK1=HCLK/2 */
        RCC_PCLK1Config(RCC_HCLK_Div2);

        /* PLLCLK=8MHz * 9=72 MHz */
        RCC_PLLConfig(RCC_PLLSource_HSE_Div1, RCC_PLLMul_9);

        /* Enable PLL */
        RCC_PLLCmd(ENABLE);
```

```c
    /* Wait till PLL is ready */
    while(RCC_GetFlagStatus(RCC_FLAG_PLLRDY) == RESET)
    {
    }

    /* Select PLL as system clock source */
    RCC_SYSCLKConfig(RCC_SYSCLKSource_PLLCLK);

    /* Wait till PLL is used as system clock source */
    while(RCC_GetSYSCLKSource() != 0x08)
    {
    }
  }

/* Enable peripheral clocks ---------------------------- */
  /* Enable DMA1 clock */
  RCC_AHBPeriphClockCmd(RCC_AHBPeriph_DMA1, ENABLE);
}

/* 配置中断向量控制器 */
void NVIC_Configuration(void)
{
    NVIC_InitTypeDef NVIC_InitStructure;

#ifdef  VECT_TAB_RAM
    /* Set the Vector Table base location at 0x20000000 */
    NVIC_SetVectorTable(NVIC_VectTab_RAM, 0x0);
#else  /* VECT_TAB_FLASH */
    /* Set the Vector Table base location at 0x08000000 */
    NVIC_SetVectorTable(NVIC_VectTab_FLASH, 0x0);
#endif

    /* Enable DMA1 channel6 IRQ Channel */
    NVIC_InitStructure.NVIC_IRQChannel = DMA1_Channel6_IRQChannel;
    NVIC_InitStructure.NVIC_IRQChannelPreemptionPriority = 0;
    NVIC_InitStructure.NVIC_IRQChannelSubPriority = 0;
    NVIC_InitStructure.NVIC_IRQChannelCmd = ENABLE;
    NVIC_Init(&NVIC_InitStructure);
}

/* 比较两个缓冲区的数据是否相同 */
TestStatus Buffercmp(uc32* pBuffer, u32* pBuffer1, u16 BufferLength)
{
    while(BufferLength--)
```

```
    {
       if( * pBuffer ! = * pBuffer1)
       {
          return FAILED;
       }

       pBuffer++;
       pBuffer1++;
    }

    return PASSED;
}
```

习题

1. DMA(直接存储器存取)的目的是什么？能够实现哪些部件之间的数据传输？
2. DMA 的主要特性有哪些？
3. 简述 DMA 的功能,它采取哪些措施提高系统性能和实现高速数据传输？
4. 请描述 DMA 通道的工作模式、工作原理。
5. DMA 仲裁器如何对通道请求的优先级进行管理？
6. 为什么 DMA 数据传输受到总线带宽的限制？对于最高优先级的 DMA 通道,必须考虑哪些情况？
7. 详细描述低密度 STM32F103 各 DMA 通道的请求映像。中高密度 STM32F103 DMA 请求映像请查阅相关书籍,予以详细说明。
8. 试用 DMA 编程实现"利用 SPI 接口进行 ADC 连续数据的获取"。
9. 试用 DMA 编程实现 GPIO 快速数据传输。

第 5 章　通用和复用功能 I/O 模块

通用输入输出（General Purpose Input Output，GPIO）模块为 CPU 内核提供了数字输入输出功能，是目前微控制器外围 I/O 模块中非常重要不可缺少的基本模块。STM32F 系列的 GPIO 模块支持通过软件进行灵活的配置和操纵，包括输入输出的方向配置、引脚功能复用和重映射、是否可申请中断、PWM 输出等。掌握了 GPIO 模块，意味着已经可以利用 MCU 来实现一些简单的输入输出功能。

5.1　GPIO 功能描述

STM32F103 系列的 GPIO 模块除了小封装、低成本、低功耗外，还具有如下主要优点：集成 IIC 从机接口，即使在待机模式下也能够全速工作；编程效率高，由于硬件功能的强大使得相应软件代码较少，减少了工作量；控制更灵活，内置多路高分辨率的 PWM 输出等。

STM32 的 GPIO 模块支持通过软件编程实现 I/O 端口的重新映射，从而达到 I/O 端口功能的复用，因此在 ST 公司的技术文档中，也称之为通用和复用功能输入输出模块（General-purpose and alternate-function I/Os，缩写为 GPIO and AFIO）。

在 STM32F103 系列中，每个 GPIO 端口有两个 32 位配置寄存器（GPIOx_CRL，GPIOx_CRH），两个 32 位数据寄存器（GPIOx_IDR，GPIOx_ODR），一个 32 位置位/复位寄存器（GPIOx_BSRR），一个 16 位复位寄存器（GPIOx_BRR）和一个 32 位锁定寄存器（GPIOx_LCKR）。根据每个 I/O 端口的特定硬件特征，GPIO 端口的每个位（引脚）可以由软件分别配置成下列 8 种模式（4 输入＋2 输出＋2 复用输出）：

- 浮空输入；
- 上拉输入；
- 下拉输入；
- 模拟输入；
- 开漏输出；
- 推挽式输出；
- 复用功能推挽式输出；
- 复用功能开漏输出。

每个 I/O 端口位可以自由编程，然而 I/O 端口寄存器必须按 32 位字被访问（不允许半字或字节访问）。GPIOx_BSRR 和 GPIOx_BRR 寄存器允许对任何 GPIO 寄存器的读/更改的独立访问；这样，由于该独立访问具有原子性，读/写操作必须被执行完毕，微处理器才能被允许处理其他事务，故不必担心在读和更改访问之间产生 IRQ 时会发生危险。图 5-1 给出了一个 I/O 端口位的基本结构。

图 5-1 中，V_{DD_FT} 对 5V 兼容 I/O 脚是特殊的，它与 V_{DD} 不同。表 5-1 为 I/O 端口位配置表。

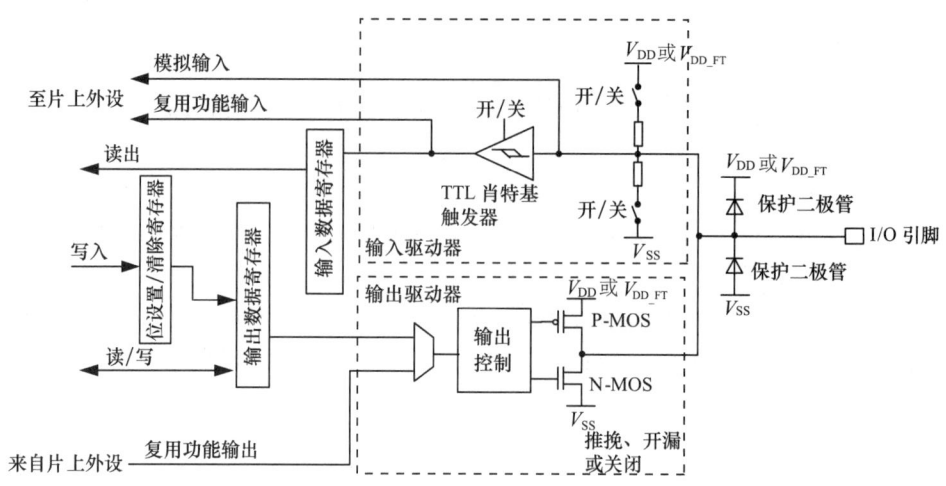

图 5-1 I/O 端口位的基本结构

表 5-1　　　　　　　　　　I/O 端口位配置表

配置模式		CNF1	CNF0	MODE1	MODE0	PxODR 寄存器
通用输出	推挽式（Push-Pull）	0	0	01		0 或 1
	开漏（Open-Drain）		1	10		0 或 1
复用功能输出	推挽式（Push-Pull）	1	0	11 见表 5-2		不使用
	开漏（Open-Drain）		1			不使用
输入	模拟输入	0	0	00		不使用
	浮空输入		1			不使用
	下拉输入	1	0			0
	上拉输入					1

表 5-2 为 I/O 端口的输出模式位的说明。

表 5-2　　　　　　　　　　I/O 端口的输出模式位的说明

MODE[1:0]	意义
00	保留
01	最大输出速度为 10MHz
10	最大输出速度为 2MHz
11	最大输出速度为 50MHz

5.1.1　通用目标 I/O(GPIO)

复位期间和刚复位后，复用功能未开启，I/O 端口被配置成浮空输入模式（CNFx[1:0]＝01b，MODE[1:0]＝00b）。

复位后,JTAG 引脚被置于输入上拉或下拉模式:
- PA15:JTDI 置于上拉模式;
- PA14:JTCK 置于下拉模式;
- PA13:JTMS 置于上拉模式;
- PB4：JNTRST 置于上拉模式。

当作为输出配置时,写到输出数据寄存器上的值(GPIOx_ODR)输出到相应的 I/O 引脚。可以以推挽模式或开漏模式(当输出 0 时,只有 N-MOS 被打开)使用输出驱动器。

输入数据寄存器(GPIOx_IDR)在每个 APB2 时钟周期捕捉 I/O 引脚上的数据。所有 GPIO 引脚有一个内部弱上拉和弱下拉,当配置为输入时,它们可以被激活也可以不被激活。

5.1.2 原子位设置或位清除

当对 GPIOx_ODR 的个别位编程时,软件不需要禁止中断:在单次 APB2 写操作里,可以只更改一个或多个位。

原子位设置或位清除,通过对"置位/复位寄存器"(GPIOx_BSRR,或端口复位寄存器 GPIOx_BRR)中想要更改的位写 1 来实现,也就是说,端口配置好以后,只需 GPIO_SetBits (GPIOx, GPIO_Pin_x)就可以实现对 GPIOx 的 pinx 位为高电平,方便了编程作业,可使程序更为简洁。没被选择的位将不被更改。

5.1.3 外部中断/唤醒线

所有端口都有外部中断能力。为了使用外部中断线,端口必须配置成输入模式。具体内容请参考外部中断/事件控制器和唤醒事件管理等章节。

5.1.4 复用功能(AF)

使用默认复用功能前必须对端口位配置寄存器编程。
(1) 对于复用的输入功能,端口可以配置成:
- 输入模式(浮空、上拉或下拉);
- 复用功能输出模式:此模式可通过软件来模拟 GPIO 管脚输入功能,即端口应配置为复用功能输出模式,而输入驱动器则被配置成浮空输入模式。

(2) 对于复用输出功能,端口必须配置成复用功能输出模式(推挽或开漏)。

(3) 对于双向复用功能,端口位必须配置成复用功能输出模式(推挽或开漏)。这时,输入驱动器被配置成浮空输入模式。

如果把一端口配置成复用输出功能,将使引脚和输出寄存器断开,并和片上外设的输出信号连接。如果软件把一个 GPIO 脚配置成复用输出功能,但是外设没有被激活,它的输出将不确定。

5.1.5　I/O 复用功能的软件重新映射

为了使不同器件封装的外设 I/O 功能的数量达到最优，可以把一些复用功能重新映射到其他一些引脚上。这可以通过软件配置相应的寄存器来完成（参考 AFIO 寄存器描述）。这时，复用功能就不再映射到它们的原始引脚上了。基于 LQFP 的 GPIO 重映射实例如图 5-2 所示。

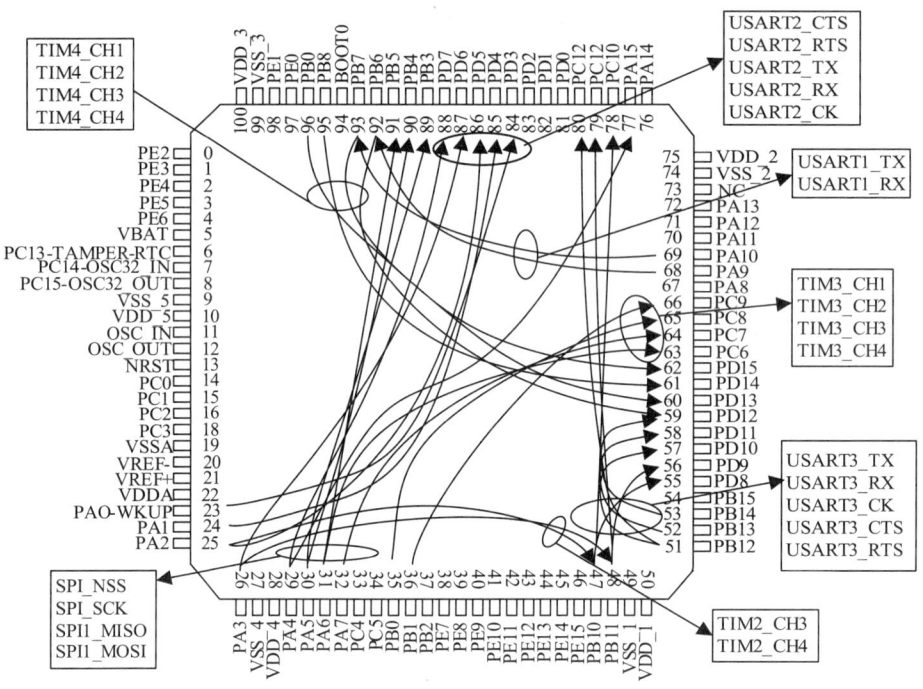

图 5-2　GPIO 重映射实例（STM32F103xx 中高密度 LQFP100 管脚）

5.1.6　GPIO 锁定机制

锁定机制允许冻结 I/O 配置。当在一个端口位上执行了锁定（LOCK）程序，即通过程序锁住配置组合，直到下次芯片复位才能解锁，复位之前，将不能再更改端口位的配置。

5.1.7　输入配置与输出配置

当 I/O 端口配置为输入时：
（1）输出缓冲器被禁止；
（2）施密特触发输入被激活；
（3）根据输入配置（上拉，下拉或浮动）的不同，弱上拉和下拉电阻被连接；
（4）出现在 I/O 脚上的数据在每个 APB2 时钟被采样到输入数据寄存器；
（5）对输入数据寄存器的读访问可得到 I/O 状态。
GPIO 口设为输入时，输出驱动电路与端口是断开的，输出速度配置无意义。图 5-3 给出了 I/O 端口位的输入配置。

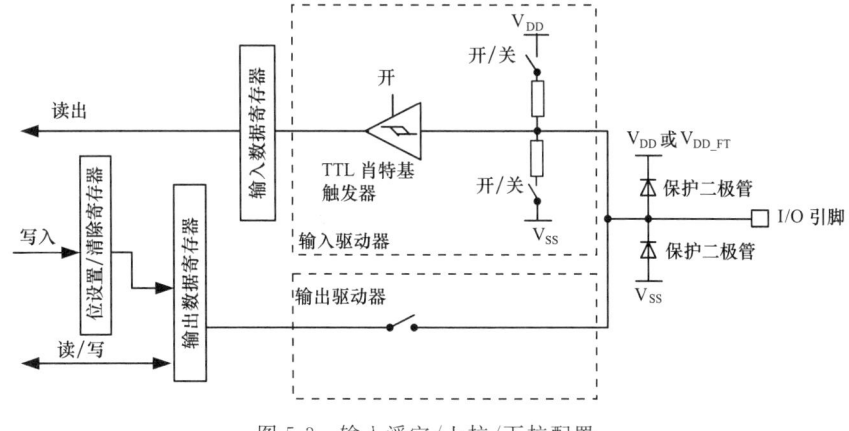

图 5-3 输入浮空/上拉/下拉配置

当 I/O 端口被配置为输出时：

（1）输出缓冲器被激活：

• 开漏模式：输出寄存器上的 0 激活 N-MOS，而输出寄存器上的 1 将端口置于高阻状态（P-MOS 从不被激活）；

• 推挽模式：输出寄存器上的 0 激活 N-MOS，而输出寄存器上的 1 将激活 P-MOS。

（2）施密特触发输入被激活。

（3）弱上拉和下拉电阻被禁止。

（4）出现在 I/O 脚上的数据在每个 APB2 时钟被采样到输入数据寄存器。

（5）在开漏模式时，对输入数据寄存器的读访问可得到 I/O 状态。

（6）在推挽式模式时，对输出数据寄存器的读访问得到最后一次写的值。

输出模式下，有 2MHz、10MHz 和 50MHz 三种输出速度可供选择，这个速度是指 I/O 端口驱动电路的响应速度而不是输出信号的速度，输出信号的速度与程序有关（芯片内部在 I/O 端口的输出部分安排了多个响应速度不同的输出驱动电路，用户可以根据自己的需要选择合适的驱动电路）。通过选择速度来选择不同的输出驱动模块，达到最佳的噪声控制和降低功耗的目的。高频的驱动电路噪声较高，选用低频驱动电路可降低噪声，这样非常有利于提高系统的 EMI（Electromagnetic Interference，电磁干扰）性能。如果要输出较高频率的信号，却选用了较低频率的驱动模块，很可能会得到失真的输出信号。

关键是 GPIO 的引脚速度跟应用匹配。对于串口，假如最大波特率只需 115.2k 波特率，那么用 2M 的 GPIO 的引脚速度就够了，既省电，噪声也小；对于 I2C 接口，假如使用 400k 波特率，若想把余量留大些，那么用 2M 的 GPIO 的引脚速度或许不够，这时可以选用 10M 的 GPIO 引脚速度；对于 SPI 接口，假如使用 18M 或 9M 波特率，用 10M 的 GPIO 的引脚速度显然不够了，需要选用 50M 的 GPIO 的引脚速度。

图 5-4 给出了 I/O 端口位的输出配置。

5.1.8 复用功能配置

当 I/O 端口被配置为复用功能时：

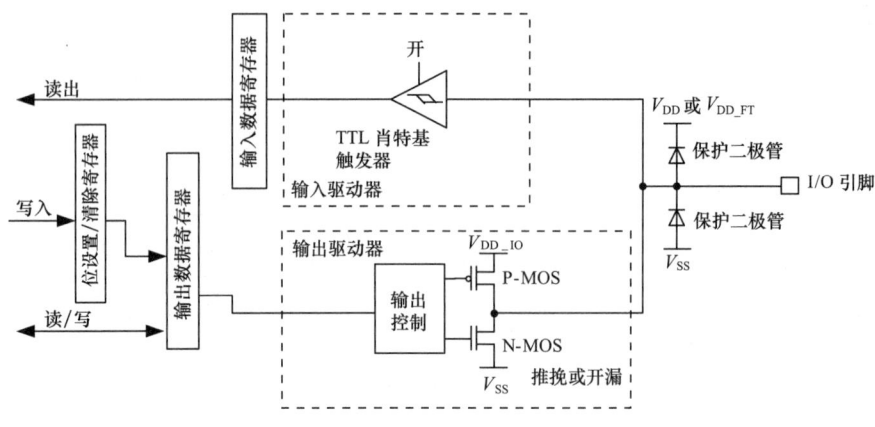

图 5-4 I/O 端口位的输出配置

(1) 在开漏或推挽式配置中,输出缓冲器被打开;
(2) 内置外设的信号驱动输出缓冲器(复用功能输出);
(3) 施密特触发输入被激活;
(4) 弱上拉和下拉电阻被禁止;
(5) 在每个 APB2 时钟周期,出现在 I/O 脚上的数据被采样到输入数据寄存器;
(6) 开漏模式时,读输入数据寄存器时可得到 I/O 口状态;
(7) 在推挽模式时,读输出数据寄存器时可得到最后一次写的值。

如果把端口配置成复用输出功能,则引脚和输出寄存器断开,并和片上外设的输出信号连接。将管脚配置成复用输出功能后,如果外设没有被激活,那么它的输出将不确定。

图 5-5 所示为 I/O 端口位的复用功能配置。一组复用功能 I/O 寄存器允许用户把一些复用功能重新映像到不同的引脚,详细可参考本章 AFIO 寄存器描述。

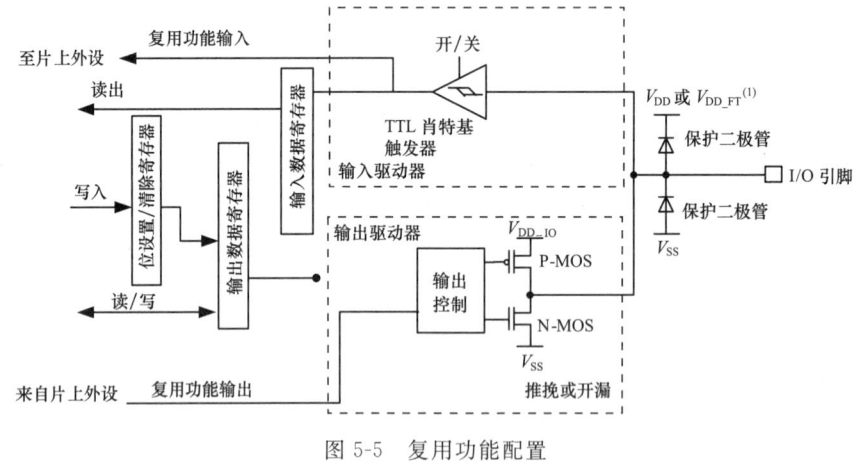

图 5-5 复用功能配置

5.1.9 模拟输入配置

当 I/O 端口被配置为模拟输入配置时:
(1) 输出缓冲器被禁止。
(2) 施密特触发输入被禁止,实现了每个模拟 I/O 引脚上的零消耗。施密特触发输出值被强置为 0。

(3) 弱上拉和下拉电阻被禁止。

(4) 读取输入数据寄存器时值 0。

图 5-6 示出了 I/O 端口位的高阻抗模拟输入配置。

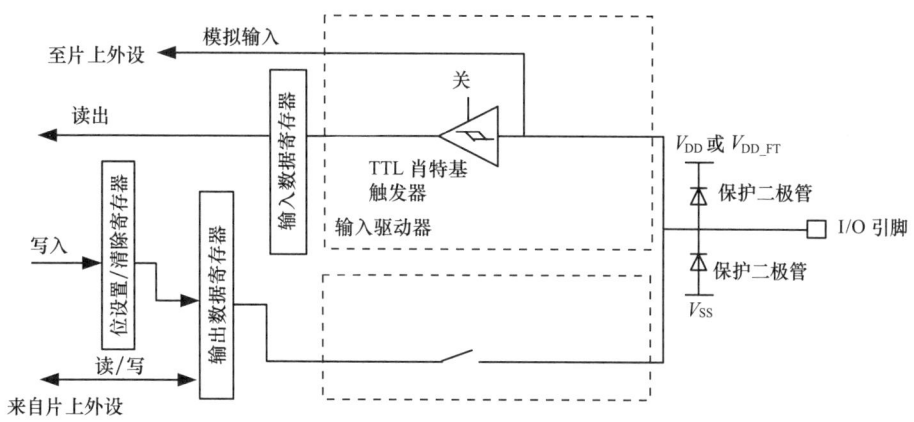

图 5-6 高阻抗模拟输入配置

对于 GPIO 端口来说,通常有 5 种方式使用某个引脚功能,它们的配置方式如下:

(1) 作为普通 GPIO 输入:根据需要配置该引脚为浮空输入、带弱上拉输入或带弱下拉输入,同时不要使能该引脚对应的所有复用功能模块。

(2) 作为普通 GPIO 输出:根据需要配置该引脚为推挽输出或开漏输出,同时不要使能该引脚对应的所有复用功能模块。

(3) 作为普通模拟输入:配置该引脚为模拟输入模式,同时不要使能该引脚对应的所有复用功能模块。

(4) 作为内置外设的输入:根据需要配置该引脚为浮空输入、带弱上拉输入或带弱下拉输入,同时使能该引脚对应的某个复用功能模块。

(5) 作为内置外设的输出:根据需要配置该引脚为复用推挽输出或复用开漏输出,同时使能该引脚对应的所有复用功能模块。

需要特别注意的是,如果有多个复用功能模块对应同一个引脚,只能使能其中之一,其他模块保持非使能状态。譬如,要使用 STM32F103VBT6 的 47 脚和 48 脚的 USART3 功能,则需要配置 47 脚为复用推挽输出或复用开漏输出,配置 48 脚为某种输入模式,同时使能 USART3 并保持 I2C2 的非使能状态。如果要使用 STM32F103VBT6 的 47 脚作为 TIM2_CH3,则需要对 TIM2 进行重映射,然后再按复用功能的方式配置对应引脚。

5.2 GPIO 寄存器描述

低密度 STM32F10X 系列微控制器有 A,B,C,D,E 共 5 个 GPIO 口,中高密度 STM32F10X 系列微控制器有 A,B,C,D,E,F,G 共 7 个 GPIO 口。下面以 STM32F103 为例对 GPIO 寄存器是行详细说明。

1. 端口配置低寄存器(GPIOx_CRL) (表 5-3)

表 5-3　　　　　　　　端口配置低寄存器(GPIOx_CRL)（x＝A,…,E）

位	名称	说明
31：30, 27：26, 23：22, 19：18, 15：14, 11：10, 7：6, 3：2	CNFx[1：0]	端口 x 配置位(x＝0,…,7) 软件通过这些位配置相应的 I/O 端口,请参考表 5-1 端口位配置表。 在输入模式(MODE[1：0]＝00)时： 00:模拟输入模式 01:浮空输入模式(复位后的状态) 10:上拉/下拉输入模式 11:保留 　　在输出模式(MODE[1：0]＞00)时： 00:通用推挽输出模式 10:上拉/下拉输入模式 11:保留 　　在输出模式(MODE[1：0]＞00)时： 00:通用推挽输出模式 01:通用开漏输出模式 10:复用功能推挽输出模式 11:复用功能开漏输出模式
9：28, 25：24, 21：20, 17：16, 13：12, 9：8,5：4, 1：0	MODEx[1：0]	端口 x 的模式位(x＝0,…,7) 软件通过这些位配置相应的 I/O 端口,请参考表 5-1 端口位配置表。 00:输入模式(复位后的状态) 01:输出模式,最大速度 10MHz 10:输出模式,最大速度 2MHz 11:输出模式,最大速度 50MHz

偏移地址:00h;复位值:0x4444 4444

2. 端口配置高寄存器(GPIOx_CRH)(表 5-4)

表 5-4　　　　　　　　端口配置高寄存器(GPIOx_CRH)（x＝A,…,E）

位	名称	说明
31：30, 27：26, 23：22, 19：18, 15：14, 11：10, 7：6,3：2	CNFx[1：0]	端口 x 配置位(x＝8,…,15) 软件通过这些位配置相应的 I/O 端口,请参考表 5-1 端口位配置表。 在输入模式(MODE[1：0]＝00)时： 00:模拟输入模式 01:浮空输入模式(复位后的状态) 10:上拉/下拉输入模式 11:保留 　　在输出模式(MODE[1：0]＞00)时： 00:通用推挽输出模式 01:通用开漏输出模式 10:复用功能推挽输出模式 11:复用功能开漏输出模式
9：28, 25：24, 21：20, 17：16, 13：12, 9：8,5：4, 1：0	MODEx[1：0]	端口 x 的模式位(x＝8,…,15) 软件通过这些位配置相应的 I/O 端口,请参考表 5-1 端口位配置表。 00:输入模式(复位后的状态) 01:输出模式,最大速度 10MHz 10:输出模式,最大速度 2MHz 11:输出模式,最大速度 50MHz

偏移地址:04h;复位值:0x4444 4444

3. 端口输入数据寄存器(GPIOx_IDR)(表5-5)

表5-5　　　　　　　　端口输入数据寄存器(GPIOx_IDR)(x=A,…,E)

位	名称	说明
31:16		保留　始终读为0
15:0	IDRx[15:0]	端口输入数据(x=0,…,15) 这些位为只读并只能以半字的形式读出。读出的值为对应I/O口的状态

地址偏移:08h;复位值:0x00000000

4. 端口输出数据寄存器(GPIOx_ODR)(表5-6)

表5-6　　　　　　　　端口输出数据寄存器(GPIOx_ODR)(x=A,…,E)

位	名称	说明
31:16		保留　始终读为0
15:0	ODRx[15:0]	端口输出数据(x=0,…,15) 这些位可读可写并只能以半字的形式操作。 注:对GPIOx_BSRR(x=A,…,E),可以分别地对各个ODR位进行独立的设置/清除

地址偏移:0Ch;复位值:0x00000000

5. 端口位设置/复位寄存器(GPIOx_BSRR)(表5-7)

表5-7　　　　　　　端口位设置/复位寄存器(GPIOx_BSRR)(x=A,…,E)

位	名称	说明
31:16	BSx	清除位x(x=0,…,15) 这些位只能写入并只能以半字的形式操作。 0:对对应的ODRx位不产生影响; 1:清除对应的ODRx位为0。 注:如果同时设置了BSx和BRx的对应位,BSx位起作用
15:0	BSx	设置位x(x=0,…,15) 这些位只能写入并只能以半字的形式操作。 0:对对应的ODRx位不产生影响; 1:设置对应的ODRx位为1

地址偏移:10h;复位值:0x00000000

6. 端口位复位寄存器(GPIOx_BRR)(表5-8)

表5-8　　　　　　　　端口复位寄存器(GPIOx_BRR)(x=A,…,E)

位	名称	说明
31:16		保留
15:0	BSx	清除位x(x=0,…,15) 这些位只能写入并只能以半字的形式操作。 0:对对应的ODRx位不产生影响; 1:清除对应的ODRx位为0。 注:如果同时设置了BSx和BRx的对应位,BSx位起作用

地址偏移:14h;复位值:0x00000000

7. 端口配置锁定寄存器(GPIOx_LCKR)(表5-9)

当执行正确的写序列设置了位16(LCKK)时,该寄存器用来锁定端口位的配置。位

[15:0]用于锁定GPIO端口的配置。在规定的写入操作期间,不能改变LCKP[15:0]。当对相应的端口位执行了LOCK序列后,在下次系统复位之前将不能再更改端口位的配置。

每个锁定位锁定控制寄存器(CRL,CRH)中相应的4个位。

表5-9　　　　　　　　端口配置锁定寄存器(GPIOx_LCKR) (x=A,…,E)

位	名称	说明
31:17		保留
16	LCKK	LCK[15:0]的锁键该位可随时读出,它只可通过锁键写入序列修改。 0:不锁定端口的配置 1:锁定端口的配置 下次系统复位前GPIOx_LCKR寄存器被锁住。锁键的写入序列: 写1 -> 写0 -> 写1 -> 读0 -> 读1 最后一个读可省略,但可以用来确认锁键已被激活。 注:在操作锁键的写入序列时,不能改变LCK[15:0]的值。操作锁键写入序列中的任何错误将不能激活锁键
15:0	LCK[15:0]	LCKx:锁位 x(x=0……15) 这些位可读可写,但必须在LCKK=0时才能写入

地址偏移:18h　　复位值:0000 0000h

5.3　复用功能 I/O 和调试配置(AFIO)

为了优化64脚或100脚封装的外设数量,可以把一些复用功能重新映射到其他引脚上。设置复用重映射和调试I/O配置寄存器(AFIO_MAPR)实现引脚的重新映射。这时,复用功能不再映射到它们的原始分配上。

5.3.1　引脚功能选择

把OSC_IN/OSC_OUT引脚作为GPIO端口PD0/PD1。外部振荡器引脚OSC_IN/OSC_OUT可以用作GPIO的PD0/PD1,通过编程复用重映射和调试I/O配置寄存器(AFIO_MAPR)实现。

5.3.2　BXCAN复用功能重映射

BXCAN信号可以被映射到端口A、端口B或端口E上,如表5-10所示。

表5-10　　　　　　　　　　BXCAN复用功能重映射

复用功能	CAN_REMAP[1:0]=00	CAN_REMAP[1:0]=10[(1)]	CAN_REMAP[1:0]=11[(2)]
CANRX	PA11	PB8	PD0
CANTX	PA12	PB9	PD1

注:(1) 重映射不适用于36脚的封装;
　　(2) 重映射只适用于100脚的封装。

5.3.3 JTAG/SWD 复用功能重映射

调试接口信号被映射到 GPIO 端口上，如表 5-11 所示。

表 5-11　　　　　　　　　　调试接口信号

复用功能	GPIO 端口
JTMS/SWDIO	PA13
JTCK/SWCLK	PA14
JTDI	PA15
JTDO/TRACESWO	PB3
JNTRST	PB4
TRACECK	PE2
TRACED0	PE3
TRACED1	PE4
TRACED2	PE5
TRACED3	PE6

为了在调试期间可以使用更多 GPIOs，通过设置复用重映射和调试 I/O 配置寄存器（AFIO_MAPR）的 SWJ_CFG[2：0]位，可以改变上述重映像配置。参见表 5-12。

表 5-12　　　　　　　　　　调试端口映像

SWJ_CFG [2：0]	可能的调试端口	SWJ I/O 引脚分配				
		PA13/ JTMS/ SWDIO	PA14/ JTCK/ SWCLK	PA15/ JTDI	PB3/ JTDO/ TRACESWO	PB4/ JNTRST
000	完全 SWJ(JTAG-DP +SW-DP)（复位状态）	I/O 不可用	I/O 不可用	I/O 不可用	I/O 不可用	I/O 不可用
001	完全 SWJ(JTAG-DP +SW-DP)但没有 JNTRST	I/O 不可用	I/O 不可用	I/O 不可用	I/O 不可用	I/O 可用
010	关闭 JTAG-DP， 启用 SW-DP	I/O 不可用	I/O 不可用	I/O 可用	I/O 可用[1]	I/O 可用
100	关闭 JTAG-DP， 关闭 SW-DP	I/O 可用	I/O 可用	I/O 可用	I/O 可用	I/O 可用
其他	禁用					

注：(1) I/O 口只可在不使用异步跟踪时使用。

5.3.4 定时器复用功能重映射

定时器 4 的通道 1 到通道 4 可以从端口 B 重映射到端口 D。其他定时器的重映射可能性列在表 5-13 到表 5-16 里。

表 5-13 定时器 4 复用功能重映像

复用功能	TIM4_REMAP=0	TIM4_REMAP=1
TIM4_CH1	PB6	PD12
TIM4_CH2	PB7	PD13
TIM4_CH3	PB8[1]	PD14
TIM4_CH4	PB9[1]	PD15

注：(1) 重映像只适用于 64 和 100 脚的封装。

表 5-14 定时器 3 复用功能重映像

复用功能	TIM3_REMAP[1:0]=00（没有重映像）	TIM3_REMAP[1:0]=10（部分重映像）	TIM3_REMAP[1:0]=11（完全重映像）[1]
TIM3_CH1	PA6	PB4	PC6
TIM3_CH2	PA7	PB5	PC7
TIM3_CH3	PB0		PC8
TIM3_CH4	PB1		PC9

注：(1) 重映像只适用于 64 和 100 脚的封装。

表 5-15 定时器 2 复用功能重映像

复用功能	TIM2_REMAP[1:0]=00（没有重映像）	TIM2_REMAP[1:0]=01（部分重映像）	TIM2_REMAP[1:0]=10（部分重映像）[1]	TIM2_REMAP[1:0]=11（完全重映像）[1]
TIM2_CH1/ETR	PA0	PA15	PA0	PA15
TIM2_CH2	PA1	PB3	PA1	PB3
TIM2_CH3	PA2		PB10	
TIM2_CH4	PA3		PB11	

注：(1) 重映像只适用于 64 和 100 脚的封装。

表 5-16　　　　　　　　　　　定时器 1 复用功能重映像

复用功能映像	TIM1_REMAP[1:0]= 00（没有重映像）	TIM1_REMAP[1:0]= 01（部分重映像）	TIM1_REMAP[1:0]= 11（完全重映像）[1]
TIM1_ETR	PA12		PE7
TIM1_CH1	PA8		PE9
TIM1_CH2	PA9		PE11
TIM1_CH3	PA10		PE13
TIM1_CH4	PA11		PE14
TIM1_BKIN	PB12[2]	PA6	PE15
TIM1_CH1N	PB13[2]	PA7	PE8
TIM1_CH2N	PB14[2]	PB0	PE10
TIM1_CH3N	PB15[2]	PB1	PE12

注：(1) 重映像只适用于 100 脚的封装；
　　(2) 重映像不适用于 36 脚的封装。

5.3.5　USART 复用功能重映射

参见复用重映射和调试 I/O 配置寄存器（AFIO_MAPR）。USART3 重映像、USART2 重映像、USART1 重映像见表 5-17，表 5-18，表 5-19。

表 5-17　　　　　　　　　　　USART3 重映像

复用功能	USART3_REMAP[1:0]= 00（没有重映像）	USART3_REMAP[1:0] = 01（部分重映像）[1]	USART3_REMAP[1:0]= 11（完全重映像）[2]
USART3_TX	PB10	PC10	PD8
USART3_RX	PD11	PC11	PD9
USART3_CK	PB12	PC12	PD10
USART3_CTS	PB13	PD11	
USART3_RTS	PB14	PD12	

注：(1) 重映像只适用于 64 和 100 脚的封装；
　　(2) 重映像只适用于 100 脚的封装。

表 5-18　　　　　　　　　　　USART2 重映像

复用功能	USART2_REMAP=0	USART2_REMAP=1[1]
USART2_CTS	PA0	PD3
USART2_RTS	PA1	PD4
USART2_TX	PA2	PD5
USART2_RX	PA3	PD6
USART2_CK	PA4	PD7

注：(1) 重映像只适用于 100 脚的封装。

表 5-19　　　　　　　　　　　　USART1 重映像

复用功能	USART1_REMAP=0	USART1_REMAP=1
USART1_TX	PA9	PB6
USART1_RX	PA10	PB7

5.3.6　I2C 复用功能重映射

参见复用映射和调试 I/O 配置寄存器(AFIO_MAPR)。I2C1 重映像见表 5-20。

表 5-20　　　　　　　　　　　　I2C1 重映像

复用功能	I2C1_REMAP=0	I2C1_REMAP=1[1]
I2C1_SCL	PB6	PB8
I2C1_SDA	PB7	PB9

注：(1) 重映像不适用于 128K 的 36 脚封装。

5.3.7　SPI 复用功能重映射

参见复用映射和调试 I/O 配置寄存器(AFIO_MAPR)。SPI1 重映像见表 5-21。

表 5-21　　　　　　　　　　　　SPI1 重映像

复用功能	SPI1_REMAP=0	SPI1_REMAP=1
SPI1_NSS	PA4	PA15
SPI1_SCK	PA5	PB3
SPI1_MISO	PA6	PB4
SPI1_MOSI	PA7	PB5

5.4　AFIO 寄存器描述

1. 事件控制寄存器(AFIO_EVCR)(表 5-22)

表 5-22　　　　　　　　　　事件控制寄存器(AFIO_EVCR)

位	名 称	说　明
31：8		保留
7	EVOE	允许事件输出　该位可由软件读写。当设置该位后，Cortex 的 EVENTOUT 将连接到由 PORT[2：0]和 PIN[3：0]选定的 I/O 口
6：4	PORT[2：0]	端口选择　选择用于输出 Cortex 的 EVENTOUT 信号的端口： 000：选择 PA；001：选择 PB；010：选择 PC；011：选择 PD； 100：选择 PE
3：0	PIN[3：0]	管脚选择　选择用于输出 Cortex 的 EVENTOUT 信号的管脚： 0000：选择 Px0；0001：选择 Px1；0010：选择 Px2；0011：选择 Px3； 0100：选择 Px4；0101：选择 Px5；0110：选择 Px6；0111：选择 Px7； 1000：选择 Px8；1001：选择 Px9；1010：选择 Px10；1011：选择 Px11； 1100：选择 Px12；1101：选择 Px13；1110：选择 Px14；1111：选择 Px15

地址偏移：00h；　复位值：0x0000 0000h

2. 复用重映射和调试 I/O 配置寄存器(AFIO_MAPR)(表 5-23)

表 5-23　　　　复用重映射和调试 I/O 配置寄存器(AFIO_MAPR)

位	名称	说明
31:27		保留
26:24	SWJ_CFG[2:0]	串行线 JTAG 配置　这些位可由软件读写,用于配置 SWJ 和跟踪复用功能的 I/O 口。SWJ(串行线 JTAG)支持 JTAG 或 SWD 访问 Cortex 的调试端口。系统复位后的默认状态是启用 SWJ 但没有跟踪功能,这种状态下可以通过 JTMS/JTCK 脚上的特定信号选择 JTAG 或 SW(串行线)模式。 000:完全 SWJ(JTAG-DP + SW-DP):复位状态; 001:完全 SWJ(JTAG-DP + SW-DP)但没有 JNTRST; 010:关闭 JTAG-DP,启用 SW-DP; 100:关闭 JTAG-DP,关闭 SW-DP; 其他组合:禁用
23:16		保留
15	PD01_REMAP	端口 D0/端口 D1 映像到 OSC_IN/OSC_OUT: 该位可由软件读写,它控制 PD0 和 PD1 的 GPIO 功能映像。当不使用主振荡器时(系统运行于内部的 8MHz 阻容振荡器),PD0 和 PD1 可以映像到 OSC_IN 和 OSC_OUT 引脚。此功能只能适用于 36,48 和 64 管脚的封装(PD0 和 PD1 出现在 TQFP100 的封装上,不必重映像)。 0:不进行 PD0 和 PD1 的重映像; 1:PD0 映像到 OSC_IN,PD1 映像到 OSC_OUT
14:13	CAN_REMAP[1:0]	CAN 复用功能重映像　这些位可由软件读写,控制复用功能 CANRX 和 CANTX 的重映像。 00:CANRX 映像到 PA11,CANTX 映像到 PA12; 01:未用组合; 10:CANRX 映像到 PB8,CANTX 映像到 PB9(不能用于 36 脚的封装); 11:CANRX 映像到 PD0,CANTX 映像到 PD1(只适用于 100 脚的封装)
12	TIM4_REMAP	定时器 4 的重映像　该位可由软件读写,只控制 100 脚封装中定时器 4 的通道 1 至 4 的映像。 0:没有重映像(TIM4_CH1/PB6,TIM4_CH2/PB7,TIM4_CH3/PB8,TIM4_CH4/PB9); 1:完全映像(TIM4_CH1/PD12,TIM4_CH2/PD13,TIM4_CH3/PD14,TIM4_CH4/PD15)。 注:重映像不影响在 PE0 上的 TIM4_ETR

续表

位	名 称	说 明
11:10	TIM4_REMAP[1:0]	定时器3的重映像　这些位可由软件读写,控制定时器3的通道1至4在GPIO端口的映像; 00:没有重映像(CH1/PA6,CH2/PA7,CH3/PB0,CH4/PB1); 01:未用组合; 10:部分映像(CH1/PB4,CH2/PB5,CH3/PB0,CH4/PB1); 11:完全映像(CH1/PC6,CH2/PC7,CH3/PC8,CH4/PC9)。 注:重映像不影响在PD2上的TIM3_ETR。
9:8	TIM2_REMAP[1:0]	定时器2的重映像　这些位可由软件读写,控制定时器2的通道1至4和外部触发(ETR)在GPIO端口的映像; 00:没有重映像(CH1/ETR/PA0,CH2/PA1,CH3/PA2,CH4/PA3); 01:部分映像(CH1/ETR/PA15,CH2/PB3,CH3/PA2,CH4/PA3); 10:部分映像(CH1/ETR/PA0,CH2/PA1,CH3/PB10,CH4/PB11); 11:完全映像(CH1/ETR/PA15,CH2/PB3,CH3/PB10,CH4/PB11)
7:6	REMAP[1:0]	定时器1的重映像　这些位可由软件读写,控制定时器1的通道1至4、1N至3N、外部触发(ETR)和断线输入(BKIN)在GPIO端口的映像; 00:没有重映像(ETR/PA12,CH1/PA8,CH2/PA9,CH3/PA10,CH4/PA11,BKIN/PB12,CH1N/PB13,CH2N/PB14,CH3N/PB15); 01:部分映像(ETR/PA12,CH1/PA8,CH2/PA9,CH3/PA10,CH4/PA11,BKIN/PA6,CH1N/PA7,CH2N/PB0,CH3N/PB1); 10:未用组合; 11:完全映像(ETR/PE7,CH1/PE9,CH2/PE11,CH3/PE13,CH4/PE14,BKIN/PE15,CH1N/PE8,CH2N/PE10,CH3N/PE12)

续表

位	名称	说明
5:4	USART3_REMAP[1:0]	USART3 的重映像 这些位可由软件读写，控制 USART3 的 CTS, RTS,CK,TX 和 RX 复用功能在 GPIO 端口的映像。 00：没有重映像（TX/PB10，RX/PB11，CK/PB12，CTS/PB13，RTS/PB14）； 01：部分映像（TX/PC10，RX/PC11，CK/PC12，CTS/PB13，RTS/PB14）； 10：未用组合； 11：完全映像（TX/PD8，RX/PD9，CK/PD10，CTS/PD11，RTS/PD12）
3	USART2_REMAP	USART2 的重映像 该位可由软件读写，控制 USART2 的 CTS, RTS,CK,TX 和 RX 复用功能在 GPIO 端口的映像。 0：没有重映像（CTS/PA0，RTS/PA1，TX/PA2，RX/PA2，CK/PA3）； 1：重映像（CTS/PD3，RTS/PD4，TX/PD5，RX/PD6，CK/PD7）
2	USART1_REMAP	USART1 的重映像 该位可由软件读写，控制 USART1 的 TX 和 RX 复用功能在 GPIO 端口的映像。 0：没有重映像（TX/PA9，RX/PA10）； 1：重映像（TX/PB6，RX/PB7）
1	I2C1_REMAP	I2C1 的重映像 该位可由软件读写，控制 I2C1 的 SCL 和 SDA 复用功能在 GPIO 端口的映像。 0：没有重映像（SCL/PB6，SDA/PB7）； 1：重映像（SCL/PB8，SDA/PB9）
0	SPI1_REMAP	SPI1 的重映像 该位可由软件读写，控制 SPI1 的 NSS、SCK、MISO 和 MOSI 复用功能在 GPIO 端口的映像。 0：没有重映像（NSS/PA4，SCK/PA5，MISO/PA6，MOSI/PA7）； 1：重映像（NSS/PA15，SCK/PB3，MISO/PB3，MOSI/PB5）

地址偏移：04h　复位值：0x0000 0000h

3. 外部中断配置寄存器 1(AFIO_EXTICR1)(表 5-24,表 5-25)

表 5-24　　　　　　外部中断配置寄存器 1(AFIO_EXTICR1)比特位配置

31	30	29	28	27	26	25	24	23	22	21	20	19	18	17	16
							保留								
15	14	13	12	11	10	9	8	7	6	5	4	3	2	1	0
EXTI3[3:0]				EXTI2[3:0]				EXTI1[3:0]				EXTI0[3:0]			
rw	rw	rw	rw	rw	rw	rw	rw	rw	rw	rw	rw	rw	rw	rw	rw

表 5-25　　　　　　外部中断配置寄存器 1(AFIO_EXTICR1)

位	名 称	说 明
31:16		保留
15:0	EXTIx[3:0]	EXTIx 配置(x=0,…,3),16 个 bit 分成 4 组,如表 4-24 所示。这些位可由软件读写,用于选择 EXTIx 外部中断的输入源。 0000:PA[x]脚; 0001:PB[x]脚; 0010:PC[x]脚; 0011:PD[x]脚; 0100:PE[x]脚

地址偏移:08h;　复位值:0x0000 0000

4. 外部中断配置寄存器 2(AFIO_EXTICR2)(表 5-26)

表 5-26　　　　　　外部中断配置寄存器 2(AFIO_EXTICR2)

位	名 称	说 明
31:16		保留
15:0	EXTIx[3:0]	EXTIx 配置(x=4,…,7) 这些位可由软件读写,用于选择 EXTIx 外部中断的输入源。 0000:PA[x]脚; 0001:PB[x]脚; 0010:PC[x]脚; 0011:PD[x]脚; 0100:PE[x]脚

地址偏移:0Ch;　复位值:0x0000 0000

5. 外部中断配置寄存器 3(AFIO_EXTICR3)(表 5-27)

表 5-27　　　　　　外部中断配置寄存器 3(AFIO_EXTICR3)比特位功能说明

位	名 称	说 明
31:16		保留
15:0	EXTIx[3:0]	EXTIx 配置(x=8,…,11),16 个 bit 分成 4 组 这些位可由软件读写,用于选择 EXTIx 外部中断的输入源。 0000:PA[x]脚; 0001:PB[x]脚; 0010:PC[x]脚; 0011:PD[x]脚; 0100:PE[x]脚

地址偏移:10h;　复位值:0x0000 0000

6. 外部中断配置寄存器 4(AFIO_EXTICR4)(表 5-28)

表 5-28　　　　　　外部中断配置寄存器 4(AFIO_EXTICR4)比特位功能说明

位	名称	说　明
31:16		保留
15:0	EXTIx[3:0]	EXTIx 配置(x=12,…,15) 这些位可由软件读写,用于选择 EXTIx 外部中断的输入源。 0000:PA[x]脚; 0001:PB[x]脚; 0010:PC[x]脚; 0011:PD[x]脚; 0100:PE[x]脚

地址偏移:14h;　　复位值:0x0000 0000

5.5　GPIO 和 AFIO 寄存器地址映像

5.5.1　GPIO 寄存器地址映像

GPIO 寄存器映像和复位值如表 5-29 所示。

表 5-29　　　　　　　　　　GPIO 寄存器映像和复位值

偏移	寄存器	31	30	29	28	27	26	25	24	23	22	21	20	19	18	17	16	15	14	13	12	11	10	9	8	7	6	5	4	3	2	1	0
000h	GPIOx_CRL	CNF7[1:0]		MODE7[1:0]		CNF6[1:0]		MODE6[1:0]		CNF5[1:0]		MODE5[1:0]		CNF4[1:0]		MODE4[1:0]		CNF3[1:0]		MODE3[1:0]		CNF2[1:0]		MODE2[1:0]		CNF1[1:0]		MODE1[1:0]		CNF0[1:0]		MODE0[1:0]	
	复位值	0	1	0	1	0	1	0	1	0	1	0	1	0	1	0	1	0	1	0	1	0	1	0	1	0	1	0	1	0	1	0	1
004h	GPIOx_CRH	CNF15[1:0]		MODE15[1:0]		CNF14[1:0]		MODE14[1:0]		CNF13[1:0]		MODE13[1:0]		CNF12[1:0]		MODE12[1:0]		CNF11[1:0]		MODE11[1:0]		CNF10[1:0]		MODE10[1:0]		CNF9[1:0]		MODE9[1:0]		CNF8[1:0]		MODE8[1:0]	
	复位值	0	1	0	1	0	1	0	1	0	1	0	1	0	1	0	1	0	1	0	1	0	1	0	1	0	1	0	1	0	1	0	1
008h	GPIOx_IDR	保留																IDR[15:0]															
	复位值																	0	0	0	0	0	0	0	0	0	0	0	0	0	0	0	0
00Ch	GPIOx_ODR	保留																ODR[15:0]															
	复位值																	0	0	0	0	0	0	0	0	0	0	0	0	0	0	0	0
010h	GPIOx_BSRR	BR[15:0]																BSR[15:0]															
	复位值	0	0	0	0	0	0	0	0	0	0	0	0	0	0	0	0	0	0	0	0	0	0	0	0	0	0	0	0	0	0	0	0
014h	GPIOx_BRR	保留																BR[15:0]															
	复位值																	0	0	0	0	0	0	0	0	0	0	0	0	0	0	0	0
018h	GPIOx_LCKR	保留															LCKK	LCK[15:0]															
	复位值																0	0	0	0	0	0	0	0	0	0	0	0	0	0	0	0	0

5.5.2 AFIO 寄存器地址映像

AFIO 寄存器映像和复位值如表 5-30 所示。

表 5-30　　　　　　　　　　AFIO 寄存器映像和复位值

偏移	寄存器	31	30	29	28	27	26	25	24	23	22	21	20	19	18	17	16	15	14	13	12	11	10	9	8	7	6	5	4	3	2	1	0
000 h	AFIO_EVCR	保留																								EVOE	PORT[2:0]			PIN[3:0]			
	复位值																									0	0	0	0	0	0	0	0
004 h	AFIO_MAPR	保留						SWJ_CFG[2:0]			保留								PD01_REMAP	CAN_REMAP[1:0]		TIM4_REMAP	TIM3_REMAP[1:0]		TIM2_REMAP[1:0]		TIM1_REMAP[1:0]		USART3_REMAP[1:0]		USART2_REMAP	USART1_REMAP	I2C1_REMAP	SPI1_REMAP
	复位值							0	0	0								0	0	0	0	0	0	0	0	0	0	0	0	0	0	0	0
008 h	AFIO_EXTICR 1	保留																EXTI3[3:0]				EXTI2[3:0]				EXTI1[3:0]				EXTI0[3:0]			
	复位值																	0	0	0	0	0	0	0	0	0	0	0	0	0	0	0	0
00 Ch	AFIO_EXTICR 2	保留																EXTI7[3:0]				EXTI6[3:0]				EXTI5[3:0]				EXTI4[3:0]			
	复位值																	0	0	0	0	0	0	0	0	0	0	0	0	0	0	0	0
010 h	AFIO_EXTICR 3	保留																EXTI11[3:0]				EXTI10[3:0]				EXTI9[3:0]				EXTI8[3:0]			
	复位值																	0	0	0	0	0	0	0	0	0	0	0	0	0	0	0	0
014 h	AFIO_EXTICR 4	保留																EXTI15[3:0]				EXTI14[3:0]				EXTI13[3:0]				EXTI12[3:0]			
	复位值																	0	0	0	0	0	0	0	0	0	0	0	0	0	0	0	0

5.6 应用实例

利用 GPIO 接口及其操作,实现 4 个 LED 按照 LED1,LED2,LED3,LED4 的顺序循环显示。硬件连接图如图 5-7 所示。

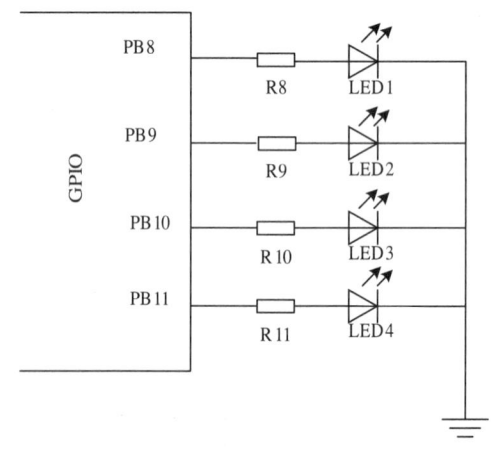

图 5-7　LED 流水显示硬件连接图

4 个 LED 分别对应 PC 的 8,9,10,11 引脚,通过 GPIO 控制使得 4 个 LED 循环显示。程序如下：

```c
#include "stm32f10x_lib.h"

GPIO_InitTypeDef  GPIO_InitStructure;

// GPIO 初始化
void LED_Init(void)
{
    RCC_APB2PeriphClockCmd(RCC_APB2Periph_GPIOB, ENABLE);
    //激活 GPIOB 口低速时钟
    GPIO_InitStructure.GPIO_Pin=GPIO_Pin_8 | GPIO_Pin_9 | GPIO_Pin_10 | GPIO_Pin_11;
    //引脚初始化,使用 GPIO 引脚 8,9,10,11
    GPIO_InitStructure.GPIO_Mode=GPIO_Mode_Out_PP;      //模式设置,推挽输出模式
    GPIO_InitStructure.GPIO_Speed=GPIO_Speed_50MHz;     //GPIO 口的速率
    GPIO_Init(GPIOC, &GPIO_InitStructure);              //GPIOC 初始化
}

void Delay(vu32 nCount)
{
    for(; nCount != 0; nCount--);
}

//控制 4 个 LED 循环点亮
main()
{
    //RCC_Configuration();
    LED_Init();

    while(1)
    {
        GPIO_SetBits(GPIOC, GPIO_Pin_8);    // 对 GPIO_Pin_8 置位
        Delay(0x8ffff);
        GPIO_ResetBits(GPIOC, GPIO_Pin_8);  // 对 GPIO_Pin_8 复位
        Delay(0x8ffff);
        GPIO_SetBits(GPIOC, GPIO_Pin_9);
        Delay(0x8ffff);
        GPIO_ResetBits(GPIOC, GPIO_Pin_9);
        Delay(0x8ffff);
        GPIO_SetBits(GPIOC, GPIO_Pin_10);
        Delay(0x8ffff);
        GPIO_ResetBits(GPIOC, GPIO_Pin_10);
        Delay(0x8ffff);
        GPIO_SetBits(GPIOC, GPIO_Pin_11);
```

```
        Delay(0x8ffff);
        GPIO_ResetBits(GPIOC, GPIO_Pin_11);
        Delay(0x8ffff);
    }
}
```

习题

1. 简述 GPIO 模块的寄存器配置情况,各端口引脚通过软件可以进行哪些模式的配置? 怎样配置?
2. 怎样对 GPIO 模块进行输入、输出配置?
3. 对 GPIO 模块进行复用,可以进行哪些工作模式的配置? 请根据固件库详细说明。
4. GPIO 寄存器有哪些? 各自完成什么样的功能?
5. AFIO 寄存器有哪些? 各自完成什么样的功能?
6. 给定键盘和若干 7 段数码显示器,利用 GPIO 实现数码管对按压键盘的跟踪显示。

第6章 定时器原理与应用

STM32F10x 系列微控制器的定时器按功能分为基本定时器、通用定时器和高级定时器三类,后一类定时器在功能上基于前一类定时器进行了拓展。故本章首先从应用角度出发,讨论定时/计数器的实现方法,重点介绍 STM32 高级定时器 TIM1 的基本功能和工作原理,并给出使用定时器工作实例。在此基础上,讨论定时器模块在输入捕捉和输出比较及脉宽调制(PWM 波产生)中的应用,并给出了编程实例。定时/计数器是嵌入式处理器的一个重要资源,充分利用定时/计数器的功能,可以显著提高编程效率和 CPU 利用率,提高系统实时性。

6.1 定时/计数器的基本原理与实现方法

在嵌入式系统应用过程中,经常会遇到下面的情形:
- 周期性执行某个任务,如定时 A\D 采集传感器数据;
- 延时一段时间执行某个控制任务,如交通信号灯改变;
- 显示实时时间,如万年历;
- 产生不同频率的波形,如 MP3 播放器;
- 测量脉冲个数,如转速测量;
- 测量脉冲宽度,如测量频率占空比等。

其实上面这些情形可以归纳为两种情况,一种情况就是定时操作,完成与时间相关的任务;另外一种情况就是计数操作。对于定时和计数功能可以通过多种方法来实现。

6.1.1 完全硬件实现

在许多仪器仪表或设备中,需要延时、定时或计数,过去经常使用模拟或数字电路实现,即完全硬件电路实现定时/计数功能。我们在模拟电路中学习过 555 集成电路,通过 555 芯片和少量电阻电容就可以实现一个定时器。在数字电路中我们学习过 74 系列集成计数器,可以实现二进制计数和十进制计数。图 6-1 是由 555 芯片构成的定时器电路和由 CD40161 构成的十进制计数器。这些实现方法具有一些共同的特点:完全由硬件电路实现,没有软件参与,可靠性高;但是通用性和灵活性差,一旦设计好很难修改,如果需要修改,必须改变硬件元器件或线路,每次应用必须重新设计。

目前,硬件定时/计数器的使用明显减少了,主要应用在没有微控制器的简单的应用系统中,或是特殊应用系统中,如需要多个高速或多位计数器,实现方法除了前面提到的一些小规模的集成电路外,还可以通过可编程器件(PLD)来实现。

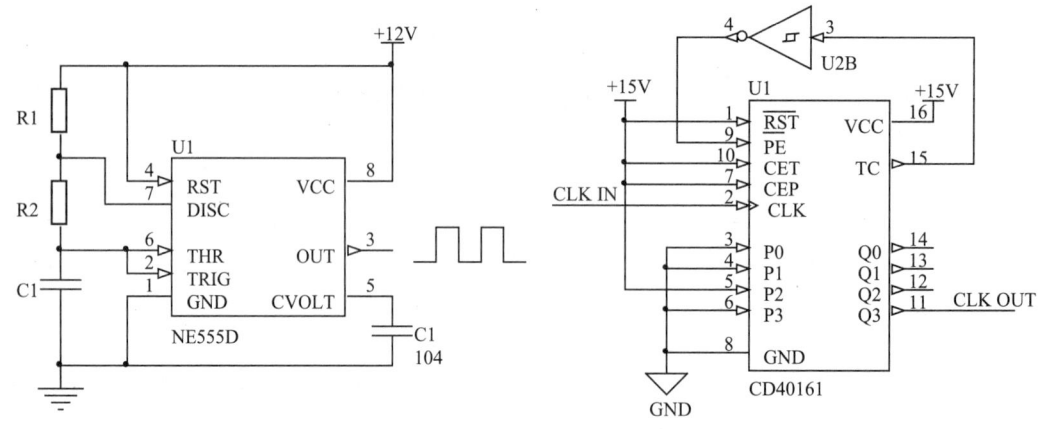

图 6-1 硬件定时器和计数器

6.1.2 纯软件方式

微控制器是在一定时钟下运行的,可以根据代码所需的时钟周期来完成延时操作。比如微控制器中的空操作指令,每执行一条指令就需要一个时钟周期。当系统需要延时时,可以通过执行特定数量的空操作指令来实现。对于较长时间的延时,通常通过一个循环结构来实现。延时期间使用的指令不限于空操作,比如为了增加延时时间,减少代码量,可以使用除法这类耗时比较多的指令。这种方法实现起来比较简单,缺点是需要程序员对汇编指令非常熟悉,只有严密计算才能够产生精密计时。除此之外,定时期间不能使用中断,否则定时间隔不可预料。另外一个比较大的缺点就是在延时期间,CPU 在做一些无用的操作,特别是执行长时间延时时,CPU 利用率大幅降低。计数也可以通过软件方法来实现,软件可以不断检测某个信号电平状态,通过电平状态就可以判断脉冲个数。采用软件计数实现简单,与纯软件定时一样,存在 CPU 利用率低的问题。

虽然纯软件定时/计数的方法有许多缺点,但是在现场应用中,使用依然很频繁,主要应用在短时间延时,比如高速 AD 转换器可能仅需几个时钟周期就转换结束了,采用软件延时反而效率更高。对一些变化缓慢的信号进行计数,比如故障信号,采用一定的编程手段,也不会降低 CPU 的利用率。

6.1.3 微控制器中的可编程定时/计数器

微控制器中的可编程定时/计数器可以实现定时或计数操作,它克服了纯硬件方式与纯软件方式的不足,综合了它们一些优点,其定时/计数功能由程序灵活控制,重复利用,一旦设置好后由硬件与 CPU 并行工作,不占用 CPU 的时间,这样在软件控制下,还可以实现多个精密定时/计数器。当可编程定时/计数器时钟源来自内部系统时钟时,则定时/计数值就可以完成精密的定时;如果时钟源来自外部信号时,可编程定时/计数器就可以完成外部信号计数。为了扩大定时计数范围,可编程定时计数器经常附加设计了预分频计数器,对时钟源进行分频操作。可编程定时计数器的启动、停止、定时间隔、预分频设置、工作模式等控制操作均可以通过软件实现。通过这种方法实现的定时计数器具有不占用 CPU 时间,定时准确,定时/计数器可编程、可以重复利用、实现成本低、通用性强、实现灵活等优点,是目前使用最多的一种定时/计数方式。嵌入式系统处理器为了适用多种应用,通常会集成多个高性能的定时/计数模块。

6.2 STM32 高级定时/计数器

STM32 内部集成了多个通用定时/计数器,根据型号不同,STM32 F1 系列目前面市的芯片最多包含 8 个通用定时/计数器。其中 TIM1 和 TIM8 称为高级控制定时器,功能最强;TIM2~TIM5 称为通用定时器,TIM6 和 TIM7 称为基本定时器。从功能上看基本定时器功能是通用定时器功能的子集,而通用定时器是高级定时器的一个子集。表 6-1 是三种定时器功能列表。本节主要介绍高级定时器 TIM1。如果掌握了这个定时器,其他定时器就很容易掌握了。

表 6-1　　　　　　　　STM32 不同类型定时器功能一览表

主要功能	基本定时器	通用定时器	高级定时器
内部时钟源	有	有	有
带 16 位分频的计数单元	有	有	有
更新中断和 DMA	有	有	有
计数方向	向上	向上、向下、双向	向上、向下、双向
外部事件计数	无	有	有
其他定时器触发或级联	无	有	有
4 个独立输入捕获、输出比较通道	无	有	有
单脉冲输出方式	无	有	有
正交编码器输入	无	有	有
霍尔传感器输入	无	有	有
输出比较信号死区产生	无	无	有
刹车信号输入	无	无	有

6.2.1 STM32 高级定时器的主要特点

STM32 高级定时器具有下列主要特点:
- 时钟源非常丰富,既可以是内部系统时钟、外部时钟信号,也可以是其他定时器信号或触发源信号;
- 具有一个 16 位向上、向下、向上/下自动装载计数器;
- 具有一个独立的 16 位可以实时修改的可编程预分频器,实现 1~65535 之间的任意系数;
- 通用定时器和高级定时器具有多达 4 个独立通道,即:输入捕获或输出比较;
- 支持针对定位的增量(正交)编码器和霍尔传感器电路;
- 触发输入作为外部时钟或者按周期的电流管理;
- 定时器更新事件发生时可以产生中断或 DMA,降低了 CPU 占用率。

高级定时器还具有一些独特的功能,如:死区时间可编程的互补输出,刹车输入信号可以将定时器输出信号置于复位状态或者一个已知状态;允许在指定数目的计数器周期之后更新定时器寄存器的重复计数器。

6.2.2 高级定时器概述

高级定时器是 STM32 中最复杂的外设模块,也是功能最丰富的外设模块。如果将高级定时的各个部分进行归类,可以很好地理解各个功能,如图 6-2 所示。高级定时器可以划分为 5 个模块,首先是时钟产生模块,这个模块的功能是产生计数器的时钟信号。STM32 时钟信号来源非常丰富,时钟信号可以是外部管脚输入脉冲,几个管脚综合输入信号,编码器信号,也可以是系统时钟,其他定时器的触发器信号。依靠这些时钟信号,定时器可以完成定时、计数、霍尔传感器检测、编码器信号检测、定时器级联等功能。第二个模块是时基单元,作用是对时钟信号进行分频并在控制寄存器的控制下完成计数。第三个模块是输入检测模块,这个是 STM32 定时器的特色之一,可以对输入管脚的数字信号进行边沿检测和滤波。第四个模块是捕获比较单元,在计数器时基单元的配合下,完成输入信号捕获功能和产生比较输出功能。第五个模块是输出控制,在这个模块中,可以进一步处理比较输出波形,如增加死区时间,强制输出,等等。除了上面提到的模块外,高级定时器还具有一个外部输入刹车信号,当该信号有效时,输出比较信号全部复位到无效电平,这在电机控制当中非常有用。通用定时器没有刹车信号输入,输出控制没有死区时间产生和互补输出功能,而基本定时器没有输入检测、捕获比较和输出控制几个模块,时钟信号来源也只有内部时钟一种。

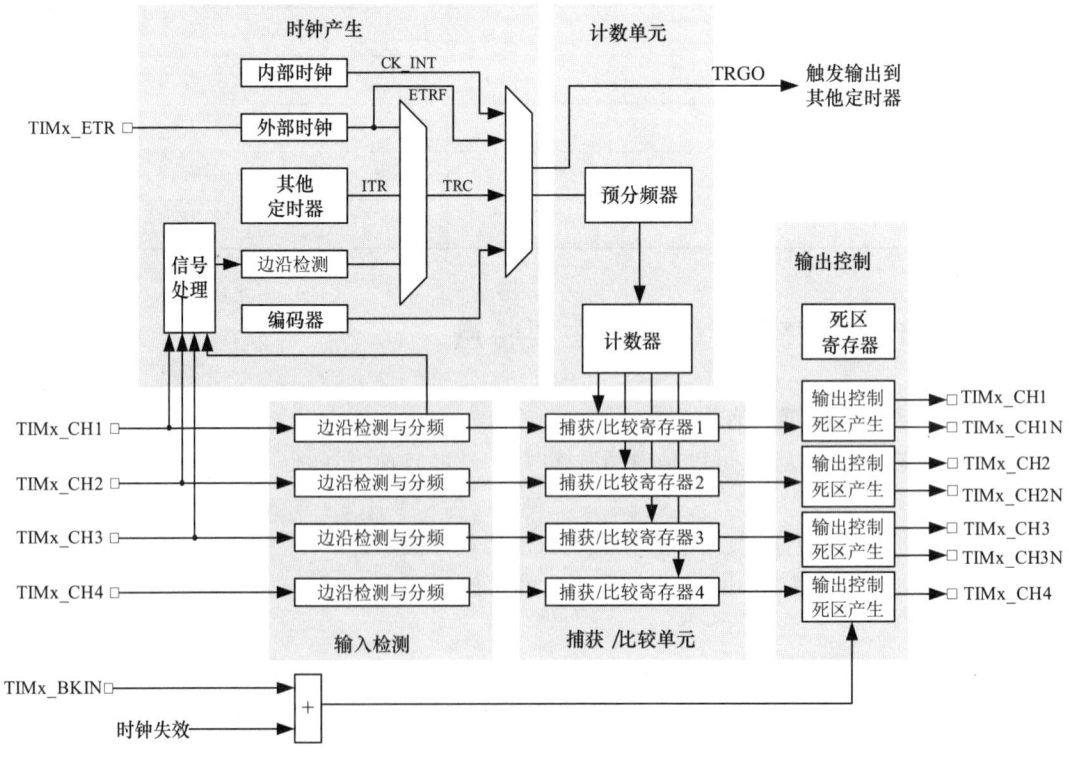

图 6-2 高级定时器结构框图

6.3 STM32 高级定时器寄存器描述

1. 控制寄存器 1(TIMx_CR1)[①] (表 6-2)

表 6-2　　　　　　　　　　　控制寄存器 1(TIMx_CR1)

位	名称	说明
15：10	RESERVED	保留　始终读为 0
9：8	CKD[1：0]	时钟分频因子　这 2 位定义在定时器时钟(CK_INT)周期、死区时间和由死区发生器与数字滤波器(ETR,TIx)所用的采样时钟之间的分频比例。 00：t_{DTS} = t_{CK_INT}； 01：t_{DTS} = 2 x t_{CK_INT}； 10：t_{DTS} = 4 x t_{CK_INT}； 11：保留，不要使用这个配置
7	ARPE	自动重装载预装载允许位 0：TIMx_ARR 寄存器没有缓冲； 1：TIMx_ARR 寄存器被装入缓冲器
6：5	CMS[1：0]	选择中央对齐模式　在计数器开启时，不允许从边沿对齐模式转换到中央对齐模式。 00：边沿对齐模式。计数器依据计数方向位(DIR)向上或向下计数。 01：中央对齐模式 1。计数器交替地向上和向下计数。配置为输出的通道的输出比较中断标志位，只在计数器向下计数时被设置。 10：中央对齐模式 2。计数器交替地向上和向下计数。配置为输出的通道的输出比较中断标志位，只在计数器向上计数时被设置。 11：中央对齐模式 3。计数器交替地向上和向下计数。配置为输出的通道的输出比较中断标志位，在计数器向上和向下计数时均被设置
4	DIR	计数方向　当计数器配置为中央对齐模式或编码器模式时，该位为只读。 0：计数器向上计数； 1：计数器向下计数
3	OPM	单脉冲模式 0：在发生更新事件时，计数器不停止； 1：在发生下一次更新事件时，计数器停止

---

① 为定时器序号。

续表

位	名称	说明
2	URS	更新请求源 软件通过该位选择 UEV 事件的源 0:如果允许产生更新中断或 DMA 请求,则下述任一事件产生一个更新中断或 DMA 请求: • 计数器上溢/下溢; • 设置 UG 位; • 从模式控制器产生的更新。 1:如果允许产生更新中断或 DMA 请求,则只有计数器溢出/下溢才产生一个更新中断或 DMA 请求
1	UDIS	禁止更新 软件通过该位允许/禁止 UEV 事件的产生 0:允许 UEV。更新(UEV)事件由下述任一事件产生: • 计数器溢出/下溢; • 设置 UG 位; • 从模式控制器产生的更新被缓存的寄存器被装入它们的预装载值。 1:禁止 UEV。不产生更新事件,影子寄存器(ARR,PSC,CCRx)保持它们的值。如果设置了 UG 位或从模式控制器发出了一个硬件复位,则计数器和预分频器被重新初始化
0	CEN	允许计数器计数 在软件设置了 CEN 位后,外部时钟、门控模式和编码器模式才能工作。触发模式可以自动地通过硬件设置 CEN 位。 0:禁止计数器; 1:使能计数器

偏移地址:0x00; 复位值:0x0000

2. 控制寄存器 2(TIMx_CR2)(表 6-3)

表 6-3   控制寄存器 2(TIMx_CR2)

位	名称	说明
15	RESERVED	保留 始终读为 0
14	OIS4	输出空闲状态 4(OC4 输出)。参见 OIS1 位
13	OIS3N	输出空闲状态 3(OC3N 输出)。参见 OIS1N 位
12	OIS3	输出空闲状态 3(OC3 输出)。参见 OIS1 位
11	OIS2N	输出空闲状态 2(OC2N 输出)。参见 OIS1N 位
10	OIS2	输出空闲状态 2(OC2 输出)。参见 OIS1 位
9	OIS1N	输出空闲状态 1(OC1N 输出),已经设置了 LOCK 级别 1,2 或 3 后,该位不能被修改: 0:当 MOE=0 时,死区后 OC1N=0; 1:当 MOE=0 时,死区后 OC1N=1

续表

位	名称	说明
8	OIS1	输出空闲状态 1 已经设置了 LOCK 级别 1,2 或 3 后,该位不能被修改。 0:当 MOE=0 时,如果实现了 OC1N,则死区时间后 OC1=0; 1:当 MOE=0 时,如果实现了 OC1N,则死区时间后 OC1=1
7	TI1S	TI1 选择 0:TIMx_CH1 管脚连到 TI1 输入; 1:TIMx_CH1、TIMx_CH2 和 TIMx_CH3 管脚经异或后连到 TI1 输入
6:4	MMS[2:0]	主模式选择 这两位用于选择在主模式下送到从定时器的同步信息(TRGO)。可能的组合如下: 000:复位。TIMx_EGR 寄存器的 UG 位被用于作为触发输出(TRGO)。如果触发输入(从模式控制器处于复位模式)产生复位,则 TRGO 上的信号相对实际的复位会有一个延迟。 001:使能。计数器使能信号 CNT_EN 被用于作为触发输出(TRGO)。有时需要在同一时间启动多个定时器或控制在一段时间内使能从定时器。计数器使能信号是通过 CEN 控制位和门控模式下的触发输入信号的逻辑或产生。当计数器使能信号受控于触发输入时,TRGO 上会有一个延迟,除非选择了主/从模式(见 TIMx_SMCR 寄存器中 MSM 位的描述)。 010:更新。更新事件被选为触发输入(TRGO)。 011:比较脉冲。一旦发生一次捕获或一次比较成功时,当要设置 CC1IF 标志时(即使它已经为高),触发输出送出一个正脉冲(TRGO)。 100:比较 - OC1REF 信号被用于作为触发输出(TRGO)。 101:比较 - OC2REF 信号被用于作为触发输出(TRGO)。 110:比较 - OC3REF 信号被用于作为触发输出(TRGO)。 111:比较 - OC4REF 信号被用于作为触发输出(TRGO)
3	CCDS	捕获/比较的 DMA 选择 0:当发生 CCx 事件时,送出 CCx 的 DMA 请求; 1:当发生更新事件时,送出 CCx 的 DMA 请求
2	CCUS	捕获/比较控制更新选择 该位只对具有互补输出的通道起作用。 0:如果捕获/比较控制位是预装载的(CCPC=1),只能通过设置 COM 位更新它们。 1:如果捕获/比较控制位是预装载的(CCPC=1),可以通过设置 COM 位或 TRGI 上的一个上升沿更新它们
1	RESERVED	保留 始终读为 0
0	CCPC	捕获/比较预装载控制位 该位只对具有互补输出的通道起作用。 0:CCxE,CCxNE 和 OCxM 位不是预装载的; 1:CCxE,CCxNE 和 OCxM 位是预装载的;设置该位后,它们只在设置了 COM 位后被更新

偏移地址:0x04; 复位值:0x0000

3. 从模式控制寄存器(TIMx_SMCR)(表6-4)

表6-4　　　　　　　　　　从模式控制寄存器(TIMx_SMCR)

位	名称	说明
15	ETP	外部触发极性　该位选择ETR或ETR的反相来作为触发操作。 0:ETR不反相,高电平或上升沿有效; 1:ETR被反相,低电平或下降沿有效
14	ECE	外部时钟使能位　该位启用外部时钟模式2。 0:禁止外部时钟模式2; 1:使能外部时钟模式2。计数器由ETRF信号上的任意有效上升沿驱动。设置ECE位与选择外部时钟模式1并将TRGI连到ETRF(SMS=111和TS=111)具有相同功效。 复位模式,门控模式和触发模式可以与外部时钟模式2同时使用;但是,这时TRGI不能连到ETRF(TS位不能是111)。外部时钟模式1和外部时钟模式2同时被使能时,外部时钟的输入是ETRF
13:12	ETPS[1:0]	外部触发预分频　外部触发信号ETRP的频率最高为TIMxCLK频率的1/4。当输入较快的外部时钟时,可以使用预分频降低ETRP的频率。 00:关闭预分频; 01:ETRP频率除以2; 10:ETRP频率除以4; 11:ETRP频率除以8
11:8	ETF[3:0]	外部触发滤波　这些位定义了对ETRP信号采样的频率和对ETRP数字滤波的带宽。实际上,数字滤波器是一个事件计数器,它记录到N个事件后会产生一个输出的跳变。 0000:无滤波器,以f_{DTS}采样 1000:采样频率$f_{SAMPLING}=f_{DTS}/8, N=6$; 0001:采样频率$f_{SAMPLING}=f_{CK\_INT}, N=2$; 1001:采样频率$f_{SAMPLING}=f_{DTS}/8, N=8$; 0010:采样频率$f_{SAMPLING}=f_{CK\_INT}, N=4$; 1010:采样频率$f_{SAMPLING}=f_{DTS}/16, N=5$; 0011:采样频率$f_{SAMPLING}=f_{CK\_INT}, N=8$; 1011:采样频率$f_{SAMPLING}=f_{DTS}/16, N=6$; 0100:采样频率$f_{SAMPLING}=f_{DTS}/2, N=6$; 1100:采样频率$f_{SAMPLING}=f_{DTS}/16, N=8$; 0101:采样频率$f_{SAMPLING}=f_{DTS}/2, N=8$; 1101:采样频率$f_{SAMPLING}=f_{DTS}/32, N=5$; 0110:采样频率$f_{SAMPLING}=f_{DTS}/4, N=6$; 1110:采样频率$f_{SAMPLING}=f_{DTS}/32, N=6$; 0111:采样频率$f_{SAMPLING}=f_{DTS}/4, N=8$; 1111:采样频率$f_{SAMPLING}=f_{DTS}/32, N=8$

续表

位	名称	说明
7	MSM	主/从模式 0：无作用； 1：触发输入(TRGI)上的事件被延迟了，以允许在当前定时器(通过TRGO)与它的从定时器间的完美同步。这对要求把几个定时器同步到一个单一的外部事件时是非常有用的
6：4	TS[2：0]	触发选择 这3位选择用于同步计数器的触发输入，这些位只能在未用到(如SMS＝000)时被改变，以避免在改变时产生错误的边沿检测。ITRX具体见表6-5。 000：内部触发0(ITR0)；100：TI1的边沿检测器(TI1F_ED)； 001：内部触发1(ITR1)；101：滤波后的定时器输入1(TI1FP1)； 010：内部触发2(ITR2)；110：滤波后的定时器输入2(TI2FP2)； 011：内部触发3(ITR3)；111：外部触发输入(ETRF)
3	URS	保留 始终读为0
2：0	SMS[2：0]	从模式选择 当选择了外部信号，触发信号TRGI的有效边沿与选中的外部输入极性相关。 000：主模式。如果CEN＝1，则预分频器直接由内部时钟驱动。 001：编码器模式1。根据TI1FP1的电平，计数器在TI2FP2的边沿向上/下计数。 010：编码器模式2。根据TI2FP2的电平，计数器在TI1FP1的边沿向上/下计数。 011：编码器模式3。根据另一个输入的电平，计数器在TI1FP1和TI2FP2的边沿向上/下计数。 100：复位模式。选中的触发输入TRGI的上升沿重新初始化计数器，并且产生一个更新寄存器的信号。 101：门控模式。当触发输入TRGI为高时，计数器的时钟开启。一旦触发输入变为低，则计数器停止但不复位。计数器的启动和停止都是受控的。 110：触发模式。计数器在触发输入TRGI的上升沿启动但不复位，只有计数器的启动是受控的。 111：外部时钟模式1。选中的触发输入TRGI的上升沿驱动计数器。 如果TI1F_ED被选为触发输入(TS＝100)时，不要使用门控模式。这是因为，TI1F_ED在每次TI1F变化时输出一个脉冲，然而门控模式是要检查触发输入的电平

偏移地址：0x08； 复位值：0x0000

表 6-5　　　　　　　　　　　　　　TIMx 内部触发连接

从定时器	ITR0(TS=000)	ITR1(TS=001)	ITR2(TS=010)	ITR3(TS=011)
TIM1	TIM5	TIM2	TIM3	TIM4
TIM8	TIM1	TIM2	TIM4	TIM5

4. DMA/中断使能寄存器(TIMx_DIER)(表 6-6)

表 6-6　　　　　　　　　　DMA/中断使能寄存器(TIMx_DIER)

位	名称	说明
15	RESERVED	保留　始终读为 0
14	TDE	允许触发 DMA 请求 0:禁止触发 DMA 请求; 1:允许触发 DMA 请求
13	COMDE	允许 COM 的 DMA 请求 0:禁止 COM 的 DMA 请求; 1:允许 COM 的 DMA 请求
12	CC4DE	允许捕获/比较 4 的 DMA 请求 0:禁止捕获/比较 4 的 DMA 请求; 1:允许捕获/比较 4 的 DMA 请求
11	CC3DE	允许捕获/比较 3 的 DMA 请求 0:禁止捕获/比较 3 的 DMA 请求; 1:允许捕获/比较 3 的 DMA 请求
10	CC2DE	允许捕获/比较 2 的 DMA 请求 0:禁止捕获/比较 2 的 DMA 请求; 1:允许捕获/比较 2 的 DMA 请求
9	CC1DE	允许捕获/比较 1 的 DMA 请求 0:禁止捕获/比较 1 的 DMA 请求; 1:允许捕获/比较 1 的 DMA 请求
8	UDE	允许更新的 DMA 请求 0:禁止更新的 DMA 请求; 1:允许更新的 DMA 请求
7	BIE	允许刹车中断 0:禁止刹车中断; 1:允许刹车中断

续表

位	名称	说明
6	TIE	触发中断使能 0:禁止触发中断; 1:允许触发中断
5	COMIE	允许 COM 中断 0:禁止 COM 中断; 1:允许 COM 中断
4	CC4IE	允许捕获/比较 4 中断 0:禁止捕获/比较 4 中断; 1:允许捕获/比较 4 中断
3	CC3IE	允许捕获/比较 3 中断 0:禁止捕获/比较 3 中断; 1:允许捕获/比较 3 中断
2	CC2IE	允许捕获/比较 2 中断 0:禁止捕获/比较 2 中断; 1:允许捕获/比较 2 中断
1	CC1IE	允许捕获/比较 1 中断 0:禁止捕获/比较 1 中断; 1:允许捕获/比较 1 中断
0	UIE	允许更新中断 0:禁止更新中断; 1:允许更新中断

偏移地址:0x0C; 复位值:0x0000

5. 状态寄存器(TIMx_SR)(表 6-7)

表 6-7　　　　　　　　　状态寄存器(TIMx_SR)

位	名称	说明
15:13	RESERVED	保留　始终读为 0
12	CC4OF	CC4OF:捕获/比较 4 重复捕获标记,参见 CC1OF 描述
11	CC3OF	CC3OF:捕获/比较 3 重复捕获标记,参见 CC1OF 描述
10	CC2OF	CC2OF:捕获/比较 2 重复捕获标记,参见 CC1OF 描述

续表

位	名称	说明
9	CC1OF	CC1OF:捕获/比较1重复捕获标记,仅当相应的通道被配置为输入捕获时,该标记可由硬件置"1"。写"0"可清除该位 0:无重复捕获产生; 1:当计数器的值被捕获到 TIMx_CCR1 寄存器时,CC1IF 的状态已经为"1"
8:7	RESERVED	保留,始终读为0
6	TIF	TIF:触发器中断标记 当发生触发事件(当从模式控制器处于除门控模式外的其他模式时,在 TRGI 输入端检测到有效边沿,或门控模式下的任一边沿)时,由硬件对该位置"1"。它由软件清"0"。 0:无触发器事件产生; 1:触发器中断等待响应
5	RESERVED	保留,始终读为0
4	CC4IF	CC4IF:捕获/比较4中断标记,参考 CC1IF 描述
3	CC3IF	CC3IF:捕获/比较3中断标记,参考 CC1IF 描述
2	CC2IF	CC2IF:捕获/比较2中断标记,参考 CC1IF 描述
1	CC1IF	CC1IF:捕获/比较1中断标记 如果通道 CC1 配置为输出模式:当计数器值与比较值匹配时该位由硬件置"1",但在中心对称模式下除外。它由软件清"0"。 0:无匹配发生; 1:TIMx_CNT 的值与 TIMx_CCR1 的值匹配。 如果通道 CC1 配置为输入模式:当捕获事件发生时该位由硬件置"1",它由软件清"0"或通过读 TIMx_CCR1 清"0"。 0:无输入捕获产生; 1:计数器值已被捕至 TIMx_CCR1
0	UIF	UIF:更新中断标记 当产生更新事件时该位由硬件置"1"。它由软件清"0"。 0:无更新事件产生; 1:更新中断等待响应。 当寄存器被更新时该位由硬件置"1": —若 TIMx_CR1 寄存器的 UDIS=0、URS=0,当 TIMx_EGR 寄存器的 UG=1 时产生更新事件; —若 TIMx_CR1 寄存器的 UDIS=0、URS=0,当计数器 CNT 被触发事件重初始化时产生更新事件

6. 事件产生寄存器(TIMx_EGR)(表6-8)

表6-8　　　　　　　　　　　事件产生寄存器(TIMx_EGR)

位	名称	说明
15:8	RESERVED	保留　始终读为0
7	BG	产生刹车事件　该位由软件置1,用于产生一个刹车事件,由硬件自动清0。 0:无动作; 1:产生一个刹车事件。此时 MOE＝0、BIF＝1,若开启对应的中断和DMA,则产生相应的中断和DMA
6	TG	产生触发事件　该位由软件置1,用于产生一个触发事件,由硬件自动清0。 0:无动作; 1:TIMx_SR 寄存器的 TIF＝1,若开启对应的中断和DMA,则产生相应的中断和DMA
5	COMG	捕获/比较事件,产生控制更新　该位由软件置1,由硬件自动清0。该位只对拥有互补输出的通道有效。 0:无动作; 1:当CCPC＝1,允许更新CCxE、CCxNE、OCxM 位
4	CC4G	产生捕获/比较4事件　参考 CC1G 描述
3	CC3G	产生捕获/比较3事件　参考 CC1G 描述
2	CC2G	产生捕获/比较2事件　参考 CC1G 描述
1	CC1G	产生捕获/比较1事件　该位由软件置1,用于产生一个捕获/比较事件,由硬件自动清0。 0:无动作; 1:在通道 CC1 上产生一个捕获/比较事件; 若通道 CC1 配置为输出,设置 CC1IF＝1,若开启对应的中断和DMA,则产生相应的中断和DMA。 若通道 CC1 配置为输入,当前的计数器值被捕获至 TIMx_CCR1 寄存器,设置 CC1IF＝1,若开启对应的中断和DMA,则产生相应的中断和DMA。若 CC1IF 已经为1,则设置 CC1OF＝1
0	UG	产生更新事件　该位由软件置1,由硬件自动清0。 0:无动作; 1:重新初始化计数器,并产生一个更新事件。注意预分频器的计数器也被清0,但是预分频系数不变。若在中心对称模式下或向上计数则计数器被清0;若向下计数则计数器取 TIMx_ARR 的值

偏移地址:0x14; 复位值:0x0000

7. 捕获/比较模式寄存器 1(TIMx_CCMR1)

通道可用于输入捕获模式或输出比较模式,通道的方向由相应的 CCxS 位定义。该寄存器其他位的作用在输入和输出模式下不同。OCxx 描述了通道在输出模式下的功能,ICxx 描述了通道在输入模式下的功能。因此必须注意,同一个位在输出模式和输入模式下的功能是不同的。

1) 输出比较模式(表 6-9)

表 6-9　　　　　　　　　　　　输出比较模式设置

位	名 称	说 明
15	OC2CE	输出比较 2 清零使能
14:12	OC2M[2:0]	输出比较 2 模式
11	OC2PE	输出比较 2 预装载使能
10	OC2FE	输出比较 2 快速使能
9:8	CC2S[1:0]	捕获/比较 2 选择　该位定义通道的方向及输入脚的选择。CC2S 仅在通道关闭时才是可写的。 00:CC2 通道被配置为输出; 01:CC2 通道被配置为输入,IC2 映射在 TI2 上; 10:CC2 通道被配置为输入,IC2 映射在 TI1 上; 11:CC2 通道被配置为输入,IC2 映射在 TRC 上,此模式仅工作在内部触发器输入被选中时
7	OC1CE	输出比较 1 清零使能。 0:OC1REF 不受 ETRF 输入的影响; 1:一旦检测到 ETRF 输入高电平,清除 OC1REF=0
6:4	OC1M[2:0]	输出比较 1 模式　该 3 位定义了输出参考信号 OC1REF 的动作,而 OC1REF 决定了 OC1、OC1N 的值。OC1REF 是高电平有效,而 OC1、OC1N 的有效电平取决于 CC1P、CC1NP 位。 000:冻结。输出比较寄存器 TIMx_CCR1 与计数器 TIMx_CNT 间的比较对 OC1REF 不起作用。 001:匹配时设置通道 1 为有效电平。当计数器 TIMx_CNT 的值与捕获/比较寄存器 1(TIMx_CCR1)相同时,强制 OC1REF 为高。 010:匹配时设置通道 1 为无效电平。当计数器 TIMx_CN 的值与捕获/比较寄存器 1(TIMx_CCR1)相同时,强制 OC1REF 为低。 011:匹配时翻转 OC1REF 的电平。 100:强制为无效电平。强制 OC1REF 为低。 101:强制为有效电平。强制 OC1REF 为高。 110:PWM 模式 1。在向上计数时,一旦 TIMx_CNT<TIMx_CCR1,通道 1 为有效电平,否则为无效电平;在向下计数时,一旦 TIMx_CNT>TIMx_CCR1,通道 1 为无效电平(OC1REF=0),否则为有效电平(OC1REF=1)。 111:PWM 模式 2。在向上计数时,一旦 TIMx_CNT<TIMx_CCR1,通道 1 为无效电平,否则为有效电平;在向下计数时,一旦 TIMx_CNT>TIMx_CCR1,通道 1 为有效电平,否则为无效电平。 一旦 LOCK 级别设为 3(TIMx_BDTR 寄存器中的 LOCK 位)并且 CC1S=00(该通道配置成输出),则该位不能被修改。在 PWM 模式 1 或 PWM 模式 2 中,只有当比较结果改变了或在输出比较模式中从冻结模式切换到 PWM 模式时,OC1REF 电平才改变

续表

位	名称	说明
3	OC1PE	输出比较1预装载使能。 0:禁止 TIMx_CCR1 寄存器的预装载功能,可随时写入 TIMx_CCR1 寄存器,并且新写入的数值立即起作用。 1:开启 TIMx_CCR1 寄存器的预装载功能,读写操作仅对预装载寄存器操作,TIMx_CCR1 的预装载值在更新事件到来时被加载至当前寄存器中。注1:一旦 LOCK 级别设为3(TIMx_BDTR 寄存器中的 LOCK 位)并且该通道配置成输出,则该位不能被修改
2	OC1FE	输出比较1快速使能 该位用于加快 CC 输出对触发输入事件的响应。 0:根据计数器与 CCR1 的值,CC1 正常操作,即使触发器是打开的。当触发器的输入有一个有效沿时,激活 CC1 输出的最小延时为5个时钟周期。 1:输入到触发器的有效沿的作用就像发生了一次比较匹配。因此,OC 被设置为比较电平而与比较结果无关。采样触发器的有效沿和 CC1 输出间的延时被缩短为3个时钟周期。OCFE 只在通道被配置成 PWM1 或 PWM2 模式时起作用
1:0	CC1S[1:0]	捕获/比较1选择 CC1S 仅在通道关闭时才是可写的。这2位定义通道的方向及输入脚的选择: 00:CC1 通道被配置为输出; 01:CC1 通道被配置为输入,IC1 映射在 TI1 上; 10:CC1 通道被配置为输入,IC1 映射在 TI2 上; 11:CC1 通道被配置为输入,IC1 映射在 TRC 上。此模式仅工作在内部触发器输入被选中时

偏移地址:0x18; 复位值:0x0000

2) 输入捕获模式(表6-10)

表6-10　　　　　　　　　　　输入捕获模式设置

位	名称	说明
15:12	IC2F[3:0]	输入捕获2滤波器
11:10	IC2PSC[1:0]	输入/捕获2预分频器
9:8	CC2S[1:0]	捕获/比较2选择。CC2S 仅在通道关闭时才是可写的。这2位定义通道的方向,及输入脚的选择: 00:CC2 通道被配置为输出; 01:CC2 通道被配置为输入,IC2 映射在 TI2 上; 10:CC2 通道被配置为输入,IC2 映射在 TI1 上; 11:CC2 通道被配置为输入,IC2 映射在 TRC 上。此模式仅工作在内部触发器输入被选中时(由 TIMx_SMCR 寄存器的 TS 位选择)

续表

位	名称	说明
7:4	IC1F[3:0]	输入捕获1滤波器 这几位定义了TI1输入的采样频率及数字滤波器长度。数字滤波器由一个事件计数器组成,它记录到N个事件后会产生一个输出的跳变: 0000:无滤波器,以fDTS采样; 1000:采样频率 $f_{SAMPLING}=f_{DTS}/8, N=6$; 0001:采样频率 $f_{SAMPLING}=f_{CK\_INT}, N=2$; 1001:采样频率 $f_{SAMPLING}=f_{DTS}/8, N=8$; 0010:采样频率 $f_{SAMPLING}=f_{CK\_INT}, N=4$; 1010:采样频率 $f_{SAMPLING}=f_{DTS}/16, N=5$; 0011:采样频率 $f_{SAMPLING}=f_{CK\_INT}, N=8$; 1011:采样频率 $f_{SAMPLING}=f_{DTS}/16, N=6$; 0100:采样频率 $f_{SAMPLING}=f_{DTS}/2, N=6$; 1100:采样频率 $f_{SAMPLING}=f_{DTS}/16, N=8$; 0101:采样频率 $f_{SAMPLING}=f_{DTS}/2, N=8$; 1101:采样频率 $f_{SAMPLING}=f_{DTS}/32, N=5$; 0110:采样频率 $f_{SAMPLING}=f_{DTS}/4, N=6$; 1110:采样频率 $f_{SAMPLING}=f_{DTS}/32, N=6$; 0111:采样频率 $f_{SAMPLING}=f_{DTS}/4, N=8$; 1111:采样频率 $f_{SAMPLING}=f_{DTS}/32, N=8$
3:2	IC1PSC[1:0]	输入/捕获1预分频器 这2位定义了CC1输入(IC1)的预分频系数。一旦CC1E=0,则预分频器复位。 00:无预分频器,捕获输入口上检测到的每一个边沿都触发一次捕获; 01:每2个事件触发一次捕获; 10:每4个事件触发一次捕获; 11:每8个事件触发一次捕获
1:0	CC1S[1:0]	捕获/比较1选择 CC1S仅在通道关闭时才是可写的。这2位定义通道的方向,及输入脚的选择: 00:CC1通道被配置为输出; 01:CC1通道被配置为输入,IC1映射在TI1上; 10:CC1通道被配置为输入,IC1映射在TI2上; 11:CC1通道被配置为输入,IC1映射在TRC上。此模式仅工作在内部触发器输入被选中时

8. 捕获/比较模式寄存器 2(TIMx_CCMR2)

参看以上CCMR1寄存器的描述,与之类似,偏移地址:0x1C,复位值:x0000。

9. 捕获/比较使能寄存器(TIMx_CCER)(表6-11)

表6-11　　　　　　　　　　捕获/比较使能寄存器(TIMx_CCER)

位	名 称	说 明
15:14	RESERVED	保留　始终读为0
13	CC4P	CC4P:输入/捕获4输出极性。参考CC1P的描述
12	CC4E	CC4E:输入/捕获4输出使能。参考CC1E的描述
11	CC3NP	CC3NP:输入/捕获3互补输出极性。参考CC1NP的描述
10	CC3NE	CC3NE:输入/捕获3互补输出使能。参考CC1NE的描述
9	CC3P	CC3P:输入/捕获3输出极性。参考CC1P的描述
8	CC3E	CC3E:输入/捕获3输出使能。参考CC1E的描述
7	CC2NP	CC2NP:输入/捕获2互补输出极性。参考CC1NP的描述
6	CC2NE	CC2NE:输入/捕获2互补输出使能。参考CC1NE的描述
5	CC2P	CC2P:输入/捕获2输出极性。参考CC1P的描述
4	CC2E	CC2E:输入/捕获2输出使能。参考CC1E的描述
3	CC1NP	输入/捕获1互补输出极性,一旦LOCK级别设为3或2且通道配置为输出,则该位不能被修改。 0:OC1N 高电平有效。 1:OC1N 低电平有效
2	CC1NE	输入/捕获1互补输出使能。 0:关闭。OC1N禁止输出,因此OC1N的输出电平依赖于MOE、OSSI、OSSR、OIS1、OIS1N和CC1E位的值。 1:开启。OC1N信号输出到对应的输出引脚,其输出电平依赖于MOE、OSSI、OSSR、OIS1、OIS1N和CC1E位的值
1	CC1P	输入/捕获1输出极性,一旦LOCK级别设为3或2,则该位不能被修改。 CC1通道配置为输出: 0:OC1 高电平有效; 1:OC1 低电平有效。 CC1通道配置为输入:该位选择IC1或IC1的反相信号作为触发或捕获信号。 0:不反相:捕获发生在IC1的上升沿;当用作外部触发器时,IC1不反相。 1:反相:捕获发生在IC1的下降沿;当用作外部触发器时,IC1反相
0	CC1E	输入/捕获1输出使能。 CC1通道配置为输出: 0:关闭。OC1禁止输出,因此OC1的输出电平依赖于MOE、OSSI、OSSR、OIS1、OIS1N和CC1NE位的值。 1:开启。OC1信号输出到对应的输出引脚,其输出电平依赖于MOE、OSSI、OSSR、OIS1、OIS1N和CC1NE位的值。 CC1通道配置为输入:该位决定了计数器的值是否能捕获入TIMx_CCR1寄存器。 0:捕获禁止; 1:捕获使能

偏移地址:0x20;　复位值:0x0000

如果一个通道的2个输出都没有使用(CCxE=CCxNE=0),那么OISx、OISxN、CCxP和CCxNP都必须清零,详细说明见表6-12。管脚连接到互补的OCx和OCxN通道的外部I/O

管脚的状态，取决于 OCx 和 OCxN 通道状态和 GPIO 以及 AFIO 寄存器。

表 6-12　　带刹车功能的互补输出通道 OCx 和 OCxN 的控制位

控制位					输出状态	
MOE 位	OSSI 位	OSSR 位	CCxE 位	CCxNE 位	OCx 输出状态	OCxN 输出状态
1	×	0	0	0	输出禁止（与定时器断开）OCx=0,OCx_EN=0	输出禁止（与定时器断开）OCxN=0,OCxN_EN=0
		0	0	1	输出禁止（与定时器断开）OCx=0,OCx_EN=0	OCxREF＋极性，OCxN＝OCxREF xor CCxNP OCxN_EN=1
		0	1	0	OCxREF＋极性，OCx＝OCxREF xor CCxP，OCx_EN=1	输出禁止（与定时器断开）OCxN=0,OCxN_EN=0
		0	1	1	OCxREF＋极性＋死区，OCx_EN=1	OCxREF 反相＋极性＋死区，OCxN_EN=1
		1	0	0	输出禁止（与定时器断开）OCx=CCxP,OCx_EN=0	输出禁止（与定时器断开）OCxN=CCxNP,OCxN_EN=0
		1	0	1	关闭状态（输出使能且为无效电平）OCx=CCxP,OCx_EN=1	OCxREF＋极性，OCxN＝OCxREF xor CCxNP，OCxN_EN=1
		1	1	0	OCxREF＋极性，OCx＝OCxREF xor CCxP，OCx_EN=1	关闭状态（输出使能且为无效电平）OCxN=CCxNP,OCxN_EN=1
		1	1	1	OCxREF＋极性＋死区，OCx_EN=1	OCxREF 反相＋极性＋死区，OCxN_EN=1
0	0	×	0	0	输出禁止（与定时器断开）	
	0		0	1	异步地：OCx=CCxP,OCx_EN=0,OCxN=CCxNP,OCxN_EN=0；	
	0		1	0	若时钟存在：经过一个死区时间后 OCx=OISx，OCxN=OISxN，假设 OISx 与 OISxN 并不都对应 OCx 和 OCxN 的有效电平	
	0		1	1		
	1		0	0	关闭状态（输出使能且为无效电平）	
	1		0	1	异步地：OCx=CCxP,OCx_EN=1,OCxN=CCxNP,OCxN_EN=1；	
	1		1	0	若时钟存在：经过一个死区时间后 OCx=OISx，OCxN=OISxN，假设 OISx 与 OISxN 并不都对应 OCx 和 OCxN 的有效电平	
	1		1	1		

10. 计数器(TIMx_CNT)

CNT[15:0]:计数器的值,偏移地址:0x24,复位值:0x0000。

11. 预分频器(TIMx_PSC)

PSC[15:0]:预分频器的值,偏移地址:0x28,复位值:0x0000。

12. 自动重装载寄存器(TIMx_ARR)

ARR[15:0]重装载值,偏移地址:0x2C,复位值:0x0000。

13. 重复计数寄存器(TIMx_RCR)(表 6-13)

表 6-13　　　　　　　　重复计数寄存器(TIMx_RCR)

位	名称	说明
15:8	RESERVED	保留　始终读为 0
7:0	REP[7:0]	重复计数器的值 开启了预装载功能后,这些位允许用户设置比较寄存器的更新速率;如果允许产生更新中断,则会同时影响产生更新中断的速率。每次向下计数器 REP_CNT 达到 0,会产生一个更新事件并且计数器 REP_CNT 重新从 REP 值开始计数。由于 REP_CNT 只有在周期更新事件 U_RC 发生时才重载 REP 值,因此对 TIMx_RCR 寄存器写入的新值只在下次周期更新事件发生时才起作用。这意味着在 PWM 模式中,(REP+1)对应着: • 在边沿对齐模式下,PWM 周期的数目; • 在中心对称模式下,PWM 半周期的数目

偏移地址:0x30;复位值:0x0000

14. 捕获/比较寄存器 1—4(TIMx_CCR1,TIMx_CCR2,TIMx_CCR3,TIMx_CCR4)(表 6-14)

表 6-14　　捕获/比较寄存器 1—4(TIMx_CCR1,TIMx_CCR2,TIMx_CCR3,TIMx_CCR4)

位	名称	说明
15:0	CCRy[15:0] (y=1—4)	捕获/比较 y 的值 若 CCy 通道配置为输出: CCRy 包含了装入当前捕获/比较 y 寄存器的预装载值。如果在 TIMx_CCMRy 寄存器 OC1PE 位中未选择预装载功能,写入的数值会立即传输至当前寄存器中。否则只有当更新事件发生时,此预装载值才传输至当前捕获/比较 y 寄存器中。当前捕获/比较寄存器参与同计数器 TIMx_CNT 的比较,并在 OCy 端口上产生输出信号。 若 CCy 通道配置为输入: CCRy 包含了由上一次输入捕获 y 事件(Icy)传输的计数器值

偏移地址:0x34,0x38,0x3C,0x40,复位值:0x0000

15. 刹车和死区寄存器(TIMx_BDTR)(表 6-15)

根据锁定设置,AOE、BKP、BKE、OSSI、OSSR 和 DTG[7:0]位均可被写保护,有必要在第一次写入 TIMx_BDTR 寄存器时对它们进行配置。

表 6-15 刹车和死区寄存器(TIMx_BDTR)

位	名称	说明
15	MOE	主输出使能　一旦刹车输入有效,该位被硬件异步清0。根据 AOE 位的设置值,该位可以由软件清0或被自动置1。它仅对配置为输出的通道有效。 0:禁止 OC 和 OCN 输出或强制为空闲状态。 1:如果设置了相应的使能位(TIMx_CCER 寄存器的 CCxE、CCxNE 位),则开启 OC 和 OCN 输出
14	AOE	自动输出使能　一旦 LOCK 级别(TIMx_BDTR 寄存器中的 LOCK 位)设为1,则该位不能被修改。 0:MOE 只能被软件置1。 1:MOE 能被软件置1或在下一个更新事件被自动置1(如果刹车输入无效)
13	BKP	刹车输入极性　一旦 LOCK 级别(TIMx_BDTR 寄存器中的 LOCK 位)设为1,则该位不能被修改。 0:刹车输入低电平有效。 1:刹车输入高电平有效
12	BKE	刹车功能使能　一旦 LOCK 级别设为1,则该位不能被修改。 0:禁止刹车输入(BRK 及 BRK_ACTH)。 1:开启刹车输入(BRK 及 BRK_ACTH)
11	OSSR	运行模式下"关闭状态"选择　该位用于当 MOE=1 且通道为互补输出时。没有互补输出的定时器中不存在 OSSR 位。参考 OC/OCN 使能的详细说明。一旦 LOCK 级别则该位不能被修改。 0:当定时器不工作时,禁止 OC/OCN 输出(OC/OCN 使能输出信号=0)。 1:当定时器不工作时,一旦 CCxE=1 或 CCxNE=1,首先开启 OC/OCN 并输出无效电平,然后置 OC/OCN 使能输出信号等于1
10	OSSI	空闲模式下"关闭状态"选择　该位用于当 MOE=0 且通道设为输出时。参考 OC/OCN 使能的详细说明。一旦 LOCK 级别设为2,则该位不能被修改。 0:当定时器不工作时,禁止 OC/OCN 输出(OC/OCN 使能输出信号=0)。 1:当定时器不工作时,一旦 CCxE=1 或 CCxNE=1,OC/OCN 首先输出其空闲电平,然后 OC/OCN 使能输出信号=1

续表

位	名称	说明
9：8	LOOK[1：0]	锁定设置 该位为防止软件错误而提供写保护。在系统复位后,只能写一次 LOCK 位,一旦写入 TIMx_BDTR 寄存器,则其内容冻结直至复位。 00:锁定关闭,寄存器无写保护。 01:锁定级别 1,不能写入 TIMx_BDTR 寄存器的 DTG、BKE、BKP、AOE 位和 TIMx_CR2 寄存器的 OISx/OISxN 位; 10:锁定级别 2,不能写入锁定级别 1 中的各位,也不能写入 CC 极性位(一旦相关通道通过 CCxS 位设为输出,CC 极性位是 TIMx_CCER 寄存器的 CCxP/CCNxP 位)以及 OSSR/OSSI 位。 11:锁定级别 3,不能写入锁定级别 2 中的各位,也不能写入 CC 控制位。(一旦相关通道通过 CCxS 位设为输出,CC 控制位是 TIMx_CCMRx 寄存器的 OCxM/OCxPE 位)
7：0	UTG[7：0]	死区发生器设置 一旦 LOCK 级别设为 1、2 或 3,则不能修改这些位。这些位定义了插入互补输出之间的死区持续时间。假设 DT 表示其持续时间: $DTG[7:5]=0xx \Rightarrow DT=DTG[7:0] \times T_{dtg}, T_{dtg}=T_{DTS}$; $DTG[7:5]=10x \Rightarrow DT=(64+DTG[5:0]) \times T_{dtg}, T_{dtg}=2 \times T_{DTS}$; $DTG[7:5]=110 \Rightarrow DT=(32+DTG[4:0]) \times T_{dtg}, T_{dtg}=8 \times T_{DTS}$; $DTG[7:5]=111 \Rightarrow DT=(32+DTG[4:0]) \times T_{dtg}, T_{dtg}=16 \times T_{DTS}$

偏移地址:0x44; 复位值:0x0000

16. DMA 控制寄存器(TIMx_DCR)(表 6-16)

表 6-16   DMA 控制寄存器(TIMx_DCR)

位	名称	说明
15：13	RESERVED	保留 始终读为 0
12：8	DBL[4：0]	DMA 连续传送长度 这些位定义了 DMA 在连续模式下的传送长度,即:定义传输的次数,传输可以是半字或字节: 00000:1 次传输 00001:2 次传输; 00010:3 次传输 …… 10001:18 次传输。 根据 DMA 数据长度的设置,可能发生以下情况: • 如果设置数据为半字(16 位),那么数据就传输给全部 7 个寄存器。 • 如果设置数据为字节,数据仍然会传输给全部 7 个寄存器;第一个寄存器包含第一个 MSB 字节,第二个寄存器包含第一个 LSB 字节,以此类推。因此对于定时器,用户必须指定由 DMA 传输的数据宽度
7：5	RESERVED	保留 始终读为 0
4：0	DBA[4：0]	DMA 基地址 这些位定义了 DMA 在连续模式下的基地址,DBA 定义为从 TIMx_CR1 寄存器所在地址开始的偏移量: 00000:TIMx_CR1; 00001:TIMx_CR2; 00010:TIMx_SMCR; ……

17. 连续模式的 DMA 地址(TIMx_DMAR)(表 6-17)

表 6-17　　　　　　　　　　连续模式的 DMA 地址(TIMx_DMAR)

位	名称	说明
15：0	DMAB[15：0]	DMA 连续传送寄存器 对 TIMx_DMAR 寄存器的读或写会导致对以下地址所在寄存器的存取操作：TIMx_CR1 地址 ＋ DBA ＋ DMA 索引，其中： • TIMx_CR1 地址是控制寄存器 1(TIMx_CR1)所在的地址； • DBA 是 TIMx_DCR 寄存器中定义的基地址； • DMA 索引是由 DMA 自动控制的偏移量,它取决于 IMx_DCR 寄存器中定义的 DBL

偏移地址：0x4C；　复位值：0x0000

6.4　STM32 高级定时器工作原理及应用

6.4.1　定时器的时基信号

1. 时钟源

如图 6-2 所示，计数器时钟可以由下面四个时钟源提供：内部系统时钟信号、外部时钟模式 1 触发信号、外部时钟模式 2 触发信号和编码器信号，以高级定时器 Timer 为例详述如下：

1) 内部系统时钟

如果从模式控制寄存器(TIM1_SMCR)的从模式选择位关闭了从模式方式，即 SMS＝000，一旦控制寄存器 1(TIM1_CR1)的允许计数器位(CEN)置 1，则时钟信号输出就由内部时钟提供。内部时钟 CK_INT 来源于内部总线时钟，即 APB2 时钟。

2) 外部时钟模式 1

如果从模式控制寄存器(TIM1_SMCR)的从模式选择位设置为外部时钟模式 1，即 SMS＝111 时，此模式被选中。在此模式下，时钟信号由触发输入选择的时钟信号提供。触发输入信号可以由以下信号提供：

- 内部触发 0(ITR0)；
- 内部触发 1(ITR1)；
- 内部触发 2(ITR2)；
- 内部触发 3(ITR3)；
- 通道 1 边沿检测器(TI1F_ED)；
- 定时器外部输入 1(TI1FP1)；
- 定时器外部输入 2(TI2FP2)；
- 外部触发输入(ETRF)。

内部触发信号来源于其他定时器，不同的定时器 ITR0－ITR3 含义不一样，如表 6-18 所示。

表 6-18　　　　　　　　　　　　　　高级定时器内部触发信号

从定时器	TIM1	TIM2	TIM3	TIM4	TIM5	TIM8
ITR0	TIM5	TIM1	TIM1	TIM1	TIM2	TIM1
ITR1	TIM2	TIM8	TIM2	TIM2	TIM3	TIM2
ITR2	TIM3	TIM3	TIM5	TIM3	TIM4	TIM4
ITR3 王王	TIM4	TIM4	TIM4	TIM8	TIM8	TIM5

使用这种模式,可以实现多个定时器级联构成 32 位定时器,或是使用一个定时器作为另外一个定时器的预分频器,扩大计时时间;或几个定时器同步工作。

通道 1 边沿检测信号 TI1F_ED,是检测 TI 的边沿检测输入信号(包括上升沿和下降沿),TI1 输入有两种选择:一种来自捕获通道 1 管脚输入信号,另外一种来自捕获通道 1,2,3 三个管脚信号的异或。选择哪一种信号取决于控制寄存器 TIMx_CR2 中的 TI1S 位。当 TI1 选择由捕获通道 1,2,3 输入异或后信号输入时,可以用来检测直流无刷电机霍尔输入信号,在霍尔电平发生变化时,产生一个脉冲,进而控制输出信号。

定时器外部输入 1 和定时器外部输入 2 信号来自外部管脚,外部管脚输入结构图如图 6-3 所示。定时器外部触发输入设置与模式 2 相同,通过设置滤波器,边沿检测与分频系数得到输入时钟脉冲信号。

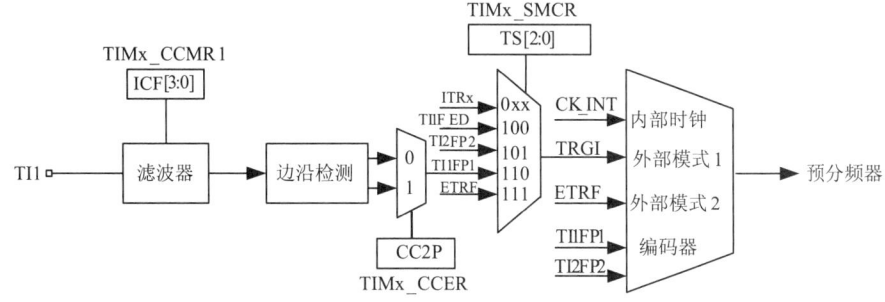

图 6-3　外部时钟模式 1 结构图

3) 外部时钟模式 2

如果 TIMx_SMCR 寄存器中的外部时钟使能位使能外部时钟模式 2,即 ECE＝1,则定时器进入外部时钟源模式 2,计数器能够在外部触发管脚 ETR 上信号的每一个上升沿或下降沿计数。图 6-4 所示是外部时钟模式 2 结构图。

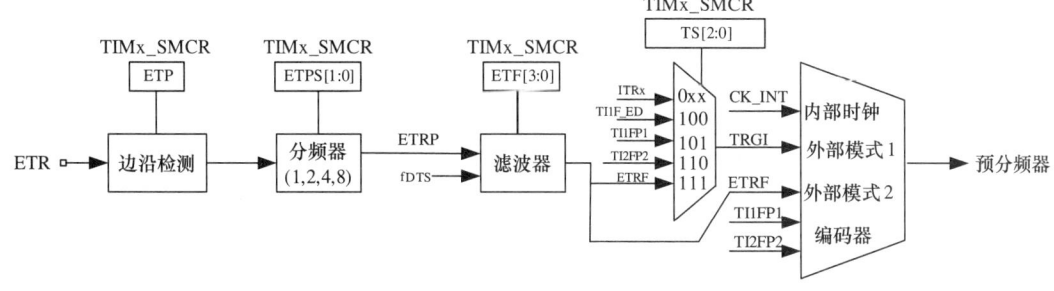

图 6-4　外部时钟模式 2 结构图

4）编码器输入方式

如果置 TIMx_SMCR 寄存器中的 SMS=001，则计数器只在 TI2 的边沿计数；如果置 SMS=010，则只在 TI1 边沿计数；如果置 SMS=011，则计数器同时在 TI1 和 TI2 边沿计数。通过设置 TIMx_CCER 寄存器中的 CC1P 和 CC2P 位，可以选择 TI1 和 TI2 极性；如果需要，还可以对输入滤波器编程。两个输入 TI1 和 TI2 通常被用来作为增量编码器的接口。

假定计数器已经启动（TIMx_CR1 寄存器中的 CEN=1），则计数器由 TI1FP1 或 TI2FP2 上的有效跳变驱动。TI1FP1 和 TI2FP2 是 TI1 和 TI2 通过输入滤波器和极性控制后的信号；如果没有滤波和变相，则 TI1FP1、TI2FP2 分别与 TI1、TI2 相同。根据两个输入信号的跳变顺序，产生计数脉冲和方向信号。依据两个输入信号的跳变顺序，计数器向上或向下计数，同时硬件对 TIMx_CR1 寄存器的 DIR 位进行相应的设置。不管计数器是依靠 TI1 计数、还是依靠 TI2 计数或者同时依靠 TI1 和 TI2 计数，在任一输入端（TI1 或者 TI2）的跳变都会重新计算 DIR 位。编码器接口模式基本上相当于使用了一个带有方向选择的外部时钟。这意味着计数器只在 0 到 TIMx_ARR 寄存器的自动装载值之间连续计数，所以在开始计数之前必须配置 TIMx_ARR；同样，捕获器、比较器、预分频器、重复计数器、触发输出特性等仍工作如常。编码器模式和外部时钟模式 2 不兼容，因此不能同时操作。在这个模式下，计数器依照增量编码器的速度和方向被自动地修改，因此计数器的内容始终指示着编码器的位置。计数方向与相连的传感器旋转的方向对应。表 6-19 列出了所有可能的组合。一个外部的增量编码器可以直接与 MCU 连接而不需要外部接口逻辑。但是，一般使用比较器将编码器的差动输出转换到数字信号，这样可以大大增加抗噪声干扰能力。编码器输出的第三个信号表示机械零点，可以把它连接到一个外部中断输入并触发一个计数器复位。

表 6-19　　　　　　　　　　计数方向与编码器信号的关系

有效边沿	TI1FP1 相对 TI1 的电平，TI1FP2 相对 TI2 的电平	TI1FP1 信号		TI1FP2 信号	
		上升	下降	上升	下降
仅在 TI1 计数	高	向下计数	向上计数	不计数	不计数
	低	向上计数	向下计数	不计数	不计数
仅在 TI2 计数	高	不计数	不计数	向上计数	向下计数
	低	不计数	不计数	向下计数	向上计数
在 TI1 和 TI2 均计数	高	向下计数	向上计数	向上计数	向下计数
	低	向上计数	向下计数	向下计数	向上计数

图 6-5 是一个计数器操作的实例，显示了计数信号的产生和方向控制。它还显示了当选择了双边沿时，输入抖动是如何被抑制的；抖动可能会在传感器的位置靠近一个转换点时产生。在这个例子中，我们假定配置如下：

- IC1FP1 映射到 TI1，即 TIMx_CCMR1 寄存器的 CC1S=01；
- IC2FP2 映射到 TI2，即 TIMx_CCMR1 寄存器的 CC2S=01；
- IC1FP1 不反相，IC1FP1=TI1，即 TIMx_CCER 寄存器 CC1P=0；
- IC2FP2 不反相，IC2FP2=TI2，即 TIMx_CCER 寄存器 CC2P=0；

- 所有的输入均在上升沿和下降沿有效，即 TIMx_SMCR 寄存器的 SMS=011；
- 计数器使能，即 TIMx_CR1 寄存器 CEN=1。

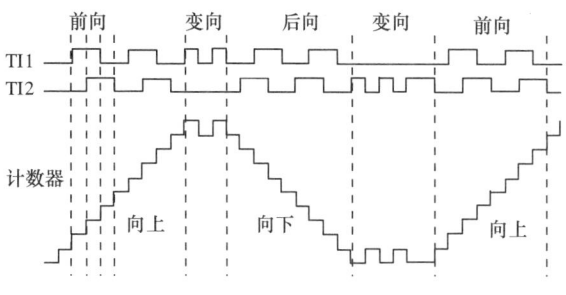

图 6-5 编码器计数模式

当定时器配置成编码器接口模式时，提供传感器当前位置的信息。使用第二个配置在捕获模式的定时器测量两个编码器事件的间隔，可以获得动态的信息（速度、加速度、减速度）。指示机械零点的编码器输出可被用作此目的。根据两个事件间的间隔，可以按照固定的时间读出计数器。如果可能的话，你可以把计数器的值锁存到第三个输入捕获寄存器（捕获信号必须是周期的并且可以由另一个定时器产生）。它也可以通过一个由实时时钟产生的 DMA 请求来读取它的值。

2. 时基单元

可编程高级定时器的核心部分是由一个 16 位计数器和与其相关的几个寄存器构成。此计数器可以向上计数、向下计数或者双向计数。计数器的时钟由时钟源经预分频器分频得到。计数寄存器、自动装载寄存器和预分频器寄存器都可以由软件读写，即使在计数器运行中读写仍然有效。时基单元包含：

- 预分频寄存器（TIMx_PSC）；
- 计数寄存器（TIMx_CNT）；
- 自动装载寄存器（TIMx_ARR）；
- 重复次数寄存器（TIMx_RCR）。

预分频器可以将输入时钟频率按 1～65536 之间的任意值分频。分频系数由预分频寄存器（TIMx_PSC）的值确定，预分频器等效为一个 16 位计数器。由于这个控制寄存器带有缓冲器，因此它能够在运行时被改变。新的预分频系数在下一次更新事件到来时被采用。

可编程 16 位计数器由预分频器的时钟输出 CK_CNT 驱动，仅当设置了计数器控制寄存器（TIMx_CR1）中的计数器使能位（CEN）时，CK_CNT 才有效。在设置了 TIMx_CR1 寄存器的 CEN 位的一个时钟周期后，计数器开始计数，计数值存放在计数寄存器（TIMx_CNT）中。

自动重装载寄存器是预先装载的计数值，写或读自动重装载寄存器将访问预装载寄存器。根据在 TIMx_CR1 寄存器中的自动装载预装载使能位（ARPE）的设置，预装载寄存器的内容被立即或在每次的更新事件（UEV）时传送到影子寄存器。当计数器达到溢出条件并当 TIMx_CR1 寄存器中的 UDIS 位等于 0 时，产生更新事件。

3. 计数器模式

1）向上计数模式

在向上计数模式中，如图 6-6 和图 6-7 所示，计数器从 0 计数到自动加载值（TIMx_ARR 寄存器的值），计数器溢出，然后重新从 0 开始计数。如果使用了重复计数器功能，在向上计数次数达到了设置的重复计数寄存器（TIMx_RCR）中设置的次数时，才产生更新事件（UEV），否则每次计数器上溢时将产生更新事件。

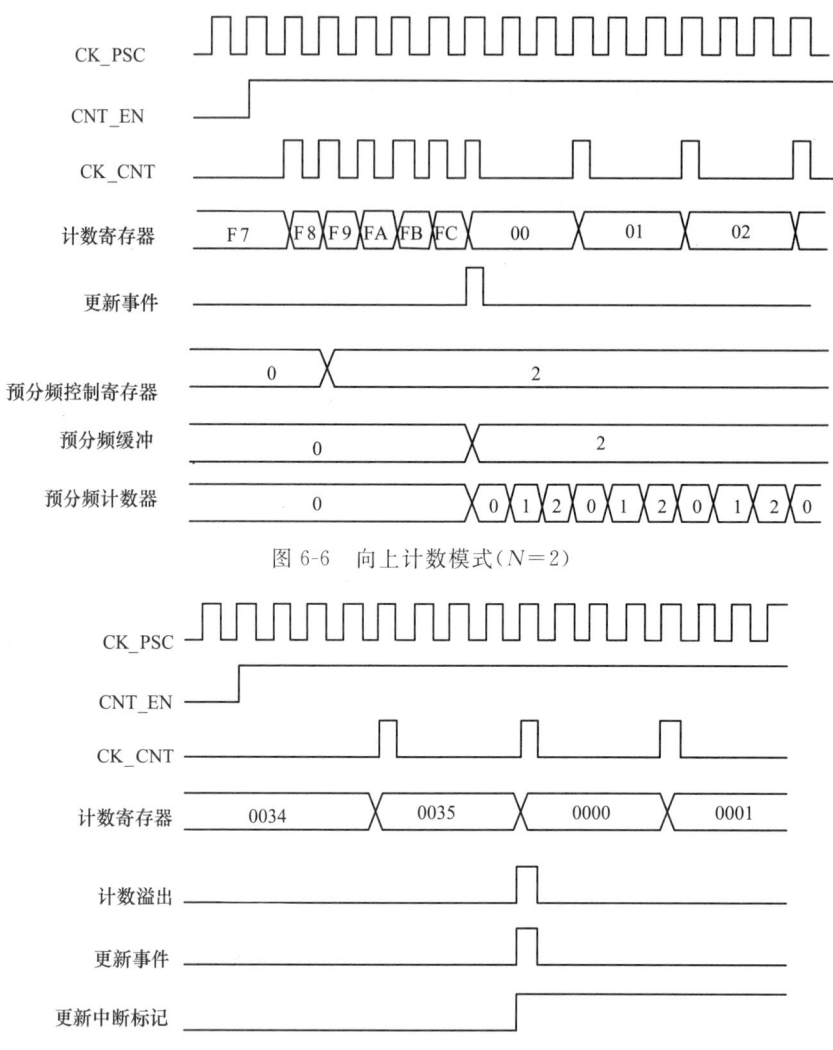

图 6-6　向上计数模式（$N=2$）

图 6-7　向上计数模式（$N=35$）

在 TIMx_EGR 寄存器中通过软件方式或者使用从模式控制器设置 UG 位也同样可以产生一个更新事件。设置 TIMx_CR1 寄存器中的 UDIS 位，可以禁止更新事件；这样可以避免在向预装载寄存器中写入新值时更新影子寄存器。虽然在 UDIS 位被清零之前，将不产生更新事件，但是在应该产生更新事件时，计数器仍会被清零，同时预分频器的计数也被清零，但预分频器的数值不变。

此外，如果设置了 TIMx_CR1 寄存器中的选择更新请求位 URS，设置 UG 位将产生一个更新事件 UEV，但硬件不设置 UIF 标志（即不产生中断或 DMA 请求）。这是为了避免在捕获模式下清除计数器时，同时产生更新和捕获中断。

当发生一个更新事件时，所有的寄存器都被更新，硬件依据 URS 位同时设置更新标志位（TIMx_SR 寄存器中的 UIF 位）。

- 重复计数器被重新加载为 TIMx_RCR 寄存器的内容；

- 自动装载影子寄存器被重新置入预装载寄存器的值(TIMx_ARR);
- 预分频器的缓冲区被置入预装载寄存器的值(TIMx_PSC 寄存器的内容)。

2) 向下计数模式

在向下模式中,计数器从自动加载值(TIMx_ARR 寄存器的值)开始向下计数到 0,然后从自动加载值(TIMx_ARR 寄存器的值)重新开始计数。如果使用了重复计数器,当向下计数次数达到了重复计数寄存器(TIMx_RCR)中设定的次数后,将产生更新事件(UEV),否则每次计数器下溢时才产生更新事件。

在 TIMx_EGR 寄存器中设置 UG 位(通过软件方式或者使用从模式控制器)也同样可以产生一个更新事件。设置 TIMx_CR1 寄存器中的 UDIS 位可以禁止更新事件。这样可以避免在向预装载寄存器中写入新值时更新影子寄存器。因此 UDIS 位被清为 0 之前不会产生更新事件。然而,计数器仍会从当前自动加载值重新开始计数,并且预分频器的计数器重新从 0 开始。

此外,如果设置了 TIMx_CR1 寄存器中的选择更新请求位 URS,设置 UG 位将产生一个更新事件,但不设置 UIF 标志(因此不产生中断和 DMA 请求),这是为了避免在发生捕获事件并清除计数器时,同时产生更新和捕获中断。

当发生更新事件时,所有的寄存器都被更新,并且根据 URS 位的设置的更新标志位(TIMx_SR 寄存器中的 UIF 位)也被设置。

- 重复计数器被重置为 TIMx_RCR 寄存器中的内容;
- 预分频器的缓存器被加载为预装载的值(TIMx_PSC 寄存器的值)。
- 当前的自动加载寄存器被更新为预装载值(TIMx_ARR 寄存器中的内容)。自动装载在计数器重载入之前被更新,因此下一个周期将是预期的值。

3) 中央对齐模式(向上/向下计数)

在中央对齐模式中,计数器从 0 开始计数到自动加载值(TIMx_ARR 寄存器-1),产生一个计数器上溢事件,然后向下计数到 1 并且产生一个计数器下溢事件;然后再从 0 开始重新计数。在此模式下,不能写入 TIMx_CR1 中的 DIR 方向位。它由硬件更新并指示当前的计数方向。更新事件可以产生在每次计数上溢和每次计数下溢时。

可以通过软件或者使用从模式控制器设置 TIMx_EGR 寄存器中的 UG 位产生。此时,计数器重新从 0 开始计数,预分频器也重新从 0 开始计数。设置 TIMx_CR1 寄存器中的 UDIS 位可以禁止更新(UEV)事件,这样可以避免在向预装载寄存器中写入新值时更新影子寄存器。因此 UDIS 位被清为 0 之前不会产生更新事件。然而,计数器仍会根据当前自动重加载的值,继续向上或向下计数。

此外,如果设置了 TIMx_CR1 寄存器中的更新请求位 URS,设置 UG 位将产生一个更新事件 UEV 但不设置 UIF 标志(因此不产生中断和 DMA 请求),这是为了避免在发生捕获事件并清除计数器时,同时产生更新和捕获中断。

当发生更新事件时,所有的寄存器都被更新,并且(根据 URS 位的设置)更新标志位(TIMx_SR 寄存器中的 UIF 位)也被设置。

- 重复计数器被重置为 TIMx_RCR 寄存器中的内容;
- 预分频器的缓存器被加载为预装载(TIMx_PSC 寄存器)的值;
- 当前的自动加载寄存器被更新为预装载值(TIMx_ARR 寄存器中的内容)。

如果因为计数器溢出而产生更新,自动重装载将在计数器重载入之前被更新,因此下一个周期将是预期的值(计数器被装载为新的值)。

图 6-8 和图 6-9 是一些计数器在不同时钟频率下的操作例子。

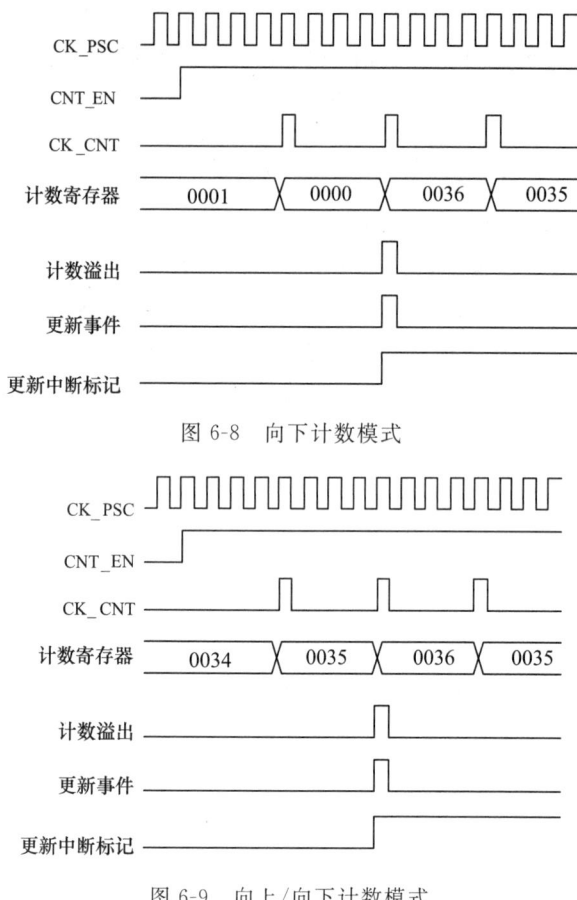

图 6-8　向下计数模式

图 6-9　向上/向下计数模式

6.4.2　重复计数器

计数器上溢/下溢时更新事件(UEV)事实上它只能在重复计数达到 0 的时候产生。这个特性对产生 PWM 信号非常有用。这意味着在每 N 次计数上溢或下溢时,数据从预装载寄存器传输到影子寄存器(TIMx_ARR 自动重载入寄存器,TIMx_PSC 预装载寄存器,还有在比较模式下的捕获/比较寄存器 TIMx_CCRx),N 是 TIMx_RCR 重复计数寄存器中的值。需要注意的是,只有高级定时器具有重复计数功能。

重复计数器在下述任一条件成立时递减：
* 向上计数模式下每次计数器溢出时;
* 向下计数模式下每次计数器下溢时;
* 中央对齐模式下每次上溢和每次下溢时。虽然这样限制了 PWM 的最大循环周期为 128;但它能够在每个 PWM 周期 2 次更新占空比。在中央对齐模式下,因为波形是对称的,如果每个 PWM 周期中仅刷新一次比较寄存器,则最大的分辨率为 2xTck。

重复计数器是自动加载的,重复速率是由 TIMx_RCR 寄存器的值定义。当更新事件由软件产生(通过设置 TIMx_EGR 中的 UG 位)或者通过硬件的从模式控制器产生,则无论重复计数器的值是多少,立即发生更新事件,并且 TIMx_RCR 寄存器中的内容被重载入到重复计数器。

不同模式下的重复计数模式如图 6-10 所示。

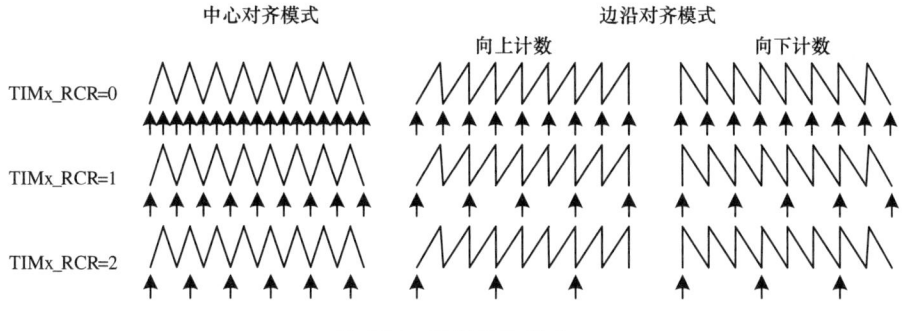

图 6-10 重复计数模式

6.4.3 定时器定时应用实例

例 1 已知系统时钟为 72MHz,采用定时器 TIM1 产生周期为 100ms 的定时时间间隔并通过 LED 发光二极管指示定时过程。

TIM1 的时钟为 72MHz,定时 100ms,需要计数 7.2×10^6,已经超出计数值范围,因此必须对输入时钟信号进行分频。分频系数有多种选择,只要在计数范围即可,只是计数值越大,分频率越高。对输入时钟进行 360 分频,则计数值为 20 000;程序采用中断方式,计时时间到,LED 状态改变一下。编程如下:

```
int main(void)
{
  RCC_Configuration();        // 设置系统时钟,使能外设时钟,包括定时器和 I/O 端口
  NVIC_Configuration();       // 设置中断控制器
  GPIO_Configuration();       // 初始化 LED 所用 I/O 端口
  STM_EVAL_LEDInit(LED1);     //初始化 LED 显示

  TIM_TimeBaseStructure. TIM_Period=20000;  //计数周期
  TIM_TimeBaseStructure. TIM_Prescaler =360-1;    //计数预分频
  TIM_TimeBaseStructure. TIM_ClockDivision=0;
  TIM_TimeBaseStructure. TIM_CounterMode=TIM_CounterMode _Down;  //计数模式

  TIM_TimeBaseInit(TIM1, &TIM_TimeBaseStructure);  //初始化定时器
  /* 设置预分频寄存器装载模式 */
  TIM_PrescalerConfig(TIM1, TIM_TimeBasestructere TIM_Prescaler, TIM_PSCReloadMode_Immediate);

  TIM_ITConfig(TIM1, TIM_IT_ Update, ENABLE);  //使能更新中断

  TIM_Cmd(TIM1, ENABLE);  // 允许计数器计数
```

```
  while (1);
}
```

除此之外还要编写中断函数,如下为中断服务函数:
```
void TIM1_IRQHandler(void)
{
  if(TIM_GetITStatus(TIM1, TIM_IT_ Update) ! = RESET)
  {
    TIM_ClearITPendingBit(TIM1, TIM_IT_ Update);//清除中断标志
    STM_EVAL_LEDToggle(LED1); //LED1 闪烁
  }
}
```

从上面的例子不难看出,在掌握了 TIM1 定时器工作原理后,借助 ST 固件库,可以很容易地实现相应的功能。

6.4.4 输入捕获

每个高级定时器或通用定时器均具有四个通道的捕获/比较单元,每个输入捕获/输出比较通道共享一个寄存器,因此捕获功能和比较功能不能同时使用,只能二选一。当某个通道选择了捕获通道,该通道比较功能被自动取消,反之亦然。

1. 输入捕获功能概述

输入捕获功能是用来检测外部事件或输入信号的。当外部输入信号发生变化或是外部事件发生时,在指定的输入引脚上产生一个特定的跳变沿,定时器捕捉到特定跳变沿后,就会把计数器当前计数值锁存到捕获寄存器,如果设置了中断或 DMA,系统会产生中断或 DMA 请求。输入捕获功能可以用来测量周期信号的周期、频率和占空比等参数;也适于测量非周期输入信号的脉冲宽度、到达时刻或消失时刻等参数。

图 6-11 为捕获通道 1 的功能框图,其他通道与此通道相同。每一个捕获通道都是围绕着一个捕获/比较寄存器(包含影子寄存器),捕获的输入部分包括数字滤波、多路复用和预分频器。

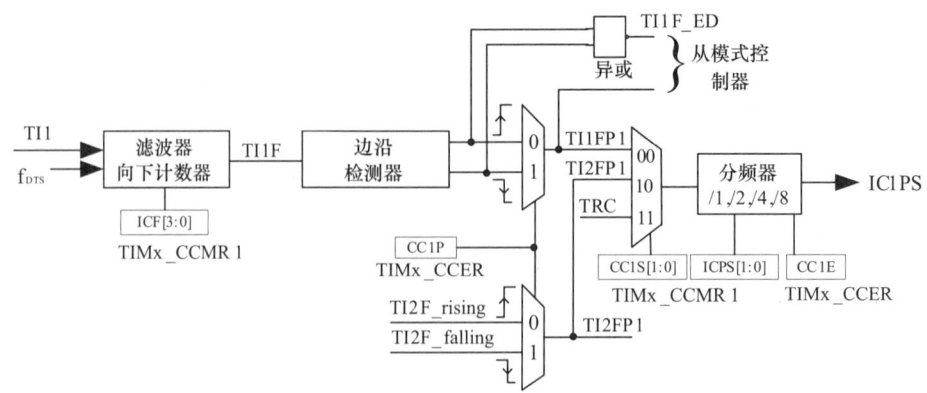

图 6-11 捕获通道 1 的功能框图

由图 6-11 可见,输入部分对相应的引脚 TI1 输入信号采样,输入信号通过数字滤波输出信号 TI1F。数字滤波参数通过 TIMx_CCMR1 寄存器的 ICF 进行配置。边沿检测器用于检

测 TI1F 脉冲的边沿,边沿检测输出产生一个信号(TI1FP1),另外边沿检测上升沿信号和下降沿信号进行异或运算产生信号 TI1F_ED,信号 TI1F_ED 和信号 TI1FP1,可以用作从模式控制器的输入触发。信号 TI1FP1 通过预分频进入捕获寄存器(ICxPS)。定时器捕获通道 1 和捕获通道 2 边沿检测器输出信号同时送给捕获通道 1 和捕获通道 2 的输入多路选择开关,同样定时器捕获通道 3 和捕获通道 4 边沿检测器输出信号同时送给捕获通道 3 和捕获通道 4 的输入多路选择开关。捕获输入 ICx 还可以选择内部触发输入 TRC,该信号来自其他定时器输出,设置方法与外部模式 1 的设置相同。

捕获/比较模块由一个预装载寄存器和一个影子寄存器组成。读写过程仅操作预装载寄存器。在捕获模式下,捕获发生在影子寄存器上,然后再复制到预装载寄存器中。这保证了在程序读捕获寄存器的过程不会影响定时器的捕获工作。

在输入捕获模式下,当检测到 ICx 信号上相应的边沿后,计数器的当前值被锁存到捕获寄存器 TIMx_CCRx 中。当发生捕获事件时,相应 TIMx_SR 寄存器中的 CCxIF 标志被置位,如果开放了中断或者 DMA,则将产生中断或者 DMA 请求。如果发生捕获事件时 CCxIF 标志已经为高,那么 TIMx_SR 寄存器的重复捕获标志 CCxOF 被置 1。CCxIF 标志位清零或读取存储在 TIMx_CCRx 寄存器中的捕获数据可清除 CCxIF。CCxOF 清零可清除 CCxOF。

2. 输入捕获功能操作

下面举例说明如何通过捕获外部信号上升沿时的计数器的值来测量 Timerx TI1 输入信号的周期。操作步骤如下:

(1) 选择有效输入端。TIMx_CCR1 必须连接到 TI1 输入,即 TIMx_CCR1 寄存器中的 CC1S=01,通道被配置为输入,并且 TIMx_CCR1 寄存器变为只读。

(2) 根据输入信号的特点,配置输入滤波器为所需的带宽,即输入为 TIx 时,输入滤波器控制位是 TIMx_CCMRx 寄存器中的 ICxF 位。假设输入信号在最多 5 个时钟周期的时间内抖动,我们须配置滤波器的带宽长于 5 个时钟周期;设置连续采样 8 次,以确认在 TI1 上一次真实的边沿变换,即在 TIMx_CCMR1 寄存器中写入 IC1F=0011。

(3) 选择 TI1 通道的有效转换边沿,在 TIMx_CCER 寄存器中写入 CC1P=0(上升沿)。

(4) 配置输入预分频器。在本例中,我们希望捕获发生在每一个有效的电平转换时刻,因此预分频器被禁止 TIMx_CCMR1 寄存器的 IC1PS=00。

(5) 设置 TIMx_CCER 寄存器的 CC1E=1,允许捕获计数器的值到捕获寄存器中。

(6) 如果需要,通过设置 TIMx_DIER 寄存器中的 CC1IE 位允许相关中断请求,通过设置 TIMx_DIER 寄存器中的 CC1DE 位允许 DMA 请求。

当发生一个输入捕获时:

(1) 当产生有效的电平转换时,计数器的值被传送到 TIMx_CCR1 寄存器。

(2) CC1IF 标志被设置。

(3) 如设置了 CC1IE 位,则会产生一个中断。

(4) 如设置了 CC1DE 位,则还会产生一个 DMA 请求。

6.4.5 输出比较模式

1. 输出比较功能概述

输出比较是指一种通过利用定时器计数值,按照某种要求,产生特定时序波形的方法,进而实现对外部电路的控制。它适于从引脚上输出不同宽度的矩形正脉冲、负脉冲、延时驱动信号,特别适用于可控硅、步进电机驱动信号等。STM32F103x 的输出比较模式结构如图 6-12 所示。

在输出比较模式下,时基单元计数器在时钟信号的驱动下进行计数,计数值每次变化均与比较寄存器的值进行比较,当计数器的值与比较值相等时,则指定引脚上输出预先设置好的电平值,如果允许中断或 DMA 操作,则会产生中断或 DMA 申请。参见图 6-12。

STM32 比较模块与捕获模块共享,由一个比较寄存器和一个影子寄存器组成。读写过程仅操作比较寄存器。在比较模式下,影子寄存器在不断和计数器的值比较,当产生更新事件后,才会用比较寄存器的值更新影子寄存器。这保证了在程序读写比较寄存器的过程不会影响定时器的比较工作。

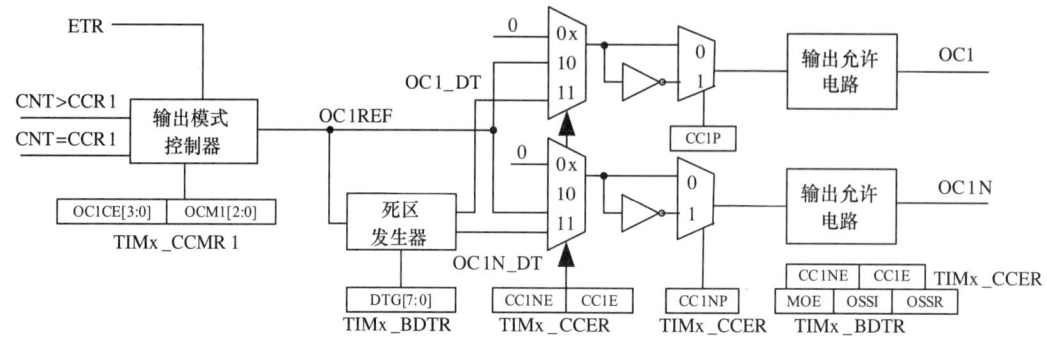

图 6-12 输出比较模式结构功能图

2. 输出通道说明

下面结合图 6-12 以比较通道 1 为例对输出通道进行说明,其他通道与此结构相同。当比较匹配发生时,比较输出电平信号取决于输出模式控制器的配置。输出模式配置可以分以下两种情况:

(1) 当 OC1CE=1 时,输出信号 OC1REF 受外部引脚 ETR 影响,当 ETR 输入高电平,则 OC1REF 输出低电平。当 ETR 为低电平时与下面一种情况相同。

(2) 当 OC1CE=0 时,输出信号 OC1REF 不受外部引脚 ETR 的影响,而是取决于寄存器 TIM1_CCMR1 中 OC1M 的配置和计数器与比较寄存器比较结果。根据不同情况,OC1REF 输出高电平或低电平。参见寄存器 TIM1_CCMR1 说明。STM32 规定 OC1REF 输出高电平为有效电平,输出低电平为无效电平。

互补输出的两个通道的输出信号需要经过输出使能电路才能够输出到相应管脚 OC1 和 OC1N。输出使能电路通过 TIM1_DBTR 寄存器控制,主要设置空闲状态和刹车信号。当定时器空闲时,管脚输出行为,在实际应用中一般置为无效状态以保护外设电路。刹车信号用于紧急状况或故障状况下,快速关断输出波形的场合。

3. 死区时间产生

将信号 OCxREF 输出到上下两个通道,每个通道输出极性通过 TIM1_CCER 寄存器进行配置。也就是说,OC1REF 输出有效电平根据极性选择不同,可以输出高电平或低电平,在这里可以使一个比较信号产生互补输出。同时通过设置死区寄存器,在互补输出的上下两个通道波形中插入死区时间。在电力电子应用中,通常通过控制同一桥臂上的两个功率器件来产生正负两种电平,两个功率器件不能同时导通以防止电源短路。由于功率器件开关需要一定时间,因此不能在同一时刻开关同一桥臂上的两个功率器件。正常的操作顺序是先关断正在开通的器件,然后延时一段时间,再开通另外一个器件。这段延时就称为死区时间。

配置 TIMx_CCER 寄存器中的 CCxP 和 CCxNP 位,可以为每一个输出独立地选择极性(主输出 OCx 或互补输出 OCxN)。互补信号 OCx 和 OCxN 通过下列控制位的组合进行控制:TIMx_CCER 寄存器的 CCxE 和 CCxNE 位、TIMx_BDTR 和 TIMx_CR2 寄存器中的 MOE、OISx、OISxN、OSSI 和 OSSR 位,详见带刹车功能的互补输出通道 OCx 和 OCxN 的控制位说明。特别是,在转换到 IDLE 状态时(MOE 下降到 0),死区被激活。同时设置 CCxE 和 CCxNE 位将插入死区,如果存在刹车电路,则还要设置 MOE 位。每一个通道都有一个 10 位的死区发生器。参考信号 OCxREF 可以产生 2 路输出 OCx 和 OCxN。如果 OCx 和 OCxN 为高有效:

- OCx 输出信号与参考信号相同,只是它的上升沿相对于参考信号的上升沿有一个延迟;
- OCxN 输出信号与参考信号相反,只是它的上升沿相对于参考信号的下降沿有一个延迟。

如果延迟大于当前有效的输出宽度(OCx 或者 OCxN),则不会产生相应的脉冲。图 6-13 所示为带死区插入的互补输出。每一个通道的死区延时都是相同的,是由 TIMx_BDTR 寄存器中的 DTG 位编程配置。在输出比较、强制输出或 PWM 等输出模式下,通过配置 TIMx_CCER 寄存器的 CCxE 和 CCxNE 位,OCxREF 可以被重定向到 OCx 或者 OCxN 的输出。这个功能可以在互补输出处于无效电平时,在某个输出上送出一个特殊的波形(例如 PWM 或者静态有效电平)。另一个作用是,让两个输出同时处于无效电平,或处于有效电平和带死区的互补输出。

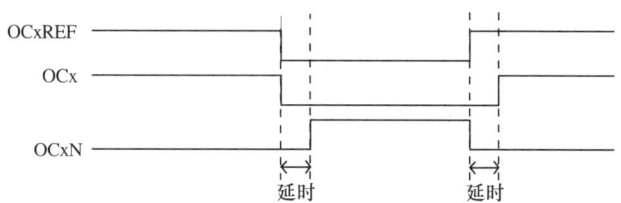

图 6-13 带死区插入的互补输出

4. 刹车功能模式

当使用刹车功能时,依据相应的控制位(TIMx_BDTR 寄存器中的 MOE、OSSI 和 OSSR 位,TIMx_CR2 寄存器中的 OISx 和 OISxN 位),输出使能信号和无效电平都会被修改。但无论何时,OCx 和 OCxN 输出不能在同一时间同时处于有效电平上。详见表 6-12 带刹车功能的互补输出通道 OCx 和 OCxN 的控制位。刹车源既可以是刹车输入管脚,也可以是一个时钟失效事件。时钟失效事件由复位时钟控制器中的时钟安全系统产生。系统复位后,刹车电路被禁止,MOE 位为低。设置 TIMx_BDTR 寄存器中的 BKE 位可以使能刹车功能。刹车输入信号的极性可以通过配置同一个寄存器中的 BKP 位选择。BKE 和 BKP 可以被同时修改。

因为 MOE 下降沿可以是异步的,因此,在实际信号(作用在输出端)和同步控制位(在 TIMx_BDTR 寄存器中)之间设置了一个再同步电路,这个再同步电路会在异步信号和同步信号之间产生延迟。特别如果当它为低时,写 MOE=1,则读出它之前必须先插入一个延时(空指令)才能读到正确的值。这是因为写入的是异步信号,而读的是同步信号。当发生刹车时(在刹车输入端出现选定的电平),有下述动作:

(1) MOE 位被异步地清除,将输出置于无效状态、空闲状态或者复位状态(由 OSSI 位选择)。这个特性在 MCU 的振荡器关闭时依然有效。

(2) 一旦 MOE=0,每一个输出通道输出由 TIMx_CR2 寄存器中的 OISx 位设定的电平。如果 OSSI=0,则定时器释放使能输出,否则使能输出始终为高。

(3) 当使用互补输出时：

- 输出首先被置于复位状态即无效的状态。这是异步操作,即使定时器没有时钟时,此功能也有效。
- 如果定时器的时钟依然存在,死区生成器将会重新生效,在死区之后根据 OISx 和 OISxN 位指示的电平驱动输出端口。即使在这种情况下,OCx 和 OCxN 也不能被同时驱动到有效的电平。须注意,因为重新同步 MOE,死区时间比通常情况下长一些(大约 2 个时钟周期)。
- 如果 OSSI＝0,定时器释放使能输出,否则保持使能输出；或一旦 CCxE 与 CCxNE 之一变高时,使能输出变为高。

(4) 如果设置了 TIMx_DIER 寄存器中的 BIE 位,当刹车状态标志(TIMx_SR 寄存器中的 BIF 位)为 1 时,则产生一个中断。如果设置了 TIMx_DIER 寄存器中的 BDE 位,则产生一个 DMA 请求。

(5) 如果设置了 TIMx_BDTR 寄存器中的 AOE 位,在下一个更新事件 UEV 时 MOE 位被自动置位。这可以用来进行整形。否则,MOE 始终保持低直到被再次置 1；此时,这个特性可以被用在安全方面,可以把刹车输入连到电源驱动的报警输出、热敏传感器或者其他安全器件上。所以,当刹车输入有效时,不能同时设置 MOE,同时,状态标志 BIF 不能被清除。

(6) 刹车由 BRK 输入产生,它的有效极性是可编程的,且由 TIMx_BDTR 寄存器中的 BKE 位开启。

除了刹车输入和输出管理,刹车电路中还实现了写保护以保证应用程序的安全。它允许用户冻结几个配置参数:死区长度、OCx/OCxN 极性、被禁止的状态、OCxM 配置、刹车使能和极性。用户可以通过 TIMx_BDTR 寄存器中的 LOCK 位,从三级保护中选择一种,在 MCU 复位后 LOCK 位只能被修改一次。

刹车信号在不同功能模式下的示意如图 6-14 所示。

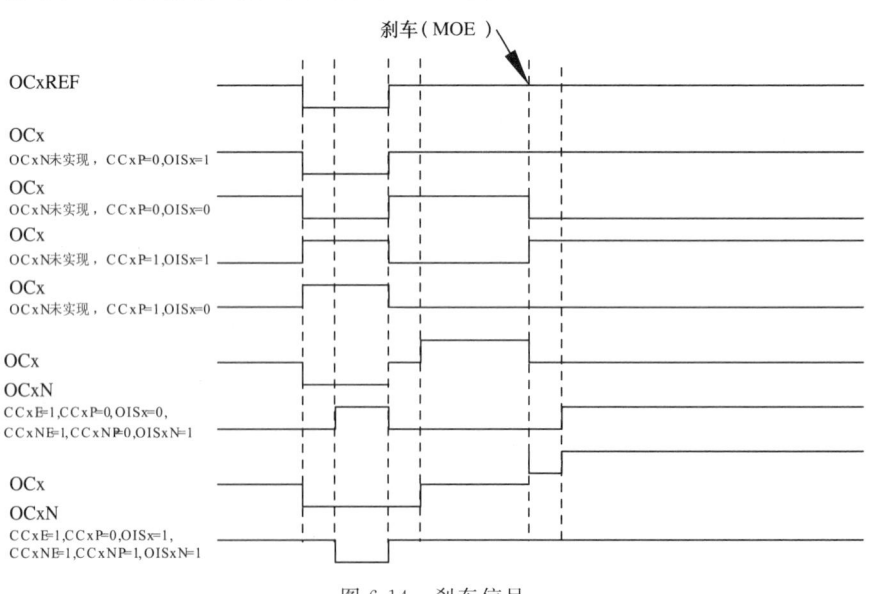

图 6-14 刹车信号

5. 脉宽调制波(PWM)输出模式

脉宽调制波是一系列同一周期不同占空比的矩形波。脉冲宽度调制模式下,由 TIMx_

ARR 寄存器确定频率,由 TIMx_CCRx 寄存器确定占空比。

在 TIMx_CCMRx 寄存器中的 OCxM 位选择 PWM 模式 1 或 PWM 模式 2,能够独立地设置每个 OCx 输出通道产生一路 PWM。必须通过设置 TIMx_CCMRx 寄存器的 OCxPE 位使能相应的预装载寄存器,最后还要设置 TIMx_CR1 寄存器的 ARPE 位使能自动重装载的预装载寄存器(在向上计数或中心对称模式中)。因为仅当发生一个更新事件的时候,预装载寄存器才能被传送到影子寄存器,因此在计数器开始计数之前,必须通过设置 TIMx_EGR 寄存器中的 UG 位来初始化所有的寄存器。OCx 的极性可以通过软件在 TIMx_CCER 寄存器中的 CCxP 位设置,它可以设置为高电平有效或低电平有效。OCx 的输出使能通过 TIMx_CCER 和 TIMx_BDTR 寄存器中 CCxE、CCxNE、MOE、OSSI 和 OSSR 位的组合控制。详见 TIMx_CCER 寄存器的描述。

在 PWM 模式 1 或模式 2 下,TIMx_CNT 和 TIMx_CCRx 始终在进行比较,依据计数器的计数方向以确定是否符合 TIMx_CCRx≤TIMx_CNT 或者 TIMx_CNT≤TIMx_CCRx。根据 TIMx_CR1 寄存器中 CMS 位的状态,定时器能够产生边沿对齐的 PWM 信号或中央对齐的 PWM 信号。下面介绍在 PWM 模式 1 的工作原理。PWM 模式 2 与 PWM 模式 1 的工作原理相同,只是 OCxREF 输出极性与同样情况下的 PWM 模式 1 相反。

1) 边沿对齐模式 PWM

(1) 向上计数配置:在 PWM 模式 1 情况下,当 TIMx_CR1 寄存器中的 DIR 位为低的时候,执行向上计数。当 TIMx_CNT<TIMx_CCRx 时,PWM 参考信号 OCxREF 为高,否则为低。如果 TIMx_CCRx 中的比较值大于自动重装载值(TIMx_ARR),则 OCxREF 保持为 1。如果比较值为 0,则 OCxREF 保持为 0。

(2) 向下计数的配置:当 TIMx_CR1 寄存器的 DIR 位为高时,执行向下计数。在 PWM 模式 1,当 TIMx_CNT>TIMx_CCRx 时参考信号 OCxREF 为低,否则为高。如果 TIMx_CCRx 中的比较值大于 TIMx_ARR 中的自动重装载值,则 OCxREF 保持为 1。该模式下不能产生 0% 的 PWM 波形。

2) 中间对齐模式 PWM

当 TIMx_CR1 寄存器中的 CMS 位不为"00"时,为中央对齐模式所有其他的配置对 OCxREF/OCx 信号都有相同的作用。根据不同的 CMS 位的设置,比较标志可以在计数器向上计数时被置 1、在计数器向下计数时被置 1 或在计数器向上和向下计数时被置 1。TIMx_CR1 寄存器中的计数方向位由硬件更新,不要用软件修改它。

6.4.6　STM32 高级定时器捕获/比较应用实例

例 2　设高级定时器输入时钟信号 72MHz,利用高级定时器 TIM1 产生三个互补输出的信号,输出信号频率 1Hz,信号占空比分别为 25%、50%、75%,波形分辨率为 1/10 000。并加入死区时间。

根据定时器原理可以计算相关寄存器的值。

预分配寄存器的值=72 000 000/10 000−1=7 199

比较寄存器 1 的值=10 000×25%=2 500

比较寄存器 2 的值=10 000×50%=5 000

比较寄存器 3 的值=10 000×75%=7 500

相应程序如下：
```c
int main(void)
{
    RCC_Configuration();//设置系统时钟和总线时钟
    GPIO_Configuration();//设置相应端口

    /* 定时器初始化参数 */
    TIM_TimeBaseStructure.TIM_Prescaler=7199;
    TIM_TimeBaseStructure.TIM_CounterMode=TIM_CounterMode_Down;
    TIM_TimeBaseStructure.TIM_Period=10000;
    TIM_TimeBaseStructure.TIM_ClockDivision=0;
    TIM_TimeBaseStructure.TIM_RepetitionCounter=0;

    TIM_TimeBaseInit(TIM1,&TIM_TimeBaseStructure);

    /* 设置通道1,2,3,4 运行在PWM模式 */
    TIM_OCInitStructure.TIM_OCMode=TIM_OCMode_PWM1;
    TIM_OCInitStructure.TIM_OutputState=TIM_OutputState_Enable;
    TIM_OCInitStructure.TIM_OutputNState=TIM_OutputNState_Enable;
    TIM_OCInitStructure.TIM_Pulse=2500;
    TIM_OCInitStructure.TIM_OCPolarity=TIM_OCPolarity_Low;
    TIM_OCInitStructure.TIM_OCNPolarity=TIM_OCNPolarity_Low;
    TIM_OCInitStructure.TIM_OCIdleState=TIM_OCIdleState_Set;
    TIM_OCInitStructure.TIM_OCNIdleState=TIM_OCIdleState_Reset;

    TIM_OC1Init(TIM1,&TIM_OCInitStructure);

    TIM_OCInitStructure.TIM_Pulse=5000;
    TIM_OC2Init(TIM1,&TIM_OCInitStructure);

    TIM_OCInitStructure.TIM_Pulse=7500;
    TIM_OC3Init(TIM1,&TIM_OCInitStructure);

    /* 输出允许，刹车信号允许,设置死区时间,锁定配置 and lock configuration */
    TIM_BDTRInitStructure.TIM_OSSRState=TIM_OSSRState_Enable;
    TIM_BDTRInitStructure.TIM_OSSIState=TIM_OSSIState_Enable;
    TIM_BDTRInitStructure.TIM_LOCKLevel=TIM_LOCKLevel_1;
    TIM_BDTRInitStructure.TIM_DeadTime=20;      //死区时间 2μs
    TIM_BDTRInitStructure.TIM_Break=TIM_Break_Enable;
    TIM_BDTRInitStructure.TIM_BreakPolarity=TIM_BreakPolarity_High;
    TIM_BDTRInitStructure.TIM_AutomaticOutput=TIM_AutomaticOutput_Enable;

    TIM_BDTRConfig(TIM1,&TIM_BDTRInitStructure);
```

```
  /* TIM1 允许计数 */
  TIM_Cmd(TIM1, ENABLE);

  /* 控制输出允许 */
  TIM_CtrlPWMOutputs(TIM1, ENABLE);

  while (1)
  {
  }
}
```

设置相应管脚：
```
void GPIO_Configuration(void)
{
  GPIO_InitTypeDef GPIO_InitStructure;

  /* GPIOA 通道 1,2,3 */
  GPIO_InitStructure.GPIO_Pin=GPIO_Pin_8 | GPIO_Pin_9 | GPIO_Pin_10;
  GPIO_InitStructure.GPIO_Mode=GPIO_Mode_AF_PP;
  GPIO_InitStructure.GPIO_Speed=GPIO_Speed_50MHz;
  GPIO_Init(GPIOA, &GPIO_InitStructure);

  /* GPIOB 通道 1N,2N,3N */
  GPIO_InitStructure.GPIO_Pin=GPIO_Pin_13 | GPIO_Pin_14 | GPIO_Pin_15;
  GPIO_Init(GPIOB, &GPIO_InitStructure);

  /* GPIOB 刹车管脚 */
  GPIO_InitStructure.GPIO_Pin=GPIO_Pin_12;
  GPIO_InitStructure.GPIO_Mode=GPIO_Mode_IN_FLOATING;
  GPIO_Init(GPIOB, &GPIO_InitStructure);
}
```

例 3 利用定时器 TIM1 的 CH2 捕获通道，测量外部输入信号的频率。

设定时器输入时钟信号 72 MHz，预分配系数设为 0，则该定时器能够测量的最低频率是 1100 Hz。定时器 1 设为输入捕获模式，外部信号从通道 2 输入，高电平有效，在捕获中断中计算两次捕获值的差值，从而计算信号频率。

主要程序如下：
```
int main(void)
{
  RCC_Configuration(); //设置系统时钟和外设时钟
  NVIC_Configuration(); //设置中断控制器
  GPIO_Configuration();. //设置外设端口

  /* TIM1 定时器设置 */
```

```
    TIM_ICInitStructure.TIM_Channel=TIM_Channel_2;//通道2
    TIM_ICInitStructure.TIM_ICPolarity=TIM_ICPolarity_Rising;//高电平捕获
    TIM_ICInitStructure.TIM_ICSelection=TIM_ICSelection_DirectTI;//相位
    TIM_ICInitStructure.TIM_ICPrescaler=TIM_ICPSC_DIV1;//预分频系数
    TIM_ICInitStructure.TIM_ICFilter=0x0;//滤波系数

    TIM_ICInit(TIM1,&TIM_ICInitStructure);

    TIM_Cmd(TIM1,ENABLE);//定时器计数开始

    /* 允许相应中断 */
    TIM_ITConfig(TIM1,TIM_IT_CC2,ENABLE);

    while (1) {};
}

void GPIO_Configuration(void)
{
    GPIO_InitTypeDef GPIO_InitStructure;

    /* TIM1 通道2,设置相应端口 */
    GPIO_InitStructure.GPIO_Pin =  GPIO_Pin_7;
    GPIO_InitStructure.GPIO_Mode=GPIO_Mode_IN_FLOATING;
    GPIO_InitStructure.GPIO_Speed=GPIO_Speed_50MHz;

    GPIO_Init(GPIOA,&GPIO_InitStructure);
}
```

中断函数如下：
```
void TIM3_IRQHandler(void)
{
    if(TIM_GetITStatus(TIM1,TIM_IT_CC2) == SET)
    {
        TIM_ClearITPendingBit(TIM1,TIM_IT_CC2);//清除捕获标志
        if(capture_number == 0) //第一次捕获
        {
            Ic1_readvalue1=TIM_GetCapture2(TIM1);//保存捕获值
            capture_number=1;//设置标志
        }
        else if(capture_number == 1) //第二次捕获
        {
            Ic1_readvalue2=TIM_GetCapture2(TIM1);//保存捕获值

            if (ic1_readvalue2 > ic1_readvalue1) //考虑是否溢出,计算两次差值
```

```
        {
            CAPTURE=(ic1_readvalue2-ic1_readvalue1)-1;
        }
        else
        {
            CAPTURE=((0xFFFF-ic1_readvalue1) + ic1_readvalue2)-1;
        }
        TIM1_FREQ=(uint32_t)72000000/CAPTURE;  //计算实际频率值
        capture_number=0;
    }
  }
}
```

6.4.7　STM32 高级定时器触发工作模式

在定时器从模式中,还有三种触发工作方式:复位模式、门控模式和触发模式,在这些模式下,TIMx 定时器能够实现与一个外部事件的触发同步。灵活运用这些模式,可以实现定时器复杂应用,例如对特定脉冲测量,延迟输出等待等。

1. 从模式:复位模式

复位模式含义是在发生一个触发输入事件时,计数器和它的预分频器能够重新被初始化;同时,如果 TIMx_CR1 寄存器的 URS 位为低,还产生一个更新事件 UEV;然后所有的预装载寄存器(TIMx_ARR,TIMx_CCRx)都将被更新。利用复位模式可以使定时器从指定时刻开始计数。其配置方法如图 6-15 所示。

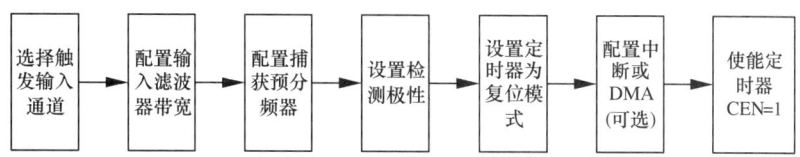

图 6-15　定时器复位工作模式配置流程

例如:配置通道 1 的 TI1 的上升沿触发,触发操作中不使用捕获预分频器,TIMx_ARR=0x36。首先置 TIMx_CCMR1 寄存器中 CC1S=01,选择通道 1;TIMx_SMCR 寄存器中 TS=101;置 TIMx_CCER 寄存器中 CC1P=0,TIMx_SMCR 寄存器中 SMS=100,置 TIMx_CR1 寄存器中 CEN=1,启动计数器。计数器开始依据内部时钟计数,然后正常运转直到 TI1 出现一个上升沿,此时,计数器被清零然后从 0 重新开始计数。同时,触发标志(TIMx_SR 寄存器中的 TIF 位)被设置,根据 TIMx_DIER 寄存器中中断使能 TIE 位和 DMA 使能 TDE 位的设置,产生一个中断请求或一个 DMA 请求。如图 6-16 所示在 TI1 上升沿和计数器的实际复位之间的延时取决于 TI1 输入端的重同步电路。

2. 从模式:门控模式

门控模式含义是计数器在外部触发信号电平的控制下进行计数。计数器的使能依赖于选中的输入端的电平。其配置方法如图 6-17 所示。

例如:配置计数器只在 TI1 为低电平时向上计数,不使用捕获预分频器,TIMx_ARR=0x36。

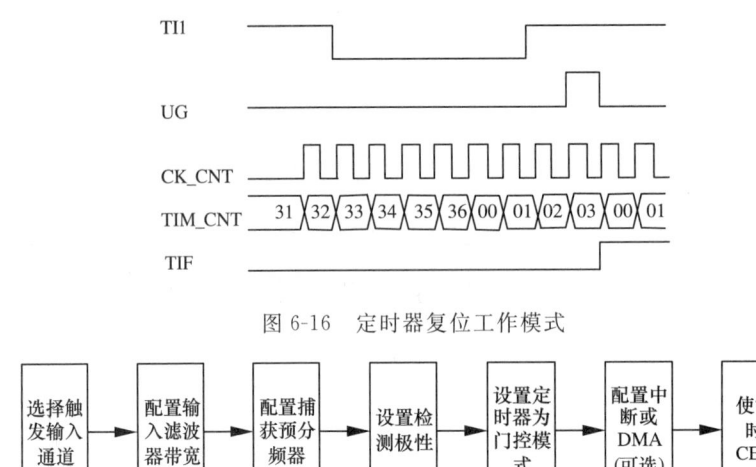

图 6-16 定时器复位工作模式

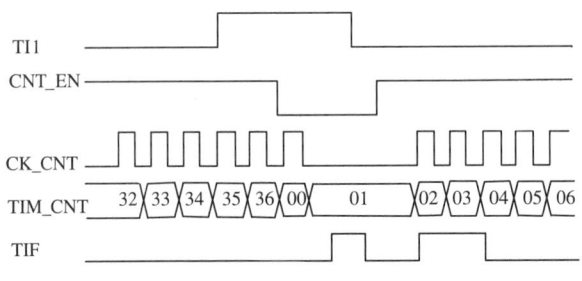

图 6-17 定时器门控模式配置流程

首先配置 TIMx_SMCR 寄存器中 TS=101,选择 TI1 作为输入源;配置 TIMx_CCMR1 寄存器中 CC1S=01,不使用捕获分频器;置 TIMx_CCER 寄存器中 CC1P=1 以检测 TI1 上的低电平;TIMx_SMCR 寄存器中 SMS=101,配置定时器为门控模式;置 TIMx_CR1 寄存器中 CEN=1,启动计数器。在门控模式下,如果 CEN=0,则计数器不能启动,不论触发输入电平如何。只要 TI1 为低,计数器开始依据内部时钟计数,一旦 TI1 变高则停止计数。当计数器开始或停止时都设置 TIMx_SR 中的 TIF 标置。如图 6-18 所示。TI1 上升沿和计数器实际停止之间的延时取决于 TI1 输入端的重同步电路。

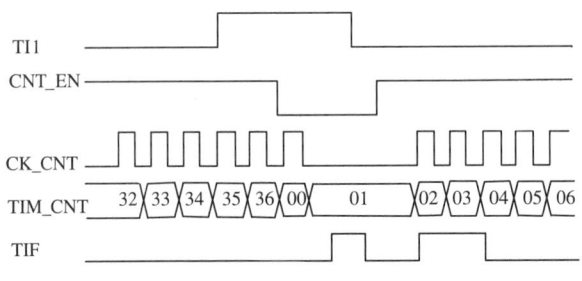

图 6-18 定时器门控模式

3. 从模式:触发模式

触发模式的含义是计数器由外部触发输入信号的边沿使能计数。其配置方法如图 6-19 所示。

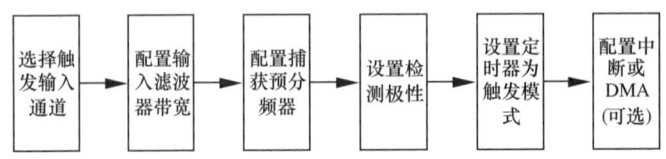

图 6-19 定时器触发模式配置流程

例如:计数器在 TI2 输入的上升沿开始向上计数:
置 TIMx_SMCR 寄存器中 TS=110,选择 TI2 作为输入源;IC2F=0000,不需要任何滤波器,置 TIMx_CCMR1 寄存器中 CC2S=01,不使用捕获预分频器;CC2S 位只用于选择输入捕获源;置 TIMx_CCER 寄存器中 CC2P=1 以确定只检测低电平;置 TIMx_SMCR 寄存器中 SMS=110,配置定时器为触发模式。当 TI2 出现一个上升沿时,计数器开始在内部时钟驱动下计数,同时设置 TIF 标志。如图 6-20 所示。TI2 上升沿和计数器启动计数之间的延时取决于 TI2 输入端的重同步电路。

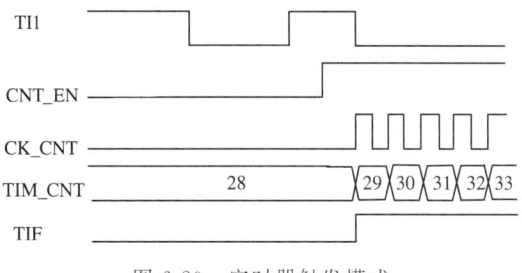

图 6-20 定时器触发模式

从上面叙述不难看出,定时器三种外部触发模式配置方法基本相同,只要掌握一种设置方法,另外两种也就掌握了,可以说外部触发模式是定时器高级应用的精髓之一,灵活掌握将极大提高读者的应用水平。

习题

1. 请问有哪些方式可以实现定时操作?
2. STM32 高级定时器有哪些功能?
3. 已知 STM32 系统时钟频率为 72MHz,如何设置相关寄存器,实现 20ms 定时?
4. 请说明 STM32 高级定时器可以接收哪些内部触发信号。
5. 举例说明,如何利用高级定时器捕获功能实现对外部信号进行频率测量。
6. 举例说明,如何利用高级定时器比较功能实现有死区互补 PWM 输出。

第 7 章　STM32 的 USART 模块

通用同步/异步串行收发器（Universal Synchronous/Asynchronous Receiver/Transmitter，USART）是微控制器中最常见、使用最频繁最方便的通信接口。在基础通用同步/异步收发器电路的基础上，可通过简单的扩展就得到实际中常用的各种串行数据通信接口，例如 RS232、RS485、IrDA 等电路。本章阐述串行通信的基本原理和 STM32F 的串行模块应用，在学习时应重点掌握。

7.1　串行通信概述

串行数据传输通常用于连接两个距离较远的物理设备或电路模块，常基于微控制器内部自带的通用同步/异步收发器并辅以电平转换电路实现，其中 RS232 标准支持的最长设备距离可达 25m，而采用差分模式的 RS485 标准可支持最长 1200m。STM32F 系列提供了功能强大的 USART 模块，在常见串行模块基础上，还支持同步单向通信、半双工单线通信、LIN（局部互联）协议、智能卡协议和 IrDA（红外数据组织）SIR ENDEC 规范，以及调制解调器（CTS/RTS）操作。

与并行通信方式相比，串行通信在每个传输方向上仅使用一根数据线，具有如下优点：

（1）成本大大降低。

（2）易于实现远距离传输，适合系统级集成中连接多个电路模块甚至是长达数千米的远程连接。

（3）工作频率可以更高，意味着可以实现非常高速率的数据传输。

（4）通常支持简单的数据传输协议或规范，支持数据确认机制，在使用上更加方便。

但是，需要传输的字节数据或者字数据必须逐位通过串行连接线传输，因此与同样工作频率的并行总线相比，数据吞吐量大大降低。

在微控制器内部，并行处理是 MCU 处理数据的基本方式，根据 MCU 系统架构不同，通常为 8 位、16 位或 32 位同时处理，STM32F 内部总线和 Cortex 内核是 32 位架构，意味着每次可最多同时处理 32bit 数据。为了解决 MCU 外部串行传输和内部并行处理之间的不一致性，USART 内部包含了一个串并-并串转化器，通常可用移位寄存器实现。

尽管 USART 模块在设计上经常既支持同步传输也支持异步传输，但是在具体应用时，最常用的仍然是异步模式，特别是一些早期的设计往往仅支持异步传输，称为通用异步传输器 UART。

7.2　串行通信的基本原理

7.2.1　USART 的扩展——RS232C 接口和标准

RS232C 是最常用的串行通信标准，它由美国电子工业协会制定，在全世界获得了极为广泛的应用，它规定了连接电缆和接口的机械特性、电气特性、信号功能及传送过程，工控机和老式计算机中俗称的 COM1、COM2 接口就是 RS232C 接口的具体实例。本节以此为背景，阐述异步串行通信系统中的一些常见问题和对策。

MCU 的 USART 工作电平参照的是 MCU 的供电电压，通常只有 3～5V，无法实现远距离传输。为增加传输距离，RS232 接口模块通常会在 USART 基础上增加电平转换电路，将电平范围拓展到 ±15V，以抵抗长距离传输引起的衰减。在 RS232 中，逻辑高电平规定为 -5～$-15V$（通常为 $-12V$），逻辑低电平为 $+5$～$+15V$（通常为 $+12V$），传输距离可达 25m，传输速率可达 38.4Kbps 或更高。

图 7-1 给出了 RS232 常用的连接器机械接口形式，通常采用 DB-25 或 DB-9 标准，目前以 DB-9 最为常见。该连接器标准也常出现在 RS485 等标准中。

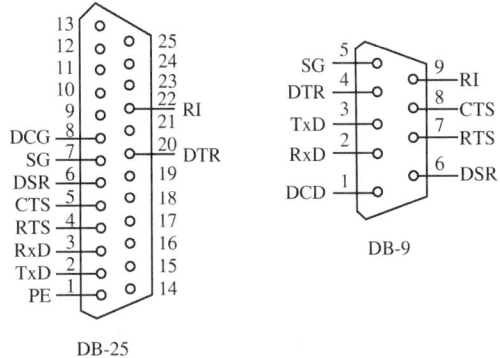

图 7-1 RS232 常用连接器机械接口形式

表 7-1 给出了 RS232C 各引脚信号，它们的命名都是相对于数据终端设备 DTE（计算机）而言。术语数据终端设备（DTE）和数据通信设备（DCE）来自早期的通信描述，例如在采用调制解调器（Modem）通信的系统中，Modem 是 DCE，而与 Modem 直接相连的计算机则是 DTE。习惯上 DTE 为插入式，DCE 为内孔式。伴随技术的发展，目前几乎所有的设备都内部自带通信模块，DTE/DCE 的称谓已经意义不大。但由于 RS232 标准制定得很早，这里对 RS232 中各信号的介绍暂仍沿用传统说法。

表 7-1   RS232C 信号

信号	功能	在 DB-25 连接器中的序号	在 DB-9 连接器中的序号
Tx	发送数据	2	3
Rx	接收数据	3	2
RTS	请求发送	4	7
CTS	清除发送	5	8
DTR	数据终端就绪	20	4
DSR	数据设备就绪	6	6
DCD	数据载波检测	8	1
RI	振铃指示	22	9
FG	帧接地（机壳）	1	—
SG	信号地	7	5

RS232C 标准接口共有 25 条线,4 条数据线、11 条控制线、3 条定时线、7 条备用和未定义线,其命名主要是站在 DTE 设备角度,常用的有 9 根,以连接计算机(DTE)和 Modem(DCE)的 RS232 总线为例:

(1) 联络控制信号线:

DSR(Data Set Ready):指示 DCE 设备是否准备好接收数据。

DTR(Data Terminal Ready):数据终端设备准备好。DTR 和 DSR 信号上电即有效,表明设备可用,并不表明整个通信链路可以立刻进行通信,还要取决于下面的各种控制联络信号。

RTS(Request To Send):请求发送信号,由 DTE 向 DCE 发出。

CTS(Clear To Send):请求发送清除信号。该信号是对 RTS 信号的回答,通常在 DCE 设备处理完上一个收到的数据之后由 DCE 设备给出。CTS 和 RTS 信号一起实现了流量控制。

DCD(Data Carrier Detection):数据载波检出。在采用 Modem 的通信中,当本地 DCE 设备(Modem)收到对方 DCE 设备送来的载波信号时,DCD 信号有效以通知 DTE(计算机)准备收取数据。

RI(Ringing):振铃指示。在采用 Modem 的通信中,当 Modem 收到交换台送来的振铃呼叫信号时,使该信号有效,以通知 DTE 设备己方被呼叫。

(2) 数据发送与接收线:

TxD (Transmitted data-TxD):发送数据。数据发送方通过 TxD 线将串行数据发送到总线上的数据接收方的 RxD。

RxD (Received data-RxD):接收数据。

(3) 地线

SG,PG:信号地和保护地信号线,无方向。在实际中可以只用信号地。

7.2.2 RS232C 的连接

RS232C 的使用非常简单方便,在传输距离较近、对可靠性要求不高时,只连接 DB9 中的 2,3 和 5 三根线(分别是 RxD,TxD 和 SG)即可实现全双工数据通信,其中,2 和 3 交叉连接,这种连接方式常出现在系统调试临时使用中。

为了支持可靠数据传输,可以采用硬件全握手方式连接,如图 7-2 (b)所示。即启用 RTS/CTS 和 DSR/DTR 这两对信号线,特别是 RTS/CTS 直接用于硬件握手机制支持。在这种方式下,通信双方都把对方当作数据终端设备看待,双方都可发可收,通信双方的任何一方,只要请求发送 RTS 有效和数据终端准备好 DTR 有效就能开始发送和接收:

- RTS 与 CTS 互联:只要请求发送,就会立即得到允许;
- DTR 与 DSR 互联:只要本端准备好,就会认为本端可以立即接收。

介于上述两者之间的连接方式是零 Modem 方式,真正参与远程传输的也只有 3 根线,如图 7-2 (c)所示,但此时己方的 RTS 和 CTS,DSR 和 DTR 相连接,避免了引脚悬空诱发潜在问题。

RS232 连接的最大通信距离可按如下方式估算:按 RS-232C 标准规定,误码率小于 4‰时,导线电容值应小于 2500pF。对于普通导线,其电容值约为 170pF/m。则最大允许传输距离 $L=2500\text{pF}/(170\text{pF/m})=15\text{m}$。这一经验公式较为保守,实际应用中,当使用 9 600bps 传输速率和普通双绞屏蔽线时,距离通常可达30～35m。

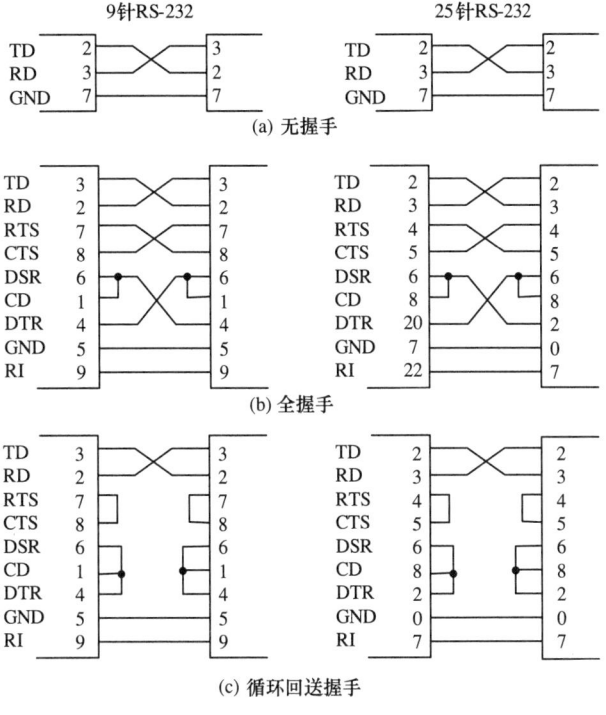

图 7-2 各种连接方式的接线图

7.2.3 流控和握手

在串行通信中,如果发送方和接收方采用异步通信模式、双方没有共享的时钟信号时,就必须谨慎考虑如何协调通信两方的步调,避免发送方发送过快导致接收方数据溢出或丢失,或者接收方接收能力利用不足,特别是在接收设备处理完 USART 硬件缓冲区中的数据前,必须禁止发送方发送新的数据,这一过程即称为流量控制或流控(Flow Control)。通常流控可借助握手(Hand Shaking)机制实现。

RS232 接口支持无握手、硬件握手和软件握手三种方式。无握手需要发送接收两方预先设置相同的传输速率,一般只能低速传输,同时硬件设计上需要精确的时钟分频,因为接收方必须严格确定数据采样的时刻,否则很容易造成数据接收错误,传输速率越高越明显。在基于 MCU 的各种嵌入式系统中,由于串口模块内部的工作时钟来自主时钟信号的分频,而分频经常不够准确,因此不合适的分频设置往往会导致较高的数据误码率,原则上希望分频和串口期待传输速率能够准确匹配,这一点通常与速率快慢无关。具体可参考选用 MCU 的说明手册。前述简易 3 线制连接和零 Modem 连接就是典型的无握手连接方式。

硬件握手需要使用"请求发送"(RTS)和"清除发送"(CTS)两个信号。发送方在真正发送数据之前,首先设置 RTS 为有效通知接收方做好接收准备,而接收方做好准备后将 CTS 置为有效,通知发送方自己已准备好,然后等待发送方发送数据。发送方必须等到来自接收方的 CTS 信号才可真正启动数据发送。如此发送与接收形成互锁机制,保障了发送方不会以超过接收方能力的速率发送致使接收方溢出。

软件握手又称为 XON/XOFF 流控,在通信双方无法实现硬件握手的场合,如通过电话线进行传输时可考虑采用,它采用两个特殊字符 XON 和 XOFF 实现流控,其中 XON 表示请求对方暂停传输,XOFF 表示清除暂停传输请求。在 RS232C 规范中,这两个字符分别是 CTRL-S(0x13)和 CTRL-Q(0x11)。由于 XON/XOFF 字符是夹杂在数据流中传输的,所以发送方和接收方在碰到字符 0x13 和 0x11 时,需要做些特别处理以区分当前字符是真正的数据还是流控命令,通常可采用转义字符方式解决。

7.2.4 组帧和分帧

标准的 USART 和串口在设计上仅支持以字节为单位的传输,但在一个完整设备的软硬件系统级集成中,常需要以帧(Frame)为单位进行传输,所谓帧就是字节批量传输的基本单元,通常也是更高层软件中基本的数据处理单元,相应的问题就是:帧结构应如何定义(发送方如何组帧)? 如何从可能带有传输错误的数据流中检出发送方发出的帧(接收方如何分帧)?

要在连续的而且还可能带有串数错误的字节流中确定一个帧何时开始何时结束并不像想象的那么容易,因为任何在数据流中加入的标记,理论上都有可能与待传数据重复,相应的串行通信系统(指软硬件或者单纯由软件开发的驱动程序)必须有能力可靠地辨识收到的字节究竟是特殊标记还是正在传输的数据,并拒绝那些非法的帧。

方案 1:采用特殊的帧头字符(ASCII 码 0x01,记为 SOH)和帧尾字节(ASCII 码 0x04 记为 EOT)来标识帧,SOH 和 EOT 之间的字节属于同一个帧。如果待传数据中某个字节与 SOH 或 EOT 相等,则必须用转义字符法再次标识。

方案 2:采用特殊的帧头字节(例如 ASCII 码 0x1B,记为 ESC)后面跟上一个帧长度字节,再跟上待传数据。如果长度字节与待传数据中某个字节与 ESC 相等,则必须用转义字符法再次标识。

这两种方式都可以实现数据的透明传输,即数据本身可以是任意的。实际中还常采用如下简化策略:

方案 3:通过辨识两个帧之间在传输上的时间间隔分帧。这种方式在底层硬件设计中常用,但是在高层软件中由于缓冲引入的不确定,可能会导致帧在处理传输上的错误,应在对系统硬件和软件设计仔细审查通过后方可使用。

方案 4:将所有待传数据转化为可见的 ASCII 码,然后再用特殊标记字节分帧,就可以回避处理转义字节的困难。但是将二进制数据(例如一个浮点数)转化为可见字符串的效率和性能都比较低,在对时间有严格要求的工控系统和底层软硬件设计中较少采用,常见于高层协议,例如 Internet 中的 HTTP 协议、发送邮件的 SMTP 协议等。

上述方案是把待传数据看作是字节流引发的处理。如果把待传数据看作是比特流,还可以引入新的分帧方案,此处不再赘述。

7.2.5 错误检测和 CRC 校验

流控解决的是通信双方的速率或步调匹配问题,并没有解决传输错误问题。传输中存在的噪音和发送接收两方的不匹配都会导致传输错误。奇偶校验和 CRC 校验就是常用的两种检错方式。通常 USART 硬件直接支持奇偶校验并可通过控制寄存器设置,而 CRC 校验则通常要以数据帧为单位进行计算,一般需要由收发双方的驱动软件负责,本身并不属于 RS232

规范范畴,但却是构建一个可靠通信系统所必须考虑的。奇偶校验简洁高效,硬件可直接支持,但只能检出1位随机错,在传输介质干扰严重、多个数据位都发生错误的情况下,奇偶校验的效果欠佳,在此情况下,应优先考虑循环冗余校验(CRC)算法。通常,CRC校验需要与组帧和分帧模块配合使用。如果接收方发现数据帧传输错误,可根据具体应用,选择是丢弃还是要求发送方重传。有关分帧、组帧、校验、重传等内容是构建可靠串行传输系统必须考虑的问题,不过RS232C标准规定的只是底层规范,对此问题未加考虑。

7.2.6 RS485

RS485接口同样基于USART模块实现,但是采用了与RS232不同的电气标准,RS485采用差分传输模式代替RS232的非平衡传输模式,大大提高了抗干扰性,基于普通双绞线的传输距离可达1200m,较RS232C大大增加,常用于在工业应用中组建各种低成本网络,特别是许多工业现场总线都采用了RS485作为底层电气传输标准。与RS232不同的是,RS485一般采用两线制,只能支持半双工方式通信,所幸的是绝大部分实际应用中,半双工通信已经足够。在应用RS485进行联网时,网络上可以连接的最大结点数量受制于各结点接口芯片的驱动能力,绝大多数接口芯片都能支持到32点以上。图7-3给出了采用RS485接口和总线连接多个设备的示意图,每一个设备都方便地挂接在RS485的差分总线上。此时,通常由一个设备担任主设备,协调所有结点的数据传输。驱动软件中通常需要引入地址机制以让设备有能力辨识一个帧是不是给自己的。

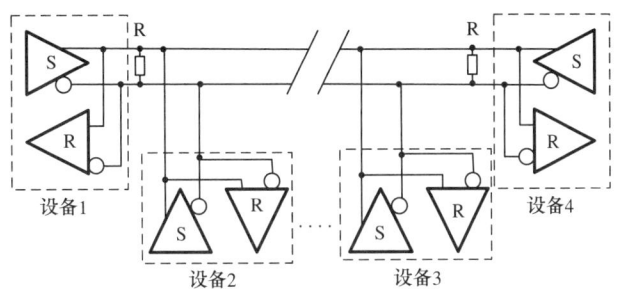

图7-3 RS485组网

7.3 STM32F103的串行通信模块

STM32F103提供了功能强大的串行通信模块,可为与大量串行外部设备的数据交换提供强大支持。特性如下:

(1) 支持全双工异步通信,以及同步单向通信和半双工单线通信。同步方式下由发送方提供同步脉冲。

(2) 采用NRZ编码格式。

(3) 分数波特率发生器支持可编程波特率,最高频率可达4.5Mbit/s。

(4) 可为局部互联网络LIN、智能卡协议(SmartCard)、红外数据传输(IrDA)提供底层支持。

(5) 支持与标准Modem的连接接口,包括CTS/RTS等互锁机制的支持。

(6) 允许多处理器通信。

（7）可用多缓冲器配置的DMA方式,方便了高速通信的实现。

7.3.1 基本结构和连接

STM32F103x的USART模块内部结构如图7-4所示,主要内部部件包括用于发送接收的缓冲寄存器(TDR和RDR)和移位寄存器,用于产生驱动脉冲的分频控制(CTPR等)以及若干状态寄存器和控制寄存器(如中断请求、速率控制等)。

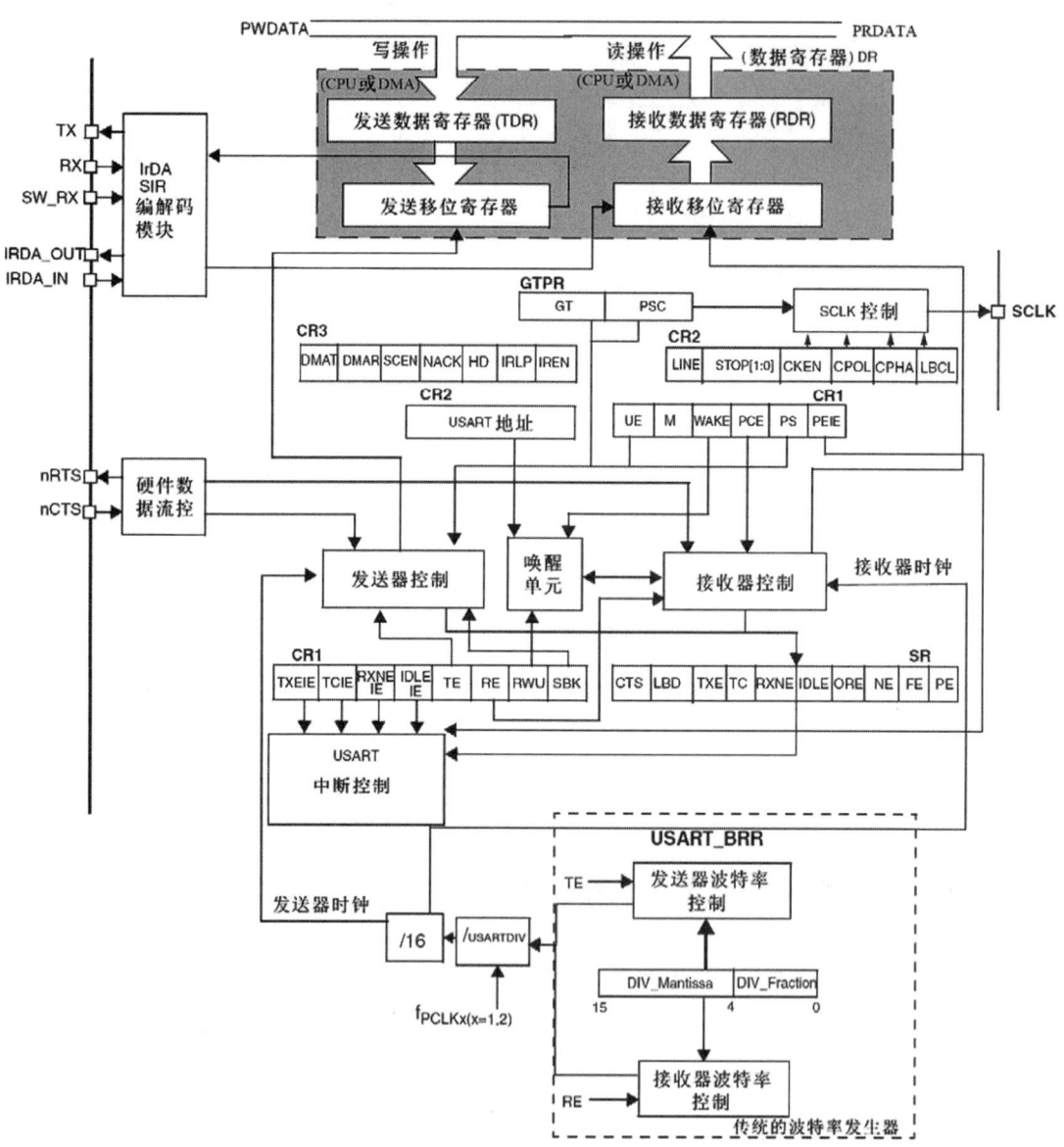

图 7-4 STM32F103 USART 模块的内部结构图

由图7-4可以看出,USART的对外主要联络线为:

RX:接收数据输入。

TX:发送数据输出。当发送功能被禁止时,TX 引脚可被作为普通 GIO 使用;当发送使能且无待传数据时,TX 保持高电平。

USARTDIV 的实际分频系数与 Mantissa 和 Fraction 配置字的关系如下:

$$USARTDIV = DIV\_Mantissa + (DIV\_Fraction/16)$$

USART 模块的用途非常广泛,除了加装驱动器后实现 RS232/RS485 通信,也可以在进一步加入协议解析软件和相关驱动模块后实现 LIN 总线、IrDA 通信、SD 卡读写等操作,甚至是用于多 MCU 架构系统中实现两个 MCU 的互联。

7.3.2 单字节传输

发送方程序通过向发送寄存器(TDR)写入待传字节启动传输,并在 USART 内部移位寄存器和时钟脉冲的驱动下转换为串行比特流输送到 TX 线上;存接收方则从接收寄存器(RDR)获取收到的数据,RX 线上收到的比特流首先进入 USART 内部移位寄存器中,待收到一个完整字节后才会转移到 RDR。

图 7-5 给出了 USART 模块传输一个字节数据的示意。

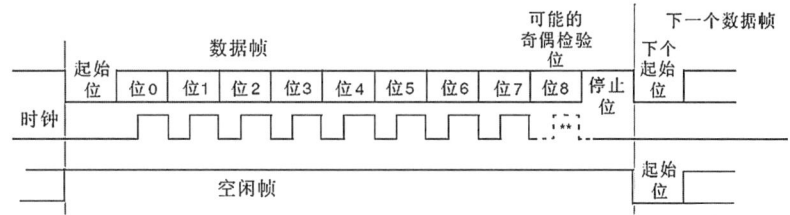

图 7-5 异步串行通信中常见的单字节传输时序示意

从图 7-5 中可以看到,通常情况下 TX 线上保持高电平,TX 端将电平拉低时提示 RX 端准备开始发送数据(即开始位 Start Bit),然后从低位开始逐个发送字节中的每个位以及校验位(如果有的话)。发送完毕后,恢复高电平提示本字节发送结束(即停止位 Stop Bit)。开始位和停止位的比特数(本质上也就是表示开始的高电平和表示停止的低电平持续的时间)可配置。如果要发送多个字节,则以上过程周而复始循环执行即可。

与传输有关的状态位主要有(见寄存器 USART_SR 的说明):

(1) TXE:发送数据寄存器空。当 TDR 寄存器中的数据被硬件转移到移位寄存器的时候,该位被硬件置位。如果 USART_CR1 寄存器中的 TXEIE 为 1,则产生中断。对 USART_DR 的写操作,将该位清零。该位为 1 表示数据已经从发送缓冲寄存器转移到移位寄存器。

(2) TC:发送完成标记。当前字节帧发送完成后,由硬件将该位置位。如 USART_CR1 中的 TCIE 为 1 则产生中断。由软件序列清除该位(先对 USART_SR 进行读操作,然后对 USART_DR 进行写操作即可)。注意:TC 位也可以通过对它软件写 0 来清除,但此清零方式只在多缓冲器通信模式下推荐使用。

(3) RXNE:读数据寄存器非空。当 RDR 移位寄存器中的数据被转移到 USART_DR 寄存器中,该位被硬件置位。如 USART_CR1 寄存器中的 RXNEIE 为 1,则中断产生。对 USART_DR的读操作可以将改位清零。

发送方可以通过读取 TXE 标记的值判断当前是否可安全地写下一个字节到发送缓冲寄存器中,或在 TXE 中断中执行写动作;接收方可以通过读取 RXNE 标记判断数据是否已经准备好被读取。

STM32F103 的 USART 进一步引入了空闲符号和断开符号的概念。

空闲符号被视为完全由 1 组成的一个完整的数据帧,后面跟着包含了数据的下一帧的开始位。置位 TE 将使得 USART 在第一个数据帧前发送一空闲帧。

断开符号被视为在一个帧周期内全部收到 0(包括停止位期间,也是 0)。在断开帧结束时,发送器再插入 1 或 2 个停止位来应答起始位。置位 SBK 位可发送一个断开符号。断开帧长度取决 M 位(图 7-6)。如果 SBK 位被置 1,在完成当前数据发送后,将在 TX 线上发送一个断开符号。断开字符发送完成时(在断开符号的停止位时),SBK 被硬件复位。USART 在最后一个断开帧的结束处插入一逻辑 1 位,以保证能识别下一帧的起始位。

在最基本的串行字节数据流传输中,断开符号和空闲符号从原理上来看是不必要的,但是这种独立的断开功能和空闲功能设计增加了灵活性,特别是使得 STM32F103 的 USART 模块可以仅作简单配置,就适应 SD 卡传输等要求。

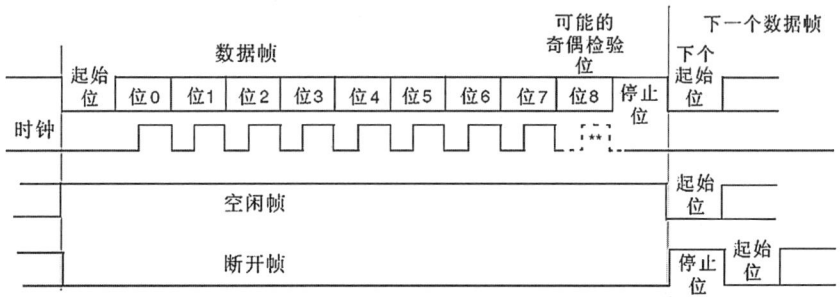

图 7-6　STM32F 传输一个字节的时序

7.3.3　分频设置和波特率选择

一切数字电路的工作都需要时钟脉冲的驱动才能工作,USART 也不例外。在基于 US-ART 的异步传输模式中,发送和接收的速度受波特率配置寄存器的控制。所谓分频设置也就是根据系统主时钟设置和 USART 传输所需要的驱动时钟频率,计算分频系数并写入到相关控制寄存器的过程。波特率和 USART 的时钟输入信号频率的关系如下:

$$\text{Baud}_{rx} = \text{Baud}_{tx} = \frac{f_{ck}}{16 \times \text{USARTDIV}}$$

因此可通过向 USART_BRR 寄存器写入分频设置选择波特率。这里的 f_{ck} 是 MCU 给外设的时钟,USARTDIV 是一个无符号的定点数。这 12 位的值设置在 USART_BRR 寄存器。

如何根据波特比率寄存器(USART_BRR)计算 USARTDIV 呢?按 STM32F103 数据手册说明,BRR 寄存器的第 4～15 位(共 12 位)定义了 USART 分频器除法因子(DIV)的整数部分,记为 DIV_Mantissa;0～3 位定义了 USART 分频器除法因子(DIV)的小数部分,记为 DIV_Fraction。

例 1　如果 DIV_Mantissa=27d , DIV_Fraction= 12d,于是

Mantissa (USARTDIV)=27d;

Fraction (USARTDIV)=12/16=0.75d;

所以,USARTDIV=27.75d。

例 2 要求 USARTDIV＝25.62d,就有：

DIV_Fraction＝16 * 0.62d＝9.92d,近似等于10d,转换成16进制就是A；

DIV_Mantissa＝mantissa（25.620d）＝25d,转换成16进制就是19。

例 3 要求 USARTDIV＝50.99d,就有：

DIV_Fraction＝16 * 0.99d＝15.84d＝＞近似等于16d,即16进制10；

DIV_Mantissa＝mantissa（50.990d）＝50d,即16进制32。

注意：更新波特率寄存器BRR后,波特率计数器中的值也立刻随之更新。所以在通信正在进行时不应改变BRR中的值。

在STM32中,时钟频率f_{ck}对不同的USART是不同的,由于硬件设计的影响,USART1的时钟输入来自系统的PCLK2,最高可达72MHz,USART2及其他USART的时钟输入来自PCLK1,最高36MHz。传输率、波特率寄存器设置与错误概率的关系见表7-2。

表7-2　　　　　　　　传输率、波特率寄存器设置与错误概率关系

序号	波特率 Kbps	$f_{PCLK}=36MHz$			$f_{PCLK}=72MHz$		
		实际	置于波特率寄存器中的值	误差％	实际	置于波特率寄存器中的值	误差％
1.	2.4	2.400	937.5	0％	2.4	1875	0％
2.	9.6	9.600	234.375	0％	9.6	468.75	0％
3.	19.2	19.2	117.1875	0％	19.2	234.375	0％
4.	57.6	57.6	39.0625	0％	57.6	78.125	0％
5.	115.2	115.384	19.5	0.15％	115.2	78.125	0％
6.	230.4	230.769	9.75	0.16％	230.769	19.5	0.16％
7.	460.8	461.538	4.875	0.16％	461.538	9.75	0.16％
8.	921.6	923.076	2.4375	0.16％	923.076	4.875	0.16％
9.	2250	2250	1	0％	2250	2	0％
10.	4500	不可能	不可能	不可能	4500	1	0％

表7-2中,误差％＝（计算的波特率－希望的波特率）/希望的波特率。

注意：尽管USART的数据传输过程需要时钟脉冲的驱动才能运行,但是在异步传输模式下,串行线上除了传输数据和必要的控制信号之外,时钟脉冲并不在线上传输。

7.3.4 基于RTS和CTS硬件握手协议的流控过程

在实际中,尽管相同波特率设置保证了同一字节的每个bit在接收时不会发生错位和错误,但是在连续收发多个字节数据时,由于发送方和接收方处理数据的速度很可能不匹配,仍

然有必要进一步设法协调 TX/RX 两端的发送速率,这可以通过流量软件或硬件握手协议来实现,这也就是所谓的流量控制(flow control)。STM32 提供了基于 RTS/CTS 机制的硬件流控,利用 nCTS 输入和 nRTS 输出可以控制 2 个设备间的串行数据流。图 7-7 表明在这个模式里如何连接 2 个设备。

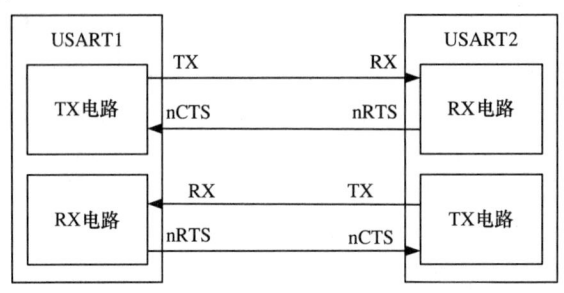

图 7-7 双工通信中的硬件流量控制

由上述硬件连接可知,当接收方处理完毕时,可通过 nRTS 向 TX 端的 nCTS 发出一个信号(对 STM32F103,接收方以低电平提示发送方空闲)提示接收方已经处理完毕,可以发送并接收后续数据了。而发送方在发送之前则会先检查 nCTS 是否为低,否则不发送。但这些设置和检查仅在 TX/RX 都启用流控使能时如此,如图 7-7 所示。对 STM32F103,全双工通信中收发两个通道的流控可通过 USART_CR3 寄存器的 RTSE 和 CTSE 两个位分别使能。通过将 UASRT_CR3 中的 RTSE 和 CTSE 置位,可以分别独立地使能 RTS 流控制和 CTS 流控制。

1) RTS 流控制

如果 RTS 流控制被使能(RTSE=1),只要 USART 接收器准备好接收新的数据,nRTS 就变成有效(接低电平)。当接收寄存器内有数据到达时,nRTS 被释放,由此表明希望在当前帧结束时停止数据传输。图 7-8 展示了一个启用 RTS 流控制的通信的例子。

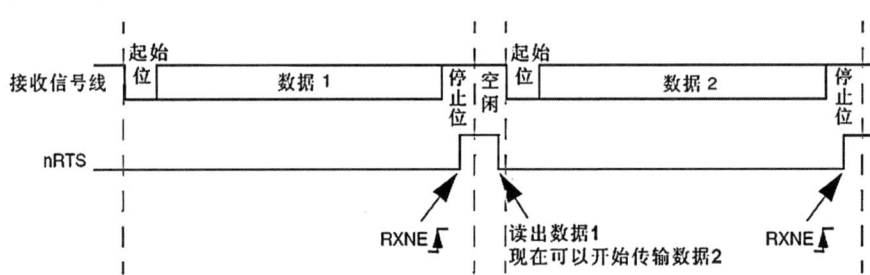

图 7-8 RTS 流控

2) CTS 流控制

如果 CTS 流控制被使能(CTSE=1),发送器在发送下一帧前检查 nCTS 输入。如果 nCTS 有效(被拉成低电平),则数据被发送(假设那个数据是准备发送的,也就是 TXE=0),否则下一帧数据不被发出去。若 nCTS 在传输期间被变成无效,当前的传输完成后停止发送。

当 CTSE=1 时,只要 nCTS 输入一变换状态,CTSIF 状态位就自动被硬件设置。它表明接收器是否准备好进行通信。如果 USART_CT3 寄存器的 CTSIE 位被设置,中断产生。图 7-9 展示了一个 CTS 流控制被启用的通信的例子。

为了进一步方便 USART 硬件与软件之间的协调联络,特别是支持相应驱动软件的开发,STM32F103 的 USART 硬件提供了丰富的中断请求条件:

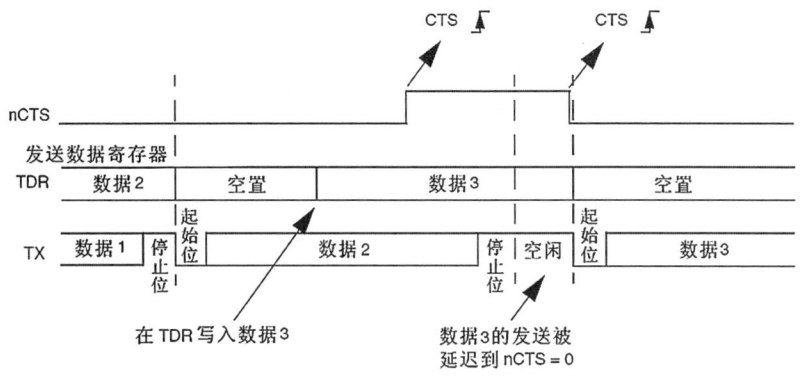

图 7-9 CTS 流控

在发送阶段：发送完毕，CTS 标记以及发送寄存器空等可以触发中断；

在接收阶段：线路空闲，接收寄存器非空，校验错误等都可触发中断。

但是在 STM103F 系列中，所有以上中断源最终都被关联到一个相同的中断向量，这意味着，如果使能了多个上述中断请求，就必须在 USART 中断服务程序内部利用软件对中断源进行判别以决定后续相应处理。

7.3.5 常用全双工异步通信的发送配置

串行通信中的常见配置参数包括分频设置（影响到波特率和数据传输速率）、停止位的有无和个数、奇偶校验位的有无等。只要发送方和接收方配置相同，一般都可正确通信。以停止位为例，停止位的个数事实上决定的是发送完一个字节的数据后表示停止状态的电平持续时间，见图 7-10。

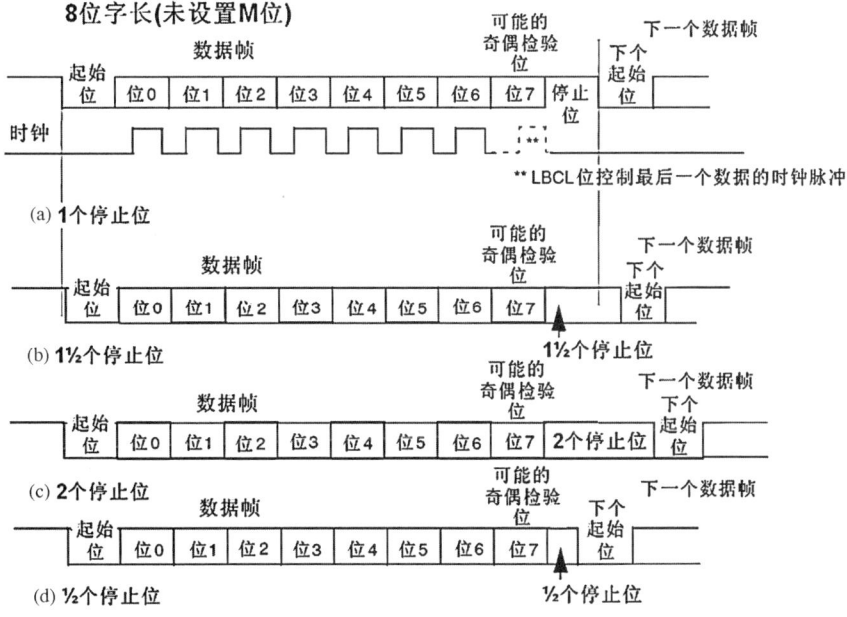

图 7-10 配置停止位

(1) 通过在 USART_CR1 寄存器上置位 UE 位来激活 USART。

(2) 编程 USART_CR1 的 M 位来定义字长。

(3) 在 USART_CR2 中编程停止位的位数。

(4) 如果采用多缓冲器通信，配置 USART_CR3 中的 DMA 使能位(DMAT)。按多缓冲器通信中的描述配置 DMA 寄存器。

(5) 设置 USART_CR1 中的 TE 位，发送一个空闲帧作为第一次数据发送。

(6) 利用 USART_BRR 寄存器选择要求的波特率。

(7) 把要发送的数据写进 USART_DR 寄存器(此动作清除 TXE 位)。在只有一个缓冲器的情况下，对每个待发送的数据重复步骤(7)。

注意：在数据传输期间不可复位 TE 位，否则将会破坏 TX 引脚上的待传数据。因为波特率停止计数将导致当前正在传输的数据丢失。TE 位被激活后将发送一个空闲帧。由于 CPU 运行指令的速度远快于 USART 数据传输的速度，所以在程序中对 USART 操作之前，最好先读取 USART 当前的状态再行决策。

7.3.6 全双工异步通信的接收配置

在 USART 接收期间，数据的最低有效位首先从 RX 脚移进。读数据寄存器 USART_DR 本质上就是读 USART 内部的 RDR 寄存器，可获取收到的数据。USART_CR1 的 M 位可选择接收 8 位还是 9 位的数据字。

配置步骤如下：

(1) 将 USART_CR1 寄存器的 UE 置 1 来激活 USART。

(2) 编程 USART_CR1 的 M 位定义字长。

(3) 在 USART_CR2 中编写停止位的个数。

(4) 如果需多缓冲器通信，选择 USART2_CR3 中的 DMA 使能位(DMAT)。按多缓冲器通信所要求的配置 DMA 寄存器。

(5) 利用波特率寄存器 USART_BRR 选择希望的波特率。

(6) 设置 USART_CR1 的 RE 位。激活接收器，使它开始寻找起始位。当字符被接收到时：

• RXNE 位被置位。它表明移位寄存器的内容被转移到 RDR。换句话说，数据已经被接收 并且可以被读出(包括与之有关的错误标志)。

• 如果 RXNEIE 位被设置，产生中断。

• 在接收期间如果检测到帧错误、噪声或溢出错误，错误标志将被置起。

• 在多缓冲器通信时，RXNE 在每个字节接收后被置起，并由 DMA 对数据寄存器的读操作而清零。

• 在单缓冲器模式里，由软件读 USART_DR 寄存器完成对 RXNE 位清除。RXNE 标志也可以通过对它写 0 来清除。RXNE 位必须在下一字符接收结束前被清零，以避免溢出错误。

注意在接收数据时，RE 位不应该被复位。如果 RE 位在接收时被清零，当前字节的接收被丢失。此外，接收器收到一个断开帧(断开符号)时，USART 会像处理帧错误一样处理它。如果检测到空闲帧，则和接收到普通数据帧一样，但如果 IDLEIE 位被设置将产生一个中断。

以上情况都需要在软件中加以甄别处理。

如果 RXNE 还没有被复位，又接收到一个字符，则发生溢出错误。数据只有当 RXNE 位被清零后才能从移位寄存器转移到 RDR 寄存器。RXNE 标记是接收到每个字节后被置位的。所以如果下一个数据已被收到或先前 DMA 请求还没被服务时，RXNE 标志仍是置起的，溢出错误就会产生。当溢出错误产生时：

- ORE 位被置位。
- RDR 内容将不会丢失。读 USART_DR 寄存器仍能得到先前的数据。
- 移位寄存器中以前的内容将被覆盖。随后接收到的数据都将丢失。
- 如果 RXNEIE 位被设置或 EIE 和 DMAR 位都被设置，中断产生。
- 顺序执行对 USART_SR 和 USART_DR 寄存器的读操作，可复位 ORE 位。

当 ORE 位置位时，表明至少有 1 个数据已经丢失。有两种可能性：如果 RXNE=1，上一个有效数据还在接收寄存器 RDR 上，可以被读出。如果 RXNE=0，这意味着上一个有效数据已经被读走，RDR 已经没有东西可读。当上一个有效数据在 RDR 中被读取的同时又接收到新的（也就是丢失的）数据时，此种情况可能发生。

在读序列期间（在 USART_SR 寄存器读访问和 USART_DR 读访问之间）接收到新的数据，此种情况也可能发生。

7.3.7　关于传输错误

由于干扰的存在，比特流在传输过程中不可避免地会发生错误。

1. 噪声错误

由于干扰引起的传输比特翻转导致的错误。USART 硬件采用过采样技术可以在一定程度上减少由于噪声导致的数据错，但不能完全避免。当在接收帧中检测到噪声时：

（1）NE 在 RXNE 位的上升沿被置起。

（2）无效数据从移位寄存器移送到 USART_DR 寄存器。

（3）在单个字节通信情况下，没有中断产生。然而，NE 这个位和 RXNE 位同时置起，后者自己产生中断。在多缓冲器通信情况下，如果 USART_CR3 寄存器中 EIE 位被置位的话，产生一中断。

顺序执行对 USART_SR 和 USART_DR 寄存器的读操作，可复位 NE 位。

2. 帧错误

即传输时序错，例如由于传输双方没有正确同步或大量连续噪声干扰，接收方未能在预期的时间内辨识到停止位。当帧错误被检测到时：

（1）FE 位被硬件置起。

（2）无效数据从移位寄存器传送到 USART_DR 寄存器。

（3）在单个字节通信情况下，没有中断产生。然而，这个位和 RXNE 位同时置起，后者自己产生中断。在多缓冲器通信情况下，如果 USART_CR3 寄存器中 EIE 位被置位的话，将产生一中断。

顺序执行对 USART_SR 和 USART_DR 寄存器的读操作，可复位 FE 位。

由于在发生错误时，无效数据仍会被传送到 USART_DR 寄存器，且未必一定触发中断，而连续读写又会掩盖掉错误标记，因此软件有责任检查相关状态标记确认 USART_DR 寄存器中的当前数据是否正确。

7.3.8 多处理器通信

由于系统复杂性的提高,在同一个系统中甚至是同一块线路板上安装多块 MCU 的应用也普遍出现,因此需要妥善解决好板级集成中多 MCU 的通信问题。

通过 USART 可以实现多处理器通信(将几个 USART 连在一个网络里)。例如某个 USART 设备可以是主,它的 TX 输出和其他 USART 从设备的 RX 输入相连接;USART 从设备各自的 TX 输出逻辑地与在一起,并且和主设备的 RX 输入相连接。

在多处理器配置中,我们通常希望通过地址字节标识每个处理器,并且只有被寻址的接收者才被激活并接收随后的数据,这样就可以减少由未被寻址的接收器的参与带来的多余的 USART 服务开销,而未被寻址的设备则进入静默模式。STM32F103 的 USART 模块提供了静默模式的支持、地址的辨识、空闲总线检测、空闲(IDLE)帧等机制支持多处理器通信。

7.3.9 校验控制

奇偶控制(发送时生成一个奇偶位,接收时进行奇偶校验)可以通过设置 USART_CR1 寄存器上的 PCE 位而激活。根据 M 位定义的帧长度,可能的 USART 帧格式列在表 7-3 中。

表 7-3　　　　　　　　　　　　　　　帧格式

M 位	PCE 位	USART 帧
0	0	|起始位|8 位数据|停止位|
0	1	|起始位|7 位数据|奇偶检验位|停止位|
1	0	|起始位|9 位数据|停止位|
1	1	|起始位|8 位数据|奇偶检验位|停止位|

7.3.10 LIN 模式

局域互联网络 LIN(Local Interconnect Network)是一种低成本的串行通信网络,常用于汽车中的分布式电子系统控制,为现有汽车网络(例如 CAN 总线)提供辅助功能,在不需要 CAN 总线的带宽和多功能的场合可以考虑采用。

7.3.11 USART 同步模式

通过在 USART_CR2 寄存器上写 CLKEN 位选择同步模式,在同步模式下,通信由主设备控制,主设备会通过 SCLK 引脚发出脉冲,以驱动从设备工作。从设备可以是一个标准的 SPI 从设备,也可以是一个智能卡,智能卡模式通过设置 USART_CR3 寄存器的 SCEN 位选择。细节请参考 STM32 Datasheet 的智能卡模式部分。

7.3.12 单线半双工通信

单线半双工模式是指借助一个通道实现双向通信,但在任一时刻,只允许一个方向的传输,也就是说,要么发送要么接收,不能像全双工那样在发送的时候可以同时接收。该模式通过设置 USART_CR3 寄存器的 HDSEL 位(HALF DUPLEXSEL)选择。当 HDSEL 写 1 时,RX 不再被使用,且当没有数据传输时,TX 总是被释放。因此,它在空闲状态的或接收状态时表现为一个标准 I/O 口。这就意味该 I/O 在不被 USART 驱动时,必须配置成悬空输入(或开漏的输出高)。

在这个模式里,下面的位必须保持清零状态:①USART_CR2 寄存器的 LINEN 位和 CLKEN 位;②USART_CR3 寄存器的 SCEN 位和 IREN 位。半双工和全双工通信是用 USART_CR3 寄存器的控制位"HALF DUPLEXSEL"选择的。在单线半双工模式下,当 TE 位被设置时,只要数据一写到数据寄存器上,发送就继续,因此软件必须承担起协调发送方和接收方、避免冲突的责任。

7.3.13 智能卡

智能卡模式通过设置 USART_CR3 寄存器的 SCEN 位选择。在智能卡模式里,下列位必须保持清零:
- USART_CR2 寄存器的 LINEN 位;
- USART_CR3 寄存器的 HDSEL 位和 IREN 位。此外,CLKEN 位可以被设置,以提供时钟给智能卡。智能卡接口设计成 ISO7816-3 标准所定义的那样支持异步协议的智能卡。
- USART 应该被设置为:8 位数据位加校验位。此时 USART_CR1 寄存器 M=1,PCE=1,并且满足下列条件之一:① 接收时 0.5 个停止位:即 USART_CR2 寄存器的 STOP=01;② 发送时 1.5 个停止位:即 USART_CR2 寄存器的 STOP=11。

图 7-11 给出的例子说明了数据线上在有校验错误和没校验错误两种情况下的信号。

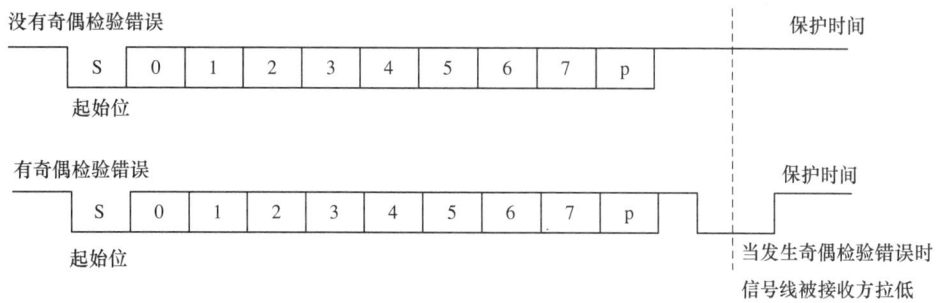

图 7-11 ISO7816-3 异步协议

注意:USART 可以通过 SCLK 输出为智能卡提供时钟。但在智能卡模式里,SCLK 不和通信直接关联,而是先通过一个 5 位预分频器简单地用内部的外设输入时钟来驱动智能卡的时钟。分频率在预分频寄存器 USART_GTPR 中配置。SCLK 频率可以从 $f_{ck}/2$ 到 $f_{ck}/62$,这里的 f_{ck} 是外设输入时钟。

7.3.14 IrDA SIR ENDEC 功能块

IrDA 模式是通过设置 USART_CR3 寄存器的 IREN 位选择的。在 IRDA 模式里，下列位必须保持清零：
- USART_CR2 寄存器的 LINEN、STOP 和 CLKEN 位；
- USART_CR3 寄存器的 SCEN 和 HDSEL 位。

IrDA SIR 物理层规定使用反相归零调制方案(RZI)，该方案用一个红外光脉冲代表逻辑 0(图 7-12)。SIR 发送编码器对从 USART 输出的 NRZ(非归零)比特流进行调制。输出脉冲流被传送到一个外部输出驱动器和红外 LED。USART 为 SIR 编解码器最高只支持到 115.2Kbps 速率。在正常模式里，脉冲宽度规定为一个位周期的 3/16。

SIR 接收解码器对来自红外接收器的归零位比特流进行解调，并将接收到的 NRZ 串行比特流输出到 USART。在空闲状态里，解码器输入通常是高(标记状态 marking state)。发送编码器输出的极性和解码器的输入相反。当解码器输入低时，检测到一个起始位。

STM32 的 USART 支持的 IrDA 具有如下特性：
- IrDA 是一个半双工通信协议。如果发送器忙(也就是 USART 正在送数据给 IrDA 编码器)，IrDA 接收线上的任何数据将被 IrDA 解码器忽视。如果接收器忙(也就是 USART 正在接收从 IrDA 解码器来的解码数据)，从 USART 到 IrDA 的 TX 上的数据将不会被 IrDA 编码。当接收数据时，应该避免发送，因为将被发送的数据可能被破坏。
- SIR 发送逻辑把 0 作为高脉冲发送，把 1 作为低电平发送。
- SIR 接收逻辑把高电平状态解释为 1，把低脉冲解释为 0。
- 发送编码器输出与解码器输入有着相反的极性。
- SIR 解码器把 IrDA 兼容的接收信号转变成给 USART 的比特流。
- IrDA 规范要求脉冲要宽于 $1.41\mu s$。脉冲宽度是可编程的。
- 在 IrDA 模式里，USART_CR2 寄存器上的 STOP 位必须配置成 1 个停止位。

接收器的建立时间应该由软件管理。IrDA 物理层技术规范规定了在发送和接收之间最小要有 10ms 的延时(IrDA 是一个半双工协议)。

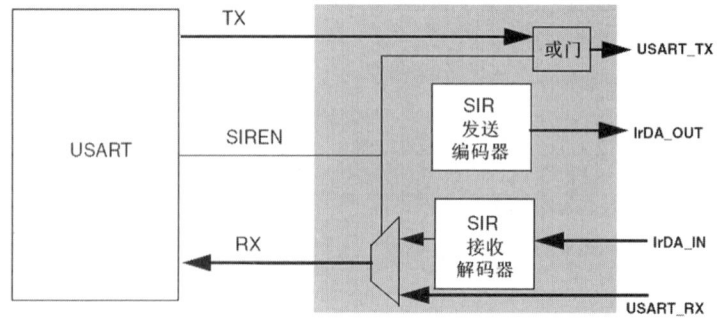

图 7-12　IrDA SIR ENDEC 框图

7.3.15 利用 DMA 实现连续通信

USART 可以利用 DMA 连续通信。DMA 方式大大提高了传输的效率，降低了 CPU 的负荷，如果是需要批量传输大块数据可考虑优先采用，但如果传输数据量不大、传输请求不规律，则还是用直接读写接收发送缓冲寄存器并辅以状态位判断的方式较好。

注意：Rx 缓冲器和 Tx 缓冲器的 DMA 请求是分别产生的。

并非所有 STM32 系列产品的 USART 都支持 DMA 方式的连续通信，应参考产品技术说明以确定是否可用 DMA 控制器。如果产品无 DMA 功能，可在程序中（查询方式或中断方式）清除 USART2_SR 寄存器的 TXE/RXNE 标志来实现连续通信。

1. 利用 DMA 发送

使用 DMA 进行发送，可以通过设置 USART_CR3 寄存器上的 DMAT 位激活。只要 TXE 位被置起，就从配置成使用 DMA 外设的 SRAM 区装载数据到 USART_DR 寄存器。为 USART 的发送分配一个 DMA 通道的步骤如下（x 表示通道号）：

（1）在 DMA 控制寄存器上将 USART_DR 寄存器地址配置成 DMA 传输的目的地址。在每个 TXE 事件后，数据将被传送到这个地址。

（2）在 DMA 控制寄存器上将存储器地址配置成 DMA 传输的源地址。在每个 TXE 事件后，数据将从此存储器区传送到 USART_DR 寄存器。

（3）在 DMA 控制寄存器中配置要传输的总的字节数。

（4）在 DMA 寄存器上配置通道优先级。

（5）根据应用程序的要求配置在传输完成一半还是全部完成时产生 DMA 中断。

（6）在 DMA 寄存器上激活该通道。当 DMA 控制器中指定的数据量传输完成时，DMA 控制器在该 DMA 通道的中断向量上产生一中断。在中断服务程序里，软件应将 USART_CR3 寄存器的 DMA 位清零。

注意：如果 DMA 被用于发送，不要使能 TXEIE 位。因为此时 DMA 掌控数据块中各个自字节的发送，不需要在每个字节发送完毕后触发发送中断。

2. 利用 DMA 接收

使用 DMA 进行接收，可以通过设置 USART_CR3 寄存器的 DMAR 位激活。只要接收到一个字节，数据就从 USART_DR 寄存器放到配置成使用 DMA 的 SRAM 区（参考 DMA 技术说明）。为 USART 的接收分配一个 DMA 通道步骤如下（x 表示通道号）：

（1）通过 DMA 控制寄存器把 USART_DR 寄存器地址配置成传输的源地址。在每个 RXNE 事件后此地址上的数据将传输到存储器。

（2）通过 DMA 控制寄存器把存储器地址配置成传输的目的地址。在每个 RXNE 事件后，数据将从 USART_DR 传输到此存储器区。

（3）在 DMA 控制寄存器中配置要传输的总的字节数。

（4）在 DMA 寄存器上配置通道优先级。

（5）根据应用程序的要求配置在传输完成一半还是全部完成时产生 DMA 中断。

（6）在 DMA 控制寄存器上激活该通道。当 DMA 控制器中指定的传输数据量接收完成时，DMA 控制器在该 DMA 通道的中断矢量上产生一中断。在中断程序里，USART_CR3 寄存器的 DMAR 位应该被软件清零。

注意:如果 DMA 被用来接收,不要使能 RXNEIE 位。

3. 多缓冲器通信中的错误标志和中断产生

在多缓冲器通信的情况下,通信期间如果发生任何错误,在当前字节传输后都将置起错误标志。如果中断使能位已经被事先设置,则会产生中断。在单个字节接收的情况下,和 RXNE 一起被置起的帧错误、溢出错误和噪音标志有单独的错误标志中断使能位;如果设置了,会在当前字节传输结束后,产生中断。

7.3.16 中断请求

中断机制是协调软硬件运行的重要手段。USART 的驱动程序除了可以采用查询方式,即定期或循环查询 USART 各状态寄存器状态决定下一步是否可以执行发送接收或转入相应错误处理外,也可以设置使能中断触发条件,在中断中执行相应处理。STM32F103 的 USART 支持下列类型中断,如表 7-4 所示。

表 7-4   USART 中断请求

中断事件	事件标志	使能位
发送数据寄存器空	TXE	TXEIE
CTS 标志	CTS	CTSIE
发送完成	TC	TCIE
接收数据就绪可读	RXNE	RXNEIE
检测到数据溢出	ORE	
检测到空闲线路	IDLE	IDLEIE
奇偶检验错	PE	PEIE
断开标志	LBD	LBDIE
噪声标志,多缓冲通信中的溢出错误和帧错误	NE 或 ORE 或 FE	EIE

以上中断可以被分成两类:

(1) 发送期间:发送完成中断、清除发送中断、发送数据寄存器空中断。

(2) 接收期间:空闲总线检测中断、溢出错误中断、接收数据寄存器非空中断、校验错误中断、LIN 断开符号检测中断、噪音中断(仅在多缓冲器通信)和帧错误中断(仅在多缓冲器通信)。

但要注意,STM32 的 USART 在设计上把所有中断事件连接到同一个中断向量上,因此中断服务程序有责任查询各中断标记位以区分中断源,然后再执行相应处理。这种设计在一定程度上简化了硬件实现,也避免了不同优先级的多个中断在协调时引发的不确定性,使整个工作状态更加可控。

7.4 USART 寄存器描述

1. 状态寄存器(USART_SR)(表 7-5)

表 7-5 状态寄存器(USART_SR)

位	名称	说明
31：10		保留 硬件强制为 0
9	CTS	CTS 标志 如果 CTSE 位置位,当 nCTS 输入变化状态时,该位被硬件置高。由软件将其清零。如果 USART_CR3 中的 CTSIE 为一,产生中断。 0:nCTS 状态线上没有变化; 1:nCTS 状态线上发生变化
8	LBD	LIN break 检测标志(状态标志): 0:没有检测到 LIN break; 1:检测到 LIN break。 注意:若 LBDIE=1,当 LBD 为 1 时要产生中断
7	TXETC	发送数据寄存器空 当 TDR 寄存器中的数据被硬件转移到移位寄存器的时候,该位被硬件置位。如果 USART_CR1 寄存器中的 TXEIE 为 1,则产生中断。对 USART_DR 的写操作,将该位清零。 0:数据还没有被转移到移位寄存器; 1:数据已经被转移到移位寄存器。 注意:单缓冲器传输中使用该位
6	TC	发送完成 当包含有数据的一帧发送完成后,由硬件将该位置位。如果 USART_CR1 中的 TCIE 为 1,产生中断。由软件序列清除该位(先对 USART_SR 进行读操作,然后对 USART_DR 进行写操作)。 0:发送还未完成; 1:发送完成成
5	RXNE	读数据寄存器非空 当 RDR 移位寄存器中的数据被转移到 US-ART_DR 寄存器中,该位被硬件置位。如果 USART_CR1 寄存器中的 RXNEIE 为 1,中断产生。对 USART_DR 的读操作可以将改位清零。 0:数据没有收到; 1:收到数据,可以读出

续表

位	名称	说明
4	IDLE	监测到 IDLE 总线　当检测到空闲总线时,该位被硬件置位。如果 USART_CR1 中的 IDLEIE 为 1,产生中断。由软件序列清除该位(先读 USART_SR,然后读 USART_DR)。 0:没有检测到空闲总线; 1:检测到空闲总线。 注意:IDLE 位不会再次被置高直到 RXNE 位被置起(例如,又检测到一个空闲总线)
3	ORE	过载错误　当 RXNE 还是 1 的时候,当前被接收在移位寄存器中的数据要往 RDR 寄存器中传送时,硬件将该位置位。如果 USART_CR1 中的 RXNEIE 为 1 的话,产生中断。由软件序列将其清零(先读 USART_SR,然后读 USART_CR)。 0:没有过载错误; 1:检测到过载错误。 注意:该位被置位时,RDR 寄存器中的值不会丢失,但是移位寄存器中的数据会被覆盖。如果 EIE 位被设置,在多缓冲器通信模式下,ORE 标志置位会产生中断的
2	NE	噪声错误标志　在接收到的帧检测到噪音时,由硬件对该位置位。由软件序列对其清零(先读 USART_SR,再读 USART_DR)。 0:没有检测到噪声; 1:检测到噪声。 注意:该位不会产生中断,因为它和 RXNE 一起出现,后者自己会在 RXNE 标志置位时产生中断,如果 EIE 位被设置,并且工作在多缓冲区通信模式下
1	FE	帧错误　当检测到同步错位,过多的噪声或者检测到 break 符,该位被硬件置位。由软件序列将其清零(先读 USART_SR,再读 USART_DR)。 0:没有检测到帧错误; 1:检测到帧错误或者 break 符。 注意:该位不会产生中断,因为它和 RXNE 一起出现,后者自己会在 RXNE 标志置位时产生中断。如果当前传输的数据既产生了帧错误,又产生了过载错误,还是会继续该数据的传输,并且只有 ORE 位会被置位。如果 EIE 位被置位,在多缓冲区通信模式下,随着 FE 标志被置位,中断产生
0	PE	校验错误　在接收模式下,如果出现校验错误,硬件对该位置位。由软件序列对其清零(依次读 USART_SR 和 USART_DR)。如果 USART_CR1 中的 PEIE 为 1,产生中断。 0:没有校验错误

地址偏移:0x00;　复位值:0x0000 00C0

2. 数据寄存器(USART_DR)(表 7-6)

表 7-6　　　　　　　　　　　数据寄存器(USART_DR)

位	名 称	说 明
31:9		保留　硬件强制为 0
8:0	DR[8:0]	数据值　包含了发送或接收的数据。由于它是由两个寄存器组成的,一个给发送用(TDR),一个给接收用(RDR),该寄存器兼具读和写的功能。TDR 寄存器提供了内部总线和输出移位寄存器之间的并行接口。RDR 寄存器提供了输入移位寄存器和内部总线之间的并行接口。 当使能校验位(USART_CR1 种 PCE 位被置位)进行发送时,写到 MSB 的值(根据数据的长度不同,MSB 是第 7 位或者第 8 位)会被后来的校验位该取代。 当使能校验位进行接收时,读到的 MSB 位是接收到的校验位

地址偏移:0x04;　复位值:不确定

3. 波特比率寄存器(USART_BRR)(表 7-7)

注意:如果 TE 或 RE 被分别禁止,波特计数器停止计数。

表 7-7　　　　　　　　　　波特比率寄存器(USART_BRR)

位	名 称	说 明
31:16		保留　硬件强制为 0
15:4	DIV_Mantissa[11:0]	DIV 的小数部分　这 12 位定义了 USART 分频器除法因子(DIV)的小数部分
3:0	DIV_Fraction[3:0]	这 4 位定义了 USART 分频器除法因子(DIV)的整数部分

地址偏移:0x08　复位值:0x0000 0000

4. 控制寄存器 1 (USART_CR1)(表 7-8)

表 7-8　　　　　　　　　　　控制寄存器 1 (USART_CR1)

位	名 称	说 明
31:14		保留　硬件强制为 0
13	UE	USART 使能　当该位被清零,USART 的分频器和输出在当前字节传输完成后停止工作,以减少功耗。该位的置起和清零,是由软件操作的。 0:USART 分频器和输出被禁止; 1:USART 模块使能
12	M	字长　该位定义了数据字的长度,由软件对其置位和清零操作。 0:一个起始位,8 个数据位,n 个停止位; 1:一个起始位,9 个数据位,一个停止位。 注意:在数据传输过程中(发送或者接收时),不能修改这个位

续表

位	名称	说明
11	WAKE	唤醒的方法　这位决定了把 USART 唤醒的方法,由软件对该位置位或者清零。 0:被空闲总线唤醒; 1:被地址标记唤醒
10	PCE	检验控制使能　用该位来选择是否进行硬件校验控制(对于发送来说就是校验位的产生;对于接收来说就是校验位的检测)。当使能了该位,在发送数据的 MSB(如果 M=1,MSB 就是第 9 位;如果 M=0,MSB 就是第 8 位)插入校验位;对接收到的数据检查其校验位。软件对它置位或者清零。一旦该位被置位,当前字节传输完成后,校验控制才生效。 0:校验控制被禁止; 1:校验控制被使能
9	PS	校验选择　该位用来选择当校验控制使能后,是采用偶校验还是奇校验。软件对它置位或者清零。当前字节传输完成后,该选择生效。 0:偶校验; 1:奇校验
8	PEIE	PE 中断使能　软件对该位置位或者清零。 0:中断被禁止; 1:当 USART_SR 中的 PE 为 1 时,产生 USART 中断
7	TXEIE	发送缓冲区空中断使能　软件对该位置位或者清零 0:中断被禁止; 1:当 USART_SR 中的 TXE 为 1 时,产生 USART 中断
6	TCIE	发送完成中断使能　软件对该位置位或者清零。 0:中断被禁止; 1:当 USART_SR 中的 TC 为 1 时,产生 USART 中断
5	RXNEIE	接收缓冲区非空中断使能　软件对该位置位或者清零。 0:中断被禁止; 1:当 USART_SR 中的 ORE 或者 RXNE 为 1 时,产生 USART 中断
4	IDLEIE	IDLE 中断使能　软件对该位置位或者清零。 0:中断被禁止; 1:当 USART_SR 中的 IDLE 为 1 时,产生 USART 中断

续表

位	名称	说明
3	TE	发送使能　该位使能发送器。软件对该位置位或者清零。 0:发送被禁止; 1:发送被使能。 注意:在数据传输过程中,除了在智能卡模式下,如果 TE 位上有个 0 脉冲(即 0 之后来一个 1),会在当前数据字传输完成后,发送一个"预备状态"(空闲总线)。 当 TE 被设置后,在真正发送开始之前,有一个比特时间的延迟
2	RE	接收使能　软件对该位置位或者清零 0:接收被禁止; 1:接收被使能,开始搜寻 RX 引脚上的起始位
1	RWU	接收唤醒　该位用来决定是否把 USART 置于静默模式。软件对该位置位或者清零。当唤醒序列到来时,硬件也会将其清零。 0:接收器处于正常工作模式; 1:接收器处于静默模式。 注意:在把 USART 置于静默模式(设置 RWU 位)之前,USART 要已经先接收了一个数据字节。否则,在静默模式下,不能被空闲总线检测唤醒。 当配置成地址标记检测唤醒(WAKE 位为 1),在 RXNE 位被置位时,不能用软件来修改 RWU 位
0	SBK	发送断开帧　使用该位来发送断开字符。软件可以对该位置位或者清零。应该由软件来置位它,然后在断开帧的停止位时,由硬件将该位复位。 0:没有发送断开字符; 1:将要发送断开字符

地址偏移:0x0C;　复位值:0x0000 0000

5. 控制寄存器 2(USART_CR2)(表 7-9)

表 7-9　　　　　　　　　　　控制寄存器 2(USART_CR2)

位	名称	说明
31:15		保留　硬件强制为 0
14	LINEN	LIN 模式使能　软件对该位置位或者清零。 0:LIN 模式被禁止; 1:LIN 模式被使能。 LIN 模式可以用 USART_CR1 寄存器中的 SBK 位发送 LIN 同步 breaks,以及检测 LIN 同步 break

续表

位	名称	说明
13:12	STOP	停止 用来设置停止位的位数。 00:1 个停止位； 01:0.5 个停止位； 10:2 个停止位； 11:1.5 个停止位
11	CLKEN	时钟使能 该位用来使能 SCLK 引脚。 0:SCLK 引脚被禁止； 1:SCLK 引脚被使能
10	CPOL	时钟极性 用户可以用该位来选择同步模式下 SLCK 引脚上时钟输出的极性。和 CPHA 位一起配合来产生用户希望的时钟/数据的采样关系。 0:总线空闲时 SCLK 引脚上保持低电平； 1:总线空闲时 SCLK 引脚上保持高电平
9	CPHA	时钟相位 用户可以用该位来选择同步模式下 SLCK 引脚上时钟输出的相位。和 CPOL 位一起配合来产生用户希望的时钟/数据的采样关系。 0:时钟第一个边沿进行数据捕获； 1:时钟第二个边沿进行数据捕获
8	LBCL	最后一位时钟脉冲 使用该位来控制是否在同步模式下，在 SCLK 引脚上输出最后发送的那个数据字节(MSB)对应的时钟脉冲。 0:最后一位数据的时钟脉冲不从 SCLK 输出； 1:最后一位数据的时钟脉冲会从 SCLK 输出 注意:最后一个数据位就是第 8 或者第 9 个发送的位(根据 USART_CR1 寄存器中的 M 位所定义的 8 或者 9 位数据帧格式)
7		保留 硬件强制为 0
6	LBDIE	LIN Break 检测中断使能 Break 中断掩码(使用 Break 定界符来检测 Break)。 0:中断被禁止； 1:只要 USART_SR 寄存器中的 LBD 为 1 就产生中断
5	LBDL	LIN break 检测长度 该位用来选择是 11 位还是 10 位的 break 检测。 0:10 位的 break 检测； 1:11 位的 break 检测
4		保留位,硬件强制为 0
3:0	ADD[3:0]	该 USART 结点的地址 该位域给出这个 USART 结点的地址。这是在多处理器通信下的静默模式中使用的,使用地址标记来唤醒某个 USART 设备

地址偏移:0x10； 复位值:0x0000 0000

注意:在发送被使能后不能修改这三个位(CPOL,CPHA,LBCL)。

6. 控制寄存器 3(USART_CR3)(表 7-10)

表 7-10　　　　　　　　　　　控制寄存器 3(USART_CR3)

位	名称	说明
31:11		保留　硬件强制为 0
10	CTSIE	CTS 中断使能 0:中断被禁止; 1:只要 USART_SR 寄存器中的 CTS 为 1 就产生中断
9	CTSE	CTS 使能 0:CTS 硬件流控制被禁止; 1:CTS 模式使能,只有 nCTS 输入信号有效(拉成低电平)时才能发送数据。如果在数据传输 的过程中,nCTS 信号变成无效,那么发完这个数据后,传输就停止下来。如果当 nCTS 为无效的时候,往数据寄存器里写了数据,那么这个数据要等到 nCTS 有效的时候才会被发送出去
8	RTSE	RTS 使能 0:RTS 硬件流控制被禁止; 1:RTS 中断使能,只有接收缓冲区内有空闲的空间时才请求下一个数据。当前数据发送完成后,发送操作就需要暂停下来。如果可以接收数据了,将 nRTS 输出置为有效(拉至低电平)
7	DMAT	DMA 使能发送　由软件对该位清零或者置位。 1:发送时的 DMA 模式使能; 0:发送时的 DMA 模式被禁止
6	DMAR	DMA 使能接收　由软件对该位清零或者置位。 1:接收时的 DMA 模式使能; 0:接收时的 DMA 模式被禁止
5	SCEN	智能卡模式使能　该位用来使能智能卡模式。 0:智能卡模式使能; 1:智能卡模式被禁止
4	NACK	智能卡 NACK 使能 0:校验错误出现时,不发送 NACK; 1:校验错误出现时,发送 NACK
3	HDSEL	半双工选择　选择单线半双工模式。 0:不选择半双工模式; 1:选择半双工模式

续表

位	名称	说明
2	IRLP	红外低功耗 该位用来选择普通模式还是低功耗红外模式。 0:通常模式; 1:低功耗模式
1	IREN	红外模式使能 由软件对该位清零或者置位。 0:红外被禁止; 1:红外使能
0	EIE	错误中断使能 在多缓冲区通信模式下,当有帧错误、过载或者噪声错误时(USART_SR 中德 FE=1,或者 ORE=1,或者 NE=1),产生中断。 0:中断被禁止; 1:只要 USART_CR3 中的 DMAR=1,并且 USART_SR 中的 FE=1,或者 ORE=1,或者 NE=1,产生中断

地址偏移:0x14; 复位值:0x0000 0000

7. 保护时间和预分频寄存器(USART_GTPR)(表 7-11)

表 7-11　　　　　　　保护时间和预分频寄存器(USART_GTPR)

位	名称	说明
31:16		保留 硬件强制为 0
15:8	GT[7:0]	保护时间值 该位域规定了以波特时钟为单位的保护时间的值。在智能卡模式下,需要这个功能。当保护时间过去后,发送完成标志才被置起
7:0	PSC[7:0]	预分频器值 • 在红外低功耗模式下,PSC[7:0]=红外低功耗波特率对系统时钟分频已到达低功耗的频率,源时钟被寄存器中的值(仅有 8 位有效)分频。 00000001:对源时钟 1 分频; 00000010:对源时钟 2 分频; …… • 在红外的通常模式下:PSC 只能设置为 0000001。 • 在智能卡模式下:PSC[4:0]:预分频值对系统时钟进行分频,给智能卡提供时钟。 寄存器中给出的值(5 个有效位)乘以 2 后,作为对源时钟的分频因子: 00001:对源时钟进行 2 分频; 00010:对源时钟进行 4 分频; 00011:对源时钟进行 6 分频; …… 注意:位[7:5]在智能卡模式下没有意义

地址偏移:0x18; 复位值:0x0000 0000

7.5 USART 应用实例分析

该例程位于 Keil 安装目录下的 ARM\Examples\ST\STM32F10x\USART\Example1 子目录下，它演示了目标板和超级终端的通信，通信采用硬件流控，超级终端可利用 Windows 中的超级终端程序。目标机首先通过 USART2 发送 TxBuffer 中的数据给超级终端，并等待来自超级终端的命令字符串(以'\r'字符作为结束标记)，收到的字符存在接收缓冲 RxBuffer 中然后返回回去。

USART2 基本配置参数如下：波特率 115200，字长 8bits，停止位 1 位，校验无，硬件流控(意味着使用 RTS/CTS 信号)。这也是 PC 端超级终端的配置参数。对 STM32F103 而言，还需要：禁止 USART Clock(因为要采用异步传输)，配置 CPOL 使相应信号在活跃期为低电平，配置 CPHA 使数据在第 2 个边沿的时候被捕获，配置最后一位使对应的时钟脉冲不会再输出到 SCLK 引脚，以保证传输时序符合异步串行通信规范。

```c
#include "stm32f10x_lib.h"

#define TxBufferSize    (countof(TxBuffer) - 1)
#define RxBufferSize    0xFF
#define countof(a)      (sizeof(a)/sizeof(*(a)))

/* USART 对象结构 */
USART_InitTypeDef USART_InitStructure;
/* TxBuffer 和 RxBuffer 分别是发送缓冲区和接收缓冲区 */
u8 TxBuffer[]="\n\rUSART Example 1: USART - Hyperterminal communication using hardware flow control\n\r";
u8 RxBuffer[RxBufferSize];
u8 NbrOfDataToTransfer=TxBufferSize;
u8 TxCounter=0;
u8 RxCounter=0;
ErrorStatus HSEStartUpStatus;

/* 时钟、GPIO 和 NVIC 配置函数 */
void RCC_Configuration(void);
void GPIO_Configuration(void);
void NVIC_Configuration(void);

/* 主程序 */
int main(void)
{
    /* 配置时钟，NVIC 和 GPIO */
    RCC_Configuration();
    NVIC_Configuration();
    GPIO_Configuration();
```

```c
/* USART2 配置和初始化 */
USART_InitStructure.USART_BaudRate=115200;
USART_InitStructure.USART_WordLength=USART_WordLength_8b;
USART_InitStructure.USART_StopBits=USART_StopBits_1;
USART_InitStructure.USART_Parity=USART_Parity_No;
USART_InitStructure.USART_HardwareFlowControl=USART_HardwareFlowControl_RTS_CTS;
USART_InitStructure.USART_Mode=USART_Mode_Rx | USART_Mode_Tx;
USART_InitStructure.USART_Clock=USART_Clock_Disable;
USART_InitStructure.USART_CPOL=USART_CPOL_Low;
USART_InitStructure.USART_CPHA=USART_CPHA_2Edge;
USART_InitStructure.USART_LastBit=USART_LastBit_Disable;
USART_Init(USART2,&USART_InitStructure);
/* 使能 USART2 对象,为传输做好准备 */
USART_Cmd(USART2,ENABLE);

/* 发送 TxBuffer 数据中数据给终端 */
while(NbrOfDataToTransfer--)
{
    USART_SendData(USART2,TxBuffer[TxCounter++]);
    while(USART_GetFlagStatus(USART2,USART_FLAG_TXE) == RESET);
}

/* 从终端接收字符串到 RxBuffer 中,数据长度不可超过 RxBuffer 大小,且以\r 结尾 */
do
{
    if((USART_GetFlagStatus(USART2,USART_FLAG_RXNE) ! = RESET)&&(RxCounter < RxBufferSize))
    {
        RxBuffer[RxCounter]=USART_ReceiveData(USART2);
        USART_SendData(USART2,RxBuffer[RxCounter++]);
    }
}while((RxBuffer[RxCounter - 1] ! = '\r')&&(RxCounter ! = RxBufferSize));

/* 使整个程序驻留内存,不至于立刻退出 */
}

/* 如下工具函数用于配置时钟树 */
void RCC_Configuration(void)
{
    /* RCC 系统重置,用于 Debug 目的 */
    RCC_DeInit();
    /* 使能高速时钟源 HSE,并等待其稳定 */
    RCC_HSEConfig(RCC_HSE_ON);
```

```c
    HSEStartUpStatus=RCC_WaitForHSEStartUp();

    if(HSEStartUpStatus == SUCCESS)
    {
        /* HCLK=SYSCLK */
        RCC_HCLKConfig(RCC_SYSCLK_Div1);
        /* PCLK2=HCLK */
        RCC_PCLK2Config(RCC_HCLK_Div1);
        /* PCLK1=HCLK/2 */
        RCC_PCLK1Config(RCC_HCLK_Div2);

        /* 设置Flash需要的2个等待周期,并且使能预取缓冲 */
        FLASH_SetLatency(FLASH_Latency_2);
        FLASH_PrefetchBufferCmd(FLASH_PrefetchBuffer_Enable);

        /* 配置PLL,PLLCLK=8MHz * 9=72 MHz,且使能之并等待其稳定 */
        RCC_PLLConfig(RCC_PLLSource_HSE_Div1, RCC_PLLMul_9);
        RCC_PLLCmd(ENABLE);
        while(RCC_GetFlagStatus(RCC_FLAG_PLLRDY) == RESET){}

        /* 选择PLL输出作为系统时钟SYSCLK来源,并等待工作稳定 */
        RCC_SYSCLKConfig(RCC_SYSCLKSource_PLLCLK);
        while(RCC_GetSYSCLKSource() != 0x08){}
    }

    /* 使能GPIOD、AFIO、USART2时钟 */
    RCC_APB2PeriphClockCmd(RCC_APB2Periph_GPIOD | RCC_APB2Periph_AFIO, ENABLE);
    RCC_APB1PeriphClockCmd(RCC_APB1Periph_USART2, ENABLE);
}

/* 如下函数用于配置GPIO */
void GPIO_Configuration(void)
{
    GPIO_InitTypeDef GPIO_InitStructure;
    /* 使能与USART2有关的引脚,采用重映射Remap实现 */
    GPIO_PinRemapConfig(GPIO_Remap_USART2, ENABLE);

    /* 配置USART2的RTS(PD4)和Tx(PD5)为push-pull类型 */
    GPIO_InitStructure.GPIO_Pin=GPIO_Pin_4 | GPIO_Pin_5;
    GPIO_InitStructure.GPIO_Speed=GPIO_Speed_50MHz;
    GPIO_InitStructure.GPIO_Mode=GPIO_Mode_AF_PP;
    GPIO_Init(GPIOD, &GPIO_InitStructure);

    /* 配置USART2的CTS(PD3)和USART2 Rx(PD6)为input floating */
```

```c
    GPIO_InitStructure.GPIO_Pin=GPIO_Pin_3 | GPIO_Pin_6;
    GPIO_InitStructure.GPIO_Mode=GPIO_Mode_IN_FLOATING;
    GPIO_Init(GPIOD, &GPIO_InitStructure);
}

/* 如下函数配置中断向量控制器,主要是配置中断向量表的基址 */
void NVIC_Configuration(void)
{
#ifdef   VECT_TAB_RAM
    /* Set the Vector Table base location at 0x20000000 */
    NVIC_SetVectorTable(NVIC_VectTab_RAM, 0x0);
#else    /* VECT_TAB_FLASH  */
    /* Set the Vector Table base location at 0x08000000 */
    NVIC_SetVectorTable(NVIC_VectTab_FLASH, 0x0);
#endif
}
```

习题

1. 比较串行通信和并行通信各自的优点和缺点。
2. 解释名词:异步通信、同步通信、握手协议、流量控制。
3. RS485 与 RS232 比较有什么优点? 为什么 RS485 可以实现更远距离的传输?
4. 为什么今天高速串行总线可以在数据传输速率上超过传统的老式并行总线?
5. 如何连接两个串行通信设备? 各引脚功能是什么,应如何连接?
6. 异步串行通信过程中如何实现流量控制? 同步串行通信呢?
7. 异步串行通信中传输一个字节的时序是怎样的? 传输多个字节的呢?
8. 串行通信中传输中常遇到哪几种类型的错误? 具体到硬件和协议设计上如何消除由这些错误带来的不利影响?
9. STM32F103 的 USART 模块可与哪些串行设备通信?
10. 为什么串行通信驱动程序中可能用到 DMA?
11. 设计并开发一个串行驱动程序,使其可以与计算机上的超级终端程序通信。

第 8 章 STM32 的 SPI 模块

串行外设接口总线是目前用于器件互联、实现板内集成的最常见总线形式之一。串行互联总线的引入，解决了现代电子装置设计中要方便、简洁、高效的互联各个单元电路的需求，串行外设接口(SPI)因其简洁、高速、使用方便在实际中获得了广泛应用。本章首先介绍了 SPI 总线接口模块的基本工作原理，然后详述 STM32 的 SPI 模块的丰富功能。读者应在学习其原理和内部结构的基础上，掌握 SPI 接口的配置以及主、从两种模式下程序的开发。

8.1 串行外设接口概述

模块化是大系统设计的基本策略，通常先将复杂的大系统拆成若干个易于实现的小模块，然后分而治之，再通过总线技术将它们连接起来，最后拼成可以满足客户需求的目标系统。这一策略在集成电路和微控制器出现后更为突出。这是因为，微控制器作为当今许多电子产品的核心，通常都要与多个外设器件连接，例如外扩的存储器模块和 ADC 模块。标准的连接方式通常在《微机原理与接口技术》中有介绍，即采用并行结构的地址总线、数据总线和控制总线进行连接，由地址总线上的信号选择目标模块和目标模块内部的寄存器，由控制总线上的信号负责启动读写过程以及外设模块与 MCU 模块的联络协调，数据总线负责传递数据。并行总线简单高效，易于实现，但是由于引脚数较多，不利于缩小整个系统的体积，在高速传输时串扰情况严重，在模块数量较多时总线的复杂性大大增加，甚至能占据整个系统成本的 1/4 或更多。

为了解决上述问题，在集成电路工艺技术的支持下，板级串行总线走上历史舞台，代替并行总线实现目标板上模块间的互联，如 SPI、I2C、USB、1-Wire、QSPI、Microwire、SMBus 等。它们的共同点就是连接线数量很少，算上电源线和地线通常为 2~4 根，其中信号线上的数据传输普遍采用串行比特流传输，发送方和接收方内部的收发器电路会完成并行数据和串行比特流之间的转换。串行连接有效降低了连接的复杂度和成本，大大缩小了器件本身和互联电路的体积，易高速化，因此在嵌入式系统硬件设计中获得了广泛的使用。

尽管串行接口和总线的使用非常方便，但其本身的设计并不简单。通常需要考虑：
- 数据传输速率：最低和最高范围如何？是固定速率传输(如 SPI 总线)还是允许传输速率可变？
- 数据位传输顺序：先传最高位还是最低位？
- 如何选择外设：通过硬件实现片选信号和电路(如 SPI 总线)还是依靠软件协议实现(如 I2C 总线)？
- 外设如何与 MCU 保持同步：是引入独立的硬件时钟线实现同步(如 SPI 总线)，还是借助内嵌于数据流中的时钟信息实现同步(如 I2C 总线)？
- 是否采用差分传输？
- 通信线路的两端是否需要阻抗匹配？通常差分信号需要在两端使用匹配电阻实现阻抗匹配，单端总线(如 SPI 总线)无需匹配或仅在一端匹配。

- 是以字节为传输单位(如 SPI 总线)还是以多个字节组成的数据包为传输单位(如 I2C 总线)?
  - 同步传输还是异步传输?
  - 通信双方是否存在主从关系?
  - 单向传输还是双向传输?如果是双向传输,是全双工方式还是半双工方式?

对以上问题的不同解决策略以及不同厂家对于市场利益的博弈形成了不同种类的串行总线技术和标准。其中,串行外围设备接口(Serial Peripheral Interface,SPI)采用 4 根线连接外设和 MCU,结构简单高效,是主流板级串行总线之一,也是每一个嵌入式系统工程师应掌握的必备技术。

8.2 串行外设接口 SPI 的基本原理

串行外设接口总线(SPI)最早由 Motorola 首先提出的全双工三线同步串行外围接口,采用主从模式(Master-Slave)架构,支持一个或多个 Slave 设备,首先出现在其 M68 系列单片机中,由于其简单实用、性能优异,又不牵涉到专利问题,因此许多厂家的设备都支持该接口,广泛应用于 MCU 和外设模块如 E2PROM、ADC、显示驱动器等的连接。需要注意的是,SPI 接口是一种事实标准,大部分厂家都是参照 Motorola 的 SPI 接口定义来设计的,并在此基础上衍生出多种变种,因此,不同厂家产品的 SPI 接口在使用上可能存在一定差别,有的甚至无法直接互连(需要软件进行必要的修改),在实际中需仔细阅读厂家文档确认。这里,仅介绍 SPI 总线中的通用部分。

8.2.1 主从式连接架构

SPI 采用主从式连接架构,通信双方分为主控端(Master)和从动端(Slave),通常 MCU 的 SPI 接口工作在 Master 模式,其他设备的 SPI 接口工作在 Slave 模式。通信过程完全由 Master 端设备发起并控制,从动端被动地响应来自 Master 的请求并给出回复。比特数据流在时钟信号驱动下同步传输。

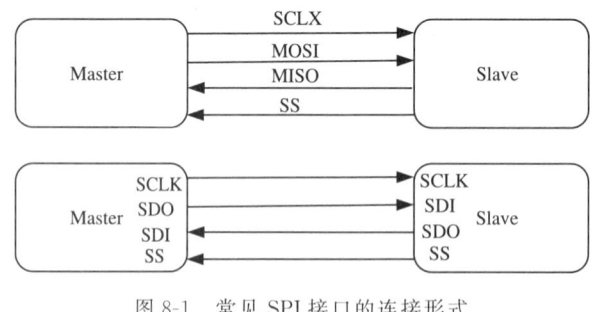

图 8-1 常见 SPI 接口的连接形式

完整的 SPI 接口有 4 根线,常见的连接形式如图 8-1 所示。其中,时钟信号由 Master 给出,并驱动 Slave 遵从 Master 的步调接收和发送比特数据。传输字节时高位在前,低位在后(MSB first),两根数据线同时工作,实现全双工通信,通信速率较高,可达 5Mbps 甚至更高。在只有 1 个从设备时,从设备选择信号线 SS 事实上可以忽略,即用三根线即可完成数据交换。如果 MCU 的 SPI 接口支持 Slave 模式的话,也可用此方式来连接两个 MCU。

SPI 本质上是一个环形总线结构,整个环由 MOSI 和 MISO 构成,其时序其实很简单,主要是在 SCLK 时钟信号控制下,Master 和 Slave 内部两个双向移位寄存器进行数据交换。

以表 8-1 为例,假设主机和从机初始化就绪,且初始时主机的 sbuff=0xAA,从机的 sbuff =0x55,上升沿发送、下降沿接收、高位先发送,那么第一个上升沿来的时候数据将会是 SDO =1;寄存器=0101010x,下降沿到来的时候,从机 SDI 上的电平将锁存到寄存器中去,那么这时寄存器=01010101,这样在 8 个时钟脉冲以后,两个寄存器的内容互相交换一次,这样就完成了一个字节的传输。这也是为什么 SPI 时序中 Master 每向 Slave 发送一个字节必然也会得到 Slave 返回的一个字节,如此简单地实现了双向数据传输的原因。表中上表示上升沿、下表示下降沿,SDI、SDO 相对于主机而言的。

表 8-1　　　　　　　　　　SPI 移位发送一个字节数据示意

脉冲	主机 sbuff	从机 sbuff	SDI	SDO
0	10101010	01010101	0	0
1 上	0101010x	1010101x	0	1
1 下	01010100	10101011	0	1
2 上	1010100x	0101011x	1	0
2 下	10101001	01010110	1	0
3 上	0101001x	1010110x	0	1
3 下	01010010	10101101	0	1
4 上	1010010x	0101101x	1	0
4 下	10100101	01011010	1	0
5 上	0100101x	1011010x	0	1
5 下	01001010	10110101	0	1
6 上	1001010x	0110101x	1	0
6 下	10010101	01101010	1	0
7 上	0010101x	1101010x	0	1
7 下	00101010	11010101	0	1
8 上	0101010x	1010101x	1	0
8 下	01010101	10101010	1	0

8.2.2　接口信号线介绍

SPI 接口共有 4 根信号线,分别是:设备选择线 SS、时钟信号线 SCLK、串行输出数据线 MOSI、串行输入数据线 MISO。

1. 从设备选择线 SS(或 CS)

SS 线用于选择激活指定的从设备,由 Master 驱动,一般低电平有效,此时对应 Slave 设备的 SPI 接口工作,有时 Slave 设备的 SS 端子也直接由其片选 CS 端担任。在只有一个从设备时,SS 连线也可省略。如果 Master 的 SPI 接口数量不足,也可用 GIO 来模拟。

2. 同步时钟信号线 SCLK

SCLK 用来同步主从设备的数据传输,由 Master 驱动,Slave 设备按 SCLK 的步调接收或发送数据。

3. 串行数据线 MISO 和 MOSI

SPI 接口共有两根数据线 MOSI 和 MISO，分别承担从 Master 到 Slave 和从 Slave 到 Master 的数据传输，这里的输出（Output）和输入（Input）是站在 Master 设备角度命名的。所以，在连接 Master 和 Slave 设备时，应该是 Master 的 MOSI 连接 Slave 的 MOSI，Master 的 MISO 连接 Slave 的 MISO。某些厂商（如 Microchip）则习惯将这两根线命名为 SDO 和 SDI，这是站在从设备角度命名的，因此在使用时应将 Master 连接至 Slave 的 SDI，不可搞错。

8.2.3 数据传输的时序模式

SPI 接口使用方便，配置很少，最主要的配置是按照 Slave 的时序要求，在 Master 端（通常为微控制器）通过 SPI 接口寄存器设置对应的极性控制和相位控制。由于时钟极性和时钟相位各有两种可能，故共可产生出 4 种时序模式。Master 和 Slave 的时序模式必须匹配才能保证正确通信。

1. 时钟极性选择位 CPOL

时钟极性用来配置 SCLK 的空闲电平状态。当从设备被使能激活后，在还未进行数据传输时以及处于两个字节间的传输间隙时，SCLK 应处于空闲（Idle）状态，此时的电平究竟应为 0 还是 1，由 SPI 接口配置寄存器中的"CPOL 空闲状态极性控制位"决定。习惯上如果 CPOL ＝0，串行同步时钟的空闲状态为低电平；如果 CPOL＝1，串行同步时钟的空闲状态为高电平。

2. 时钟相位选择位 CPHA

时钟相位决定了数据接收端在何时刻对数据线上的信号进行采样以获得正在传输的比特数据。如果 CPHA＝0，在串行同步时钟的第一个跳变沿（上升或下降）数据被采样；如果 CPHA＝1，在串行同步时钟的第二个跳变沿（上升或下降）数据被采样。

如果 CPOL＝1，串行同步时钟的空闲状态为高电平。时钟相位（CPHA）能够配置用于选择两种不同的传输协议之一进行数据传输。如果 CPHA＝0，在串行同步时钟的第一个跳变沿（上升或下降）数据被采样；如果 CPHA＝1，在串行同步时钟的第二个跳变沿（上升或下降）数据被采样。SPI 主模块和与之通信的外设音时钟相位和极性应该一致。SPI 接口时序如图 8-2 所示。

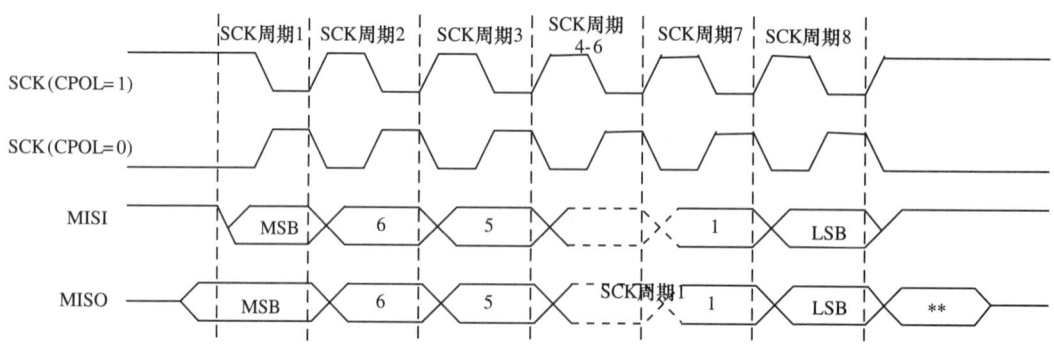

(a) CPHA＝0 时 SPI 总线传输时序

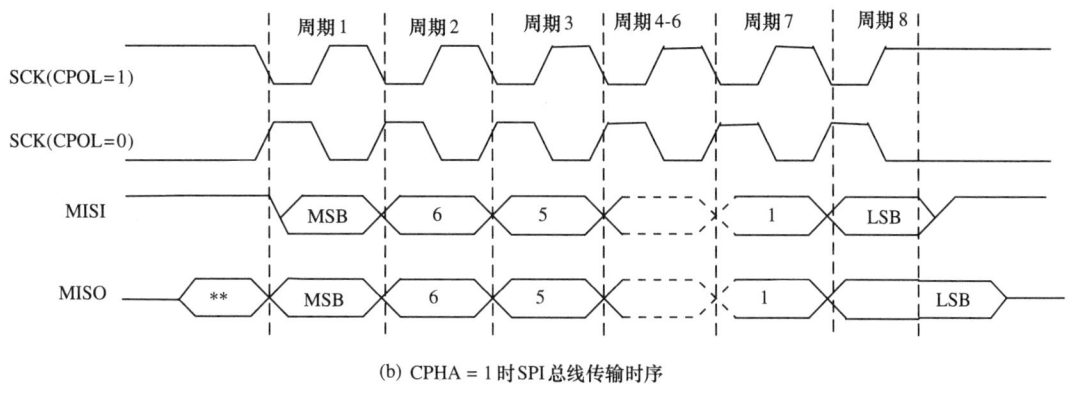

(b) CPHA = 1 时 SPI 总线传输时序

图 8-2　SPI 总线传输时序

8.2.4　多个从机的连接

大多数 MCU 内部只带有 1~2 个 SPI 接口,在需要连接多个从设备时,可令它们共享时钟线(SCLK)和数据线(MISO 和 MOSI),并用多个 GIO 来模拟多个 SS 引脚以实现多个从设备的选择,如图 8-3 所示。此时要注意由于数据线和时钟线共享,在同一时刻仅能有一个从设备参与通信,且其他 Slave 设备的时钟线和数据线端口都应保持高阻状态以免影响当前数据传输。

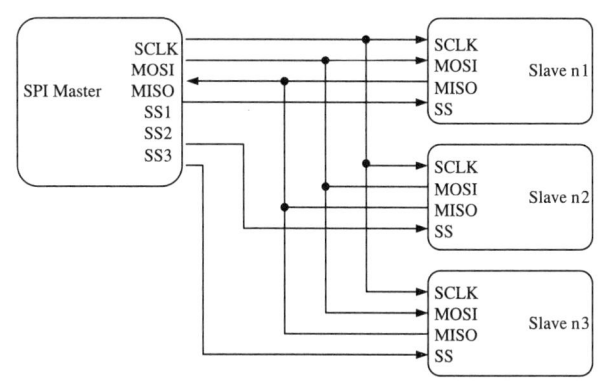

图 8-3　SPI 的单 Master 多 Slave 连接方式

由上面介绍可见,SPI 接口的结构和使用都比较简单,没有像 USART 那样复杂的异步握手机制,数据传输效率高。但是 SPI 主设备和从设备需要共享时钟线,因此主设备和从设备的距离一般不能太远。

8.3　STM32F103 的串行外设接口模块

STM32F103 的串行外设接口(SPI)的接口模块允许芯片与外部设备以半/全双工、同步、串行方式通信,通常被配置成主模式运行并为各从设备提供通信时钟(SCK)。主要特征如下:
- 3 线全双工同步传输。
- 带或不带第三根双向数据线的双线单工同步传输。

- 8 位或 16 位传输帧格式选择。
- 支持主或从操作。
- 支持多主模式。
- 8 个主模式波特率预分频系数,最高可达 $f_{PCLK}/2$。
- 从模式下最高工作频率可达 $f_{CPU}/2$。
- 主模式和从模式的快速通信,最高可达 18MHz。
- 主模式和从模式下均可以由软件或硬件进行 NSS 管理,由软件动态改变主/从模式配置。
- 可编程的时钟极性和相位。
- 可编程的数据顺序,由软件选择 MSB 在前或 LSB 在前。
- 支持可触发中断的专用发送和接收标志。
- 支持 SPI 总线忙状态标志。
- 支持硬件 CRC 以实现可靠通信。在发送模式下,CRC 值可以被作为最后一个字节发送;在全双工模式中对接收到的最后一个字节自动进行 CRC 校验。
- 支持可触发中断的主模式故障、过载以及 CRC 错误标志。
- 支持 DMA 功能的 1 字节发送和接收缓冲器,可产生发送和接受请求。

8.3.1 基本结构和连接

STM32 的 SPI 模块内部结构见图 8-4,它对外有 4 根引脚,分别是:

(1) MISO:主入/从出数据口。此脚在从模式时发送数据,在主模式时接收数据。

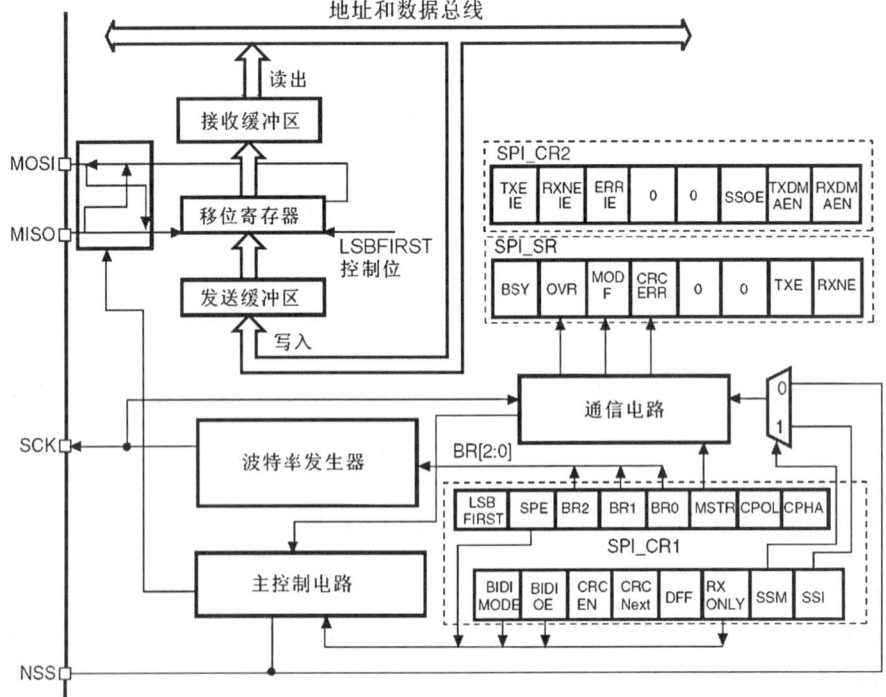

图 8-4 STM32 的 SPI 模块框图

(2) MOSI:主出/从入数据口。此脚在主模式时发送数据,在从模式时接收数据。

(3) SCK:主模式时输出串行时钟,从模式时输入串行时钟。

(4) NSS:从选择。与 SPI 原理中陈述的 SS 不同,STM32 的 NSS 脚可以用做输入(硬件模式)和输出。

在从模式设计中,该引脚应配置为输入,通常由主设备的 NSS 或 GIO 驱动,以低电平表示选中,以避免单主多从架构下数据线冲突。在主模式下,SS 的输出可由 SPI_CR2 寄存器中的 SSOE 位使能或禁止,如果 SPI 控制寄存器的 SSOE 位使能,则 NSS 引脚将用作输出并输出低电平,此时,所有 NSS 引脚连到该设备的其他设备都将收到低电平,若这些设备已被配置为 NSS 硬件模式,则它们将被自动地配置成从设备。这种设计使得 STM32 可以在软件的帮助下实现多主多单从或多主多从设计,更加灵活。

图 8-5 展示了一个主设备和一个从设备连接的例子,此时 NSS 引脚可不用,但需要将主设备的 NSS 配置为输入类型并上拉至 VDD 以避免副作用,从设备 NSS 可简单下拉到地。

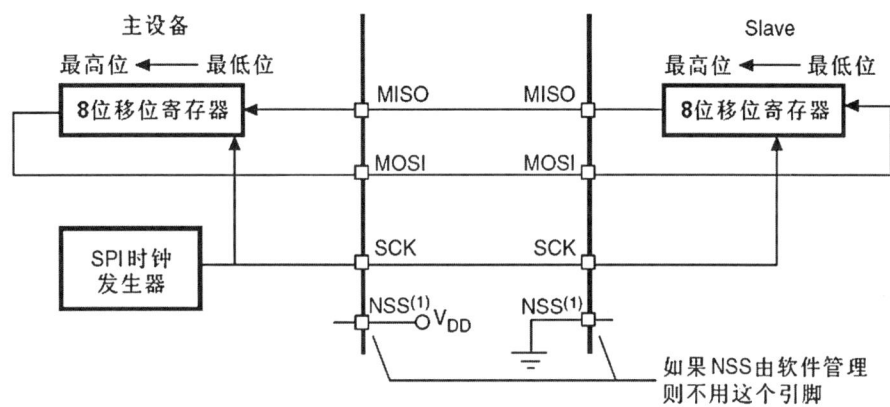

图 8-5 STM32SPI 的连接方式以及 NSS 引脚的配置

8.3.2 时钟信号的相位和极性

使用 SPI_CR 寄存器的 CPOL 和 CPHA 位可以在 SPI 可能的四种时序关系中选择。CPOL(时钟极性)位用于配置在没有数据传输时时钟的空闲状态电平,如果 CPOL 被复位,SCK 引脚在空闲状态保持低电平;如果 CPOL 被置位,SCK 引脚在空闲状态保持高电平。

如果 CPHA(时钟相位)位被置位,从设备将在 SCK 时钟的第二个边沿(CPOL 位为 0 时就是下降沿,CPOL 位为 1 时就是上升沿)进行数据位的采样,数据在第一个时钟边沿被锁存。如果 CPHA 位被复位,SCK 时钟的第一边沿(CPOL 位为 0 时就是下降沿,CPOL 位为 1 时就是上升沿)进行数据位采样。数据在第二个时钟边沿被锁存。注意在改变 CPOL/CPHA 位之前,必须先清除 SPE 位将 SPI 禁止以避免数据毛刺。实际中主机和从机的相位极性配置必须匹配方能正确通信。图 8-6 显示了 SPI 传输的四种 CPHA 和 CPOL 位组合,其中,采用 8 位传输还是 16 位传输取决于 SPI_CRI 寄存器中的数据帧格式控制。

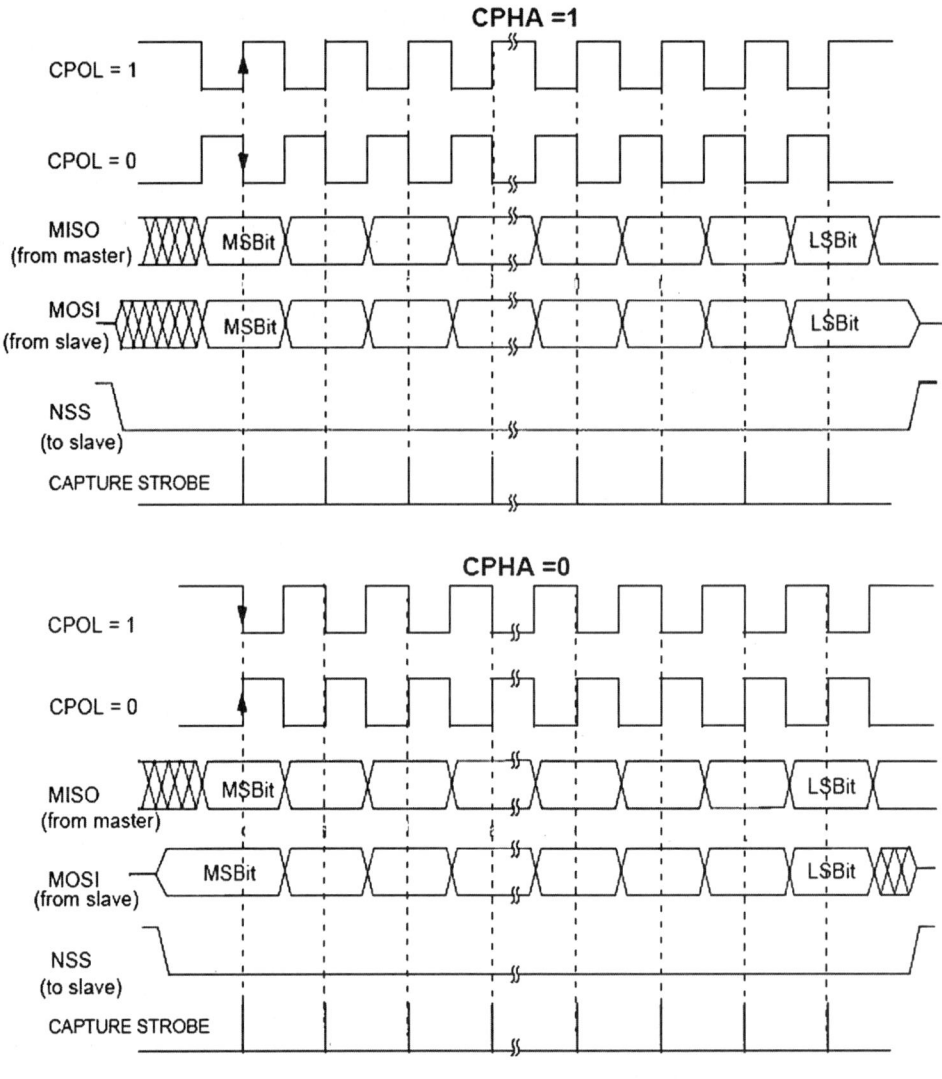

图 8-6 STM32SPI 模块的数据时钟时序

8.3.3 数据帧格式

STM32 的 SPI 模块支持 MSB/LSB 选择和 8/16 位选择。SPI_CR1 寄存器中的 LSB-FIRST 位可用于控制输出数据位时 MSB 在先还是 LSB 在先,DFF 位可以选择数据帧是 8 位还是 16 位。

8.3.4 SPI 从模式

在从模式下,SCK 引脚用于接收到从主设备来的串行时钟并在其驱动下完成数据传输,不受 SPI_CR1 寄存器的 BR[2:0]位定义的串行时钟波特率配置影响。从模式配置步骤如下:

(1) 设置 DFF 位以定义数据帧格式为 8 位或 16 位。

(2) 选择 CPOL 和 CPHA 位来定义数据传输和串行时钟之间的相位关系(图 8-6)。为保证正确的数据传输,从设备和主设备的 CPOL 和 CPHA 位必须配置成相同的方式。

(3) 设置 SPI_CR1 寄存器中的 LSBFIRST 位以确定帧格式(MSB 在前还是 LSB 在前)。

(4) 硬件模式下,在完整的数据帧(8 位或 16 位)发送过程中,应保持 NSS 引脚为低电平。软件模式下,应设置 SPI_CR1 寄存器中的 SSM 位并清除 SSI 位。

(5) 清除 MSTR 位,设置 SPE 位,使相应引脚工作于 SPI 模式下。

注意,此时 MOSI 脚是数据输入(Slave Input),而 MISO 脚是数据输出(Slave Output),输入和输出是站在主设备角度而言。在一次 SPI 总线的数据传输过程中,待发数据被按照字节或(双字)写入发送缓冲器 TXBUFFER,见图 8-5。然后统一移至移位寄存器并在时钟脉冲驱动下按位逐个发送。在发送缓冲器中的数据转移到移位寄存器时,SPI_SP 寄存器里的 TXE 标志被设置。如果设置了 API_CR2 寄存器上的 TXEIE 位,将会产生发送中断。

对接收方而言,收到的各数据位首先缓存在移位寄存器中,待本次待传字节(或双字)全部接收完毕后统一移至接收缓冲区 RX BUFFER 等待被读取。此时,SPI_SR 寄存器中的 RXNE 标志会被设置;如果之前设置了 SPI_CR2 寄存器中的 RXEIE 位,则产生接收中断。在最后一个采样时钟边沿后,RXNE 位被设置,表示移位寄存器中接收到的数据字节已经被全部传送到接收缓冲器。当软件读 SPI_DR 寄存器时,SPI 模块会返回这个值并清除 RXNE 位。

8.3.5 SPI 主模式

主模式与从模式最大的区别在于主模式负责在 SCK 引脚上提供串行时钟,而 SCK 信号是驱动主模块和从模块共同演化的动力之源。配置步骤如下:

(1) 通过 SPI_CR1 寄存器的 BR[2:0]位定义串行时钟波特率。

(2) 选择 CPOL 和 CPHA 位,定义数据传输和串行时钟间的相位关系。

(3) 设置 DFF 位来定义 8 位或 16 位数据帧格式。

(4) 配置 SPI_CR1 寄存器的 LSBFIRST 位定义帧格式。

(5) 如果 NSS 引脚需要工作在输入模式,硬件模式中在整个数据帧传输期间应把 NSS 脚连接到高电平,软件模式中则需在程序中设置 SPI_CR1 寄存器的 SSM 位和 SSI 位。如果 NSS 引脚工作在输出模式,则只需设置 SSOE 位。

(6) 设置 MSTR 和 SPE 位(只当 NSS 脚被连到高电平,这些位才能保持置位)。

在数据传输过程中,待发数据是高位 MSB 还是低位 LSB 首先出现在 MOSI 引脚上,取决于 SPI_CR1 寄存器中的 LSBFIRST 位。由于数据从发送缓冲器传输到移位寄存器时可以触发中断,该中断隐含地指示发送缓冲器已空(尽管此时移位寄存器中的数据可能还未发送完毕),因此可以利用该中断装入下一个待发字节,实现数据流的连续发送。但是在试图写发送缓冲器之前,需确认发送标志 TXE 应该是 1。也可以在程序通过查询方式循环查询 TXE 状态再决定是否启动发送。

标准的 SPI 通信是同步双向的,即主设备通过 MOSI 线每次向从设备传输一个字节时,必然也会在 MISO 线上收到来自从设备的一个字节。STM32 的 SPI 模块也支持单向通信,即每次只用 1 条时钟线和 1 条数据线,详见《STM32F103 参考手册》。

8.3.6 状态标志

应用程序可通过3个状态位获取SPI总线的状态。

1. 忙(Busy)标志

当它被设置时,表明SPI正忙于通信,且发送缓冲器里有一个有效的数据字正在等待被发送。此标志的目的是说明在SPI总线上是否有正在进行的通信。以下情况时此标志将被置位:

(1) 数据被写进主设备的SPI_DR寄存器上。

(2) SCK时钟出现在从设备的时钟引脚上。发送/接收一个字(字节)完成后,BUSY标志立即清除;此标志由硬件设置和清除。监视此标志可以避免写冲突错误。写此标志无效。注意仅当SPE位被设置时此标志才有意义。

2. 发送缓冲器空闲标志(TXE)

此标志被置位时表明发送缓冲器为空,因此下一个待发送的数据可以写进缓冲器里。当发送缓冲器有一个待发送的数据时,TXE标志被清除。当SPI被禁止时,此标志被清除。

3. 接收缓冲器非空(RXNE)

此标志被置位时表明在接收缓冲器中有一个有效的接收数据。读SPI数据寄存器就可以清除此标志。

8.3.7 CRC 计算

CRC校验是为了保证通信的可靠性。数据发送和数据接收分别使用单独的CRC计算器。通过对每一个接收位进行可编程的多项式运算来计算CRC。CRC的计算是在由SPI_CR1寄存器中CPHA和CPOL位定义的采样时钟边沿进行的。STM32的SPI接口提供了两种CRC计算方法,取决于所选的发送和/或接收的数据帧格式:8位数据帧采用CR8;16位数据帧采样CRC16-CCITT。CRC计算可通过设置SPI_CR1寄存器中的CRCEN位启用。设置CRCEN位时同时复位。在全双工模式下,CRC验证可自动进行,但在单工模式下,CRC验证需接收方软件实现。使用步骤如下:

(1) 将计算CRC时用到的多项式写到SPI_CRCPOLYR寄存器中。

(2) 通过设置SPI_CR1寄存器中的CRCEN位启用CRC计算。此动作同时清除SPI_RXCRCR和SPI_TXCRCR寄存器。

(3) 设置CPOL、CPHA、LSBfirst、DFF、BR、SSM、SSI和MSTR位。

(4) 设置SPI_CR1寄存器的SPE位启动SPI功能。

(5) 启动通信并且维持通信,直到只剩最后一个字节或者半字。

(6) 在全双工模式里,当把最后一个字节或半字写进发送缓冲器,设置SPI_CR1的CRCNext位,指示硬件在最后一个数据字节发送完成后,发送CRC。在发送CRC期间,CRC计算停止。当最后一个字节或半字被发送后,SPI发送CRC,CRCNext位被清除。同样,接收到的CRC和SPI_RXCRCR值进行比较,如果比较不相配,SPI_SR上的CRCERR标志被置位,当设置了SPI_CR2寄存器的ERRIE时,则产生中断。

(7) 在单工模式里,在最后一个字节或半字被发送后,发送方需要把SPI_TXCRC寄存器的值写进SPI_DR寄存器。一旦接收方的接收缓冲器得到发送方发送来的CRC值,软件必须读 SPI_RXCRC 内容;如果读到 00(8 位模式)或 0000(16 位模式),则传输成功;读到的所有其他值均表明数据传输失败。

注意,当 SPI 时钟频率较高时,在 CRC 传输期间,CPU 使用时间应尽可能少,以保证 CRC 的连续计算和发送正确。因此,当 SPI 时钟频率较高时,强烈建议采用 DMA 模式以提高 SPI 传输性能。

8.3.8 利用 DMA 的 SPI 通信

为了达到最快通信速度,需要及时往 SPI 发送缓冲区填数据,同样接收缓冲器中的数据也必须及时读走以防止溢出。为了方便高速率的数据传输,SPI 实现了一种采用简单的请求/应答的 DMA 机制。当 SPI_CR2 寄存器上的对应使能位被设置时,发出 DMA 传输请求。发送缓冲器和接收缓冲器亦有各自的 DMA 请求。为了方便开发者,在全双工模式下,当 SPI 工作在使用 CRC 检验以及启用 DMA 模式时。

(1) 带 CRC 的 DMA 功能(全双工模式):当 SPI 工作在使用 CRC 检验以及启用 DMA 模式时,在全双工模式下,通信结束时,CRC 字节的发送和接收是自动完成的。数据和 CRC 传输结束时,SPI_SR 寄存器的 CRCERR 标志被置位表示在传输期间发生错误。

(2) 带 CRC 的 DMA 功能(单工模式):当 SPI 工作在单工和 DMA 模式时,在最后一个数据传输结束时,CRC 被自动发送给接收方。接收方的接收缓冲器收到发送方发送的 CRC 值时,软件应读出 SPI_RXCRC 的内容;如果读出 00(8 位模式)或 0000(16 位模式),表明传输成功;读出任何其他值,表示数据传输失败。

8.3.9 错误标志

错误标志共有 3 个:主模式错误、溢出错误和 CRC 错误。软件必须在程序中对这些错误进行适当处理以保证整个系统能够再次延续运行,避免被动强迫停机或数据错误。

1. 主模式错误(MODF)

主模式故障仅发生在片选引脚硬件模式管理下,主设备的 NSS 脚被拉低时;或者在片选引脚软件模式管理下,SSI 位被复位时。主模式故障对 SPI 设备有以下影响:

- MODF 位被置位,如果事先设置了 ERRIE 位,则产生 SPI 中断。
- SPE 位被复位。这将停止一切输出,并且关闭 SPI 接口。
- MSTR 位被复位,因此强迫此设备进入从模式。

下面的步骤用于清除 MODF 位:

(1) 当 MODF 位被置位时,执行一次对 SPI_SR 寄存器的读或写操作。

(2) 然后写 SPI_CR1 寄存器 在有多个 MCU 的系统中,为了避免出现多个从设备的冲突,必须先拉高该主设备的 NSS 脚,再对 MODF 位进行清零。在清零的过程中或者清零完成之后,SPE 位和 MSTR 位可以恢复到它们的原始状态。

出于安全的考虑,当 MODF 位被置位的情况下,硬件不允许设置 SPE 位和 MSTR 位。通常配置下,从设备的 MODF 位不能被置位。然而,在多主配置里,一个设备可以在设置了 MODF 位的情况下,处于从设备模式,此时,MODF 位指示可能出现了多主冲突。中断程序可以执行一个复位或返回到默认状态来从错误状态中恢复。

2. 溢出错误

当主设备已经发送了数据字节,而从设备还没有清除前一个数据字节产生 RXNE 时,即为 溢出错误。当产生溢出错误时,OVR 位被设置;如事先设置了 ERRIE 位时,则产生中断。此时,接收器缓冲器的数据不是主设备发送的新数据,读 SPI_DR 寄存器返回的是之前未读的字节,所有随后传送的字节都被丢弃,因此溢出错误会导致接收方丢失后续待传数据。依次读出 SPI_DR 寄存器和 SPI_SR 寄存器可将 OVR 清除。

3. CRC 错误

当设置了 SPI_CR 寄存器上的 CRCEN 位时,CRC 错误标志用来核对接收数据的有效性。在全双工模式下,如果移位寄存器中接收到的值(发送方发送的 SPI_TXCRCR)和接收方 SPI_RXCRCR 寄存器中的值不匹配,SPI_SR 寄存器上的 CRCERR 标志被置位。

8.3.10 中断

表 8-2 列出了 STM32F103 的 SPI 模块支持的 SPI 中断。在对应中断服务程序中,可执行相应处理以保证整个数据传输连续可靠正确地运行下去。

表 8-2　　　　　　　　　　SPI 中断请求

中断事件	事件标志	使能控制位
发送缓冲器空标志	TXE	TXEIE
接收缓冲器非空标志	RXNE	RXNEIE
主模式错误事件	MODF	
溢出错误	OVR	ERRIE
CRC 错误标志	CRCEREE	

8.4　SPI 寄存器描述

1. SPI 控制寄存器 1(SPI_CR1)(表 8-3)

表 8-3　　　　　　　　　SPI 控制寄存器 1(SPI_CR1)

位	名称	说明
15	BIDIMODE	双向数据模式使能 0:选择"双线各自单向"模式; 1:选择"单线双向"模式
14	BIDIOE	双向模式下的输出使能　和 BIDIMODE 位一起决定在"单线双向"模式下数据的输出方向。 0:输出禁止(只收模式); 1:输出使能(只发模式)。 这个"单线"数据线在主设备端为 MOSI 引脚,在从设备端为 MISO 引脚

续表

位	名称	说明
13	CRCEN	硬件 CRC 校验使能 0:禁止 CRC 计算； 1:启动 CRC 计算。 注意:只有在 SPI 被禁止时(SPE=0),才能写该位,否则出错
12	CRCNEXT	下一个发送 CRC 0:下一个发送的值来自发送缓冲区； 1:下一个发送的值来自发送 CRC 寄存器。 注意:最后一个数据被写入 SPI_DR 寄存器后应马上设置该位。该位只在全双工模式下使用
11	DFF	数据帧格式 0:使用 8 位数据帧格式进行发送/接收； 1:使用 16 位数据帧格式进行发送/接收。 注意:只有当 SPI 被禁止(SPE=0)时,才能写该位,否则出错
10	RXONLY	只接收 该位和 BIDIMODE 位一起决定在"双线各自单向"模式下的传输方向。在多个从设备的配置中,在未被访问的从设备上该位被置1,使得只有被访问的从设备有输出,从而不会造成数据线上数据冲突。 0:全双工(发送和接收)； 1:禁止输出(只接收模式)
9	SSM	软件从设备管理 当 SSM 被置位时,NSS 引脚上的电平由 SSI 位的值决定。 0:禁止软件从设备管理； 1:启用软件从设备管理
8	SSI	内部从设备选择 该位只在 SSM 被置位时有意义:它决定了 NSS 引脚上的电平,在 NSS 引脚上操作的 I/O 输出无效
7	LSBFIRST	帧格式 0:先发送 MSB； 1:先发送 LSB。 注:当通信在进行时不能改变该位的值
6	SPE	SPI 使能 0:禁止 SPI 设备； 1:开启 SPI 设备

续表

位	名称	说明
5:3	BR[2:0]	波特率控制 $f_{cpu}/2$ $f_{cpu}/4$ $f_{cpu}/8$ $f_{cpu}/16$； $f_{cpu}/32$ $f_{cpu}/64$ $f_{cpu}/128$ $f_{cpu}/256$。 当通信正在进行的时候,不能修改这些位
2	MSTR	主设备选择 0:配置为从设备； 1:配置为主设备。 注意:当通信正在进行的时候,不能修改该位
1	CPOL	时钟极性 0:空闲状态时,SCK 保持低电平； 1:空闲状态时,SCK 保持高电平。 注意:当通信正在进行的时候,不能修改该位
0	CPHA	时钟相位 0:数据采样从第一个时钟边沿开始； 1:数据采样从第二个时钟边沿开始。 注意:当通信正在进行的时候,不能修改该位

地址偏移:0x00； 复位值:0x0000 0000

2. SPI 控制寄存器 2(SPI_CR2)(表 8-4)

表 8-4　　　　　　　　　　SPI 控制寄存器 2(SPI_CR2)

位	名称	说明
15:8		保留　硬件强制为 0
7	TXEIE	发送缓冲区空中断使能 0:禁止 TXE 中断； 1:允许 TXE 中断,当 TXE 标志置位时产生中断请求。 注意:不要同时设置 TXEIE 和 TXDMAEN
6	RXNEIE	接收缓冲区非空中断使能 0:禁止 RXNE 中断； 1:允许 RXNE 中断,当 RXNE 标志置位时产生中断请求。 注意:不要同时设置 RXEIE 和 RXDMAEN
5	ERRIR	错误中断使能　当错误(CRCERR、OVR、MODF)产生时,该位控制是否产生中断。 0:禁止错误中断； 1:允许错误中断
4:3		保留　硬件强制为 0

续表

位	名称	说明
2	SSOE	SS 输出使能 0:禁止在主模式下 SS 输出,该设备可以工作在多主设备模式; 1:设备开启时,开启主模式下 SS 输出,该设备不能工作在多主设备模式
DG71	TXDMAEN	发送缓冲区 DMA 使能　当该位被设置时,TXE 标志一旦被置位就发出 DMA 请求; 0:禁止发送缓冲区 DMA; 1:启动发送缓冲区 DMA
0	RXDMAEN	接收缓冲区 DMA 使能　当该位被设置时,RXNE 标志一旦被置位就发出 DMA 请求; 0:禁止接收缓冲区 DMA; 1:启动接收缓冲区 DMA

地址偏移:0x04;　复位值:0x0000 0000

3. SPI 状态寄存器（SPI_SR）（表 8-5）

表 8-5　　　　　　　　　　SPI 状态寄存器(SPI_SR)

位	名称	说明
15:8		保留　硬件强制为 0
7	BSY	忙标志 0:SPI 不忙; 1:SPI 正忙于通信,或者发送缓冲非空。该位由硬件置位或者复位
6	OVR	溢出标志 0:没有出现溢出错误; 1:出现溢出错误。该位由硬件置位,由软件序列复位
5	MODF	模式错误 0:没有出现模式错误; 1:出现模式错误。该位由硬件置位,由软件序列复位
4	CRCERR	CRC 错误标志 0:收到的 CRC 值和 SPI_RXCRCR 寄存器中的值匹配; 1:收到的 CRC 值和 SPI_RXCRCR 寄存器中的值不匹配。该位由硬件置位,由软件写 0 而复位。 注意:该位只用于全双工模式
3:2		保留　硬件强制为 0
1	TXE	发送缓冲为空 0:发送缓冲非空; 1:发送缓冲为空
0	RXNE	接收缓冲非空 0:接收缓冲为空; 1:接收缓冲非空

地址偏移:0x08;　复位值:0x0000 0000

4. SPI 数据寄存器(SPI_DR)(表 8-6)

表 8-6　　　　　　　　　　SPI 数据寄存器(SPI_DR)

位	名称	说明
15：0	DR[15：0]	数据寄存器 待发送或者已经收到的数据。数据寄存器对应两个缓冲区：一个用于写(发送缓冲)；另外一个用于读(接收缓冲)。写操作将写数据到发送缓冲区；读操作将返回接收缓冲区里的数据。 注意：根据 SPI_CR1 的 DFF 位对数据帧格式的选择，数据可以是 8 位或者 16 位的。要在启用 SPI 之前就确定好数据帧格式。 对于 8 位的数据，发送和接收时只会用到 SPI_DR[7：0]。在接收时，SPI_DR[15：8]被强制为 0。对于 16 位的数据，发送和接收时会用到整个数据寄存器，即 SPI_DR[15：0]。

地址偏移：0x0C；　复位值：0x0000 0000

5. SPI CRC 多项式寄存器(SPI_CRCPR)(表 8-7)

表 8-7　　　　　　　　SPI CRC 多项式寄存器(SPI_CRCPR)

位	名称	说明
15：0	CRCPOLY[15：0]	CRC 多项式寄存器 该寄存器包含了 CRC 计算时用到的多项式。其复位值为 0x0007，根据应用要求可以做其他配置。之前就确定好数据帧格式。 对于 8 位的数据，发送和接收时只会用到 SPI_DR[7：0]。在接收时，SPI_DR[15：8]被强制为 0。对于 16 位的数据，发送和接收时会用到整个数据寄存器，即 SPI_DR[15：0]

地址偏移：10h　复位值：0x0000 0111

6. SPI Rx CRC 寄存器(SPI_RXCRCR)(表 8-8)

表 8-8　　　　　　　　　SPI Rx CRC 寄存器(SPI_RXCRCR)

位	名称	说明
15：0	RXCRC[15：0]	接收 CRC 寄存器 在启用 CRC 计算的情况下，RXCRC[15：0]中包含了依据收到的字节计算的 CRC 数值。当 SPI_CR1 的 CRCEN 位被置位时，该寄存器被复位。CRC 计算使用 SPI_CRCPR 中的多项式。 当数据帧格式被设置为 8 位时，仅低 8 位参与计算，并且按照 CRC8 的方法进行；当数据帧格式为 16 位时，寄存器中的所有 16 位都参与计算，并且按照 CRC16-CCITT 的标准。 注意：当 BSY 标志被置位时读该寄存器，将可能读到不正确的数值

地址偏移：0x04；　复位值：0x0000 0000

7. SPI Tx CRC 寄存器(SPI_TXCRCR)(表 8-9)

表 8-9   SPI Tx CRC 寄存器(SPI_TXCRCR)

位	名 称	说 明
15:0	TXCRC[15:0]	发送 CRC 寄存器 在启用 CRC 计算的情况下,TXCRC[15:0]中包含了依据将要发送的字节计算的 CRC 数值。 当 SPI_CR1 中的 CRCEN 位被置位时,该寄存器被复位。CRC 计算使用 SPI_CRCPR 中的多项式。 当数据帧格式被设置为 8 位时,仅低 8 位参与计算,并且按照 CRC8 的方法进行;当数据帧格式为 16 位时,寄存器中的所有 16 个位都参与计算,并且按照 CRC16-CCITT 的标准。 注意:当 BSY 标志被置位时读该寄存器,将可能读到不正确的数值

地址偏移:0x18;   复位值:0x0000 0000h

8.5 SPI 应用实例分析

该例程位于 Keil 安装目录下的 ARM\Examples\ST\STM32F10x\SPI\Example1 子目录下,它演示了主从模式下实现的全双工通信,NSS 采用软件管理。通信双方的 SPI 都被配置为 8 位传输和 9Mbit/s 的数据传输速率。在第一阶段,SPI1 发送 SPI1_Buffer_Tx transfer 中的数据,且同时 SPI2 发送 SPI2_Buffer_Tx 中数据。在软件管理 NSS 情况下,可以自由控制 SPI1 由 Master 变为 Slave,且 SPI2 从 Slave 变为 Master 而无须硬件上作出改变或特殊配置。

```
#include "stm32f10x_lib.h"
typedef enum {FAILED=0, PASSED=! FAILED} TestStatus;
#define BufferSize 32

// 如下语句定义了一个结构变量,用于表示 SPI 对象
SPI_InitTypeDef    SPI_InitStructure;
// SPI1_Buffer_Tx 和 SPI2_Buffer_Tx 是两个发送数据缓冲区,分别为 SPI1 和 SPI2 所使用
u8 SPI1_Buffer_Tx[BufferSize]={0x01,0x02,0x03,0x04,0x05,0x06,0x07,0x08,0x09,
                   0x0A,0x0B,0x0C,0x0D,0x0E,0x0F,0x10,0x11,0x12,
                   0x13,0x14,0x15,0x16,0x17,0x18,0x19,0x1A,0x1B,
                   0x1C,0x1D,0x1E,0x1F,0x20};
u8 SPI2_Buffer_Tx[BufferSize]={0x51,0x52,0x53,0x54,0x55,0x56,0x57,0x58,0x59,
                   0x5A,0x5B,0x5C,0x5D,0x5E,0x5F,0x60,0x61,0x62,
                   0x63,0x64,0x65,0x66,0x67,0x68,0x69,0x6A,0x6B,
                   0x6C,0x6D,0x6E,0x6F,0x70};
// SPI1_Buffer_Rx 和 SPI2_Buffer_Rx 是两个接收数据缓冲区,分别为 SPI1 和 SPI2 所使用
u8 SPI1_Buffer_Rx[BufferSize], SPI2_Buffer_Rx[BufferSize];
```

```c
u8 Tx_Idx=0, Rx_Idx=0, k=0;
volatile TestStatus TransferStatus1=FAILED, TransferStatus2=FAILED;
volatile TestStatus TransferStatus3=FAILED, TransferStatus4=FAILED;
ErrorStatus HSEStartUpStatus;

// 在程序启动时用于 RCC、GPIO 和 NVIC 的工具性函数,可更改
void RCC_Configuration(void);
void GPIO_Configuration(void);
void NVIC_Configuration(void);
TestStatus Buffercmp(u8 * pBuffer1, u8 * pBuffer2, u16 BufferLength);

int main(void)
{

/* 配置系统时钟、NVIC 和 GPIO */
RCC_Configuration();
NVIC_Configuration();
GPIO_Configuration();

    /* 第 1 阶段 SPI1 Master and SPI2 Slave */
    /* 配置 SPI1 ------------------------- */
    SPI_InitStructure.SPI_Direction=SPI_Direction_2Lines_FullDuplex;
    SPI_InitStructure.SPI_Mode=SPI_Mode_Master;
    SPI_InitStructure.SPI_DataSize=SPI_DataSize_8b;
    SPI_InitStructure.SPI_CPOL=SPI_CPOL_Low;
    SPI_InitStructure.SPI_CPHA=SPI_CPHA_2Edge;
    SPI_InitStructure.SPI_NSS=SPI_NSS_Soft;
    SPI_InitStructure.SPI_BaudRatePrescaler=SPI_BaudRatePrescaler_4;
    SPI_InitStructure.SPI_FirstBit=SPI_FirstBit_LSB;
    SPI_InitStructure.SPI_CRCPolynomial=7;
    SPI_Init(SPI1, &SPI_InitStructure);

    /* 配置 SPI2 ------------------------- */
    SPI_InitStructure.SPI_Mode=SPI_Mode_Slave;
    SPI_Init(SPI2, &SPI_InitStructure);

    /* Enable SPI1 */
    SPI_Cmd(SPI1, ENABLE);
    /* Enable SPI2 */
    SPI_Cmd(SPI2, ENABLE);

    /* 实际发送过程 */
    while(Tx_Idx<BufferSize)
    {
```

```c
/* 等待 SPI1 的发送缓冲空。
 * 缓冲空意味着可接收新数据,故后面紧接着 SPI2 的发送 */
    while(SPI_GetFlagStatus(SPI1, SPI_FLAG_TXE)==RESET);
    SPI_SendData(SPI2, SPI2_Buffer_Tx[Tx_Idx]);
    SPI_SendData(SPI1, SPI1_Buffer_Tx[Tx_Idx++]);
    /* 等待数据被 SPI2 接受 */
    while(SPI_GetFlagStatus(SPI2, SPI_FLAG_RXNE)==RESET);
    /* 读取 SPI2 收到的数据并放入接收缓冲 */
    SPI2_Buffer_Rx[Rx_Idx]=SPI_ReceiveData(SPI2);
    /* 等待 SPI1 的数据被接受。如是,则启动下一次传输并将数据放入己方接收缓冲区 */
    while(SPI_GetFlagStatus(SPI1, SPI_FLAG_RXNE)==RESET);
    SPI1_Buffer_Rx[Rx_Idx++]=SPI_ReceiveData(SPI1);
}

/* 检查发送和接收的数据是否一致 */
TransferStatus1=Buffercmp(SPI2_Buffer_Rx, SPI1_Buffer_Tx, BufferSize);
TransferStatus2=Buffercmp(SPI1_Buffer_Rx, SPI2_Buffer_Tx, BufferSize);

/* 第 2 阶段 SPI1 变为 Slave,同时 SPI2 变为 Master,如下为 SPI 配置 */
SPI_InitStructure.SPI_Mode=SPI_Mode_Slave;
SPI_Init(SPI1, &SPI_InitStructure);
SPI_InitStructure.SPI_Mode=SPI_Mode_Master;
SPI_Init(SPI2, &SPI_InitStructure);

/* 缓冲区管理有关变量重置,相当于缓冲区先清 0 */
Tx_Idx=0;   Rx_Idx=0;
    for(k=0; k<BufferSize; k++)   SPI2_Buffer_Rx[k]=0;
    for(k=0; k<BufferSize; k++)   SPI1_Buffer_Rx[k]=0;

/* 传输过程,大体上同第一阶段代码 */
while(Tx_Idx<BufferSize)
{
    /* 等待 SPI2 Tx buffer 变空,然后发送 SPI1 缓冲中数据 */
    while(SPI_GetFlagStatus(SPI2, SPI_FLAG_TXE)==RESET);
    SPI_SendData(SPI1, SPI1_Buffer_Tx[Tx_Idx]);
    /* 发送 SPI2 缓冲中数据,并等待数据被 SPI1 接收 */
    SPI_SendData(SPI2, SPI2_Buffer_Tx[Tx_Idx++]);
    while(SPI_GetFlagStatus(SPI1, SPI_FLAG_RXNE)==RESET);
/* 读 SPI1 收到的数据,并放入缓冲 */
SPI1_Buffer_Rx[Rx_Idx]=SPI_ReceiveData(SPI1);
    /* 等待 SPI2 数据被接受 */
    while(SPI_GetFlagStatus(SPI2, SPI_FLAG_RXNE)==RESET);
    /* 读取 SPI2 接收到的数据并放入接收缓冲区 */
    SPI2_Buffer_Rx[Rx_Idx++]=SPI_ReceiveData(SPI2);
```

    }

    /* Check the corectness of written dada */
    TransferStatus3=Buffercmp(SPI2_Buffer_Rx, SPI1_Buffer_Tx, BufferSize);
    TransferStatus4=Buffercmp(SPI1_Buffer_Rx, SPI2_Buffer_Tx, BufferSize);
    /* TransferStatus3, TransferStatus4=PASSED, if the transmitted and received data
       are equal */
    /* TransferStatus3, TransferStatus4=FAILED, if the transmitted and received data
       are different */

    while(1)
    {
    }
}
```

时钟的配置过程如下：
```
void RCC_Configuration(void)
{
    /* RCC 时钟重置 */
    RCC_DeInit();
    /* 使能 HSE 时钟,并等待 HSE 时钟信号可用 */
    RCC_HSEConfig(RCC_HSE_ON);
    HSEStartUpStatus=RCC_WaitForHSEStartUp();
    if(HSEStartUpStatus == SUCCESS)
    {
        /* HCLK=SYSCLK */
        RCC_HCLKConfig(RCC_SYSCLK_Div1);

        /* PCLK2=HCLK/2 */
        RCC_PCLK2Config(RCC_HCLK_Div2);

        /* PCLK1=HCLK/2 */
        RCC_PCLK1Config(RCC_HCLK_Div2);

        /* 设置 Flash 读操作需插入 2 个时钟的延迟 */
        FLASH_SetLatency(FLASH_Latency_2);
        /* 使能预取缓冲 */
        FLASH_PrefetchBufferCmd(FLASH_PrefetchBuffer_Enable);

        /* 设置并启动 PLL。PLLCLK=8MHz * 9=72 MHz */
        RCC_PLLConfig(RCC_PLLSource_HSE_Div1, RCC_PLLMul_9);
        RCC_PLLCmd(ENABLE);
        while(RCC_GetFlagStatus(RCC_FLAG_PLLRDY) == RESET){}

```c
    /* 选择 PLL 作为系统时钟源,并且等待 PLL 准备好 */
    RCC_SYSCLKConfig(RCC_SYSCLKSource_PLLCLK);
    while(RCC_GetSYSCLKSource() != 0x08) { }
}

/* 使能外设时钟,在本例中至少应包括 GPIO1、GPIO2、SPI 和时钟。 */
void GPIO_Configuration(void)
{
    GPIO_InitTypeDef GPIO_InitStructure;

    /* 配置 SPI1 的四根引脚 SCK, MISO and MOSI ---------------- */
    GPIO_InitStructure.GPIO_Pin=GPIO_Pin_5 | GPIO_Pin_6 | GPIO_Pin_7;
    GPIO_InitStructure.GPIO_Speed=GPIO_Speed_50MHz;
    GPIO_InitStructure.GPIO_Mode=GPIO_Mode_AF_PP;
    GPIO_Init(GPIOA, &GPIO_InitStructure);

    /* 配置 SPI1 的四根引脚 SCK, MISO and MOSI ---------------- */
    GPIO_InitStructure.GPIO_Pin=GPIO_Pin_13 | GPIO_Pin_14 | GPIO_Pin_15;
    GPIO_Init(GPIOB, &GPIO_InitStructure);
}
```

配置 NVIC 和中断向量表的基址。

```c
void NVIC_Configuration(void)
{
#ifdef  VECT_TAB_RAM
    /* Set the Vector Table base location at 0x20000000 */
    NVIC_SetVectorTable(NVIC_VectTab_RAM, 0x0);
#else   /* VECT_TAB_FLASH  */
    /* Set the Vector Table base location at 0x08000000 */
    NVIC_SetVectorTable(NVIC_VectTab_FLASH, 0x0);
#endif
}
```

该函数比较两个缓冲区的数据是否完全相等。

```c
TestStatus Buffercmp(u8 * pBuffer1, u8 * pBuffer2, u16 BufferLength)
{
    while(BufferLength--)
    {
        if(* pBuffer1 != * pBuffer2)
        {
            return FAILED;
        }

        pBuffer1++;
```

```
    pBuffer2++;
  }

  return PASSED;
}
```

习题

1. 串行通信方式和并行通信方式比较，有何显著优点？
2. 如何利用 MCU 自带的唯一一个 SPI 接口与多个外设模块实现通信？请画出电路图。
3. SPI 有哪几种时序模式？
4. SPI 的帧格式是怎样的？
5. 如何在程序中动态改变原通信双方的 Master 和 Slave 地位，例如实现 Master 和 Slave 的交换？

第 9 章　I2C 总线原理及其应用

　　I2C(Inter-IC Control)总线协议是飞利浦半导体(现恩智浦半导体)提出的用于 IC 器件互联的两线制互联总线规范。I2C 总线最早是用于解决电视中 CPU 与外设之间通信问题的，现在 I2C 应用范围远远超出了家电范畴，被广泛应用于微控制器、实时时钟(RTC)、LCD 驱动器、存储器、远程 I/O、视频、音频等领域。目前已经有超过 50 家公司获得 I2C 总线授权和超过 150 种上千型号的 I2C 器件应用。本章首先介绍 I2C 总线及其工作原理，然后详细分析 STM32 中 I2C 模块的操作原理，最后通过 STM32 I2C 模块扩展串行 EEPROM 芯片 24C64 实例来讲解 I2C 扩展和编程方法。

9.1　I2C 总线概述

　　I2C 总线在有些文献中也称作 IIC 总线，主要用于电路板内部集成电路之间的连接通信，它是一种多主机通信总线结构，采用双向 2 线制数据传输方式，支持任何一种 IC 制造工艺，简化了通信连接，目前 I2C 总线已经成为事实上的世界总线标准。得到了诸如 Intel、Texas Instruments、Maxim、ST Microelectronics、Infineon Technologies、Atmel、Analog Devices 等多家半导体厂商的支持。

9.1.1　I2C 总线特点

　　对于嵌入式系统来说，由于微控制器是通用型的，为了满足特殊应用，通常需要扩展一些外设，例如 EEPROM、FLASH、LCD、A/D、D/A 等外设。最常见的扩展方法是采用微控制器的内存映射通过并行总线来扩展这些外设，由于并行总线数量较多，通常还需要译码器电路进行地址分配，这样使整个系统逻辑结构变得非常复杂。对于硬件电路来讲，大量的地址、数据总线也降低了系统的可靠性，增加了 PCB 成本，对于电磁干扰抑制也不利。事实上这些外设相当一部分不需要很高的速度，像 EEPROM 存储器，写一次数据要数毫秒，并不需要高速的并行总线。I2C 通过数据线(SDA)和时钟线(SCL)两根线来完成数据的传输和外围器件扩展，器件地址采用软件寻址方式，不像 SPI 总线那样每个设备需要一个选通线，因此 MCU 和外设间连接大大简化；具有满足 I2C 标准的器件以及不同工艺和电平范围的器件均可以连接到同一条总线上，大大简化了系统设计。I2C 就像一条公路，任何车辆都可以在上面行驶。除此之外，I2C 还是一种多主机总线系统，当不同单元同时发送数据时，可以通过仲裁方式解决数据冲突，不会造成总线数据丢失。

　　I2C 总线特点可以概括如下：

　　(1) 在硬件上，I2C 总线只需要一根数据线和一根时钟线两根线，总线接口已经集成在芯片内部，不需要特殊的接口电路，而且片上接口电路的滤波器可以滤去总线数据上的毛刺，因此 I2C 总线简化了硬件电路 PCB 布线，降低了系统成本，提高了系统可靠性。因为 I2C 芯片除了这两根线和少量中断线，与系统再没有连接的线，用户常用 IC 可以很容易形成标准化和模块化,便于重复利用。

(2) I2C总线是一个真正的多主机总线,如果两个或多个主机同时初始化数据传输,可以通过冲突检测和仲裁防止数据破坏,每个连接到总线上的器件都有唯一的地址,任何器件既可以作为主机也可以作为从机,但同一时刻只允许有一个主机。数据传输和地址设定由软件设定,非常灵活。总线上的器件增加和删除不影响其他器件正常工作。

(3) I2C总线可以通过外部连线进行在线检测,便于系统故障诊断和调试,故障可以立即被寻址,软件也利于标准化和模块化,缩短开发时间。

(4) 连接到相同总线上的IC数量只受总线最大电容的限制,串行的8位双向数据传输位速率在标准模式下可达100Kbit/s,快速模式下可达400Kbit/s,高速模式下可达3.4Mbit/s。

(5) 总线具有极低的电流消耗,抗高噪声干扰,增加总线驱动器可以使总线电容扩大10倍,传输距离达到15m;兼容不同电压等级的器件,工作温度范围宽。

9.1.2　I2C总线标准的发展历史

I2C总线标准从诞生起到现在已经发展了20多年了,取得了长足的进步,其发展主要包括以下四个阶段:

(1) 1992年Philips首次发布I2C总线规范版本1.0,并取得专利。标准中,通信包含标准模式和快速模式,7位和10位寻址模式以及快速模式器件的斜率控制和输入滤波。

(2) 1998年Philips在原有基础上发布I2C总线标准版本2.0,随着I2C总线应用范围扩大,许多应用要求更高的总线速度,更低的工作电压。新版本增加了高速模式,数据传输位速率增加到3.4Mbit/s,所有类型器件保持向下兼容。

(3) 2000年针对应用中出现的问题,Philips发布了I2C总线标准版本2.1,对高速传输模式进行了修订。

(4) 2007年NXP(原PHILIPS半导体)公司发布I2C总线标准版本3.0,修改了快速通信模式部分,使在快速传输模式下速度可以达到1Mbit/s,通信长度不变,并且保持向下兼容。

目前,I2C总线已经被大多数的芯片厂家所采用,成为事实上的世界性的工业标准。I2C总线始终和先进技术保持同步,但仍保持向下兼容。随着技术进一步成熟,I2C必将会得到更广泛的应用。

9.1.3　I2C总线术语

为了阐述I2C总线工作原理,首先解释一下I2C总线中用到的一些术语,详见表9-1。

表9-1　　　　　　　　　　　I2C总线通信常用术语

术语	含义
发送器	发送数据到总线的器件,既可以是主机,也可以是从机,由通信过程确定
接收器	从总线接收数据的器件,既可以是主机,也可以是从机,由通信过程确定
主机	初始化发送,产生时钟信号和终止发送的器件
从机	被主机寻址的器件

续表

术语	含义
多主机	同时有多于一个主机尝试控制总线,但不破坏报文
仲裁	是一个在有多个主机同时尝试控制总线,但只允许其中一个控制总线并使报文不被破坏的过程
同步	两个或多个器件同步时钟信号的过程
地址	主机用于区分不同从机而分配的地址
SDA	I2C 通信时用于数据传输的信号线
SCL	I2C 通信时用于时钟传输的信号线

9.2　I2C 总线原理

9.2.1　I2C 硬件构成

I2C 总线由串行数据线 SDA 和串行时钟线 SCL 构成,总线上的每个器件都有一个唯一的地址。一个典型的 I2C 总线拓扑结构如图 9-1 所示。I2C 总线规范要求 SDA 和 SCL 可双向通信,即一个器件既可以接收,也可以发送数据或时钟,因此 I2C 信号线 SDA 和 SCL 采用开集电极输出或开漏极输出方式。I2C 总线必须通过上拉电阻或电流源才能够正确收发数据。

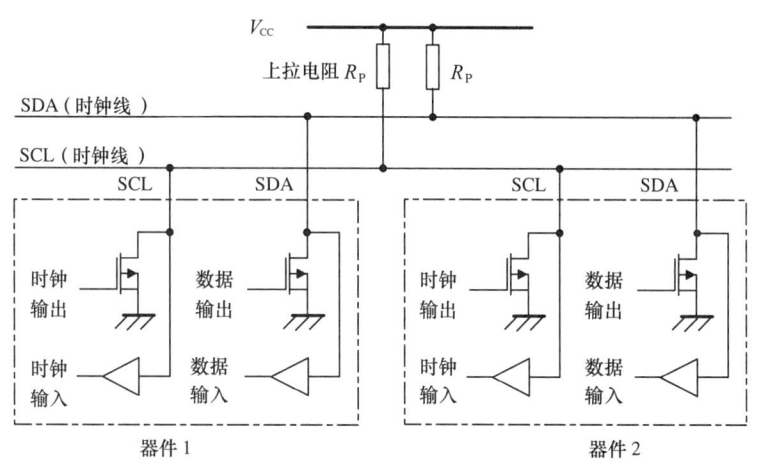

图 9-1　I2C 总线系统构成示意图

I2C 总线接口内部等效电路包括输入缓冲电路与开集电极输出晶体管或开漏极 MOS 管,如图 9-1 所示。当总线处于空闲状态时,由于上拉电阻的作用,总线呈现高电平,如果某个芯片需要输出数据,可以通过输出驱动实现数据传输。开集电极输出电路有一个缺点:随着总线长度增加,输出等效电容也随之增加,上拉电阻将严重影响总线通信速度。原因是信号变化要通过 RC 充放电回路,从而降低了信号的转换速率。为了克服 I2C 总线这个缺点,NXP 公司开发了有源 I2C 总线终端,它采用两个互联的充电泵来等效上拉电阻,当信号变化瞬间有源器件可以提供相当大的充放电电流,加快信号转换速率,降低寄生电容的影响。

9.2.2 位传输

1. 数据有效性

I2C 总线以串行方式传输数据,数据传输是按照时钟节拍进行的。时钟线每产生一个时钟脉冲,数据线传输一位数据。那么数据线什么时候有效呢? I2C 总线协议标准规定,SDA 线上的数据必须在时钟线为高电平时保持稳定,数据线电平状态只能在时钟线为低电平时改变,在标准模式下,高低电平宽度必须不小于 $4.7\mu s$,如图 9-2 所示。

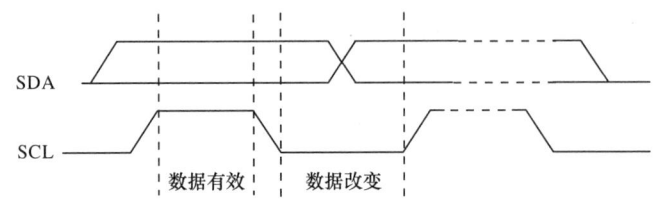

图 9-2　I2C 数据有效示意图

2. 起始条件(Start)和停止条件(Stop)

I2C 总线既然采用串行传输,那么怎么才能够区分数据何时传输开始,何时结束呢? 通过上面介绍可知,当时钟线为高电平时,如果 SDA 数据为逻辑高电平,则代表数字 1,如果 SDA 数据线为低电平,则代表数字 0,其实还有两种状态,就是在 SCL 为高电平时,数据线 SDA 出现上升沿和下降沿。I2C 总线协议规定,SCL 时钟线为高电平且 SDA 为下降沿表示起始信号,SCL 时钟线为高电平且 SDA 为上升沿表示停止信号。I2C 总线数据传输必须以起始信号启动传输,以停止信号结束一次数据传输,如图 9-3 所示。

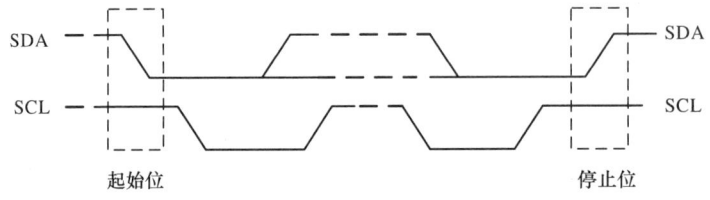

图 9-3　I2C 起始位和停止位

3. 重复开始信号(Repeat Start)

在 I2C 总线上,由主机发送一个起始位,启动一次数据传输后,在发送停止位前,主机可以再发送一次起始位,这个信号称为重复起始位。它可以帮助主机在不丧失总线控制权的前提下改变数据传输方向或切换到与其他从机通信,它的实现方法是在时钟信号线为高电平时,SDA 由高电平向低电平跳变,产生一个重复起始位,它本质上就是一个起始位。

4. 应答信号(ACK)与非应答信号(NACK)

I2C 总线协议规定,发送器每发送一个字节(8bit)数据,接收器必须产生一个应答信号或非应答信号。实现方法是,发送器发送完 8 位数据后,第 9 个时钟信号将数据线置高电平,接收器根据通信状态可以将数据线拉低,产生一个应答信号;或保持数据线为高电平,产生一个非应答信号,如图 9-4 所示。

9.2.3 数据传输格式

一般情况下,一个标准的I2C通信由四部分组成:起始信号、从机地址传输、数据传输、停止信号。

I2C通信由主机发送一个起始信号来启动,然后由主机对从机寻址并决定数据传输方向。I2C总线上传输数据的最小单位是一个字节(8bit),首先发送数据位为最高位,每传送完一个字节,接收器必须发送一个应答位,如果数据接收器来不及处理数据,可以通过拉低时钟线SCL来通知数据发送器暂停传输;每次通信的数据字节数是没有限制的;全部数据传送结束后,由主机发送停止信号,结束通信。如图9-4所示。

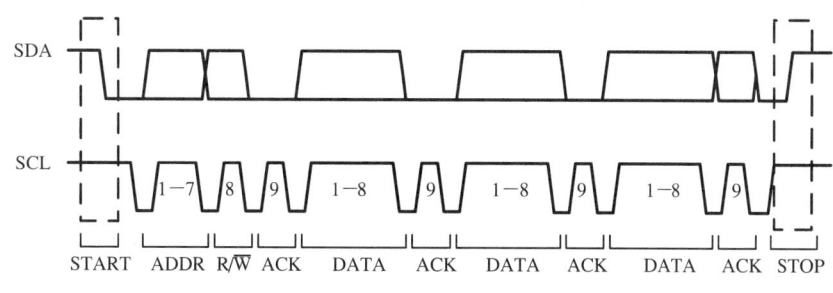

图9-4 I2C总线通信时序

1. I2C总线寻址约定

I2C总线采用软件方法实现从机寻址来简化总线连接,I2C总线采用了独特的寻址约定,规定了起始信号后的第一个字节为寻址字节,用来寻址被控器件,并规定数据传输方向。目前I2C支持7位寻址方式和10位寻址方式,为了使读者更容易理解I2C操作方式,下面重点解释7位寻址模式,在掌握7位寻址模式后,读者可以很容易通过阅读I2C标准协议理解10位寻址模式。

在7位寻址模式中,寻址字节由从机的7位地址位(占D7~D1)和一位读写位(D0)组成。当读写位D0=1时,表示从下一字节开始主机从从机读取数据,当读写位D0=0时,表示从下一字节开始主机将数据传送给从机。主机发送起始信号后立即传送寻址字节,总线上的所有器件都将寻址字节中的7位地址与自己的地址比较,如果两者相同,则该器件认为被主机寻址,并发送应答信号,寻址字节中的读写位决定了主机和从机是发送器还是接收器。

主机作为被控器时,其7位地址在I2C总线地址寄存器中给出,为纯软件地址;而非单片机类型的外围器件地址完全由器件类型与引脚电平给定。在I2C总线系统中,不允许有两个地址相同的器件,否则就会造成传输出错。

I2C总线委员会协调I2C地址的分配,并保留了部分地址,见表9-2。进一步的信息可以从NXP代理商处获得。

2. 数据传输模式

1) 主机从从机读取N个字节

主机如果要从从机读取一个或多个字节,主机首先产生起始(START)信号,然后接着发送寻址字节,寻址字节D7~D1位为数据传送目标的从机地址,寻址字节最低位D0为1表示数据传输方向由从机到主机;寻址字节传输完毕,主机释放数据线(数据线拉高),并产生一位时钟信号,等待被寻址器件应答信号。被寻址器件一旦检测到寻址地址与自己地址相同则产生一个应答信号,从机发送完应答信号后,开始发送数据。从机每发送完一个字节数据,主机产生一个应答信号。当数据传送完毕后,主机产生一个非应答信号结束数据传输,接下来主机产生一个停止信号结束通信或产生一个重复起始信号进入下一次数据传输。在数据传输过程中,主机随时可以产生非应答信号来提前结束本次数据传输,如图9-5所示,阴影部分为主机发送的信息。

表 9-2　　　　　　　　　　I2C 总线通信地址分配情况

从机地址	读/写位	描述
0000 000	0	广播呼叫地址
0000 000	1	起始字节
0000 001	×	CBUS 地址
0000 010	×	保留给不同的总线格式
0000 011	×	保留到将来使用
0000 1xx	×	高速模式主机码
1111 1xx	×	保留到将来使用
1111 0xx	×	10 位从机寻址

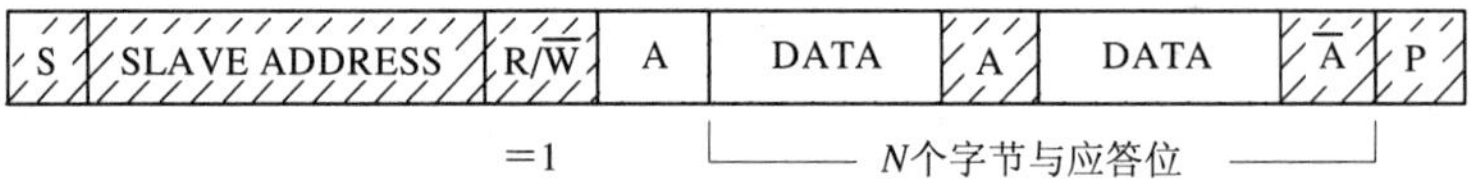

图 9-5　I2C 主机读数据

2)主机向从机写 N 个字节

主机如果要向从机传输一个或多个字节,主机首先产生起始(START)信号,然后接着发送寻址字节,寻址字节 D7～D1 位为数据传送目标的从机地址,寻址字节最低位 D0 为 0,表示数据传输方向由主机到从机;寻址字节传输完毕,主机释放数据线(数据线拉高),并产生一位时钟信号,等待被寻址器件应答信号。被寻址器件一旦检测到寻址地址与自己地址相同则产生一个应答信号,主机收到应答信号后,开始发送数据。主机每发送完一个字节数据,从机产生一个应答信号。当数据传送完毕后,主机产生一个停止信号结束数据传输或产生一个重复起始信号进入下一次数据传输。如果在传输过程中,从机没有产生应答信号而是非应答信号,则主机会提前结束本次数据传输,如图 9-6 所示。

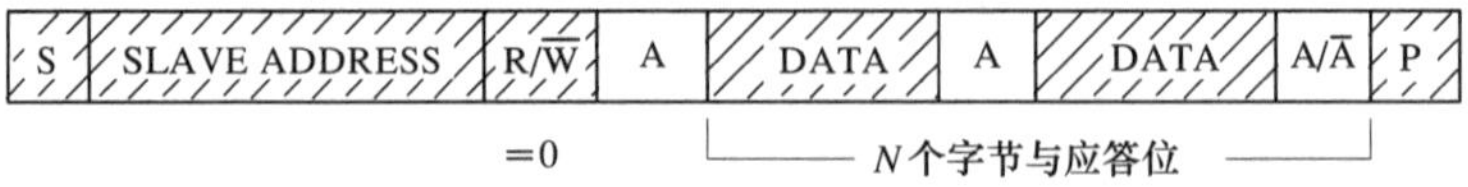

图 9-6　主机写数据

3)重复起始位

当主机在访问类似存储器器件的时候,主机除了发送寻址字节来确定从机外,还要发送存储单元地址内容;如果需要读取存储单元数据,存在着先写后读的情况,为了解决这个问题,可以利用重复起始信号来实现这个过程。主机首先按照 2)中介绍的主机向从机写多字节数据,将存储单元地址写入从机,数据传输结束后并不产生停止信号而是产生一个重复起始位,接下来发送寻址字节。寻址字节中,读写位 D0=1,然后等待从机应答,从机发完应答位后,开始将数据传送给主机,接下来的过程和 1)中所述相同。重复起始位还可以让主机在不丧失总线控制权的情况下,寻址下一个器件,与另外一个从机进行通信,如图 9-7 所示。

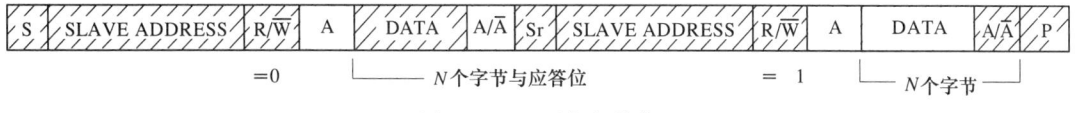

图 9-7 I2C 重复起始位

4) 仲裁与同步

所有主机在 SCL 线上产生它们自己的时钟来传输数据,I2C 总线上的报文数据只在时钟的高电平周期有效,因此需要一个确定的时钟进行逐位仲裁。时钟同步通过线与连接 I2C 接口到 SCL 线来执行,这就是说 SCL 线的高到低切换会使器件开始数它们的低电平周期,而且一旦器件的时钟变低电平,它会使 SCL 线保持这种状态直到到达时钟的高电平,见图 9-8 仲裁过程中的时钟同步。

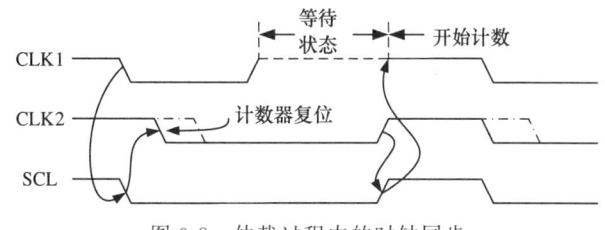

图 9-8 仲裁过程中的时钟同步

主机只能在总线空闲的时候启动传输。两个或多个主机可能在起始条件的最小持续时间产生一个起始条件,结果在总线上产生一个规定的起始条件。当 SCL 线是高电平时,仲裁在 SDA 线发生,这样在其他主机发送低电平时,发送高电平的主机将断开它的数据输出级,因为总线上的电平与它自己的电平不相同。仲裁可以持续多位,它的第一个阶段是比较地址位,如果每个主机都尝试寻址相同的器件,仲裁会继续比较数据位;如果是主机发送器或者比较响应位,如果主机是接收器,因为 I2C 总线的地址和数据信息由赢得仲裁的主机决定,在仲裁过程中不会丢失信息,丢失仲裁的主机可以产生时钟脉冲直到丢失仲裁的该字节末尾。由于高速模式的主机有一个唯一的 8 位主机码,因此一般在第一个字节就可以结束仲裁。如果主机也结合了从机功能,而且在寻址阶段丢失仲裁,它很可能就是赢得仲裁的主机在寻址的器件,因此丢失仲裁的主机必须立即切换到它的从机模式。图 9-9 显示了两个主机的仲裁过程。当然可能包含更多的内容由连接到总线的主机数量决定,此时产生 DATA1 的主机的内部数据电平与 SDA 线的实际电平有一些差别,如果关断数据输出,这就意味着总线连接了一个高输出电平,这不会影响由赢得仲裁的主机初始化的数据传输。

由于 I2C 总线没有中央主机总线,也没有任何定制的优先权,它的控制只由地址或主机码以及竞争主机发送的数据决定,必须特别注意的是,在串行传输时,当重复起始条件或停止条件发送到 I2C 总线的时候,可能仲裁过程仍在进行,有关的主机必须在帧格式相同位置发送这个重复起始条件或停止条件,也就是说仲裁不能在下面情况之间进行:

- 重复起始条件和数据位;
- 停止条件和数据位;
- 重复起始条件和停止条件;
- 从机不被卷入仲裁过程。

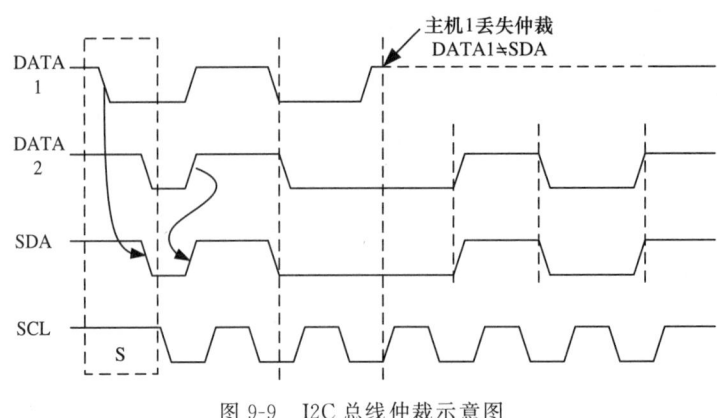

图 9-9　I2C 总线仲裁示意图

但是,如果另一个时钟仍处于低电平周期,这个时钟的低到高切换不会改变 SCL 线的状态,因此 SCL 线被有最长低电平周期的器件保持低电平,此时低电平周期短的器件会进入高电平的等待状态。

当所有有关的器件结束了它们的低电平周期后,时钟线被释放并变成高电平,器件时钟 SCL 线的状态没有差别,而且所有器件会开始数它们的高电平周期,首先完成高电平周期的器件会再次将 SCL 线拉低,这样产生的同步 SCL 时钟的低电平周期由低电平时钟周期最长的器件决定,而高电平周期由高电平时钟周期最短的器件决定。

由于 I2C 总线已经成为一个国际标准,在超过 150 种不同的 IC 上实现,超过 50 家公司得到了许可。为了适应很多应用要求,如总线速度更快、电压更低、支持地址更多,I2C 在标准模式的基础上对其进行了扩充,包括 10 位寻址模式、快速模式、高速模式等,这些模式都是对下兼容的。限于篇幅这里就不再阐述了,有需要的读者可以参考 NXP 公司的 I2C 协议规范,目前最高版本号是 3.0。

9.3　STM32 I2C 模块原理

9.3.1　STM32 I2C 模块特点

1. STM32 I2C 模块主要特点

(1) 丰富的通信功能。该模块既可做主设备也可做从设备,支持标准和快速两种模式,可编程的 I2C 地址检测,可响应 2 个从地址的双地址能力,产生和检测 7 位/10 位地址和广播呼叫,可选的拉长时钟功能;可配置信息包错误检测(PEC)的产生或校验,发送模式中 PEC 值可以作为最后一个字节传输,用于最后一个接收字节的 PEC 错误校验。

(2) 完善的错误监测。主模式时的仲裁丢失,地址/数据传输后的应答(ACK)错误,检测到错误的起始或停止条件,禁止拉长时钟功能时的上溢或下溢。

(3) 具有 2 个中断向量,一个中断用于地址/数据通信中断,另一个中断用于通信出错中断。

(4) 具有单字节缓冲器的 DMA。

(5) 兼容系统管理总线(System Management Bus — SMBus2.0),25 ms 时钟低超时延时,带 ACK 控制的硬件 PEC 产生/校验,支持地址解析协议(ARP)。

2. I2C 模块结构

I2C 模块结构框图见图 9-10。

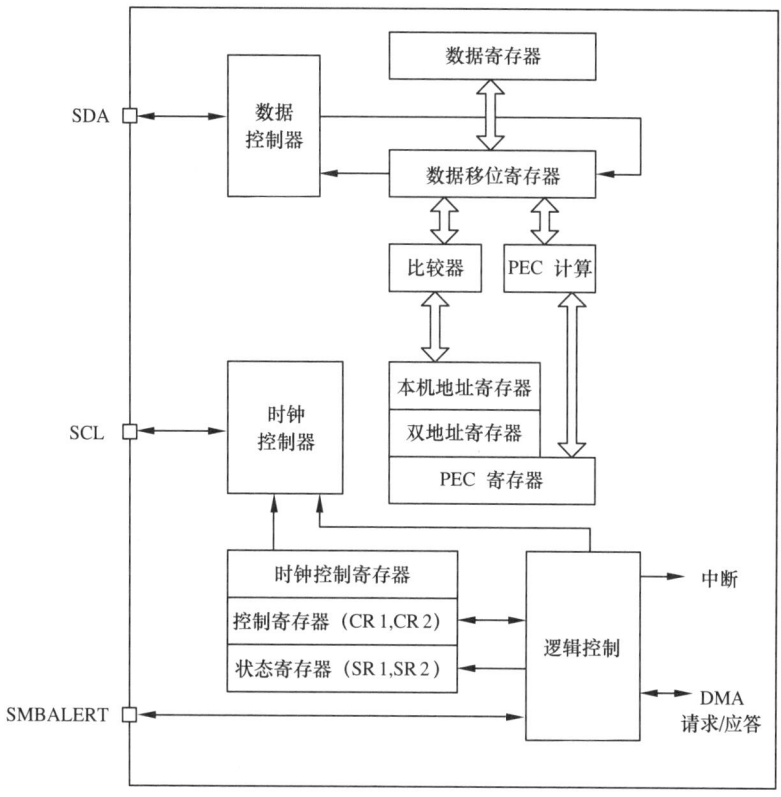

图 9-10　I2C 模块结构框图

STM32 I2C 模块由数据收发模块、时钟逻辑模块和逻辑控制模块三个模块构成，负责 I2C 数据收发、时钟产生、总线仲裁和中断、DMA 等功能实现。I2C 模块具有四种工作模式，即：① 主发送器模式；② 主接收器模式；③ 从发送器模式；④ 从接收器模式。

该模块默认地工作于从模式。接口在生成起始条件后自动地由从模式切换到主模式；当仲裁丢失或产生停止信号后，则由主模式切换到从模式。允许多主机通信。

9.3.2　I2C 寄存器描述

1. 控制寄存器 1(I2C_CR1)(表 9-3)

表 9-3　　　　　　　　　　　　　　控制寄存器 1(I2C_CR1)

位	名称	说明
15	SWRST	软件复位　当被置位时，I2C 处于复位状态。在复位该位前确信 I2C 的引脚被释放，总线是空的。 0：I2C 模块不处于复位状态； 1：I2C 模块处于复位状态

续表

位	名称	说明
14	RESERVED	保留　硬件强制为 0
13	ALERT	SMBus 提醒　软件可以设置或清除该位；当 PE=0 时，由硬件清除。 0：释放 SMBAlert 引脚使其变高。提醒响应地址头紧跟在 NACK 信号后面。 1：驱动 SMBAlert 引脚使其变低。提醒响应地址头紧跟在 ACK 信号后面
12	PEC	数据包出错检测　软件可以设置或清除该位；当传送 PEC 后，或起始或停止条件时，或当 PE=0 时硬件将其清除。仲裁丢失时，PEC 的计算失效。 0：无 PEC 传输； 1：PEC 在发送或接收模式传输
11	POS	用于数据接收时应答/PEC 位置　软件可以设置或清除该位，或当 PE=0 时，由硬件清除。该位必须在数据接收开始之前设置。该设置必须只用在地址延长事件中以防只有 2 个数据字节。 0：ACK 位控制当前移位寄存器内正在接收字节的(N)ACK。PEC 位表明当前移位寄存器内的字节是 PEC； 1：ACK 位控制在移位寄存器里接收的下一个字节的(N)ACK。PEC 位表明在移位寄存器里接收的下一个字节是 PEC
10	ACK	应答使能　软件可以设置或清除该位，当 PE=0 时，由硬件清除。 0：无应答返回； 1：在接收到一个字节后返回一个应答
9	STOP	停止条件产生　软件可以设置或清除该位；或当检测到停止条件时，由硬件清除；当检测到超时错误时，硬件将其置位。 在主模式下： 0：无停止条件产生； 1：在当前字节传输或在当前起始条件发出后产生停止条件。 在从模式下： 0：无停止条件产生； 1：在当前字节传输或释放 SCL 和 SDA 线。 当设置了 STOP、START 或 PEC 位，在硬件清除这个位之前，软件不要执行任何对 I2C_CR1 的写操作；否则有可能会第 2 次设置 STOP、START 或 PEC 位
8	START	起始条件产生　软件可以设置或清除该位，或当起始条件发出后或 PE=0 时，由硬件清除。 在主模式下： 0：无起始条件产生； 1：重复产生起始条件。 在从模式下： 0：无起始条件产生； 1：当总线空闲时，产生起始条件

续表

位	名称	说明
7	NOSTRETCH	从模式禁止时钟延长　该位用于当 ADDR 或 BTF 标志被置位,在从模式下禁止时钟延长,直到它被软件复位。 0:允许时钟延长; 1:禁止时钟延长
6	ENGC	广播呼叫使能 0:禁止广播呼叫。以非应答响应地址 00h; 1:允许广播呼叫。以应答响应地址 00h
5	ENPEC	PEC 使能 0:禁止 PEC 计算; 1:开启 PEC 计算
4	ENARP	ARP 使能 0:禁止 ARP; 1:使能 ARP。 如果 SMBTYPE=0,使用 SMBus 设备的默认地址; 如果 SMBTYPE=1,使用 SMBus 的主地址
3	SMBTYPE	SMBus 类型 0:SMBus 设备; 1:SMBus 主机
2	RESERVED	保留　硬件强制为 0
1	SMBUS	SMBus 模式 0:I2C 模式; 1:SMBus 模式
0	PE	I2C 模块使能　如果清除该位时通信正在进行,在当前通信结束后,I2C 模块被禁用并返回空闲状态。由于在通信结束后发生 PE=0,所有的位被清除。在主模式下,通信结束之前,绝不能清除该位。根据 SMBus 位的设置,相应的 I/O 口需配置为复用功能。 0:禁用 I2C 模块; 1:启用 I2C 模块

地址偏移:0x00;　复位值:0x0000

2. 控制寄存器 2(I2C_CR2)(表 9-4)

表 9-4　　　　　　　　　　　　控制寄存器 2(I2C_CR2)

位	名称	说明
15:13	RESERVED	保留　硬件强制为 0
12	LAST	DMA 最后一次传输　该位在主接收模式使用,使得在最后一次接收数据时可以产生一个 NACK。 0:下一次 DMA 的 EOT 不是最后的传输 1:下一次 DMA 的 EOT 是最后的传输;
11	DMAEN	DMA 请求使能 0:禁止 DMA 请求; 1:当 TxE=1 或 RxNE=1 时,允许 DMA 请求
10	ITBUFEN	缓冲器中断使能 0:当 TxE=1 或 RxNE=1 时,不产生任何中断; 1:当 TxE=1 或 RxNE=1 时,产生事件中断
9	ITEVTEN	事件中断使能 0:禁止事件中断; 1:允许事件中断。 在下列条件下,将产生该中断: • SB=1(主模式); • ADDR=1(主/从模式); • ADD10= 1(主模式); • STOPF=1(从模式); • BTF=1,但是没有 TxE 或 RxNE 事件; • 如果 ITBUFEN=1,TxE 事件为 1; • 如果 ITBUFEN=1,RxNE 事件为 1
8	ITERREN	出错中断使能 0:禁止出错中断; 1:允许出错中断。 在下列条件下,将产生该中断: • BERR=1; • ARLO=1; • AF=1; • OVR=1; • PECERR=1; • TIMEOUT=1; • SMBAlert=1
7:6	RESERVED	保留　硬件强制为 0

续表

位	名称	说明
5:0	FREQ[5:0]	FREQ I2C 模块时钟频率 必须设置正确的输入时钟频率以产生正确的时序,允许的范围在 2～36MHz 之间: 000000:禁用 000001:禁用 000010:2MHz … 100100:36MHz 大于 100100:禁用

地址偏移:0x04; 复位值:0x0000

3. 自身地址寄存器 1(I2C_OAR1)(表 9-5)

表 9-5 自身地址寄存器 1(I2C_OAR1)

位	名称	说明
15	ADDMODE	从模式中寻址模式 0:7 位从地址(不响应 10 位地址); 1:10 位从地址(不响应 7 位地址)
14	RESERVED	必须设置并保持为 1
13:10	RESERVED	保留 硬件强制为 0
9:8	ADD[9:8]	接口地址 7 位地址模式时不用关心。 10 位地址模式时为地址的 9～8 位
7:1	ADD[7:1]	接口地址 地址的 7～1 位
0	ADD0	接口地址 7 位地址模式时不用关心。 10 位地址模式时为地址第 0 位

地址偏移:0x08; 复位值:0x0000

4. 自身地址寄存器 2(I2C_OAR2)(表 9-6)

表 9-6 自身地址寄存器 2(I2C_OAR2)

位	名称	说明
15:8	RESERVED	保留 硬件强制为 0
7:1	ADD[7:1]	接口地址 在双地址模式下地址的 7～1 位
0	ENDUAL	双地址模式使能位 0:在 7 位地址模式下,只有 OAR1 被识别; 1:在 7 位地址模式下,OAR1 和 OAR2 都被识别

地址偏移:0x0C; 复位值:0x0000

5. 数据寄存器(I2C_DR)(表 9-7)

在从模式下,地址不会被拷贝进数据寄存器;硬件不管理写冲突(如果 TxE=0,仍能写入数据寄存器);如果在处理 ACK 脉冲时发生 ARLO 事件,接收到的字节不会被拷贝到数据寄存器里,因此不能读到它。

表 9-7   数据寄存器(I2C_DR)

位	名称	说明
15:8	RESERVED	保留
7:0	DR[7:0]	8 位数据寄存器 用于存放接收到的数据或放置用于发送到总线的数据。 发送器模式:当写一个字节至 DR 寄存器时,自动启动数据传输。一旦传输开始(TxE=1),如果能及时把下一个需传输的数据写入 DR 寄存器,I2C 模块将保持连续的数据流。 接收器模式:接收到的字节被拷贝到 DR 寄存器(RxNE=1)。在接收到下一个字节之前,必须读出数据寄存器内已收到的数据,否则将产生过载错误,同时最后一个字节将丢失

地址偏移:0x10;复位值:0x0000

6. 状态寄存器 1(I2C_SR1)(表 9-8)

表 9-8   状态寄存器 1(I2C_SR1)

位	名称	说明
15	SMBALERT	SMBus 提醒 该位由软件写 0 清除,或在 PE=0 时由硬件清除。 在 SMBus 主机模式下: 0:无 SMBus 提醒; 1:在引脚上产生 SMBAlert 提醒事件。 在 SMBus 从机模式下: 0:没有 SMBAlert 响应地址头序列; 1:收到 SMBAlert 响应地址头序列至 SMBAlert 变低
14	TIMEOUT	超时或 Tlow 错误 0:无超时错误; 1:SCL 处于低,已达到 25ms(超时);或者主机低电平累积时钟扩展时间超过 10ms(Tlow:mext);或从设备低电平累积时钟扩展时间超过 25ms(Tlow:sext)。 • 当在从模式下设置该位:从设备复位通信,硬件释放总线; • 当在主模式下设置该位:硬件发出停止条件; • 该位由软件写 0 清除,或在 PE=0 时由硬件清除
13	RESERVED	保留 硬件强制为 0

续表

位	名称	说明
12	PECERR	在接收时发生 PEC 错误 该位由软件写 0 清除,或在 PE=0 时由硬件清除。 0:无 PEC 错误:接收到 PEC 后接收器返回 ACK(如果 ACK=1); 1:有 PEC 错误:接收到 PEC 后接收器返回 NACK(不管 ACK 是什么值)
11	OVR	过载/欠载 当 NOSTRETCH=1 时,在从模式下该位被硬件置位,同时: • 在接收模式中当收到一个新的字节时(包括 ACK 应答脉冲),数据寄存器里的内容还未被读出,则新接收的字节将丢失。 • 在发送模式中当要发送完一个字节时,却没有新的数据写入数据寄存器,同样的字节将被发送两次。 • 该位由软件写 0 清除,或在 PE=0 时由硬件清除。 注意:如果数据寄存器的写操作发生时间非常接近 SCL 的上升沿,发送的数据是不确定的,并发生保持时间错误。 0:无过载/欠载; 1:出现过载/欠载
10	AF	应答失败 当没有返回应答时,硬件将置该位为 1。该位由软件写 0 清除,或在 PE=0 时由硬件清除。 0:没有应答失败; 1:应答失败
9	ARLO	仲裁丢失(主模式) 该位由软件写 0 清除,或在 PE=0 时由硬件清除。在 ARLO 事件之后,I2C 接口自动切换回从模式(M/SL=0)。在 SMBUS 模式下,在从模式下对数据的仲裁仅仅发生在数据阶段,或应答传输区间(不包括地址的应答)。 0:没有检测到仲裁丢失; 1:检测到仲裁丢失。当接口失去对总线的控制给另一个主机时,硬件将将置该位为 1
8	BERR	总线出错 当接口检测到错误的起始或停止条件,硬件将置该位 1。该位由软件写 0 清除,或在 PE=0 时由硬件清除。 0:无起始或停止条件出错; 1:起始或停止条件出错
7	TxE	数据寄存器为空(发送时) 在发送数据时,数据寄存器为空时该位被置 1,在发送地址阶段不设置该位。软件写数据到 DR 寄存器可清除该位;或在发生一个起始或停止条件后,或当 PE=0 时由硬件自动清除。如果收到一个 NACK,或下一个要发送的字节是 PEC(PEC=1),该位不被置位。 0:数据寄存器非空; 1:数据寄存器空

续表

位	名称	说明
6	RxNE	数据寄存器非空(接收时)　在接收时,当数据寄存器不为空,该位被置1。在接收地址阶段,该位不被置位。软件对数据寄存器的读写操作清除该位,或当 PE=0 时由硬件清除。在发生 ARLO 事件时,RxNE 不被置位。 0:数据寄存器为空; 1:数据寄存器非空
5	RESERVED	保留位,硬件强制为 0
4	STOPF	停止条件检测位(从模式)　在一个应答之后(如果 ACK=1),当从设备在总线上检测到停止条件时,硬件将置该位为 1。 软件读取 SR1 寄存器后,对 CR1 寄存器的写操作将清除该位,或当 PE=0 时,硬件清除该位。该位只读。在收到 NACK 后,STOPF 位不被置位。 0:没有检测到停止条件; 1:检测到停止条件
3	ADD10	10 位头序列已发送(主模式)　在 10 位地址模式下,当主设备已经将第一个字节发送出去时,硬件将置该位为 1。软件读取 SR1 寄存器后,对 CR1 寄存器的写操作将清除该位,或当 PE=0 时,硬件清除该位。该位只读。收到一个 NACK 后,ADD10 位不被置位。 0:没有 ADD10 事件发生; 1:主设备已经将第一个地址字节发送出去
2	BTF	字节发送结束　当 NOSTRETCH=0 时,在下列情况下硬件将该位置 1: 在接收时,当收到一个新字节(包括 ACK 脉冲)且数据寄存器还未被读取(RxNE=1)。 • 在发送时,当一个数据将被发送且数据寄存器还未被写入新的数据(TxE=1)。 • 在软件读取 SR1 寄存器后,对数据寄存器的读或写操作将清除该位,或在传输中发送一个起始或停止条件后,或当 PE=0 时,由硬件清除该位。在收到一个 NACK 后,BTF 位不会被置位。如果下一个要传输的字节是 PEC(I2C_SR2 寄存器中 TRA 为 1,同时 I2C_CR1 寄存器中 PEC 为 1),BTF 位不会被置位。该位只读。 0:字节发送未完成; 1:字节发送结束。未被读取(RxNE=1)

续表

位	名称	说明
1	ADDR	地址已被发送(主模式)/地址匹配(从模式) 在软件读取SR1寄存器后,对SR2寄存器的读操作将清除该位,或当PE=0时,由硬件清除该位。 地址匹配(从模式): 0:地址不匹配或没有收到地址; 1:收到的地址匹配。 当收到的从地址与OAR寄存器中的内容相匹配、或发生广播呼叫、或SMBus设备默认地址或SMBus主机识别出SMBus提醒时,硬件就将该位置1(当对应的设置被使能时)。 地址已被发送(主模式): 0:地址发送没有结束; 1:地址发送结束。 • 10位地址模式时,当收到地址的第二个字节的ACK后该位被置1。 • 7位地址模式时,当收到地址的ACK后该位被置1。在收到NACK后,ADDR位不会被置位。该位只读
0	SB	起始位(主模式)。当发送出起始条件时该位被置1。软件读取SR1寄存器后,写数据寄存器的操作将清除该位,或当PE=0时,硬件清除该位。该位只读。 0:未发送起始条件; 1:起始条件已发送

地址偏移:0x14; 复位值:0x0000

7. 状态寄存器2(I2C_SR2)(表9-9)

表9-9　　　　　　　　状态寄存器2(I2C_SR2)

位	名称	说明
15:8	PEC[7:0]	数据包出错检测 当ENPEC=1时,PEC[7:0]存放内部的PEC的值
7	DUALF	双标志(从模式) 在产生一个停止条件或一个重复的起始条件时,或PE=0时,硬件将该位清除。 0:接收到的地址与OAR1内的内容相匹配; 1:接收到的地址与OAR2内的内容相匹配
6	SMBHOST	SMBus主机头系列(从模式) 在产生一个停止条件或一个重复的起始条件时,或PE=0时,硬件将该位清除。 0:未收到SMBus主机的地址; 1:当SMBTYPE=1且ENARP=1时,收到SMBus主机地址

续表

位	名称	说明
5	SMBDEFAULT	SMBus 设备默认地址（从模式） 在产生一个停止条件或一个重复的起始条件时，或 PE＝0 时，硬件将该位清除。 0：未收到 SMBus 设备的默认地址； 1：当 ENARP＝1 时，收到 SMBus 设备的默认地址
4	GENCALL	广播呼叫地址（从模式） 在产生一个停止条件或一个重复的起始条件时，或 PE＝0 时，硬件将该位清除。 0：未收到广播呼叫地址； 1：当 ENGC＝1 时，收到广播呼叫的地址
3	RESERVED	保留 硬件强制为 0
2	TRA	发送/接收 在检测到停止条件（STOPF＝1）、重复的起始条件或总线仲裁丢失（ARLO＝1）后，或当 PE＝0 时，硬件将其清除 0：接收到数据； 1：数据已发送；在整个地址传输阶段的结尾，该位根据地址字节的 R/W 位来设定
1	BUSY	总线忙 在检测到 SDA 或 SCl 为低电平时，硬件将该位置 1；当检测到一个停止条件时，硬件将该位清除。该位指示当前正在进行的总线通信，当接口被禁用（PE＝0）时该信息仍然被更新。 0：在总线上无数据通信； 1：在总线上正在进行数据通信
0	MSL	主从模式 当接口处于主模式（SB＝1）时，硬件将该位置位；当总线上检测到一个停止条件、仲裁丢失（ARLO＝1 时），或当 PE＝0 时，硬件清除该位。 0：从模式； 1：主模式

地址偏移：0x18； 复位值：0x0000

8. 时钟控制寄存器（I2C_CCR）（表 9-10）

表 9-10　　　　　　　　时钟控制寄存器（I2C_CCR）

位	名称	说明
15	F/S	I2C 主模式选项 0：标准模式的 I2C； 1：快速模式的 I2C
14	DUTY	快速模式时的占空比 0：快速模式下：Tlow/Thigh＝2； 1：快速模式下：Tlow/Thigh＝16/9（见 CCR）
13:12	RESERVED	保留 硬件强制为 0

续表

位	名称	说明
11:0	CCR[11:0]	快速/标准模式下的时钟控制分频系数(主模式),该分频系数用于设置主模式下的SCL时钟。 在SMBus模式下: $T_{high} = CCR \times T_{PCLK1}$ $T_{low} = CCR \times T_{PCLK1}$ 在I2C快速模式下: 如果DUTY=0: $T_{high} = CCR \times T_{PCLK1}$ $T_{low} = 2 \times CCR \times T_{PCLK1}$ 如果DUTY=1:(速度达到400kHz) $T_{high} = 9 \times CCR \times T_{PCLK1}$ $T_{low} = 16 \times CCR \times T_{PCLK1}$

地址偏移:0x1C; 复位值:0x0000

9. TRISE 寄存器(I2C_TRISE)(表 9-11)

表 9-11　　　　　　　　RISE 寄存器(I2C_TRISE)

位	名称	说明
15:6	RESERVED	保留　硬件强制为0
5:0	TRISE[5:0]	在快速/标准模式下的最大上升时间　这些位必须设置为I2C总线规范里给出的最大的SCL上升时间,增长步幅为1。只有当I2C被禁用(PE=0)时,才能设置TRISE[5:0]

地址偏移:0x20; 复位值:0x0002

9.3.3　STM32 I2C 模块的通信实现

1. I2C 主模式

在主模式时,I2C接口启动数据传输并产生时钟信号。串行数据传输总是以起始条件开始并以停止条件结束。当通过START位在总线上产生了起始条件,设备就进入了主模式。为了使用I2C模块,需要编程I2C_CR1寄存器使能外设模块。I2C模式作为主模式,必要提供通信时钟,在I2C_CR2寄存器中设定该模块的输入时钟以产生正确的时序,标准模式下至少为:2MHz,快速模式下至少为:4MHz,同时还需要配置时钟控制寄存器和上升时间寄存器。

例如:在标准模式下,产生100kHz的SCL的频率:如果FREQR=08,T_{PCLK1}=125ns,则CCR必须设置为:0x28(40x125ns=5 000ns)。标准模式中最大允许SCL上升时间为1000ns。如果在I2C_CR2寄存器中FREQ[5:0]中的值等于0x08,且T_{PCLK1}=125ns,则TRISE[5:0]中必须写入09h(1000ns/125 ns=8+1)。滤波器的值也可以加到TRISE[5:0]内。如果结果不是一个整数,则将整数部分写入TRISE[5:0]以确保t_{HIGH}参数。

1) 发送起始条件

当总线空闲(BUSY＝0)时,发送起始信号(START＝1),I2C 接口将产生一个起始信号并切换至主模式。在主模式下,设置 START 位将在当前字节传输完后由硬件产生一个重复起始位。起始信号一旦发出,SB 位被硬件置位,如果中断未屏蔽,则会产生一个中断。然后主设备等待读状态寄存器 SR1,接着将从地址写入 DR 寄存器(见图 9-11 的 EV5)。

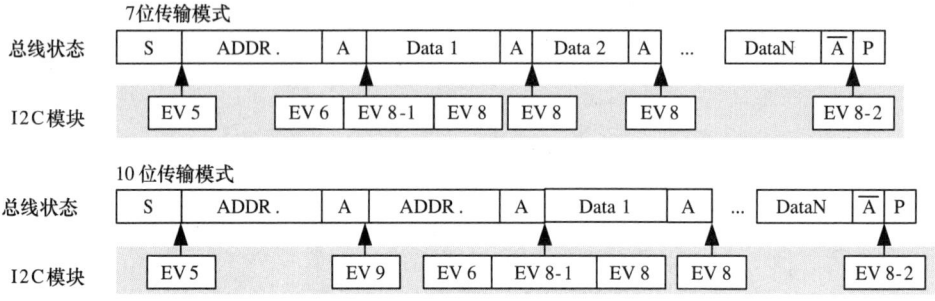

EV5:SB＝1,读 SR1 寄存器然后将地址写入 DR 寄存器将清除该事件;
EV6:ADDR＝1,读 SR1 然后读 SR2 将清除该事件。
EV8:TxE＝1,写 DR 寄存器将清除该事件;
EV8-1:TxE＝1,移位寄存器空。
EV8-2:TxE＝1,BTF＝1,产生停止条件时由硬件清除;
EV9:ADDR10＝1,读 SR1 寄存器然后写入 DR 寄存器将清除该事件。

图 9-11　I2C 模块处于主发送状态时序图

2) 从地址的发送

从地址通过内部移位寄存器被送到 SDA 线上。

在 10 位地址模式时,ADD10 位被硬件置位,如果允许中断,则产生一个中断。然后主设备等待读 SR1 寄存器,再将第二个地址字节写入 DR 寄存器(图 9-11)。数据发送完后,ADDR 位被硬件置位,如果允许中断,则产生一个中断。随后主设备等待一次读寄存器 SR1,跟着读 SR2 寄存器(图 9-11)。

在 7 位地址模式时,只需送出一个地址字节。一旦该地址字节被送出,ADDR 位被硬件置位,如果中断允许,则产生一个中断。随后主设备等待一次读 SR1 寄存器,跟着读 SR2 寄存器(图 9-11)。

根据送出从地址的最低位,主设备决定进入发送器模式还是进入接收器模式,TRA 位指示主设备是在接收器模式还是发送器模式。

3) 发送数据

在发送了地址和清除了 ADDR 位后,将待发送的数据写入数据寄存器 DR,I2C 模块通过内部移位寄存器将数据字节从 DR 寄存器发送到 SDA 线上。主设备等待数据发送完毕即 TxE 被清除(见图 9-11 的 EV8)。当收到应答脉冲时,TxE 位被硬件置位,如果允许中断(设置了 INEVFEN 和 ITBUFEN 位),则产生一个中断。如果 TxE 被置位并且在上一次数据发送结束之前没有写新的数据字节到 DR 寄存器,则 BTF 被置位,I2C 模块拉长时钟线等待数据写入 DR 数据寄存器,数据写入后将 BTF 清除,I2C 继续发送数据。

4) 停止和结束

在 DR 寄存器中写入最后一个字节后,通过设置 STOP 位产生一个停止条件(见图 9-11

的 EV8-2),然后 I2C 接口将自动回到从模式(MSL 位清除)。

对于主接收模式按如下顺序操作：

(1) 发送阶段：首先发送起始位,接着发送从机地址,发送操作方法与主发送模式相同,只是在发送从机地址时,读写位为 1。

(2) 接收阶段：在发送地址和清除 ADDR 之后,I2C 接口进入主接收器模式。在此模式下,I2C 接口从 SDA 线接收数据字节,并通过内部移位寄存器送至 DR 寄存器。在每个字节后,I2C 接口依次执行以下操作：

- 通过 ACK 位置位,发出一个应答脉冲；
- 硬件设置 RxNE=1,如果设置了 INEVFEN 和 ITBUFEN 位,则会产生一个中断(见图 9-12 的 EV7)。如果 RxNE 位被置位,并且在接收新数据结束前,DR 寄存器中的数据没有被读走,硬件将设置 BTF=1,I2C 接口等待读 DR 寄存器。

(3) 结束数据接收：为了在收到最后一个字节后产生一个 NACK 脉冲,在读倒数第二个数据字节之后(在倒数第二个 RxNE 事件之后)必须清除 ACK 位。

- 为了产生一个停止/重起始条件,软件必须在读倒数第二个数据字节之后(在倒数第二个 RxNE 事件之后)设置 STOP/START 位；
- 只接收一个字节时,将在 EV6 时进行关闭应答和停止条件生成操作。

在产生了停止条件后,I2C 接口自动回到从模式(MSL 位被清除)。

主设备在从从设备接收到最后一个字节后发送一个 NACK。从设备接收到 NACK 后,释放对 SCL 和 SDA 线的控制；主设备就可以发送一个停止/重起始条件。

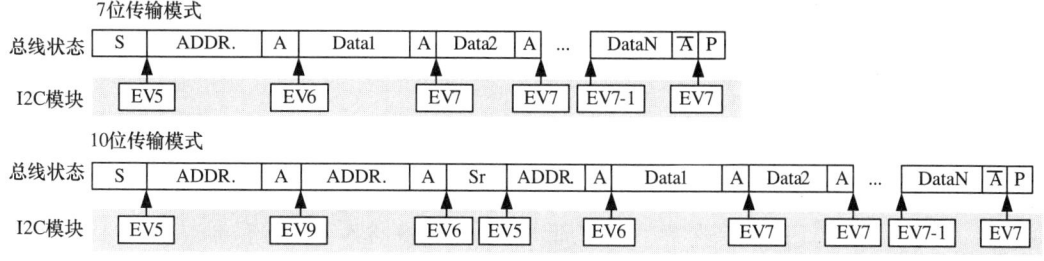

EV5:SB=1,读 SR1 寄存器然后将地址写入 DR 寄存器将清除该事件；
EV6:ADDR=1,读 SR1 然后读 SR2 将清除该事件。在 10 位主接收模式下,该事件后应设置 CR2 的 START=1；
EV7:RxNE=1,读 SR1 寄存器将清除该事件；
EV7-1:RxNE=1,读 DR 寄存器将清除该事件,设置 ACK=0 和 STOP 请求；
EV9:ADDR10=1,读 SR1 寄存器然后写入 DR 寄存器将清除该事件。

图 9-12　I2C 模块处于主接收状态时序图

2. I2C 从模式

默认情况下,I2C 接口总是工作在从模式。I2C 如果工作在从模式,其工作时序如下：

1) 检测起始位和从机地址,启动通信

一旦检测到起始条件,在 SDA 线上接收到的地址被送到移位寄存器。然后与芯片自己的地址 OAR1 和 OAR2(当 ENDUAL=1)或者广播呼叫地址(如果 ENGC=1)相比较。

若头段或地址不匹配,I2C 接口将其忽略并等待另一个起始条件；若头段匹配(仅 10 位模式),如果 ACK 位被置 1,I2C 接口产生一个应答脉冲并等待 8 位从地址。当地址匹配时,则 I2C 接口产生以下时序：

(1) 如果 ACK 被置 1,则产生一个应答脉冲。

(2) 硬件设置 ADDR 位;如果设置了 ITEVFEN 位,则产生一个中断。

(3) 如果 ENDUAL=1,软件必须读 DUALF 位,以确认响应了哪个从地址。

在 10 位模式,接收到地址序列后,从设备总是处于接收器模式。在收到与地址匹配的头序列并且最低位为 1(即 11110xx1)后,当接收到重复的起始条件时,将进入发送器模式。在从模式下 TRA 位指示当前是处于接收器模式还是发送器模式。

2) 发送数据

从发送器在接收到地址和清除 ADDR 位后,将字节从 DR 寄存器经由内部移位寄存器发送到 SDA 线上。从设备保持 SCL 为低电平,直到 ADDR 位被清除并且待发送数据已写入 DR 寄存器(图 9-13 中的 EV1 和 EV3)。

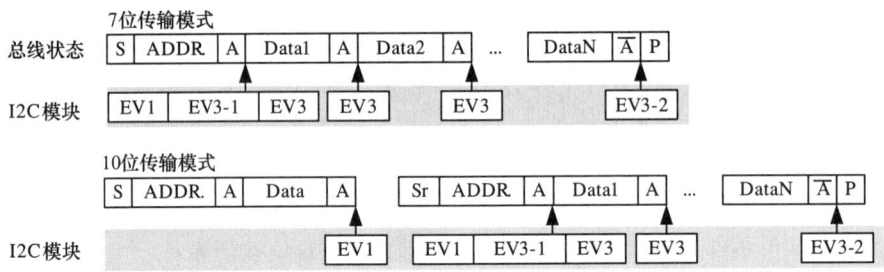

EV1: ADDR=1,读 SR1 然后读 SR2 将清除该事件;
EV3-1: TxE=1,移位寄存器空;
EV3: TxE=1,写 DR 将清除该事件,移位寄存器非空;
EV3-2: AF=1,在 SR1 寄存器的 AF 位写 0 可清除 AF 位。

图 9-13 I2C 模块处于从发送状态时序图

3) 应答脉冲

当收到应答脉冲时,TxE 位被硬件置位,如果设置了 ITEVFEN 和 ITBUFEN 位,则产生一个中断。如果 TxE 位被置位,但在上一次数据发送结束之前没有新数据写入到 DR 寄存器,则 BTF 位被置位,I2C 接口将保持 SCL 为低电平,以等待写入 DR 寄存器。

对于从接收模式在接收到地址并清除 ADDR 后,从接收器将通过内部移位寄存器从 SDA 线接收到的字节存进 DR 寄存器。I2C 接口在接收到每个字节后都执行下列操作:

- 如果设置了 ACK 位,则产生一个应答脉冲;
- 硬件设置 RxNE=1。如果设置了 ITEVFEN 和 ITBUFEN 位,则产生一个中断。

如果 RxNE 被置位,并且在接收新的数据结束之前 DR 寄存器未被读出,BTF 位被置位,I2C 接口保持 SCL 为低电平,等待读 DR 寄存器。相应时序见图 9-14。

4) 关闭从机通信

在传输完最后一个数据字节后,主设备会产生一个停止条件,I2C 接口检测到这一条件时,设置 STOPF=1,如果设置了 ITEVFEN 位,则产生一个中断。然后 I2C 接口等待读 SR1 寄存器,再写 CR1 寄存器(见图 9-14 的 EV4)。

3. 传输错误处理

以下条件可能造成通信失败,见表 9-12,I2C 中断逻辑结构见图 9-15。几类典型的错误如下:

1) 总线错误(BERR)

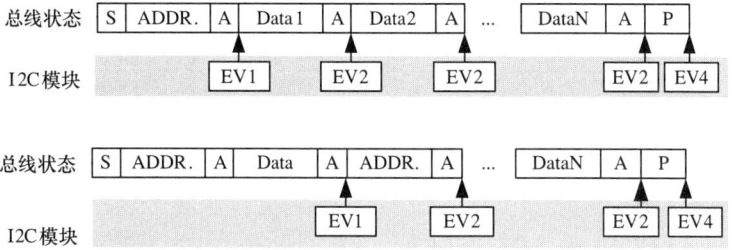

EV1:ADDR=1,读 SR1 然后读 SR2 将清除该事件；
EV2:RxNE=1,读 DR 将清除该事件；
EV4:STOPF=1,读 SR1 然后写 CR1 寄存器将清除该事件。

图 9-14 I2C 模块处于从接收状态时序图

在一个字节传输期间，当 I2C 接口检测到一个停止或起始条件则产生总线错误。此时：
(1) BERR 位被置位，如果设置了 ITERREN 位，则产生一个中断；
(2) 在从模式情况下，数据被丢弃，硬件释放总线：
 • 如果是错误的开始条件，从设备认为是一个重启动，并等待地址或停止条件；
 • 如果是错误的停止条件，从设备按正常的停止条件操作，同时硬件释放总线。

2) 应答错误(AF)
当接口检测到一个无应答位时，产生应答错误。此时：
(1) AF 位被置位，如果设置了 ITERREN 位，则产生一个中断。
(2) 当发送器接收到一个 NACK 时，必须复位通信：
 • 如果是处于从模式，硬件释放总线；
 • 如果是处于主模式，软件必须生成一个停止条件。

3) 仲裁丢失(ARLO)
当 I2C 接口检测到仲裁丢失时产生仲裁丢失错误，此时：
 • ARLO 位被硬件置位，如果设置了 ITERREN 位，则产生一个中断；
 • I2C 接口自动回到从模式(M/SL 位被清除)；
 • 硬件释放总线。

4) 过载/欠载错误(OVR)
在从模式下，如果禁止时钟延长，I2C 接口正在接收数据时，当它已经接收到一个字节(RxNE=1)，但在 DR 寄存器中前一个字节数据还没有被读出，则发生过载错误。此时：
 • 最后接收的数据被丢弃；
 • 在过载错误时，软件应清除 RxNE 位，发送器应该重新发送最后一次发送的字节。

在从模式下，如果禁止时钟延长，I2C 接口正在发送数据时，在下一个字节的时钟到达之前，新的数据还未写入 DR 寄存器(TxE=1)，则发生欠载错误。此时：
 • 在 DR 寄存器中的前一个字节将被重复发出；
 • 用户应该确定在发生欠载错时，接收端应丢弃重复接收到的数据。发送端应按 I2C 总线标准在规定的时间更新 DR 寄存器。

表 9-12　　　　　　　　　　　　I2C 中断事件

序号	中断事件	事件标志	开启控制位
1	起始位已发送(主)	SB	ITEVFEN
2	地址已发送(主) 或 地址匹配(从)	ADDR	
3	10 位头段已发送(主)	ADD10	
4	已收到停止位(从)	STOPF	
5	数据字节传输完成	BTF	
6	接收缓冲区非空	RxNE	ITEVFEN 和 ITBUFEN
7	发送缓冲区空	TxE	
8	总线错误	BERR	ITERREN
9	仲裁丢失(主)	ARLO	
10	响应失败(非应答)	AF	
11	过载/欠载	OVR	
12	PEC 错误	PECERR	
13	超时/Tlow 错误	TIMEOUT	
14	SMBus 提醒	SMBALERT	

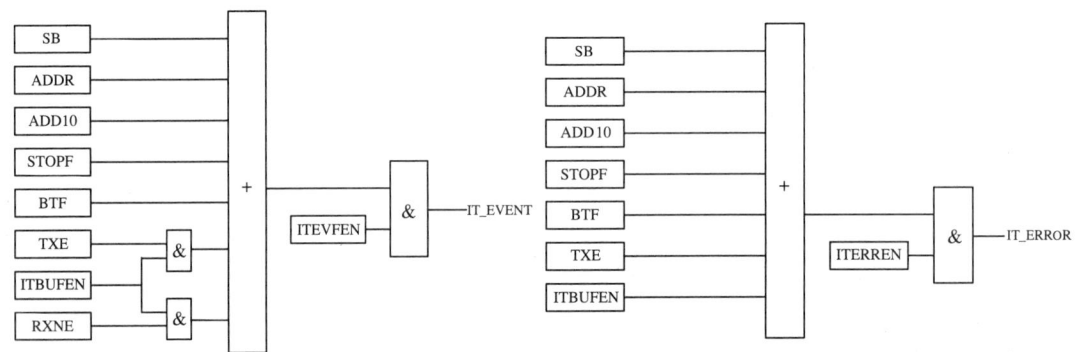

图 9-15　I2C 中断逻辑结构图

STM32 I2C 模块还支持 DMA 操作,并且 I2C 总线兼容 SMBUS 总线,读者可以根据前面学习的基础上,进一步学习这些模块。

9.4　STM32 I2C 扩展 EEPROM 应用

电可擦除可编程只读存储器 EEPROM 可以分为并行和串行两大类。并行 EEPROM 在读写数据时是通过 8 位数据总线传输,而串行 EEPROM 是通过 SPI 总线或 I2C 总线一位一位的传输,虽然与并行 EEPROM 相比传输速度较慢,但是由于其具有体积小,占用 I/O 少,电路简单,成本低的优点,因此被广泛应用于智能仪器仪表等设备中。

9.4.1 概述

24 系列 EEPROM 是 I2C 总线接口的串行存储器,在汽车电子及电度表、水表、煤气表等各类电子设备中得到了广泛的应用,许多半导体厂商均提供兼容产品,例如 ATMEL、MICROCHIP、ST 等。下面以 CAT 24C64 为例介绍其应用。

9.4.2 管脚描述

CAT24WC 系列 EEPROM 提供标准的 8 脚 DIP 封装和 8 脚表面安装的 SOIC 封装。CAT24WC 管脚排列图如图 9-16 所示,其管脚功能描述如表 9-13 所示。

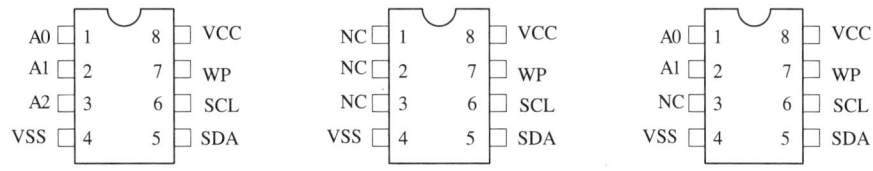

图 9-16 CAT24WC 引脚图

- SCL:串行时钟。这是一个输入管脚接收时钟信号。
- SDA:串行数据/地址。这是一个双向端口,用于传送地址和所有数据。
- A0,A1,A2:器件地址输入端。这些输入端用于多个器件级联时设置器件地址。
- WP:写保护。如果 WP 管脚连接到 V_{cc},所有的内容都被写保护(只能读)。当 WP 管脚连接到 V_{ss} 或悬空,允许器件进行正常的读/写操作。
- V_{cc}:电源引脚,工作电压:1.8~6V。
- GND:电源地参考端。

9.4.3 串行 EEPROM 芯片的寻址

1. 从器件地址

主器件通过发送一个起始信号启动发送过程,然后发送它所要寻址的从器件的地址。8 位从器件地址的高 4 位 D7~D4 固定为 1010(见表 9-2 所示),接下来的 3 位 D3~D1(A2、A1、A0)为器件的片选地址位或作为存储器页地址选择位,用来定义哪个器件以及器件的哪个部分被主器件访问,这些位必须与硬连线输入脚 A2、A1、A0 相对应。同一总线上最多可以连接的器件个数如表 9-13 所示。表 9-13 中 A0、A1 和 A2 对应器件的管脚 1、2 和 3,a8、a9 和 a10 对应为存储阵列页地址选择位。从器件 8 位地址的最低位 D0,作为读写控制位。"1"表示对从器件进行读操作,"0"表示对从器件进行写操作。在主器件发送起始信号和从器件地址字节后,24Cxx 监视总线并当其地址与发送的从地址相符时响应一个应答信号。24Cxx 再根据读写控制位(R/W)的状态进行读或写操作。

表 9-13　　　　　　　　　　CAT24WC 系列器件地址分配一览表

型号	控制码	片选	读/写	总线访问的器件
24C01	1010	A2 A1 A0	1/0	最多 8 个
24C02	1010	A2 A1 A0	1/0	最多 8 个
24C04	1010	A2 A1 a8	1/0	最多 4 个
24C08	1010	A2 a9 a8	1/0	最多 2 个
24C16	1010	a10 a9 a8	1/0	最多 1 个
24C32	1010	A2 A1 A0	1/0	最多 8 个
24C64	1010	A2 A1 A0	1/0	最多 8 个
24C128	1010	X X X	1/0	最多 1 个
24C256	1010	0 A1 A0	1/0	最多 4 个

2. 数据地址分配

CAT24C 系列串行 EEPROM 数据地址如表 9-13 所示。24C01/02/04/08/16 的 A8～A15 位无效，只有 A0～A7 是有效位。对于 24C01/02 正好合适，但对于 24C04/08/16 来说，则需要 a8、a9、a10 页面地址选择位进行相应的配合。

下面针对 CAT24WC64 介绍其操作方法，对于其他型号稍有差别，读者可以参考相关数据手册。由于许多厂家有兼容型号，因此为叙述方便，下面叙述中以 24C64 称呼。

9.4.4　写操作方式

1）字节写

如图 9-17 所示，在字节写模式下，主器件发送起始命令和从器件地址信息（R/W 位置 0）给从器件，主器件在收到从器件产生应答信号后，主器件发送两个 8 位地址字节写入 24C64 的地址指针。主器件在收到从器件的另一个应答信号后，再发送数据到被寻址的存储单元。24C64 再次应答，并在主器件产生停止信号后开始内部数据的擦写，在内部擦写过程中，24C64 不再应答主器件的任何请求。典型操作时间 5ms。

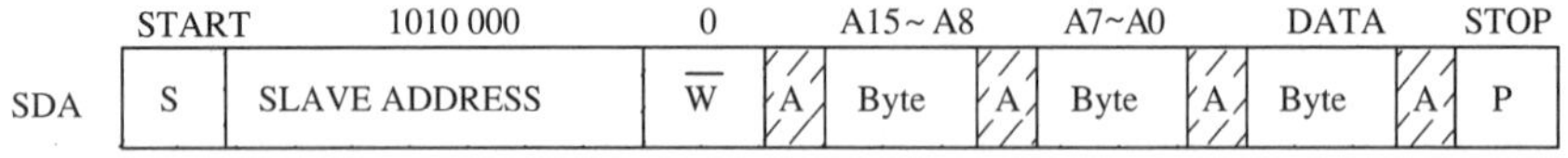

	START	1010 000	0		A15~A8		A7~A0		DATA		STOP
SDA	S	SLAVE ADDRESS	W̄	A	Byte	A	Byte	A	Byte	A	P

图 9-17　24C64 字节写时序图

2）页写

如图 9-18 所示，在页写模式下，24C64 可一次写入 32 个字节数据。页写操作的启动和字节写一样，不同的是在于传送了一字节数据后并不产生停止信号。主器件被允许发送 31 个额外的字节。每发送一个字节数据后，24C64 产生一个应答位，且内部低 5 位地址加 1，高位保持不变。如果在发送停止信号之前主器件发送超过 32 个字节，地址计数器将自动翻转，先前写入的数据被覆盖。接收到 32 字节数据和主器件发送的停止信号后，24C64 启动内部写周期将数据写到数据区。所有接收的数据在一个写周期内写入 24C64。典型操作时间 5ms。

页写时应该注意器件的页"翻转"现象，如 24C64 的页写字节数为 32，从 0 页首址 00H 处

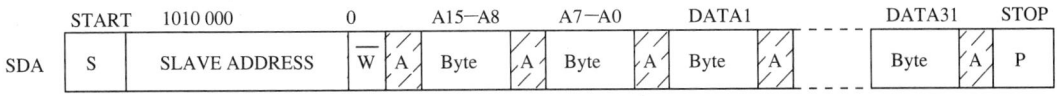

图 9-18　24C64 页写时序图

开始写入数据,当页写入数据超过 32 个时,会页"翻转";若从 03H 处开始写入数据,当页写入数据超过 28 个时,会页"翻转",其他情况依此类推。

3) 应答查询

可以利用内部写周期时禁止数据输入这一特性,一旦主器件发送停止位指示主器件操作结束时,24C64 启动内部写周期,应答查询立即启动,包括发送一个起始信号和进行写操作的从器件地址。如果 24C64 正在进行内部写操作,不会发送应答信号。如果 24C64 已经完成了内部自写周期,将发送一个应答信号,主器件可以继续进行下一次读写操作。

4) 写保护

写保护操作特性可使用户避免由于不当操作而造成对存储区域内部数据的改写,当 WP 管脚接高时,整个寄存器区全部被保护起来而变为只可读取。24C64 可以接收从器件地址和字节地址,但是装置在接收到第一个数据字节后不发送应答信号从而避免寄存器区域被编程改写。

9.4.5　读操作方式

24C64 读操作的初始化方式和写操作时一样,仅把 R/W 位置为 1,有三种不同的读操作方式:读当前地址内容,读随机地址内容,读顺序地址内容。

1) 立即地址读取

如图 9-19 所示,24C64 的地址计数器内容为最后操作字节的地址加 1。也就是说,如果上次读/写的操作地址为 N,则立即读的地址从地址 N+1 开始。如果地址指针已经是器件的最大地址,则计数器将翻转到 0 且继续输出数据。24C64 接收到从器件地址信号后(R/W 位置 1),它首先发送一个应答信号,然后发送一个 8 位字节数据。主器件不需发送一个应答信号,但要产生一个停止信号。

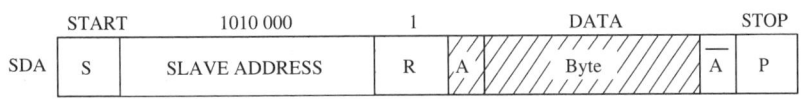

图 9-19　24C64 立即地址读时序图

2) 随机地址读取

如图 9-20 所示,随机读操作允许主器件对寄存器的任意字进行读操作,主器件首先通过发送起始信号、从器件地址和它想读取的字节数据的地址执行一个伪写操作。在 24C64 应答之后,主器件重新发送起始信号和从器件地址,此时 R/W 位置 1,24C64 响应并发送应答信号,然后输出所要求的一个 8 位字节数据,主器件不需要发送应答信号但要产生一个停止信号。

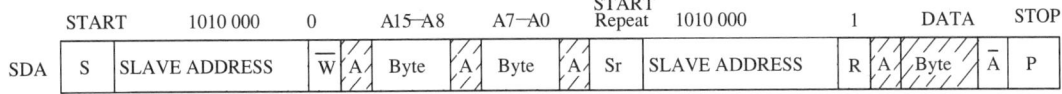

图 9-20　24C64 随机地址读时序图

3) 顺序地址读取

如图 9-21 所示，顺序读操作可通过立即读或随机地址读操作启动。在 24C64 发送完一个 8 位字节数据后，主器件产生一个应答信号来响应，告知 24C64 主器件要求更多的数据，对应每个主机产生的应答信号 24C64 将发送一个 8 位数据字节。当主器件不发送应答信号而发送停止位时结束此操作。从 24C64 输出的数据按顺序由 N 到 $N+x$ 输出。读操作时地址计数器在 24C64 整个地址内增加，这样整个存储区域可在一个读操作内全部读出。当读取的字节超过器件最大地址时，计数器将翻转到零并继续输出数据字节。

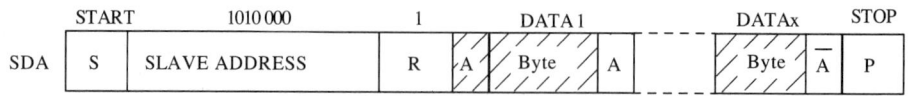

图 9-21 24C64 顺序地址读时序图

9.4.6 STM32 I2C 模块扩展 24C64 应用

1. 硬件线路图

由于 I2C 总线采用开集电极输出，总线必须接上拉电阻，上拉电阻大小由通信速率确定，一般在标准速度 100Kbps 下，上拉电阻选 5kΩ 左右。24C64 电源电压工作范围为 1.8～3.6V，结合 STM32 考虑，统一选用 +3.3V 供电。24C64 硬件地址（A2A1A0）设为 000，即地址 0，则 U2 的芯片地址为 1010000，其中前四位 1010 是由芯片厂商从 I2C 委员会获得。为了提高系统可靠性，芯片电源加去耦 0.1μF 电容。如图 9-22 所示。STM32 其他部分参见前面章节有关最小系统的介绍。

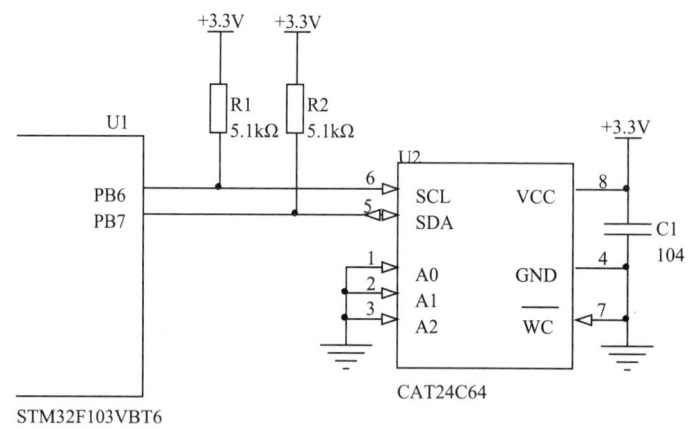

图 9-22 STM32 扩展 EEROM 硬件原理图

2. 软件设计

软件功能比较简单，只是用来测试对 24C64 读写是否正确，定义两个字符串 Str1 和 Str2，将 Str1 保存到 U2 的 0 开始的地址中，将 Str2 保存到 U2 100H 开始的单元中，然后读出两个字符串，校验写入的数据是否正确。程序以 ST 公司的固件库为基础，需要 stm32f10x_i2c.c, stm32f10x_i2c.c, i2c_ee.h, i2c_ee.c 四个文件，程序流程如图 9-23 所示。

下面详细解释一下操作细节。

1) I2C 总线初始化

/************************初始化设置 SDA 和 SCL 硬件管脚****************/

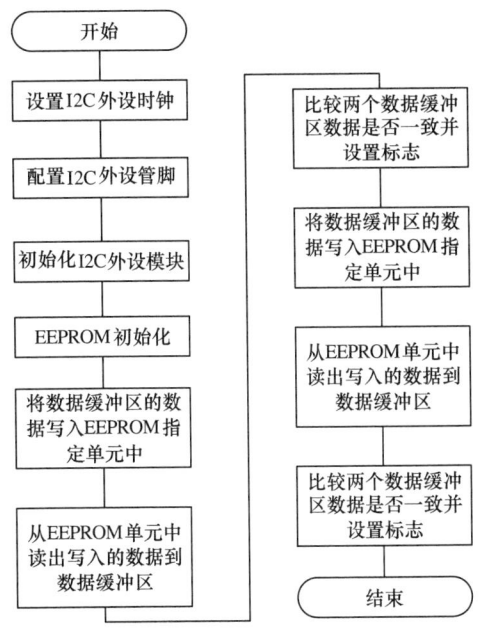

图 9-23　I2C 例程流程图

```
void GPIO_Configuration(void)
{
    GPIO_InitTypeDef   GPIO_InitStructure；// GPIO 结构体,见 GPIO 使用说明

    /* 设置 I2C 使用的两个管脚：SCL 和 SDA */
    GPIO_InitStructure.GPIO_Pin = I2C_EE_SCL | I2C_EE_SDA；
    GPIO_InitStructure.GPIO_Speed=GPIO_Speed_50MHz；
    GPIO_InitStructure.GPIO_Mode=GPIO_Mode_AF_OD；
    GPIO_Init(I2C_EE_GPIO，&GPIO_InitStructure)；
}

/***************** 初始化 I2C 模块和总线 *******************/
void I2C_Configuration(void)
{
    I2C_InitTypeDef   I2C_InitStructure；
    /* I2C 总线参数设置 */
    I2C_InitStructure.I2C_Mode=I2C_Mode_I2C；
    I2C_InitStructure.I2C_DutyCycle=I2C_DutyCycle_2；
    I2C_InitStructure.I2C_OwnAddress1=I2C_SLAVE_ADDRESS7；// I2C 总线采用 7 位地址模式
    I2C_InitStructure.I2C_Ack=I2C_Ack_Enable；// I2C 总线允许应答
    I2C_InitStructure.I2C_AcknowledgedAddress=I2C_AcknowledgedAddress_7bit；
    I2C_InitStructure.I2C_ClockSpeed=I2C_Speed；// I2C 总线速率
    /* I2C 模块使能 */
    I2C_Cmd(I2C_EE, ENABLE)；
    /* 按前面设置的参数设置 I2C 模块,必须在使能 I2C 模块后才能设置 */
    I2C_Init(I2C_EE，&I2C_InitStructure)；
```

}

/ * * * * * * * * * * * EEPROM 模块初始化 * /
void I2C_EE_Init (void)
{
  / * 设置系统时钟模块,为 I2C 模块提供时钟信号 * /
  RCC_APB1PeriphClockCmd(I2C_EE_CLK, ENABLE);
  / * 设置系统时钟模块,为 GPIO 提供时钟 * /
  RCC_APB2PeriphClockCmd(I2C_EE_GPIO_CLK, ENABLE);
  / * 设置 GPIO 管脚,使能外设模块功能 * /
  GPIO_Configuration();
  I2C_Configuration(); // 初始化 I2C 模块

#if defined (EE_M24C64_32)
  / * 根据 EEPROM 24C64 的 A2A1A0 设置硬件地址 * /
  EEPROM_ADDRESS=EEPROM_HW_ADDRESS;
#elif defined (EE_M24C08) // 如果 24C08 设置存储块地址,参见表 2,这里省略。
     :
     :
#endif / * EE_M24C64_32 * /

}

2) 从 EEPROM 指定单元读 N 字节数据放入指定缓冲区

/ *
  * pBuffer   缓冲区首地址指针.
  * ReadAddr ：一组连续 EEPROM 指定单元的首地址.
  * NumByteToRead ：所读字节总数.
* /
void I2C_EE_BufferRead(uint8_t* pBuffer, uint16_t ReadAddr, uint16_t NumByteToRead)
{
   * /
  while(I2C_GetFlagStatus(I2C_EE, I2C_FLAG_BUSY));   // 等待 I2C 总线空闲
  I2C_GenerateSTART(I2C_EE, ENABLE);   // 发送起始位
  / * 测试 EV5 状态,等待并清除相应状态标志 * /
  while(! I2C_CheckEvent(I2C_EE, I2C_EVENT_MASTER_MODE_SELECT));
  / * 发送 EEPROM 器件地址 * /
  I2C_Send7bitAddress(I2C_EE, EEPROM_ADDRESS, I2C_Direction_Transmitter);
  / * 等待 EV6 事件,并清除相应标志 * /
  while(! I2C_CheckEvent(I2C_EE, I2C_EVENT_MASTER_TRANSMITTER_MODE_SELECTED));
#ifdef EE_M24C08
  / * 如果是 24C08 只发送一个存储单元地址,见前面表 9-13 * /
  I2C_SendData(I2C_EE, ReadAddr);
#elif defined (EE_M24C64_32)

```c
    /* 先发送 EEPROM 存储单元的地址高 8 位 */
    I2C_SendData(I2C_EE, (uint8_t)((ReadAddr & 0xFF00) >> 8));
    /* 等待 EV8 标志,等待并清除 */
    while(! I2C_CheckEvent(I2C_EE, I2C_EVENT_MASTER_BYTE_TRANSMITTED));
    /* 发送 EEPROM 存储单元地址低 8 位 */
    I2C_SendData(I2C_EE, (uint8_t)(ReadAddr & 0x00FF));

#endif /* EE_M24C08 */
    /* 测试 EV8 状态,地址是否发送并清除标志 */
    while(! I2C_CheckEvent(I2C_EE, I2C_EVENT_MASTER_BYTE_TRANSMITTED));
    /* 重新发送起始位 */
    I2C_GenerateSTART(I2C_EE, ENABLE);
    /* 等待 EV5 并清除标志 */
    while(! I2C_CheckEvent(I2C_EE, I2C_EVENT_MASTER_MODE_SELECT));
    /* 发送 EEPROM 器件地址 */
    I2C_Send7bitAddress(I2C_EE, EEPROM_ADDRESS, I2C_Direction_Receiver);
    /* 等待 EV6 并清除标志 */
    while(! I2C_CheckEvent(I2C_EE, I2C_EVENT_MASTER_RECEIVER_MODE_SELECTED));
    /* 连续读取 N 字节数据 */
    while(NumByteToRead)
    {
        if(NumByteToRead == 1)
        {
            /* 发送非应答位 */
            I2C_AcknowledgeConfig(I2C_EE, DISABLE);
            /* 发送停止位 */
            I2C_GenerateSTOP(I2C_EE, ENABLE);
        }
        /* 等待 EV7 并清除相应标志 */
        if(I2C_CheckEvent(I2C_EE, I2C_EVENT_MASTER_BYTE_RECEIVED))
        {
            /* 从 EEPROM 中读取一个字节 */
            *pBuffer = I2C_ReceiveData(I2C_EE);
            /* 修改缓冲区指针 */
            pBuffer++;
            /* 读取字节数减 1 */
            NumByteToRead--;
        }
    }
    /* 发送应答位 */
    I2C_AcknowledgeConfig(I2C_EE, ENABLE);
}
```

3) 把缓冲区中的 N 字节数据写入 EEPROM 指定单元中

/**

* pBuffer：数据缓冲区首地址
  * WriteAddr：EEPROM 写入数据的首地址
  * NumByteToWrite：写入字节数
 * /
void I2C_EE_BufferWrite(uint8_t * pBuffer，uint16_t WriteAddr，uint16_t NumByteToWrite)
{
  uint8_t NumOfPage=0，NumOfSingle=0，count=0;
  uint16_t Addr=0;

  Addr=WriteAddr % I2C_FLASH_PAGESIZE；// 求写入地址在页内偏移量
  count=I2C_FLASH_PAGESIZE - Addr；// 写入地址当前页还有多少字节待写
  NumOfPage = NumByteToWrite/I2C_FLASH_PAGESIZE；//写入字节多少页零多少字节
  NumOfSingle=NumByteToWrite % I2C_FLASH_PAGESIZE；

  /* 写入地址在页起始字节 */
  if(Addr == 0)
  {
    /* 如果写入字节总数小于一页 */
    if(NumOfPage == 0)
    {
      I2C_EE_PageWrite(pBuffer，WriteAddr，NumOfSingle);
      I2C_EE_WaitEepromStandbyState();//查询,等待操作结束
    }
    /* 如果写入字节总数大于一页 */
    else
    {
      while(NumOfPage--)
      {
        I2C_EE_PageWrite(pBuffer，WriteAddr，I2C_FLASH_PAGESIZE);
        I2C_EE_WaitEepromStandbyState();
        WriteAddr += I2C_FLASH_PAGESIZE;
        pBuffer += I2C_FLASH_PAGESIZE;
      }

      if(NumOfSingle! =0)
      {
        I2C_EE_PageWrite(pBuffer，WriteAddr，NumOfSingle);
        I2C_EE_WaitEepromStandbyState();
      }
    }
  }
  /* 如果写入地址不在存储器页起始地址 */
  else
  {

```c
/* 如果写入字节总数小于一页 */
if(NumOfPage==0)
{
  /*写入字节大于当前页剩余单元 */
  if (NumByteToWrite > count)
  {
    /* 写入待写入数据 */
    I2C_EE_PageWrite(pBuffer, WriteAddr, count);
    I2C_EE_WaitEepromStandbyState();

    /* 写入剩下的数据 */
    I2C_EE_PageWrite((uint8_t*)(pBuffer+count), (WriteAddr + count),
    (NumByteToWrite - count));
    I2C_EE_WaitEepromStandbyState();
  }
  else
  {
    I2C_EE_PageWrite(pBuffer, WriteAddr, NumOfSingle);
    I2C_EE_WaitEepromStandbyState();
  }
}
/* If NumByteToWrite > I2C_FLASH_PAGESIZE */
else
{
  NumByteToWrite -= count;
  NumOfPage =   NumByteToWrite/I2C_FLASH_PAGESIZE;
  NumOfSingle=NumByteToWrite % I2C_FLASH_PAGESIZE;

  if(count != 0)
  {
    I2C_EE_PageWrite(pBuffer, WriteAddr, count);
    I2C_EE_WaitEepromStandbyState();
    WriteAddr += count;
    pBuffer += count;
  }

  while(NumOfPage--)
  {
    I2C_EE_PageWrite(pBuffer, WriteAddr, I2C_FLASH_PAGESIZE);
    I2C_EE_WaitEepromStandbyState();
    WriteAddr +=  I2C_FLASH_PAGESIZE;
    pBuffer += I2C_FLASH_PAGESIZE;
  }
  if(NumOfSingle != 0)
```

```
      {
        I2C_EE_PageWrite(pBuffer, WriteAddr, NumOfSingle);
        I2C_EE_WaitEepromStandbyState();
      }
    }
  }
}
```

4）理解 main 函数

```
int main(void)
{
  RCC_Configuration();   // 系统设置
  I2C_EE_Init();         // EEPROM 驱动初始化
  /* 向地址 1 中写入 N 字节 */
  I2C_EE_BufferWrite(Tx1_Buffer, EEPROM_WriteAddress1, BufferSize1);
  /* 从指定地址读取 N 字节 */
  I2C_EE_BufferRead(Rx1_Buffer, EEPROM_ReadAddress1, BufferSize1);
  /* 检测读出的数据与写入数据是否一致 */
  TransferStatus1=Buffercmp(Tx1_Buffer, Rx1_Buffer, BufferSize1);
   /* 等待 EEPROM 空闲 */
  I2C_EE_WaitEepromStandbyState();
  /* 第二次写入测试 */
  I2C_EE_BufferWrite(Tx2_Buffer, EEPROM_WriteAddress2, BufferSize2);
  I2C_EE_BufferRead(Rx2_Buffer, EEPROM_ReadAddress2, BufferSize2);
  TransferStatus2=Buffercmp(Tx2_Buffer, Rx2_Buffer, BufferSize2);

  while(1)   //死循环
  {;}
}
```

习题

1. I2C 通信与并行通信相比有哪些优点？
2. I2C 通信中，起始位，停止位，应答位，非应答位是如何定义的？
3. I2C 通信中，如果两个器件同时发起通信，I2C 通信如何实现仲裁？
4. STM32 I2C 模块通信波特率如何设置？
5. 24Cxx EEPROM 芯片有哪几种读写方式？
6. 设某 STM32 应用 I2C 通信波特率为 400kbps，STM32 I2C 模块作为主模块，利用中断收发数据，编写程序代码并画出流程图。

第 10 章　CAN 总线原理及其应用

控制局域网(Control Area Network，CAN)是德国博世公司(BOSCH)于 20 世纪 80 年代为解决汽车领域中的测控应用而开发的一种高性能串行通信网络。它具有成本低、实时性好、工作可靠的优点，目前已广泛应用于电梯控制系统、安全监控系统、数控机床、医疗仪器、纺织机械、船舶运输等多个领域。STM32 内部自带 CAN 控制器，只需外界少量器件即可实现一个完整功能的 CAN 设备结点。读者应在了解 CAN 协议原理的基础上，掌握 CAN 通信设备的硬件设计，以及利用 CAN 构建数据采集和控制网络。

CAN 总线采用了许多新技术和独特设计，与一般的通信总线相比，它的数据通信具有突出的可靠性、实时性和灵活性。其特点可以概括如下：
- 低成本，方便灵活地构成多主机分布式网络，总线利用率高；
- 以短帧为单位，非破坏性仲裁机制，抗干扰能力强，可靠性高；
- 按优先级高低传送信息以及时间触发机制的应用，保证了通信高实时性；
- 可靠的错误处理与检错机制；
- 物理层定义灵活，方便优化系统设计；
- 睡眠和唤醒方式降低了系统功耗。

10.1　CAN 总线概述

10.1.1　CAN 总线通信概述

CAN 通信协议描述了在设备之间信息如何传递，它对通信模型层的定义与开放系统互连模型(OSI)一致。设备每一层与另一设备上相同一层通信，实际的通信只是发生在每个设备上相邻的两层，而设备之间只通过模型物理层的物理介质互连。CAN 协议定义了 OSI 模型的最下面的两层：数据链路层和物理层。数据链路层包含逻辑链路控制子层(LLC)和媒体访问控制子层(MAC)。

逻辑链路控制子层(LLC)的作用是为远程数据请求以及数据传输提供服务，确定由实际使用的 LLC 子层接收哪一个报文，为恢复管理和过载通知提供手段。MAC 子层的作用主要是管理传送规则，也就是控制帧结构、执行仲裁、错误检测、出错标定、故障界定。总线上什么时候开始发送新报文以及什么时候开始接收报文，均在 MAC 子层里确定。位定时的一些普通功能也可以看作是 MAC 子层的一部分。

物理层的作用是在不同结点之间根据电气属性进行数据的实际传输。物理层定义信号是如何实现传输的，因此涉及位时间、位编码、同步的解释。CAN 总线技术规范没有定义物理层的驱动器/接收器特性，以便允许根据它们的具体应用，对发送媒体和信号电平进行优化，因此 CAN 总线在选择物理层方面具有很大的自由度。

CAN 总线对通信协议的其他层没有定义，由系统供应商根据通信要求和自己需要定义，目前比较有影响的 CAN 高层协议包括 CANopen 和 DeviceNet。

CAN 总线与 CAN 通信特点可以概括为以下几点：

1. 带冲突检测的载波监听多重访问 CSMA/CD

CAN 通信协议采用带冲突检测的载波监听多重访问(Carrier Sense Multiple Access with Collision Detection,CSMA/CD)机制通信,CSMA/CD 的核心思想是每个通信结点必须监控总线,当总线空闲时,才能发送信息。因此,总线空闲时每个结点发送信息的机会是均等的。如果多个结点同时检测到总线空闲并发送信息,则会产生冲突。CAN 总线协议采用非破坏性逐位仲裁办法解决总线冲突。仲裁的机制确保了报文和时间均不损失。仲裁期间,每一个发送器都对发送位的电平与被监控的总线电平进行比较。如果电平相同,则这个单元可以继续发送。如果发送的是"隐性"电平而监视的是"显性"电平,那么单元就失去了仲裁,必须退出发送状态。隐性电平和显性电平是总线的两种状态,为了满足总线要求,通常隐性电平由逻辑 1 代表,显性电平由逻辑 0 代表。

2. 面向报文的通信

CAN 总线是一个面向帧的通信协议,连接到 CAN 总线上的结点也不是由地址来区分的。CAN 总线传递的报文信息由报文自身的标识符界定,报文标识符并不代表信息的传递地址而是代表数据标识,因此 CAN 总线结点理论上可以无限多,但由于物理限制,结点还是有限的。CAN 总线上的每个结点都可以通过报文滤波接收自己需要的报文,任何一个报文都可以被多个结点接收,因此 CAN 总线可以很容易实现点对点,一点对多点通信。采用报文传输的另外一个优点是 CAN 总线结点的增加与减少对整个系统没有影响。CAN 总线传递的报文标识符具有优先级,标识符小的具有较高的优先级,优先级高的报文可以优先被传输。

CAN 总线通过发送远程数据请求索取所需数据,该特性避免了数据接收方被动接受的制约。另外通过远程数据请求,可以降低总线占用率。比如一个汽车安全系统,对于有些传感器数据需要经常更新,对于另外一些传感器数据不需要频繁刷新,可以通过周期远程请求来降低总线负荷。

3. 完善的错误校验机制

目前 CAN 总线协议最高版本是 2.0B,通信速率最高 1Mbps,即使对于一些时间敏感的控制参数也能满足要求。由于 CAN 总线诞生之初是为汽车服务的,因此其可靠性和实时性得到了高度重视。CAN 总线的每一个结点均具有一整套复杂的错误检验机制,以便于错误检测、错误标定及错误自检,来保证数据的可靠性。

CAN 总线错误检测采取以下策略：
- 监视,发送器对发送位的电平与被监控的总线电平进行比较;
- 循环冗余检查;
- 位填充;
- 报文格式检查。

CAN 总线错误检测的机制具有以下特性：
- 可检测到所有的全局错误;
- 可检测到发送器所有的局部错误;
- 可检测到报文里多达 5 个任意分布的错误;
- 可检测到报文里长度低于 15 位的突发性错误;
- 可检测到报文里任意奇数个的错误。

对于没有被检测到的错误报文,其剩余的错误概率低于:报文错误率$\times 4.7 \times 10^{-11}$。

除此之外,CAN 结点能够把永久故障和短暂扰动区别开来,永久故障的结点会被关闭,消除其对总线的影响。

10.1.2 CAN 报文传输

CAN 技术规范以及 CAN 国际标准是设计 CAN 应用系统的基本依据,规范原文内容较多,主要是针对 CAN 控制器的设计者而言。对于大多数应用开发者来说,因为许多功能已经由硬件完成了,只要对其基本结构、概念、规则了解即可。下面就 CAN 总线的一些重要概念进行详细分析。

1. 帧格式

CAN 通信的最小单位是帧,CAN 总线包括有两种不同标准的帧格式,具有 11 位标识符的标准帧和具有 29 位标识符扩展帧。报文传输由以下 4 个不同的帧类型所表示和控制:
- 数据帧:将数据从发送器传输到接收器;
- 远程帧:总线单元发出远程帧请求,发送具有同一识别符的数据帧;
- 错误帧:任何单元检测到总线错误就发出错误帧;
- 过载帧:过载帧用以在先行的和后续的数据帧(或远程帧)之间提供一段附加的延时。

数据帧由 7 个不同的位场组成:帧起始、仲裁场、控制场、数据场、CRC 校验场、应答场、帧结束。各个部分构成如图 10-1 所示。

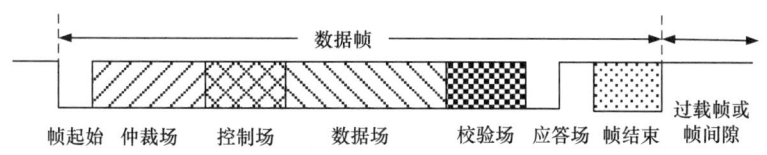

图 10-1 CAN 数据帧结构

(1) 帧起始(SOF)表示数据帧和远程帧的起始,仅由一个"显性"位组成。只有在总线空闲时才允许发送帧起始信号。所有的总线单元必须同步于首先开始发送报文单元的帧起始前沿。

(2) 标准帧的仲裁场与扩展帧的仲裁场格式不同。标准帧仲裁场由 11 位标识符和 RTR 位组成。标识符位由 ID28~ID18 组成,如图 10-2 所示。扩展帧仲裁场包括 29 位标识符、SRR 位、IDE 位、RTR 位。其标识符由 ID28~ID0 组成,如图 10-2 所示。

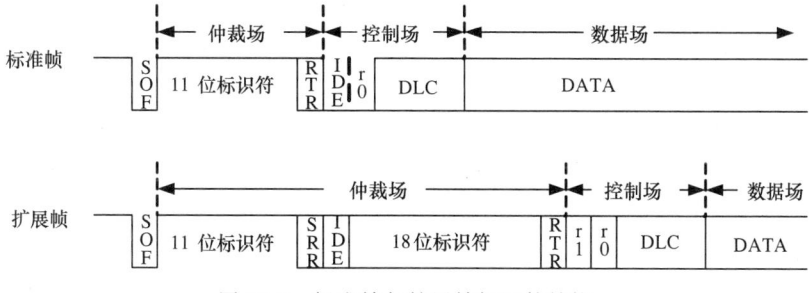

图 10-2 标准帧与扩展帧标识符结构

标准帧标识符长度为 11 位,相当于扩展帧的基本 ID。这些位按 ID28 到 ID18 的顺序发送,最低位是 ID18。7 个最高位(ID28~ID22)必须不能全是"隐性"位。扩展帧由 29 位标识符组成,其格式包含两个部分:11 位基本 ID 和 18 位扩展 ID。基本 ID 按 ID28 到 ID18 的顺序发送,它相当于标准帧标识符的格式。基本 ID 定义了扩展帧的基本优先权;扩展 ID 按 ID17 到 ID0 顺序发送。

标准帧里,标识符后是远程发送请求位(Remote Transmission Request Bit,RTR)。RTR 位在数据帧里必须为"显性",而在远程帧里必须为"隐性";可见,数据帧优先于远程帧。扩展帧里基本 ID 首先发送,其次是扩展位(Identifier Extension Bit,IDE)和 替代远程请求位(Substitute Remote Request Bit,SRR)。SRR 是一隐性位。它在扩展帧中代替标准帧的 RTR 位。扩展 ID 的发送位于 SRR 位之后。因此,标准帧与扩展帧的冲突是通过标准帧优先于扩展帧这一途径得以解决的。

(3) 控制场由 6 个位组成。标准帧的控制场格式和扩展帧控制场格式不同。标准帧里的控制场包括数据长度代码、IDE 位(为显性位)及保留位 r0。扩展帧里的控制场包括数据长度代码和两个保留位:r1 和 r0。其保留位必须发送为显性,但是接收器允许"显性"和"隐性"位的组合。数据长度代码含义如表 10-1 所示。

表 10-1　　　　　　　　　　CAN 数据长度代码

数据长度	数据长度代码			
	DLC3	DLC2	DLC1	DLC0
0	显性	显性	显性	显性
1	显性	显性	显性	隐性
2	显性	显性	隐性	显性
3	显性	显性	隐性	隐性
4	显性	隐性	显性	显性
5	显性	隐性	显性	隐性
6	显性	隐性	隐性	显性
7	显性	隐性	隐性	隐性
8	隐性	显性	显性	显性

(4) 标准帧格式以及扩展帧格式数据场由数据帧里的发送数据组成。它可以为 0~8 个字节,其长度由控制场里的数据长度 DLC 位来确定,每字节包含了 8 个位,首先发送最高位(MSB)。

(5) 标准帧格式以及扩展帧格式的 CRC 校验场由循环冗余码求得。组成这些位流的成分是:帧起始、仲裁场、控制场、数据场,而 15 个最低位的系数是 0。将此多项式除以多项式 $x15+x14+x10+x8+x7+x4+x3+1$(等效于除以二进制数 1100,0101,1001,1001),除法的余数就是 CRC 序列。

(6) 在标准帧或扩展帧应答场(ACK)里,发送站发送两个"隐性"位。当接收器正确地接收到有效的报文,接收器就会在应答间隙(ACK SLOT)期间向发送器发送一"显性"位(ACK 信号)以示应答。

除了没有数据场外,远程帧和数据帧格式相同,远程帧中的 RTR 位为隐性。对于错误帧和过载帧在应用系统开发中很少应用,一般由硬件实现,所以这里就不介绍了。

2. 标称位速率

标称位速率是决定 CAN 通信波特率的一个重要参数。标称位速率为一理想的发送器在没有重新同步的情况下每秒发送的位数量。标称位时间是标称位速率的倒数。可以把标称位时间划分成几个互不重叠时间的片段,它们是:同步段(SYNC_SEG),传播时间段(PROP_SEG),相位缓冲段 1(PHASE_SEG1),相位缓冲段 2(PHASE_SEG2)。位时间如图 10-3 所示。

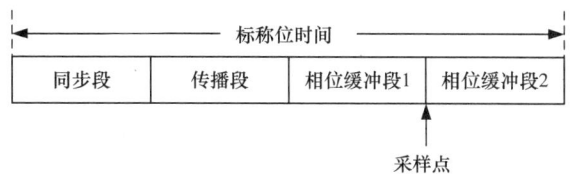

图 10-3　CAN 位时间定义

位时间的同步段用于同步总线上不同的结点。这一时间段内要有一个跳变沿。传播段用于补偿网络内的物理延时时间。它是总线上输入比较器延时和输出驱动器延时总和的两倍。相位缓冲段 1、相位缓冲段 2 用于补偿边沿阶段的错误。这两个段可以通过重新同步加长或缩短。采样点(SAMPLE POINT)是读总线电平并解释各位的值的一个时间点。采集点位于相位缓冲段 1 之后。

时间份额(TIME QUANTUM)是派生于振荡器周期的固定时间单元。存在一个可编程的预比例因子,其整体数值范围为 1~32 的整数,以最小时间份额为起点,时间份额的长度为:
时间份额 = 预比例因子×最小时间份额。

同步段为一个时间份额;传播段的长度可设置为 1~8 个时间份额;相位缓冲段 1 的长度可设置为 1~8 个时间份额;相位缓冲段 2 的长度为相位缓冲段 1 和信息处理时间之间的最大值;信息处理时间少于或等于 2 个时间份额。综上所述,一个位时间总的时间份额值可以设置在 8~25 的范围。

10.2　STM32 的 CAN 通信模块

10.2.1　STM32 bxCAN 通信模块概述

STM32 bxCAN 模块的主要特点如下:
- 支持 CAN 协议 2.0A 和 2.0B 主动模式,波特率最高可达 1Mbps;
- 支持时间触发通信功能;
- 3 个发送邮箱,发送报文的优先级特性可软件配置,记录发送 SOF 时刻的时间戳;
- 3 级深度的 2 个接收 FIFO,14 个位宽可变的过滤器组,FIFO 溢出处理方式可配置,记录接收 SOF 时刻的时间戳;
- 禁止自动重传模式,时间触发通信模式,16 位自由运行定时器,可在最后 2 个数据字节发送时间戳;
- 中断可屏蔽,邮箱占用单独 1 块地址空间,便于提高软件效率。

STM32 CAN 模块总体框图如图 10-4 所示。

STM32 CAN 通信模块可以分为:接收部分,发送部分和中断与错误处理部分。STM32 CAN 通信模块称为基本扩展 CAN(Basic Extended CAN),简称 bxCAN。bxCAN 模块完全支持标准标识符和扩展标识符。从图 10-4 中可以看出,bxCAN 具有三个发送邮箱,两组接收邮箱,为 CAN 数据缓冲提供了硬件保证。同时 bxCAN 还具有强大的接收滤波器,可以对接

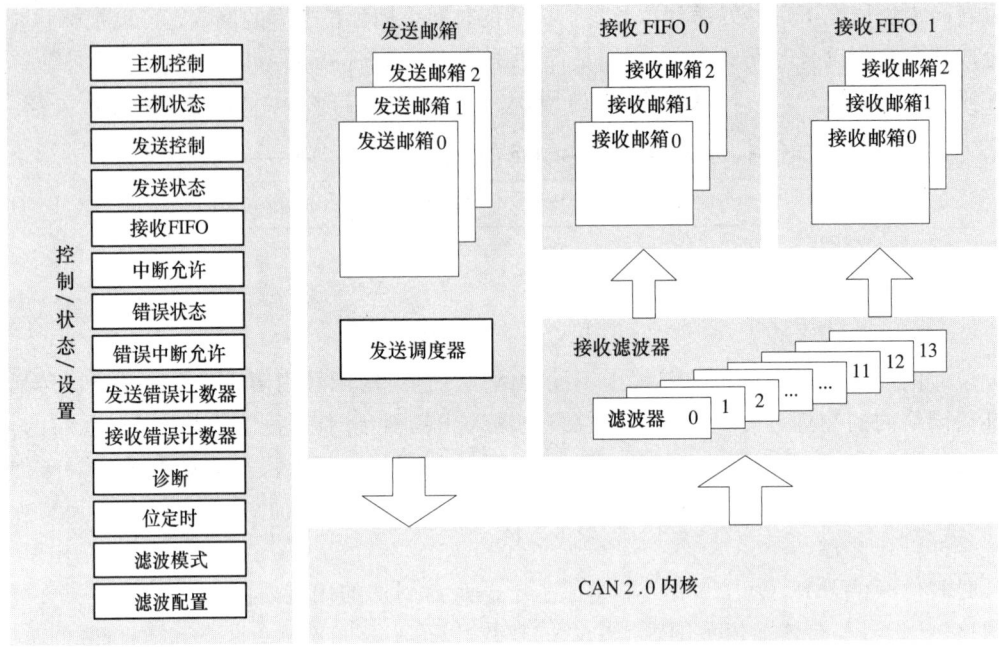

图 10-4　STM32 CAN 模块总体框图

收的报文进行预处理，无用的报文直接丢弃，这样为控制器节省了大量的处理时间。bxCAN 还具有丰富的中断控制和错误处理机制，确保数据通信的可靠性。

10.2.2　控制寄存器描述

由于 STM32 对 CAN 波特率寄存器的错误访问会导致一个 CAN 结点对整个 CAN 网络的短暂干扰，所以 STM32 只允许软件在 CAN 处于初始化模式时修改波特率寄存器 CAN_BTR。虽然发送错误的数据对 CAN 总线的网络层不会带来问题，但却会对应用程序造成严重影响，因此软件只能在发送邮箱为空的状态下修改它，CAN 过滤寄存器的数值只能在关闭对应过滤器组的状态下或整个过滤器为初始化模式下才能修改。此外，只有在设置整个过滤器为初始化模式下，才能修改过滤器的设置，即修改 CAN_FMxR、CAN_FSxR 和 CAN_FFAR 寄存器。下面就 bxCAN 模块主要寄存器进行详细说明。

1. CAN 主控制寄存器（CAN_MCR）（表 10-2）

表 10-2　　　　　　　　　　CAN 主控制寄存器（CAN_MCR）

位	名称	说明
31:16	RESERVED	保留　硬件强制为 0
15	RESET	bxCAN 软件复位 0：bxCAN 模块正常工作； 1：对 bxCAN 进行强行复位，复位后 bxCAN 进入睡眠模式，然后硬件自动对该位清 0
14:8	RESERVED	保留　硬件强制为 0

续表

位	名称	说明
7	TTCM	时间触发通信模式选择 0:禁止时间触发通信模式; 1:允许时间触发通信模式
6	ABOM	自动离线管理 该位决定CAN硬件在什么条件下可以退出离线状态。 0:离线状态的退出是在软件对CAN_MCR寄存器的INRQ位进行置1,随后清0后,一旦硬件检测到128次11位连续的隐性位,就退出离线状态; 1:一旦硬件检测到128次11位连续的隐性位,自动退出离线状态
5	AWUM	自动唤醒模式 该位决定CAN处在睡眠模式时,是由硬件唤醒还是软件唤醒。 0:睡眠模式通过清除CAN_MCR寄存器的SLEEP位,由软件唤醒; 1:睡眠模式通过检测CAN报文,由硬件自动唤醒并且硬件自动对CAN_MSR寄存器的SLEEP和SLAK位清0
4	NART	禁止报文自动重传 0:CAN硬件在发送报文失败时会一直自动重传,直到发送成功; 1:不管发送成功与否,CAN报文只被发送1次
3	RFLM	接收FIFO锁定模式 0:FIFO未被锁定;在接收溢出时,当接收FIFO的报文未被读出,下一个收到的报文会覆盖原有的报文; 1:FIFO被锁定;在接收溢出时,当接收FIFO的报文未被读出,下一个收到的报文会被丢弃
2	TXFP	发送FIFO优先级 当有多个报文同时在等待发送时,该位决定这些报文的发送顺序 0:优先级由报文的标识符来决定; 1:优先级由发送请求的顺序来决定
1	SLEEP	睡眠模式请求位 软件对该位置1可以请求CAN进入睡眠模式,一旦当前的CAN活动(发送或接收报文)结束,CAN就进入睡眠;软件对该位清0使CAN退出睡眠模式
0	INRQ	初始化请求位 软件对该位清0,可使CAN从初始化模式进入正常工作模式;当CAN在接收引脚检测到连续的11个隐性位后,CAN就达到同步,并为接收和发送数据作好准备了。为此,硬件相应地对CAN_MSR寄存器的INAK位清0;软件对该位置1可使CAN从正常工作模式进入初始化模式。一旦当前的CAN活动(发送或接收)结束,CAN就进入初始化模式。相应地,硬件对CAN_MSR寄存器的INAK位置1

地址偏移量:0x00; 复位值:0x0001 0002

2. CAN 主状态寄存器（CAN_MSR）（表 10-3）

表 10-3　　　　　　　　　　CAN 主状态寄存器（CAN_MSR）

位	名称	说明
31:12	RESERVED	保留　硬件强制为 0
11	RX	CAN 接收电平； 该位反映 CAN 接收引脚 CAN_RX 的实际电平
10	SAMP	上次采样值 CAN 接收引脚的上次采样值，对应于当前接收位的值
9	RXM	接收模式　该位为 1 表示 CAN 当前为接收器
8	TXM	发送模式　该位为 1 表示 CAN 当前为发送器
7:5	RESERVED	保留　硬件强制为 0
4	SLAKI	睡眠确认中断 当 SLKIE＝1，一旦 CAN 进入睡眠模式，硬件就对该位置 1，紧接着相应的中断被触发。软件可对该位清 0，当 SLAK 位被清 0 时硬件也对该位清 0； 当 SLKIE＝0，不应该查询该位，而应该查询 SLAK 位来获知睡眠状态
3	WKUI	唤醒中断标志 当 CAN 处于睡眠状态，一旦帧起始位被检测到，硬件就对该位置 1；并且如果 CAN_IER 寄存器的 WKUIE 位为 1，则相应的中断被触发。该位由软件清 0
2	ERRI	出错中断标志 当检测到出错而对 CAN_ESR 寄存器的某位置 1，并且 CAN_IER 寄存器的相应中断使能位也被置 1 时，硬件对该位置 1；并且如果 CAN_IER 寄存器的 ERRIE 位为 1，则错误中断被触发。该位由软件清 0
1	SLAK	睡眠模式确认 当 CAN 进入睡眠模式时，硬件就对该位置 1，供软件进行状态查询。该位是对软件请求进入睡眠模式的确认。当 CAN 退出睡眠模式时，硬件对该位清 0（需要跟 CAN 总线同步）。这里跟 CAN 总线同步是指硬件需要在 CAN 的 RX 引脚上检测到连续的 11 位隐性位
0	INAK	初始化确认 当 CAN 进入初始化模式时硬件就对该位置 1，供软件进行状态查询。该位是对软件请求进入初始化模式的确认。当 CAN 退出初始化模式时硬件对该位清 0

地址偏移量：0x04；复位值：0x0000 0C02

3. CAN 发送状态寄存器（CAN_TSR）（表 10-4）

表 10-4　　　　　　　　　　CAN 发送状态寄存器（CAN_TSR）

位	名称	说明
31	LOW2	邮箱 2 最低优先级标志 当由多个邮箱在等待发送报文，且邮箱 2 的优先级最低时，硬件对该位置 1
30	LOW1	邮箱 1 最低优先级标志 当由多个邮箱在等待发送报文，且邮箱 1 的优先级最低时，硬件对该位置 1
29	LOW0	邮箱 0 最低优先级标志 当由多个邮箱在等待发送报文，且邮箱 0 的优先级最低时，硬件对该位置 1
28	TME2	发送邮箱 2 空 当邮箱 2 中没有等待发送的报文时，硬件对该位置 1
27	TME1	发送邮箱 1 空 当邮箱 1 中没有等待发送的报文时，硬件对该位置 1
26	TME0	发送邮箱 0 空 当邮箱 0 中没有等待发送的报文时，硬件对该位置 1
25:24	CODE	CODE[1:0]:邮箱号 当有至少 1 个发送邮箱为空时，邮箱号为下一个空的发送邮箱号。当所有的发送邮箱都为空时，邮箱号为优先级最低的那个发送邮箱号
23	ABRQ2	邮箱 2 中止发送 软件对该位置 1 可以中止邮箱 2 的发送请求，当邮箱 2 的发送报文被清除时，硬件对该位清 0。如果邮箱 2 中没有等待发送的报文，则对该位置 1 没有任何效果
22:20		保留　硬件强制其值为 0
19	TERR2	邮箱 2 发送失败 当邮箱 2 因为出错而导致发送失败时，对该位置 1
18	ALST2	邮箱 2 仲裁丢失 当邮箱 2 因为仲裁丢失而导致发送失败时，对该位置 1
17	TXOK2	邮箱 2 发送成功　每次在邮箱 2 进行发送尝试后，硬件对该位进行更新。 0：上次发送尝试失败； 1：上次发送尝试成功

续表

位	名称	说明
16	RQCP2	邮箱 2 请求完成 当上次对邮箱 2 的请求(发送或中止)完成后,硬件对该位置 1。软件对该位置 1,可以对其清 0;当硬件接收到发送请求时,也对该位清 0(CAN_TI2R 寄存器的 TXRQ 位被置 1)。该位被清 0 时,邮箱 2 的其他发送状态位(TXOK2,ALST2 和 TERR2)也被清 0
15	ABRQ1	邮箱 1 中止发送 作用同 ABRQ2
14:12	RESERVED	保留 硬件强制其值为 0
11	TERR1	邮箱 1 发送失败 当邮箱 1 因为出错而导致发送失败时,对该位置 1
10	ALST1	邮箱 1 仲裁丢失 当邮箱 1 因为仲裁丢失而导致发送失败时,对该位置 1
9	TXOK1	邮箱 1 发送成功 作用同 TXOK2
8	RQCP1	邮箱 1 请求完成 作用同 RQCP2
7	ABRQ0	邮箱 0 中止发送 作用同 ABRQ2
6:4	RESERVED	保留 硬件强制其值为 0
3	TERR0	邮箱 0 发送失败 当邮箱 0 因为出错而导致发送失败时,对该位置 1
2	ALST0	邮箱 0 仲裁丢失 当邮箱 0 因为仲裁丢失而导致发送失败时,对该位置 1
1	TXOK0	邮箱 0 发送成功 作用同 TXOK2
0	RQCP1	邮箱 0 请求完成 作用同 RQCP2

4. CAN 接收 FIFO 0 寄存器 (CAN_RF0R)(表 10-5)

表 10-5 　　　　　CAN 接收 FIFO 0 寄存器 (CAN_RF0R)

位	名称	说明
31:6	RESERVED	保留 硬件强制为 0
5	RFOM0	释放接收 FIFO 0 输出邮箱 软件通过对该位置 1 来释放接收 FIFO 的输出邮箱。如果接收 FIFO 为空,那么对该位置 1 没有任何效果。如果 FIFO 中有 2 个以上的报文,由于 FIFO 的特点,软件为了访问第 2 个报文,需要释放输出邮箱才行。当输出邮箱被释放时,硬件对该位清 0
4	FOVR0	FIFO0 溢出 当 FIFO0 已满,又接收到新的报文且报文符合过滤条件,硬件对该位置 1。该位由软件清 0

续表

位	名称	说明
3	FULL0	FIFO0 满 当有 3 个报文被存入 FIFO0 时,硬件对该位置 1。该位由软件清 0
2		保留　硬件强制其值为 0
1:0	FMP0	FMP0[1:0]：FIFO0 报文数目 这 2 位反映了当前接收 FIFO 0 中存放的报文数目。每当 1 个新的报文被存入接收 FIFO0,硬件就对 FMP0 加 1。每当软件对 RFOM0 位写 1 来释放输出邮箱,FMP0 就被减 1,直到其为 0

地址偏移量：0x08； 复位值：0x1C00 0000

5. CAN 接收 FIFO1 寄存器(CAN_RF1R)

地址偏移量：0x10,复位值：0x00,各位含义同 CAN_RF0R。

6. CAN 中断允许寄存器（CAN_IER）(表 10-6)

表 10-6　　　　　　　　CAN 中断允许寄存器（CAN_IER）

位	名称	说明
31:18	RESERVED	保留　硬件强制为 0
17	SLKIE	睡眠中断允许位 0：当 SLAKI 位被置 1 时,不允许中断产生； 1：当 SLAKI 位被置 1 时,允许产生中断
16	WKUIE	睡眠唤醒中断允许位 0：当 WKUI 位被置 1 时,不允许中断产生； 1：当 WKUI 位被置 1 时,允许产生中断
15	ERRIE	错误中断允许位 0：当 CAN_ESR 寄存器有错误挂起时,不允许中断产生； 1：当 CAN_ESR 寄存器有错误挂起时,允许产生中断
14:12	RESERVED	保留位　硬件强制为 0
11	LECIE	上次错误号中断允许位 0：当检测到错误从而硬件对 LEC[2:0]写入非 0 值时,不会对 ERRI 位置 1； 1：当检测到错误从而硬件对 LEC[2:0]写入非 0 值时,对 ERRI 位置 1
10	BOFIE	离线中断允许位 0：当 BOFF 位被置 1 时,不会对 ERRI 位置 1； 1：当 BOFF 位被置 1 时,对 ERRI 位置 1

续表

位	名称	说明
9	EPVIE	被动错误中断允许位 0：当 EPVF 位被置 1 时，不会对 ERRI 位置 1； 1：当 EPVF 位被置 1 时，对 ERRI 位置 1
8	EWGIE	错误警告中断允许位 0：当 EWGF 位被置 1 时，不会对 ERRI 位置 1； 1：当 EWGF 位被置 1 时，对 ERRI 位置 1
7	RESERVED	保留　硬件强制为 0
6	FOVIE1	FIFO1 溢出中断允许位 0：当 FIFO1 的 FOVR 位被置 1 时，不允许中断产生； 1：当 FIFO1 的 FOVR 位被置 1 时，允许产生中断
5	FFIE1	FIFO1 满中断允许位 0：当 FIFO1 的 FULL 位被置 1 时，不允许中断产生； 1：当 FIFO1 的 FULL 位被置 1 时，允许产生中断
4	FMPIE1	FIFO1 消息收到中断允许位 0：当 FIFO1 的 FMP[1:0]位被写入非 0 值时，不允许中断产生； 1：当 FIFO1 的 FMP[1:0]位被写入非 0 值时，允许产生中断
3	FOVIE0	FIFO0 溢出中断允许位 0：当 FIFO0 的 FOVR 位被置 1 时，不允许有中断产生； 1：当 FIFO0 的 FOVR 位被置 1 时，允许产生中断
2	FFIE0	FIFO0 满中断允许位 0：当 FIFO0 的 FULL 位被置 1 时，不允许中断产生； 1：当 FIFO0 的 FULL 位被置 1 时，允许产生中断
1	FMPIE0	FIFO0 消息收到中断允许位 0：当 FIFO0 的 FMP[1：0]位被写入非 0 值时，不允许中断产生； 1：当 FIFO0 的 FMP[1：0]位被写入非 0 值时，允许产生中断
0	TMEIE	发送邮箱空中断允许位 0：当 RQCPx 位被置 1 时，不允许中断产生； 1：当 RQCPx 位被置 1 时，允许产生中断

地址偏移量：0x14；复位值：0x0000 0000

7. CAN 错误状态寄存器（CAN_ESR）（表 10-7）

表 10-7　　　　　　　　　　CAN 错误状态寄存器（CAN_ESR）

位	名称	说明
31：24	REC[7：0]	接收错误计数器 这是对 CAN 协议接收部分的故障界定机制的实现。按照 CAN 协议，当接收出错时，根据出错的情况该计数器加 1 或加 8；而在每次接收成功后，该计数器减 1，或当该计数器的值大于 127 时，设置它的值为 120。当该计数器的值超过 127 时，CAN 进入错误被动状态
23：16	TEC[7：0]	发送错误计数器 与上面相似，这是对 CAN 协议的故障界定机制发送部分的实现
15：7	RESERVED	保留　硬件强制为 0
6：4	LEC[2：0]	上次错误代码　在检测到 CAN 总线上发生错误时，硬件根据出错情况设置其为 1~6 的值。当报文被正确发送或接收后，硬件清除其值为'0'。硬件没有使用错误代码 7，软件可以设置该值，从而可以检测代码的更新。 000：没有错误； 001：位填充错； 010：帧格式错； 011：应答错； 100：隐性位错； 101：显性位错； 110：CRC 校验错； 111：由软件设置
3	RESERVED	保留　硬件强制为 0
2	BOFF	离线（Bus Off）标志　当进入离线状态时，硬件对该位置 1。当发送错误计数器 TEC 溢出，即大于 255 时，CAN 进入离线状态
1	EPVF	错误被动（Error Passive）标志　当出错次数达到错误被动的阈值时，即接收错误计数器或发送错误计数器的值＞127，硬件对该位置 1
0	EWGF	错误警告标志　当出错次数达到警告的阈值时，即接收错误计数器或发送错误计数器的值≥96，硬件对该位置 1

地址偏移量：0x18；　复位值：0x0000 0000

8. CAN 位时间特性寄存器（CAN_BTR）（表 10-8）

表 10-8　　　　　　　　　CAN 位时间特性寄存器（CAN_BTR）

位	名称	说明
31	SILM	静默模式　用于调试 0：正常状态； 1：静默模式
30	LBKM	环回模式（用于调试） 0：正常状态； 1：允许环回模式
29：26	RESERVED	保留　硬件强制为 0
25：24	SJW	SJW[1：0]：重新同步跳跃宽度 为了重新同步，该位域定义了 CAN 硬件在每位中可以延长或缩短多少个时间单元的上限。$t_{RJW} = t_{CAN} \times (SJW[1：0] + 1)$
23	RESERVED	保留　硬件强制为 0
22：20	TS2[2：0]	时间段 2 该位域定义了时间段 2 占用了多少个时间单元： $t_{BS2} = t_{CAN} \times (TS2[2：0] + 1)$
19：16	TS1[3：0]	时间段 1 该位域定义了时间段 1 占用了多少个时间单元 $t_{BS1} = t_{CAN} \times (TS1[3：0] + 1)$
15：10	RESERVED	保留　硬件强制其值为 0
9：0	BRP[9：0]	波特率分频器 该位域定义了时间单元（t_q）的时间长度 $t_q = (BRP[9：0]+1) \times t_{PCLK}$

地址偏移量：0x1C；　复位值：0x0123 0000

10.2.3　邮箱寄存器描述

本节描述发送和接收邮箱寄存器。发送和接收邮箱几乎一样。除了发生邮箱寄存器的 FM 域，接收邮箱是只读的；发送邮箱只有在它为空时才是可写的，发送邮箱为空对应于 CAN_TSR 寄存器的相应 TME 位为 1。

每个 bxCAN 模块共有 3 个发送邮箱和 2 个接收邮箱，见图 10-5 所示。每个接收邮箱为 3 级深度的 FIFO，并且只能访问 FIFO 中最先收到的报文。无论是接收邮箱还是发送邮箱，每个邮箱都包含 4 个寄存器。

1. 发送邮箱标识符寄存器（CAN_TIxR）（x=0,1,2）（表 10-9）

当其所属的邮箱处在等待发送的状态时，该寄存器是写保护的 STID[10：0]。该寄存器实现了发送请求控制功能(第 0 位)——复位值为 0。

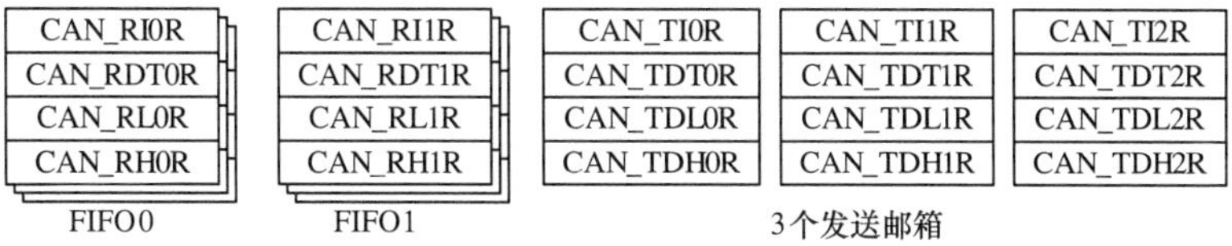

CAN_RI0R	CAN_RI1R	CAN_TI0R	CAN_TI1R	CAN_TI2R
CAN_RDT0R	CAN_RDT1R	CAN_TDT0R	CAN_TDT1R	CAN_TDT2R
CAN_RL0R	CAN_RL1R	CAN_TDL0R	CAN_TDL1R	CAN_TDL2R
CAN_RH0R	CAN_RH1R	CAN_TDH0R	CAN_TDH1R	CAN_TDH2R

FIFO0　　　　FIFO1　　　　　3 个发送邮箱

图 10-5　接收邮箱和发送邮箱

表 10-9　　　　　　　　发送邮箱标识符寄存器（CAN_TIxR）

位	名称	说明
31：21	STID[10：0]	标准标识符 扩展身份标识的高字节
20：3	EXID[17：0]	扩展标识符 扩展身份标识的低字节
2	IDE	标识符选择　该位决定发送邮箱中报文使用的标识符类型。 0：使用标准标识符； 1：使用扩展标识符
1	RTR	远程发送请求 0：数据帧； 1：远程帧
0	TXRQ	发送数据请求 由软件对其置 1，来请求发送其邮箱的数据。当数据发送完成，邮箱为空时，硬件对其清 0

地址偏移量：0x180,0x190,0x1A0；复位值：未定义

2. 发送邮箱数据长度和时间戳寄存器（CAN_TDTxR）（x＝0，1，2）(表 10-10)

表 10-10　　　　　　发送邮箱数据长度和时间戳寄存器（CAN_TDTxR）

位	名称	说明
31：16	TIME[15：0]	报文时间戳 该域包含了在发送该报文 SOF 的时刻，16 位定时器的值
15：9	RESERVED	保留
8	TGT	发送时间戳　只有在 CAN 处于时间触发通信模式，即 CAN_MCR 寄存器的 TTCM 位为 1 时，该位才有效。 0：不发送时间戳； 1：发送时间戳 TIME[15：0]。在长度为 8 的报文中，时间戳 TIME[15：0]是最后 2 个发送的字节。TIME[7：0]作为第 7 个字节，TIME[15：8]为第 8 个字节，它们替换了写入 CAN_TDHxR[31：16]的数据(DATA6[7：0]和 DATA7[7：0])。为了把时间戳的 2 个字节发送出去，DLC 必须编程为 8

续表

位	名称	说明
7:4	RESERVED	保留
3:0	DLC[15:0]	发送数据长度 该域指定了数据报文的数据长度或者远程帧请求的数据长度。1个报文包含0到8个字节数据,由DLC决定

地址偏移量:0x184,0x194,0x1A4;复位值:未定义

3. 发送邮箱低字节数据寄存器(CAN_TDLxR)(x＝0,1,2)(表10-11)

表10-11　　发送邮箱低字节数据寄存器(CAN_TDLxR)

位	名称	说明
31:24	DATA3[7:0]	字节3　报文的数据字节3
23:16	DATA2[7:0]	字节2　报文的数据字节2
15:8	DATA1[7:0]	字节1　报文的数据字节1
7:0	DATA0[7:0]	字节0　报文的数据字节0。报文包含0到8个字节数据,且从字节0开始

地址偏移量:0x188,0x198,0x1A8　复位值:未定义

4. 发送邮箱高字节数据寄存器(CAN_TDHxR)(x＝0,1,2)(表10-12)

表10-12　　发送邮箱高字节数据寄存器(CAN_TDHxR)

位	名称	说明
31:24	DATA7[7:0]	字节7　报文的数据字节7
23:16	DATA6[7:0]	字节6　报文的数据字节6
15:8	DATA5[7:0]	字节5　报文的数据字节5
7:0	DATA4[7:0]	字节4　报文的数据字节4

地址偏移量:0x18C,0x19C,0x1AC;复位值:未定义

5. 接收FIFO邮箱标识符寄存器(CAN_RIxR)(x＝0,1)(表10-13)

表10-13　　接收FIFO邮箱标识符寄存器(CAN_RIxR)

位	名称	说明
31:21	STID[10:0]	标准标识符　扩展帧标识符的高字节
20:3	EXID[17:0]	扩展标识符　扩展帧标识符的低字节
2	IDE	标识符选择　该位表示接收邮箱中报文使用的标识符类型。 0:使用标准标识符; 1:使用扩展标识符
1	RTR	远程发送请求,表示帧类型 0:数据帧; 1:远程帧
0	RESERVED	保留

地址偏移量:0x1B0,0x1C0;复位值:未定义位

6. 接收FIFO邮箱数据长度和时间戳寄存器（CAN_RDTxR）（x=0,1）（表10-14）

表10-14　　　　　　接收FIFO邮箱数据长度和时间戳寄存器（CAN_RDTxR）

位	名称	说明
31：16	TIME[15：0]	报文时间戳 该域包含了在接收该报文SOF的时刻，16位定时器的值
15：8	FMI[15：0]	过滤器匹配序号 这里是存在邮箱中的信息传送的过滤器序号
7：4		保留　硬件强制为0
3：0	DLC[15：0]	接收数据长度 该域表明接收数据帧的数据长度（0～8）。对于远程帧，数据长度DLC恒为0

地址偏移量：0x1B4,0x1C4；　复位值：未定义位

7. 接收FIFO邮箱低字节数据寄存器（CAN_RDLxR）（x=0,1）（表10-15）

表10-15　　　　　　接收FIFO邮箱低字节数据寄存器（CAN_RDLxR）

位	名称	说明
31：24	DATA3[7：0]	字节3　报文的数据字节3
23：16	DATA2[7：0]	字节2　报文的数据字节2
15：8	DATA1[7：0]	字节1　报文的数据字节1
7：0	DATA0[7：0]	字节0　报文的数据字节0。报文包含0到8个字节数据，且从字节0开始

地址偏移量：0x1B8,0x1C8；　复位值：未定义位

8. 接收FIFO邮箱高字节数据寄存器（CAN_RDHxR）（x=0,1）（表10-16）

表10-16　　　　　　接收FIFO邮箱高字节数据寄存器（CAN_RDHxR）

位	名称	说明
31：24	DATA7[7：0]	字节7　报文的数据字节7
23：16	DATA6[7：0]	字节6　报文的数据字节6
15：8	DATA5[7：0]	字节5　报文的数据字节5
7：0	DATA4[7：0]	字节4　报文的数据字节4

地址偏移量：0x1BC,0x1CC；复位值：未定义位

10.2.4　CAN 过滤器寄存器

1. CAN 过滤器主控寄存器（CAN_FMR）（表 10-17）

表 10-17　CAN 过滤器主控寄存器（CAN_FMR）

位	名称	说明
31:1	RESERVED	保留　强制为复位值
0	FINIT	过滤器初始化模式，针对所有过滤器组的初始化模式设置。 0:过滤器组工作在正常模式； 1:过滤器组工作在初始化模式

地址偏移量：0x200；复位值：0x2A1C 0E01

2. CAN 过滤器模式寄存器（CAN_FM1R）（表 10-18）

表 10-18　CAN 过滤器模式寄存器（CAN_FM1R）

位	名称	说明
31:14	RESERVED	保留　硬件强制为 0
13:0	FBMx	过滤器模式　过滤器组 x 的工作模式。 0:过滤器组 x 的 2 个 32 位寄存器工作在标识符屏蔽位模式； 1:过滤器组 x 的 2 个 32 位寄存器工作在标识符列表模式

地址偏移量：0x204；复位值：0x0000 0000

3. CAN 过滤器位宽寄存器（CAN_FS1R）（表 10-19）

表 10-19　CAN 过滤器位宽寄存器（CAN_FS1R）

位	名称	说明
31:14	RESERVED	保留　硬件强制为 0
13:0	FSCx	过滤器位宽设置　过滤器组 x(13~0)的位宽。 0:过滤器位宽为 2 个 16 位； 1:过滤器位宽为单个 32 位

地址偏移量：0x20C；复位值：0x0000 0000

4. CAN 过滤器 FIFO 关联寄存器（CAN_FFA1R）（表 10-20）

表 10-20　CAN 过滤器 FIFO 关联寄存器（CAN_FFA1R）

位	名称	说明
31:14	RESERVED	保留　硬件强制为 0
13:0	FFAx	过滤器对应 FIFO 设置　报文在通过了某过滤器的过滤后，将被存放到其关联的 FIFO 中。 0:过滤器被关联到 FIFO0； 1:过滤器被关联到 FIFO1

地址偏移量：0x214；复位值：0x0000 0000

5. CAN 过滤器激活寄存器（CAN_FA1R）（表 10-21）

表 10-21　　　　　　　　　　CAN 过滤器激活寄存器（CAN_FA1R）

位	名 称	说 明
31:14	RESERVED	保留　硬件强制为 0
13:0	FACTx	过滤器激活　软件对某位设置 1 来激活相应的过滤器。只有对 FACTx 位清 0，或对 CAN_FMR 寄存器的 FINIT 位设置 1 后，才能修改相应的过滤器寄存器 x(CAN_FxR[0：1])。 0：过滤器被禁用； 1：过滤器被激活

地址偏移量：0x21C；复位值：0x0000 0000

6. CAN 过滤器组 x 寄存器（CAN_FiRx）（i＝0～13，x＝1，2）（表 10-22）

共有 14 组过滤器，每组过滤器由 2 个 32 位的寄存器组成。只有在 CAN_FAxR 寄存器相应的 FACTx 位清零或 CAN_FMR 寄存器的 FINIT 位置 1 时，才能修改相应的过滤器寄存器。

表 10-22　　　　　　　　　　CAN 过滤器组 x 寄存器（CAN_FiRx）

位	名 称	说 明
31:0	FB[31：0]	在标识符列表模式　寄存器的每位对应于所期望的标识符的相应位的电平。 0：期望相应位为显性位； 1：期望相应位为隐性位。 在屏蔽位模式寄存器的每位指示是否对应的标识符寄存器位一定要与期望的标识符的相应位一致。 0：不关心，该位不用于比较； 1：必须匹配，到来的标识符位必须与滤波器对应的标识符寄存器位相一致

地址偏移量：0x240 … 0x2AC；复位值：未定义位

10.3　STM32 bxCAN 模块工作过程

10.3.1　bxCAN 模块工作模式

STM32 系列芯片一般包含 1～2 个 bxCAN 模块。bxCAN 有 3 种主要的工作模式：睡眠模式、初始化模式和正常模式。在硬件复位后，bxCAN 默认工作在睡眠模式，以降低功耗，同时 CAN 发送引脚的内部上拉电阻被激活。软件通过对 CAN_MCR 寄存器的 INRQ 或 SLEEP 位设置，可以请求 bxCAN 进入初始化模式或正常模式。一旦进入了初始化模式或正常模式，硬件就对 CAN_MSR 寄存器的 INAK 或 SLAK 位设置进行确认，同时内部上拉电阻被禁用，见图 10-6。

在睡眠模式下，软件通过对 CAN_MCR 寄存器的 SLEEP 位清零和 INRQ 置 1，请求

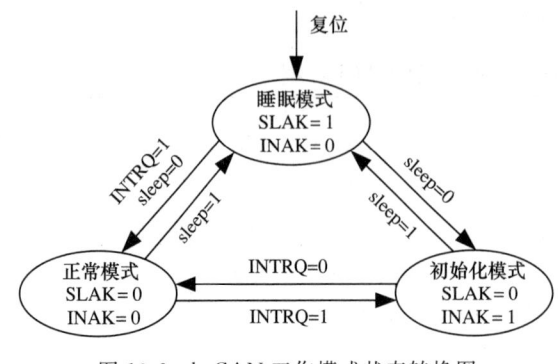

图 10-6 bxCAN 工作模式状态转换图

CAN 模块退出睡眠模式,进入初始化模式。软件通过查询 CAN_MSR 寄存器的 INAK 位可以确定 CAN 模块是否进入初始化模式。软件初始化工作应该在硬件进入初始化模式后进行。当 bxCAN 模块处于初始化模式时,禁止报文的接收和发送,并且 CAN 发送引脚输出隐性位(高电平)。初始化模式的进入,不会改变配置寄存器。软件对 bxCAN 的初始化至少包括位时间特性寄存器(CAN_BTR)和控制寄存器(CAN_MCR)这 2 个寄存器。通过清零 CAN_MCR 寄存器的 INRQ 位,请求 bxCAN 退出初始化模式,进入正常工作模式。硬件对 CAN_MSR 寄存器的 INAK 位清零来确认初始化模式的退出。

在初始化完成后,软件应该让硬件进入正常模式,以便正常接收和发送报文。虽然不需要必须在初始化模式下进行过滤器初值的设置,但必须在滤波器处在非激活状态下完成(相应的 FACT 位为 0)。而滤波器的位宽和模式的设置,则必须在初始化模式中完成。当 INAK 和 SLAK 位都为零时,bxCAN 就处于正常模式。在进入正常模式前,bxCAN 必须跟 CAN 总线取得同步。为取得同步,bxCAN 要等待 CAN 总线达到空闲状态,即在 CAN_RX 引脚上监测到 11 个连续的隐性位。

bxCAN 可工作在低功耗的睡眠模式。在该模式下,bxCAN 的时钟停止工作,但软件仍然可以访问邮箱寄存器。有 2 种方式可以唤醒 bxCAN,使其退出睡眠模式:

- 硬件检测到 CAN 总线的活动。如果 CAN_MCR 寄存器的 AWUM 位为 1,一旦检测到 CAN 总线的活动,硬件就自动对 SLEEP 位清零来唤醒 bxCAN。
- 通过软件对 SLEEP 位置 1。如果 CAN_MCR 寄存器的 AWUM 位为 0,软件在唤醒中断里对 SLEEP 位清零,使其退出睡眠状态。

在 bxCAN 处于正常工作模式时,还有 3 种特殊工作方式:静默方式、环回方式和环回静默方式。在静默方式下,bxCAN 可以正常地接收数据帧和远程帧,但是只能发送隐性位,即不能发送报文。环回模式下,bxCAN 直接将发送的报文存储在接收邮箱里,这种模式可以用于自测试,在环回模式下,控制器忽略应答位。环回静默模式是前两者的综合,可用于在线自测试。

bxCAN 模块还支持时间触发通信模式。在该模式下,CAN 硬件的内部定时器被激活,并且被用于产生发送与接收邮箱的时间戳,分别存储在 CAN_RDTxR/CAN_TDTxR 寄存器中。内部定时器在每个 CAN 位时间累加。内部定时器在接收和发送的帧起始位的采样点位置被采样,并生成时间戳。

10.3.2 bxCAN 模块数据发送管理

根据 CAN 总线协议,CAN 通信是以帧为单位进行传输的,相关发送状态转换图如图 10-7 所示。通常一帧有效数据又称为一条报文。邮箱是 RAM 区中一块存储单元,它是用来暂时存放报文的存储区。邮箱是软件和硬件之间关于报文的接口。邮箱包含了所有跟报文有关的信息:标识符、数据、控制、状态和时间戳信息。

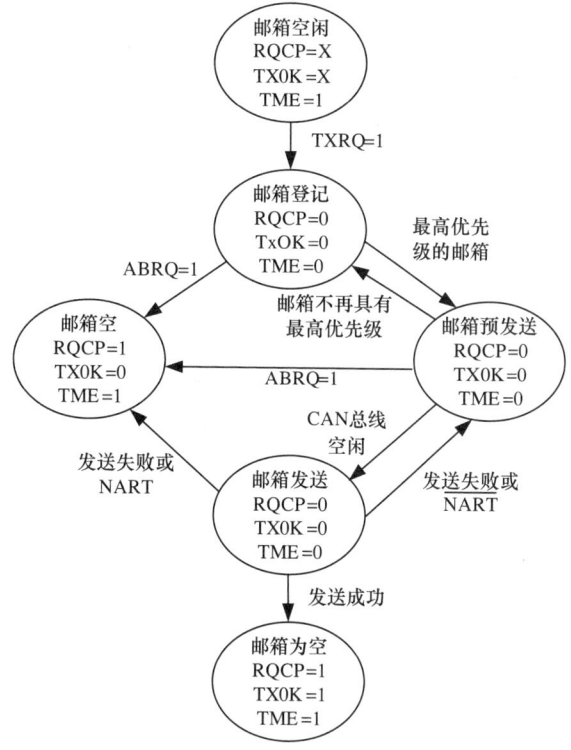

图 10-7　bxCAN 发送状态转换图

bxCAN 模块初始化后,发送报文的流程为:
(1) 通过应用程序选择 1 个空的发送邮箱。
(2) 设置标识符,数据长度和待发送数据。
(3) 对 CAN_TIxR 寄存器的 TXRQ 位置位,来请求发送。

TXRQ 位置 1 后,邮箱就不再是空邮箱,软件对邮箱寄存器也不再有写的权限。TXRQ 位置 1 后,邮箱马上进入登记状态,并等待成为最高优先级的邮箱。在此邮箱成为最高优先级的邮箱后,其状态就变为预发送状态;一旦 CAN 总线进入空闲状态,预发送邮箱中的报文就进入发送状态,马上被发送。如果邮箱中的报文被成功发送,邮箱马上重新变为空邮箱;硬件相应地对 CAN_TSR 寄存器的 RQCP 和 TXOK 位置 1,来表明成功发送。如果发送失败,硬件对相应标志进行设置,通知软件采取措施。由于仲裁引起的发送失败就对 CAN_TSR 寄存器的 ALST 位置 1,由于发送错误引起的发送失败就对 TERR 位置 1。

如果发送优先级设置成由标识符决定,当有超过 1 个发送邮箱在登记时,发送顺序由邮箱中报文的标识符决定。根据 CAN 协议,标识符数值最低的报文具有最高的优先级。如果标识符的值相等,那么邮箱号小的报文先被发送。通过对 CAN_MCR 寄存器的 TXFP 位置 1,可以把发送邮箱配置为发送 FIFO,发送优先级由发送请求次序决定。该模式对分段发送很有用。

可以通过对 CAN_TSR 寄存器的 ABRQ 位置 1,终止发送请求。邮箱如果处于登记或预发送状态,发送请求马上就会被终止。如果邮箱处于发送状态,那么终止请求可能导致 2 种结果。如果邮箱中的报文被成功发送,那么邮箱变为空邮箱,并且 CAN_TSR 寄存器的 TXOK 位被硬件置 1。如果邮箱中的报文发送失败,那么邮箱变为预发送状态,然后发送请求被终止,邮箱变为空邮箱且 TXOK 位被硬件清零。因此只要邮箱处于发送状态,那么在发送操作结束后,邮箱都会变为空邮箱。

STM32 bxCAN 模块还支持禁止自动重传模式。禁止自动重传模式主要用于满足 CAN 标准中时间触发通信选项的需求。通过对 CAN_MCR 寄存器的 NART 位置 1,来让硬件工作在该模式下。在该模式下,发送操作只会执行一次。如果发送操作失败,不管是由于仲裁丢失还是发送出错,硬件都不会再自动重发该报文。在一次发送操作结束后,硬件认为发送请求已经完成,从而对 CAN_TSR 寄存器的 RQCP 位置 1,同时发送的结果反映在 TXOK、ALST 和 TERR 位上。

10.3.3 bxCAN 模块数据接收管理

bxCAN 模块接收到的报文存储在具有 3 级深度的 FIFO 接收邮箱中。FIFO 完全由硬件来管理,从而节省了 CPU 的处理负担,简化了程序设计并保证了数据的一致性。应用程序只能通过读取 FIFO 输出邮箱,来读取 FIFO 中最先收到的报文。

根据 CAN 协议,当报文被正确接收,且通过了标识符过滤,该报文才被认为是有效报文。所谓过滤就是只接收需要的报文而舍弃其他报文的过程,在后文还有详细解释。如果 FIFO 初始状态为空,在接收到第一个有效的报文后,FIFO 状态变为登记 1(pending_1),硬件相应地把 CAN_RFR 寄存器的 FMP[1:0]设置为 01b。软件可以读取 FIFO 输出邮箱来读出邮箱中的报文,然后通过对 CAN_RFR 寄存器的 RFOM 位置位来释放邮箱,这样 FIFO 又变为空状态了。如果在释放邮箱的同时,又收到了一个有效的报文,那么 FIFO 仍然保留在登记 1 状态,软件可以继续读取 FIFO 输出邮箱来读出新收到的报文。如果应用程序不释放邮箱,在接收到下一个有效的报文后,FIFO 状态变为登记 2(pending_2),硬件相应地把 FMP[1:0]设置为 10b。重复上面的过程,第三个有效的报文把 FIFO 状态变为登记 3(pending_3),FMP[1:0]=11b。此时,软件必须对 RFOM 位置位来释放邮箱,以便 FIFO 可以有空间来存放下一个有效的报文;否则,下一个有效的报文到来时就会导致一个报文的丢失。这一过程可参见图 10-8。

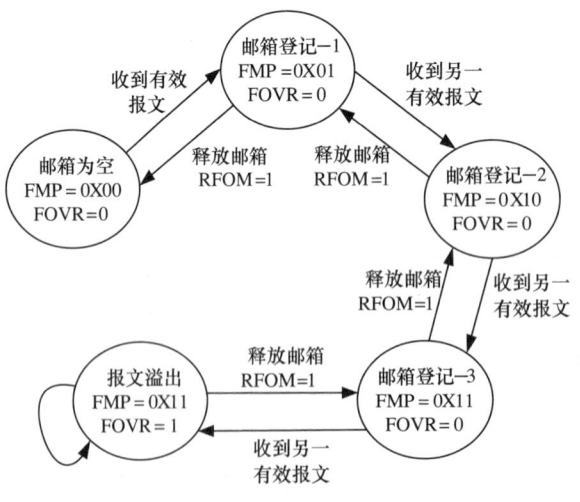

图 10-8 bxCAN 接收状态转换图

当 FIFO 状态处于登记 3 时,即 FIFO 的 3 个邮箱都是满的,收到下一个有效的报文后就会导致溢出,并且一个报文会被丢弃。此时,硬件对 CAN_RFR 寄存器的 FOVR 位进行置 1 来表明溢出情况。至于哪个报文会被丢弃,取决于初始化时对 FIFO 的设置。

- 如果禁用了 FIFO 锁定功能(即 CAN_MCR 寄存器的 RFLM 位被清 0),那么 FIFO 中最后收到的报文就会被新报文所覆盖,而最新收到的报文就会保存。
- 如果启用了 FIFO 锁定功能(即 CAN_MCR 寄存器的 RFLM 位被置 1),那么新收到的报文就被丢弃,软件可以读到 FIFO 中最早收到的 3 个报文。

一旦往 FIFO 存入一个报文,并且 CAN_IER 寄存器的 FMPIE 位为 1,那么就会产生一个中断请求。当 FIFO 变满且 CAN_IER 寄存器的 FFIE 位为 1,那么就会产生一个满中断请求。在溢出的情况下,如果 CAN_IER 寄存器的 FOVIE 位为 1,那么就会产生一个溢出中断请求。

10.3.4 bxCAN 模块标识符过滤器

在 CAN 通信协议里,报文的标识符与报文的内容相关。通信结点在接收报文时,根据标识符的值决定软件是否需要该报文。如果需要,就拷贝到 SRAM 里;如果不需要,报文就被丢弃且无需软件的干预。硬件过滤报文的做法节省了 CPU 开销,为满足这一需求,bxCAN 为应用程序提供了 14 个位宽可变的、可配置的过滤器组(0~13),以便只接收那些软件需要的报文。

bxCAN 标识符过滤器组中每个过滤器由 2 个 32 位寄存器 CAN_FxR0 和 CAN_FxR1 组成。每个过滤器组的位宽都可以独立配置,以满足不同应用程序的需求。根据位宽的不同,每个过滤器可提供:

- 1 个 32 位过滤器,包括:STDID[10:0]、EXTID[17:0]、IDE 和 RTR 位;
- 2 个 16 位过滤器,包括:STDID[10:0]、IDE、RTR 和 EXTID[17:15]位。

此外过滤器可配置为屏蔽位模式和标识符列表模式。

- 在屏蔽位模式下,标识符寄存器和屏蔽寄存器一起,指定报文标识符的哪些位必须与屏蔽寄存器一致而其他位不用比较。当屏蔽寄存器的某位为 1 时,到来的标识符对应位必须与滤波器对应的标识符寄存器位相一致。如果屏蔽寄存器某位为 0,则到来的标识符不与过滤器组的标识符进行比较,见图 10-9。

- 在标识符列表模式下,屏蔽寄存器也被当作标识符寄存器用。因此,不是采用一个标识符加一个屏蔽位的方式,而是使用 2 个标识符寄存器。接收报文标识符的每一位都必须跟过滤器标识符相同,见图 10-10。

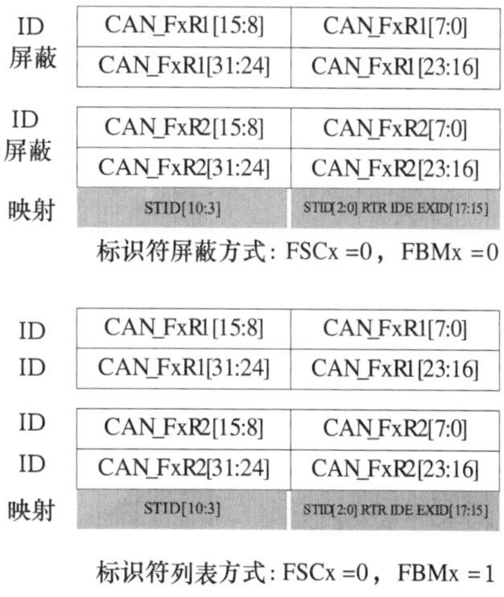

过滤器组可以通过相应的 CAN_FMR 寄存器配置。在配置一个过滤器前,必须通过清除 CAN_FAR 寄存器的 FACT 位,把它设置为禁用状态。通过设置 CAN_FS1R 的相应 FSCx 位,可以配置一个过滤器的位宽。通

图 10-9 16 位宽标识符屏蔽模式与标识符列表模式

过 CAN_FMR 的 FBMx 位,可以配置对应的屏蔽/标识符寄存器的标识符列表模式或屏蔽位模式。应用程序不用的过滤器,应该保持在禁用状态。过滤器组中的每个过滤器,都被编号从 0 开始,到某个最大数值(取决于 14 个过滤器组的模式和位宽的设置)。

一旦收到的报文被存入 FIFO,就可被应用程序访问。通常情况下,报文中的数据被拷贝到 SRAM 中;为了把数据拷贝到合适的位置,应用程序需要根据报文的标识符来辨别不同的数据。bxCAN 提供了过滤器匹配序号,以简化这一辨别过程。根据过滤器优先级规则,过滤

ID屏蔽映射	CAN_FxR1[31:24]	CAN_FxR1[23:16]	CAN_FxR1[15:8]	CAN_FxR1[7:0]
	CAN_FxR2[31:24]	CAN_FxR2[23:16]	CAN_FxR2[15:8]	CAN_FxR2[7:0]
	STID[10:3]	STID[2:0] EXID[17:13]	EXID[12:5]	EXID[4:0] IDE RTR 0

标识符屏蔽方式：FSCx =1，FBMx =0

ID ID 映射	CAN_FxR1[31:24]	CAN_FxR1[23:16]	CAN_FxR1[15:8]	CAN_FxR1[7:0]
	CAN_FxR2[31:24]	CAN_FxR2[23:16]	CAN_FxR2[15:8]	CAN_FxR2[7:0]
	STID[10:3]	STID[2:0] EXID[17:13]	EXID[12:5]	EXID[4:0] IDE RTR 0

标识符列表方式：FSCx =1，FBMx =1

图 10-10　32 位宽标识符列表模式与标识符屏蔽模式

器匹配序号和报文一起，被存入邮箱中。每个收到的报文，都有与它相关联的过滤器匹配序号。过滤器匹配序号可以通过下面两种方式来使用：

- 把过滤器匹配序号跟一系列所期望的值进行比较；
- 把过滤器匹配序号当作一个索引来访问目标地址。

对于标识符列表模式下的过滤器，软件不需要直接跟标识符进行比较。对于屏蔽位模式下的过滤器，软件只须对需要的那些屏蔽位（必须匹配的位）进行比较即可。在给过滤器编号时，并不考虑过滤器组是否为激活状态。另外，每个 FIFO 各自对其关联的过滤器进行编号。

根据过滤器的不同配置，有可能一个报文标识符能通过多个过滤器的过滤，参见图10-11，在这种情况下，存放在接收邮箱中的过滤器匹配序号，根据下列优先级规则来确定：

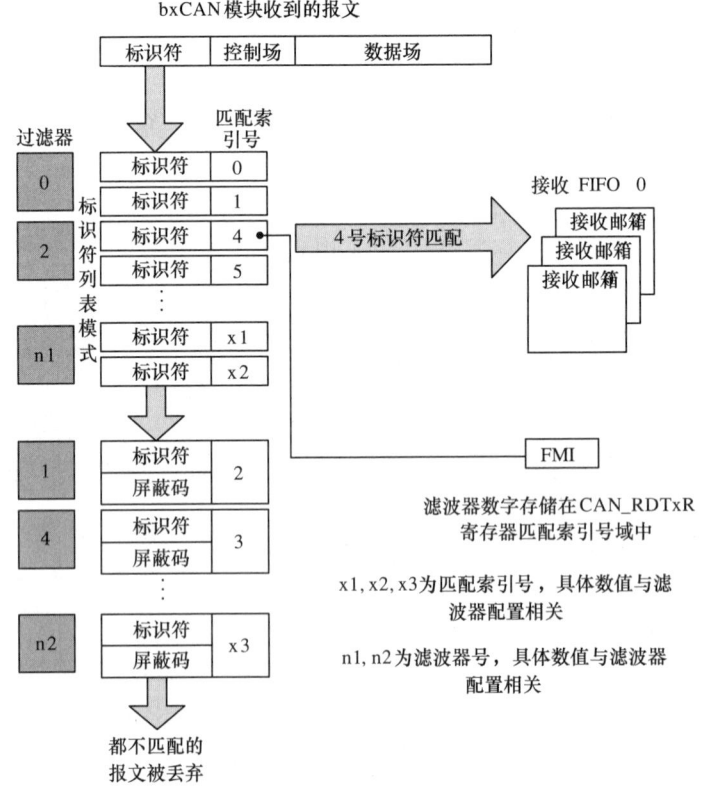

图 10-11　bxCAN 过滤器示意图

- 位宽为 32 位的过滤器，优先级高于位宽为 16 位的过滤器；

- 对于位宽相同的过滤器，标识符列表模式的优先级高于屏蔽位模式；
- 位宽和模式都相同的过滤器，优先级由过滤器号决定，过滤器号小的优先级高。

过滤器匹配序号存放在 CAN_RDTxR 寄存器的 FMI 域中。16 位的时间戳存放在 CAN_RDTxR 寄存器的 TIME[15：0]域中。

10.3.5 bxCAN 模块出错管理

CAN 控制器出错管理完全由硬件通过发送错误计数器（CAN_ESR 寄存器里的 TEC 域）和接收错误计数器（CAN_ESR 寄存器里的 REC 域）来实现，其值根据错误出现的情况增加或减少。软件可以读出它们的值来判断 CAN 网络的稳定性。此外，CAN_ESR 寄存器还提供了当前错误状态的详细信息。软件通过设置 CAN_IER 寄存器（例如：ERRIE 位），当 bxCAN 模块硬件检测到出错时，可以灵活地控制中断的产生。bxCAN 出错管理见图 10-12。

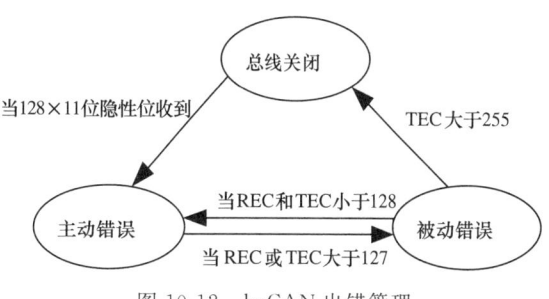

图 10-12 bxCAN 出错管理

当 TEC 大于 255 时，bxCAN 就进入离线状态，同时 CAN_ESR 寄存器的 BOFF 位被置 1。在离线状态下，bxCAN 无法接收和发送报文。根据 CAN_MCR 寄存器的 ABOM 位的设置，bxCAN 可以自动地或在软件的请求下，从离线状态恢复，变为错误主动状态。在这两种情况下，bxCAN 都必须等待一个 CAN 协议里所描述的恢复过程。如果 ABOM 位为 1，bxCAN 进入离线状态后，就自动开启恢复过程。如果 ABOM 位为 0，软件必须先请求 bxCAN 进入，然后再退出初始化模式，随后恢复过程才被开启。在初始化模式下，bxCAN 不会监视 CAN RX 引脚的状态，这样就不能完成恢复过程。为了完成恢复过程，bxCAN 必须工作在正常模式。

10.3.6 bxCAN 模块位时间特性

位时间是决定 CAN 通信波特率的关键因素，因此必须清楚位时间的定义与设置方法。bxCAN 位时间特性逻辑通过采样来监视串行的 CAN 总线，并且通过与帧起始位的边沿进行同步及通过跟后面的边沿进行重新同步来调整其采样点。它的操作可以简单解释为如下所述 3 段时间，参见图 10-13。

- 同步段（SYNC_SEG）：通常期望位的变化发生在该时间段内。其值固定为 1 个时间单元（$1 \times t_{CAN}$）。
- 时间段 1（BS1）：定义采样点的位置。它包含 CAN 标准里的 PROP_SEG 和 PHASE_SEG1。其值可以编程为 1～16 个时间单元，但也可以被自动延长，以补偿因为网络中不同结点的频率差异所造成的相位的正向漂移。
- 时间段 2（BS2）：定义发送点的位置。它代表 CAN 标准里的 PHASE_SEG2。其值可以编程为 1～8 个时间单元，但也可以被自动缩短以补偿相位的负向漂移。

重新同步跳跃宽度（SJW）定义了在每位中可以延长或缩短多少个时间单元的上限。其值可以编程为 1 到 4 个时间单元。有效跳变被定义为：当 bxCAN 自己没有发送隐性位时，从显性位到隐性位的第 1 次转变。如果在时间段 1(BS1) 而不是在同步段(SYNC_SEG)检测到有效跳变，那么 BS1 的时间就被延长最多 SJW 那么长，从而采样点被延迟了。相反，如果在时间段 2(BS2) 而不是在 SYNC_SEG 检测到有效跳变，那么 BS2 的时间就被缩短最多 SJW 那么长，从而采样点被提前了。为了避免软件的编程错误，对位时间特性寄存器 CAN_BTR 的设置，只能在 bxCAN 处于初始化状态下进行。

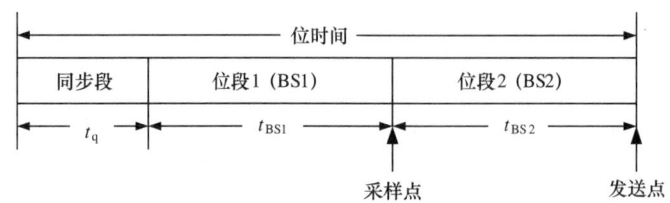

图 10-13　bxCAN 位时间定义示意图

10.3.7　bxCAN 通信与出错中断管理

bxCAN 占用 4 个专用的中断向量，参见图 10-14 和图 10-15。通过 CAN 中断允许寄存器 (CAN_IER)，每个中断源可以单独允许和禁用。

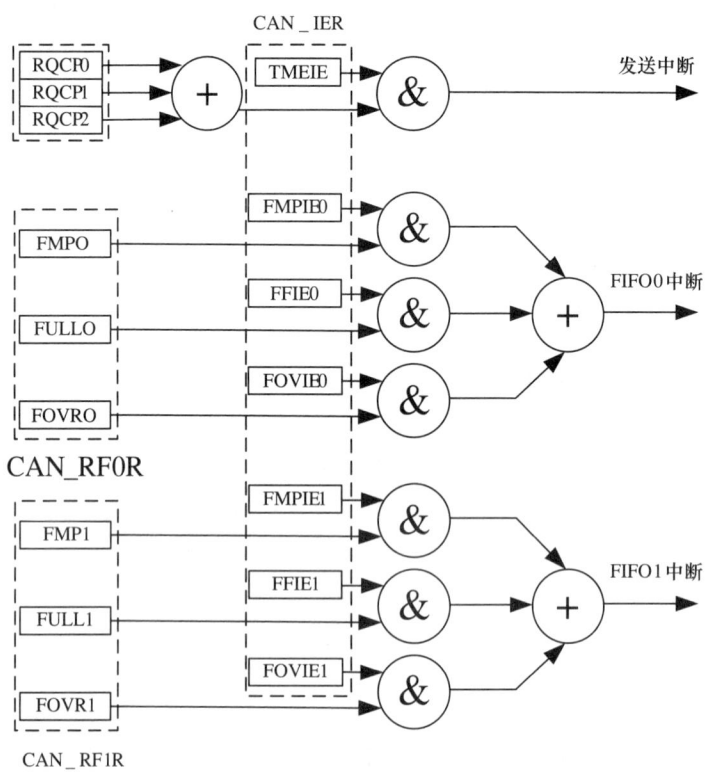

图 10-14　bxCAN 中断逻辑结构图

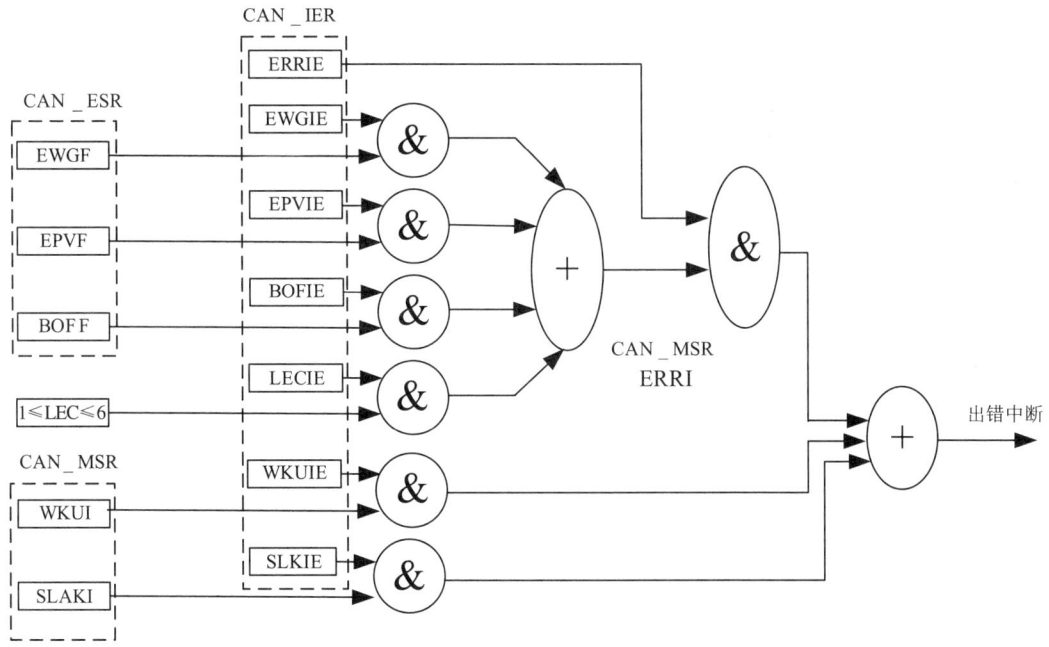

图 10-15 bxCAN 出错中断逻辑结构图

1. 发送中断

可由下列事件产生：

- 发送邮箱 0 变为空，CAN_TSR 寄存器的 RQCP0 位被置 1；
- 发送邮箱 1 变为空，CAN_TSR 寄存器的 RQCP1 位被置 1；
- 发送邮箱 2 变为空，CAN_TSR 寄存器的 RQCP2 位被置 1。

2. FIFO0 中断

可由下列事件产生：

- FIFO0 接收到一个新报文，CAN_RF0R 寄存器的 FMP0 位不再是 00b；
- FIFO0 变为满的情况，CAN_RF0R 寄存器的 FULL0 位被置 1；
- FIFO0 发生溢出的情况，CAN_RF0R 寄存器的 FOVR0 位被置 1。

3. FIFO1 中断

可由下列事件产生：

- FIFO1 接收到一个新报文，CAN_RF1R 寄存器的 FMP1 位不再是 00b；
- FIFO1 变为满的情况，CAN_RF1R 寄存器的 FULL1 位被置 1；
- FIFO1 发生溢出的情况，CAN_RF1R 寄存器的 FOVR1 位被置 1。

4. 错误和状态变化中断

可由下列事件产生：

- 出错情况，关于出错情况的详细信息请参考 CAN 错误状态寄存器(CAN_ESR)；
- 唤醒情况，在 CAN 接收引脚上监视到帧起始位(SOF)。

10.4 STM32 CAN 应用实例

10.4.1 CAN 总线硬件设计

由于 STM32 内部集成了 CAN 控制器,因此采用 STM32 构成 CAN 总线硬件电路非常简单,只要扩展一片 CAN 驱动器即可。CAN 驱动器功能主要用来实现 CAN 数据电平信号物理传输和 CAN 总线协议里规定的收发功能,并辅助 CAN 控制器监控总线状态和总线仲裁。CAN 驱动器的种类有很多种,NXP、TI、MICROCHIP 等半导体公司均有相关产品。这里采用 NXP 公司的 TJA1050 收发芯片。

TJA1050 芯片是 NXP 公司推出的新一代 CAN 驱动器,与前一代产品比较增强了 EMC 功能,在不上电时呈现无源特性。TJA1050 适用于通信波特率范围在 60Kbps~1Mbps/s 的高速应用。另外 TJA1050 还提供静音模式和高速模式两种工作方式,当引脚 S 为低电平时,它处于高速模式。由于引脚 S 具有下拉功能,当引脚 S 悬空时,也处于高速模式。在高速模式中,总线输出信号有固定的斜率,并且以尽量快的速度切换,高速模式适合用于最大的位速率和最大总线长度,此时它的收发器延迟最小。当引脚 S 为高电平时,TJA1050 芯片处于静音模式,当它处于静音模式时,发送器是禁能的,忽略 TXD 的输入信号。

为了增强 CAN 总线结点的抗干扰能力和避免形成环流,CAN 控制器的 RX 和 TX 引脚并不直接连接到 TJA1050T 上,而是通过高速光耦 6N137 隔离后再与 TJA1050 连接,这样就很好地实现了总线上各 CAN 结点间的电气隔离。不过需要说明的是,光耦部分的电源与 CAN 控制器的电源必须是两路隔离电源,否则光耦隔离就失去了意义。电源隔离可采用小功率 DC/DC 电源隔离模块,或通过多路 5V 隔离输出的开关电源实现,这样虽然电路复杂,但却提高了结点的稳定性和安全性。

图 10-16 所示为 STM32 扩展 CAN 总线通信硬件电路图,为了匹配总线阻抗,CAN 总线需要在总线两端接两个总线匹配电阻,典型电阻值为 120Ω,CAN 总线上至少需要两个结点才能正常进行通信。

10.4.2 STM32 CAN 通信软件示例

下面以 STM32 固件库自带的例子来说明 bxCAN 模块的应用。

CAN 总线上包括三个同样的单元,每个单元可以收发数据,如图 10-17 所示。CAN 总线通信波特率为 1Mbps,采用数据帧传输,接收滤波器设置为可以接收任何数据帧,数据长度 1 个字节,数据含义用以指示点亮哪个 LED 灯。

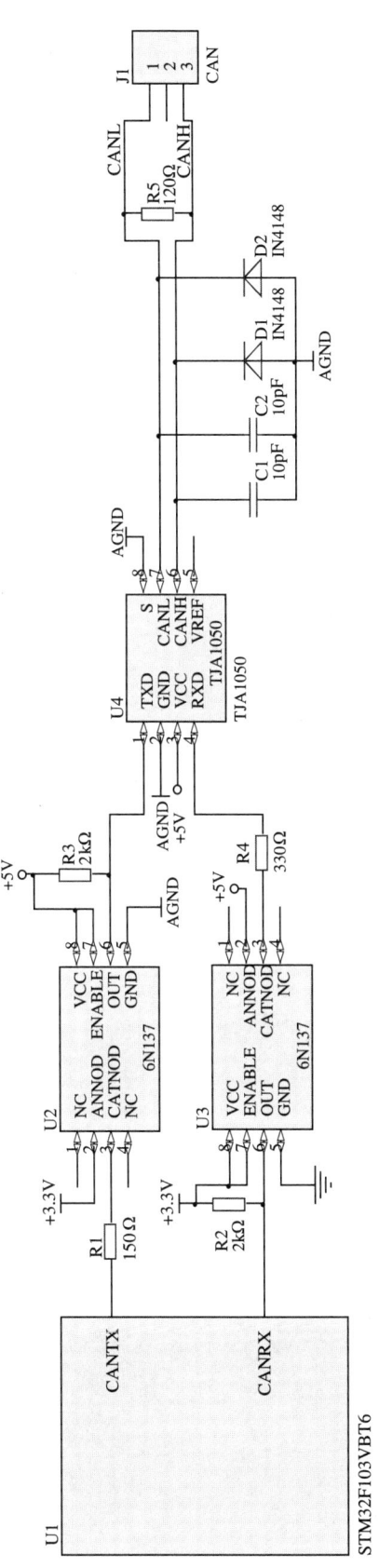

图 10-16 STM32 扩展 CAN 总线通信硬件电路图

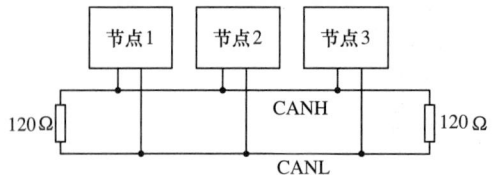

图 10-17 bxCAN 应用实例

每个结点采用同一个程序,通过按键启动发送,数据接收方根据接收的数据点亮相应 LED 发光二极管。程序如下:

```
int main(void)
{
    SystemInit();//系统初始化
    RCC_Configuration();//设置系统时钟,外设时钟
    GPIO_Configuration();//设置 I/O 端口
    NVIC_Configuration();//设置中断控制器

    /* 初始化 LED 灯 */
    STM_EVAL_LEDInit(LED1);
    STM_EVAL_LEDInit(LED2);
    STM_EVAL_LEDInit(LED3);
    STM_EVAL_LEDInit(LED4);

    RCC_GetClocksFreq(&RCC_Clocks);
    STM_EVAL_PBInit(Button_KEY, Mode_GPIO); /* 初始化键盘 */

CAN_Config();//CAN 初始化
CAN_ITConfig(CAN1, CAN_IT_FMP0, ENABLE);//设置 CAN 接收中断

    /* 熄灭所有 LED 灯 */
    STM_EVAL_LEDOff(LED1);
    STM_EVAL_LEDOff(LED2);
    STM_EVAL_LEDOff(LED3);
    STM_EVAL_LEDOff(LED4);

    /* 死循环 */
    while(1)
    {
        while(STM_EVAL_PBGetState(Button_KEY) == Key_Pressed) //检测按键
        {
            if(Key_Pressed_Number == 0x4)
            {
                Key_Pressed_Number = 0x00;
            }
            else
```

```c
        {
            LED_Display(++Key_Pressed_Number);  //按键次数
            TxMessage.Data[0]=Key_Pressed_Number;
            CAN_Transmit(CAN1,&TxMessage);  //用CAN总线发送键值
            Delay();  //延时

            while(STM_EVAL_PBGetState(Button_KEY)!= Key_NoPressed)  //等待按键弹开
            {
            }
        }
    }
}
/* 初始化CAN引脚GPIO */
void GPIO_Configuration(void)
{
    GPIO_InitTypeDef   GPIO_InitStructure;

    /* 设置CAN管脚:RX */
    GPIO_InitStructure.GPIO_Pin=GPIO_Pin_CAN_RX;
    GPIO_InitStructure.GPIO_Mode=GPIO_Mode_IPU;
    GPIO_Init(GPIO_CAN,&GPIO_InitStructure);

    /* 设置CAN管脚:TX */
    GPIO_InitStructure.GPIO_Pin=GPIO_Pin_CAN_TX;
    GPIO_InitStructure.GPIO_Mode=GPIO_Mode_AF_PP;
    GPIO_InitStructure.GPIO_Speed=GPIO_Speed_50MHz;
    GPIO_Init(GPIO_CAN,&GPIO_InitStructure);

    GPIO_PinRemapConfig(GPIO_Remap_CAN,ENABLE);
}
```

CAN总线应用中,最重要的是CAN模块的初始化,对于STM32 CAN模块初始化流程如图10-18所示。

实例中CAN初始化配置代码如下:

```c
void CAN_Config(void)
{

    CAN_DeInit(CAN1);  //恢复默认值
    CAN_StructInit(&CAN_InitStructure);  //初始化CAN

    /* CAN单元初始化 */
    CAN_InitStructure.CAN_TTCM=DISABLE;
    CAN_InitStructure.CAN_ABOM=DISABLE;
    CAN_InitStructure.CAN_AWUM=DISABLE;
```

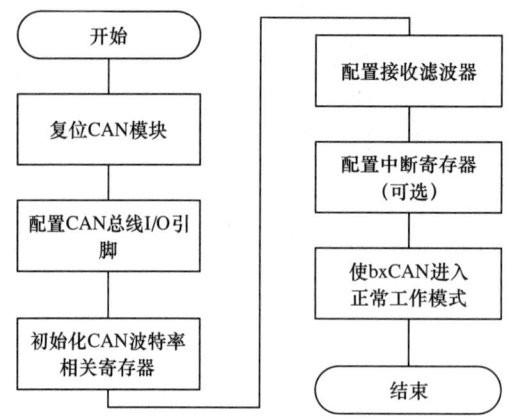

图 10-18　bxCAN 模块初始化流程

　　CAN_InitStructure.CAN_NART＝DISABLE；
　　CAN_InitStructure.CAN_RFLM＝DISABLE；
　　CAN_InitStructure.CAN_TXFP＝DISABLE；
　　CAN_InitStructure.CAN_Mode＝CAN_Mode_Normal；//正常模式
　　CAN_InitStructure.CAN_SJW＝CAN_SJW_1tq；//设置位速率
　　CAN_InitStructure.CAN_BS1＝CAN_BS1_3tq；
　　CAN_InitStructure.CAN_BS2＝CAN_BS2_5tq；
　　CAN_InitStructure.CAN_Prescaler＝4；
　　CAN_Init(CAN1，&CAN_InitStructure)；

/* CAN 滤波器初始化 */
　　CAN_FilterInitStructure.CAN_FilterNumber＝0；
　　CAN_FilterInitStructure.CAN_FilterMode＝CAN_FilterMode_IdMask；//标识符屏蔽模式
　　CAN_FilterInitStructure.CAN_FilterScale＝CAN_FilterScale_32bit；
　　CAN_FilterInitStructure.CAN_FilterIdHigh＝0x0000；
　　CAN_FilterInitStructure.CAN_FilterIdLow＝0x0000；
　　CAN_FilterInitStructure.CAN_FilterMaskIdHigh＝0x0000；
　　CAN_FilterInitStructure.CAN_FilterMaskIdLow＝0x0000；
　　CAN_FilterInitStructure.CAN_FilterFIFOAssignment＝0；
　　CAN_FilterInitStructure.CAN_FilterActivation＝ENABLE；
　　CAN_FilterInit(&CAN_FilterInitStructure)；

　　/* 发送设置 */
　　TxMessage.StdId＝0x321；//标识符
　　TxMessage.ExtId＝0x01；
　　TxMessage.RTR＝CAN_RTR_DATA；//数据帧模式
　　TxMessage.IDE＝CAN_ID_STD；
　　TxMessage.DLC＝1；

}
接收初始化子程序：

```
void Init_RxMes(CanRxMsg * RxMessage)
{
    uint8_t i=0;

    RxMessage->StdId=0x00;
    RxMessage->ExtId=0x00;
    RxMessage->IDE=CAN_ID_STD;
    RxMessage->DLC=0;
    RxMessage->FMI=0;
    for (i=0;i<8;i++)
        RxMessage->Data[i]=0x00;
}
```

CAN 中断接收程序如下:
```
void CAN1_RX0_IRQHandler(void)
{
    CAN_Receive(CAN1, CAN_FIFO0, &RxMessage);
    if ((RxMessage.StdId == 0x321)&&(RxMessage.IDE == CAN_ID_STD)&&(RxMessage.DLC == 1))//判别标识符与数据长度
    {
        LED_Display(RxMessage.Data[0]);
        Key_Pressed_Number=RxMessage.Data[0];
    }
}
```

习题

1. CAN 总线有什么特点？它与 RS485 相比有哪些优势？
2. CAN 总线有哪几种类型的帧？数据帧由哪几部分构成的？
3. CAN 位速率含义是什么，请画图说明。
4. bxCAN 模块有哪些工作模式？各种模式如何切换？
5. 请解释 bxCAN 模块标识符屏蔽模式与标识列表模式工作原理。
6. 如何设置 CAN 总线通信波特率？
7. 试编程实现 bxCAN 模块中断接收 CAN 数据。
8. 试编程实现 bxCAN 模块中断发送 CAN 数据。

第 11 章　STM32 的模拟数字转换模块

模拟/数字转换模块(ADC)为微控制器增加了模拟输入功能,是沟通以 CPU 为中心的数字世界与现实模拟世界的桥梁之一。本章首先介绍 A/D 转换的基本原理,并通过基本原理的介绍引出 ADC 模块的评价指标,这是 ADC 模块选型的重要考虑因素,然后介绍通用的 ADC 驱动软件的设计,最后详述 STM32F103 系列的 ADC 模块,并分析了相关实例。读者应在理解 A/D 原理的基础上,掌握 ADC 的评价指标和选型依据,进而学习 STM32 ADC 模块的强大功能和独有特色,并能独立完成一个 A/D 系统的软硬件设计。

11.1　A/D 变换的基本原理

模拟/数字转换(A/D 变换)负责将模拟信号变为对应的离散数值表示,以方便 CPU 的处理,完成这一功能的部件因此也就被称为模拟/数字转换器(Analog to Digital Convertor,ADC)。物理世界中的绝大部分信号都是模拟信号,例如温度、压力、语音等,它们可以通过传感器直接测得并以模拟信号形式输出,然后经过 ADC 转换为二进制数值表示并送入 CPU 处理,可见 ADC 事实上起着联系模拟物理世界和数字世界的中介作用,它的品质如何,对整个系统的最终性能指标有着重要影响。与 ADC 类似,完成数字/模拟转换的器件也简称为 DAC。

已有多种方式可以实现从模拟信号到数字信号的转换,按照转换原理大致可分为直接 A/D 转换器和间接 A/D 转换器。直接型 A/D 转换器是指不经过中间环节,直接把模拟信号转换成数字信号,如逐次逼近型 ADC、并联比较型 ADC 等。间接 A/D 转换器则是先把模拟量转换成某种中间量,然后再转换成数字量,如电压/时间转换型(积分型)、电压/频率转换型、电压/脉宽转换型等。其中积分型 A/D 转换器电路简单,抗干扰能力强,分辨率较高,在实际中应用广泛,唯转换速度较慢。由于集成电路设计与制造工艺的进步,现在大多数 IC 厂商都采取在 MCU 内部集成 ADC 的技术路线,或者将多通道测量装置中需要用到的多路开关、前置放大、A/D 转换、接口电路甚至所需要的基准电压源和时钟电路等都集成在一个芯片中,并以系列化方式提供,更是极大方便了使用,如 STM32F103 系列集成了 2 个 ADC 共 18 路通道(含 2 个内部信号源专用通道)。

模拟信号转化为数字信号包含三个关键步骤:采样、量化和编码,而其中最基本的原理要点则是要理解模拟信号的数字表示。

数值序列如何表示模拟信号呢? 如图 11-1 所示,采用类似于微积分中的细分方式,可以将连续的时间段

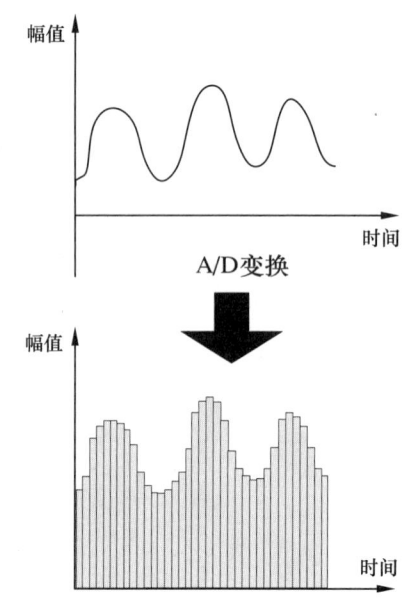

图 11-1　模拟信号化为数字信号的思路

分成若干小时间区间,已知我们可以在每一个小时间区间内测量模拟信号的近似强度(不妨暂时理解为电压测量),如果将每次测量的结果数值按顺序排列,就可以得到原始模拟信号的一个近似表示。在这一过程中,划分小时间区间本质上就决定了采样时刻,小时间区间的宽度也就是采样周期,表示两次采样行为之间的时间间隔,其倒数也就是采样频率,表示单位时间内采样的次数。与时间轴上划分小时间区间的方式类似,可在纵轴上也划分小数值区间,从而可以用有限个幅度值近似原来连续变化的幅度值,这一过程就是量化,编码则是按照一定的规律,把量化后的值用二进制数字表示。由此 A/D 过程也可以推断,对一个给定时间长度的连续信号,如果细分的时间区间愈多,最后所得的时间序列就会愈接近真实信号,香农采样定理则进一步明确了这一推理并指出,如果采样频率超过信号频率的 2 倍,那么理论上就可以从测量序列中无失真地恢复出原始信号。

11.1.1 采样

采用实现了时间维上连续模拟信号的离散化,它是用相隔一定时间间隔的信号样值构成的序列来代替原来时间上连续的信号。依据时间间隔设置的方式,可分为均匀采样和非均匀采样,以前者最为常见。模拟信号的采样过程见图 11-2。在均匀采样前提下,若有:

$$T \leqslant \frac{1}{2f_m} \text{ 或 } f_s \geqslant 2f_m$$

则可完整地恢复原始信号,其中,T 为采样时间间隔,f_s 表示采样频率,f_m 表示原始信号最大频率。

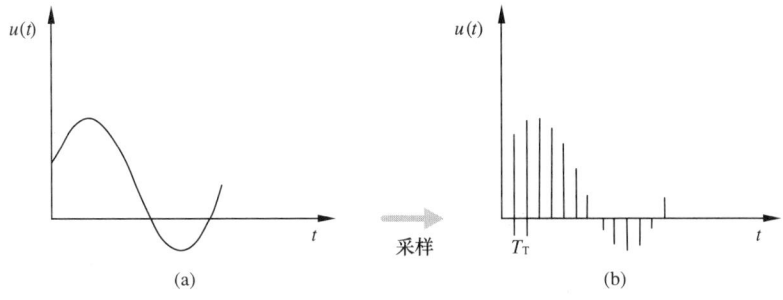

图 11-2 模拟信号的采样过程

11.1.2 量化

经过采样过程,我们得到一个时间上离散的脉冲信号序列,但每个脉冲的幅度仍是连续的,还须进一步进行离散化处理,以得到能为 CPU 处理的离散数值表示。这一过程称为量化(图 11-3)。

为达到离散表示的目的,我们在纵轴上划分小数值区间,并确定在指定采样时刻 t,信号值究竟落在哪个小区间内。可以设想,如果纵轴上小区间划分得密,那么在用区间来表示信号真实值时就会愈加准确。通常可以划分 256、4096 或 65536 个小区间(即量化级),分别可用一个 8 位、12 位或 16 位整数表示,故也常称为 8 位量化、12 位量化或 16 位量化。因此量化位数越高,测量值的表示就会越准确。

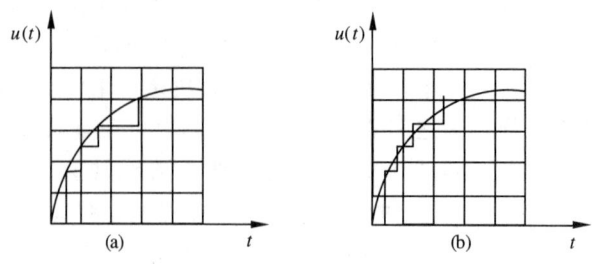

图 11-3 模拟信号的量化过程

但是这一过程也不可避免地会引入误差,这是因为在用区间方式表示模拟值的时候,不可避免地会遇到区间表示值和信号真实值之间不一致的问题,如果每次都是通过舍弃差异值确定小区间,那么最大量化误差等于两个相邻量化级的间隔 Δ;如果采用四舍五入方式,量化误差的绝对值最大为 $\Delta/2$,可认为量化误差的幅度概率分布符合 $-\Delta/2 \sim +\Delta/2$ 之间的均匀分布。实际中除了均匀量化之外,还可以采用非均匀量化,例如小信号的量化级间宽度小些,大信号时量化级间宽度大些,这样可以使得量化后小信号和大信号的信噪比接近。一般在测量系统中多用均匀采样,如工业控制中的温度测量,而在希望降低数据量时可采用非均匀量化,如通信中的语音信号测量。

如上量化只是确定了脉冲信号幅值落在哪一个小区间,在具体转化为对应电压值时还需要对比一个标准参考电压源实现,实际中参考电压源的精度直接影响到采样精度,且同样会受到外部噪声、温度漂移等因素的影响。高精度测量中通常选用专用的独立参考电压源,成本敏感型应用中则可直接用自带参考源或者利用 V_{CC} 分压实现。

11.1.3 编码

抽样、量化后我们得到了原始信号的离散数值表示,为了在计算机中进行处理,需要进一步对这些数值进行编码,通常采用自然二进制编码,一个 k 位量化的结果值,正好可通过一个 k 位二进制数表示。在自然二进制编码中,最低码位对应信息所能分辨的最小量,通常用 1LSB(Least Significant Bit)表示。A/D 变换之后的结果至此可表示为一个以 0/1 二进制形式表示的比特流,单位时间内可传输的二进制比特速率就是 A/D 之后的码速率,在数值上等于采样频率与量化比特数之积。显然,采样频率越高、量化比特越多,最后得到的码速率就越高,对传输和处理的性能要求也就越高。不同档次的 ADC 模块,其最主要的区别就在于这几项基本指标。例如,某语音传输系统中语音信号的频带设计为 $300 \sim 3400$Hz,则采样频率 f_s $\geqslant 2 \times 3400 = 6800$Hz,在采样频率不低于 6800Hz 时可不失真地还原成原来的语音信号。实际电路设计时取 $f_s=8000$Hz 和 12 位量化,每秒钟将产生 $8000 \times 12/8=12$KB 数据,在经过语音编码后可进一步降低数据量,满足某些低速率通信链路上传输语音的要求。

但是,在一个实际系统中,仅有采样、量化、编码还是远远不够的。以一个常用的基于微控制器的通用多通道数据采集设备为例,如图 11-4 所示,它还需要至少搭配上许多外围模块方可成为一个完整的可实际运转的设备。

(1) 前置放大:用于将传感器和敏感元件输出的微弱信号放大到 ADC 可以接受的程度,同时也实现前后级之间的阻抗匹配。

(2) 滤波器:前置放大环节之后通常都需加入抗混叠滤波器,以滤除原始信号中第一奈奎

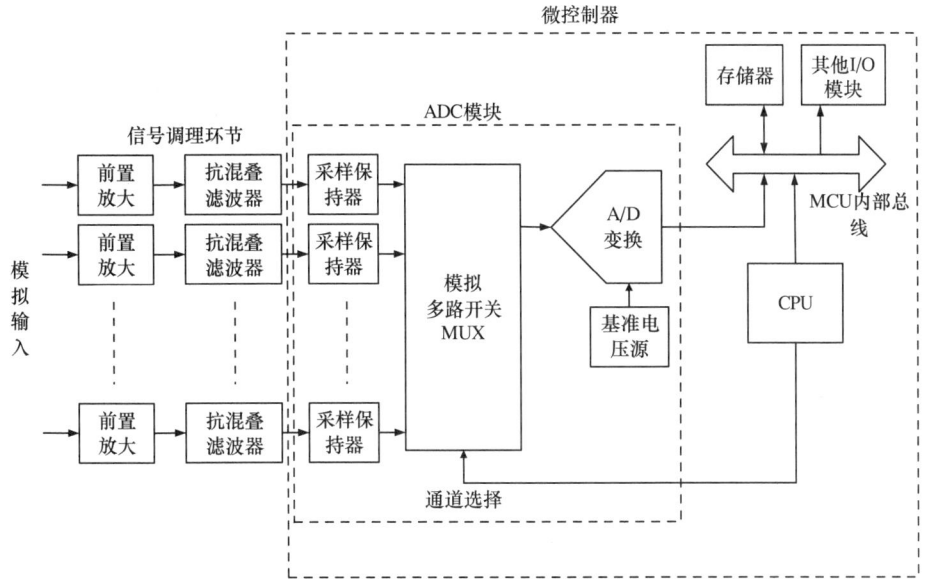

图 11-4 基于微控制器的多通道测量系统示意

斯特区域以外的噪声信号,避免其在 A/D 变换环节混入高频噪声信号,这是后期数字信号处理算法无法消除的。经常也会加入低通、高通滤波器或者针对工频干扰的陷波器。前置放大和滤波器合在一起也经常称为信号调理。

(3) 采样保持:转换速度再快的 ADC 完成每一次 A/D 变换也是需要时间的,这一段时间称之为孔径时间。采样保持用于保证在一次采样时间间隔内输入信号大致不变,使得在 ADC 转换时间内输入信号的变化不再影响 ADC 的转换,避免转换过程引入失真。

(4) 多路模拟开关:用于在多个测量通道间实现切换。如只有一个测量通道可省略。

(5) A/D 变换:完成从模拟信号向数字化表示的转换。

(6) 基准电压源:为量化环节提供基准参考电压。在对精度要求不高、成本要求尽可能低的场合,可直接用电源电压作为基准,一般都需要引入额外的基准电路以保证运行的可靠性和转换的精准性。

(7) 时钟:为 A/D 变换和通信接口提供时钟信号。

(8) 电源:为系统中各个模块提供能量供。

(9) 其他控制接口:例如多路模拟开关的选择控制寄存器。

(10) 数据接口:提供整个 ADC 模块与 CPU 的连接,对 MCU 内部集成 ADC 的器件,ADC 模块通常通过并行接口电路挂接在内部总线上;对独立 ADC 器件,常采用 SPI 接口或 I2C 接口,更高速的 ADC 和一些早期产品也常用并行总线式接口。

(11) 温度校正:在高精度测量系统中,经常还自带温度传感器用于温度校正。

受应用性能、成本、可靠性等诸多因素的制约,上述结构框图亦有可能变化,例如信号调理环节可增加低通、高通、陷波等滤波器,其位置亦有可能被多个通道共用从而插入到 MUX 和 A/D 变换器之间。有的 MCU 自带基准电压源,有的又会省略,再复杂一些的还会在 A/D 输出和存储器之间加入 DMA 通路,使得数据传输的性能进一步提高,如 STM32 的设计。

与 A/D 过程相反,CPU 输出的数值信号经过解码、低通滤波可以重构出其所表达的模拟信号,这一过程即为 D/A 变换。

例1 一个8位DAC,当最低位为1,其他各位为0时输出电压$V_{omin}=0.02\text{V}$,当数字量为01010101时输出电压V_o为多少伏?

解:$V_o=V_{omin}\times(01010101)_2=0.02\times85=17\text{V}$

例2 一个8位DAC,已知$V_{REF}=5\text{V}$,$R_F=R$,求该DAC最小输出电压(最低位为1,其余各位为0时的输出电压)V_{omin}为多少伏,最大输出电压(各位全为1时的输出电压)V_{omax}为多少伏?

解:最小输出电压$V_{omin}=5/2^8\approx0.0195(\text{V})$

最大输出电压$V_{omax}=V_{omin}\times255=4.980(\text{V})$

例3 某系统中有一个DAC,若该系统要求DAC的转换误差小于0.5%,试回答至少应选多少位的DAC?

解:若转换误差小于0.5%,则分辨率必须小于0.5%才行,至少应选8位DAC,此时分辨率为$1/2^8$,即1/256。

11.2 ADC模块的主要技术指标和选型考虑

11.2.1 位数

即量化位数,它在很大程度上影响了ADC的精度和成本,例如,语音A/D常选8位、12位或16位(高保真),普通的工业运动控制常取8位、10位或12位,一些高精度微弱生理信号的测量常取16位或24位。

11.2.2 采样速率

表示单位时间内(通常为1s)能够正确完成的采样量化和编码操作的次数。采样速率与被测信号本身的最大频率有关,并受制于工艺和成本的约束。对常规生理信号测量,如心电和脑电,采样速率一般在几十到几百Hz;对机械振动,一般在几十到几千Hz,对语音,高保真采样可达到十几kHz甚至几十kHz。

就STM32F103xx增强型产品而言,ADC时钟为56MHz时ADC转换时间可达$1\mu s$(ADC时钟为72MHz为$1.17\mu s$),这意味着采样速率可高达100万次每秒(1M sample/s),这样高的采样速率足够支撑电机控制等高速类应用。

11.2.3 分辨率

分辨率指数字量变化一个最小量时模拟信号的变化量,定义为满刻度与2^N的比值。分辨率可以采用若干不同的方式表达,如最低有效位(LSB)、百万分之一满刻度(10^{-6}FS)或毫伏(mV)。常用ADC量化位数与分辨率的关系如表11-1所示。

表 11-1　　　　　　　　　ADC 量化位数与分辨率的关系

分辨率 (N)	2^N	电压 (10VFS)	10^{-6} FS	%FS	dB FS
2-bit	4	2.5V	250 000	25	−12
4-bit	16	625mV	62 500	6.25	−24
6-bit	64	156mV	15 625	1.56	−36
8-bit	256	39.1mV	3 906	0.39	−48
10-bit	1 024	9.77mV(10mV)	977	0.098	−60
12-bit	4 096	2.44mV	244	0.024	−72
14-bit	16 384	610μV	61	0.006 1	−84
16-bit	65 536	153μV	15	0.001 5	−96
18-bit	262 144	38μV	4	0.000 4	−108
20-bit	1 048 576	9.54μV(10μV)	1	0.000 1	−120
22-bit	4 194 304	2.38μV	0.24	0.000 024	−132
24-bit	16 777 216	0.596μV	0.06	0.000 006	−144

11.2.4　量化误差

量化误差(Quantizing Error)是由于 A/D 的有限分辨率而引起的误差,即有限分辨率 A/D 的阶梯状转移特性曲线与无限分辨率 A/D(理想 A/D)的转移特性曲线(直线)之间的最大偏差,根据舍入方式不同,通常是 1 个或半个最小数字量的模拟变化量,表示为 1LSB 或 1/2LSB。其中,若量化采用四舍五入方式确定编码,如图 11-5 所示,误差最大为 1/2LSB,若采用舍入方式确定编码,如图 11-6 所示,误差最大为 1LSB。

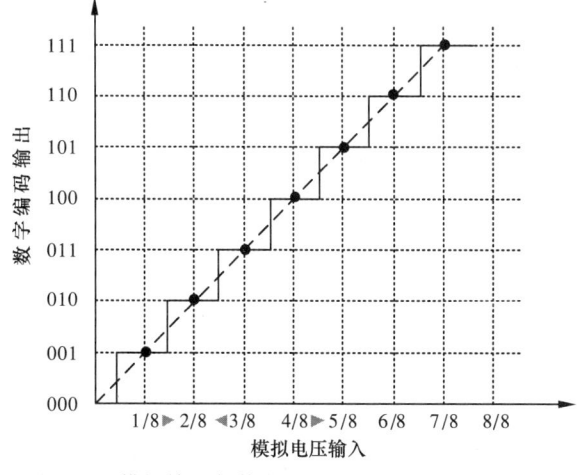

图 11-5　模拟输入与数字量化编码的关系(四舍五入)

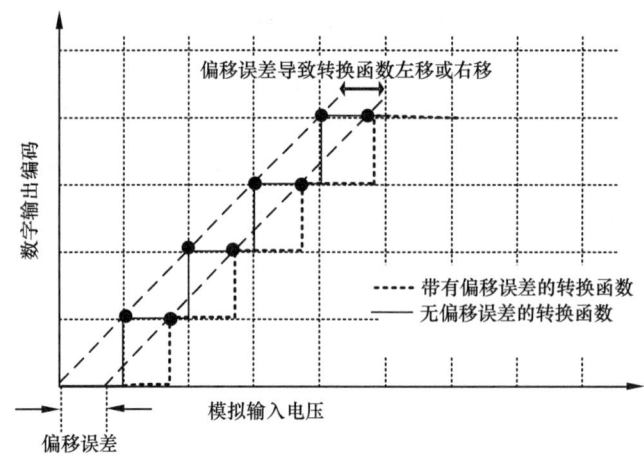

图 11-6　模拟输入与量化数字编码的关系(舍入方式)

11.2.5　绝对精度

绝对精度(Absolute Accuracy)是指在整个刻度范围内，任一输入数码所对应的模拟量实际输出值与理论值之间的最大误差。

11.2.6　相对精度

与绝对精度表不同，相对精度(Relative Accuracy)用最大误差相对于满刻度的百分比表示。

11.2.7　偏移误差

偏移误差(Offset Error)表示 A/D 理想输出与实际输出之差，所有数字代码都存在这种误差。在实际中，偏移误差会使传递函数或模拟输入电压与对应数值输出代码间存在一个固定的偏移，通常计算偏移误差方法是测量第一个数字代码转换或"零"转换的电压，并将它与理论零点电压相比较。ADC 的传输特性：$D=K+GA$(D 数字编码，A 模拟信号，K 和 G 是常数)。在单极性转换器中，K 是零，而在偏移双极性转换器中，K 是 -1 MSB。偏移误差是实际数值 K 与其理想数值之间的偏移量。

11.2.8　增益误差

增益误差(Gain Error)是预估传递函数和实际斜率的差别，通常在模数转换器最末或最后一个传输代码转换点计算，如图 11-7 所示。增益误差是实际数值 G 与其理想数值之间的差值，并且通常被表示为两者之间的百分比差，虽然在满刻度时被定义为对总误差的增益误差贡献(单位是 mV 或 LSB)，注意：在放大器和单极性数据转换器中，偏移误差和零误差是相同的，但是，在双极性转换器中却不同，要小心区分。

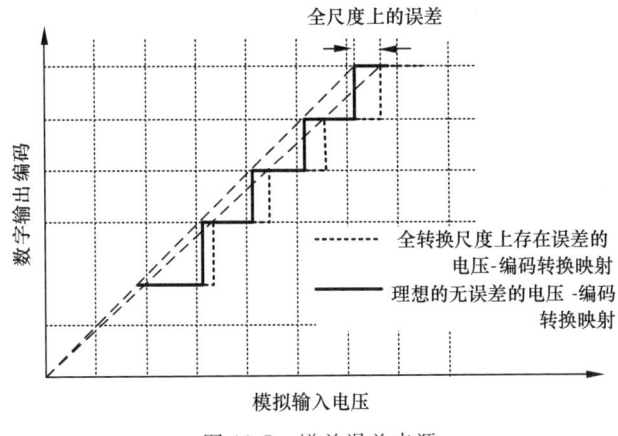

图 11-7　增益误差来源

11.2.9　AD 线性误差

AD 线性误差（Linear Error）表示实际传输特性与直线的最大偏差，根源在于 ADC 中模拟放大环节的非线性工作特性，一般被表示为满刻度的百分比（也可以 LSB 给出）。选择直线有两种常见的方式：端点和最佳直线。

1. 端点法

偏差由通过原点和满刻度点（在增益调节之后）的直线测得，如图 11-8 所示。这是最有用的整体线性测量方法（因为误差估算取决于理想传输特性的偏差，而不是取决于一些任意的"最佳拟合点"），通常我们采用端点法。

2. 最佳直线法

对交流应用中的最佳失真估算较为准确，在数据表上得到较低的"线性误差"。利用直线拟合方法，由 AD 的传输特性得出最佳的拟合直线。通常得到的误差是前者的一半，如图 11-9 所示。

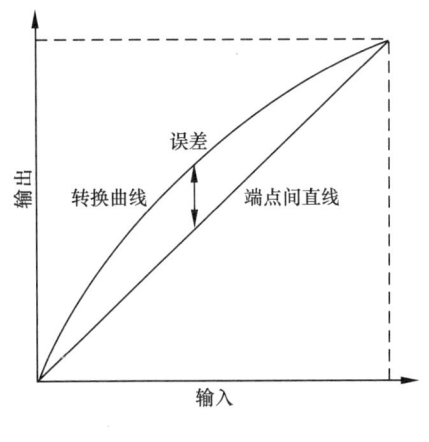

图 11-8　线性误差示意

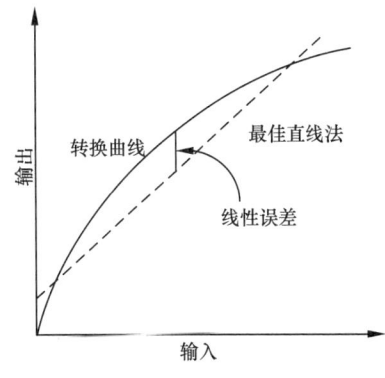

图 11-9　最佳直线法

11.2.10 微分非线性

理论上说,模数器件相邻两个数据之间,模拟量的差值都是一样的,就好比疏密均匀的尺子。但实际上,相邻两刻度之间的间距不可能都是相等的。ADC 相邻两刻度之间最大的差异就叫微分非线性(Differential nonlinearity,DNL),也称为差分非线性。我们也可以这样去理解:在理想的情形下,在数字编码中的 1LSB 变化对应于模拟信号的严格的 1 LSB 变化。AD 从一个数字转换到下一个数字转换应该有严格的 1 LSB 模拟输入的变化。在模拟信号对应于 1 LSB 数字变化大于或小于 1 LSB 的地方,被称为 DNL 误差,如图 11-10 所示。

注意:如果在 ADC 或者 DAC 的 datasheet 中没有清楚说明 DNL 参数的话,可视该转换器没有漏码,即暗示它有优于正负 1LSB 的 DNL。

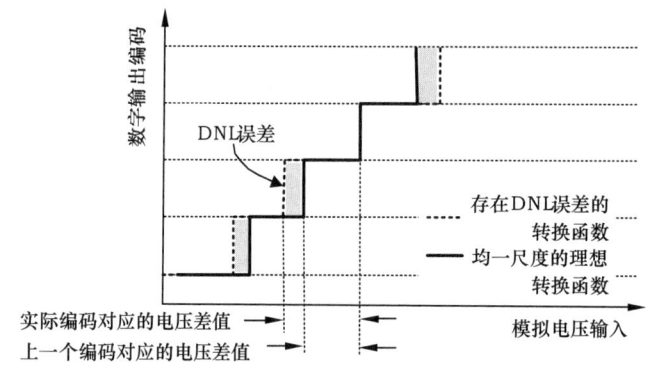

图 11-10 微分非线性误差示意

11.2.11 积分非线性

积分非线性(Integral nonlinearity,INL)表示 ADC 在所有的数值点上对应的模拟值和真实值之间误差最大的那一点的误差值,也就是输出数值偏离线性最大的距离,如图 11-11 所示。单位是 LSB。INL 是 DNL 误差的数学积分,即一个具有良好 INL 的 ADC 保证有良好的 DNL。

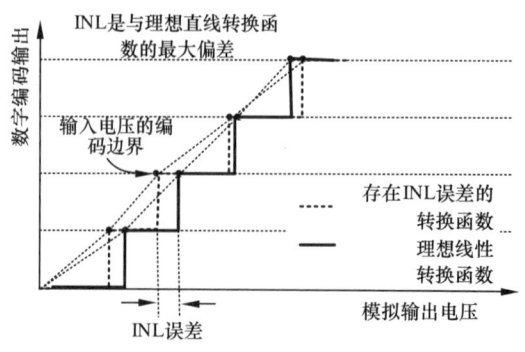

图 11-11 积分非线性示意

DNL 和 INL 是指代码转换与理想状态之间的差异。DNL 表示代码步距与理论步距之差,INL 表示所有代码非线性误差的累计效应。

对一个 AD 来说,一段范围的输入电压产生一个给定输出代码,DNL 为正时,输入电压范围比理想的大,DNL 为负时,输入电压范围比理想的要小。从整个输出代码来看,每个输入电压代码步距差异累积起来以后和理想值相比会产生一个总差异,这个差异就是 INL。

11.2.12 输入失调电压

完整的 ADC 模块几乎总是以集成运算放大器作为初始输入,因此,衡量 ADC 的性能就不得不考虑由模拟通路中的运放带来的特有问题。在对直流或低频信号进行 A/D 变换时,最主要的两个指标是失调电压和失调电流。

如果运放两个输入端的电压均为 0V,则输出端电压也应该等于 0V。但事实上,输出端总有一些电压,该电压称为输出失调电压。将输出端的失调电压除以电路的噪声增益即可得到输入失调电压 V_{OS}。V_{OS} 被等效成一个与运放反相输入端串联的电压源,该电压源对两个输入端施加差分电压以产生 0V 输出。大多数常规运放的输入失调电压在几十到几百 mV 范围内。

V_{OS} 会随着温度的变化而改变,这种现象称为漂移,漂移的大小随时间而变化。漂移的温度系数 TCV_{OS} 通常会在数据表中给出,注意实际系统的 TCV_{OS} 很可能是非线性甚至非单调变化的。V_{OS} 的漂移或者老化通常以 mV/月或者 mV/1000h 来定义。但注意老化速度常被认为与器件已使用时间的平方根成正比。例如,老化速度 1mV/1000h 可转化为大约 3mV/a,而不是 9mV/a。

对测量电路而言,由于传感器送出的信号通常十分微弱,经常低至数十 mV 以下,所以第一级放大器必须选用失调电压很小的运放,目前常用专用的仪表放大器如 AD620。若第一级运放的失调电压较大,超过信号的幅度,将导致噪声输出不能正常工作。

在实际中,许多微弱信号源同时也是高阻抗输入,从阻抗匹配的角度考虑,目前绝大多数针对测量应用的仪表放大器都采用场效应管(FET)组成差分输入级,以充分利用场效应管输入阻抗高、输入偏置电流低、高速、宽带和低噪声的优点,但也会导致输入失调电压较大,甚至可达数百 mV,在实际应用中必须注意。对输入信号小于 1mV 的微弱信号,绝大多数常规运放都已无能为力,要考虑锁相放大、I/V 变换、斩波放大等电路。绝大多数 MCU 内置的 ADC 模块大多也不支持,因此有必要在整个系统中加入性能更加优异的外置 ADC。

11.2.13 输入失调电流

理想运放的输入阻抗无穷大,因此不会有电流流入输入端。但是,对真实运放,其输入级中使用的晶体管总归还是需要一些工作电流才能工作,该电流称为偏置电流(I_B)。通常有两个偏置电流:I_{B+} 和 I_{B-},它们分别流入两个输入端。根据材料、制造工艺、电路的不同,I_B 值的离散性很大,某些特殊类型运放的偏置电流可以低至 60fA(大约每 3μs 通过一个电子),而一些高速运放的偏置电流可高达几十 mA。单片运放的制造工艺趋于使电压反馈运放的两个偏置电流相等,但不能保证两个偏置电流相等。在电流反馈运放中,输入端的不对称特性意味着两个偏置电流几乎总是不相等的。这两个偏置电流之差为输入失调电流 I_{OS},通常情况下 I_{OS} 很小。

11.2.14 输入阻抗

良好的阻抗匹配有助于信号无失真地在模拟通道中传输,在连接传感器与 ADC 或前置放大器与 ADC 或抗混叠电路与 ADC 时,都需要考虑前后两级之间的阻抗匹配。以前置放大器与 ADC 的连接为例,前置放大器(通常都由运算放大器承担)的输出必须提供足够的电流以驱动 ADC 输入。

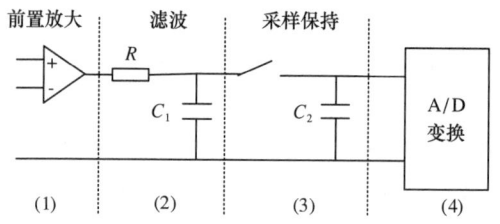

图 11-12　前置放大与 ADC 之间抗混叠滤波器的原理示意

由于常用的抗混叠滤波电路和 ADC 中的采样保持电路可简化为电容充放电电路,如图 11-12 所示,运放的驱动能力主要就是指运放能否满足采样保持电路在采样瞬时对充电电流的要求。采样保持电路的保持过程可认为是开关 K 闭合(相当于切换到一个新的测量通道启动测量)、一个阶跃信号通过电阻 R 对电容 C 进行充电的过程。不妨假定前一次采样值与本次采样值之差为最大值 3.3V(MCU 的电源电压),则 K 闭合瞬间就相当于一个 3.3V 的阶跃信号给 C 充电,最大充电电流发生在开始充电瞬间 $I_{max}=3.3/R$,若 R 为 $1k\Omega$,则充电电流 I_{max} 可达 3.3mA,前置输出应至少满足峰值输出电流 $I_{out} \geqslant I_{max}$,这对大部分运算放大器都不难达到,但对许多传感器就很难达到,需要在传感器输出和 ADC 输入之间加入放大环节。对交流信号而言,还需进一步考虑前置级和 RC 滤波器的带宽应足够透过有用信号,以及运放的输出建立时间与 ADC 采样时间是否相匹配。

11.2.15　增益带宽积 GBP

在交流信号的信号处理中,增益带宽积(GBP)和转换速率(SR)是最主要的考虑指标。增益带宽积(Gain Bandwidth Product)是衡量放大器性能的重要参数,它是增益和带宽的乘积,按照放大器的定义,这个乘积是定值。例如,一个放大器的 GBP 为 1G,如果它的增益为 +2V/V,那么带宽可达 500MHz,所以一定要注意测试条件。因此有些制造商用增益 +1V/V、输出电压为小信号条件下的带宽来定义运放性能。

11.2.16　运放的单位增益带宽

单位增益带宽体现了信号放大的频域性能。运放的增益越高,带宽越窄,而增益带宽积为常数,即 $A_V B_W=$ 常数。因此运算放大器在给定的电压增益下,其最高工作频率受到增益带宽积的限制,放大倍数等于 1 时的带宽定义为单位增益带宽。当模拟信号通路中包含运放时,例如当运放用作有源抗混叠滤波器时,应至少使其单位增益带宽高于低通截止频率,若小于低通滤波器的截止频率将难以正常工作。工程中可要求单位增益带宽为 4~5 倍的截止频率,运放带宽取采样频率 2 倍以上。

11.2.17　运放建立时间

采样保持电路通常可抽象为一个 RC 充电电路,并在每次 A/D 转换结束时,由采样开关进行切换,每次切换相当于向 RC 电路施加了一个阶跃信号输入,如果电路不能跟上阶跃信号的切换,就会产生误差,当误差大于 1LSB 时就会造成 ADC 精度的损失。为避免这种误差,应保证在下一次输入前,输入到 ADC 的信号能够在误差范围内重建,重建的速度决定了无失真的最快采样时间间隔。

不妨考虑最差情况,即两次采样的模拟量之间相差电源电压 5V,即假设采样开关切换后,相当于给运放加了一个 5V 的阶跃信号。为保证采样的准确性,运放的建立时间与 ADC 的采样时间应匹配,即只有当 ADC 采样输入信号的时间长于最差情况下放大器的建立时间时,才能保证转换结果的精度。对于 12 位的 ADC,为避免误差,假定电压稳定后其误差应小于 1/2LSB。每两次采样模拟量的差值作为 ADC 的输入,假设为 V_i,满足最低要求的误差为 $V_i \times a \leqslant LSB/2 = (1/2) \times (5/2^{12})$,$V_i$ 最大为 5V,所以 $5 \times a \leqslant (1/2) \times (5/2^{12})$,即 $a \leqslant 1/2^{13} = 0.00012 \approx 0.01\%$。也就是要充分利用 ADC,满足精度要求,就要求运放的建立时间短于电压稳定在 0.01% 以内的时间。并且这个时间 t 应满足,$t \leqslant 1/1MHz = 1\mu s$(假定该运放的最高采样频率为 1MHz)。

11.2.18 压摆率

压摆率是运算放大器输出电压的转换速率(Slew Rate),用 S_R 表示(图 11-13),单位通常为 V/s,V/ms 和 V/μs,表示运放对信号变化速度的适应能力,是衡量运放在大幅度信号作用时工作速度的重要参数。当输入信号变化斜率的绝对值小于 S_R 时,输出电压才按线性规律变化。信号幅值越大、频率越高,要求运放的 S_R 也越大。

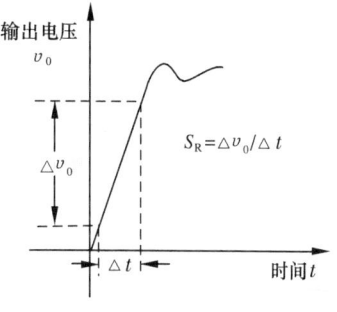

图 11-13 压摆率 S_R 的定义

对于一个给定的输入信号幅度和放大器压摆率,可以求出输入信号的频率最大值,在该频率范围内,信号可被忠实地重建:

$$f_{\max} = \frac{S_R}{2\pi V_p}$$

其中,V_p 为峰值输出电压。反之,根据采样速率($f_{\max}$)和采样模拟量电压变化的幅值(V_p),也可以推算出 ADC 对运放压摆率的要求。不妨取输出电压的峰值为两次采样模拟量的差值(5V),可重建的信号频率最大值取 420kHz,可得

$$S_R = 2\pi V_p \cdot f_{\max} = 2\pi \cdot 5V \cdot 0.42MHz = 13.19V/\mu s$$

11.3 ADC 模块的外围软硬件设计

在一个完整的嵌入式系统中,ADC 模块联系了模拟输入和数值输出,在实际设计模数转换功能(包括软件设计)时需要重点考虑如下两个问题:

(1) 输入端:是测量电压还是测量峰值?是单路还是多路?是异步还是同步?如果需要同步,多个 A/D 通道之间应如何协调?

(2) 输出端:是直接与 CPU 交互还是直接与存储器交互?如果由 CPU 来主导 A/D 过程,应如何协调 ADC 和 CPU?

下面我们针对上述情况逐一加以分析。

11.3.1 电压测量与峰值测量

绝大多数 ADC 器件都是对输入的电压进行 A/D 变换,但是,在某些应用中,需要测量信号所能达到的峰值,这在许多脉冲类和事件监测类系统中较为常见,例如高能物理和核物理中能量谱和时间谱的测量,在一些压力、加速度、磁通等传感器应用中,也经常存在这种需求。由于脉冲的宽度可能很短,比如说只有若干 ns 甚至更短,如果强行用高速率 A/D 采样也难以得到满意的结果,在这种情况下,可以利用峰值保持电路跟踪输入的脉冲信号,直到输入信号达到峰值为止,然后进入保持状态(hold)并保持输入信号的峰值不变(实际中会存在泄漏电流引起的跌落),直到被复位,回到跟踪状态。这样就可以继续应用常规的电压测量 ADC 进行 A/D 变换并得到峰值数据。

11.3.2 单路测量与多路测量

通过在模拟信号通路中加入多路模拟开关(MUX)实现,并由软件选择多路开关的通道,实现特定通道的切换和测量。在这种方式中,前置放大、抗混叠滤波、采样保持、量化、编码和接口通信部分都可以共用,从而有效降低了成本。绝大多数 MCU(如 STM32F103)内部自带的多路 ADC 都是采用这种方式工作的。

11.3.3 异步测量和同步测量

在采用模拟开关的多路测量系统中,由于前置放大和采样保持环节经常是公用的,导致这种多路测量方案在本质上无法实现多路的"同时刻"测量,最快的通道切换时间取决于多路开关切换的速度、信号电平建立的速度和 A/D 变换的速度。在阵列式雷达、脑电测量、多轴电机控制、电源质量管理等对时间基准要求很高的多通道测量系统中,希望能实现多通道的"同时"测量,即各个通道要同时启动采样和保持,尽管各通道 A/D 后数据的输出可能有先后,但要确保测量的开始时刻是一致的。对这一需求的处理方案是为每个测量点开辟独立的 A/D 通道,并通过统一的控制信号来启动 A/D 采样。一些厂家如 TI 等提供了专门的同步 ADC 产品以简化设计。

对同步 ADC 的需求本质上反映了对多通道 A/D 变换中各个通道在变换时需要相互协调的期待。一个更加灵活的方案是通过设计专门的软硬件来实现各个通道之间的协调,例如设置某 3 个通道按顺序依次自动启动采样或者同时采样,以减少软件的介入,提高性能。这就是 STM32 中注入通道的动机,注入的本质其实就是把若干个通道放入一个特定集合,然后该集合中的各个通道完成自动切换或同步采样。

11.3.4 关于电压基准

电压基准是所有的模数转换器(ADC)和数模转换器(DAC)模块都需要的,以 ADC 为例,其量化环节的输出本质上只是输入电压相对于基准的比率,因此 A/D 采样系统最终输出的准确性也受到基准源精度的限制。基准的设计与成本、精度和稳定性指标密切相关,在低成本且对测量精度要求不高时,经常用电源电压或者其经过分压之后作为基准,或者采用稳压二极管提供基准;而精度要求较高的系统特别是对长期准确度要求较高时常常设置独立的基准源,甚至通过恒温箱来保证基准源所处的环境稳定,这在某些 16 位或更高精度的 A/D 系统中可以见到。还有一类系统对 A/D 精度要求较低,但对结果的稳定性和可重复性要求较高,对此类系统的基准要求略低,但是仍要注意如果基准派生自富含噪声的电源系统,仍会导致较大测量误差。今天的许多 ADC 模块和 MCU 内部如 STM32 都自带电压基准,完全可以满足常规需要。

例:单片隐埋齐纳基准(如 AD588 和 AD688)在 10 V 时具有 1 mV 的初始准确度(0.01% 或 100×10^{-6}),其温度系数为 $1.5 \times 10^{-6}/℃$。这种基准可用于未调整的 12 位 A/D 系统($1LSB = 244 \times 10^{-6}$),但不宜用于 14 位或 16 位系统;如果经过校对将初始误差调整到零,且在有限的范围内可以用于 14 位和 16 位 A/D 系统(AD588 或 AD688 限定 40℃ 温度变化范围,$1 LSB = 61 \times 10^{-6}$)。

11.3.5 查询式 A/D

ADC 模块与 CPU 之间的交互需要解决下列几个基本问题:
(1) 何时启动 A/D 变换?
(2) A/D 变换何时结束并能够输出正确的结果?
(3) A/D 变换的结果如何获取?

对这三个问题的不同处理方案形成了 ADC 模块丰富的接口设计和驱动程序设计。我们先来考虑最简单的查询式 A/D 驱动程序设计。

对独立的 ADC 模块,通常都会提供"ADC 启动"和"ADC 转换完成"两个引脚,用于协调 ADC 模块和 CPU 之间的联络。在早期的独立 ADC 模块中,数据多以并行方式直接输出到总线上,如图 11-14 所示,而当前的独立 ADC 芯片几乎全部采用 SPI 或 I2C 串行总线与 CPU 连接。对 MCU 自带的 ADC 模块,上述引线都被映射成为 CPU 地址空间中的一个个寄存器,CPU 上运行的软件可通过读写这些寄存器实现对 ADC 模块的控制和数据获取。

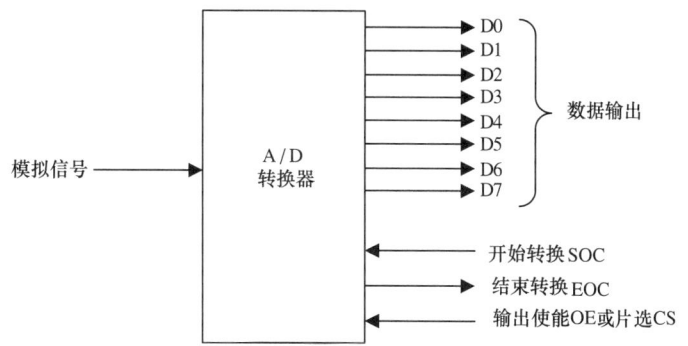

图 11-14 ADC 模块的常见对外接口(并行总线方式)

出于使用的方便性,现在许多面向便携式应用、对体积要求严格、对速率要求不是很苛刻的独立 ADC 器件也常采用串行接口,SPI 就是常用接口之一。对 STM32 MCU 而言,因为 ADC 和 Cortex 都在同一个封装内,完全可通过并行方式的内部总线连接以达到最高性能,此时,数据可直接输出到总线,而起联络作用的 SOC/EOC 等信号线就体现为 ADC 模块中控制寄存器中的若干位。

在查询方式下,软件可通过读取 ADC 模块转换完毕引脚 EOC 的状态或状态寄存器中的转换完成标志位判断本次 A/D 是否结束,若结束则从数据总线或数据寄存器中读取 A/D 结果数据,参见图 11-15 中的流程图。

11.3.6 中断式 A/D

查询方式存在 CPU 空跑的缺点,因为 CPU 需要反复轮询 ADC 的状态标志或状态引脚以判断 A/D 变换是否完成、数据是否可读取,中断方式消除了这一缺点,使得 CPU 在 ADC 执行转换期间可以继续执行其他的任务。在独立 ADC 器件情况下,通常是将结束转换引脚 EOC 连接到 CPU 系统(通常是一个向量中断控制器)的中断请求引脚;在内部集成 ADC 器件的情况下,该过程通常可以借助 ADC 的控制寄存器进行配置。在中断式 ADC 下,软件需要提供相应的中断服务程序以响应来自 ADC 的中断请求,通常可在该中断服务程序中读取 ADC 转换结果并保存在内存缓冲区中。

在图 11-16 中,采用定义在 RAM 中的数据缓冲区变量实现 A/D 结果在中断服务子程序和主程序之间的传递,并用信号量来协调两者步调,使主程序仅在 A/D 完成、数据由 ISR 成功写入 RAM 后才启动更进一步的数据访问和处理。

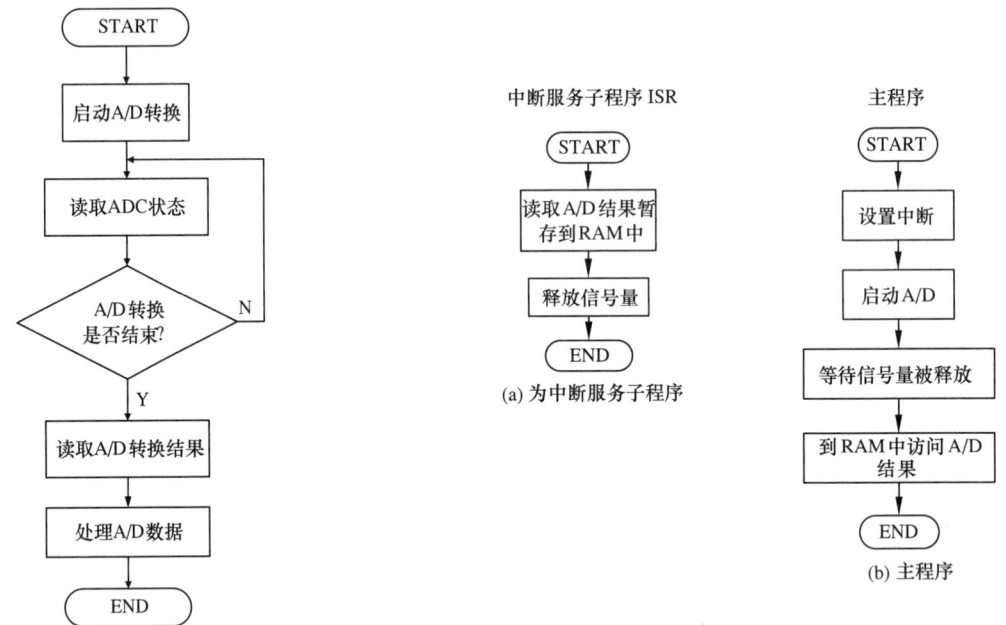

图 11-15　查询方式下的 A/D 采样程序　　图 11-16　中断方式的 A/D 采样程序流程图

11.3.7 Timer 驱动的周期采样

对连续信号测量(如语音、振动等),经常需要按照一定的频率进行周期采样。如果由软件延迟来实现周期采样,则由于软件执行的时间不确定性,难以保证两次测量之间的时间间隔是恒定的,即使初始情况下可以达到较高的精度,后面伴随系统的运行,时间误差也会慢慢积累。在这种情况下,经常利用硬件 Timer 的周期性中断触发功能驱动整个采样过程。在测量开始时，首先配置 Timer，使之按照期待的采样周期触发中断，然后在 Timer 中断服务程序中启动 A/D 变换，并再次配置 ADC 模块使其利用中断机制令向 CPU 报告每次 A/D 的完成，由 CPU 上运行的软件读取 A/D 结果并保存到缓冲区中，如图 11-17 所示。在这种方式下，A/D 周期性采样过程主要是由硬件实现的，能够达到较高的精度，但是也要注意最小采样周期和中断服务程序的执行时间匹配问题，要让中断服务程序能够在一个采样周期内执行完毕。

对某些功能更加强大的 ADC 模块，内部已经集成了可自动实现周期性驱动采样的 Timer，在这种情况下，只要配置 ADC 模块的相关寄存器即可实现周期性采样，使用上更加方便。

图 11-17 中，进一步引入硬件 Timer 的周期性定时中断启动采样，可使得相邻两次采样之间的时间间隔控制更加精确。

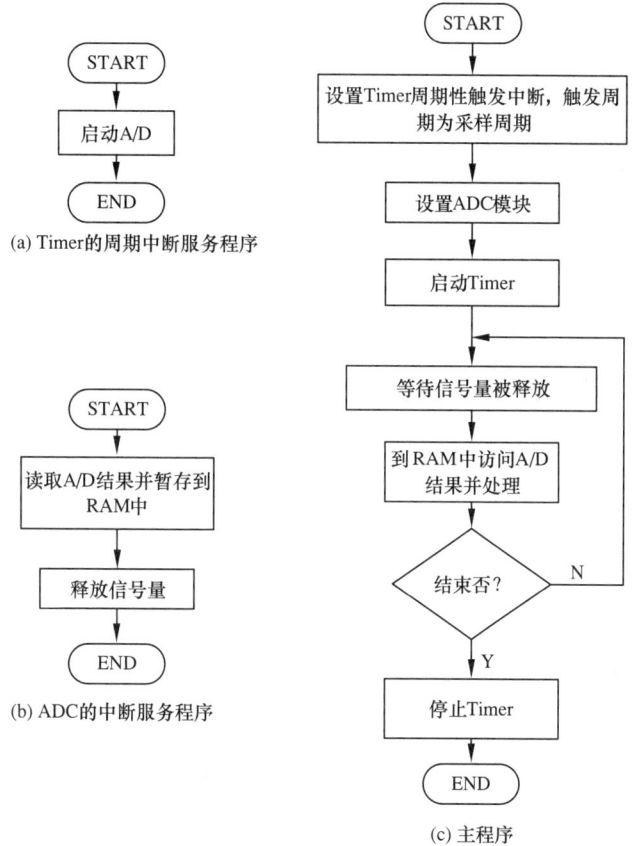

图 11-17　Timer 周期中断驱动的高精度采样程序

11.3.8　外部触发式启动 A/D

与周期性采样不同，外部触发式采样是在某个外部事件发生时才启动采样过程。在这种情况下，可以利用 GPIO 的中断请求功能。GPIO 引脚的电平变化可以触发 CPU 的中断并在该中断服务程序中启动 A/D。

11.3.9 同步 A/D

同步 ADC 模块包括多个独立的 A/D 通道,各个通道可同时工作。当需要同时采样时,如果采用软件按序启动各个通道,必然会带来先后启动顺序上的微小延迟,无法实现真正的同步。对这种需求,同步 ADC 模块往往提供了统一的控制端,由硬件帮助实现多个通道的真正同时启动。同步 ADC 模块经常用于雷达的阵列数据采集、多通道医学影像数据采集、电动机控制、电力质量测量等应用中。标准同步 ADC 的一个扩展是允许程序员设置通道组,同组的 A/D 通道可实现同步,或者按照预置的规则实现自动启动采样,STM32F10x 提供的注入通道和选择通道即可支持这些功能。

11.3.10 DMA 数据传输

单纯的依赖中断机制并在中断服务程序中"搬运"采样后的结果数据会对 CPU 产生较大的负载,不适合高速连续信号的采样。对后者,可以直接在 ADC 模块和存储器之间直接启用 DMA 传输通道,令 ADC 模块直接把采样之后的数据按照顺序存放到存储器中,并在传输完全结束后仅申请一个中断向 CPU 报告。

11.3.11 STM32F103 的 A/D 变换模块

STM32F103 内部集成了 ADC 模块,其内部结构如图 11-18 所示,主要特征如下:
- 一个 12 位逐次逼近型 ADC,包含 18 个通道,可测量 16 个外部和 2 个内部信号源。各通道的 A/D 转换可以单次、连续、扫描或间断模式执行。ADC 的结果可以左对齐或右对齐方式存储在 16 位数据寄存器中。
- 转换结束、注入转换结束和发生模拟看门狗事件时可以产生中断。
- 支持单次和连续转换模式。
- 从通道 0 到通道 n 的自动扫描模式。
- 自校准。
- 通道之间采样间隔可编程。
- 规则转换和注入转换均有外部触发选项。
- 支持间断模式。
- 支持双重模式(带 2 个 ADC 的器件)。
- ADC 转换时间(STM32F103xx 系列):ADC 时钟为 56MHz 时为 1μs(ADC 时钟为 72MHz 为 1.17μs)。
- ADC 供电要求:2.4V 到 3.6V。
- ADC 输入范围:$V_{REF-} \leqslant VIN \leqslant V_{REF+}$。模拟看门狗特性允许应用程序检测输入电压是否超出用户定义的高/低阈值。
- 规则通道转换期间可以生成 DMA 请求。

与 ADC 有关的引脚如表 11-2 所示。

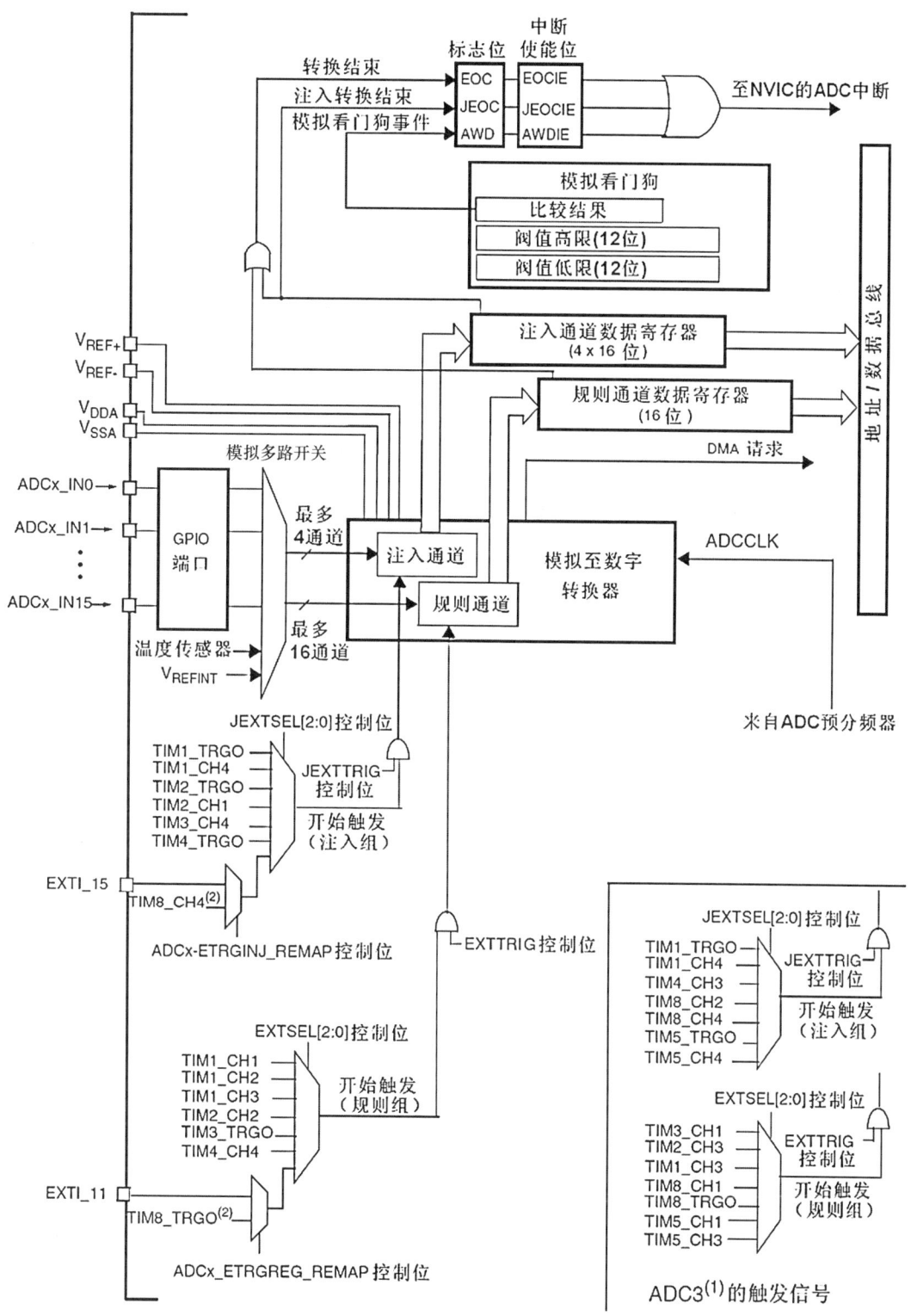

图 11-18 单个 ADC 框图

表 11-2　　　　　　　　　　　　　ADC 相关管脚说明

名称	信号类型	注解
V_{REF}^+	输入，模拟参考正极	ADC 使用的高端/正极参考电压，$2.4V \leqslant V_{REF}^+ \leqslant V_{DDA}$
V_{DDA}	输入，模拟电源	等效于 V_{DD} 的模拟电源且：$2.4V \leqslant V_{DDA} \leqslant V_{DD}(3.6V)$
V_{REF}^-	输入，模拟参考负极	ADC 使用的低端/负极参考电压，$V_{REF}^- = V_{SSA}$
V_{SSA}	输入，模拟电源地	等效于 V_{SS} 的模拟电源地
ADC_IN[15:0]	模拟输入信号	16 个模拟输入通道

11.4　STM32F103 ADC 寄存器介绍

1. ADC 状态寄存器(ADC_SR)(表 11-3)

表 11-3　　　　　　　　　　　ADC 状态寄存器(ADC_SR)

位	名称	说明
31:15		保留　必须保持为 0
4	STRT	规则通道开始位　该位由硬件在规则通道转换开始时设置，由软件清除。 0：规则通道转换未开始； 1：规则通道转换已开始
3	JSTRT	注入通道开始位　该位由硬件在注入通道组转换开始时设置，由软件清除。 0：注入通道转换未开始； 1：注入通道转换已开始
2	JEOC	注入通道转换结束位　该位由硬件在所有注入通道组转换结束时设置，由软件清除。 0：转换未完成； 1：转换完成
1	EOC	转换结束位　该位由硬件在(规则或注入)通道组转换结束时设置，由软件清除或由读取 ADC_DR 时清除。 0：转换未完成； 1：转换完成
0	AWD	模拟看门狗标志位　该位由硬件在转换的电压值超出了 ADC_LTR 和 ADC_HTR 寄存器定义的范围时设置，由软件清除。 0：没有发生模拟看门狗事件； 1：发生模拟看门狗事件

地址偏移：0x00；复位值：0x0000 0000

2. ADC 控制寄存器 1(ADC_CR1)(表 11-4)

表 11-4　　　　　　　　　　　ADC 控制寄存器 1(ADC_CR1)

位	名称	说明
31:24		保留　必须保持为 0
23	AWDEN	在规则通道上开启模拟看门狗　该位由软件设置和清除。 0:在规则通道上禁用模拟看门狗; 1:在规则通道上使用模拟看门狗
22	JAWDEN	在注入通道上开启模拟看门狗　该位由软件设置和清除。 0:在注入通道上禁用模拟看门狗; 1:在注入通道上使用模拟看门狗
21:20		保留。必须保持为 0
19:16	DUALMOD[3:0]	双模式选择　软件使用这些位选择操作模式。 0000:独立模式; 0001:混合的同步规则+注入同步模式; 0010:混合的同步规则+交替触发模式; 0011:混合同步注入+快速交替模式; 0100:混合同步注入+慢速交替模式; 0101:注入同步模式; 0110:规则同步模式; 0111:快速交替模式; 1000:慢速交替模式; 1001:交替触发模式。 注意: 在 ADC2 中这些位为保留位; 在双模式中,改变通道的配置会产生一个重新开始的条件,这将导致同步丢失。建议在进行任何配置改变前关闭双模式
15:13	DISCNUM[2:0]	间断模式通道计数　软件通过这些位定义在间断模式下,收到外部触发后转换规则通道的数目。 000:1 个通道; 001:2 个通道; …… 111:8 个通道
12	JDISCEN	在注入通道上的间断模式　该位由软件设置和清除,用于开启或关闭注入通道组上的间断模式。 0:注入通道组上禁用间断模式; 1:注入通道组上使用间断模式
11	DISCEN	在规则通道上的间断模式　该位由软件设置和清除,用于开启或关闭规则通道组上的间断模式。 0:规则通道组上禁用间断模式; 1:规则通道组上使用间断模式

续表

位	名称	说 明
10	JAUTO	自动的注入通道组转换　该位由软件设置和清除,用于开启或关闭规则通道组转换结束后自动的注入通道组转换。 0:关闭自动的注入通道组转换; 1:开启自动的注入通道组转换
9	AWDSGL	扫描模式中在一个单一的通道上使用看门狗　该位由软件设置和清除,用于开启或关闭由 AWDCH[4:0]位定义的通道上的模拟看门狗功能。 0:在所有的通道上使用模拟看门狗; 1:在单一通道上使用模拟看门狗
8	SCAN	扫描模式　该位由软件设置和清除,用于开启或关闭扫描模式。在扫描模式中,由 ADC_SQRx 或 ADC_JSQRx 寄存器选中的通道被转换。 0:关闭扫描模式; 1:使用扫描模式。 注:如果分别设置了 EOCIE 或 JEOCIE 位,只在最后一个通道转换完毕才会产生 EOC 或 JEOC 中断
7	JEOCIE	允许产生注入通道转换结束中断　该位由软件设置和清除,用于禁止或允许所有注入通道转换结束后产生中断。 0:禁止 JEOC 中断; 1:允许 JEOC 中断。当硬件设置 JEOC 位时产生中断
6	AWDIE	允许产生模拟看门狗中断　该位由软件设置和清除,用于禁止或允许模拟看门狗。在扫描模式下,如果看门狗检测到超范围的数值时,只有在设置了该位时扫描才会中止。 0:禁止模拟看门狗中断; 1:允许模拟看门狗中断
5	EOCIE	允许产生 EOC 中断　该位由软件设置和清除,用于禁止或允许转换结束后产生中断。 0:禁止 EOC 中断; 1:允许 EOC 中断。当硬件设置 EOC 位时产生中断
4:0	AWDCH[4:0]	模拟看门狗通道选择位　这些位由软件设置和清除,用于选择模拟看门狗保护的输入通道。 00000:ADC 模拟输入通道 0; 00001:ADC 模拟输入通道 1; …… 01111:ADC 模拟输入通道 15; 10000:ADC 模拟输入通道 16; 10001:ADC 模拟输入通道 17。 保留所有其他数值。 注意: - ADC1 的模拟输入通道 16 和通道 17 在芯片内部分别连到了温度传感器和 VREFINT; - ADC2 的模拟输入通道 16 和通道 17 在芯片内部连到了 V_{ss}

地址偏移:0x04,复位值:0x0000 0000

3. ADC 控制寄存器 2(ADC_CR2)(表 11-5)

表 11-5　　　　　　　　　　　　ADC 控制寄存器 2(ADC_CR2)

位	名 称	说 明
31:24		保留　必须保持为 0
23	AWDEN	温度传感器和 V_{REFINT} 使能　该位由软件设置和清除,用于开启或禁止温度传感器和 V_{REFINT} 通道。在双 ADC 的器件中,该位置出现在 ADC1 中。 0:禁止温度传感器和 V_{REFINT}; 1:启用温度传感器和 V_{REFINT}
22	SWSTART	开始转换规则通道　由软件设置该位以启动转换,转换开始后硬件马上清除此位。如果在 EXTSEL[2:0] 位中选择了 SWSTART 为触发事件,该位用于启动一组规则通道的转换。 0:复位状态; 1:开始转换规则通道
21	JSWSTART	开始转换注入通道　由软件设置该位以启动转换,软件可清除此位或在转换开始后硬件马上清除此位。如果在 JEXTSEL[2:0] 位中选择了 JSWSTART 为触发事件,该位用于启动一组注入通道的转换。 0:复位状态; 1:开始转换注入通道
20	EXTTRIG	规则通道的外部触发转换模式　该位由软件设置和清除,用于开启或禁止可以启动规则通道组转换的外部触发信号。 0:不用外部触发信号启动转换; 1:使用外部触发信号启动转换
19:17	EXTSEL[2:0]	选择启动规则通道组转换的外部事件　这些位选择用于启动规则通道组转换的外部事件。 000:定时器 1 的 CC1 事件; 001:定时器 1 的 CC2 事件; 010:定时器 1 的 CC3 事件; 011:定时器 2 的 CC2 事件; 100:定时器 3 的 TRGO 事件; 101:定时器 4 的 CC4 事件; 110:EXTI 线 11; 111:SWSTART
16		保留　必须保持为 0
15	JEXTTRIG	注入通道的外部触发转换模式　该位由软件设置和清除,用于开启或禁止可以启动注入通道组转换的外部触发信号。 0:不用外部触发信号启动转换; 1:使用外部触发信号启动转换

续表

位	名称	说 明
14：12	JEXTSEL[2：0]	选择启动注入通道组转换的外部事件 这些位选择用于启动注入通道组转换的外部事件。 000:定时器 1 的 TRGO 事件； 001:定时器 1 的 CC4 事件； 010:定时器 2 的 TRGO 事件； 011:定时器 2 的 CC1 事件； 100:定时器 3 的 CC4 事件； 101:定时器 4 的 TRGO 事件； 110:EXTI 线 15； 111:JSWSTART
11	ALIGN	数据对齐 该位由软件设置和清除。 0:右对齐； 1:左对齐
10：9		保留 必须保持为 0
8	DMA	直接数据访问模式 该位由软件设置和清除。详见 DMA 控制器章节。 0:不使用 DMA 模式； 1:使用 DMA 模式。 注意:在多于一个 ADC 的器件中,只有 ADC1 能产生 DMA 请求
7：4		保留 必须保持为 0
3	RSTCAL	复位校准 该位由软件设置并由硬件清除。在校准寄存器被初始化后该位将被清除。 0:校准寄存器已初始化； 1:初始化校准寄存器。 注意:当正在进行转换时,如果设置 RSTCAL,清除校准寄存器需要额外的周期
2	CAL	A/D校准 该位由软件设置以开始校准,并在校准结束时由硬件清除。 0:校准完成； 1:开始校准
1	CONT	连续转换 该位由软件设置和清除。如果设置了此位,则转换将连续进行直到该位被清除。 0:单次转换模式； 1:连续转换模式

续表

位	名称	说　明
0	ADON	开/关 A/D 转换器　该位由软件设置和清除。当该位为 0 时,写入 1 将把 ADC 从断电模式下唤醒。 当该位为 1 时,写入 1 将启动转换。在转换器上电至转换开始有一个延迟 t_{STAB}。 0:关闭 ADC 转换/校准,并进入断电模式; 1:开启 ADC 并启动转换。 注:如果在这个寄存器中与 ADON 一起还有其他位被改变,则转换不被触发。这是为了防止触发错误的转换

地址偏移:0x08;复位值:0x0000 0000

4. ADC 采样时间寄存器 1(ADC_SMPR1)(表 11-6)

表 11-6　　　　　　　ADC 采样时间寄存器 1(ADC_SMPR1)

位	名称	说　明
31:24		保留　必须保持为 0
26:0	SMP17[2:0] SMP16[2:0] SMP15[2:0] SMP14[2:0] SMP13[2:0] SMP12[2:0] SMP11[2:0] SMP10[2:0]	SMPx[2:0]:选择通道 x 的采样时间。 这些位用于独立地选择每个通道的采样时间。在采样周期中通道选择位必须保持不变。 000:1.5 周期;　　　100:41.5 周期; 001:7.5 周期;　　　101:55.5 周期; 010:13.5 周期;　　　110:71.5 周期; 011:28.5 周期;　　　111:239.5 周期。 注: - ADC1 的模拟输入通道 16 和通道 17 在芯片内部分别连到了温度传感器和 VREFINT; - ADC2 的模拟输入通道 16 和通道 17 在芯片内部连到了 VSS

地址偏移:0x0C;复位值:0x0000 0000

5. ADC 采样时间寄存器 2(ADC_SMPR2)(表 11-7)

表 11-7　　　　　　　ADC 采样时间寄存器 2(ADC_SMPR2)

位	名称	说　明
31:30		保留　必须保持为 0
29:0	SMPx[2:0]	选择通道 x 的采样时间　这些位用于独立地选择每个通道的采样时间。在采样周期中通道选择位必须保持不变。 000:1.5 周期;　　　100:41.5 周期; 001:7.5 周期;　　　101:55.5 周期; 010:13.5 周期;　　　110:71.5 周期; 011:28.5 周期;　　　111:239.5 周期

地址偏移:0x0C;复位值:0x0000 0000

6. ADC 注入通道数据偏移寄存器(ADC_JOFRx)(表 11-8)

表 11-8　　　　　　ADC 注入通道数据偏移寄存器(ADC_JOFRx)(x=1,…,4)

位	名称	说明
31:22		保留　必须保持为 0
11:0	JOFFSETx[11:0]	注入通道 x 的数据偏移　当转换注入通道时,这些位定义了用于从原始转换数据中减去的数值。转换的结果可以在 ADC_JDRx 寄存器中读出

地址偏移:0x14-0x20;复位值:0x0000 0000

7. ADC 看门狗高阈值寄存器(ADC_HTR)(表 11-9)

表 11-9　　　　　　　ADC 看门狗高阈值寄存器(ADC_HTR)

位	名称	说明
31:22		保留　必须保持为 0
11:0	HT[11:0]	模拟看门狗高阈值　这些位定义了模拟看门狗的阈值高限

地址偏移:0x24;复位值:0x0000 0000

8. ADC 看门狗低阈值寄存器(ADC_LRT)(表 11-10)

表 11-10　　　　　　ADC 看门狗低阈值寄存器(ADC_LRT)

位	名称	说明
31:22		保留　必须保持为 0
11:0	LT[11:0]	模拟看门狗低阈值　这些位定义了模拟看门狗的阈值低限

地址偏移:0x28;复位值:0x0000 0000

9. ADC 规则序列寄存器 1(ADC_SQR1)(表 11-11)

表 11-11　　　　　　　ADC 规则序列寄存器 1(ADC_SQR1)

位	名称	说明
31:22		保留　必须保持为 0
23:20	L[3:0]	规则通道序列长度　这些位定义了在规则通道转换序列中转换总数。 0000:1 个转换; 0001:2 个转换; …… 1111:16 个转换。
19:15	SQ16[4:0]	规则序列中的第 16 个转换　这些位定义了转换序列中的第 16 个转换通道的编号(0~17);
14:10	SQ15[4:0]	规则序列中的第 15 个转换;
9:5	SQ14[4:0]	规则序列中的第 14 个转换;
4:0	SQ13[4:0]	规则序列中的第 13 个转换

地址偏移:0x2C;复位值:0x0000 0000

10. ADC 规则序列寄存器 2(ADC_SQR2)(表 11-12)

表 11-12　　　　　　　　　ADC 规则序列寄存器 2(ADC_SQR2)

位	名 称	说　明
31：30		保留　必须保持为 0
29：25	SQ12[4：0]	规则序列中的第 12 个转换　这些位定义了转换序列中的第 12 个转换通道的编号(0~17);
24：20	SQ11[4：0]	规则序列中的第 11 个转换;
19：15	SQ10[4：0]	规则序列中的第 10 个转换;
14：10	SQ9[4：0]	规则序列中的第 9 个转换;
9：5	SQ8[4：0]	规则序列中的第 8 个转换;
4：0	SQ7[4：0]	规则序列中的第 7 个转换

地址偏移:0x30;复位值:0x0000 0000

11. ADC 规则序列寄存器 3(ADC_SQR3)(表 11-13)

表 11-13　　　　　　　　　ADC 规则序列寄存器 3(ADC_SQR3)

位	名 称	说　明
31：30		保留　必须保持为 0
29：25	SQ6[4：0]	规则序列中的第 6 个转换　这些位定义了转换序列中的第 6 个转换通道的编号(0~17);
24：20	SQ6[4：0]	规则序列中的第 5 个转换;
19：15	SQ4[4：0]	规则序列中的第 4 个转换;
14：10	SQ3[4：0]	规则序列中的第 3 个转换;
9：5	SQ2[4：0]	规则序列中的第 2 个转换;
4：0	SQ1[4：0]	规则序列中的第 1 个转换

地址偏移:0x34;复位值:0x0000 0000

12. ADC 注入序列寄存器(ADC_JSQR)(表 11-14)

表 11-14　　　　　　　　　ADC 注入序列寄存器(ADC_JSQR)

位	名 称	说　明
31：22		保留　必须保持为 0
21：20	JL[1：0]	注入通道序列长度　这些位定义了在规则通道转换序列中转换总数。 00:1 个转换; 01:2 个转换; 10:3 个转换; 11:4 个转换
19：15	JSQ4[4：0]	注入序列中的第 4 个转换　这些位定义了转换序列中的第 4 个转换通道的编号(0~17)。 注意:不同于规则转换序列,如果 JL[1：0]的长度小于 4,则转换的序列顺序是从(4-JL)开始。例如:ADC_JSQR[21：0]=10 00011 00011 00111 00010,意味着扫描转换将按下列通道顺序转换:7,3,3,而不是 2,7,3
14：10	JSQ3[4：0]	注入序列中的第 3 个转换;
9：5	JSQ2[4：0]	注入序列中的第 2 个转换;
4：0	JSQ1[4：0]	注入序列中的第 1 个转换

地址偏移:0x38;复位值:0x0000 0000

13. ADC 注入数据寄存器 x(ADC_JDRx)(表 11-15)

表 11-15　　　　　　　ADC 注入数据寄存器 x(ADC_JDRx)(x＝1…4)

位	名称	说　明
31∶16		保留　必须保持为 0
15∶0	JDATA[15∶0]	注入转换的数据　这些位为只读,包含了注入通道的转换结果。数据是左或右对齐

地址偏移:0x3C-0x48;复位值:0x0000 0000

14. ADC 规则数据寄存器(ADC_DR)(表 11-16)

表 11-16　　　　　　　　ADC 规则数据寄存器(ADC_DR)

位	名称	说　明
31∶16	ADC2DATA[15∶0]	ADC2 转换的数据 - 在 ADC1 中:双模式下,这些位包含了 ADC2 转换的规则通道数据。 - 在 ADC2 中:不用这些位
15∶0	DATA[15∶0]	规则转换的数据　这些位为只读,包含了规则通道的转换结果。数据是左或右对齐

地址偏移:0x4C;复位值:0x0000 0000

11.5　STM32F103 的 ADC 模块的使用

11.5.1　ADC 的使能

通过设置 ADC_CR1 寄存器的 ADON 位可给 ADC 上电。ADC 上电延迟一段时间后(t_{STAB}),再次设置 ADON 位可启动 A/D 转换。通过清除 ADON 位可以停止转换,并将 ADC 置于断电模式。在断电模式中,ADC 静态耗电仅几个 μA。

11.5.2　ADC 时钟

时钟控制器 RCC 为 ADC 模块提供了一个专用的可编程预分频器,并生成时钟信号 ADCCLK 供 ADC 模块使用。

11.5.3　通道选择

STM32 的 16 个 A/D 通道按转换原则可分成两组:**规则通道组**和**注入通道组**。在任意多个通道上以任意顺序进行的一系列转换构成成组转换,例如,可以如下顺序完成转换:通道 3、通道 8、通道 2、通道 2、通道 0、通道 2、通道 2、通道 15。

- 规则组由多达 16 个转换组成。规则通道和它们的转换顺序在 ADC_SQRx 寄存器中选择。规则组中转换的总数写入 ADC_SQR1 寄存器的 L[3∶0]位中。

• 注入组由多达 4 个转换组成。注入通道和它们的转换顺序在 ADC_JSQR 寄存器中选择。注入组里的转换总数目必须写入 ADC_JSQR 寄存器的 L[1∶0] 位中。在执行规则通道组扫描转换时,如有例外处理则可启用注入通道组的转换。

如果 ADC_SQRx 或 ADC_JSQR 寄存器在转换期间被更改,当前的转换被清除,一个新的启动脉冲将发送到 ADC 以转换新选择的组。

关于规则组和注入组的区别非常类似于主程序和中断服务程序的关系,规则通道组的转换类似主程序将会按预先设定的顺序执行,而在外部事件发生时会进入注入通道组的转换,完毕后再次回到规则通道组的转换继续,两个任务互不干扰且可快速切换。这种设计显著地提高了多通道测量的灵活性和性能,避免了采用软件管理通道切换带来的性能损失。

11.5.4 转换模式

1. 单次转换模式

单次转换模式里,ADC 只执行一次转换。这个模式既可通过设置 ADC_CR2 寄存器的 ADON 位启动(只适用于规则通道)也可通过外部触发启动(适用于规则通道或注入通道),这时 CONT 位为 0。A/D 转换完成后:

• 对规则通道:转换数据被储存在 16 位 ADC_DR 寄存器中,EOC(转换结束)标志被置位,如果设置了 EOCIE,则产生中断,中断由 ADC 模块提交给 CPU 模块。

• 对注入通道:转换数据被储存在 16 位的 ADC_DRJ1 寄存器中,JEOC(注入转换结束)标志被设置,如果设置了 JEOCIE 位,则产生中断,然后 ADC 停止。

2. 连续转换模式

在连续转换模式中,当前面 ADC 转换一结束马上就启动另一次转换。此模式可通过外部触发启动或通过设置 ADC_CR2 寄存器上的 ADON 位启动,此时 CONT 位是 1。每次转换后:

• 对规则通道:转换数据被储存在 16 位的 ADC_DR 寄存器中,EOC(转换结束)标志被设置,如果设置了 EOCIE,则产生中断。

• 对注入通道:转换数据被储存在 16 位的 ADC_DRJ1 寄存器中,JEOC(注入转换结束)标志被设置,如果设置了 JEOCIE 位,则产生中断。

不论是何种转换模式,在使用 ADC 时都必须注意转换中的时序问题。如图 11-19 所示,ADC 在开始精确转换前需要一个稳定时间 t_{STAB}。在开始 ADC 转换和 14 个时钟周期后,EOC 标志被设置,转换结果被放入 ADC 数据寄存器。

11.5.5 模拟看门狗

如果被 ADC 转换的模拟输入低于低阈值或高于高阈值,模拟看门狗的 AWD 状态位将被设置。这些阈值位于在 ADC_HTR 和 ADC_LTR 寄存器的最低 12 个有效位中。通过设置 ADC_CR1 寄存器的 AWDIE 位可允许产生相应中断。阈值与 ADC_CR2 寄存器上的 ALIGN 位选择的数据对齐模式无关。比较是在对齐之前完成的。通过配置 ADC_CR1 寄存器,模拟看门狗可以作用于 1 个或多个通道。

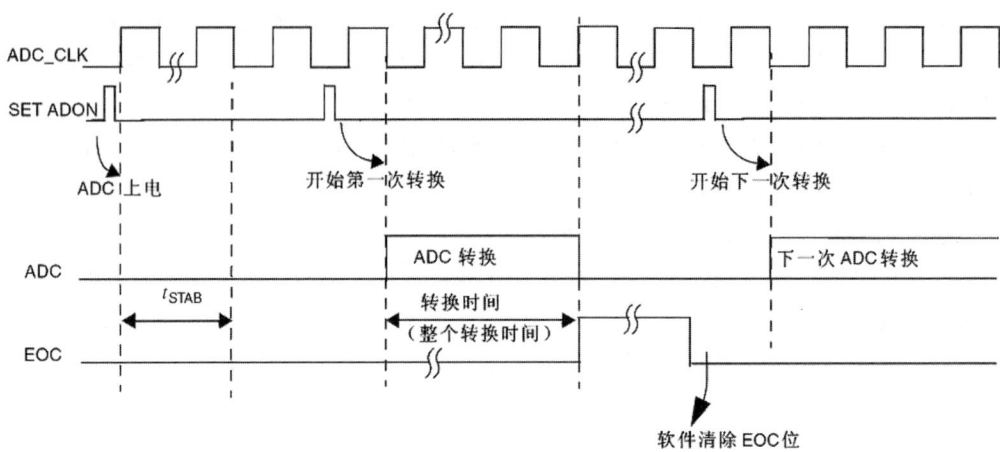

图 11-19 ADC 模块的接口时序图

11.5.6 扫描模式

设置 ADC_CR1 寄存器的 SCAN 位可选择扫描模式以对一组预设通道进行循环转换。ADC_SQRX 寄存器(对规则通道)或 ADC_JSQR(对注入通道)用于设置选择的通道。如果设置了 CONT 位,转换过程会在所有预设通道都被扫描后再次回到第一个通道继续。

如果设置了 DMA 位,在每次 EOC 后,DMA 控制器会把规则组通道的转换数据传输到 SRAM 中。而注入通道转换的数据总是存储在 ADC_JDRx 寄存器中。

11.5.7 注入通道管理

1. 触发注入

清除 ADC_CR1 寄存器的 JAUTO 位,并且设置 SCAN 位,即可使用触发注入功能。

(1) 利用外部触发或通过设置 ADC_CR2 寄存器的 ADON 位,启动一组规则通道的转换。

(2) 如果在规则通道转换期间产生一外部注入触发,当前转换被复位,注入通道序列被以单次扫描方式进行转换。

(3) 注入通道组扫描完毕后恢复上次被中断的规则组通道转换继续执行。

注:当使用触发的注入转换时,必须保证触发事件的间隔长于注入序列。例如:序列长度为 28 个 ADC 时钟周期(即 2 个具有 1.5 个时钟间隔采样时间的转换),触发之间最小的间隔必须是 29 个 ADC 时钟周期。

2. 自动注入

如果设置了 JAUTO 位,在规则组通道之后,注入组通道被自动转换。为避免与通道外部触发混乱,此模式下需要禁止注入通道的外部触发。如果除 JAUTO 位外还设置了 CONT 位,整个规则通道至注入通道的转换序列将被连续执行。

11.5.8 间断模式

该模式提供了比扫描模式和触发注入更加灵活的自动化多通道采样设置。

1. 规则子组

此模式通过设置 ADC_CR1 寄存器上的 DISCEN 位激活。它可以用来执行一个短序列的 N 次转换($N \leqslant 8$),此转换是 ADC_SQRx 寄存器所选择的转换序列的一部分。N 由 ADC_CR1 寄存器的 DISCNUM[2:0] 位给出。一个外部触发信号可以启动 ADC_SQRx 寄存器中描述的 N 次转换,直到此序列所有的转换完成为止。总的序列长度由 ADC_SQR1 寄存器的 L[3:0] 定义。例如:$N=3$ 且被转换的通道为 0,1,2,3,6,7,9,10 时,第一次触发转换的序列为 0,1,2;第二次触发转换的序列为 3,6,7;第三次触发转换的序列为 9,10,并产生 EOC 事件;第四次触发将继续转换序列 0,1,2。

注意:当一规则组以间断模式转换时,转换序列结束后不会自动从头开始。当所有子组被转换完成,下一次触发才会启动第一个子组的转换。在上面的例子中,第四次触发重新转换第一子组的通道 0,1 和 2。

2. 注入子组

此模式通过设置 ADC_CR1 寄存器的 JDISCEN 位激活。在一个外部触发事件后,给模式按序转换 ADC_JSQR 寄存器中选择的序列。一个外部触发信号可以启动 ADC_JSQR 寄存器选择的下一个通道序列的转换,直到序列中所有的转换完成为止。总的序列长度由 ADC_JSQR 寄存器的 JL[1:0] 位定义。例:$N=1$ 且被转换的通道为 1,2,3 时,第一次触发通道 1 被转换;第二次触发通道 2 被转换;第三次触发通道 3 被转换,并且产生 EOC 和 JEOC 事件;第四次触发通道 1 重新开始被转换。

注意:当完成所有注入通道转换完毕后,下个触发将启动第 1 个注入通道的转换。因此,在上述例子中,第四个触发重新启动通道 1 的转换。此外,不能同时使用自动注入和间断模式,且必须避免同时为规则和注入组设置间断模式,间断模式只能作用于一组转换。

11.5.9 校准

STM32 的 ADC 内置自校准模式,校准可大幅减小因内部电容器组的变化而造成的精度误差。在校准期间,STM32 针对每个电容器上都会计算出一个误差修正码(数字值),这个码用于消除在随后的转换中每个电容器上产生的误差。通过设置 ADC_CR2 寄存器的 CAL 位可启动校准。一旦校准结束,CAL 位将被硬件自动复位,可以开始正常转换。建议在每次上电时执行一次 ADC 校准。校准阶段结束后,校准码储存在 ADC_DR 中。注意启动校准前,ADC 必须处于关电状态(ADON=0)超过至少两个 ADC 时钟周期。

11.5.10 数据对齐

ADC_CR2 寄存器中的 ALIGN 位选择转换后数据储存的对齐方式。数据可以右对齐或左对齐,如图 11-20 和图 11-21 所示。

注入组通道转换的数据值已经减去了在 ADC_JOFRx 寄存器中定义的偏移量,因此结果可能是一个负值。SEXT 位是扩展的符号值。对于规则组通道，不需减去偏移值，因此只有 12 个位有效。

注入组

SEXT	SEXT	SEXT	SEXT	D11	D10	D9	D8	D7	D6	D5	D4	D3	D2	D1	D0

规则组

0	0	0	0	D11	D10	D9	D8	D7	D6	D5	D4	D3	D2	D1	D0

图 11-20　数据右对齐

注入组

SEXT	D11	D10	D9	D8	D7	D6	D5	D4	D3	D2	D1	D0	0	0	0

规则组

D11	D10	D9	D8	D7	D6	D5	D4	D3	D2	D1	D0	0	0	0	0

图 11-21　数据左对齐

11.5.11　可编程的通道采样时间

ADC 的采样周期可由 ADC_CLK 的时钟个数确定，通过 ADC_SMPR1 和 ADC_SMPR2 寄存器中的 SMP[2：0] 位配置。每个通道可以以不同的时间采样。注意总的实际转换时间事实上还要加上通道切换的时间，后者为 12.5 个钟周期。

11.5.12　外部触发转换

如果设置了 EXTTRIG 控制位，则外部事件（例如定时器捕获，EXTI 线）就能够触发转换。EXTSEL[2：0] 和 JEXTSEL[2：0] 控制位允许应用程序选择 8 个可能的事件中的某一个触发规则和注入组的采样。注意：只有脉冲上升沿可以启动转换。用于规则通道的外部触发见表 11-17。用于注入通道的外部触发见表 11-18。

表 11-17　　　　　　　　　　用于规则通道的外部触发

触发源	类型	EXTSEL[2：0]
定时器 1 的 CC1 输出	片上定时器的内部信号	000
定时器 1 的 CC2 输出		001
定时器 1 的 CC3 输出		010
定时器 2 的 CC2 输出		011
定时器 3 的 TRGO 输出		100
定时器 4 的 CC4 输出		101
EXTI 线 11	外部管脚	110
SWSTART	软件控制位	111

表 11-18　　　　　　　　　　　　用于注入通道的外部触发

触发源	连接类型	JEXTSEL[2:0]
定时器 1 的 TRGO 输出	片上定时器的内部信号	000
定时器 1 的 CC4 输出		001
定时器 2 的 TRGO 输出		010
定时器 2 的 CC1 输出		011
定时器 3 的 CC4 输出		100
定时器 4 的 TRGO 输出		101
EXTI 线 15	外部管脚	110
JSWSTART	软件控制位	111

其中软件源触发事件可以通过设置寄存器 ADC_CR2 的 SWSTART 和 JSWSTART 位产生。外部触发通常与注入规则转换结合使用，以提高事件发生时的 A/D 响应速度。

11.5.13　DMA 请求

因为规则通道转换的值储存在一个仅有的数据寄存器中，所以当转换多个规则通道时最好使用 DMA，这可避免丢失已经存储在 ADC_DR 寄存器中的数据。但只有在规则通道的转换结束时才产生 DMA 请求，并将转换的数据从 ADC_DR 寄存器传输到用户指定的目的地址。注意在 STM32F103 中，只有 ADC1 能够产生 DMA 请求。

11.5.14　双 ADC 模式

在有 2 个 ADC 模块的 STM32 器件中，可以使用双 ADC 模式(图 11-22)。在双 ADC 模式里，根据 ADC1_CR1 寄存器中 DUALMOD[3:0]位所选的模式，ADC1(主)和 ADC2(从)可交替触发或同时触发。双 ADC 模式可以实现重叠采样，进一步提高了连续信号的采样性能，是 STM32 系列一个突出的特色。

注意：在双 ADC 模式里，当转换配置成由外部事件触发时，用户必须将其设置成仅触发主 ADC，从 ADC 须设置成软件触发，这样可以防止意外地触发从转换。但是，主和从 ADC 的外部触发必须同时被激活。在双 ADC 模式中，为了从主数据寄存器上读取从转换数据，DMA 位也必须被使能，即使它并不用来传输规则通道数据，因为两个 ADC 是 MCU 内部总线上的两个独立部件，从 ADC 向主 ADC 的数据传输很可能需要 DMA 的参与。

双 ADC 模块同时工作时，根据彼此的规则和注入设置，可以有多种协调方式，如同步注入模式、同步规则模式、快速交替模式、慢速交替模式、交替触发模式、独立模式、混合的规则/注入同步模式、混合的同步规则＋交替触发模式和混合同步注入＋交替模式。其中，独立模式就是指两个 ADC 模块独立工作。下面进一步介绍其中典型的几个。

1. 同步注入模式

此模式转换一个注入通道组。外部触发源来自 ADC1 的注入组多路开关(由 ADC1_CR2 寄存器的 JEXTSEL[2:0]选择)，它同时给 ADC2 提供同步触发。注意不要在 2 个 ADC 上

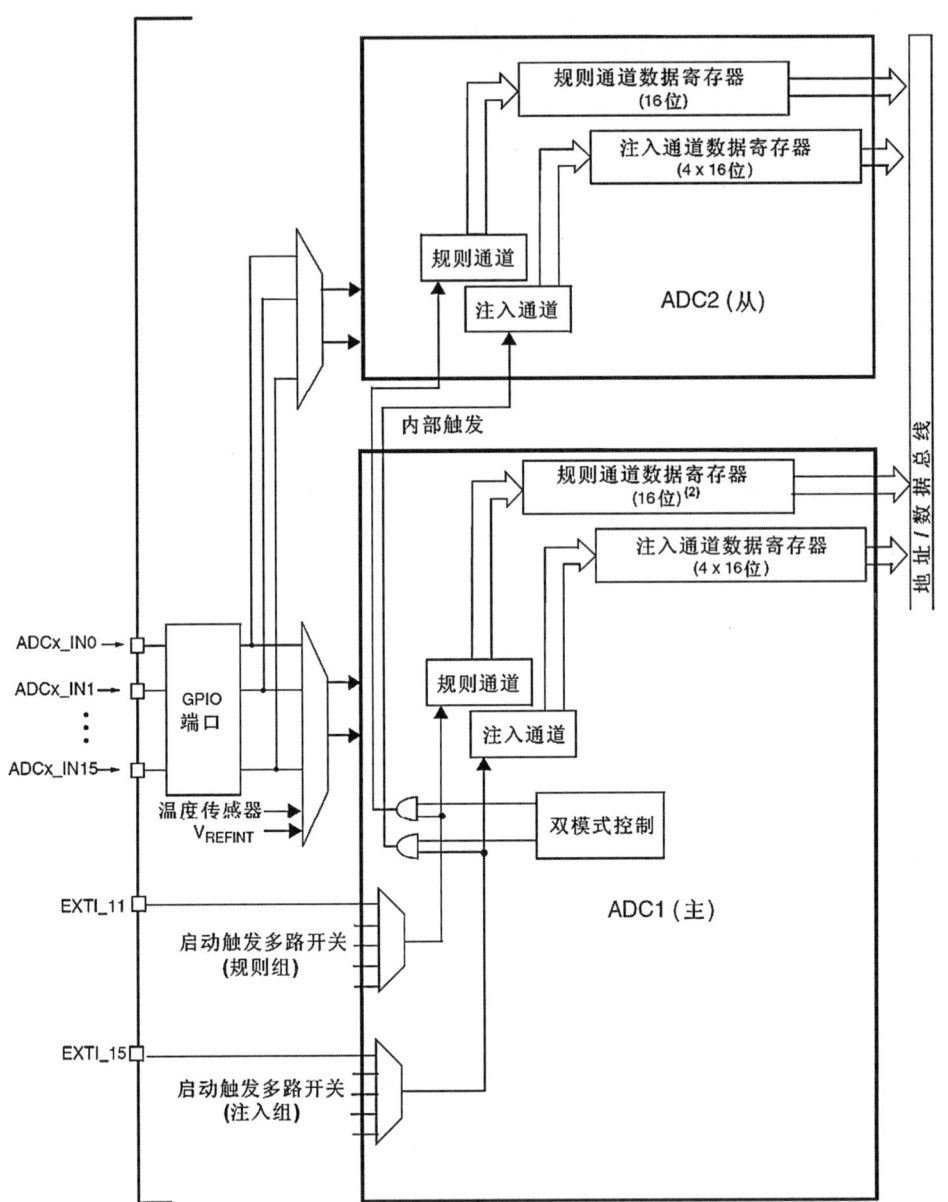

图 11-22 双 ADC 框图

注意：外部触发信号作用于 ADC2，但在图 11-22 中没有显示。

转换相同的通道（如果转换两个 ADC 的相同通道，不可能提供重叠的采样时间），如图 11-23 所示。在 ADC1 或 ADC2 的转换结束时：

- 转换的数据存储在每个 ADC 接口的 ADC_JDRx 寄存器中；
- 当所有 ADC1/ADC2 注入通道都被转换完毕时产生 JEOC 中断（如果任一 ADC 接口开放了中断的话）。

在同步模式中，必须转换具有相同长度的序列，或保证触发的间隔比 2 个序列中较长的序列长，否则当较长序列的转换还未完成时，具有较短序列的 ADC 转换会被重启，从而打破同步。

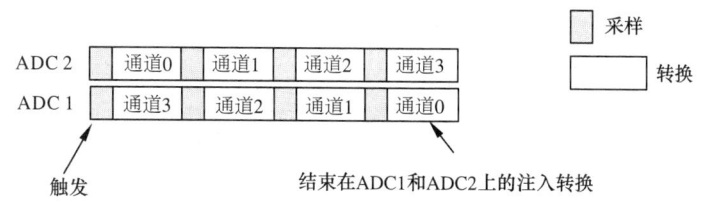

图 11-23　在 4 个通道上的同时注入模式

2. 同步规则模式

此模式在规则通道组上执行。外部触发源来自 ADC1 的规则组多路开关(由 ADC1_CR2 寄存器的 EXTSEL[2:0]选择),它同时给 ADC2 提供同步触发。注意不要在 2 个 ADC 上转换相同的通道(如果转换两个 ADC 的相同通道,不可能提供重叠的采样时间),如图 11-24 所示。

在 ADC1 或 ADC2 的转换结束时:

- 产生一个 32 位 DMA 传输请求(如果设置了 DMA 位)并传输到 SRAM,32 位寄存器 ADC1_DR 的高 16 位包含 ADC2 的转换数据,低 16 位字包含 ADC1 的转换数据。
- 当所有 ADC1/ADC2 规则通道都被转换完时,产生转换完成 EOC 中断(如果任一 ADC 接口开放了中断的话)。

与同步注入一样,在同步规则模式中,必须转换具有相同长度的序列,或保证触发的间隔比 2 个序列中较长的序列长,否则当较长序列的转换还未完成时,具有较短序列的 ADC 转换会被重启。

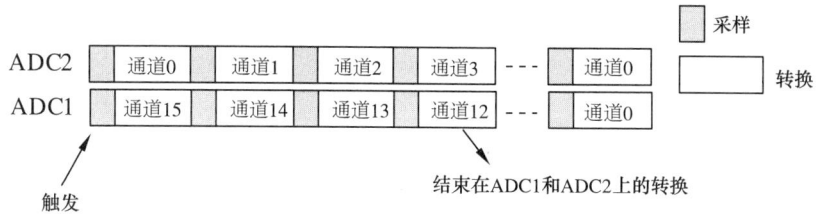

图 11-24　在 16 个通道上的同时规则模式

3. 快速交替模式

此模式只适用于规则通道组(通常一个通道)。外部触发源来自 ADC1 的规则通道多路开关,如图 11-25 所示。外部触发产生后:

- ADC2 立即启动;
- ADC1 在延迟 7 个 ADC 时钟周期后启动。

如果同时设置了 ADC1 和 ADC2 的 CONT 位,所选的两个 ADC 规则通道将被连续地转换。

ADC1 产生一 EOC 中断后(由 EOCIE 位使能),产生一个 32 位的 DMA 传输请求(如果设置了 DMA 位),ADC1_DR 寄存器的 32 位数据被传输到 SRAM,ADC1_DR 的高 16 位包含 ADC2 的转换数据,低 16 位包含 ADC1 的转换数据。注意最大允许采样时间要小于 7 个 ADC CLK 周期且避免 ADC1 和 ADC2 转换相同通道。慢速交替模式与之的区别是会延迟 14 个时钟周期。

4. 交替触发模式

此模式只适用于注入通道组。外部触发源来自 ADC1 的注入通道多路开关。

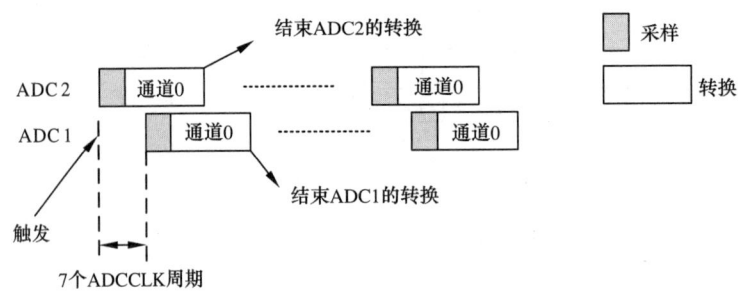

图 11-25 在 1 个通道上连续转换模式下的快速交替模式

- 当第一个触发产生时，ADC1 上的所有注入组通道被转换；
- 当第二个触发到达时，ADC2 上的所有注入组通道被转换；
- 如此循环……

如果 ADC1 允许产生 JEOC 中断，则在所有 ADC1 注入组通道转换后产生一个 JEOC 中断。如果 ADC2 允许产生 JEOC 中断，则在所有 ADC2 注入组通道转换后产生一个 JEOC 中断。如图 11-26 所示。

当所有注入组通道都转换完后，如果又有产生另一个外部触发，交替触发处理从转换 ADC1 注入组通道重新开始。

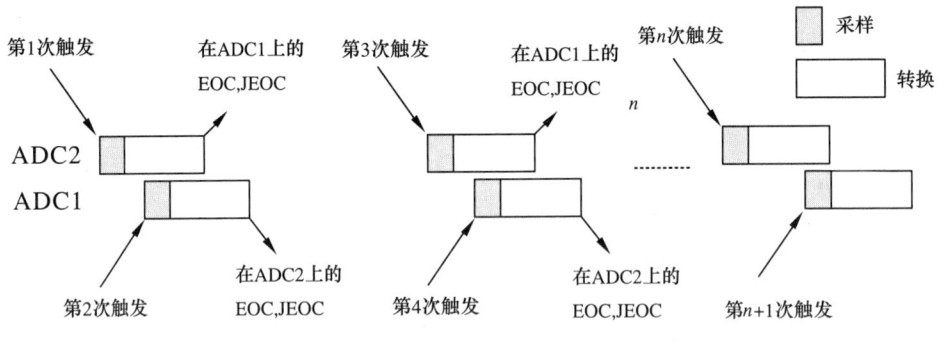

图 11-26 交替触发：每个 ADC1 的注入通道组

5. 独立模式

此模式里，两个 ADC 模块独立工作，不相互关联。

11.5.15 温度传感器/VREFINT 内部通道

STM32 自带温度传感器用来测量器件周围的温度（T_A），支持的温度范围从 $-40℃\sim 125℃$，精确度 $\pm 1.5℃$，温度传感器的输出可用于对整个系统进行校正。在内部电路结构上温度传感器和通道 ADCx_IN16 相连接，内部参考电压 V_{REFINT} 和 ADCx_IN17 相连接。可以按注入或规则通道对这两个内部通道进行转换，如图 11-27 所示。注意温度传感器和 V_{REFINT} 只能出现在主 ADC1 中，且模拟输入的采样时间必须大于 $2.2\mu s$，当没有被使用时，传感器可以置于关断模式以降低能耗。

依照图 11-27，温度传感器使用方法如下：

(1) 选择 ADCx_IN16 输入通道。

(2) 选择采样时间大于 $2.2\mu s$。

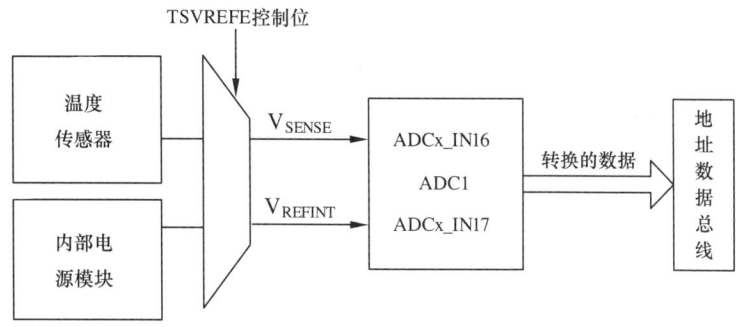

图 11-27 温度传感器和 VREFINT 通道框图

(3) 设置 ADC 控制寄存器 2(ADC_CR2) 的 TSVREFE 位,以唤醒关断模式下的温度传感器。

(4) 通过设置 ADON 位启动 ADC 转换(或用外部触发)。

(5) 读 ADC 数据寄存器上的 V_{SENSE} 数据结果。

(6) 利用下列公式得出温度

$$温度(℃) = \{(V_{25} - V_{\text{SENSE}})/\text{Avg\_Slope}\} + 25$$

式中,

$V_{25} = V_{\text{SENSE}}$ 在 25℃ 时的数值;

Avg_Slope = 温度与 V_{SENSE} 曲线的平均斜率(单位为 mV/℃ 或 μV/℃)

V_{25} 和 Avg_Slope 的值可参考 STM32 电气特性章节。

注意:传感器从关电模式唤醒后到可以输出正确的 V_{SENSE} 前,有一个建立时间。ADC 在上电后也有一个建立时间,为了缩短延时,应该同时设置 ADON 和 TSVREFE 位。

11.5.16 中断

丰富的中断在 ADC 模块和 CPU 之间起着联络、协调的作用。STM32 的规则和注入组转换结束时能产生中断,当模拟看门狗状态位被设置时也能产生中断。它们都有独立的中断使能位(参见表 11-19)。请参考寄存器 ADC_SR 的说明。

表 11-19　　　　　　　　　　ADC 中断

中断事件	事件标志	使能控制位
规则组转换结束	EOC	EOCIE
注入组转换结束	JEOC	JEOCIE
设置模拟看门狗状态位	AWD	AWDIE

11.6 基于 STM32F103 的 A/D 变换示例

该示例中,ADC 通道 14 与引脚 PC.04 相连,通道 11 与 PC.01 相连,并演示如何在 TIM1 触发下连续转换规则通道组以及自动注入特性。TIM1 被配置为上升沿申请中断,每次 A/D 转换结束后启动 DMA 传输,转换结果将从 ADC1_DR 寄存器传输到变量 RegularConverted-

ValueTab 所指的内存区域。由于自动注入特性被使能,注入通道 11 会在规则通道 14 完毕后自动启动,转换完毕后将置位 JEOC 并申请中断,转换结果由中断服务程序保存到变量 InjectedConvertedValueTab 所指内存区域。整个过程在 TIM1 控制下重复 32 次然后结束。ADC1 时钟被设置为 14MHz。以下给出主要程序段:

```c
#include "stm32f10x_lib.h"
#define ADC1_DR_Address    ((u32)0x4001244C)
// 变量定义
ADC_InitTypeDef           ADC_InitStructure;
DMA_InitTypeDef           DMA_InitStructure;
TIM1_TimeBaseInitTypeDef  TIM1_TimeBaseStructure;
TIM1_OCInitTypeDef        TIM1_OCInitStructure;
// 存放规则通道和注入通道的 A/D 转换结果
vu16 ADC_RegularConvertedValueTab[32], ADC_InjectedConvertedValueTab[32];
ErrorStatus HSEStartUpStatus;

int main(void)
{
    // 系统时钟配置,中断控制其配置,GPIO 配置。
    RCC_Configuration();
    NVIC_Configuration();
    GPIO_Configuration();

    // TIM1 初始化
    TIM1_DeInit();
    TIM1_TimeBaseStructure.TIM1_Prescaler=0x4;
    TIM1_TimeBaseStructure.TIM1_CounterMode=TIM1_CounterMode_Up;
    TIM1_TimeBaseStructure.TIM1_Period=0xFF;
    TIM1_TimeBaseStructure.TIM1_ClockDivision=0x0;
    TIM1_TimeBaseStructure.TIM1_RepetitionCounter=0x0;
    TIM1_TimeBaseInit(&TIM1_TimeBaseStructure);
    TIM1_OCInitStructure.TIM1_OCMode=TIM1_OCMode_PWM1;
    TIM1_OCInitStructure.TIM1_OutputState=TIM1_OutputState_Enable;
    TIM1_OCInitStructure.TIM1_Pulse=0x7F;
    TIM1_OCInitStructure.TIM1_OCPolarity=TIM1_OCPolarity_Low;
    TIM1_OC1Init(&TIM1_OCInitStructure);

    // DMA 初始化
    DMA_DeInit(DMA_Channel1);
    DMA_InitStructure.DMA_PeripheralBaseAddr=ADC1_DR_Address;
    DMA_InitStructure.DMA_MemoryBaseAddr=(u32)ADC_RegularConvertedValueTab;
    DMA_InitStructure.DMA_DIR=DMA_DIR_PeripheralSRC;
    DMA_InitStructure.DMA_BufferSize=32;
    DMA_InitStructure.DMA_PeripheralInc=DMA_PeripheralInc_Disable;
```

```
DMA_InitStructure.DMA_MemoryInc=DMA_MemoryInc_Enable;
DMA_InitStructure.DMA_PeripheralDataSize=DMA_PeripheralDataSize_HalfWord;
DMA_InitStructure.DMA_MemoryDataSize=DMA_MemoryDataSize_HalfWord;
DMA_InitStructure.DMA_Mode=DMA_Mode_Normal;
DMA_InitStructure.DMA_Priority=DMA_Priority_High;
DMA_InitStructure.DMA_M2M=DMA_M2M_Disable;
DMA_Init(DMA_Channel1, &DMA_InitStructure);
DMA_Cmd(DMA_Channel1, ENABLE);    //启用 DMA 通道

// ADC1 初始化
ADC_InitStructure.ADC_Mode=ADC_Mode_Independent;
ADC_InitStructure.ADC_ScanConvMode=DISABLE;
ADC_InitStructure.ADC_ContinuousConvMode=DISABLE;
ADC_InitStructure.ADC_ExternalTrigConv=ADC_ExternalTrigConv_T1_CC1;
ADC_InitStructure.ADC_DataAlign=ADC_DataAlign_Right;
ADC_InitStructure.ADC_NbrOfChannel=1;
ADC_Init(ADC1, &ADC_InitStructure);

// 配置 ADC1 通道 14 为规则通道 14
ADC_RegularChannelConfig(ADC1, ADC_Channel_14, 1, ADC_SampleTime_13Cycles5);
// 配置注入序列长度,配置通道 11 为注入通道以及触发条件,并启用自动注入
ADC_InjectedSequencerLengthConfig(ADC1, 1);
ADC_InjectedChannelConfig(ADC1, ADC_Channel_11, 1, ADC_SampleTime_71Cycles5);
ADC_ExternalTrigInjectedConvConfig(ADC1, ADC_ExternalTrigInjecConv_None);
ADC_AutoInjectedConvCmd(ADC1, ENABLE);

// 使能 ADC1 的 DMA 通道传输,以及 ADC1 外部触发
ADC_DMACmd(ADC1, ENABLE);
ADC_ExternalTrigConvCmd(ADC1, ENABLE);
// 使能注入通道转换完成中断
ADC_ITConfig(ADC1, ADC_IT_JEOC, ENABLE);
// 使能 ADC1,并对 ADC1 自校准并等待完成
ADC_Cmd(ADC1, ENABLE);
ADC_ResetCalibration(ADC1);
while (ADC_GetResetCalibrationStatus(ADC1));
ADC_StartCalibration(ADC1);
while (ADC_GetCalibrationStatus(ADC1));

// TIM1 启动,以及输出使能
TIM1_Cmd(ENABLE);
TIM1_CtrlPWMOutputs(ENABLE);

// 判断通道传输是否结束。如结束则需清除该标记
while(! DMA_GetFlagStatus(DMA_FLAG_TC1));
```

```
DMA_ClearFlag(DMA_FLAG_TC1);
// TIM1 终止。并等待 A/D 执行
TIM1_Cmd(DISABLE);
while(1)
{
}
}
```

习题

1. ADC 的主要技术指标有哪些？ADC 的分辨率和精度是一回事吗？
2. 影响 ADC 输出结果的误差来源有哪些？
3. STM32F103 微控制器中，规则通道和注入通道的区别是什么？
4. 为什么 ST 要在 STM32F103 的设计中引入双 ADC 设计？
5. 在 Timer 的驱动下，设计 ADC 驱动程序，实现周期化的数据采集。

第 12 章　STM32 支撑开发环境

完整的嵌入式系统既包含硬件，也包含软件。由于硬件平台化的趋势日渐明显，软件在整个开发中所占比例逐年增加，成为整个系统开发过程中最为耗时的环节。本章首先介绍了嵌入式系统开发的流程，然后介绍了 ST 公司为此提供的支持，特别是基于 Keil MDK 的 STM32 开发支撑环境，然后介绍了 STM32 的启动 ARTX 嵌入式操作系统使用初步，最后就嵌入式系统开发中的几个关键问题和相关经验进行了总结。读者在学习时，除了要掌握 Keil 集成环境的使用，更应了解背后整个开发流程的基本原理，以及 STM32 的启动过程。理解了这一点，对今后举一反三快速掌握其他微控制器和开发工具的使用大有裨益。

12.1　嵌入式系统开发的流程

12.1.1　嵌入式项目的生命周期

嵌入式项目的生命周期是指从项目规划、需求规范、系统设计、系统开发、系统测试、生产、部署与实施、反馈与维护直至退出市场的全流程。其中：

- 项目规划：系统规划与企业的发展密切相关，是指市场趋势的研究、产品应用的定位、成本与收益的预估、营销与推广预案等先期工作。规划得当是嵌入式项目在市场上成功的基本前提。
- 需求规范：在规划得当的前提下，进一步明确系统定位，并提炼产品需求，对高可靠关键嵌入式设备，往往倾向于要求以更加严格的形式化方法进行需求总结。
- 系统设计：针对需求规范，基于现有的技术，提出整个系统的构建之路。可进一步分为架构设计、概要设计和详细设计三个层次。
- 系统开发：依据设计方案进行软硬件设计，将嵌入式系统从书面构想变成具体物理实现的过程，包含硬件开发和软件开发。
- 系统测试：针对用户需求和嵌入式系统固有的性能、可靠性等技术指标进行的验证性活动。测试的目的是发现和修正系统中的错误、确保整个系统达到用户的要求，同时符合预期的技术指标。鉴于测试环节通常是整个项目流程中花费时间最长的环节，测试环节通常应向前提前到与系统开发环节并行，实现边开发边测试的迭代式增量开发，以期尽早发现错误，降低错误修正的代价，或者索性采用测试驱动的开发管理模式。
- 生产、部署与实施：是指嵌入式系统从样品到产品，并且付诸应用的过程。测试任务同样存在。
- 反馈与维护：系统实地运行后的各种反馈意见和维护记录既是对最初设计的验证，同时也为下一代产品或其他新产品的设计开发提供借鉴。

12.1.2 嵌入式软件的开发环节

直观上看，嵌入式软件的开发过程就是程序员书写源代码程序，然后交由嵌入式开发支撑环境提供的各种工具程序(称之为工具链)把源代码加工成可在MCU上运行的可执行程序的过程。那么，这个具体的加工过程是怎样实现的呢？

图 12-1 给出了这个加工过程的基本原理。

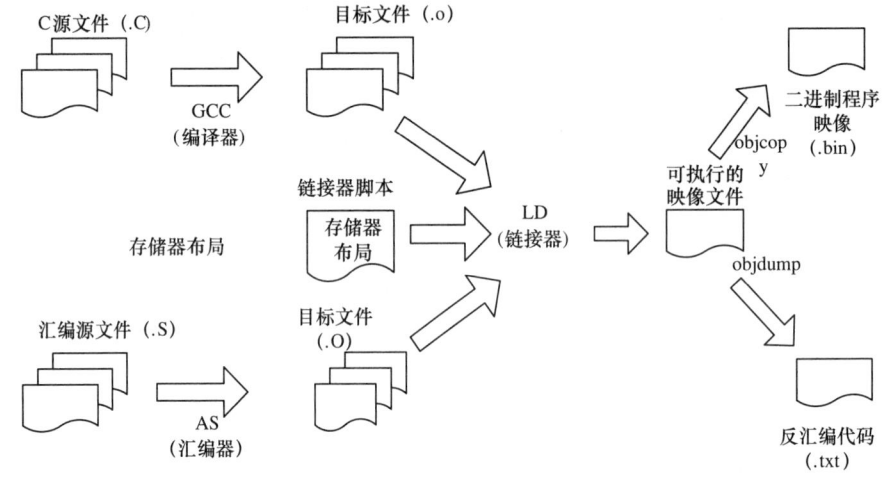

图 12-1　嵌入式软件的开发流程

就绝大多数系统而言，这个开发过程包括编辑、编译、链接和下载运行四个阶段，其中，调试过程(差错和纠错)贯穿所有环节。目前，绝大多数 MCU 包括 Cortex 系列在内都支持使用 C 语言进行开发，程序员可以利用任何一种编辑器撰写原始 C 语言程序，通常支撑环境也会提供一个自己的编辑器。编译程序则负责分析文本格式的原始 C 程序，生成中间格式的二进制文件，但是这种二进制文件通常还无法运行，因为其中经常遇到要调用的函数找不到具体实现代码的问题，因此，还要藉由链接程序把这种中间二进制文件、其他源代码模块生成的二进制文件、第三方提供的二进制库文件，以及与目标 CPU 相关的启动代码模块连接到一起，生成真正可以在目标硬件上运行的二进制程序，这一过程称之为链接。链接程序保证每一个函数调用都能找到它们各自的具体实现，并按照特定 CPU 要求在不同存储区合理分布数据和变量。如果链接程序无法做到这一点，就会以链接错误的形式报告出来。最后一个过程就是在开发环境提供的实用程序帮助下，将最终二进制文件(目标二进制文件)下载到目标 MCU 芯片中并运行的过程。如果在任何一个环节发现错误，都需要回过头去修改原始代码或某些配置，以保证最后能正确运行。

12.1.3　交叉编译与软件调试

图 12-1 给出的是一个通用的计算机系统的开发流程，但是普通计算机程序的开发和嵌入式系统程序的开发还是有些不同的，主要体现在目标编译对象和调试两个环节中。

在嵌入式系统开发中，最终的嵌入式设备通常称为目标机(Target)，由于目标机通常资源有限，体现为工作频率受限、内存容量受限、计算能力受限和输入输出手段受限，所以与系统开发测试有关的大量工具软件通常安装在另外一台标准计算机上,后者称为开发机,从而形成了在开发机上进行编辑、编译、链接,然后将目标程序下载到目标机上运行调试的工作模式。术语"交叉编译"即是指在开发机上将程序员书写的源代码编译成为目标机上可运行的二进制程序的过程,通常,开发机由 Intel 架构的个人机承担,可安装 Windows 或 Linux 操作系统以及在其上运行的各种开发工具,而目标机架构则取决于嵌入式系统的规划者和设计者,通常采用 ARM、FPGA 或各种微控制器 MCU 架构。例如,我们可以在自己的基于 Intel CPU 和 Windows 操作系统的 PC 机上开发,但是最终的程序却是运行在一块 STM32F103 芯片中,这一过程就是典型的交叉编译,其中用到的编译系统输出文件、链接阶段的库文件以及最终生成的目标二进制文件都是与所采用的 STM32F103 芯片配套,而与 Intel CPU 没有任何关系。

由于目标二进制文件无法在开发机上运行,因此引发了调试问题,无法像一个普通的 Windows 程序那样执行设断点、观察变量、观察内存区域、查看堆栈等调试操作。嵌入式系统的调试一般采用如下几种方案,实际中也经常综合使用。

(1) 在目标机程序中人为增加输出语句,例如目标机硬件中的串口、网口等通信口将变量信息发出,然后在计算机上观察输出值,以判断程序是否执行正确或者是推断程序错误发生点。这种方式最为简单,对硬件资源要求很少,只要一个串口或网口即可。

(2) 借助调试代理。调试代理是驻留在目标机系统中的一个程序,它负责接收来自客户端的调试命令并执行之,然后将所得结果再返还给开发机显示。这些调试命令通常包括单步执行、内存观察、寄存器观察、修改寄存器内容等。由于并发运行的考虑,这种方式通常与嵌入式操作系统配合使用,即把调试代理作为嵌入式操作系统内核的一部分或者作为其一个独立任务运行,例如实时嵌入式操作系统 vxWorks 就支持通过串口或以太网通信链路进行调试,参见图 12-2 中的 Ethernet/RS232 通路。调试代理程序可大可小,在设计和使用上比较灵活,不需要特别的硬件支持,必要时甚至可以自行实现,但是要求目标机中有足够的资源可以运行调试代理程序(一般需要数十 KB 存储器空间),这对于一些只有数 KB 至数十 KB、资源高度受限的嵌入式系统而言是无法承受的。

简单的调试代理和调试信息输出功能完全也可以自行开发,以更好地控制代码的规模以用于资源高度受限的 MCU 芯片,但是应仔细处理与中断的协调问题,既要注意在中断中使用调试信息输出功能时慢速的 I/O 操作与快速的程序执行和时序要求之间的矛盾,也要避免调试代理或信息输出模块自己受到中断的影响。

(3) 基于硬件 JTAG 支持的调试方案。这种方式要求目标机 MCU 包含 JTAG 模块,JTAG 是一种国际标准测试协议(IEEE1149.1 兼容),主要用于芯片内部测试,但也被广泛用来辅助嵌入式系统的开发调试,用于实现程序下载与在线编程、单步执行等功能,参见图 12-2 中的 JTAG 通路。JTAG 方式因为引入了硬件支持,因此具有较高的性能,在调试结果上可信

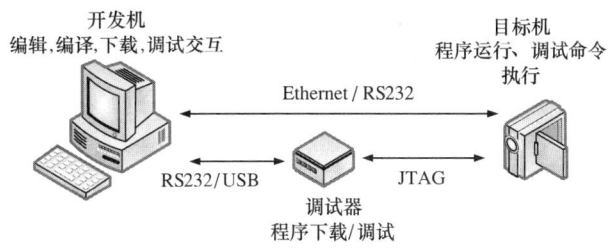

图 12-2　嵌入式开发的交叉编译与开发调试架构

度更高，但是要求 MCU 提供 JTAG 功能，增加了相应的成本，且 JTAG 调试接口需占用较多资源。Cortex 内核采用类似的设计思想，提供了串行线硬件调试通路，ARM 公司称之为 SW-DB，它仅用两根线就实现了 JTAG 相同的功能。

需要注意的是，在采用基于 JTAG 或 SW-DB 的调试方案时，由于调试硬件的限制，一般不能像本地软件调试那样无限设置断点和观察点，因为这会大量消耗调试器和目标机的资源。Cortex-M3 的 SW-DB 最多可支持 8 个硬件断点和 4 个观察点。

12.2 基于 Keil MDK 的 STM32 开发支撑环境

12.2.1 ARM 开发工具

经过长期的发展，ARM 公司已经为基于其内核和芯片的开发建立了完整的工具链，如图 12-3 所示，以微控制器开发包(MDK)为核心，辅以强大的 RealView 库，结合大量的第三方工具和程序库，可以高效支撑 ARM 上的软件开发，软件开发的方便性和完备性已经成为 ARM 芯片在市场竞争中的最大亮点之一。从企业角度看，丰富的软件资源和技术资料意味着可以用较短的时间推出产品，同时即使出现问题也较为容易找到解决方案，这对面临竞争压力、需要快速推出产品的公司具有重要意义。

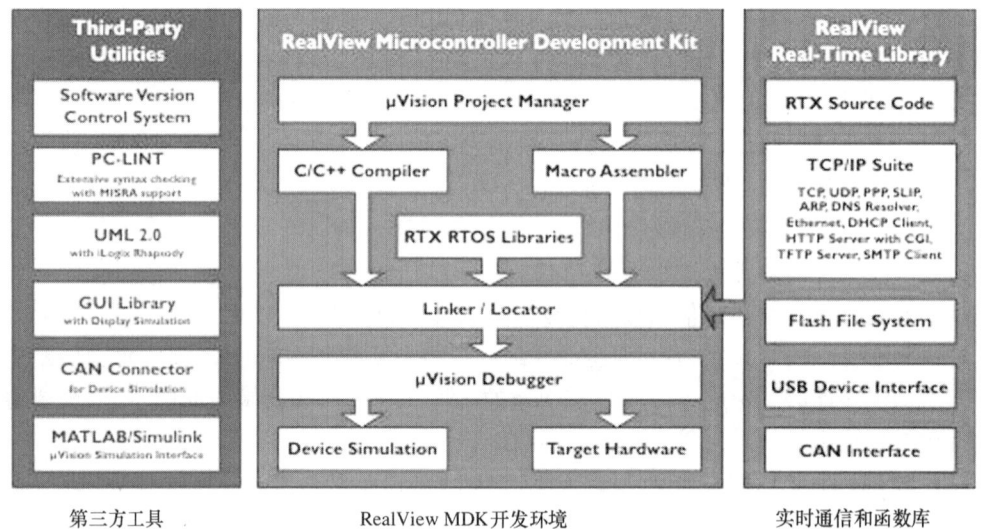

图 12-3 ARM 开发工具

由图 12-3 可见，MDK(Microcontroller Development Kit)是 ARM 开发平台中的核心，与绝大多数嵌入式继承开发环境一样，它提供了源代码编辑器、项目管理器(Project Management)、C/C++ 编译器、宏汇编器、实时操作系统库(RTX)、链接器、调试器、设备仿真、程序下载等功能以及一个集成了上述功能的 uVision 集成环境。凭借其长期的技术积累和广泛的产业联盟政策，ARM 公司可以为开发人员提供大量的覆盖嵌入式系统开发各方面的高质量程序库和第三方工具。ARM 自己提供的程序库称为 RealView Real-Time Library(RL)，大体上包括 RTX 内核源码、网络协议栈、基于 Flash 的文件系统、USB 驱动等，第三方工具包括版本管理系统、源代码质量检查工具 Lint、统一建模语言 UML2.0 支持工具、可连接到 Matlab Simulinkde 的工具等。所有这些构建成了完整的 ARM 开发工具链和产业链，树立了 ARM 在中高档嵌入式领域的竞争优势。

12.2.2 基于 Keil MDK 的 STM32 开发环境

STM32 微控制器基于 ARM 公司的 Cortex 内核，支持 Cortex 的开发平台一般都可用于 STM32 应用的开发，但优秀的开发环境可以显著提高开发速度，节省系统研发总成本。Keil 原是德国一家以生产嵌入式系统开发工具见长的厂家，后被 ARM 收购，其原有产品线与 ARM 公司自有产品合并，形成了新的 ARM 开发支撑环境，新的个人版 ARM 开发工具称为 Keil RealView Microcontroller Development Kit(MDK)，这是一套包括 C 编译器、宏汇编、链接器、库管理、调试器、仿真器、集成环境等在内的完整开发平台解决方案，其 C 编译器效率高，生成代码紧凑，界面友好方便，功能全面强大，在实际中受到许多工程师的欢迎，是目前 Cortex 系列微控制器开发的主流工具之一。最小开发系统只需再加上一个 ULink2 调试器或 H-JTAG 调试器即可。

uVision 是 Keil 提供的集成开发环境，它界面友好，易学易用，有机地集成了 ARM 开发流程中的绝大部分功能，是软件工程师与各种实用程序的交互界面，如图 12-4 所示，它具有：

- 功能齐全的源代码编辑器；
- 配置开发工具的设备库；
- 创建工程和维护工程的项目管理器；
- 所有的工具配置都采用对话框进行；
- 集成源码级的仿真调试器，包括高速 CPU 和外设模拟器；

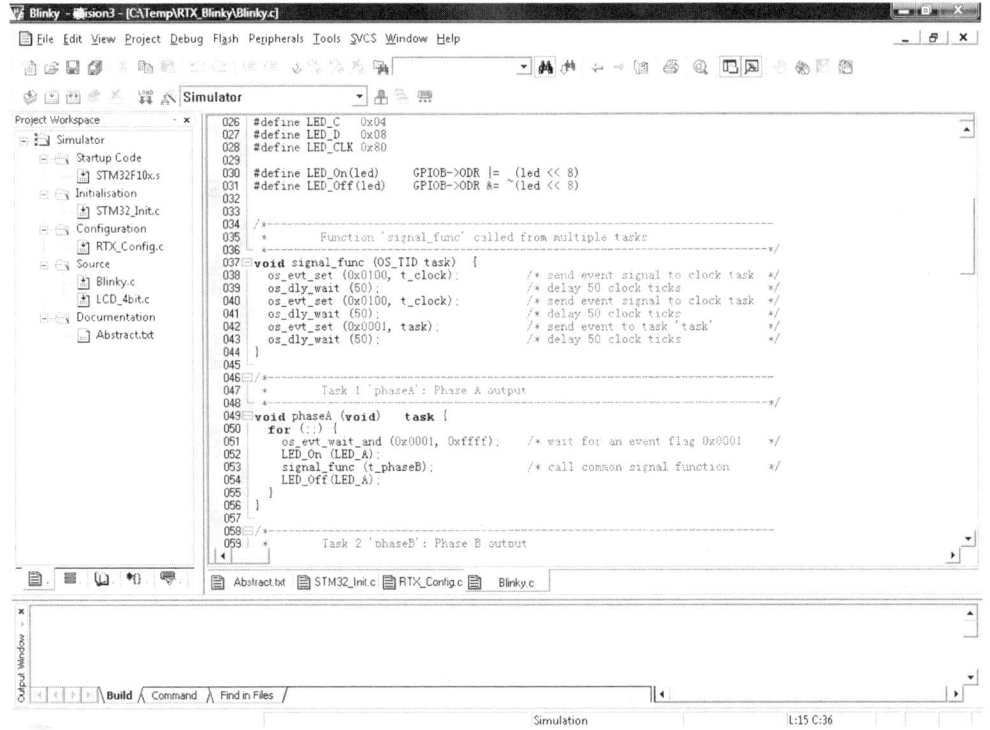

图 12-4 Keil uVision 集成开发环境典型界面

- 用于 Flash 编程工具；
- 完备的开发工具帮助文档、设备数据表和用户使用向导。

uVision 对整个主窗口采用子窗口或分区方式管理，最主要的三个区分别是工程管理区（Project Workspace）、代码编辑区（Editor）和输出区（Output），除此之外，还有各种实用工具或查看工具，也会占用主窗体的部分区域或以独立窗口形式弹出，它们大多可通过 View 菜单调用，例如：

- 内存窗口：可显示指定内存地址中的内容；
- 变量查看和调用栈窗口：可用于调试状态中查看和修改变量的值，并且显示当前函数调用层次；
- 外设对话框：检查微控制的片上外设的状态。

uVision 可以为大规模工程的开发提供良好的组织管理。实际中，一个项目往往包含多个源文件，以及与之相关的 MCU 型号和参数（Keil 支持数百种 MCU，且这些 MCU 特性并不完全相同），用于编译、汇编和链接的各种设置与参数等，Keil 使用工程（Project）和工作区（Workspace）概念，可方便地将所有文件和参数设置加入一个工程进行管理。

12.2.3　开发环境硬件连接

基于 Keil 的常见硬件开发平台如图 12-5 所示，开发机通过一个 ULink USB-JTAG 接口适配器连接到目标板实现程序下载和单步调试等功能。ULink 由 Keil 设计，价格相对低廉，支持如下操作：下载目标程序，检查内存和寄存器，单步运行程序，插入多个断点，实时运行程序，烧写 Flash 存储器。

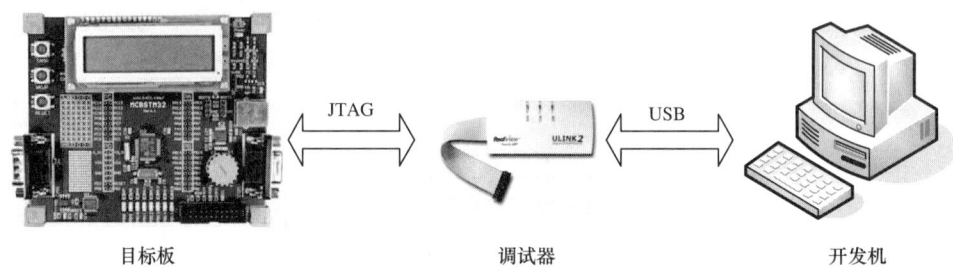

图 12-5　基于 ULink2 调试器的开发环境硬件连接

12.2.4　基于 Keil 的软件开发流程

基于 Keil 的软件开发流程与其他平台差不多，大致包含如下几个步骤：

(1) 创建工程。创建时往往需要明确目标芯片型号，并且完成一些必要的工程配置。
(2) 编写 C 或者汇编源文件。
(3) 编译应用程序。通常集成环境提供的编译（Build）功能包含了编译和链接，并在成功后输出最终的二进制程序。
(4) 如编译环节遇到错误，则返回修改源程序中的错误直至编译环节通过。
(5) 下载二进制程序到目标 MCU 中并联机调试。在 uVision、ULink 和 Cortex 内核的支持下，可以像单机程序调试那样执行设置断点、观察和修改变量等操作，但由于硬件资源的限制,通常只能设置数量不多的有限个断点。如发现问题,则返回编辑环节继续修改。

1. 新建工程

点击菜单"Project",选择"New uVision Project",会进入创建新工程流程。在创建新工程过程中,会弹出对话框要求选择设备型号,图 12-6 中右半侧显示出了选中型号的有关参数。

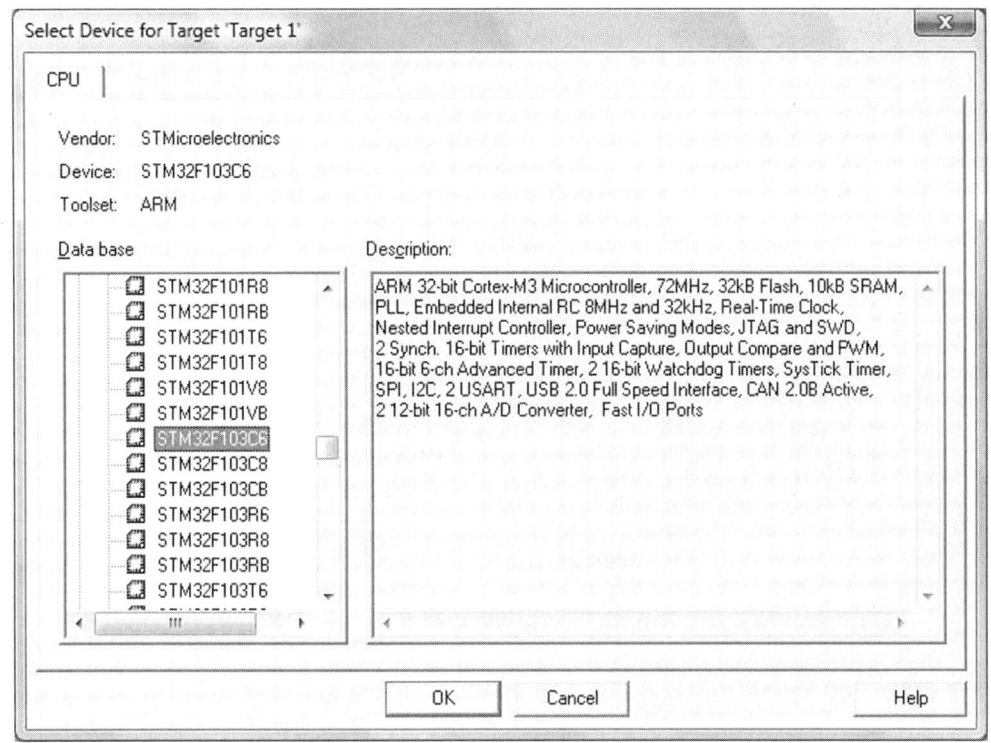

图 12-6 新建工程中的 MCU 型号选择向导

如果所使用的处理器型号在列表中找不到,可找一款与您使用芯片参数接近的相容芯片来代替。Keil 会自动将与芯片相关的启动代码复制到工程所在目录并加入工程,大多数情况下无需更改启动文件中的参数设置即可工作。

2. 配置工程

工程新建完毕后,通常还需对工程做进一步配置,以反映具体硬件和编译环境的要求,选择 Project 菜单的"Options"子菜单可进入该工程的配置对话框,如图 12-7 所示。但在绝大多数情况下,下述各工程配置无需更改。

1) 目标常规配置

在图 12-7 目标配置中,常用的配置项包括 MCU 主振频率(取决于目标板硬件设计)、是否使用 Keil 提供的小操作系统内核 RTX、是否使用 MicroLIB 代替 C 语言标准库、是否启用跨模块优化、只读(通常为 Flash)和读写(通常为 SRAM)存储器的地址空间范围等。一般,如果在工程创建向导中明确选定了 MCU 型号,这里的存储器地址空间一般会由 MCU 描述中自动获得。

2) 输出配置

如图 12-8 所示,用于设置与最终二进制可执行文件有关的各种配置。

Select Folder for Objects:选择编译之后的目标文件存储在哪个目录里,默认位置为工程文件所在目录。

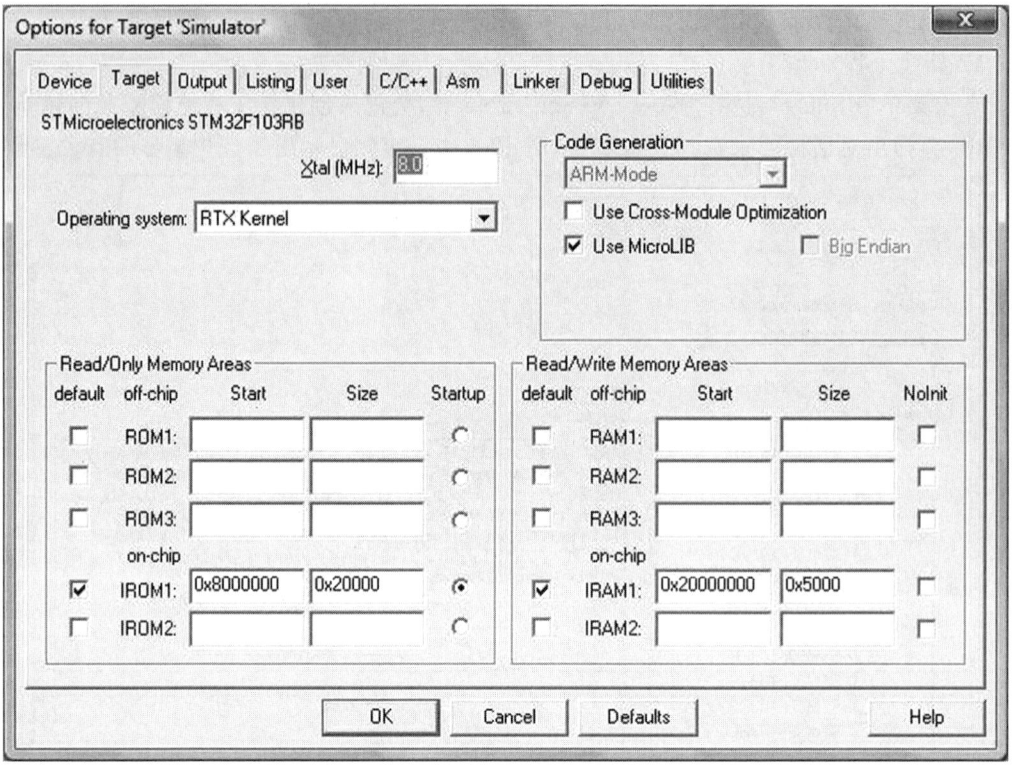

图 12-7　工程的目标配置对话框

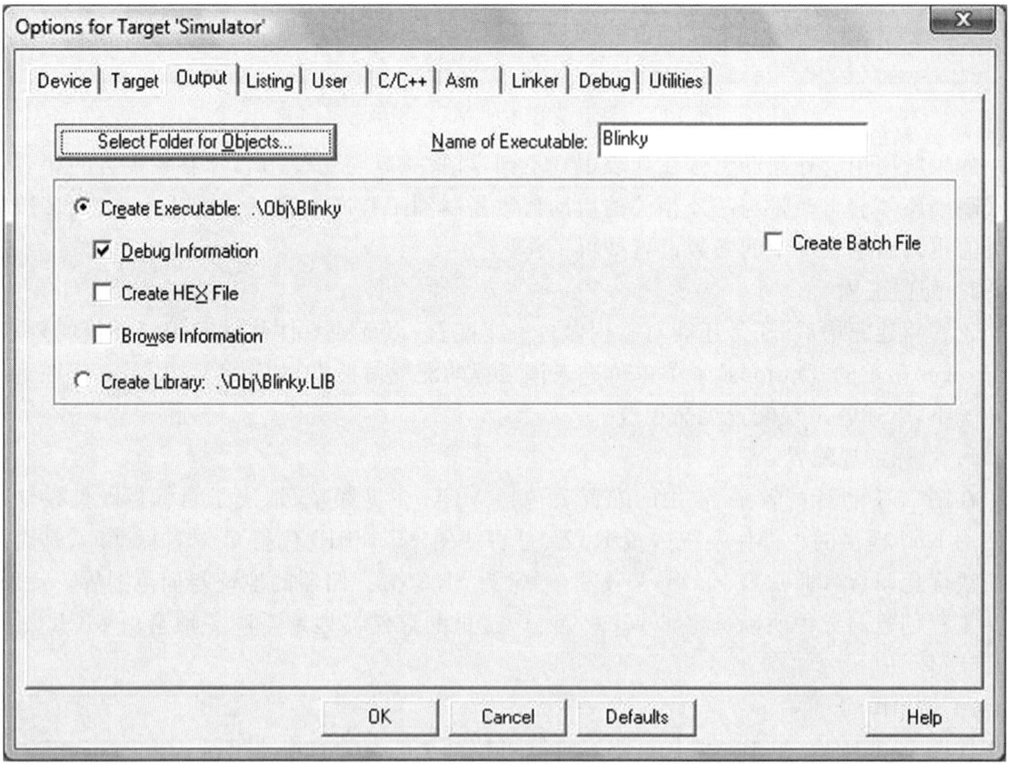

图 12-8　输出配置

Name of Executable：生成的目标文件的名字，缺省是工程的名字。

Create Executable：生成 OMF 以及 HEX 文件。OMF 文件名同工程文件名但没有带扩展名。

Debug Information：用于 Debug 版本，生成调试信息，否则的话无法进行单步调试。

Create Batch File：生成用于实现整个编译过程的批处理文件，使用这个文件可以脱离 IDE 对省程序进行编译。

Create Hex File：这个选项默认情况下未被选中，如果要写片做硬件实验就必须选中该项。这一点是初学者易疏忽的，在此特别提醒注意一定要选中，否则编译时不生成 Hex 文件。

Big Endian：编码格式，与 CPU 相关，如果 CPU 采用的是 Big Endian 编码，则勾选上。

Browse Information：产生用于在源文件快速定位的信息。

Create Library：生成 lib 库文件，默认不选。

3）C/C++语言和编译设置

如图 12-9 所示，用于设置与 C/C++语言使用有关的各种选项。

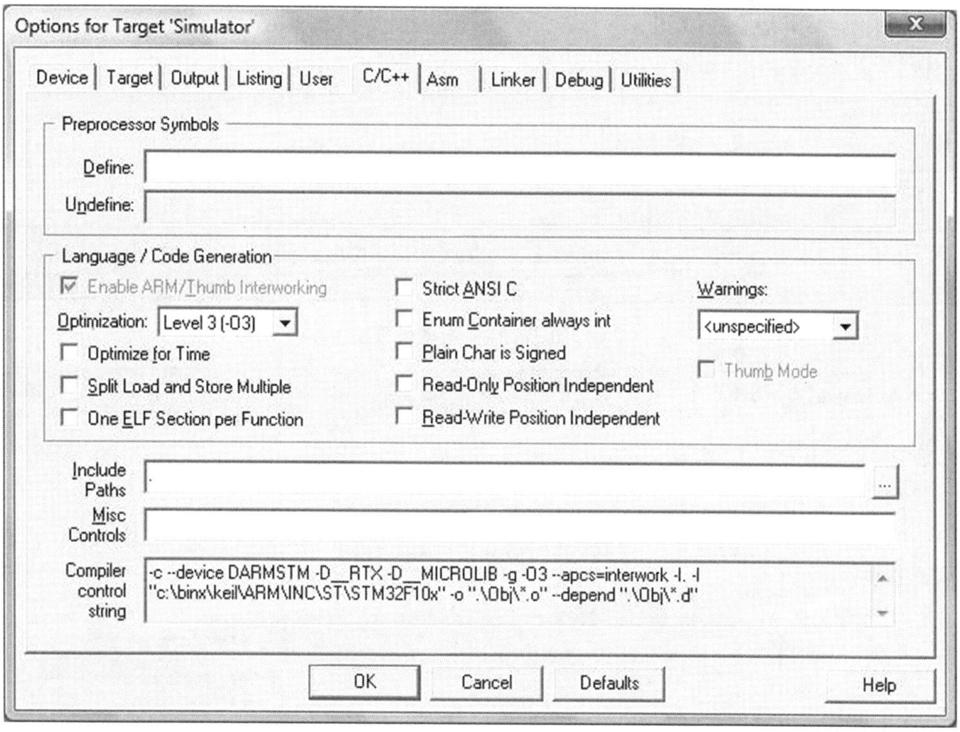

图 12-9　C/C++语言和编译设置

Include Paths：指定头文件的查找路径，可以添加多个。

Optimization：控制优化深度。调试阶段不妨取 Level0，接近发布时可以优化得更深一些。优化的深度决定了目标代码生成的质量，但过深的优化在对时序要求严格的嵌入式系统中也可能产生潜在问题，具体情况还与编译器的开发有关。

Strict ANSI：是否采用严格的 ANSI C 语法，此设置会导致禁止使用 Keil 的一些 C 扩展语法，但却能有效增强软件部分的可移植性。

4）调试设置

图 12-10 中左边是对应 uVision3 的模拟环境，右边是针对调试器，以选择右边的 ULINK Cortex Debugger 调试器为例，如果已经将 ULINK 调试器连接到你的电脑，点击"Settings"可

进一步进入 ARM Target Driver Setup 界面，如图 12-11 所示。

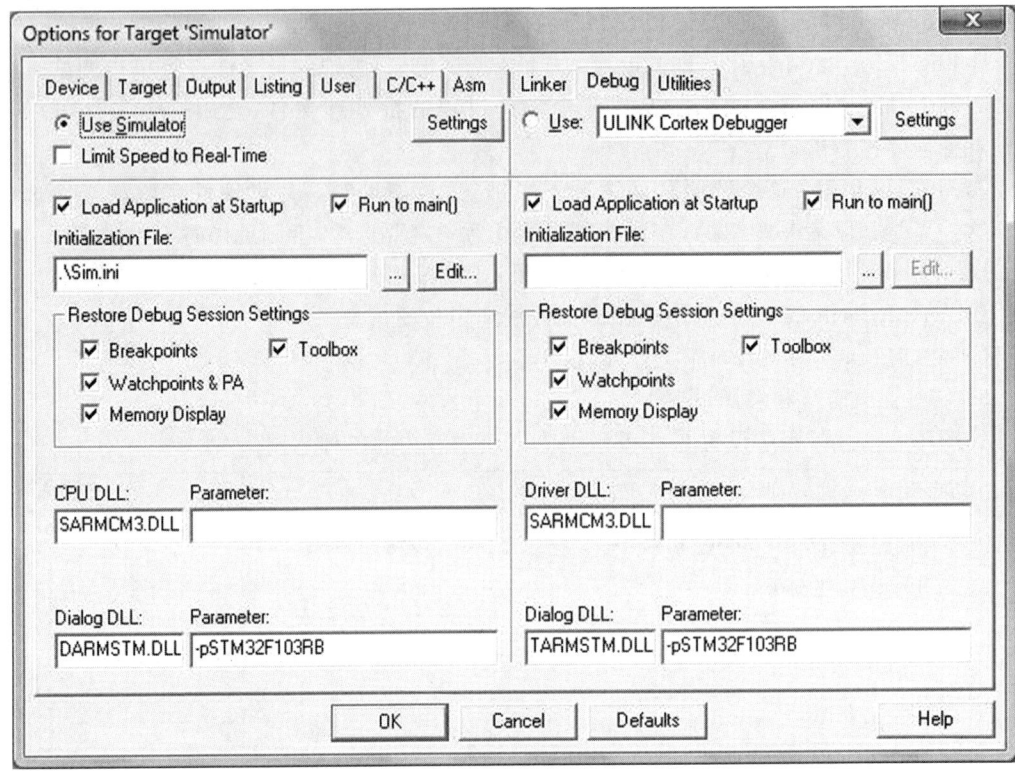

图 12-10　调试设置

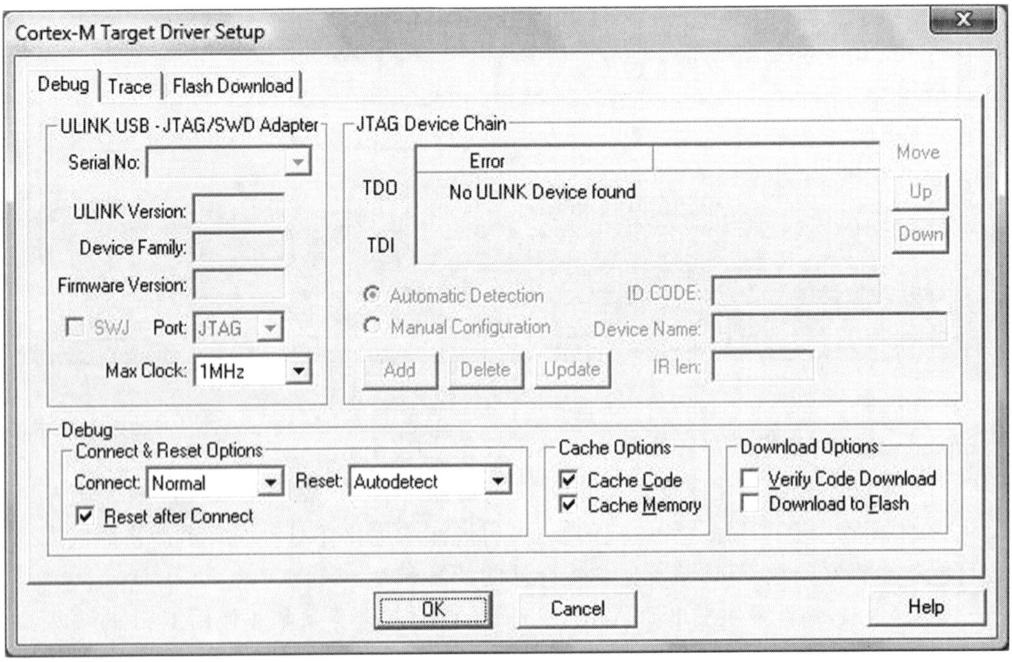

图 12-11　调试驱动设置

与 ULINK-JTAG/SWD Adapter 使用有关的设置有：

Serial No：列出了当前连接到主机的所有 ULINK 适配器的串号，你可以通过列表选择要使用的 ULINK 适配器。

ULINK Version，Device Family 以及 Firmware Version 分别列出了当前选择的 ULINK 适配器的版本、设备家族和固件版本。

SWJ，Port：根据和开发板接口的类型选择端口，有 JTAG 和 SW 两种，勾选 SWJ 表示支持两种方式。

Max Clock：指定和开发板的最高通信时钟。

JTAG Device Chain：显示当前通过适配器连接上的开发板。

Automatic Detection：自动监测，选择系统将自动检测连接上的开发板，建议使用。

Manual Configuration：手动配置，通过手动设置 ID CODE、Device Name 和 IR len 等属性来查找设备。

与 Debug 缓存有关的设置有：

Cache Code：通知调试器已经下载的程序代码不会改变，选中的话 uVision 将不会从目标系统读取程序代码。

Cache Memory：决定调试程序期间程序停止运行的时候，是否更新存储器显示。

Download Options：下载选项。

Verify Code Download：比较目标存储器和调试器上的应用程序的内容。

Download to Flash：将代码下载到所有的存储器区域，如果不选中，调试器不会把代码下载到 Flash Download Setup 中制定的存储器地址范围。

其他设置还有：

Use Reset at Startup：选中的时候，调试器在开始调试的时候会发起一次 CPU 复位。

Load Application at Startup：将 Output 标签中指定的可执行文件导入到调试器的起始地址。

Run to Main：开始调试时执行到 Main 函数入口暂停执行。

Initialization File：指定一个包含一组调试命令的文件，这组命令是调试器开始工作或者调试函数在调试期间要使用的。

Restore Debug Session Settings：恢复上一次调试过程中的 Breakpoints、Watchpoints、Memory Display 和 Toolbox 设置。

Driver DLL － Parameter：由 Device Database 设置的目标驱动 DLL，不要修改。

Dialog DLL － Parameter：由 Device Database 设置的对话框 DLL，不要修改。

这里我们修改了两个地方，选中了 Use ULINK 和 Run to Main，对 ULINK 的设置进行了一些调整，具体的设置图 12-11 所示。

5）实用工具设置

如 12-12 所示，主要是配置程序下载工具。程序下载，俗称烧录，是指将开发机上的二进制可执行程序存储到目标 MCU 中 Flash 存储器指定位置的过程。

Use Target Driver for Flash Programming：这里应与所选硬件一致，我们采用 ULINK。点击 Settings 将进入 Flash Download Setup 界面，如 12-13 所示。也可选择其他的 Flash 下载工具。

Use External Tool for Flash Programming：使用第三方的工具进行 Flash 下载。

Command：要使用的 Flash 烧写工具的命令文件（通常是一个 .exe 文件）。

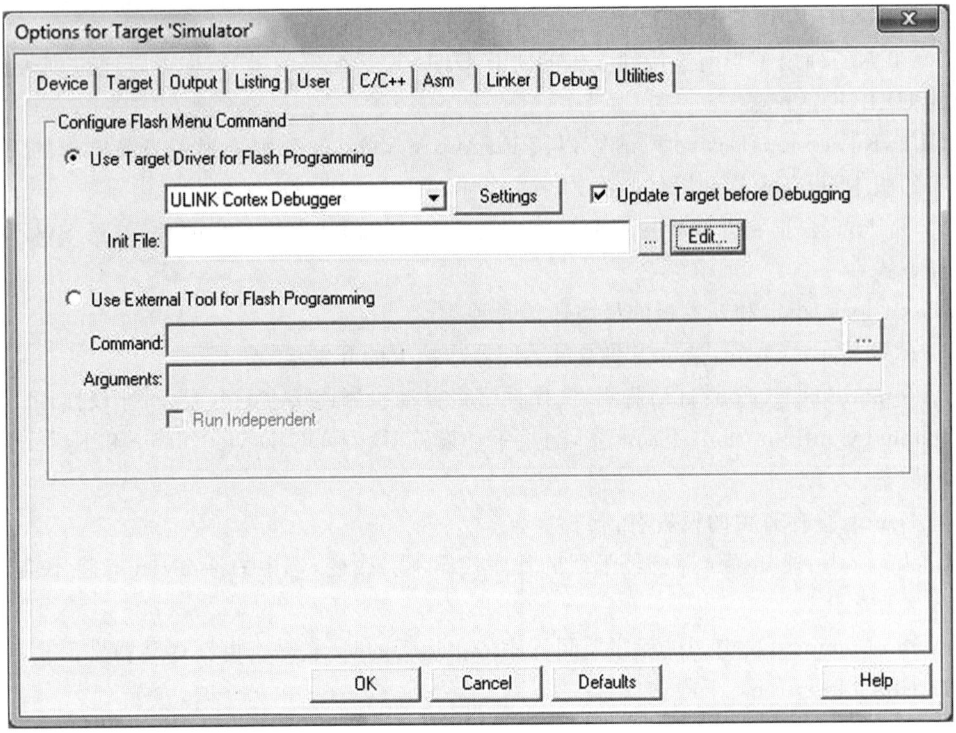

图 12-12　实用工具设置

Arguments：传递给 Flash 烧写工具的参数。

Run Independent：选中时 uVision 不等待 Flash 烧写完成即可响应用户其他动作。不选中时 uVision 要等待 Flash 烧写完成并且在输出窗口显示烧写结果，之后开发者才能进行其他操作。

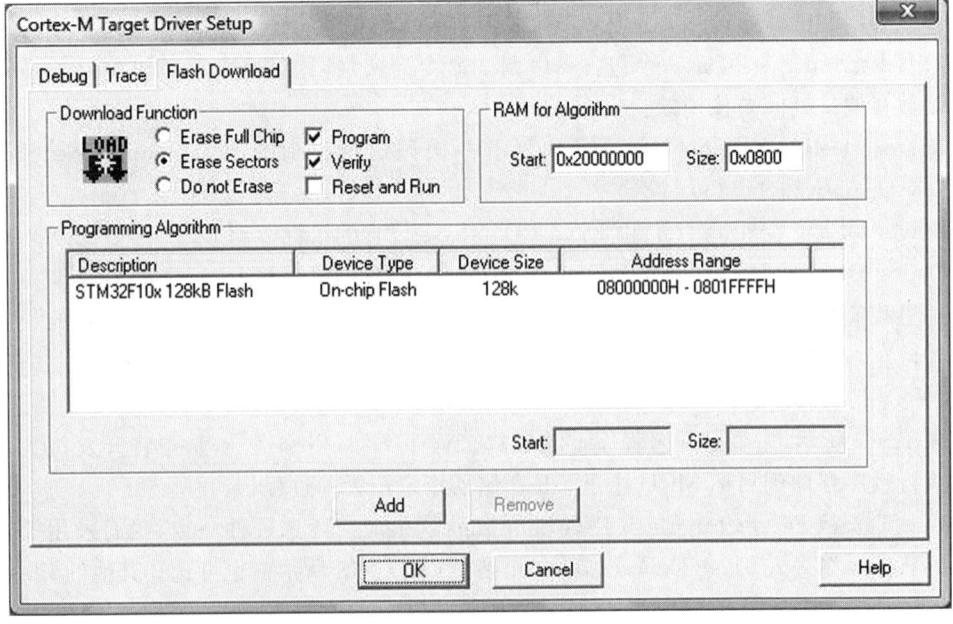

图 12-13　程序下载设置

Download Function：定义了 Flash 烧写的时候进行的操作。

Erase Full Chip：前面三项要选一，烧写程序之前擦除整个 Flash 存储器。

Erase Sectors：烧写程序之前擦除程序要使用的扇区。

Do not Erase：不进行擦除操作。

Program：使用当前 uVision 工程的程序烧写 ROM。

Verify：验证 Flash ROM 的内容和当前工程中的程序一致。

Reset and Run：在烧写和验证完成之后复位开发板并且运行程序。

RAM for Algorithm：指定用于烧写程序的 RAM 区域，通常是微控制器上的一段片上空间。

Start：起始地址。

Size：大小。

3. 创建源代码文件并编写源程序

选择菜单"File"->"New"或者点击工具栏的新建文件按钮，即可在项目窗口的右侧打开一个新的文本编辑窗口，在该窗口可以输入程序代码。需要说明的是，源文件就是普通的文本文件，可以用任意一种文本编辑器编写并加入工程，不一定非得用 Keil 自带的编辑器，但文件名后缀必须为.h 或.c，否则集成环境不能保证可靠识别。

如果整个工程中用到了汇编文件、库文件或第三方二进制文件，也可以在工作区右键菜单中选择"Add"将它们加入到工程中，统一在工程中进行管理。绝大多数 STM32 应用程序都会用到 ST 公司提供的基础固件库以加快开发速度，如果用到的话，也应将合适的固件库（通常是以 lib 为后缀的二进制文件）加入工程，否则会遭遇 link 错误。链接程序会识别这种后缀的文件并在生成最终二进制程序的时候使用。

4. 编译程序

程序代码写好后即可尝试编译。编译过程主要是检查源代码中的语法错并尝试生成最终的可执行二进制文件。编译过程可通过菜单或工具栏中的编译选项启动，也可通过批处理文件进行，这个批文件可在 Output 标签页设置，它方便了在 uVision 集成环境中换用其他编译工具，例如 GCC ARM 系列。

Project 菜单中的编译选择如下：

Clean target：清除编译过程中产生的中间临时文件和最终结果文件。

Build target：编译并链接，最终生成供下载运行的二进制程序。

Rebuild all target files：重新编译所有的源文件并且编译应用程序。它与 Build Target 选项不同的是，Build 会充分利用上次编译留下的中间临时文件，一般仅处理本次有更新和修改的文件，因此速度会大大提高，而 Rebuild All 会重新处理所有文件。

Batch Build：调用 Options 对话框中设置的批处理文件进行编译。

Translate：仅编译当前源文件。

Stop build：停止编译。

主窗体中的 Workspace 区列出了工程中包含的所有文件，可在此点鼠标右键调出便捷菜单，其中也提供了到各编译选择的子菜单。

编译阶段报告的错大体上可分两类，一类是由编译器（Compiler）报告的语法错，鼠标双击输出窗口的信息行可快读定位到源文件中导致出错的位置，然后更正即可，一类是由链接器报告的链接错，通常都是因为找不到相应的函数实现引发，可根据输出信息提示确定出错的函数名,然后找到相应的 lib 文件加入工程或修改函数声明位置解决。常见错误之一是程序中用到了 ST 提供的固件库中的函数而忘记了将固件库文件加入工程一起编译。缺省情况下 ST 的固件库在 Keil 安装目录下的 ARM\RV31\LIB\ST 下面。

编译过程中除了错误信息(Error)外,也常会遇到一些警告(Warning),警告的存在说明源程序中存在问题,但编译器认为这些问题不至于影响程序启动,但是程序未必能可靠运行。以常见的 8 位有符号数和 8 位无符号数比较产生警告问题为例,如果参与比较的数都在 0～127 之间不会有错,但如果有符号数是个负数就会产生问题,而这种错误只会在输入不合适的值时才会发生,因此程序开发者有责任验证输入范围,消除这种不稳定来源,如果确认程序不会面临非法输入,则这种情况可通过显示地加入强制类型转换以消除警告。因此,在对可靠性要求较高的嵌入式系统中,对每一条警告也要逐一分析原因并排查,确认对程序执行无影响。更强的程序风格检查可通过实用程序 Lint 来执行,这对高可靠嵌入式系统开发是很重要的,可有效避免绝大多数潜在的不稳定现象。

5. 调试程序

编译通过只是说明源代码中没有语法错误,但是程序在运行时仍然可能出错,调试环节针对的就是运行错。事实上,极少有程序能够一次性运行通过,因此调试技能是每一个嵌入式系统开发者都需要在实际中重点体会和掌握的基本技能。常用的调试手段分两类:

(1) 程序控制类:即启动程序与终止程序、单步执行与全速执行、设置断点、运行程序到光标处或下一断点处;

(2) 状态察看:Keil 提供查看当前寄存器值、变量值、存储器值、函数调用堆栈、反汇编窗口、外设窗口(MCU 端口状态)。实际中也经常借助 LED、USART 或网口输出等来间接判断程序运行状态。

在 uVision 中,可以按 Ctrl+F5 或者使用菜单 Debug->Start/Stop Debug Session 进入调试状态。进入调试状态后,界面与编辑状态相比有明显的变化,Debug 菜单项中原来不能用的命令现在被使能,工具栏会多出一个用于运行和调试的工具栏,如 所示,Debug 菜单上的大部分命令可以在此找到对应的快捷按钮。

图 12-14 调试工具条和菜单

常用的 Debug 菜单命令如下所示:

Start/Stop Debug Session：开始或者停止调试。

Run：一直执行下一个活动的断点。

Step：单步执行。

Step Over：过程单步执行，即将一个函数作为一个语句来执行。

Step out of current Function：跳出当前的函数。

Run to Cursor line：执行到光标所在的行。

Stop Running：停止运行。

Breakpoints：打开断点对话框。

Insert/Remove Breakpoint：在当前行插入/删除一个断点。

Enable/Disable Breakpoint：激活当前行的断点或者使断点无效。

Disable All Breakpoints：使程序中所有的断点都无效。

Kill all Breakpoints：删除程序中所有的断点。

调试过程中常遇到的问题是程序执行结果的正确性与时间有关使得调试难以进行，如果总是单步运行，会大大拖累嵌入式程序的运行并导致错误结果，此时应结合断点的触发条件设置、全速执行功能展开调试，特别是可以借助 LED、USART 等输出外设将内部状态输出以规避高速执行程序与慢速人工调试之间的矛盾。

系统排错和调试是嵌入式系统开发中的重要技能，优秀的嵌入式系统工程师，既要能够开发出高质量的程序，也要能够面对不知来源的错误，于纷繁的思绪中找出原因并最终修正之。高效率的排错和调试，要求开发人员深入理解系统底层软硬件工作原理、软硬件静态结构和动态执行流程，以及目标系统架构，同时也带有一定的经验性和技巧性。

在非嵌入式系统的开发中，目标程序和宿主调试环境运行在同一台计算机上，开发人员在选择编译生成测试版程序时，编译工具会自动在目标二进制序列中插入"单步中断"指令，CPU 在执行到这些单步中断指令时会自动触发中断，而这些中断会被宿主调试环境捕获，因此开发环境可以控制目标程序的运行（单步或者连续执行），并且在目标程序被中断后非常方便地显示 CPU 寄存器数据、内存指定区域数据和用于函数调用的堆栈数据，并在形式上通过 CPU 寄存器观察、变量察看、函数调用层次等调试功能提供给开发者使用。

但是，在嵌入式系统中，由于目标机和开发机通常是两台机器，因此，上述流程并不能简单地实现，调试机制的实现需要开发机和目标机的协作。其中开发机主要负责用户交互，包括接受用户输入的调试命令和显示各种状态输出信息，目标机通过内部的硬件 JTAG 模块或软件调试代理具体执行调试指令并与开发机通信，将状态信息发出。考虑到传统的 JTAG 支持需要占用更多硬件资源，Cortex-M3 进一步简化了调试支持，可以 SVW 串行线路代替 JTAG 实现程序下载和调试支持。

尽管由 JTAG 和 SVW 串行的调试模块功能十分强大，但是它们并不能向调试宿主所在的开发机及时地反馈目标机的输出，因此，实际中也常开发自己的调试代理并与串行口配合使用，这样，占用系统硬件资源很少，只需要一个串口，即可将程序运行中的状态数据通过调试代理发送给宿主机显示，便于开发人员及时了解目标机的运行状态。

在最简单的情况下，这样一个目标调试代理仅需提供通过串口的输出功能，此时，调试代理或者起到调试代理功能的串口写操作代码很简单，占用空间相应很小，这在 RAM 和其他存储空间十分宝贵的嵌入式系统中是十分有利的。这样一个调试代理在实际使用时要特别注意串口写操作是否可在中断中调用，一般在中断中应慎用，因为在大部分软件设计中，"串口写"

是个同步操作,会占用较多的 CPU 时间。在目标机连串口都不提供的情况下,可在目标程序中值得怀疑的地方加入 LED 的状态切换代码以辅助调试,使开发人员可通过 LED 灯的状态来推断内部程序运行状态。实际中,后者这些非常朴素的做法可能比集成环境提供的各种状态查询窗口贡献更大。如果一次实验得到的信息不够多,可能还需从多个角度提出多种设想并进行多个实验,以收集足够多的内部信息辅助程序推理和错误定位。因此,调试过程要求开发人员具有较高的逻辑推理能力,能够从程序运行的各种表现推演程序执行状态,并带有一定经验性和技巧性,需在实际中认真体会和总结。

12.3 STM32 启动文件解析

STM32 启动文件包含了一些芯片相关的具体设置,它包含了 MCU 在上电时首先执行的代码,同时也会对 MCU 的一些基本寄存器(主要是栈和中断相关的寄存器)作出配置,并辅助 C 语言标准库的运行(主要是堆的设置)。尽管绝大多数情况下,开发环境已经为我们准备好了标准的启动文件,但是理解启动文件对理解 MCU 从上点到执行到 C 语言 main() 函数的过程、对向其他芯片的移植、对把握系统引导期整个芯片工作状态具有重要作用。

如下是 Keil 中携带的 STM32 启动代码文件 startup.s,该文件由 Keil 提供并在工程创建时自动加入 STM32 工程中,并与其他 C 语言模块链接在一起形成最终的二进制可执行文件。但与其他 C 语言模块不同的是,该模块以汇编编写,将存放在目标内存空间特定位置处,因此在目标板上电的时候会被硬件识别并首先运行,然后完成中断、栈、堆等一系列重要结构的配置,最后才将 CPU 控制权转交给用户开发的 main() 函数。由于同一系列 CPU 的上述启动配置基本相同,因此许多 CPU 可共享相同的启动文件。

```
;/******************************************************/
;/* STM32F10x.s: Startup file for ST STM32F10x device series    */
;/******************************************************/
```

这里常量 Stack_Size 用于配置栈大小,栈大小理论上可以从 0x0 到 0xFFFFFFFF,具体配置为多少取决于程序运行需要和实际物理 RAM 空间限制。这里配置为 0x200 即 512 个字节,可满足绝大部分常规用途。

```
Stack_Size      EQU     0x00000200
```

伪指令 AREA 用于定义一个代码段或数据段,其中 NOINIT 指定了此数据段仅仅保留了内存单元,而没有对这片内存初始化。

```
AREA    STACK, NOINIT, READWRITE, ALIGN="3"
```

这里分配连续 Stack_Size 字节的存储单元并初始化为 0。__initial_sp 是一个标号指向栈顶。在后面的程序中会用到。

```
Stack_Mem       SPACE   Stack_Size
__initial_sp
```

常量 Heap_Size 用于堆大小,堆大小理论上可以从 0x0-0xFFFFFFFF,实际配置值取决于程序需要和具体芯片物理内存限制。堆用于实现动态内存分配。如果程序中确实没有用到动态内存分配,这里的堆开辟也可省略。

```
Heap_Size       EQU     0x00000000
        AREA    HEAP, NOINIT, READWRITE, ALIGN="3"
__heap_base
Heap_Mem        SPACE   Heap_Size
__heap_limit
```

如下的 PRESERVE8 指令指定当前文件保持堆栈八字节对齐。它设置 PRES8 编译属性以通知链接器。链接器检查要求堆栈八字节对齐的任何代码是否仅由保持堆栈八字节对齐的代码直接或间接地调用。

```
        PRESERVE8
        THUMB           ;之后的都是 THUMB 指令
```

从这里开始的是中断向量表。注意启动时中断向量表所在位置事实上被映射到地址 0 位置。

```
; Vector Table Mapped to Address 0 at Reset
        AREA    RESET, DATA, READONLY
        EXPORT  __Vectors
```

这里 EXPORT 伪指令在程序中声明一个全局的标号 __Vectors,该标号可在其他的文件中引用;IMPORT 伪指令则用于通知编译器要使用的标号在其他的源文件中定义,但要在当前源文件中引用,且无论当前源文件是否引用该标号,该标号都会被加入到当前源文件的符号表中。与真正的 Cortex 指令不同的是,EXPORT 和 IMPORT 是用于协助汇编模块和其他模块(可以是 C 语言也可以是其他汇编模块)沟通的汇编伪指令,只是起到告诉汇编器某些信息的作用,本身并不生成代码,因此也不会占用存储器空间。

```
__Vectors   DCD     __initial_sp            ; Top of Stack
            DCD     Reset_Handler           ; Reset Handler
            DCD     NMI_Handler             ; NMI Handler
            DCD     HardFault_Handler       ; HardFault Handler
            DCD     MemManage_Handler       ; MPUFault Handler
            DCD     BusFault_Handler        ; BusFault Handler
            DCD     UsageFault_Handler      ; Usage Fault Handler
            DCD     0                       ; Reserved
            DCD     0                       ; Reserved
            DCD     0                       ; Reserved
            DCD     0                       ; Reserved
            DCD     SVC_Handler             ; SVCall Handler
            DCD     DebugMon_Handler        ; Debug Monitor Handler
            DCD     0                       ; Reserved
            DCD     PendSV_Handler          ; PendSV Handler
            DCD     SysTick_Handler         ; SysTick Handler

            ; External Interrupts
            DCD     WWDG_IRQHandler         ; Window Watchdog
```

```
        DCD     PVD_IRQHandler              ; PVD through EXTI Line detect
        DCD     TAMPER_IRQHandler           ; Tamper
        DCD     RTC_IRQHandler              ; RTC
        DCD     FLASH_IRQHandler            ; Flash
        DCD     RCC_IRQHandler              ; RCC
        DCD     EXTI0_IRQHandler            ; EXTI Line 0
        DCD     EXTI1_IRQHandler            ; EXTI Line 1
        DCD     EXTI2_IRQHandler            ; EXTI Line 2
        DCD     EXTI3_IRQHandler            ; EXTI Line 3
        DCD     EXTI4_IRQHandler            ; EXTI Line 4
        DCD     DMAChannel1_IRQHandler      ; DMA Channel 1
        DCD     DMAChannel2_IRQHandler      ; DMA Channel 2
        DCD     DMAChannel3_IRQHandler      ; DMA Channel 3
        DCD     DMAChannel4_IRQHandler      ; DMA Channel 4
        DCD     DMAChannel5_IRQHandler      ; DMA Channel 5
        DCD     DMAChannel6_IRQHandler      ; DMA Channel 6
        DCD     DMAChannel7_IRQHandler      ; DMA Channel 7
        DCD     ADC_IRQHandler              ; ADC
        DCD     USB_HP_CAN_TX_IRQHandler    ; USB High Priority or CAN TX
        DCD     USB_LP_CAN_RX0_IRQHandler   ; USB Low  Priority or CAN RX0
        DCD     CAN_RX1_IRQHandler          ; CAN RX1
        DCD     CAN_SCE_IRQHandler          ; CAN SCE
        DCD     EXTI9_5_IRQHandler          ; EXTI Line 9..5
        DCD     TIM1_BRK_IRQHandler         ; TIM1 Break
        DCD     TIM1_UP_IRQHandler          ; TIM1 Update
        DCD     TIM1_TRG_COM_IRQHandler     ; TIM1 Trigger and Commutation
        DCD     TIM1_CC_IRQHandler          ; TIM1 Capture Compare
        DCD     TIM2_IRQHandler             ; TIM2
        DCD     TIM3_IRQHandler             ; TIM3
        DCD     TIM4_IRQHandler             ; TIM4
        DCD     I2C1_EV_IRQHandler          ; I2C1 Event
        DCD     I2C1_ER_IRQHandler          ; I2C1 Error
        DCD     I2C2_EV_IRQHandler          ; I2C2 Event
        DCD     I2C2_ER_IRQHandler          ; I2C2 Error
        DCD     SPI1_IRQHandler             ; SPI1
        DCD     SPI2_IRQHandler             ; SPI2
        DCD     USART1_IRQHandler           ; USART1
        DCD     USART2_IRQHandler           ; USART2
        DCD     USART3_IRQHandler           ; USART3
        DCD     EXTI15_10_IRQHandler        ; EXTI Line 15..10
        DCD     RTCAlarm_IRQHandler         ; RTC Alarm through EXTI Line
        DCD     USBWakeUp_IRQHandler        ; USB Wakeup from suspend
```

由上述定义可知,中断向量表本质上存放了一系列子程序的首地址,相应子程序在表中的位置也就是常说的中断向量号。下面的代码段给出了一些子程序的代码。例如 Reset Handler，这一段程序会在目标板 Reset 的时候被硬件自动调用，从其中可以看到，LDR R0，=__main 一句会将 C 语言程序入口函数 main() 的地址装入 R0 寄存器，然后跳转到 main() 函数去执行，从而完成整个系统的初始引导过程。这里 main 标记中的"__"由 Keil 编译器添加，因此在汇编程序中希望获得 main() 函数地址时应该用标号 __main 而不是 main。

```
                AREA    |.text|, CODE, READONLY

; Reset Handler
;利用 PROC、ENDP 这一对伪指令把程序段分为若干个过程，使程序的结构更加清晰
Reset_Handler   PROC                             ;过程的开始
                EXPORT  Reset_Handler    [WEAK]
                IMPORT  __main
                LDR     R0, =__main
                BX      R0
                ENDP                             ;过程结束

; Dummy Exception Handlers (infinite loops which can be modified)
    NMI_Handler     PROC
                    EXPORT  NMI_Handler          [WEAK]
                    B       .
                    ENDP
HardFault_Handler\
                    PROC
                    EXPORT  HardFault_Handler    [WEAK]
                    B       .
                    ENDP
MemManage_Handler\
                    PROC
                    EXPORT  MemManage_Handler    [WEAK]
                    B       .
                    ENDP
BusFault_Handler\
                    PROC
                    EXPORT  BusFault_Handler     [WEAK]
                    B       .
                    ENDP
UsageFault_Handler\
                    PROC
                    EXPORT  UsageFault_Handler   [WEAK]
                    B       .
                    ENDP
SVC_Handler     PROC
```

```
                EXPORT  SVC_Handler              [WEAK]
                B       .
                ENDP
DebugMon_Handler\
                PROC
                EXPORT  DebugMon_Handler         [WEAK]
                B       .
                ENDP
PendSV_Handler  PROC
                EXPORT  PendSV_Handler           [WEAK]
                B       .
                ENDP
SysTick_Handler PROC
                EXPORT  SysTick_Handler          [WEAK]
                B       .
                ENDP
```

如下大量的中断响应函数在该 startup 文件中未做特别处理,都归为一个缺省的响应函数处理。如在程序中实际用到,应根据具体情况调整这里的代码。

```
DeFault_Handler PROC

                EXPORT  WWDG_IRQHandler              [WEAK]
                EXPORT  PVD_IRQHandler               [WEAK]
                EXPORT  TAMPER_IRQHandler            [WEAK]
                EXPORT  RTC_IRQHandler               [WEAK]
                EXPORT  FLASH_IRQHandler             [WEAK]
                EXPORT  RCC_IRQHandler               [WEAK]
                EXPORT  EXTI0_IRQHandler             [WEAK]
                EXPORT  EXTI1_IRQHandler             [WEAK]
                EXPORT  EXTI2_IRQHandler             [WEAK]
                EXPORT  EXTI3_IRQHandler             [WEAK]
                EXPORT  EXTI4_IRQHandler             [WEAK]
                EXPORT  DMAChannel1_IRQHandler       [WEAK]
                EXPORT  DMAChannel2_IRQHandler       [WEAK]
                EXPORT  DMAChannel3_IRQHandler       [WEAK]
                EXPORT  DMAChannel4_IRQHandler       [WEAK]
                EXPORT  DMAChannel5_IRQHandler       [WEAK]
                EXPORT  DMAChannel6_IRQHandler       [WEAK]
                EXPORT  DMAChannel7_IRQHandler       [WEAK]
                EXPORT  ADC_IRQHandler               [WEAK]
                EXPORT  USB_HP_CAN_TX_IRQHandler     [WEAK]
                EXPORT  USB_LP_CAN_RX0_IRQHandler    [WEAK]
                EXPORT  CAN_RX1_IRQHandler           [WEAK]
```

```
                EXPORT    CAN_SCE_IRQHandler           [WEAK]
                EXPORT    EXTI9_5_IRQHandler           [WEAK]
                EXPORT    TIM1_BRK_IRQHandler          [WEAK]
                EXPORT    TIM1_UP_IRQHandler           [WEAK]
                EXPORT    TIM1_TRG_COM_IRQHandler      [WEAK]
                EXPORT    TIM1_CC_IRQHandler           [WEAK]
                EXPORT    TIM2_IRQHandler              [WEAK]
                EXPORT    TIM3_IRQHandler              [WEAK]
                EXPORT    TIM4_IRQHandler              [WEAK]
                EXPORT    I2C1_EV_IRQHandler           [WEAK]
                EXPORT    I2C1_ER_IRQHandler           [WEAK]
                EXPORT    I2C2_EV_IRQHandler           [WEAK]
                EXPORT    I2C2_ER_IRQHandler           [WEAK]
                EXPORT    SPI1_IRQHandler              [WEAK]
                EXPORT    SPI2_IRQHandler              [WEAK]
                EXPORT    USART1_IRQHandler            [WEAK]
                EXPORT    USART2_IRQHandler            [WEAK]
                EXPORT    USART3_IRQHandler            [WEAK]
                EXPORT    EXTI15_10_IRQHandler         [WEAK]
                EXPORT    RTCAlarm_IRQHandler          [WEAK]
                EXPORT    USBWakeUp_IRQHandler         [WEAK]

WWDG_IRQHandler
PVD_IRQHandler
TAMPER_IRQHandler
RTC_IRQHandler
FLASH_IRQHandler
RCC_IRQHandler
EXTI0_IRQHandler
EXTI1_IRQHandler
EXTI2_IRQHandler
EXTI3_IRQHandler
EXTI4_IRQHandler
DMAChannel1_IRQHandler
DMAChannel2_IRQHandler
DMAChannel3_IRQHandler
DMAChannel4_IRQHandler
DMAChannel5_IRQHandler
DMAChannel6_IRQHandler
DMAChannel7_IRQHandler
ADC_IRQHandler
USB_HP_CAN_TX_IRQHandler
USB_LP_CAN_RX0_IRQHandler
CAN_RX1_IRQHandler
```

```
CAN_SCE_IRQHandler
EXTI9_5_IRQHandler
TIM1_BRK_IRQHandler
TIM1_UP_IRQHandler
TIM1_TRG_COM_IRQHandler
TIM1_CC_IRQHandler
TIM2_IRQHandler
TIM3_IRQHandler
TIM4_IRQHandler
I2C1_EV_IRQHandler
I2C1_ER_IRQHandler
I2C2_EV_IRQHandler
I2C2_ER_IRQHandler
SPI1_IRQHandler
SPI2_IRQHandler
USART1_IRQHandler
USART2_IRQHandler
USART3_IRQHandler
EXTI15_10_IRQHandler
RTCAlarm_IRQHandler
USBWakeUp_IRQHandler

                B       .
                ENDP
```

如下代码段具体完成了用户栈和堆的配置，注意启动代码有责任告诉 C 语言的运行库（Keil 采用 MICROLIB）栈和堆的具体配置，包括开始位置和大小，这是由如下 EXPORT 输出的标号确定的，这几个标号会被 Keil 自带的 MICROLIB 使用。因此，这段启动代码是与 Keil 编译器配套使用的，如换成其他编译器，必须遵照其他编译器的要求修改启动代码以能正确初始化目标芯片和 C 语言运行库。

```
                ALIGN
; User Initial Stack & Heap
                IF      :DEF:__MICROLIB
                EXPORT  __initial_sp
                EXPORT  __heap_base
                EXPORT  __heap_limit
                ELSE
                IMPORT  __use_two_region_memory
                EXPORT  __user_initial_stackheap
__user_initial_stackheap
                LDR     R0, = Heap_Mem
                LDR     R1, =(Stack_Mem + Stack_Size)
```

```
            LDR     R2,=(Heap_Mem + Heap_Size)
            LDR     R3,=Stack_Mem
            BX      LR
            ALIGN
            ENDIF
            END
```

12.4　ARTX 嵌入式操作系统使用初步

　　Keil ARTX(Advanced Real-Time eXecutive)是 Keil 为 ARM 系列所提供的一个小型实时操作系统,在 Keil 安装目录的 ARM\RL\RTX 目录下。ARTX 支持多个任务同时运行并采用可剥夺式调度,保证每个任务都有机会得到 CPU 并执行,而不必等待其他任务执行结束,从而提高了响应速度和实时性。从形式上看,每个任务都是一个函数。如下为一个采用 ARTX 的小例子,包含 4 个任务,每个任务各控制一个 LED。

```c
#include <RTL.h>
#include <stm32f10x_lib.h>
OS_TID t_phaseA;     /* assigned task id of task: phase_a */
OS_TID t_phaseB;     /* assigned task id of task: phase_b */
OS_TID t_phaseC;     /* assigned task id of task: phase_c */
OS_TID t_phaseD;     /* assigned task id of task: phase_d */

#define LED_A      GPIO_Pin_4
#define LED_B      GPIO_Pin_5
#define LED_C      GPIO_Pin_6
#define LED_D      GPIO_Pin_7
#define LED_On(led)    GPIO_SetBits(GPIOC, led)
#define LED_Off(led)   GPIO_ResetBits(GPIOC, led)
/* Import functions from Setup.c                                       */
extern void SetupClock   (void);
extern void SetupLED     (void);
```

　　如下的代码实现了 4 个任务,每个任务内部都包含一个无限循环并负责一个 LED,看上去好像自己一直在串行执行。__task 是一个扩展关键字,指明当前函数应被作为一个任务对待。

```c
void phaseA (void) __task {
  for (;;) {
    LED_On (LED_A);
    os_dly_wait (100);
    LED_Off(LED_A);
    os_dly_wait (100);
  }
}
```

```c
void phaseB (void) __task {
    for (;;) {
        LED_On (LED_B);
        os_dly_wait (100);
        LED_Off(LED_B);
        os_dly_wait (100);
    }
}

void phaseC (void) __task {
    for (;;) {
        LED_On (LED_C);
        os_dly_wait (100);
        LED_Off(LED_C);
        os_dly_wait (100);
    }
}

void phaseD (void) __task {
    for (;;) {
        LED_On (LED_D);
        os_dly_wait (100);
        LED_Off(LED_D);
        os_dly_wait (100);
    }
}
```

如下为一个专用于创建各子任务的任务,负责创建上述 4 个任务并交由 RTOS 内部的任务调度器启动之。该任务在创建完 4 个子任务后即退出并清除自己。理论上这个任务是不必要的,但是之所以这样一个任务会存在,主要是为了迎合 ARTX 的设计特别是 os_sys_init 函数的限制,因为 os_sys_init 只能接受一个启动任务,所以不得不在该启动任务中再去创建其他子任务。

```c
void init (void) __task {
    t_phaseA=os_tsk_create (phaseA, 0);   /* start task phaseA  */
    os_dly_wait (50);
    t_phaseB=os_tsk_create (phaseB, 0);   /* start task phaseB  */
    os_dly_wait (50);
    t_phaseC=os_tsk_create (phaseC, 0);   /* start task phaseC  */
    os_dly_wait (50);
    t_phaseD=os_tsk_create (phaseD, 0);   /* start task phaseD  */
    os_tsk_delete_self ();
}
```

```
int main (void) {
  SetupClock();
  SetupLED  ();
  os_sys_init (init);                    /* Initialize RTX and start init       */
}
```

作为一个功能完整的嵌入式操作系统内核,RTX 还支持任务间的协调与通信等机制,具体请参考操作系统原理和 Keil 自带文档。

12.5 嵌入式系统软件开发的高级主题

12.5.1 形式化规范与证实技术

长时间运行的高可靠性是对绝大多数嵌入式系统的要求。在大系统中要实现这种高可靠性,单纯依赖设计人员和开发人员个人的素质和努力,以及项目后期的测试是远远不够的,需要方法学上的创新。

在所有保证系统高可靠性的进展中,系统级的形式化规范与证实技术是最基本的思路。"形式化规范"意味着要用某种严格的形式化手段来描述系统的功能需求,这些形式化手段包括形式化语言、进程代数、状态机、Petri 网等方法,它们大多建立在数学基础上,从而为后期的验证提供了一致的系统描述和验证起点。

规范与设计不同,规划更多地强调需求和技术指标,换句话说,系统规范描述了系统应实现的功能和技术指标,而具体应该怎么做规范并不限定。因此,可利用一些工具软件从规范直接生成源代码,这会大大提高整个系统的质量,因为现在的源代码是自动生成的,避免了人工编码带来的不一致和众多潜在错误。这种"自动程序生成"思想在 NI 的 LabView、MathWorks 的 MATLAB Simulink、Rapsody 工具等产品中有所体现并且部分已达到实用化水平。

规范撰写的另外一个益处是有助于开发中后期的验证(Verificatoin)。验证技术一方面可以测试大型程序是否在按照预期的流程工作,能否得到预期的结果,另外一方面也可以在无法避免人工书写代码的情况下,检查代码是否符合预期的规范,从而提高最终产品的质量。C 语言标准库中的断言(Assert)机制就是一种最简单的验证技术。这在铁路调度、航空航天控制等高安全性系统中应用较多。

需要指出的是,嵌入式系统的高可靠性应在方案设计时就充分考虑,而不是后推到测试阶段依赖大规模的测试来评定。测试对发现和修正错误、提高产品质量的作用毋庸置疑,但是单纯依赖测试来提高可靠性的思想是值得商榷的。

12.5.2 设计架构与模式

嵌入式系统的开发技术大量借鉴了计算机学科的发展成果,包括计算机学科中的许多成熟的原理、技术和经验。尽管各嵌入式产品从形态上千差万别,功能和用途上各异,但是如果对其进行分解,就会发现它们都可以分解成若干成熟技术的组合,符合一定的设计和开发套路。对这些设计和开发套路的总结统称为"设计模式"(Design Pattern),掌握若干设计模式十分有助于提高初学者的开发水平,尽早完成从学生向一个职业工程师角色的转变。

设计模式是一套被反复使用、多数人知晓的、经过分类编目的、代码设计经验的总结。使用设计模式是为了更好地实现预期的设计、可重用代码、让代码更容易被他人理解，并提高开发质量。设计模式使代码编制真正工程化，将编码过程从程序员天马行空、充满技巧的自由行为化为严谨、成熟且无需过多创造性从规范到代码的"翻译"过程，使程序员也能解放思路，将设计开发的重点从编码转到算法设计和优化上去。事实上，所有的程序生成工具都大量应用到了各种设计模式，优秀的开发人员，也应总结这些成熟的经验，形成自己的开发套路，提高自己工作的效率和作品的可靠性。

下面介绍几种在嵌入式系统的开发中常见的系统级设计模式。

1. 前后台模式

在前后台模式中，整个系统分为各中断服务程序和后台主程序，其中各中断服务程序实时响应来自外部的事件(体现为硬件中断请求)，如需后台处理，则可通过设置全局标记位或者通过全局消息队列的方式与后台程序协调。后台程序通常体现为 main() 函数中的一个无限循环，只要没有中断服务程序运行，MCU 即处于该无限循环中，并在该无限循环中检查全局标准变量或全局队列，获知来自中断服务程序的请求类型并执行相应的处理。根据对响应速度和复杂性的综合考虑，可将大部分任务处理代码放到中断服务程序中或者放到后台程序中。极端情况下，中断服务程序可简化为设置标记量或者简单地将有关请求放入全局队列。

前后台模式适合于资源高度受限的微控制器系统，即使整个系统只有数百个字节存储器空间，也可应用该模式进行开发。但由于该模式没有提供多任务的协调和通信机制，所以在面临复杂的大型系统时力不从心，后者常用以下两种模式。

2. 多任务调度模式

在多任务调度模式中，对来自前台的任务请求，可在系统中创建一个新任务或者唤醒一个已经存在的任务进行专门处理。任务在实现时体现为一个符合特定接口规范的函数，并接受调度器的调度，由调度器决定其何时启动、运行和休眠。通常任务是一个调度和资源整合的基本单元，它关联了处理特定请求时的一组资源，并且作为一个独立单元执行和接受调度。由于各任务之间高度独立，是一种非常宽松的耦合关系，因此，多任务模式非常适合处理大型复杂系统，整个系统的设计难度大大降低，且适合于多人并行开发和管理。但多任务的并发执行也带来了潜在的资源冲突，须在任务设计时仔细考虑。

多任务调度模式的实现要点是必须在系统中引入一个调度器，难点在于处理各任务之间的协调和通信。调度器维护一个包含所有任务的列表，并根据该列表中的信息实施调度。调度时可以采用简单的非抢占(或剥夺)式 FIFO 策略，也可以采用实时性更高的抢占(或剥夺)式 FIFO 策略，前者可自行编码实现，后者大多是通过引入一个嵌入式实时操作系统内核(RTOS)，如 vxWorks、eCOS、FreeRTOS 等实现的。在可抢占(或剥夺)式调度下，各任务之间的可靠通信就尤为重要，因为通信的过程也可能被调度内核打断，常用的技术手段就是采用临界区技术，有关调度的基本算法和任务间通信更详细的原理请参考有关操作系统和实时系统教程。

多任务调度模式通过对原始系统的分解有效降低了系统难度，适合大规模复杂系统的设计开发，如果采用抢占(或剥夺)式调度，可进一步提高整个系统在复杂环境中的实时响应性能，但是整个系统也较为复杂，在设计时考虑的因素也更多。

3. 状态机驱动模式

任何嵌入式系统，都可抽象为一个状态机，而系统的运行过程，就可抽象为该状态机对外部事件和内部事件(如周期性时钟中断)的响应过程,或者说,是整个系统在事件的驱动下,遵循状态机约束进行状态迁移的过程。一旦状态机设计完毕,整个程序即可由状态机"翻译"得到,而无需过多的思考和技巧。

状态机模式既可在系统层次使用,也可在单个模块内部使用,在实际中应用也非常广泛,特别适合于处理通信协议的设计、实现和测试。但是,状态机本身的设计却没有固定的套路可遵循,取决于对设计者对问题的领悟程度和经验,随意性较大。

12.5.3 低功耗软件设计

ARM 内核(包括 Cortex 系列内核)的最大特色是在可接受的性能限度内,最大限度地实现了低功耗设计,这对于以手机、无线传感器微代表移动嵌入式领域至关重要,但是这种硬件上对低功耗的支持仍然需要软件来协助。软件应有能力甄别和预测各个独立的硬件模块是否可以进入休眠状态或者干脆被关闭。传统的嵌入式操作系统如 Linux 更多的是强调单位时间内的吞吐量,即单位时间内能处理完毕的输入的量,传统的实时操作系统(RTOS)放弃了吞吐量指标,更着重任务处理的实时性,即在规定的时间内要能处理完毕,以避免由于不确定处理时延引发严重后果,而低功耗则代表了一个新的发展方向,这是由传统操作系统和传统 RTOS 在处理超低功耗应用时的不足而引起的。

一个公认的低功耗软件架构是事件模型,即整个系统仅在外部事件(通常体现为 CPU 外部中断)发生时才运行,除此之外原则上都应处于休眠状态。对更复杂的应用系统,事件模型通常与软件组件模型相结合。但是由于硬件的低功耗模式比较复杂,没有统一的做法,不同模块之间还存在牵连关系,上述事件模型也只能说是低功耗软件设计的大思路,具体做法上仍需结合每个硬件模块的多种低功耗模式仔细考虑。

习题

1. 嵌入式软件的开发过程可分解为哪几个环节?每个环节的任务是什么?
2. 什么是交叉编译?
3. 嵌入式开发平台的硬件是如何连接的?
4. 如何在项目中设置硬件平台相关的主振频率、存储空间地址范围?
5. 如何在编译出来的二进制文件中加入调试信息?
6. 如何设置工程的 include 路径?
7. Keil MDK 支持哪些调试手段?
8. 如何在 uVision 中设置条件断点?
9. MCU 系统在从上电到指令执行到 main( )函数这段时间内都做了些什么事情?
10. 在开发板上调试运行多任务例子程序。
11. 设计一个基于串口的输入输出程序库,支持输出字符、整数、数组或内存缓冲区等数据类型,以在调试程序时使用。

第 13 章　基于 STM32 的多功能综合实验板设计

本章介绍了一块以 STM32 为核心芯片的多功能综合实验板的设计。该实验板充分挖掘了 STM32F107 的功能,详细展示了其硬件设计思路。可以认为,该实验板是第 3 章最小系统的扩展,它们共同为今后实际产品的硬件系统设计提供了非常有价值的参考,在学习时应注意掌握该实验板的每一个细节。

13.1　综合实验板介绍

评估板是用来展现芯片所有功能的一种表现形式。一般芯片厂家推出一款新芯片后,该厂家或第三方支持厂家就会推出相应评估板,利用评估板,工程师可以很快熟悉芯片功能,并利用评估板完成原型设计。本节将结合 MXCHIP 公司推出的 STM32F107 评估板,介绍 STM32 系统设计和各个功能的使用方法以及资源配置等内容。

STM32F107 是 ST 公司 2009 年推出的一款基于 Cortex-M3 内核的微控制器芯片,与 STM32F103 系列芯片相比,增加了多个外设,主要包括:

- 两路 CAN 控制器,并具有独自的缓冲区;
- 增加了 USB-OTG 功能,可以直接和 USB 客户端连接,实现数据传输;
- 增加了两路 I2S 外设,可以直接和立体声音频 DAC 连接,大大提高音频处理能力;
- 增加了一路 10M/100M 自适应以太网控制器。

MXCHIP 公司针对 STM32F107 系列推出的 MDV-STM32F107 评估板是一款功能完善的开发平台,主要特点是:

- 3 种 5V 电源提供途径:电源插槽、USB 或子板;
- 可以从用户闪存、系统内存或板上 SRAM 启动;
- I2S 音频 DAC,立体声插槽;
- 集成 micro SD card^{TM} 接口;
- 支持 A、B 两种智能卡;
- 兼容 I2C 的串行接口,64Kbit EEPROM,MEMS 和 I/O 扩展接口;
- RS232 通信接口,IrDA 收发接口;
- USB-OTG 全速接口和 USB MiniAB 接口;
- 兼容 IEEE802.3-2002 的以太网接口;
- 双通道 CAN2.0A/B 兼容接口;
- 电机控制接口;
- 支持 JTAG 调试和跟踪调试;
- 3.2 英寸 240*320TFT 彩色触摸 LCD 屏;
- 4 个方向的操作杆接口,复位、唤醒按键;
- 4 种颜色的 LED;
- 带备用电池的 RTC。

图 13-1 给出描述了 MDV-STM32-107 评估板的功能框图。

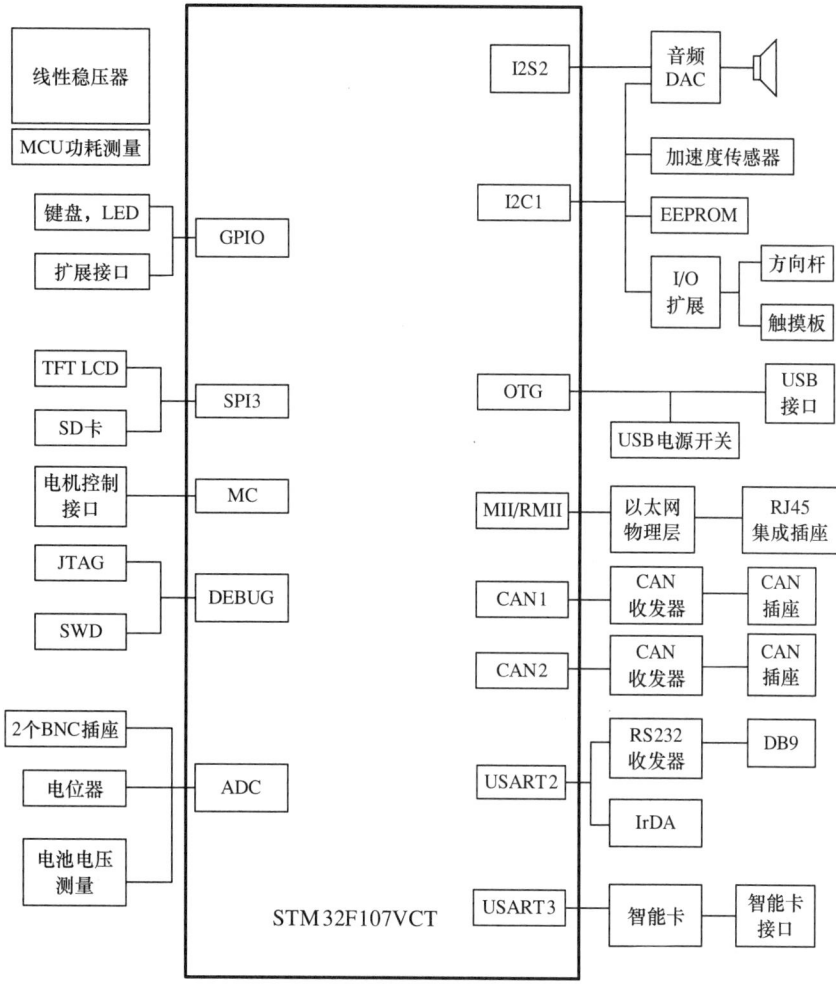

图 13-1 MDV-STM32-107 评估板的功能框图

13.2 MDVSTM32-107 实验板模块设计

下面针对 MDV STM32-107 评估板介绍各个功能模块的设计实现。

13.2.1 电源电路设计

电源电路全部从单一+5V 获得，+5V 可以来自电源插座、USB 接口或子板，电源插座入口接 U18 用于防止电源电压异常或误操作损坏板上电路。Z1 稳压管可以防止电源反接或电压超出 5V。芯片 U19 LD1086D2M33 是一款 1.5A 低压差线性稳压器，将+5V 变为微控制器需要的 3.3V，该系列芯片还有许多电压等级。芯片 U27，LD1117S25 也是一款低压差线性稳压器，最大电流 800mA，是目前市面上常用的一类线性稳压器，除 2.5V 以外还有 5V 和 3.3V 等多个等级。在线性稳压器输入和输出都需要接电容滤波，为了保证滤波器在更宽的频率范围内具有良好特性，输出电容采用 10μF 和 100nF 并联结构。整个电源部分的电路请参见图 13-2。

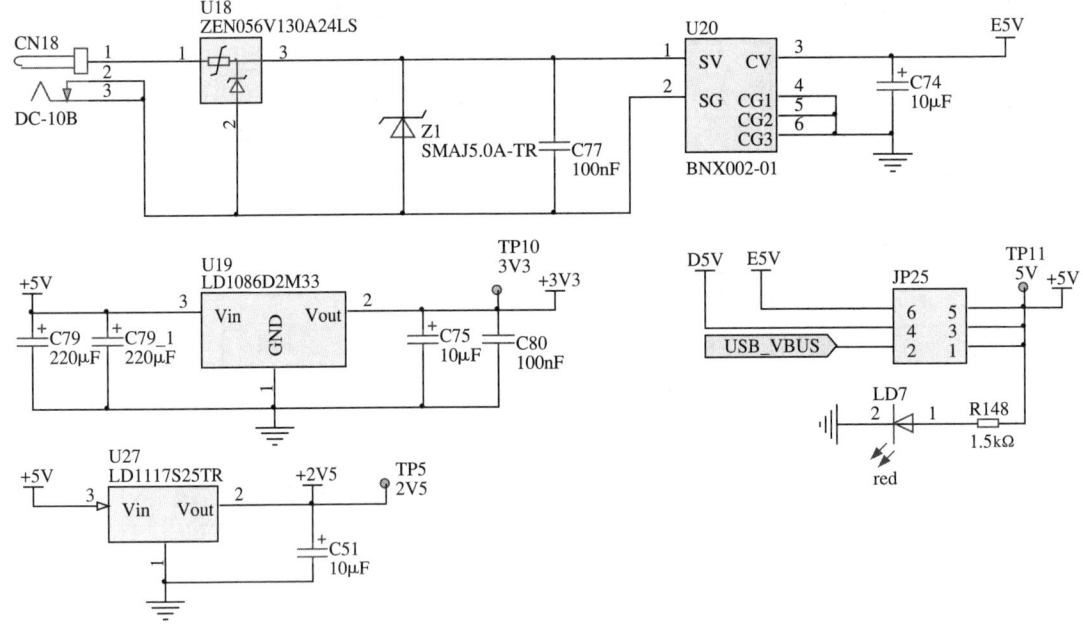

图 13-2 电源硬件电路图

13.2.2 通用 I/O 口电路设计

GPIO 功能在实验板中通过按键和 LED 发光二极管来展现的,这也是评估板常用的一种表现形式。

GPIO 一般用作数字开关量的输入输出。在每个键盘电路中增加了电阻电容滤波,用于硬件去抖,见图 13-3。发光二极管是电流型器件,根据型号不同,电流 1~20mA 不等,额定电流下,正向压降约 2V,STM32 I/O 口输出最高电压 3.3V,则图中 LED(除 LD1 外)工作电流约 2mA。

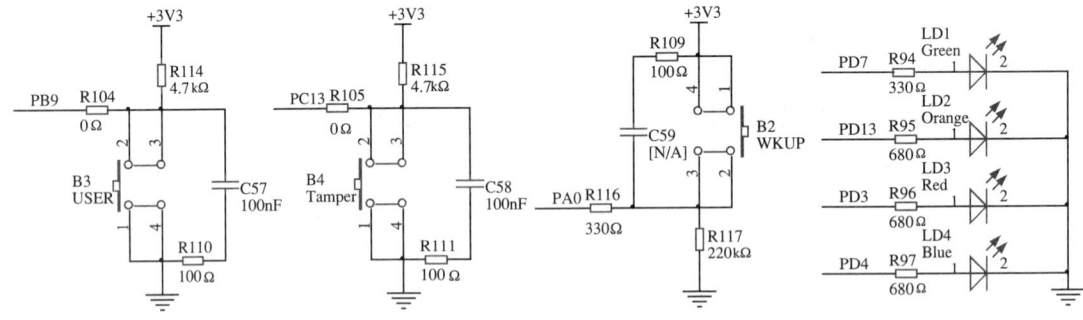

图 13-3 键盘与 LED 显示电路

13.2.3 基于 I2C 总线扩展

STM32F107 具有两路 I2C 总线接口,评估板的一路 I2C 总线扩展了一片 M24C64,另一路接加速度传感器和音频管理,24C64 的使用方法前面章节已经讨论过。JP17 是一个跳线,通过这个跳线可以通过硬件设置 EEPOM 写保护。电容 C91 为去耦电容,用于为芯片操作提供瞬时电流和吸收高频干扰,见图13-4。

芯片 U16 LIS302DL 是一款智能型数字输出 MEMS 加速度传感器,可以配置成 $\pm 2g$ 或 $\pm 8g$ 满量程动态范围,芯片内置滤波器和自测试功能,可以抗 10 000g 剧烈振动。芯片配有 I2C 和 SPI 接口,功耗低于 1mW。如图 13-5 所示应用电路,只需要 I2C 两根线和两个中断线,C92 为去耦电容,R106 上拉电阻用于选通芯片。

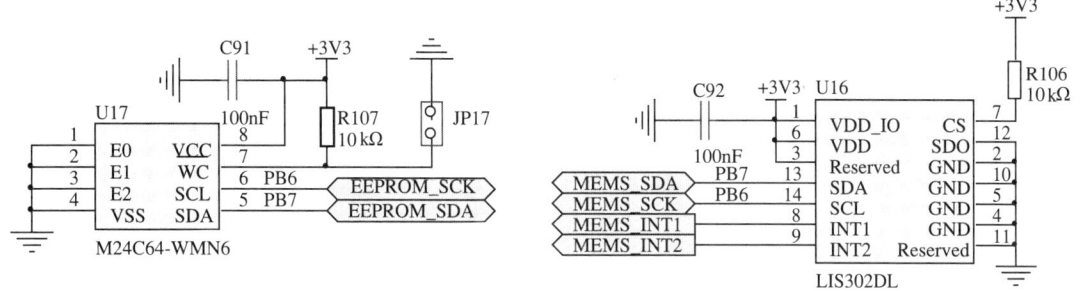

图 13-4　EEPROM 硬件电路图　　　　图 13-5　MEMS 加速度传感器扩展电路

STM32 另外一路 I2C 总线用来扩展 I/O 口。芯片 STMMPE811 是 ST 公司生产的一款 I/O 扩展芯片,可扩展 8 路 I/O,芯片内部集成触摸屏控制器,具有 8 路 12 位 A/D 转换器;STMPE811 具有 SPI 和 I2C 两种接口。利用 STM811 可以扩展普通 I/O 设备和触摸屏。该评估板利用两片 STM811 分别扩展触摸屏和操作杆,电路图如图 13-6 所示。

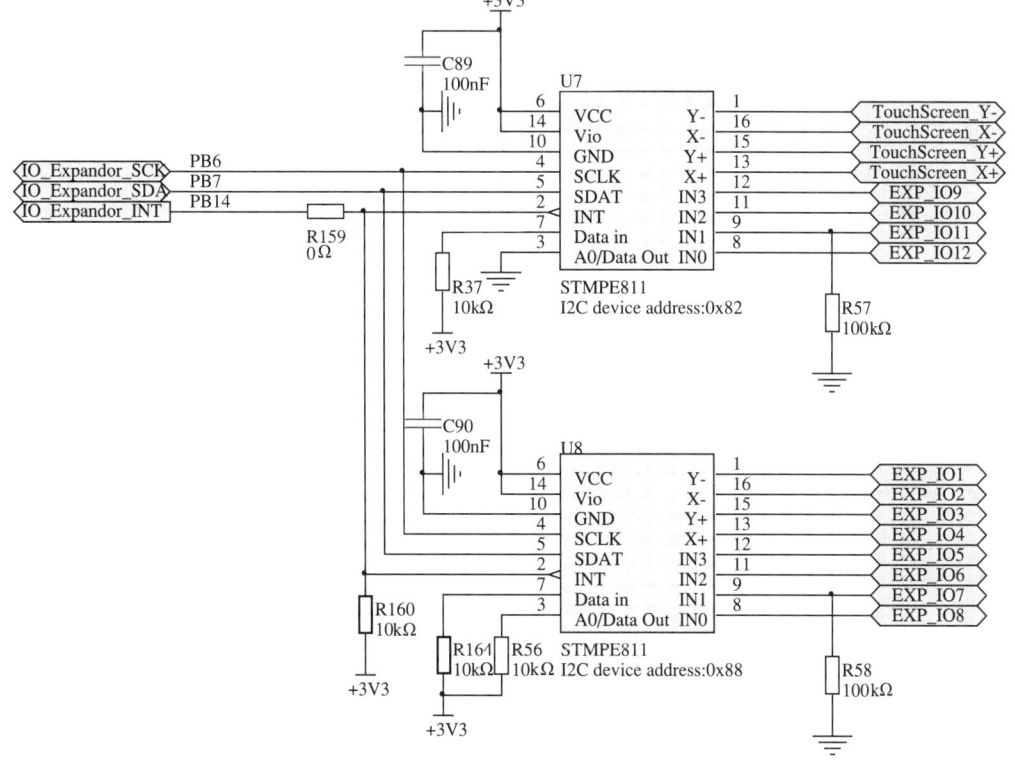

图 13-6　I2C 接口 I/O 电路扩展电路

操作杆相当于多个按键,因此需要增加硬件去抖电路,电阻 R98～R102 电阻为 0Ω,在这里相当于跳线,增加电路灵活性,参见图 13-7。

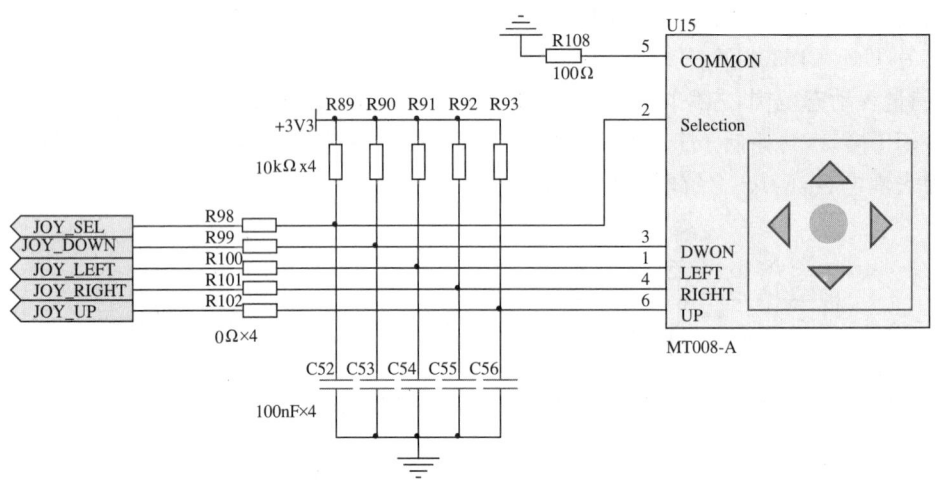

图 13-7 操作杆扩展硬件电路

13.2.4 CAN 总线扩展

STM32F107 内部已经集成了 CAN 控制器(bxCAN),使用该 CAN 控制器非常简单,只要在芯片外部扩展一片物理层芯片即可。评估板扩展了两路 CAN 接口,分别对应 STM32F107 内部两路 CAN 控制器。SN65HVD230 是 TI 公司一款 CAN 物理层收发芯片,芯片具有高输入阻抗,可容纳 120 个结点,具有开路安全保护功能,16kV 抗 ESD 保护和待机低功耗模式,芯片兼容 ISO11891 标准并兼容 NXP 公司的 PCA82C250。PIN1、PIN4 分别对应 CAN 控制器数据发送端和数据接收端,CANH 和 CANL 是 CAN 总线差分线;V_{ref} 提供 VCC/2 电平供总线使用,RS 管脚用于待机模式和输出斜率控制,JP7、JP8 用于硬件选择。CAN 总线应用需要端接 120Ω 总线匹配电阻,R52 和 R53 为端接电阻提供便捷。参见图 13-8。

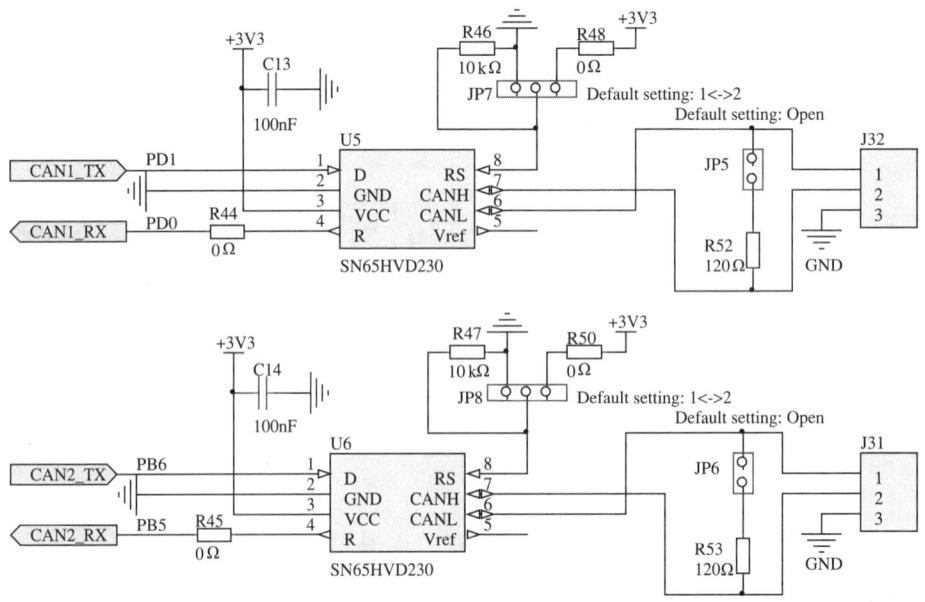

图 13-8 bxCAN 模块扩展双路 CAN 总线硬件电路

13.2.5　USB 总线扩展

STM32F107 一个重要特点就是增加了 USB-OTG 功能,可以在没有计算机参与的情况下,与其他 USB 设备进行数据交换。评估板对 USB 扩展即可作为 USB Device,也可以作为 USB-OTG 使用。芯片 U3 TPS2041 是一个电源切换芯片,当用作 USB 主机时,电源由开发板提供。TPS2041 还提供过流保护功能,防止 USB 设备故障引起电源短路。评估板利用 GPIO PC9 控制电源切换。LD5 发光二极管用于指示短路故障。LD6 用于指示 USB 电源线是否有电,通过匹配 R4 和 R5 阻值,还可以检测电压电平是否正常。U4 用于自动设置 USB 工作状态。参见图 13-9。

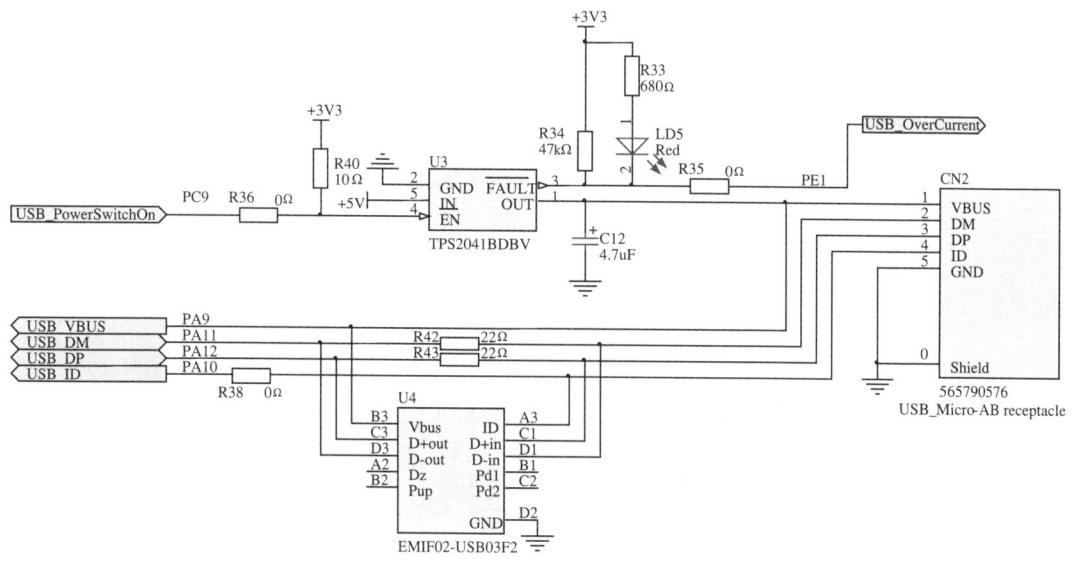

图 13-9　实验板扩展 USB 接口硬件电路

13.2.6　智能卡接口电路

ST8024 是智能卡接口芯片,具有与智能卡通信功能,兼容 5V 和 3V 智能卡,具有智能卡保护和控制功能。图中 PC0 用于切换智能卡电压 3V 还是 5V,PD8 是连接 CPU 的数据线,XTAL1 为时钟输入管脚,PE7 用于检测是否有智能卡插入,PD9 用于提供复位脉冲,PE14 用于初始化序列。电路图参见图 13-10。

13.2.7　I2S 扩展音频电路

CS43L22 是 Circuit Logic 公司的一款立体声音频 DAC 芯片,带有扬声器和耳机放大器,动态范围 98 dB,谐波抑制 88dB,内部带有双路 24bit $\triangle\text{-}\Sigma$DAC 转换器。其内置的 D 类功放特别适用于便携设备,最低工作电压 1.8V,具有 I2S 数据接口和 I2C 管理端口。评估板通过 I2C1 管理,I2S2 完成数据传输,参见图 13-11。

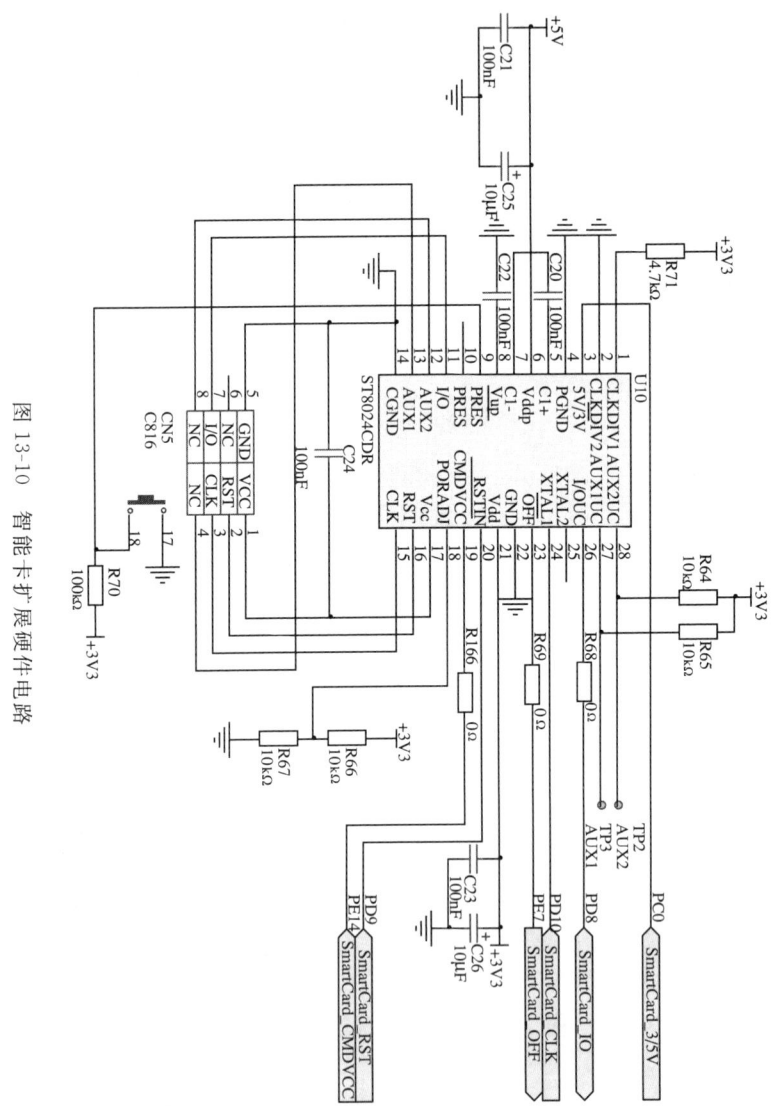

图 13-10 智能卡扩展硬件电路

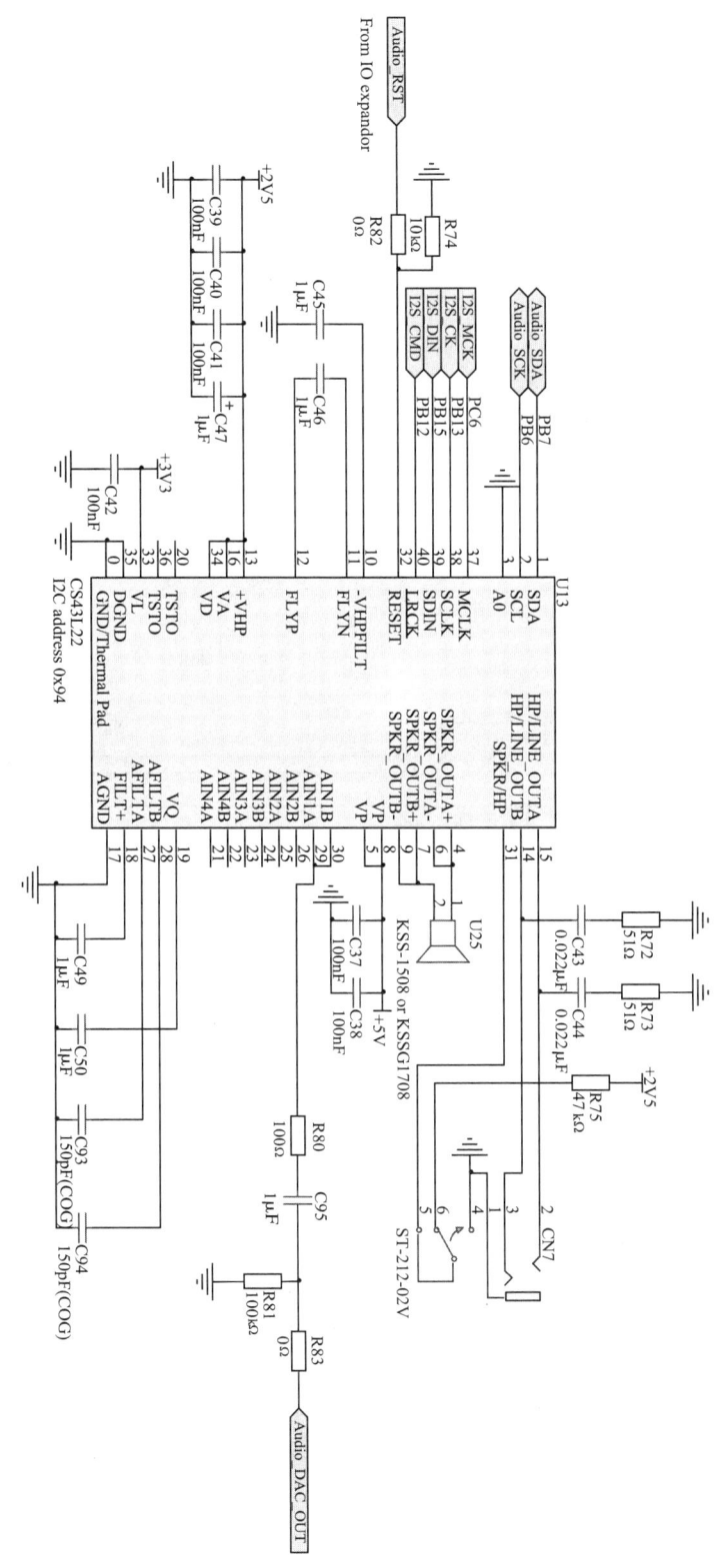

图 13-11 I2S 扩展音频功放电路

13.2.8 RS232 扩展和 IrDA 扩展

众所周知,RS232C 国际标准规定:RS232 采用负逻辑进行传输,-5~-15V 代表逻辑电平"1",+5~+15V 代表逻辑电平"0",STM32 电源电压是 3.3V,UART 输出是 TTL 电平,因此为了满足与国际标准 RS232 通信,必须进行电平转换。ST3241 是一款自带电荷泵的 RS232 收发芯片,采用单一 3.3V 电源电压,通过电荷泵产生±10V 电平,参见图 13-12。

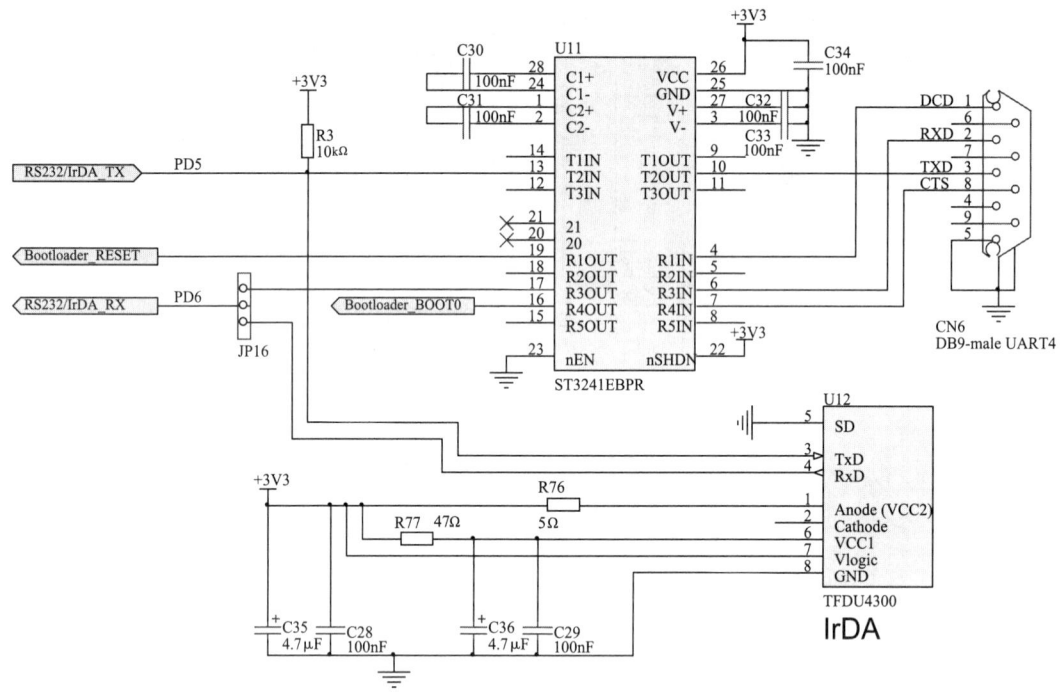

图 13-12　RS232 通信与 IrDA 通信接口硬件电路

STM32 的 UART 功能强大,还可以直接和 IrDA 连接,通过软件实现数据收发,IrDA 电路很简单,只要将 RXD、TXD 与 IrDA 模块相应管脚相连即可。电路中的电容是为 IrDA 模块正常工作提供瞬时电流和吸收高频脉冲。

13.2.9 SD 卡扩展电路

SD 卡具有两种工作模式,一种是专用总线结构,另外一种是 SPI 总线接口模式。虽然专用总线具有通信速率高的独特优势,但是 SPI 接口模式具有电路简单,多数 MCU 都具有 SPI 口,因此在嵌入式应用中采用 SPI 接口方式的占大多数。评估板通过 SPI3 扩展了 SD 卡插座,可以配备高达 2G 的 SD 卡,参见图 13-13。其中 PE0 用于检测 SD 卡是否插入,当 SD 卡插入后呈现低电平。PA4 用于选通线。

13.2.10 TFT 液晶扩展电路

评估板利用 SPI 总线扩展了一块串口 TFT 液晶显示器,该液晶显示器自带触摸屏,触摸屏连接到 I/O 扩展芯片 STMPE811 上,参见图 13-14。PB2 用于液晶数据输入输出的选通引脚。

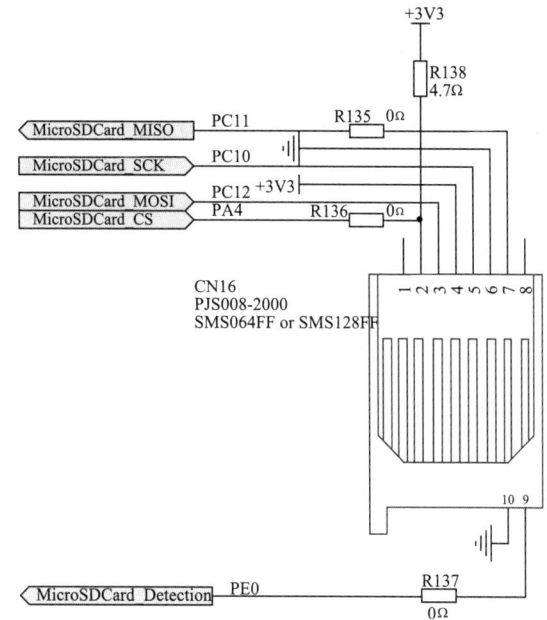

图 13-13　SD\MMC 卡扩展硬件电路

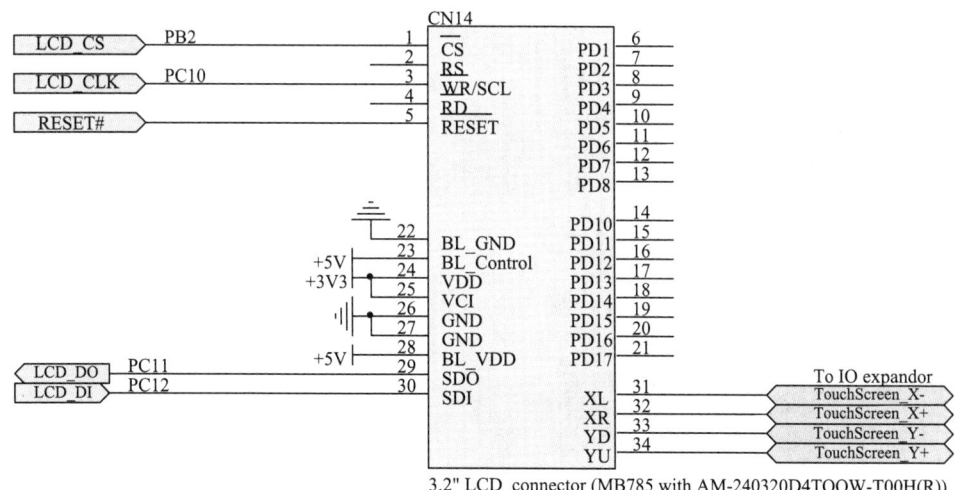

图 13-14　SPI 接口 TFT 液晶扩展硬件电路

13.2.11　电机扩展接口

STM32 一个很重要的应用领域是电机调速。STM32 可以用于感应电机、无刷直流电机、永磁电机等控制。MDV-STM32F107 评估板为电机调速提供了一个扩展接口,可以用于连接各种电机调速驱动板,JP22 还提供功率因数校正(PFC)方式选择。扩展端口输出 6 路 PWM 波形 PE8-PE13,输入三相电机电流,直流母线电压,带有编码器输入接线和散热器温度输入以及紧急刹车信号输入。电机电流可以根据电机不同,配置阻容滤波元件值,由于直流母线电压上有脉动交流,所以采用 100μF 电容和 100kΩ 电阻并联进行滤波。为了减少由于干扰信号造成的误动作,在紧急停止输入端接有 R146、C61 进行低通滤波,参见图 13-15。

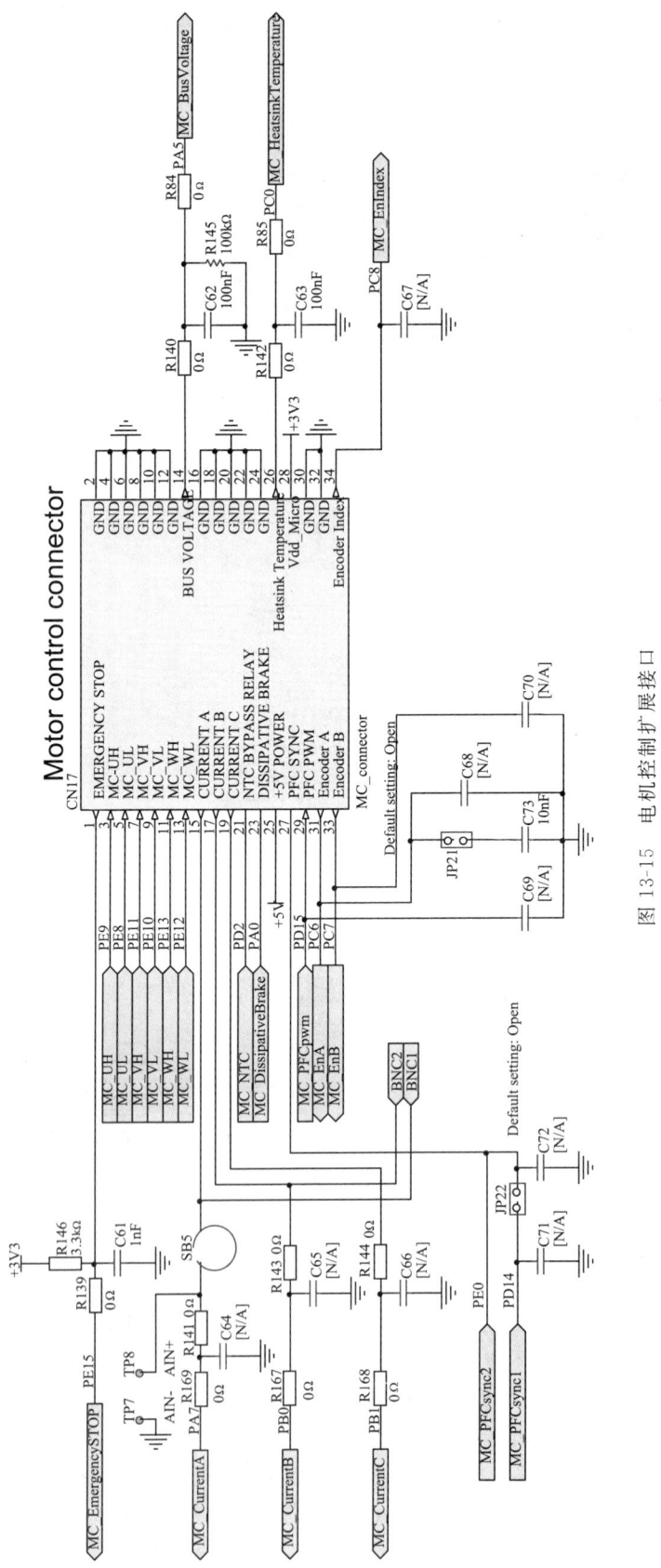

图 13-15　电机控制扩展接口

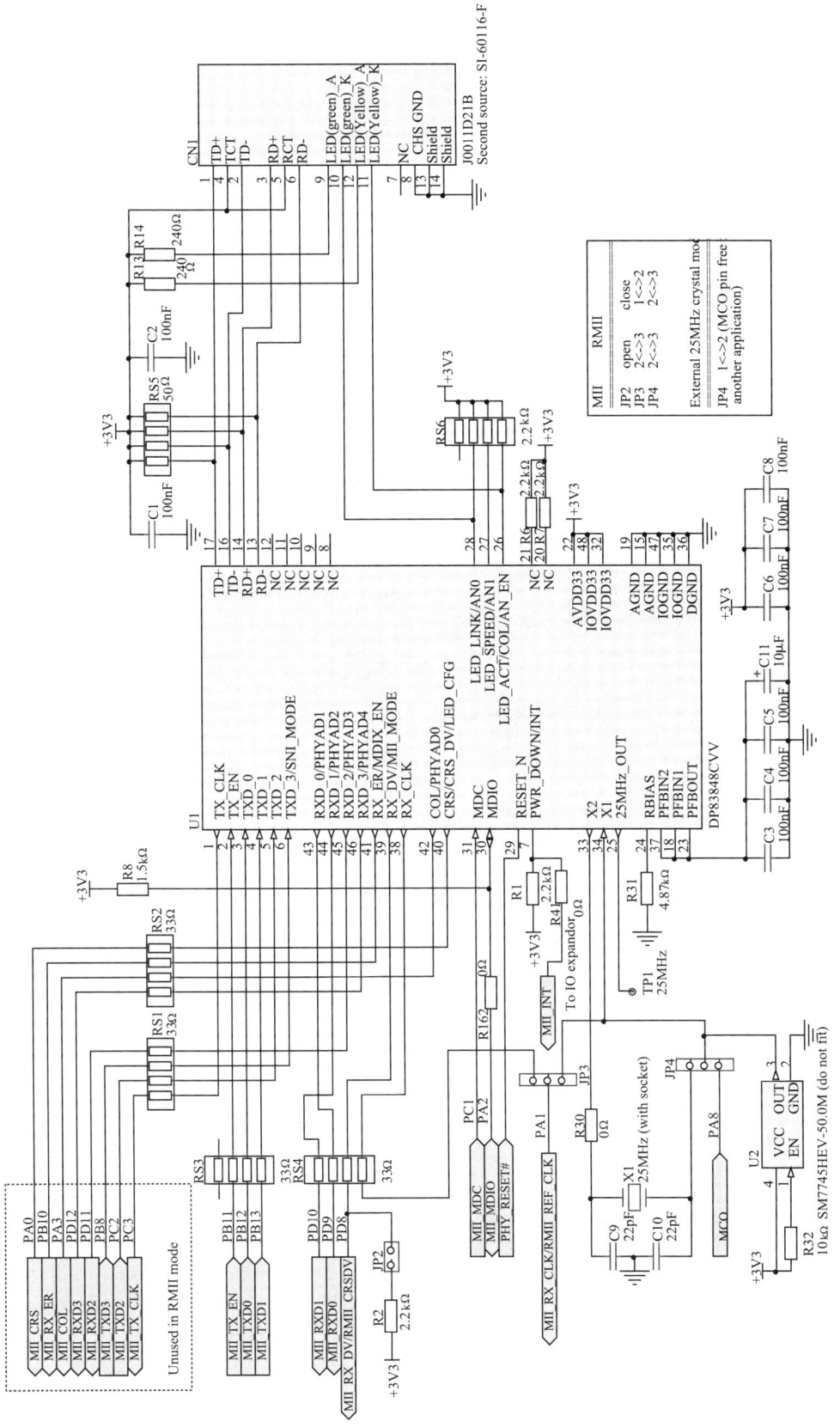

图 13-16 以太网通信硬件扩展接口

13.2.12 以太网扩展

STM32F107 内含以太网控制器，只要在片外扩展一块物理层芯片即可实现以太网通信，参见图 13-16。图中 U1 DP83848 是国家半导体的一块 10M/100M 以太网物理层芯片，该芯片使用简单，性能优良。该芯片需要一个 25M 时钟电路，CN1 是集成网络隔离变压器的 RJ45 以太网插座。

13.2.13 AD 电路扩展

评估板为了展现 STM32 模拟功能，提供两个 BNC 插头，可以接收高频模拟信号，STM32 ADC 采样率高达 1Mbps，完全可以利于这两个输入端实现高频信号测量。另外还提供一路电位器输入用于熟悉 ADC 应用。其中 R86 和 C60 构成一阶低通滤波，R103 电阻用于跳线，当 PC4 有其他模拟信号或数字信号输入时，可以通过取掉 R103 来防止两个信号干扰，电路参见图 13-17。

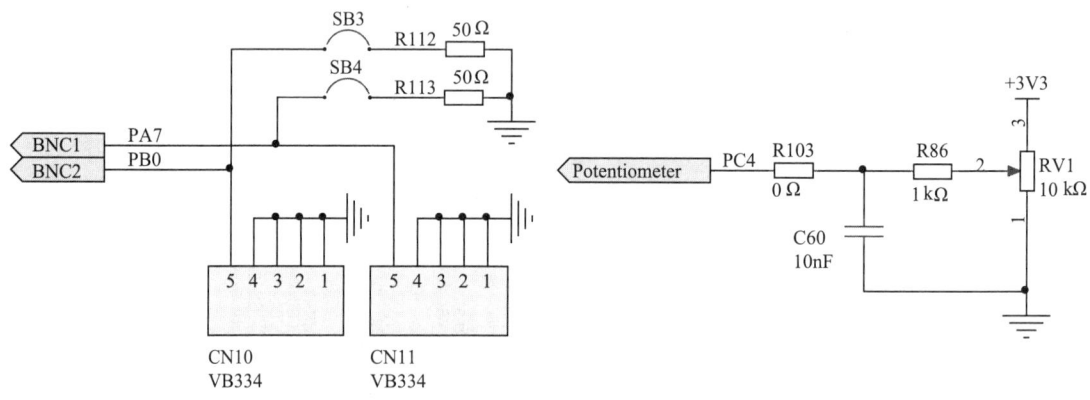

图 13-17 A/D 模块接口电路

熟悉 ADC 的读者都知道 ADC 参考电源是 ADC 转换精度的一个非常重要因素，STM32F107 提供独立的 ADC 模拟电源和参考电源引脚，以提高 ADC 转换精度。评估板通过磁珠 L1 和电容 C76 与数字电源相连，可以减少数字电源的影响，参考电源采用模拟电源，并具有电容滤波。其中 R155 起到限制 V_{REF} 电压作用。对于高精度应用推荐 V_{REF} 采用独立的参考电源芯片。U9B 是 MCU STM32F107VCT 的电源管脚部分。C81～C85 是 MCU 电源引脚去耦电容，分别放置在各个电源引脚附近。JP24 跳线用于选择后备电源是供电电源还是电池。相应电源模块设计参考图 13-18。

13.2.14 MCU 电路设计

MCU 电路设计主要是连接各个外设模块和设置 MCU 工作所必需的一些电路。其中各个端口和各个管脚上的标号表示与各外设模块的连接情况。STM32 内置高频 RC 时钟电路和低频 RC 时钟电路，但是精度都不高，不能满足高精度应用。晶体振荡器是目前较为流行的时钟电路，评估板采用石英晶体和两个电容构成时钟电路。石英晶体可以选择 1～25MHz，配

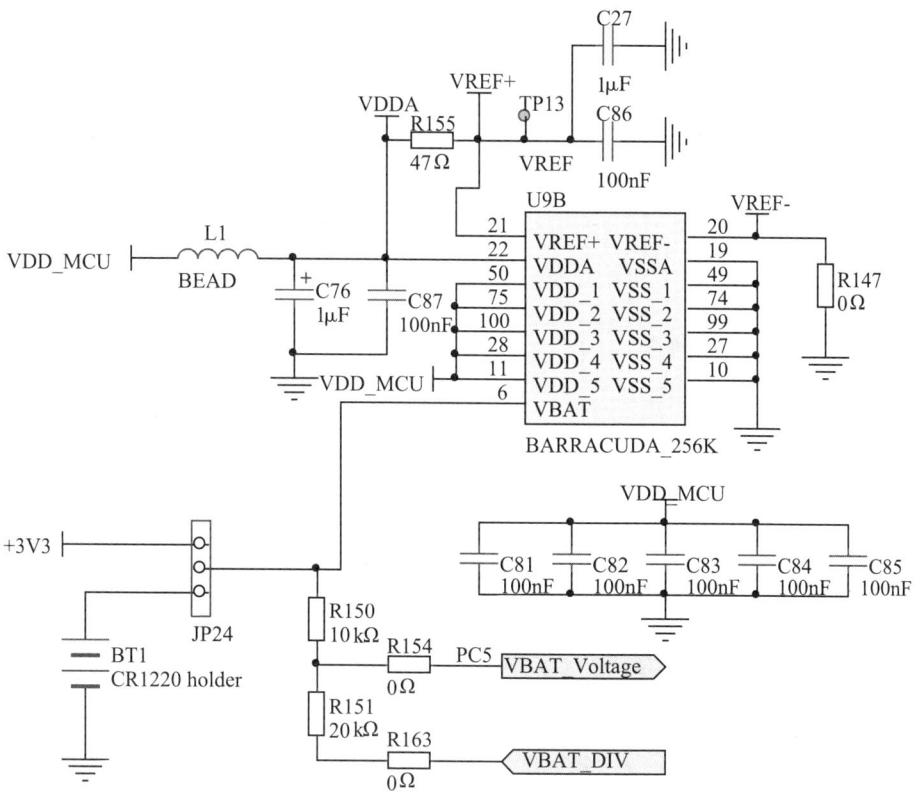

图 13-18　MCU 电源电路

合内部 PLL,可以实现高达 72MHz 的内部时钟。评估板另外还扩展了一个 32.768kHz 的低频晶体振荡器,给 RTC 提供时钟。芯片采用简单的阻容实现复位电路,并扩展了 B1 手动复位按钮,对于一些高端应用推荐采用专用复位芯片,因为阻容电路在电源波动和强干扰情况下,工作不稳定。另外通过开关 SW1、SW2 选择芯片启动模式:从内部 FLASH 启动还是从内部 RAM 启动。具体设计参见图 13-19。

13.2.15　调试电路设计

STM32 提供多种调试方式,其中最常用的是 JTAG 和 SWD 模式,其中 CN9 用于 JTAG 调试,注意信号线必须接上拉电阻。如果觉得 JTAG 占用管脚太多,可以采用 SWD 模式,这种模式下只占用 2 个管脚,如图 13-20 所示。

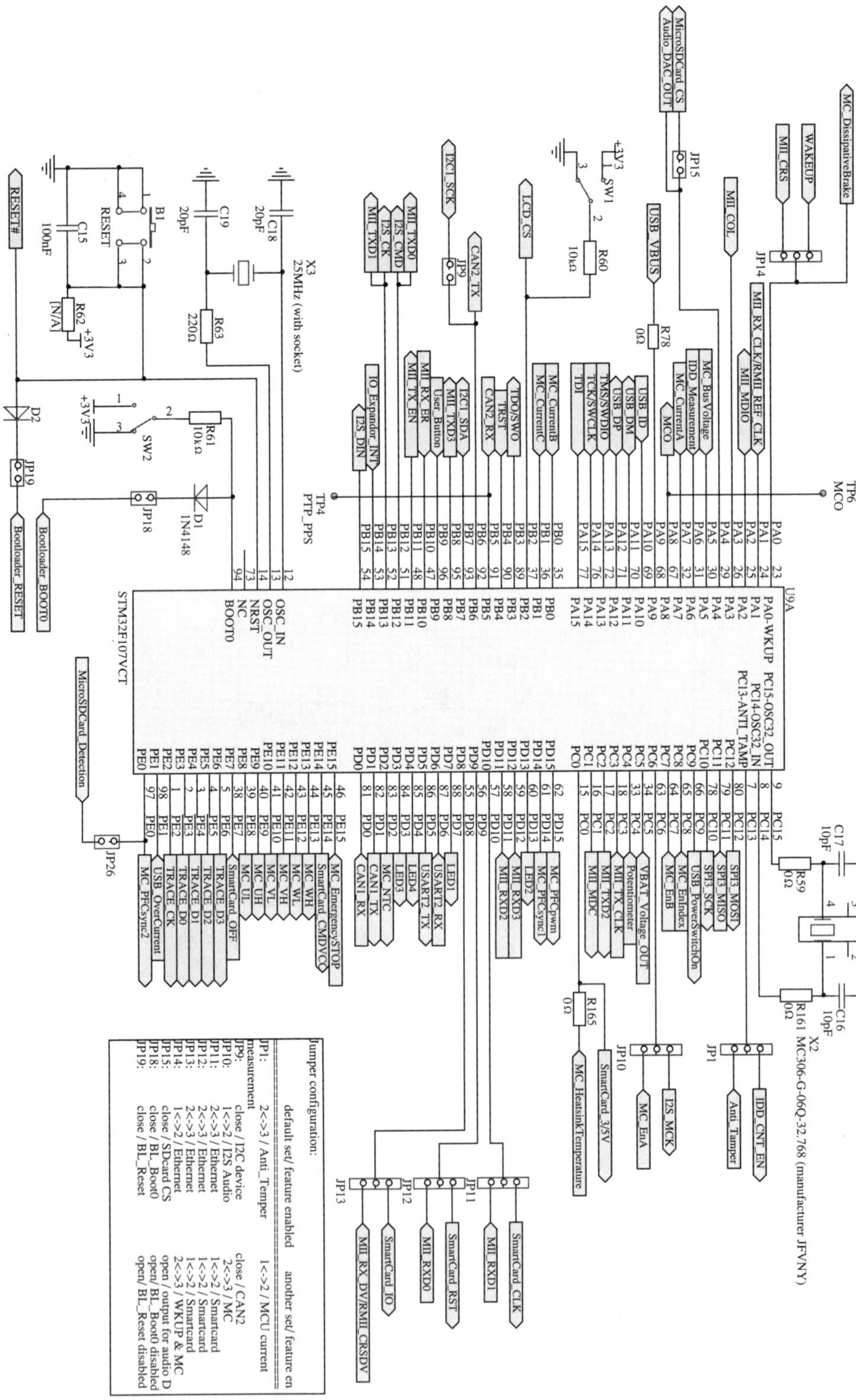

图 13-19 STM32 MCU 模块硬件电路

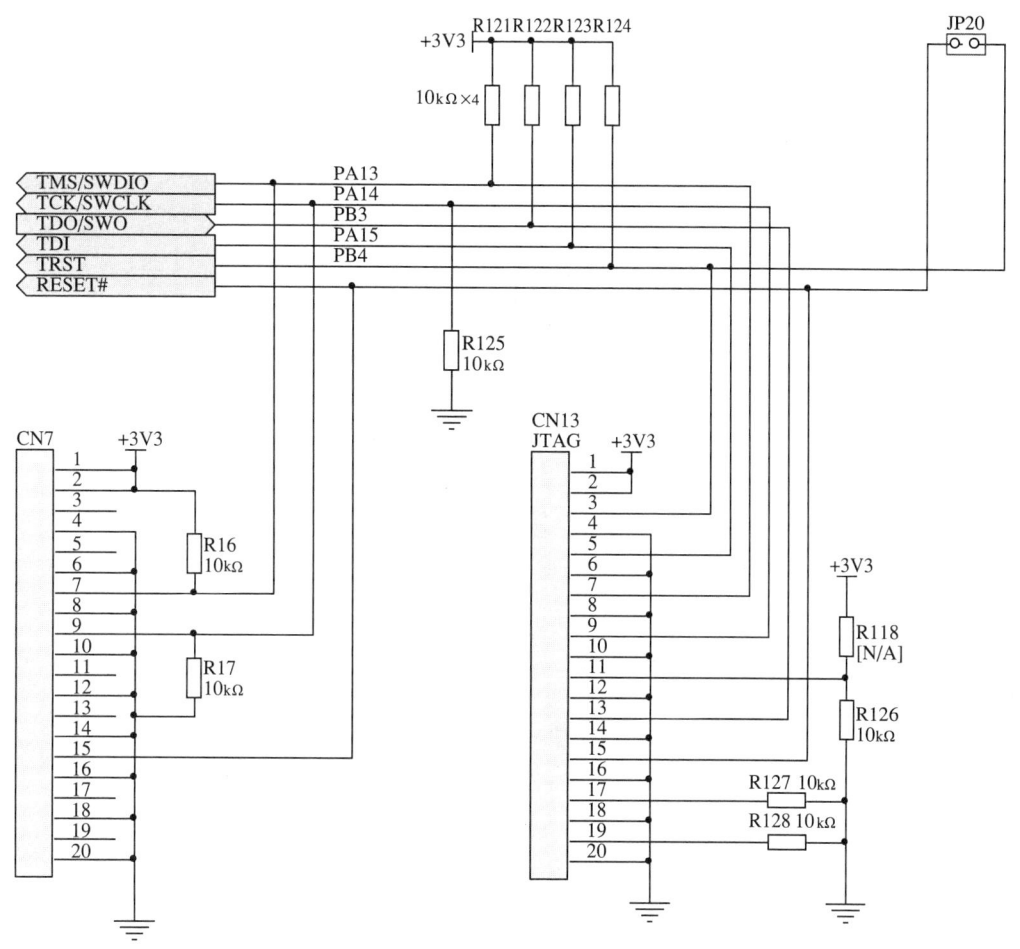

图 13-20 JTAG 调试接口和 SWD 调试接口

13.2.16 扩展接口

为了增加评估板应用范围,评估板还提供两个扩展接口,用于其他扩展应用,如图 13-21 所示。

通过上面分析不难看出,随着 MCU 集成度的提高,硬件电路设计变得越来越简单。一般步骤是根据需求对 MCU 资源进行合理分配,尽量做到利用 MCU 内部资源,这不仅有利于降低成本,还有利于降低电路复杂度,提高硬件可靠性。分配好资源后选择合适的外设芯片,用于提供驱动能力或电平转换或协议转换等功能,这需要设计者熟悉外设芯片特色。通常通过阅读相应芯片的数据手册和应用笔记来熟悉这些芯片,也可以通过这些芯片典型应用来解决。最后一步就是按功能模块画好电路并按规范设计电路板。

对于产品应用,仅靠上面的设计还不够,还需要配合应用环境进行工程化设计,进行必要的防水、防潮等设计,另外重要的一项就是电磁兼容(EMC)设计,特别是在工业现场的电子产品,对 EMC 都有很苛刻的要求。

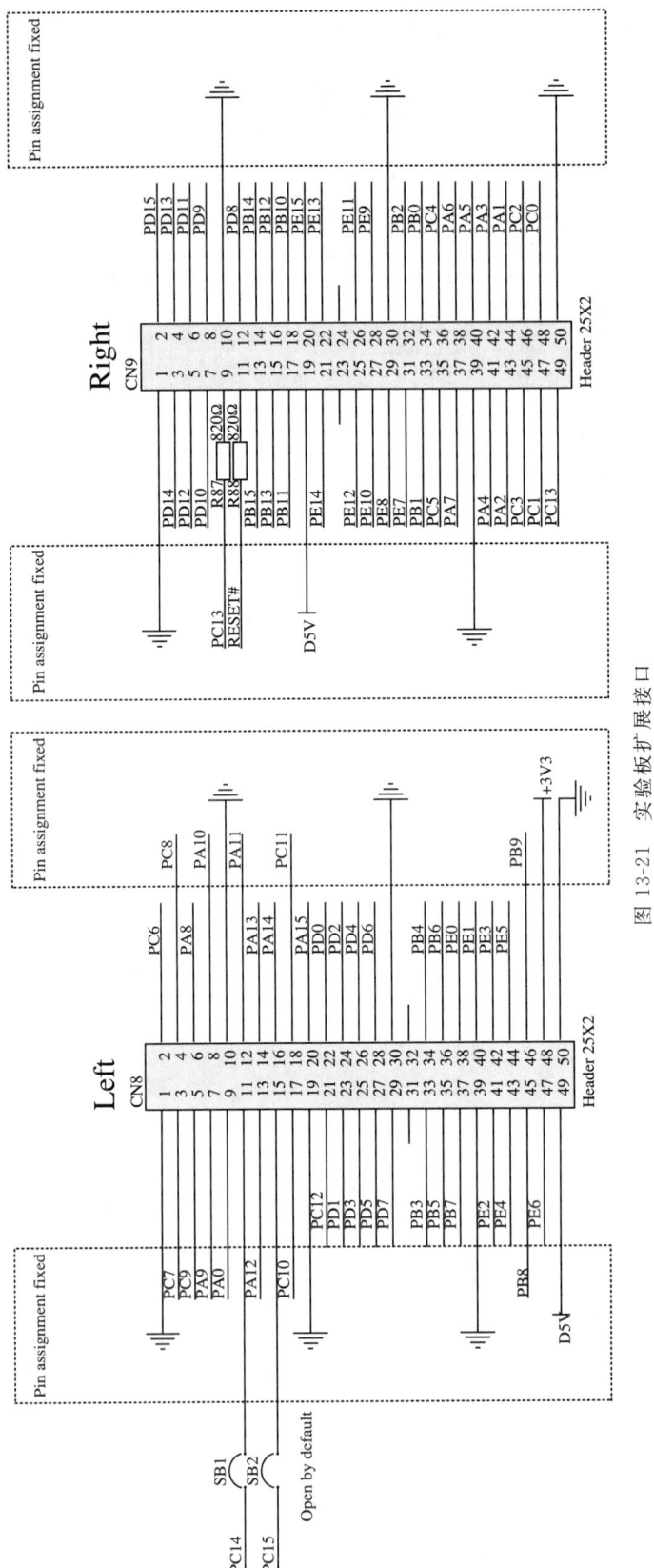

图 13-21 实验板扩展接口

习题

1. STM32 多功能板都扩展了哪些功能?
2. STM32 电源电路有哪些特点?
3. 如何扩展以太网通信接口?
4. 试扩展一路 RS485 通信接口?
5. 如何利用实验板检测 STM32 A/D 模块测量精度?
6. 简述 STM32 硬件电路设计需要注意哪些方面。

第14章 基于STM32的电动自行车控制器设计

电动自行车是一种轻巧、灵活、绿色环保和节能的交通工具,我国目前是世界上最大的电动自行车生产国和出口国,其中,2008年我国电动自行车总产量就达到2188万辆。电动自行车核心部件包括电池、控制器和电机。目前绝大多电动车采用直流无刷电机(Brushless Direct Current,BLDC)。直流无刷电机是同步电机中的一种。定子产生的磁场与转子产生的磁场具有相同的频率。BLDC电机不用电刷来换向,而是使用电子换向,与传统有刷直流电机以及感应电机相比具有突出优点,而STM32为BLDC的运行提供了非常好的支持。本章结合STM32特点和资源,详述电动自行车的原理和基于STM32的电动自行车控制器设计。相关方案和技术可拓展到家用电器、汽车、航空航天、消费品、医疗、工业自动化设备和仪器等行业中使用。

14.1 直流无刷电机的基本原理

14.1.1 直流无刷电机结构

BLDC电机可配置为单相、两相和三相。定子绕组的数量与其类型对应。三相电机最受欢迎,使用最普遍。本节主要讨论三相电机。BLDC电机的定子由铸钢叠片组成,绕组置于沿内部圆周轴向开凿的槽中(图14-1)。定子与感应电机的定子十分相似,但绕组的分布方式不同。多数BLDC电机都有三个星型连接的定子绕组。这些绕组中的每一个都是由许多线圈相互连接组成的。在槽中放置一个或多个线圈,并使它们相互连接组成绕组沿定子圆周分布。这些绕组,构成均匀分布的磁极。有两种类型的定子绕组:梯形和正弦电机。以定子绕组中线圈的互连方式为依据来区分这两种电机,不同的连接方式会产生不同类型的反电动势(Electromotive Force,EMF)。梯形电机具有梯形的反电动势,正弦电机具有正弦形式的反电动势。除了反电动势外,两类电机中的相电流也有梯形和正弦之分。这就使正弦电机输出的转矩比梯形电机平滑。但是,随之会带来额外的成本,这是因为正弦电机中线圈在定子圆周上的分布形式会使绕组之间有额外的互连,从而增加了耗铜量。无刷电机转子用永磁体制成,可有2到8对磁极,南磁极和北磁极交替排列。要根据转子中需要的磁场密度选择制造转子的磁性材料。传统使用铁氧体来制造永磁体。随着技术的进步,稀土合金磁体正越来越受欢迎。铁氧体比较便宜,但缺点是给定体积的磁通密度低。相比之下,合金材料单位体积的磁场密度高,生成相同转矩所需的体积小。同时,这些合金磁体能改善体积与重量之比,比使用铁氧体磁芯的同体积电机产生的转矩更大。

根据控制电源的输出能力,选择定子的额定电压合适的电机。48V或更低额定电压的电机适用于汽车、机器人和小型机械臂运动等应用。100V或更高额定电压的电机适用于家用电器、自动化和工业应用。电动自行车常用36V和48V两种类型的直流无刷电机。

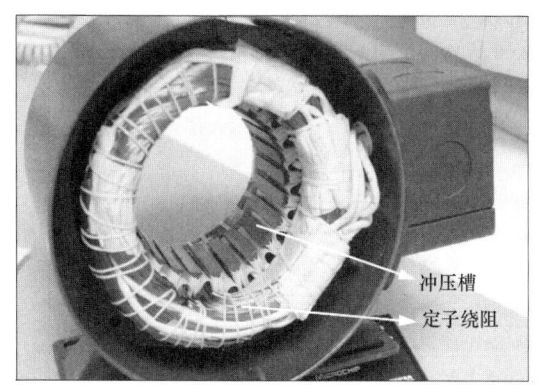 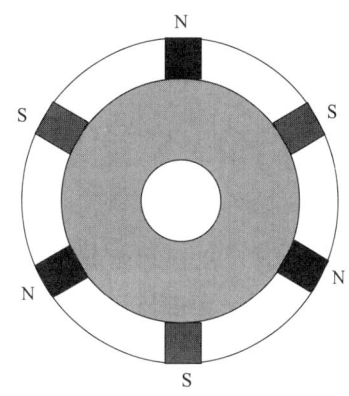

图 14-1　BLDC 电机结构示意图

14.1.2　直流无刷电机工作原理

为了驱动直流电动机产生恒定的转矩，必须使定子磁场和电枢磁场的方向始终保持相互垂直。普通直流电动机的定子产生固定不变磁场，通过换向器和电刷不断改变电枢绕组中的电流方向来保持两个磁场相互垂直。但是电刷很容易出现故障，维护困难，另外电刷接触容易产生火花，在某些特殊场合不能使用。无刷直流电机的结构与直流电机相反，转子是永磁体，电枢在定子上，通过定子电枢中各相绕组不断地换向通电，使定子电枢磁场与转子永磁磁场始终保持 90°左右，达到直流电机效果。BLDC 电机的换向采用电子方式控制。同直流电机相比，它保留了直流电机的优点而省掉了电刷。

为了保持转子磁场和定子磁场相互垂直，直流无刷电机必须要实时获知转子磁场位置，目前应用中多采用霍尔传感器来实现这个目的。

在长方形半导体薄片上通入电流 I，在垂直于薄片的方向上施加磁感应强度 B 的磁场时，则在与电流 I 和磁场强度 B 构成的平面相垂直的方向上会产生一个电动势 E，这种现象称为霍尔效应，E 称为霍尔电动势，其大小为

$$E = K_H I B \tag{14-1}$$

式中，K_H 为霍尔灵敏度系数。

霍尔传感器就是根据霍尔效应制成的。作为传感元件的开关型霍尔集成电路外形像一只普通晶体管，结构简单，性能可靠。对霍尔传感器通以直流电，当转子磁场转动过程中，霍尔电势的大小和相位就会随转子的位置不同而变换。霍尔传感器电源电压范围可以是 4~24V。所需电流范围为 5~15mA。霍尔传感器的输出通常采用集电极开路类型。控制器端需要上拉电阻。

多数 BLDC 电机在其非驱动端上的定子中嵌入了三个霍尔传感器。每当转子磁极经过霍尔传感器附近时，它们便会发出一个高电平或低电平信号，表示北磁极或南磁极正经过该传感器，见图 14-2。根据这三个霍尔传感器信号的组合，就能决定换向的精确顺序。将霍尔传感器直接嵌入定子的过程很复杂，因为这些霍尔传感器相对转子磁体的位置稍有不对齐，都会在判断转子位置时造成大的误差。为了简化在定子上安装霍尔传感器的过程，有些电机除了主转子磁体外，还在转子上安装霍尔传感器磁体，它们的体积比转子磁体小。每当转子转动时，霍尔传感器磁体就会产生和主磁体一样的效果。霍尔传感器通常装在 PCB 电路板上，固

定在非驱动端的外壳盖上。这使得用户可以整体调整所有的霍尔传感器，以便与转子磁体对齐，从而获得最佳性能。根据霍尔传感器的位置，有两种输出。霍尔传感器输出信号之间的相移可以是 60°或 120°。电机制造商据此定义控制电机时应遵循的换向顺序。

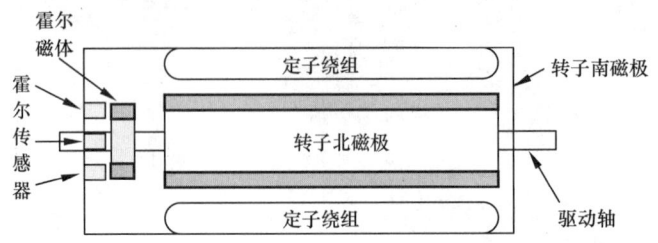

图 14-2　BLDC 电机横截面图

直流无刷电动机有多种结构，每种电动机可分为半桥驱动和全桥驱动，全桥驱动又可分为星形和三角形联结以及不同的通电方式。半桥式驱动方式结构简单，但是每相每转通电时间少，绕组利用率低，输出转矩脉动较大，因此实际应用以全桥驱动较多。全桥式驱动下的绕组又分为星形联结和三角形联结，其中以星形联结居多。下面介绍星形联结全桥驱动方式。

图 14-3 是三相星形联结全桥驱动电路。图中 Q1～Q6 是功率开关管，三个霍尔位置传感器输入决定开关管导通和截止。其控制方式有两种：120°导通方式和 180°导通方式。

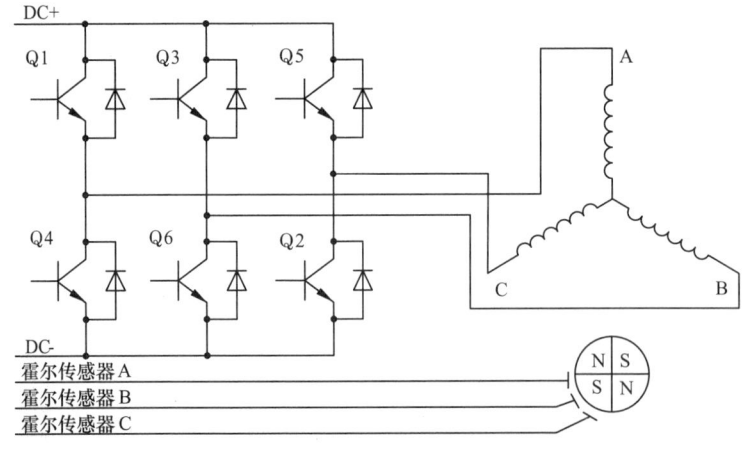

图 14-3　BLDC 电机控制功率主电路

1. 120°导通方式

设电机驱动端逆时针旋转。120°导通方式是每次使两个开关管同时导通，两相绕组通电，另外一个绕组不通电，共有 6 种导通状态，导通顺序为：Q1、Q2→Q2、Q3→Q3、Q4→Q4、Q5→Q5、Q6→Q6、Q1→Q1、Q2；每隔 60°电角度改变一次导通状态，每改变一次状态更换一个开关管，每个开关管导通 120°。霍尔传感器安装在定子相邻三相绕组正同名端处，分别为 A、B、C，下面详细分析一下前两种状态。

当霍尔传感器输出信号为 ABC＝110，转子磁场在 AB 正同名端之间，所以需要一个与其垂直的磁场，那么应当是电流从 A 相流入，C 相流出，即 Q1、Q2 导通，电流的路线为：电源正极→Q1→A 相绕组→C 相绕组→Q2→电源负极。如果各绕组产生的电磁转矩为 $T_A = T_B = T_C$，且电流流入绕组时的电磁转矩为正，流出时电磁转矩为负，则合成电磁转矩 T_{12}，其大小为 $T_{12} = \sqrt{3} T_A$。

电机在合成电磁转矩下继续逆时针旋转,当转子磁场到达绕组 A 正同名端位置时,霍尔传感器输出变化,由 110 变为 100,那么应当产生一个与 A 垂直的磁场,所以应当是 B 相流入,C 相流出,即 Q2、Q3 导通。电流的路线为电源正极→Q3→B 相绕组→C 相绕组→Q2→电源负极。则合成电磁转矩 T_{23},其大小为 $T_{23}=\sqrt{3}T_A$。

根据以上推理,可以得出 120°导通方式,逆时针旋转的开关控制表。线圈导电情况见图 14-4。表 14-1 所示为 BLDC 电机控制逻辑图。

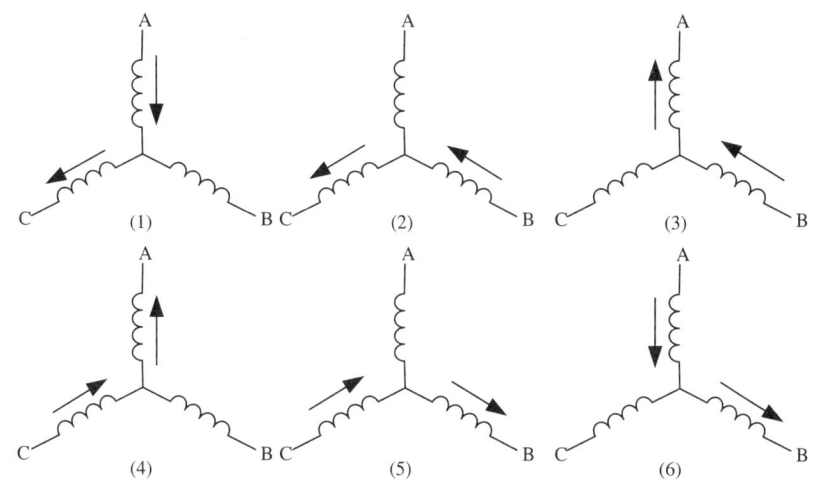

图 14-4　不同阶段电流示意图

表 14-1　　　　　　　　　　BLDC 电机控制逻辑图

序号	霍尔传感器输入			有效 PWM		相电流		
	A	B	C			A	B	C
1	1	1	0	PWM1(Q1)	PWM4(Q2)	DC+	关闭	DC-
2	1	0	0	PWM3(Q3)	PWM4(Q2)	关闭	DC+	DC-
3	0	0	0	PWM3(Q3)	PWM0(Q4)	DC-	DC+	关闭
4	0	0	1	PWM5(Q5)	PWM0(Q4)	DC-	关闭	DC+
5	0	1	1	PWM5(Q5)	PWM2(Q6)	关闭	DC-	DC+
6	1	1	1	PWM1(Q1)	PWM2(Q6)	DC+	DC-	关闭

电磁转矩与霍尔输出见图 14-5。

2. 180°导通方式

180°导通方式与 120°导通方式相似。180°导通方式每次使 3 个开关管同时导通,也有 6 种导通状态,导通顺序为:Q1、Q2、Q3→Q2、Q3、Q4→Q3、Q4、Q5→Q4、Q5、Q6→Q5、Q6、Q1→Q6、Q1、Q2→Q1、Q2、Q3;每隔 60°改变一次导通状态,每改变一次状态更换一个开关管,每个开关管导通时间为 180°。读者可以根据 120°导通方式推导其电磁转矩和开关变化规律。

三角型联接应用较少,就不分析了。有需要的读者可以参考相关文献。从应用角度来看,常用的控制方式是全桥星型联接 120°导通方式,下一节主要实现这一种控制方式。

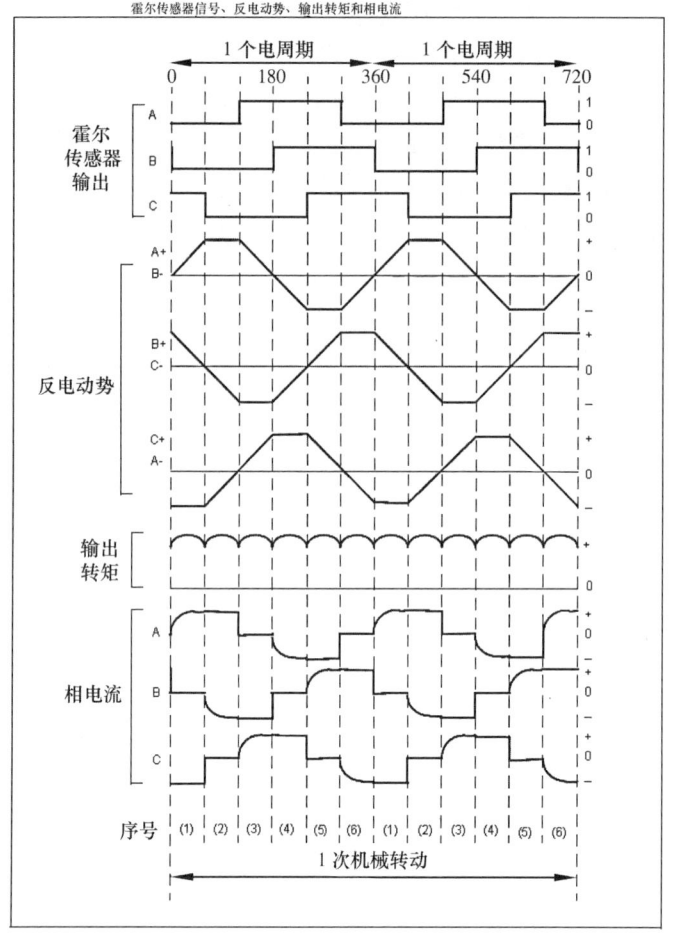

图 14-5　BLDC 电机波形

14.2　直流无刷电机应用系统设计

通过上一节，读者对无刷直流电机的工作原理有了基本的了解，这一节将介绍基于 STM32 的电动自行车控制器的硬件电路设计和软件程序框架结构，从系统角度出发，阐述一个实际项目实现过程。

对于一个实际项目往往是这样：首先出现在人们脑海的是一个现实问题或是需求，这个需求可能来自研发人员的创意，但更多的是来自现场一线工人、农民等客户群的需求。他们对电子产品可能一窍不通，但是他们可以从功能上描述需求的功能。电动自行车是大家非常熟悉的一种交通工具，从应用者的角度考虑一下电动自行车控制器需要的一些功能：

- 电子开关，用于控制电动自行车是否通电工作；
- 速度调节器，用于给定速度；
- 速度/里程显示装置；
- 蓄电池电量显示；
- 电动刹车；
- 还可以增加 1+1 助力。

为了设计一个实用的电动自行车控制器,需要对上述性能指标进一步细化,同时对一些受性能和成本制约的指标采取一定的折衷方案,这一步需要设计者具有一定的项目设计经验和对电子产品成本的把握能力。鉴于无刷电机是电动自行车主流应用电机类型,下面所述电动自行车控制器均是以直流无刷电机为控制对象。针对上述应用需求,下面分析系统实现方案。

- 电子开关是必需的一个元件,它用来控制电源通断,这个功能可以通过电源开关来实现。
- 速度调节器(在助动车上称为油门)是电动自行车上速度控制装置,是控制器的重要部件。因为电动自行车是靠电机调速改变速度的,而速度调节来自微控制器。因此只要将速度调节信号传输给微控制器就可以了。给定信号可以采用数字信号,也可以采用模拟信号;生活中人们已经熟悉摩托车操作模式,因此采用电位器模拟方式给定更人性化。通过调节电位器改变滑动端电压来给定速度,微控制器检测滑动端电压即可。
- 速度检测和显示。由于无刷直流电机控制需要检测磁场位置,通过这个检测信号可以很容易获得电机旋转信息,虽然检测并不精确,但用来计算速度精度还是绰绰有余。考虑到速度和里程很好换算,速度也是用来计算里程的来源。速度的显示采用六位发光数码管,可以显示速度或里程而且数码管亮度高,适合室外应用。
- 里程检测与显示,设置一路霍尔检测电动车轮旋转次数,通过车轮周长和旋转次数计算里程,里程存储在 EEPROM 中。
- 蓄电池检测,目前常用的是 48V 蓄电池,电压范围在 56~40V;可以根据电压和电量关系检测蓄电池电量;蓄电池电量显示数字不直观,可以采用模拟显示方式,分辨率有 8~10 级即可。
- 刹车是常见机械装置,但是当刹车时电机必须停止驱动,因此刹车信号作为开关量信号也必须提供给驱动系统。
- 鉴于基于霍尔传感器的无刷电机调速装置控制简单,启动转矩大的特点,采用开关型霍尔传感器获得换向信息。
- 助力和再生制动是两个比较复杂的功能。助力涉及到加速度的检测,再生制动涉及到许多电机知识,鉴于篇幅,本书不再详述实现过程。

综上所述,根据各个细化指标画出结构框图,参见图 14-6。

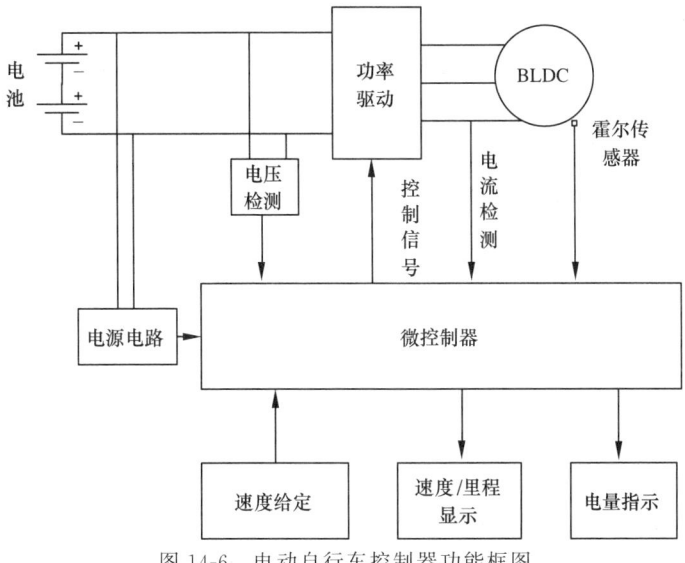

图 14-6 电动自行车控制器功能框图

14.2.1 硬件电路实现

下面分析各个功能模块硬件电路实现与硬件电路图。

1. 电源电路

电动自行车电源全部来自蓄电池,电池电压范围为 40～56V(以 48V 的电动自行车考虑),控制电路不能直接使用蓄电池电源,必须经过变换才能使用。其中 STM32 所需电压 3.3V,功率开关器件所需驱动电压为 15V,为了减少电压等级,运算放大器也选用 15V 电平。电源电压变换可以采用线性稳压器件,也可以采用开关型芯片。开关型稳压器转换效率高,但是电压波纹较大。线性稳压芯片输出电压精度高,但转换效率低,发热量大。就本例来讲,输入输出电压压差较大,如果采用线性器件,效率太低,发热量大。另外对电压精度要求不高,所以采用开关型 DC/DC 芯片 LM2576。LM2576 是国家半导体推出的高效 PWM 芯片,电压输入范围高达 60V,电路结构简单,只需要少量器件即可实现,图 14-7 是电源电路图。

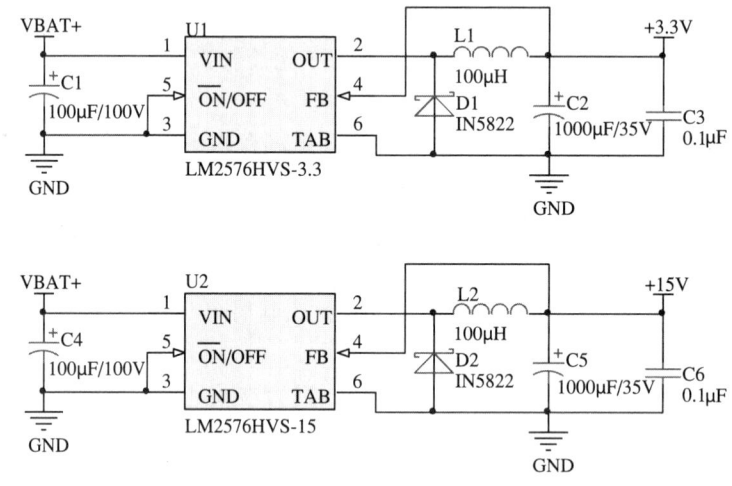

图 14-7 电源电路

由于显示电路需要 5V 电压,采用三端稳压器 LM7805 从 +15V 电源获得。为了使 AD 转换器稳定工作,AD 电路的电源和参考源必须稳定,通过磁珠隔离数字噪声,参见图 14-8。

2. 速度给定

速度给定来自滑动电位器,电压信号经过运放跟随电路变换输出阻抗后直接给 STM32 A/D 通道如图所示,参见图 14-9。

3. 转子磁场检测

转子磁场检测采用开关型霍尔元件,当磁场通过时,器件开通,反之关断,开关型霍尔元件一般采用开集电极输出的模式,适合信号长距离传输;由于无刷电机本身就是一个噪声源,霍尔信号通常包含大量干扰脉冲,不能直接输入到 STM32,必须经过滤波和整形。图 14-10 方案采用阻容滤波电路和施密特整形电路对信号进行处理。

4. 功率单元电路与驱动电路

功率单元可供选择的功率器件包括晶闸管、MOSFET、大功率晶体管、IGBT 等,在电动自行车应用中,电源电压较低,电流较大,这个功率等级 MOSFET 具有很多优势:MOSFET 采用电压驱动,驱动功率较低,驱动电路简单,因此商用电动自行车几乎全部采用 MOSFET 作

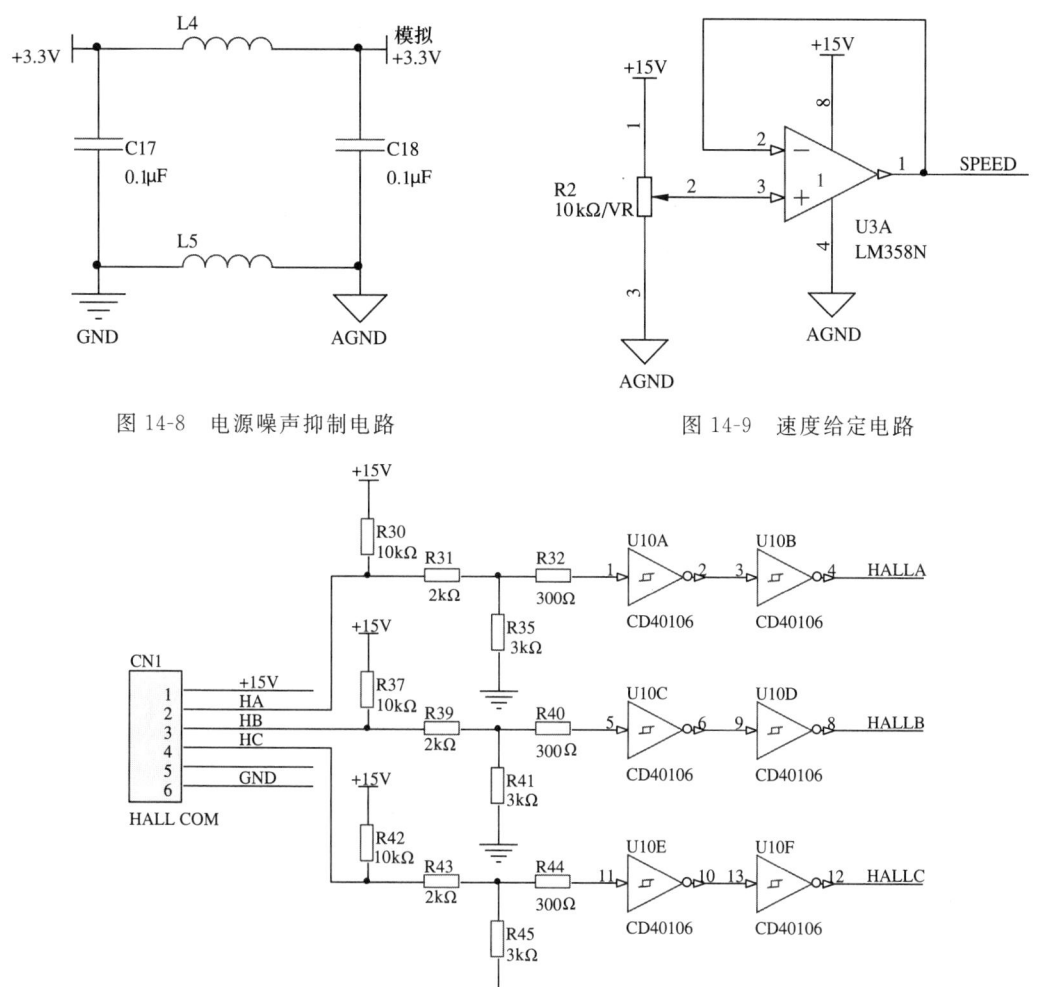

图 14-8 电源噪声抑制电路

图 14-9 速度给定电路

图 14-10 霍尔信号输入电路

为功率器件。

MOSFET 驱动方式可以通过很多方法实现,包括推挽电路、脉冲变压器、光耦和集成 IC 等。随着集成电路技术的发展,高压集成芯片得到长足进步,出现了许多新型集成 MOSFET 驱动器,它不仅提供 MOSFET 驱动信号,还可以实现信号电平迁移,完成全桥电路驱动,比如:IR2110S、L6386 等。本节采用 IR2110 驱动器,一片 IR2110 可以实现一个桥臂上两个 MOSFET 的驱动,其中上桥臂的驱动电压由 BOOT 电路提供,当下桥臂开通时,BOOT 电容充电,当上桥臂开通时,为其提供能量,这种类型的驱动器不允许上桥臂长时间处于开通,否则驱动信号就很难维持。除此之外,IR2110 还可以抑制小脉冲,实现上下桥臂信号互锁,防止上下功率器件直通,与此同时还提供一路 SD 信号,用于硬件封锁 PWM 信号,参见图 14-11。

5. 电流检测电路与保护电路

电流检测可以分为电流互感器检测和分流电阻检测两大类。相比较而言,分流电阻检测成本低,检测速度快,信号畸变小。从 BLDC 工作原理分析不难看出,无论哪个功率管开通电流均经过直流环节,通过在直流母线接入一个分流电阻,即可实现系统电流检测。由于分流电阻的接入会影响到驱动电平,因此电阻值不宜太大,这里选用 110mΩ,当电流为 10A 时,仅有

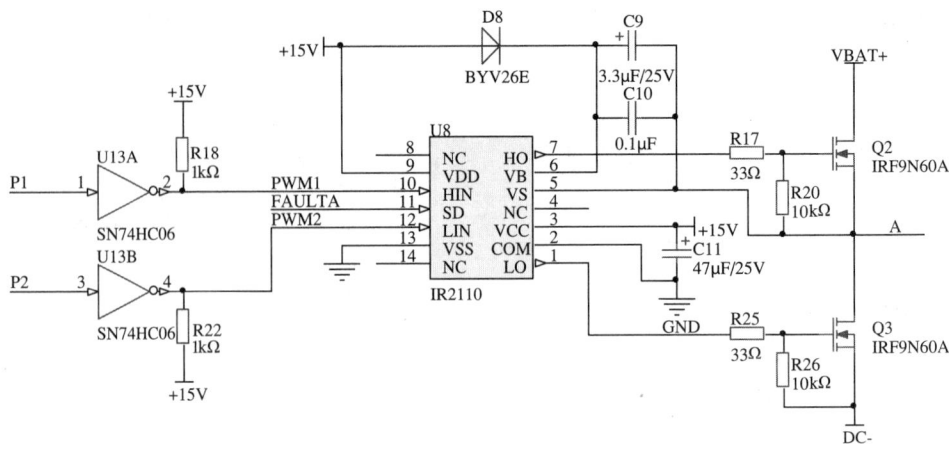

图 14-11 功率主电路

1.1V 压降,对于 MOSFET 不会产生明显影响。对于功率管过流保护采用硬件实现,检测信号与参考信号通过滞回比较器,封锁 PWM 驱动信号并通知 STM32。该信号直接送入 STM32 刹车信号输入管脚,用于迅速封锁 PWM 脉冲。参见图 14-12 和图 14-13。

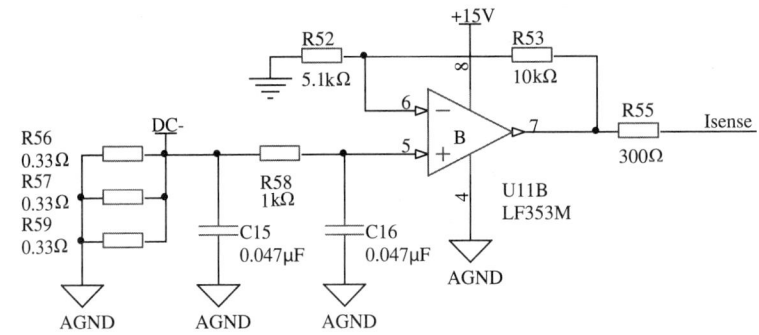

图 14-12 电流检测电路

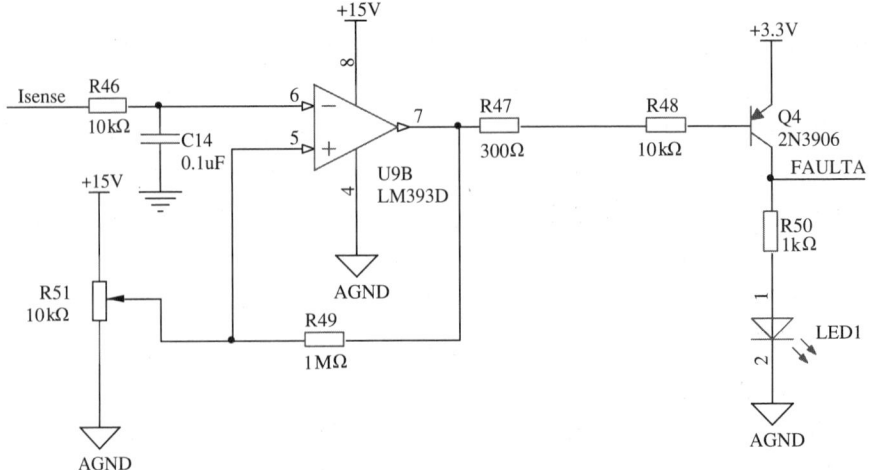

图 14-13 过流保护电路

6. 电池电量检测

如果要准确检测蓄电池容量,需要比较复杂的算法。对于电动车应用,并没有这个必要。一般电池容量和蓄电池电压近似成线性关系,本应用采用检测蓄电池电压来确定电池容量。如果需要更准确地测量,也可以将电压与电池容量进行曲线拟合,然后通过拟合的曲线计算电池容量。图 14-14 为电池电压检测电路。

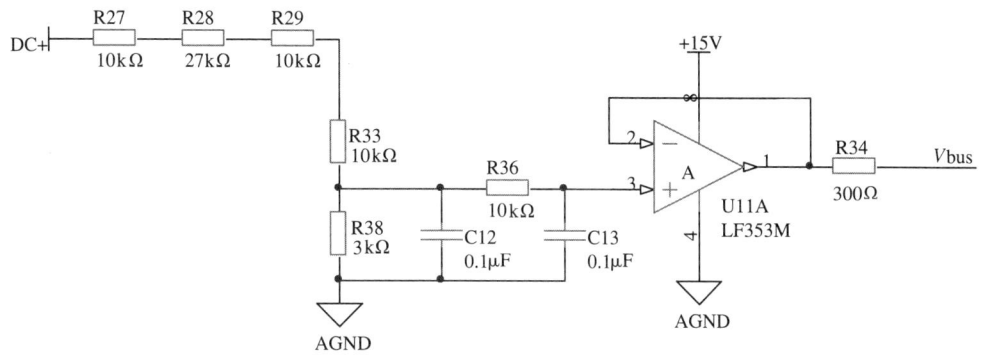

图 14-14 电池电量检测回路

7. 里程检测与存储电路

STM32 扩展 1 路开关型霍尔电路用于检测车轮旋转次数,并扩展 1 片 I2C 接口 EEPROM 用于存储里程值,防止掉电后数据丢失。参见图 14-15。

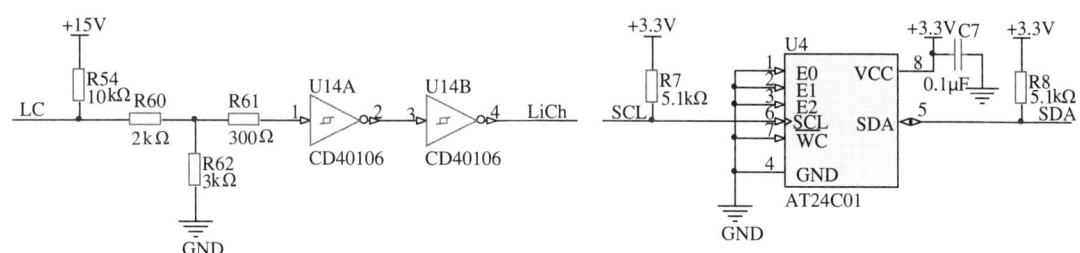

图 14-15 里程检测与存储电路

8. 显示电路

目前电动自行车出于成本考虑,多数采用模拟速度表,没有里程表。由于 STM32 具有强大的处理能力,而显示器件成本也在不断下降,本例采用 LED 数码管和发光二极管作为显示器件。其中采用四位数码管显示里程,精度 0.1km,同时数码管还可以显示速度,精度 0.01km/h,显示功能通过按键切换。对于电池容量采用 8 个发光二极管指示。数码管驱动和键盘扫描可以采用分立元件搭,也可以采用专用 IC,像 HD7279、CH451、STLED316 等,从性价比角度考虑选择 STLED316,STLED316 可以同时驱动六个数码管,8 个发光二极管和检测 16 个按键输入,参见图 14-16 和图 14-17。

9. 温度检测回路

对于功率电路而言,损坏的主要原因是过电流和过热,设计者必须考虑这两点并加以预防。本例采用硬件电路封锁 PWM 进行过流保护。对于过热保护要设计温度检测电路,参见图 14-18。过热保护并不需要很精确的检测温度。大家在模拟电路学习时知道 PN 结温度特性,PN 结正向电压与温度成线性关系,式(14-2)是 PN 结正向压降、电流与温度关系。

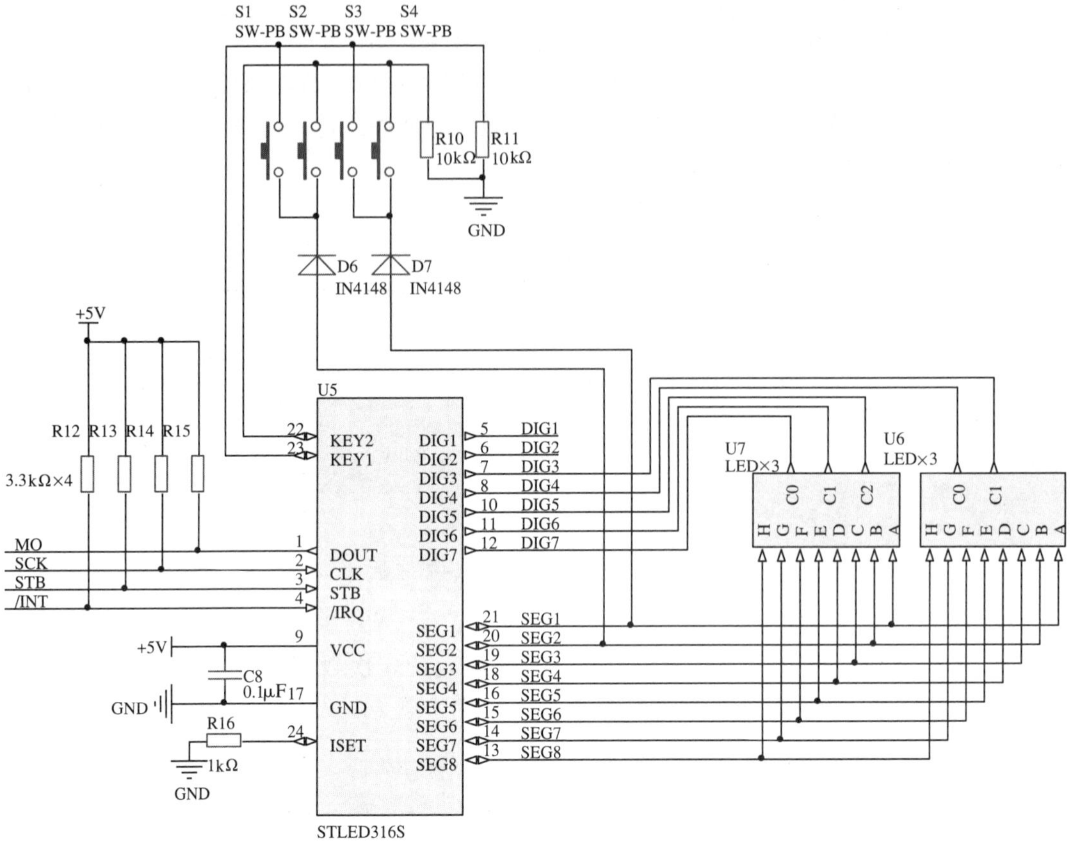

图 14-16 速度/里程数码管显示电路

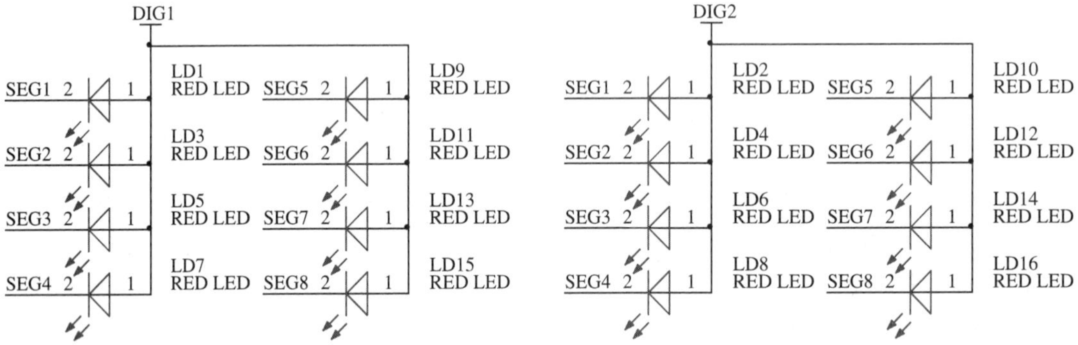

图 14-17 功能指示电路与电量显示电路

$$I_F = I_S \exp\left(\frac{qV_F}{kT}\right) \tag{14-2}$$

其中，q 为电子电荷；k 为玻尔兹曼常数；T 为绝对温度；I_S 为反向饱和电流，与 PN 结材料禁带宽度及温度有关。理论与实践证明，反向电流密度在 $-50°\sim150°$ 内变化很小，只要保持正向电流恒定，则温度和 PN 结正向电压呈线性关系。从公式计算得知，每度对应大约 2mV，由于信号太小，采用多个二极管提高信号幅度。

为了配合电机调速教学，笔者设计了一套电机调速评估板，该评估板部分电路与此电动自行车电路相同，可以通过这个评估板进行验证；除此之外，该评估还支持直流电机、异步电机和

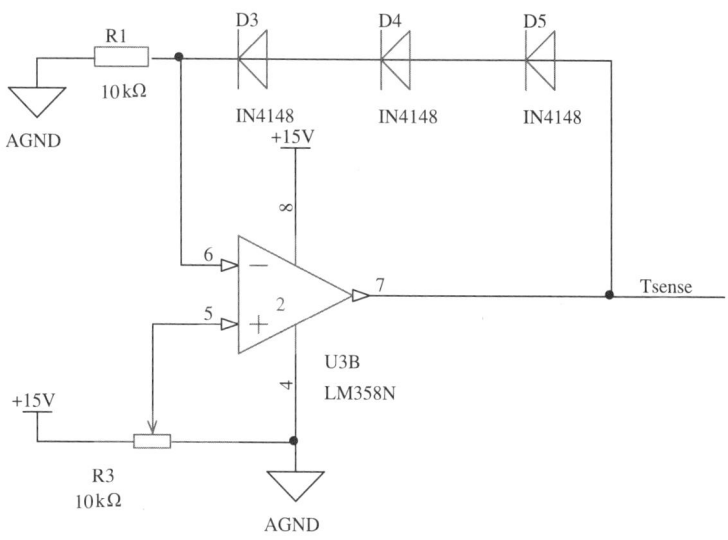

图 14-18　温度检测电路

永磁同步电机等电机调速验证,可以与标准的 ST 评估板连接,有兴趣的读者可以联系笔者或从 MXCHIP 网站下载。图 14-19 为电机评估板照片。

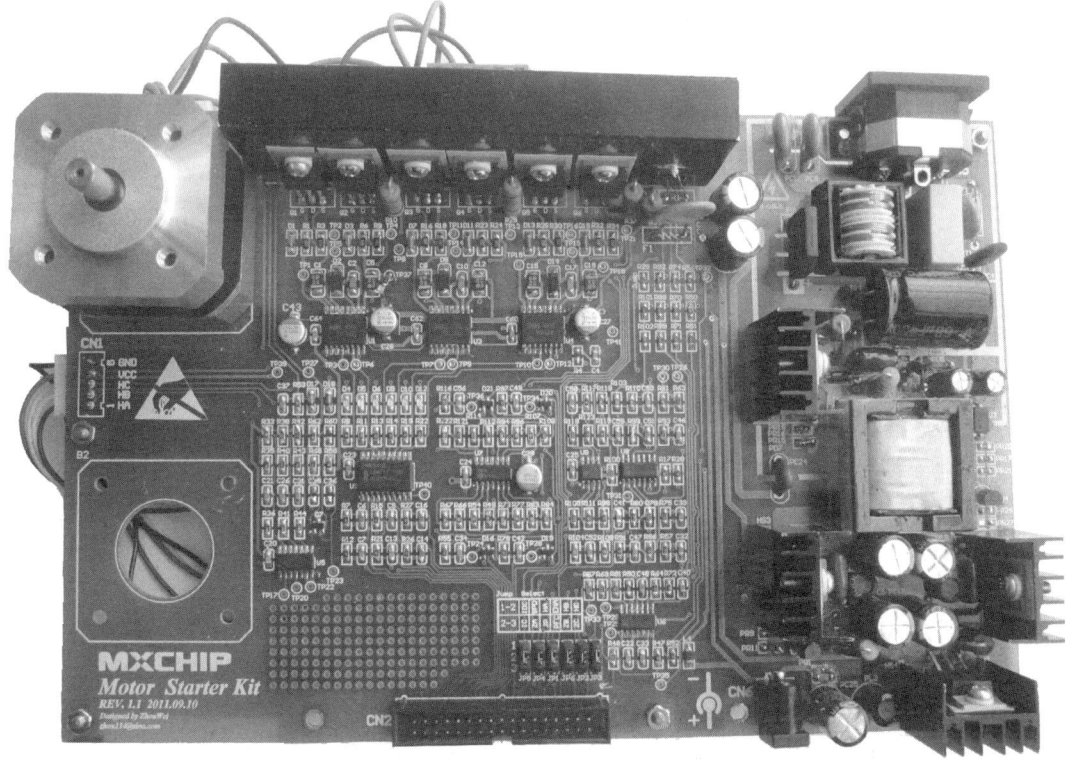

图 14-19　电机评估板

14.2.2 软件电路实现

电动自行车控制器软件设计是实现其功能的核心部分,软件主要包括电机调速、故障检测与保护、状态显示。设计时主要考虑资源分配和系统实时性。

1. 软件模块划分与流程图

根据电动自行车系统工作流程,当电源开关闭合后,无刷电机控制器开始工作,首先 STM32 AD 模块开始检测速度给定电位器电压,确定速度给定,为了安全操作,一般给定电压减掉一个偏移量。系统采用双闭环控制算法。速度给定值和速度反馈用于速度 PI 调节器计算电流给定值,计算结果和电流反馈值用于电流 PI 调节器,计算 PWM 占空比。参见图14-20 所示系统软件流程图。

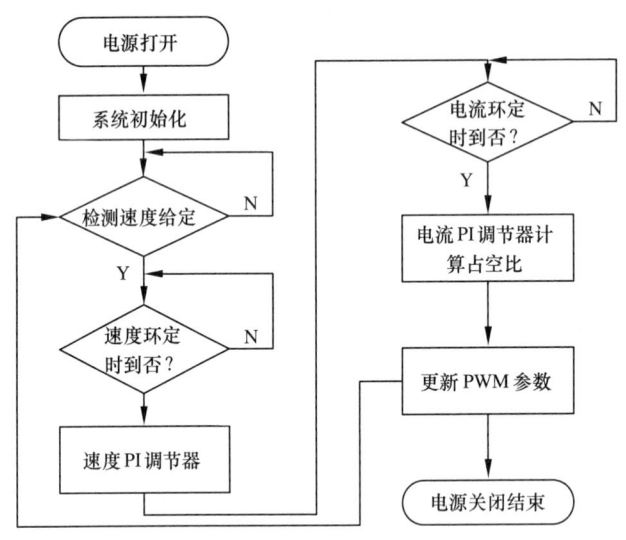

图 14-20 系统软件流程图

2. 典型软件模块

1) 转子磁场位置检测

转子磁场采用霍尔元件进行检测,STM32 定时器具有独特的霍尔输入电路。系统选用定时器 2 通道 1,2,3 作为霍尔三个输入端,采用异或输入内部触发模式,并触发内部中断。霍尔每隔 60°电角度发生一次转变,开关管导通状态改变一次,见表 14-1。设置一个变量用于累加中断次数,配合计数器即可计算速度。设置流程如下:

(1) 置 TIM2_CR2 寄存器的 TI1S 位为 1,配置三个定时器输入逻辑或到 TI1 输入。

(2) 时基编程:置 TIM2_ARR 为其最大值(计数器必须通过 TI1 的变化清零)。设置预分频器得到一个最大的计数器周期,它长于传感器上的两次变化的时间间隔。

(3) 设置通道 1 为捕获模式(选中 TRC):置 TIM2_CCMR1 寄存器中 CC1S=01,如果需要,还可以设置数字滤波器。

(4) 设置通道 2 为 PWM2 模式,并具有要求的延时:置 TIM2_CCMR1 寄存器中的 OC2M=111 和 CC2S=00。

(5) 选择 OC2REF 作为 TRGO 上的触发输出:置 TIM2_CR2 寄存器中的 MMS=101。

在高级控制寄存器 TIM1 中,正确的 ITR 输入必须是触发器输入,定时器被编程为产生 PWM 信号,捕获/比较控制信号为预装载的(TIM2_CR2 寄存器中 CCPC=1),同时触发输入控制 COM 事件(TIM2_CR2 寄存器中 CCUS=1)。在一次 COM 事件后,写入下一步的 PWM 控制位(CCxE、OCxM),这可以在处理 OC2REF 上升沿的中断子程序里实现。

上面采用 STM32 特有硬件来实现霍尔信号检测,充分利用了定时器的触发功能。对于初学者还可以采用外部中断功能实现霍尔信号检测,由于 STM32 GPIO 都可以触发中断,将霍尔信号输入 3 个通用 I/O 口,这 3 个 GPIO 设置成脉冲沿触发中断模式,然后在中断程序里检测霍尔信号电平。相应程序如下:

```
void GPIOInit(void)
{
    GPIO_InitTypeDef GPIO_InitStructure;
    GPIO_InitStructure.GPIO_Pin = GPIO_Pin_14|GPIO_Pin_15;    //霍尔输入
    GPIO_InitStructure.GPIO_Mode = GPIO_Mode_IPU;
    GPIO_Init(GPIOD, &GPIO_InitStructure);

GPIO_InitStructure.GPIO_Pin = GPIO_Pin_8;                    //霍尔输入
    GPIO_InitStructure.GPIO_Mode = GPIO_Mode_IPU;
    GPIO_Init(GPIOC, &GPIO_InitStructure);
}
/************* NVIC 配置 *****************/
void NVICInit(void)
{
  NVIC_InitTypeDef    NVIC_InitStructure;            //复位 NVIC 寄存器为默认值
  EXTI_InitTypeDef    EXTI_InitStructure;

// NVIC_SetVectorTable(NVIC_VectTab_RAM, 0x0);        // NVIC_VectTab_FLASH
  NVIC_PriorityGroupConfig(NVIC_PriorityGroup_3);    //设置中断优先级组
//////////////////////////////////////////////////////////////////////
  GPIO_EXTILineConfig(GPIO_PortSourceGPIOD, GPIO_PinSource14);
  GPIO_EXTILineConfig(GPIO_PortSourceGPIOD, GPIO_PinSource15);
  GPIO_EXTILineConfig(GPIO_PortSourceGPIOC, GPIO_PinSource8);

  /* 设置中断线 8 */
  EXTI_InitStructure.EXTI_Line = EXTI_Line8;
  EXTI_InitStructure.EXTI_Mode = EXTI_Mode_Interrupt;
  EXTI_InitStructure.EXTI_Trigger = EXTI_Trigger_Rising_Falling;
  EXTI_InitStructure.EXTI_LineCmd = ENABLE;
  EXTI_Init(&EXTI_InitStructure);

  /* 设置优先级 */
  NVIC_InitStructure.NVIC_IRQChannel = EXTI9_5_IRQn;
  NVIC_InitStructure.NVIC_IRQChannelPreemptionPriority = 0x01;
```

```c
NVIC_InitStructure.NVIC_IRQChannelSubPriority = 0x00;
NVIC_InitStructure.NVIC_IRQChannelCmd = ENABLE;
NVIC_Init(&NVIC_InitStructure);

/* 设置中断线 14 */
EXTI_InitStructure.EXTI_Line = EXTI_Line14;
EXTI_InitStructure.EXTI_Mode = EXTI_Mode_Interrupt;
EXTI_InitStructure.EXTI_Trigger = EXTI_Trigger_Rising_Falling;
EXTI_InitStructure.EXTI_LineCmd = ENABLE;
EXTI_Init(&EXTI_InitStructure);

/* 设置优先级 */
NVIC_InitStructure.NVIC_IRQChannel = EXTI15_10_IRQn;
NVIC_InitStructure.NVIC_IRQChannelPreemptionPriority = 0x01;
NVIC_InitStructure.NVIC_IRQChannelSubPriority = 0x00;
NVIC_InitStructure.NVIC_IRQChannelCmd = ENABLE;
NVIC_Init(&NVIC_InitStructure);

/* 设置中断线 15 */
EXTI_InitStructure.EXTI_Line = EXTI_Line15;
EXTI_InitStructure.EXTI_Mode = EXTI_Mode_Interrupt;
EXTI_InitStructure.EXTI_Trigger = EXTI_Trigger_Rising_Falling;
EXTI_InitStructure.EXTI_LineCmd = ENABLE;
EXTI_Init(&EXTI_InitStructure);

/* 设置优先级 */
NVIC_InitStructure.NVIC_IRQChannel = EXTI15_10_IRQn;
NVIC_InitStructure.NVIC_IRQChannelPreemptionPriority = 0x01;
NVIC_InitStructure.NVIC_IRQChannelSubPriority = 0x00;
NVIC_InitStructure.NVIC_IRQChannelCmd = ENABLE;
NVIC_Init(&NVIC_InitStructure);
}
void EXTI15_10_IRQHandler(void)//相应对应 PIN14,PIN15 中断函数
{
        if(EXTI_GetITStatus(EXTI_Line15)! =RESET)
        {
            SwitchPhase();  //换向函数
            EXTI_ClearITPendingBit(EXTI_Line15);
        }
        if(EXTI_GetITStatus(EXTI_Line14)! =RESET)
        {
            SwitchPhase();  //换向函数
            EXTI_ClearITPendingBit(EXTI_Line14);
```

}

}// 注:另外一个中断函数与此类似。

2) PWM模块操作方式

从上一节无刷电机操作原理可知,当施加在线圈上的电压越高,电机电流越大,转矩越大,电机加速。反之电机减速。如果不采用PWM只能施加恒定电压,不能调速,通过PWM占空比改变,可以很容易调整电压,为了减小功率管开关频率,一般只需要施加一路PWM即可。图14-21显示不同时刻各个PWM。系统利用高级定时器1,六个互补输出模式,其中自动装载寄存器决定载波频率,自动重装载重复计数器决定系统频率,比较寄存器存放占空比。载波频率越高,电机脉动越小,电流越平滑,但是频率过高会增加开关功率管开关功耗,开关频率过低,电机噪音大,转矩脉动大。本系统选择10kHz载波频率。

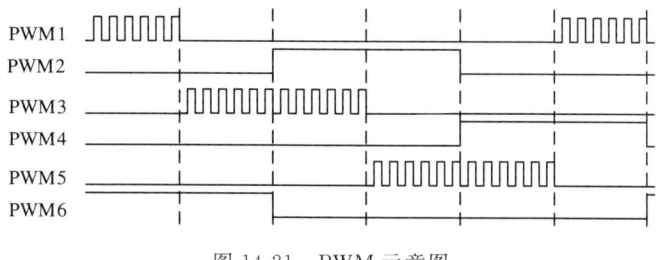

图14-21　PWM示意图

上管采用PWM,下管采用强制导通模式,程序如下:

```
const  UINT16   AntiClockWiseTable[8]=
    {0x0000,0x3180,0x3018,0x3108,0x3801,0x3081,0x3810,0x0000};
/////   none,cb   ,ba    ,ca    ,ac    ,ab    ,bc    ,none  逆时针旋转
const  UINT16   ClockWiseTable[8]=
    {0x0000,0x3810,0x3081,0x3801,0x3108,0x3018,0x3180,0x0000};
/////   none,cb   ,ba    ,ca    ,ac    ,ab    ,bc    ,none  顺时针旋转
```

定时器初始化程序:
```
/****************TIM1配置*************************/
void TimerInit(void)
{
    TIM_TimeBaseInitTypeDef   TIM_TimeBaseStructure;    //基本结构体变量定义
    TIM_OCInitTypeDef         TIM_OCInitStructure;      //输出结构体变量定义
    TIM_BDTRInitTypeDef       TIM_BDTRInitStructure;    //死区刹车结构体变量定义

    TIM_TimeBaseStructure.TIM_Prescaler     = 0;      //TIM基本初始化
    TIM_TimeBaseStructure.TIM_CounterMode = TIM_CounterMode_Down;//中央对齐计数模式
    TIM_TimeBaseStructure.TIM_Period        = 7199;
    TIM_TimeBaseStructure.TIM_ClockDivision = 0;
    TIM_TimeBaseStructure.TIM_RepetitionCounter = 0;
```

```c
    TIM_TimeBaseInit(TIM1,&TIM_TimeBaseStructure);

    TIM_OCInitStructure.TIM_OCMode = TIM_OCMode_PWM1;    //TIM 输出通道初始化
    TIM_OCInitStructure.TIM_OutputState = TIM_OutputState_Disable;
    TIM_OCInitStructure.TIM_OutputNState = TIM_OutputNState_Disable;
    TIM_OCInitStructure.TIM_Pulse      = 500;
    TIM_OCInitStructure.TIM_OCPolarity  = TIM_OCPolarity_High;
    TIM_OCInitStructure.TIM_OCNPolarity = TIM_OCNPolarity_High;
    TIM_OCInitStructure.TIM_OCIdleState = TIM_OCIdleState_Set;
    TIM_OCInitStructure.TIM_OCNIdleState = TIM_OCIdleState_Reset;

    TIM_OC1Init(TIM1,&TIM_OCInitStructure);
    TIM_OC2Init(TIM1,&TIM_OCInitStructure);
    TIM_OC3Init(TIM1,&TIM_OCInitStructure);

    TIM_BDTRInitStructure.TIM_OSSRState = TIM_OSSRState_Enable;//死区初始化
    TIM_BDTRInitStructure.TIM_OSSIState = TIM_OSSIState_Enable;
    TIM_BDTRInitStructure.TIM_LOCKLevel = TIM_LOCKLevel_OFF;
    TIM_BDTRInitStructure.TIM_DeadTime  = 10;
    TIM_BDTRInitStructure.TIM_Break     = TIM_Break_Enable;       TIM_BDTRInitStructure.TIM_BreakPolarity = TIM_BreakPolarity_High;
    TIM_BDTRInitStructure.TIM_AutomaticOutput = TIM_AutomaticOutput_Disable;
    TIM_BDTRConfig(TIM1,&TIM_BDTRInitStructure);

  TIM_CtrlPWMOutputs(TIM1,ENABLE);
}

void SwitchPhase(void)    //换相函数
{
    UINT8   hall_state;

    hall_state=0;
    HallIntNum++;

    if(GPIO_ReadInputDataBit(GPIOD,GPIO_Pin_14)==Bit_SET)    // B 相霍尔信号
        hall_state+=4;
    if(GPIO_ReadInputDataBit(GPIOD,GPIO_Pin_15)==Bit_SET)    // C 相霍尔信号
        hall_state+=2;
    if(GPIO_ReadInputDataBit(GPIOC,GPIO_Pin_8)==Bit_SET)     // A 相霍尔信号
        hall_state+=1;
    if(SysState==BLDC_ON)
    {
      if(RotateDir==CLOCK_WISE)
      {
```

```
        TIM1->CCER=ClockWiseTable[hall_state];//6231546
    }
    else
    {
        TIM1->CCER=AntiClockWiseTable[hall_state];// 6451326
    }
}
```

3) AD 转换模块

AD 转换模块检测电机电流、速度给定电压、散热器温度和电池电量检测。其中电机电流检测频率最高,速度给定电压次之,散热器温度和电池电量最低。将所有检测放入一个 AD 中断中,采用 3 倍电流环的频率检测,每采集三次更新一次数据,并对多次采集数据求平均以滤波,参见图 14-22。

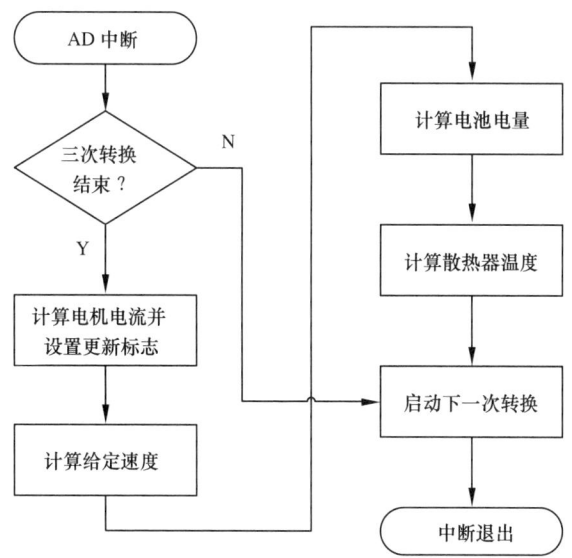

图 14-22 AD 中断函数流程图

4) PI 调节器设计

PID 调节器是比例(Proportional)、积分(Integral)、微分(Differential)三者缩写,是连续系统中技术最成熟、应用最为广泛的一种调节方式。PID 调节器的实质就是根据输入的偏差值,按比例、积分、微分的函数关系进行运算,其运算结果用以输出控制。在实际应用中,根据被控对象的特性和控制要求,可灵活地改变 PID 的结构,取其中的一部分环节构成控制规律,如比例调节、比例积分调节、比例积分微分调节等。结合无刷电机控制,使用微分环节经常造成系统振荡,电流控制环和速度控制环均采用比例积分(PI)调节器。如果对于性能要求不高,可以只使用速度控制环。模拟 PID 调节器公式如下:

$$P(t) = K_\mathrm{p}\left[e(t) + \frac{1}{T_\mathrm{I}}\int e(t)\mathrm{d}t + T_\mathrm{D}\frac{\mathrm{d}e(t)}{\mathrm{d}t}\right] \quad (14\text{-}3)$$

式中　$P(t)$——调节器的输出信号;

$e(t)$——调节器的偏差信号,它等于测量值和给定值之差;

K_P——调节器比例系数;

T_I——调节器积分系数;

T_D——调节器微分系数。

由于计算机控制是一种采样控制,必须对模拟系统进行离散化处理,才能应用。离散化后的 PID 调节器表达式为

$$P(k) = K_P \left\{ E(k) + \frac{T}{T_I} \sum_{j=0}^{k} E(j) + \frac{T_D}{T}[E(k) - E(k-1)] \right\} \quad (14\text{-}4)$$

式(14-4)是传统位置式 PID 调节器表达式,其他类型的 PID 表达式本节不涉及,所以就不叙述了,有需要的读者可以参考相关文献。

本章使用 PI 调节器,另外每次计算误差累积和比较复杂,而且占用大量内存,所以对式(14-4)进行简化:

$$P(k) = P(k-1) + KM_P[E(k) - E(k-1)] + KM_I E(k) \quad (14\text{-}5)$$

在计算 PWM 占空比时,考虑到功率器件工作实际情况对过小脉冲进行限制。

本章从实际出发,采用自上向下的分析方法,从需求分析,提出方案,到硬件电路实现和软件程序设计,详细地讲述了一个实际项目——电动自行车无刷电机控制器的实现过程。限于篇幅并未给出完整参考代码,但是读者依据分析可以很容易设计出相关代码。当然读者也可以参考电机评估板资料获得相关代码。通过本章学习,读者不仅可以掌握无刷电机控制的基本方法和具体实现,更重要的是可以从系统角度学会如何完成一项产品设计或工程项目的技能。在整个项目设计实现过程中需要用到大量其他专业知识,比如控制理论、信号处理、数据分析等等,需要设计者具有扎实的理论功底和丰富的实践经验。

习题

1. 无刷电机相比直流电机和交流感应电机有哪些优点?
2. 解释 BLDC 120°导通模式控制方式。
3. 解释速度 PID 控制原理,如何通过软件实现速度数字 PID 控制。
4. 利用 STM32 库函数,编写电动自行车控制器 PWM 控制子函数。
5. 利用 STM32 库函数,根据图 14-21,编写 AD 中断函数代码。

第 15 章　AMR 单相电能表的参考设计

本章介绍了一个基于 STM32 MCU 的低成本单相电能表设计方案,它满足 Q/GDW 3xx (2009) 系列标准要求,支持自动抄表(AMR),集成了多功能计量、多费率预付计费管理、RS485/PLC /IRDA 接口,以及自动抄表(AMR)协议等功能,可方便地用于智能电网和远程抄表等应用。

15.1　需求和目标系统特性

该单相电能表的设计需求和最终实现的系统特性如下:
1) 提供一低成本、高性能的 32 位电能表设计方案
- 完全兼容中国 Q/GDW 3xx (2009) 和 DLT645 (2007) 标准;
- 对电能计量、PLC、RS485 等模块要进行完全隔离设计。
2) 多功能测量
- 双向有功电量,四象限无功电量,以及视在电量的多费率累计;
- 在 $I_b=5A$, $I_{max}=60A$ 下达到 0.5 级精度;
- 实时测量和显示有效电压、火线电流、零线电流、功率和功率因数指标;
- 所计电能的可编程电脉冲和光脉冲输出;
- 快速数字校准;
- 单线窃电检测。
3) 电源线通信接口
- 与 Q/GDW3XX - 2009 标准兼容;
- 可编程波特率可达 9 600bps。
4) 基于多种介质的自动读表系统
- 可并行在 PLC、RS485、IRDA 上抄表;
- 符合中国 DLT645(2007) 标准的自动读表系统。
5) 多费率、预付费账户管理
- 符合 ISO 7816 标准的双智能卡接口;
- 多费率、多时段、多阶梯价格管理;
- 12 个月多费率电量累积和存储;
- 多种需量、冻结的行为和事件的处理和记录;
- 基于磁保持继电器的自动通断控制;
- 基于 EEPROM 的记录存储。
6) 高精度 RTC
- 带有创新算法的集成 RTC 使得误差 $< \pm 0.5s/d$;
- 温度校正。
7) LCD 显示
- 简化中文用户界面;

- 直接由 MCU 控制，无需单独驱动芯片。

8) 断路器驱动
- 电源开/关可由远程控制。

15.2 硬件设计方案

15.2.1 层次化硬件架构和接口设计

整个电能表由底板、LCD 板、智能卡接口板和外壳四部分组成，采用层次和子母板结构设计，如图 15-1 所示。

该电能表提供如下接口（基于中国标准）：

1) 电源
- AC 电源接口（220V AC 电源）。

2) 计量输入
- 电压传感（复用交流电源接口）；
- 火线电流传感（串接磁性继电器的锰铜片接口）；
- 零线流传感（电流互感器(CT)接口）。

3) 计量校验
- STPM10 的电量脉冲输出（高频率，100 205 脉冲每千瓦时）；

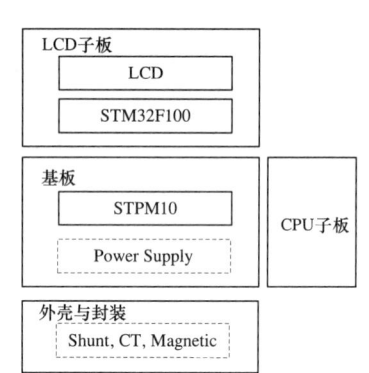

图 15-1　电能表主要组件结构

- MCU 的电量脉冲输出（可编程，低频率，默认 6 400 脉冲每千瓦时，80ms 宽）；
- 时间脉冲输出（从 RTC 输出每秒 1 脉冲）。

4) 通信
- 电源线通信（通过电力线载波通信(PLC)模块）；
- RS485；
- 红外。

5) 电表控制和保护
- 磁保持继电器（自动切断或恢复用户供电）；
- 外壳打开检测（跳线连接电表的前后盖）。

6) 用户接口
- LCD 显示；
- 显示键（显示页翻页，也用来在电池模式唤醒显示屏）；
- 编程键（在预付计算管理中使用）；
- 智能卡(用户卡)。

7) 固件下载和调试
- SWD 接口。

15.2.2 测量电路

测量部分基于意法半导体的单相电能计量芯片 STPM10。如图 15-2 所示，火线和零线之间的电压被 R82、R83、R43、R47、R48、R49 和 R83 分压,来产生一个 1/1 499 的分压值。火线电流由锰铜片分流器测出为 $300\mu V/A$,零线电流由电流互感器得出 1:2500,并且通过一个电阻 R44 产生一个 $1200\mu V/A$ 感应系数,因此在锰铜片通道和电流互感器通道得到的感应系数比应该是 1:4(STPM10 要求的)。

为了在低电流的条件下增加能量精度,引入了专门的电流补偿电路,如图 15-2 中 R37、R46、R38、R39 等组成。

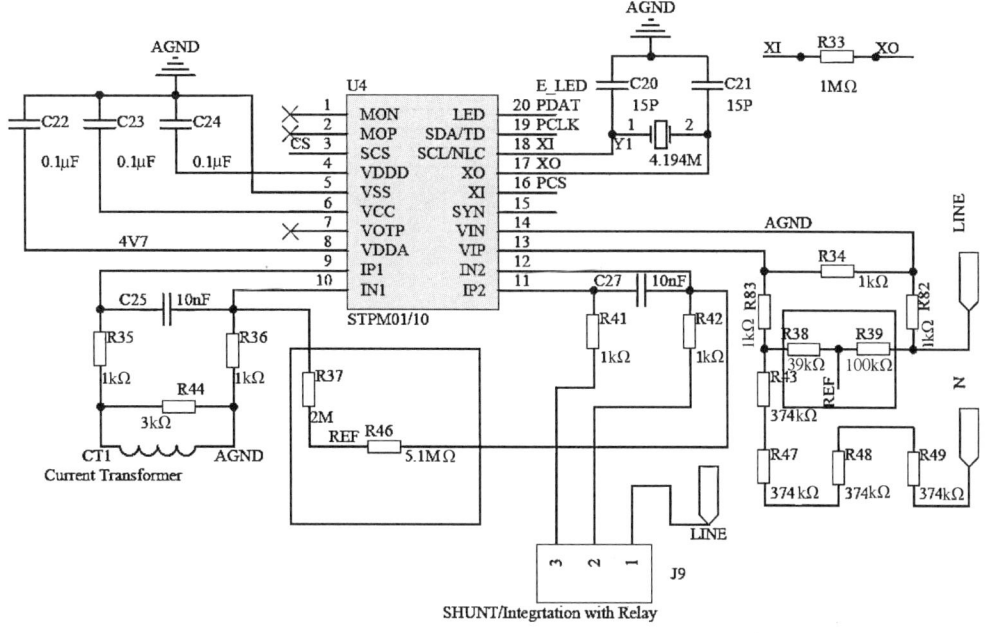

图 15-2 测量前端模拟电路

中国国家电网标准要求能量脉冲宽度为 80ms,而 STPM10 提供的是 32.5ms 的低频率能量脉冲,图 15-3 电路用来解决其间的匹配问题,MCU 引脚 SP 通过一个光耦合来检测 STPM10 能量脉冲输出 E-LED。当检测到时,在接下来的 80ms 中 SP 被转化成输出模式来直接驱动 D21 和 ISO2。

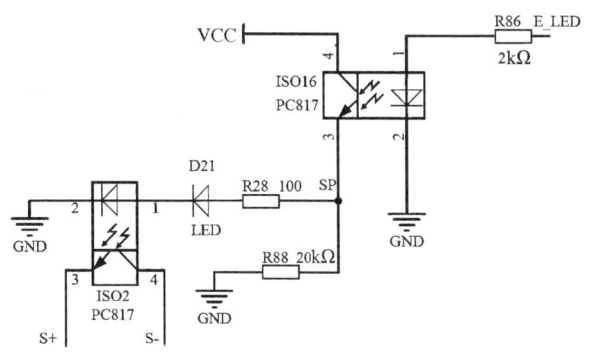

图 15-3 能量脉冲输出电路

15.2.3 MCU 和外设电路

STM32 MCU 内含 RTC 模块,它能够仅用一个外部晶振提供 5×10^{-6} 的 RTC 功能。这个方案也通过一个外部 NTC 使用了一个自动温度补偿机制,通过去除昂贵的独立 RTC 来大大减少了 BOM 成本。

当交流电源掉电时,系统被自动切换成由电池供电。在电池模式,MCU 大多时候处于待机模式,只有当显示键按下,RTC 警报触发或电能表外壳打开时系统才被唤醒。图 15-4 显示了唤醒电路,这个系统唤醒是通过发送一个 PA0 上的上升沿来完成。

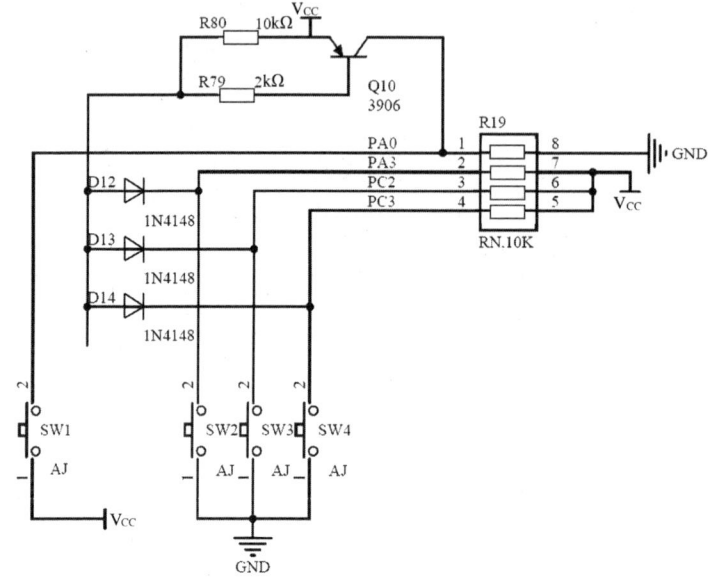

图 15-4 唤醒电路

15.2.4 供电电路

供电电路方案(图 15-5)使用 SPMS 来给整个系统供电,它有两个输出通道,一个是主电源供给 4.3V,这个电压给 MCU 和外设电路使用;另一个是 12V,它提供给 PLC、RS485 和磁保持继电器部分。

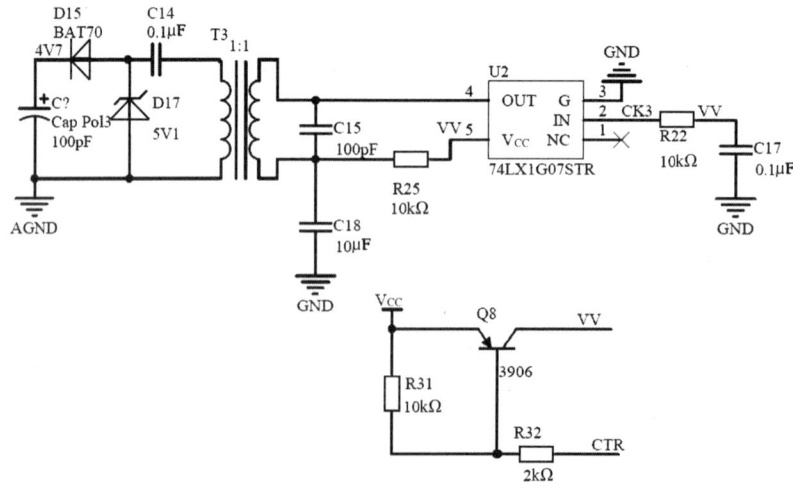

图 15-5 供电电路

为实现在电池驱动下读计量芯片,计量部分由一个 DC-DC 电路供电,它使用来自 MUC 和 74LX1G0 的智能时钟来驱动一个独立的变压器,产生 4.8V 电压。在参考设计中,这个电路能够提供 14mA 电流,它对测量部分来说是足够的。

15.2.5 磁保持继电器

磁保持继电器驱动电路如图 15-6 所示。当从远程收到命令后,负极脉冲经过了 CTR_A 或 CTR_B,MCU 通过发送这个负极脉冲来控制继电器的。

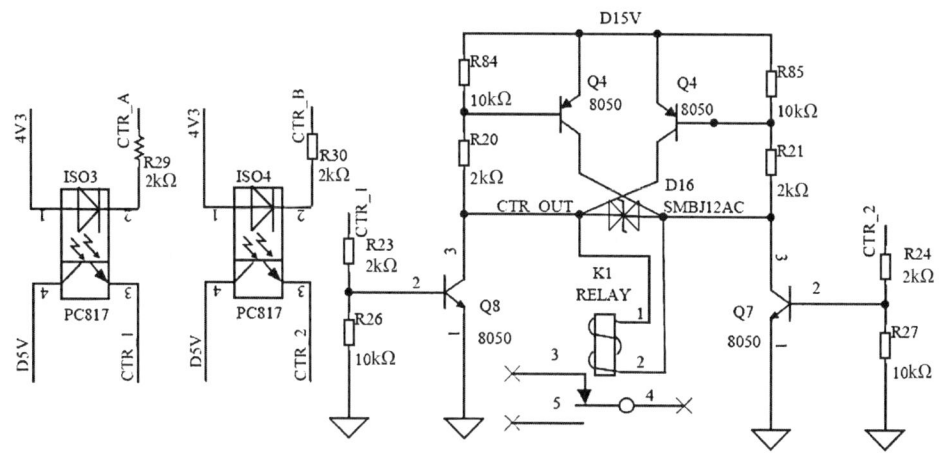

图 15-6 磁保持继电器电路

15.3 STPM10 测量集成芯片

15.3.1 STPM10 测量芯片介绍

STPM10 采用电流互感器和锰铜片来测量电力系统中的有功、无功和视在电能消耗。它是数字单相电表和数字三相电表中主 MCU 的一个外围测量部件。STPM10 主要由两部分组成,其中模拟电路部分由前置放大器、Σ-ΔA/D 转换模块、波段参考电压和稳压器组成,数字电路部分由系统控制器、晶振、DSP 和 SPI 接口组成,如图 15-7 所示。

15.3.2 STPM10 与 MCU 的接口

STPM10 支持一个单线 SPI 的简单串行协议,可以和主控制系统(例如 STM32 MCU)通信。它包含 4 个引脚,SCS、SYN 和 SCLNLC 是输入引脚,而 SDATD 引脚根据 SPI 是写模式还是读模式可分别处于输入和输出模式。

- SCS:当 SCS 引脚电平为低时,SPI 处于使能状态。
- SYN:根据 SCS 引脚的不同状态,SYN 引脚有不同的功能。当 SCS 为低时,可以通过 SYN 引脚来选择 SPI 是读模式(SYN=1)还是写模式(SYN=0)。当 SCS 和 SYN 都为高时,输入或输出数据都被传到传送锁存中。

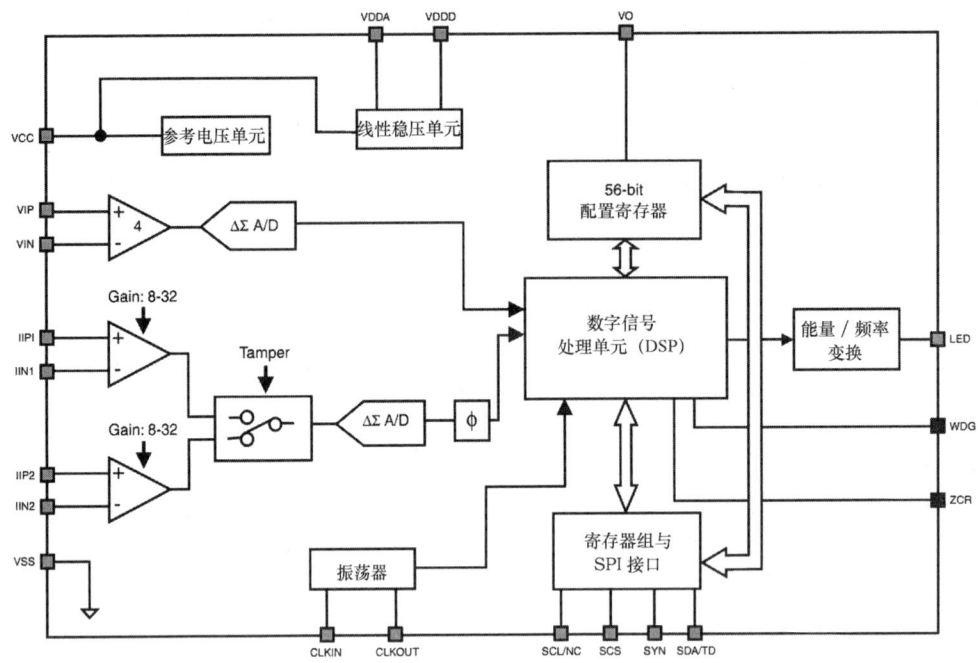

图 15-7　STPM10 内部方框图

- SCLNLC：SCLNLC 引脚通常是 SPI 接口的时钟引脚。这个引脚的功能也由 SCS 引脚的状态控制。如果 SCS 为低，SCLNCL 引脚是串行同步时钟信号的输入。当 SCS 和 SCLNLC 都为高时，SPI 处于空闲状态。

- SDATD：SDATD 引脚是数据引脚。如果 SCS 为低，SDATD 引脚的操作受 SYN 引脚状态的控制。如果 SYN 为高，SDATD 是串行数据位的输出引脚（读模式），如果 SYN 为低，SDATD 是串行数据位的输入引脚（写模式）。如果 SCS 为高，SDATD 是空闲信号的输入。

SPI 接口可以执行三种功能：① 设备的远程重启动；② 读取数据记录；③ 写模式位和配置位。

1. 远程重启动的时序

图 15-8 显示了远程重启动操作的时序，每个时序节拍可短至 30ns，其中 $t_7 \sim t_8$ 段为 Reset 时间，必须确保足够的时间以使得 Reset 过程正确结束。在远程重置后，所有的配置信息和电量信息都被清除，但是模式位没有变。

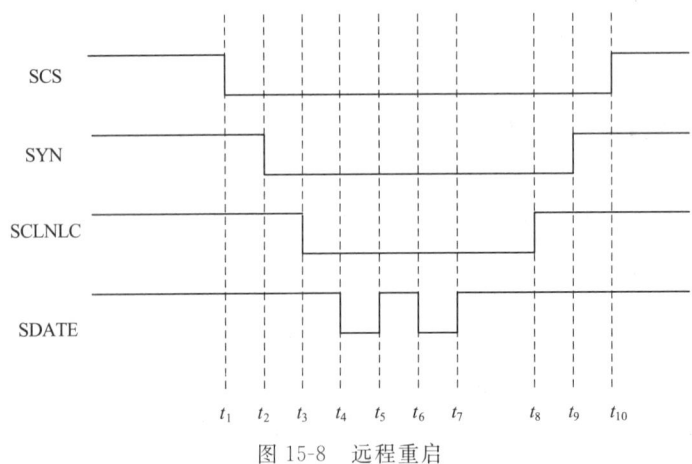

图 15-8　远程重启

2. SPI 读时序

当这个芯片和 MCU 一起在电路板上工作时,为了防止电表溢出,应该以一个预先定义好的频率将它的数据读走。读数据有锁存和移位两个阶段。锁存阶段是将数据存入发送锁存器。发送锁存器是 SPI 接口中保存数据的寄存器。它是随着 SYN 引脚上的活动脉冲来保存数据的(当 SCS 处于空闲状态时)。SYN 引脚上的脉冲长度必须长于两个测量时钟周期,比如在 4MHz 时大于 500ns。当 SCS 为激活状态时,移位阶段就开始了。在这个阶段的开始,SYN 引脚上应该有一个更短的脉冲(30ns),以保证内部串行传输时钟计数器被重置 0。

在时序图 15-9 中,$t_1 \sim t_2$ 为锁存阶段(Latching Phase),要求大于 $2/f_{clk}$;$t_2 \sim t_3$ 为数据锁存阶段,要求大约 30ns,SPI 接口需处于空闲态;$t_3 \sim t_4$ 为 SPI 读操作使能,要求大于 30ns;$t_4 \sim t_5$ 为串行时钟计数复位阶段,要求大于 30ns;$t_5 \sim t_6$ 为 SPI 复位以及读操作使能阶段,要求大于 30ns。

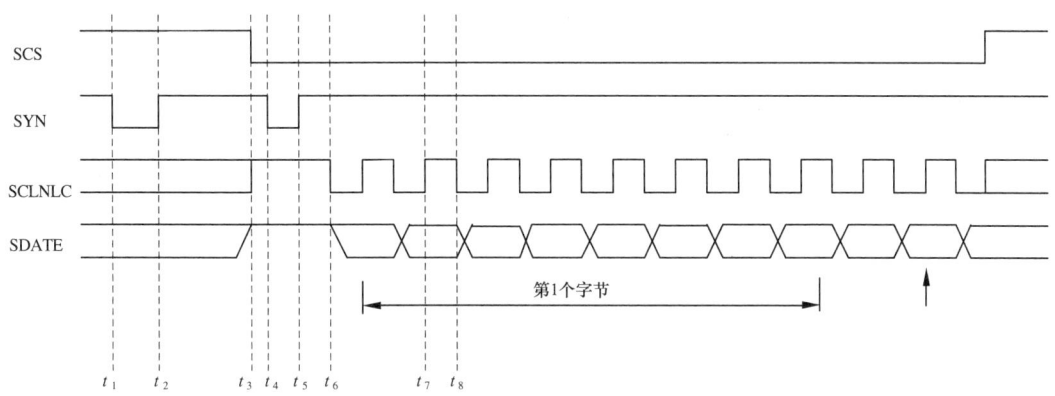

图 15-9 SPI 接口读时序

读出数据记录的第一个字节是数据的最低有效位(LSB),第四个字节是数据的最高有效位(MSB),见图 15-10。每一个字节可以被进一步分成一对 4 位的半字节,分别是最高有效半字节(MSN)和最低有效半字节(LSN)。这种划分对数据值的 MSB 是有意义的,因为 MSB 的 MSN 是校验位而不是有效的数据。

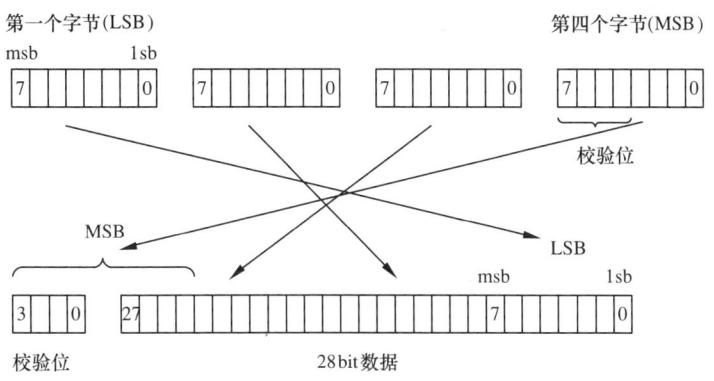

图 15-10 数据记录重建

STPM01 有 8 个内部数据寄存器。每个数据记录有 32 位,由 4 位的校验位和 28 位的数据值组成,其中校验位是从数据值计算出来的。图 15-11 显示了数据记录的结构。每一个校验位都被定义成其他对应的 7 位的偶校验位。前面的 6 个寄存器是只读的,除了 DFP 寄存器里面的 8 位模式信号(模式信号将在后面的章节说明)。最后两个寄存器 CFL 和 CFH 都可以被写入,因为它们包含了配置位。在这些最后的 64 位中(32 位的 CFL 和 32 位的 CFH),8 位被用作校验位,只有 56 位被用来配置和编程 STPM01。

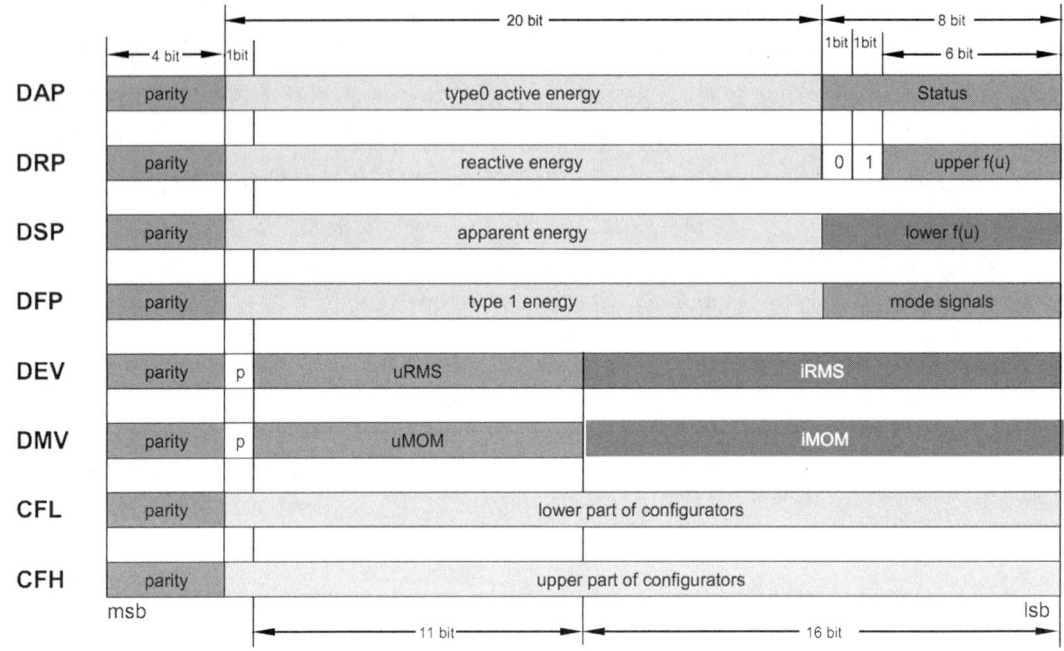

图 15-11　数据记录结构

3. SPI 的写时序

主机可以通过 SPI 接口将配置和模式位发送给设备。这些位应该被设置在一个命令字节中。这个 8 位的命令字节有一位是需要被存储的设置位(MSB),接着是 6 位目标锁存器的地址,最后一位(LSB)没意义。例:如果想将配置位设置为 0,则必须把数字 47 转换成它的 6 位二进制值:101111。这个命令字节将是这样的组成:1 位数据值+6 位地址值+1 位(0 或 1)。这样的话,二进制命令将是图 15-12 中显示的 0101111(0x5F)或 0x0101110(0x5E)。

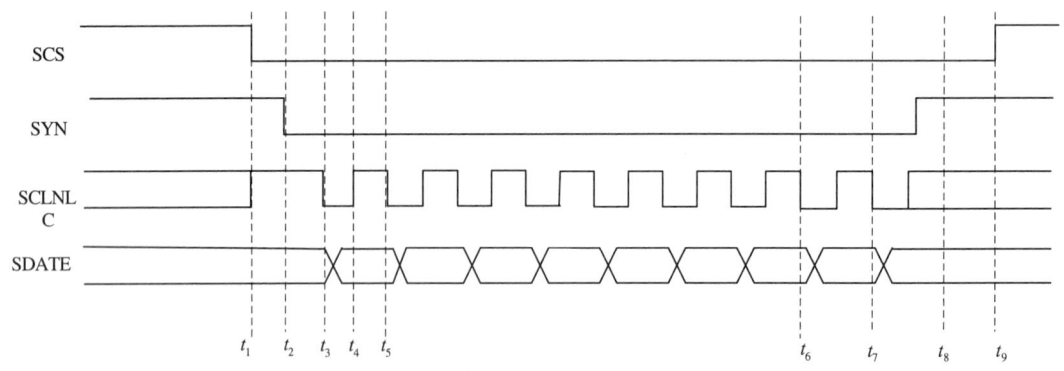

图 15-12　SPI 写时序

在图 15-12 中,$t_1 \sim t_2$ 为锁存阶段(Latching Phase),要求大于 $2/f_{clk}$;$t_2 \sim t_3$ 为数据锁存阶段,要求大约 30ns,SPI 接口需处于空闲态;t_3 时数据被放在 SDA,t_4 时 SDA 中的数据稳定并开始被移位发送;$t_3 \sim t_5$ 为写时钟周期,图示为 1 位数据;要求大于 10ns;$t_5 \sim t_6$ 为 6 位目标地址写,$t_5 \sim t_6$ 为 1 位 EXE 命令,t_8 为 SPI 写结束时客,t_9 时刻开始 SPI 进入空闲状态。

STPM10 内部共有 56 个配置位和 8 个模式位(即寄存器),这些位在重置后或在芯片运行时都可被修改,本书不再赘述,请参考《STPM10 数据手册》。

15.3.3 使用 DMA 的 SPI 读过程

出于实时测量的要求,STPM10 的 SPI 设计通信速度是很快的。但在 MCU 与计量芯片隔离的方案中,很可能会使用低电流驱动的低速光耦合器以降低成本和功耗。即使采用这样的硬件设计,SPI 的转换速度将从 30ns 降低到 200μs 左右,仍意味着 SPI 读取一帧数据将需要 200μs。如果采用 I/O 模拟的方法来操作设备,将会浪费大量的 MCU 处理能力。幸运的是,STM32 的 SPI 模块支持采用 DMA 进行数据传输,图 15-13 给出了 STM32 和 STPM10 的连接示意。注意,这里 STM32 的 NSS 引脚应该被反转以使能 STPM10 的 SCS。

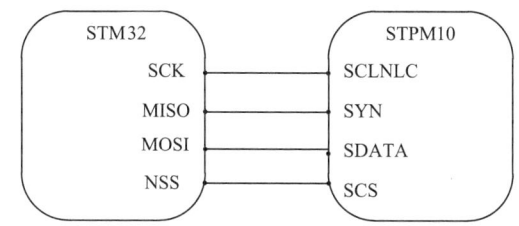

图 15-13 基于 STM32 支持 DMA 传输的 SPI 连接方式

15.3.4 STPM10 校准

STPM10 采用了创新性的快速数字校准处理方法。只有电压、当前通道 1、当前通道 2 和相位这四个参数需要被一次性校准,然后电能表就可以使用这些参数了。校准配置寄存器 CHV、CHP、CHV 和 CPH 可用于实现上述过程。

STPM 的校准借助 ST 公司提供的标准校准软件工具进行。在进行校准之前,首先将电能表连接到标准设备,标准设备应能提供电压、电流并能从电量输出脉冲获取能量积累状态。同时,电能表需要通过 RS485 连接到 PC 机启动校准软件。初始连接参数如图 15-14 所示。该软件的"Calibrator"标签里包含自动电能表校准和手动电能表校准,用户甚至可以通过 GUI 访问所有相关的 STPM10 寄存器。

• 自动校准:首先设置校准环境(线电压、线电流和线相位),然后点击"Auto Calibration"按钮。也可以通过点击[Get]按钮读取当前校准环境。注意在自动校准过程中,环境线电压、环境线电流和环境线相位都必须保持高度稳定,推荐采用标准校准设备。

• 手动校准:首先设置补偿寄存器(电压、电流 1、电流 2 和相位)的参数值(共 8 位;当 CHV 为 0,校准器显示为无意义的 -12.5%;当 CHV 为 255,校准器显示为 $+12.5\%$;校准精度为 0.098%),然后检查实际错误,再次设置补偿寄存器,直到错误在可接受的范围之内。之后,按"SaveCalibToEE"按钮保存最终的校准值到 EEPROM 中。

此外,该软件还支持:

• 寄存器访问:读写 STPM10 寄存器。
• [Clear Energy]按钮:用于将电能表电量总量清零。
• [Re-Init]按钮:重新初始 SMPM10。

电能表在第一次使用时需要校准，之后可以点击"Save To EEPROM"更新整个EEPROM参数。用户也可以存储校准参数到"eMeter_EEPROM_Init.ini"文件，因此载入EEPROM参数之后可以省略校准步骤。

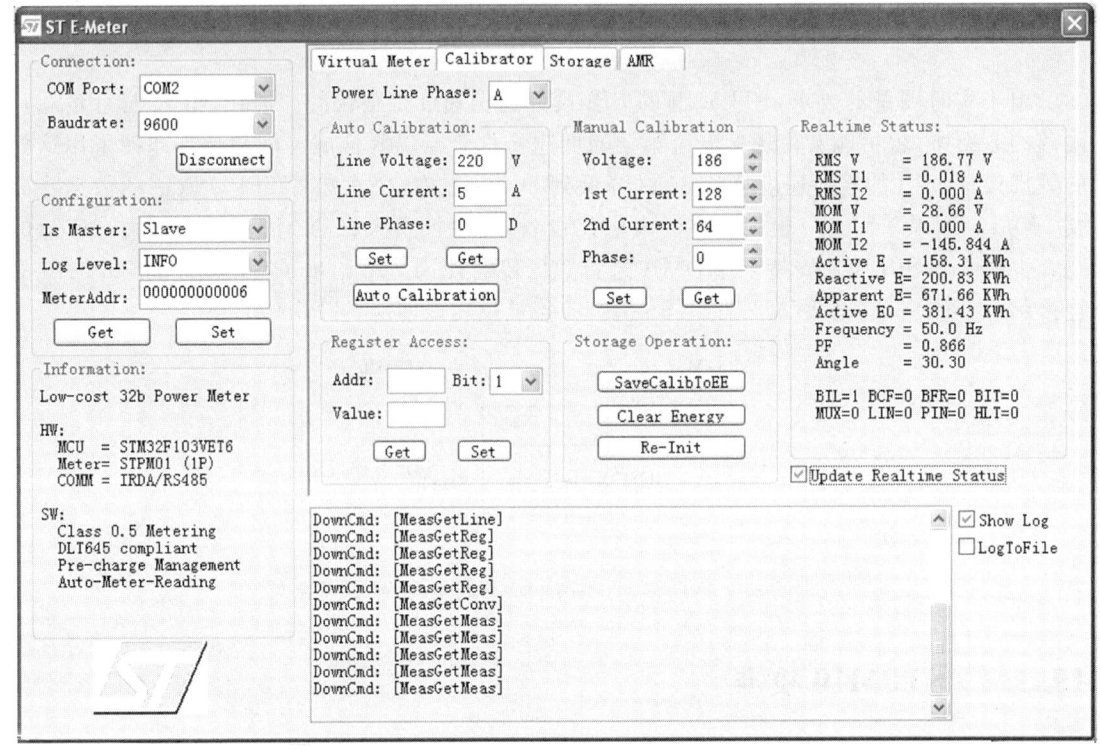

图 15-14　与 STPM10 配套的标准校准工具软件

15.4　账户管理

根据中国国家标准，完整的电能计量系统应支持预付款账户管理。电路板上嵌入了一块用于安全认证的 ESAM 卡和一个支持类似用户各种充值操作的 CPU 卡接口。ESAM 模块需用专门的工具认证之后才能插到底板上。ESAM 模块插口在 MCU 底板背面上，而 CPU 卡插口在一块独立的板子上。可使用上面同样的工具将 CPU 卡认证成检查卡或用户卡（有四种用户卡：电能表表号设置卡、账户创建卡、用户电量购买卡和电量补充卡）。账户管理参数表中有类似如下参数：电能表 ID、充电值、用电限制、透支限制、蓄电限制和消费时间等，并可用用户卡配置到电能表中。

基于双智能卡和 EEPROM，多费率账户管理模块实现以下功能：

（1）时段、费率和阶梯电价表：支持两个时区、支持两个时段表（每个表记录 8 个时段），两个费率表（每个表有四个费率），四个阶梯电价表和月度电量统计。

（2）电量记录：当前电量（各费率下的总电量、正负向电量，以及消费总量；复合电量、正负向用电的尖、峰、平、谷值），月电量（当前一月和之前 12 月总电量、正负电使用的尖、峰、平、谷值），最大需量（对各个费率和总量的正负极值要求），每月结算（结算最近 12 个月在各个费率下已使用的电量和总量；最近 12 次结算包括需量）。

（3）费用：当前费用余额、当前费用透支。费用余额不足时提醒用户，费用透支时负载开关关闭。

（4）冻结记录：包括定时冻结、即时冻结、时区切换冻结、消费时间表切换冻结、费率时间表切换冻结、等级价格表切换冻结、日冻结和小时冻结。

（5）事件记录：包括购电事件、关闭负载开关事件、失压事件、正超限事件、负超限事件、编程事件、需量清除事件、事件清除事件、时间校准事件、外壳打开事件和电能表清除事件。

15.5 目标机的测试与评估

15.5.1 目标机

制造完毕的电能表内部电路板和外观如图 15-15 和图 15-16 所示。

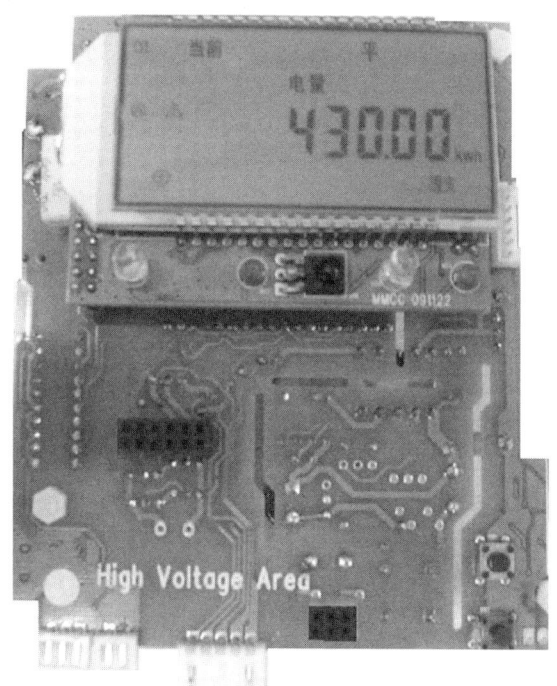

图 15-15　电能表母板与 LCD 显示子板

考虑到实际应用需求，所有接口设计成直接焊接。图 15-16 进一步显示了带所有电流传感器和磁保持继电器的电表外壳。

如果是简单地用于测试和演示，可直接利用 ST 公司提供的图像化工具软件 ST Meter，如图 15-16 所示，它提供了校准、系统初始化、测试和 AMR 评估功能。GUI 的左边部分为所有功能模块所共用，可以执行电能表连接，全局参数设置和显示等，右下方提供日志打印功能，右上部包含了各个功能子页面：虚拟计量，电表校准，存储管理和自动集抄。

在进行测试前，首先将市电的火线和零线与电能表连接起来，然后通过 RS485/RS232 转换器再将电表和 PC 端连接起来，此时，即可在计算机上运行 ST Meter 程序，并设置计算机侧的串口参数连接过去。

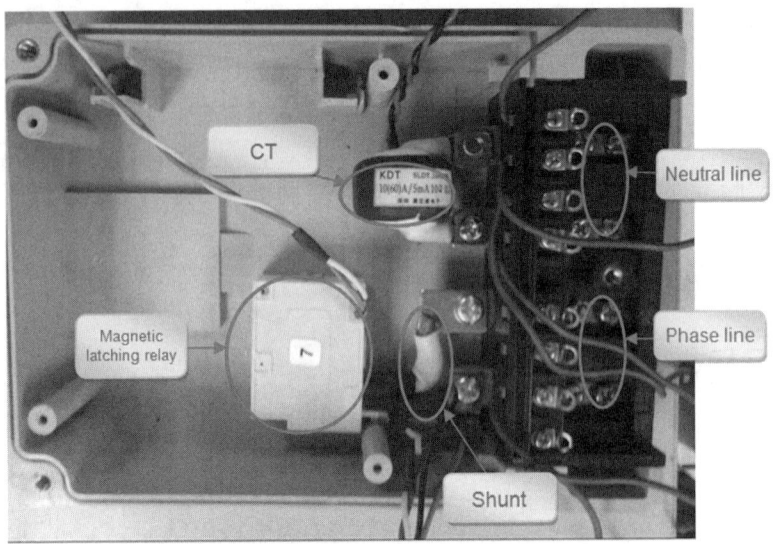

图 15-16　电能表外壳

15.5.2　AMR 的评估

ST-Meter 软件界面上的"AMR"页面支持自动抄表（AMR），如图 15-17 所示。用户可以灵活地定制 AMR 评估试验。

硬件连接（使用两个电能表，分别命名为♯1 和♯2）：

- 电能表♯1，用图 15-17 上红色椭圆标记的 GUI 功能将电能表♯1 配置成主设备。
- 电能表♯2，用图 15-17 上红色椭圆标记的 GUI 功能将电能表♯2 配置成从设备，同时设置地址。
- 通过 RS485/RS232 转换器连接带 GUI 的电能表♯1。
- 将电能表♯1 和电能表♯2 紧靠在一起（如果使用红外通信）。低成本电能表也可通过 RS485 或 PLC 读另一电表。

操作步骤如下：

（1）现在最上面的［Load］按钮载入 eMeter_Dev_Addr.ini 文件。用户可以编辑这个文件来设置通信地址和通信通道。

（2）点击其他［Load］按钮载入 PrivateProtCmd_Read.ini 文件或 PrivateProtCmd_Write.ini 文件，这两个文件包含所有已支持的 AMR 命令。

（3）然后，用户可以通过点击管理按钮选择或更改目标电能表和 AMR 操作指令。

（4）最后，点击［Start］按钮启动 AMR。同样也允许设置重复次数和命令间隔时间（例如超时）。

"Statistics"显示了图形界面发送的指令、接收的响应和成功接收到的实时响应的统计结果。

本方案中的所有电能表读指令符合中国国家标准（DLT645）。它现在支持 693 条读指令和 88 条写指令。软件被设计为一个文本命令解析器，因此可以只通过编辑文本文件就很容易地进一步扩展 AMR 指令，并在此基础上用来构建更大规模的抄表系统，为节能和优化利用服务。

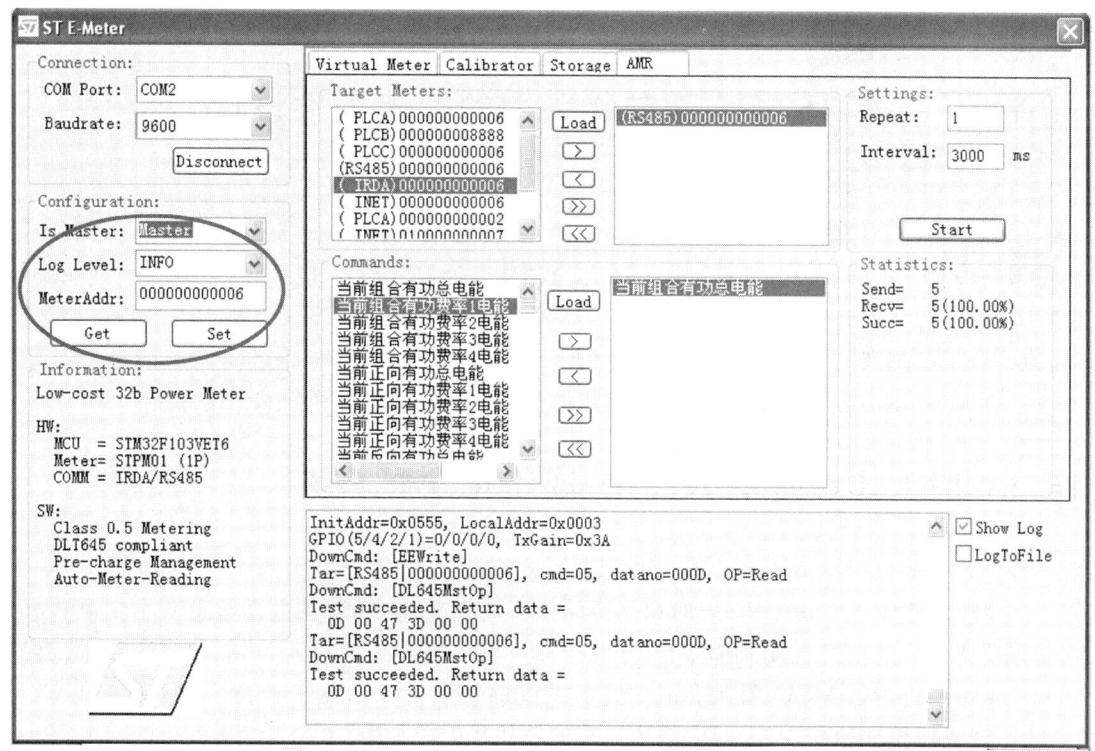

图 15-17　ST-Meter 软件的 AMR 标签

习题

1. 电能表一般需要测量哪些技术指标？
2. 在电能表的设计与生产中，你能想出哪些措施提高其在现场的可靠性？
3. 如果给你一台电能表，试设计一平台对其指标和性能进行测试，并给出具体测试过程描述。

第 16 章　面向物联网的智能硬件设计

随着通信技术和微控制器技术的快速发展,物联网(Internet Of Things,IoT)逐渐由理论构想走向现实。IC Insights 预计,到 2020 年全球物联网接入设备将达到 300 亿台。这些设备中,85%的设备是连到互联网上的"物"——包括工业、商业与消费电子系统中的各种可连接设备,每一台设备都有一颗或几颗 MCU。因此今后几年嵌入式系统将进入发展的黄金时期。本章结合 MiCOKit 智能硬件开发平台,介绍面向物联网的嵌入式系统设计方法。

16.1　嵌入式系统的智能化、网络化发展趋势

嵌入式系统应用架构随着技术进步也在不断变化。图 16-1 所示为 20 世纪 80－90 年代常见的单机工作模式系统架构,此时联网协同工作尚未普遍,各设备数据信息基本无需共享,在技术路线上每个系统自含传感器、执行机构和人机界面等功能单元,功能较为完整,所有控制和决策由系统内部 MCU 单元完成。这类系统的特点是以独立工作为主,实现简单,成本低,由于缺乏联网通信功能,面对大规模复杂问题往往无能为力。

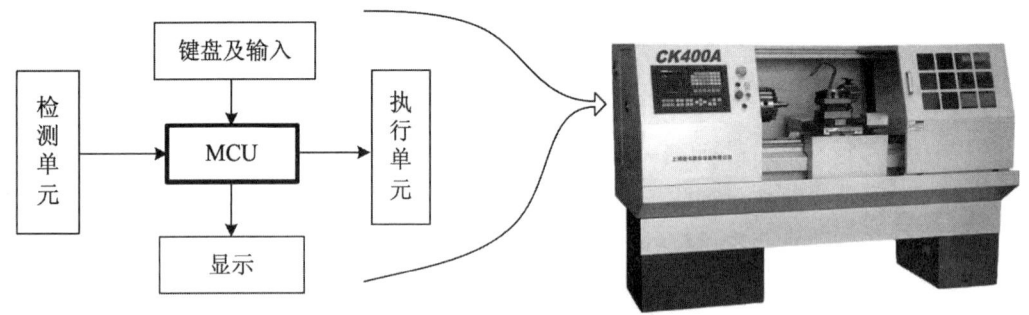

图 16-1　单机工作模式系统架构

进入 21 世纪后,工业、汽车和消费电子领域的飞速发展对嵌入式系统提出了更高的要求。传统单机工作模式逐渐无法适应,强调信息共享的分布式工作模式应运而生,如图 16-2 所示。在此系统中,数据采集、系统控制、人机界面等功能单元自成系统,采用主从或对等关系架构,通过现场总线(RS485、CAN、MODBUS、PROFIBUS 等)进行数据和信息共享,并分工协作,以完成复杂问题提出的控制需求,较单机工作模式功能更强、可靠性更高,但是系统结构相比较而言更为复杂。主从结构主机负荷重,其故障时容易导致系统瘫痪;对等关系系统,仲裁效率往往较低,系统决策相对复杂。

互联网强大的计算能力、丰富的存储资源和云计算的蓬勃发展,使得物联网理论与应用研究成为嵌入式系统研发的前沿领域。图 16-3 描述了一种典型物联网架构,每一个嵌入式设备,作为物联网的每一个结点,所有结点的数据、信息都可通过无线通信(蓝牙、WiFi、ZigBee、6LoWPAN、Sub－1G、3G/4G 等)或有线通信(现场总线、以太网等)方式汇集到云端存储、计算和分析处理,并将结果反馈到各结点由相应的嵌入式设备完成后续任务。物联网架构在传

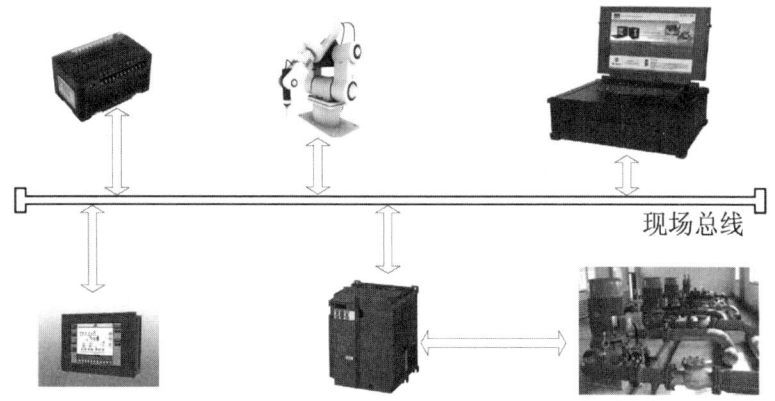

图 16-2 分布式工作模式系统架构

统的分布式系统的基础上,引入了"云计算"等创新思想,其优势在于云端具有海量存储和高性能计算能力,不仅可以实现海量检索、声音辨识、图像识别等各种大数据分析算法和人工智能算法,实现更多创新应用,而且对嵌入式设备的通信能力提出了更高要求。

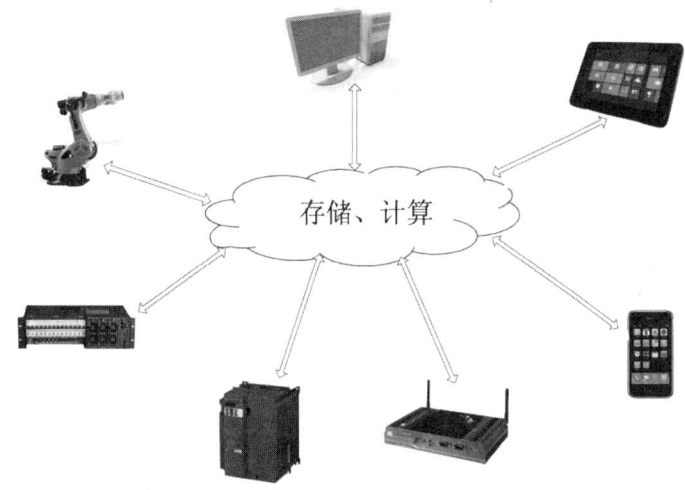

图 16-3 一种典型的物联网架构

上述三种嵌入式系统架构,具有各自的历史背景与特点,无论是工业电子、汽车电子、医疗电子还是消费电子,三种架构仍将长期共存。但是必须看到,先进通信技术在嵌入式系统中扮演着越来越重要的角色,面向物联网的嵌入式系统研发及相关设备会越来越多。学习、理解并掌握嵌入式系统应用于物联网的相关技术,显然是非常必要的。

16.2 物联网智能硬件设计

与传统硬件相比较而言,智能硬件普遍自带各种传感器并支持通信,从而可在一定程度上具备环境测识、自主决策和沟通联络等智能化特征,易于实现互联网服务的加载,形成"云+端"的智能化系统架构。智能硬件已经从手机、可穿戴设备延伸到智能电视、智能家居、智能汽车、医疗健康、智能玩具、机器人等领域,比较典型的智能硬件包括 Google Glass、三星 Gear、FitBit、麦开水杯、咕咚手环、Tesla、乐视电视等。各种智能硬件与各种后端服务平台联结成复杂的物联网架构,从而更容易产生大数据等附加价值。

MiCOKit 是基于物联网操作系统(Micro-controller based Internet Connectivity Operating System,MiCO)的系列开发套件,可用于物联网智能硬件的原型机开发和 Demo 演示。开发套件提供一个开箱即用的智能硬件解决方案,可以用于智能家居、环境检测及相关领域产品开发与软件验证,使产品可以快速、安全地连接至云服务平台和手机端。

MiCOKit 系列开发套件采用双板层叠结构。主板是带 MCU 和 Wi-Fi 的 Arduino 标准板,另一块为 Arduino 接口扩展板。接口扩展板上装有 RGB LED 灯、环境传感器、电机部件等,硬件功能框图如图 16-4 所示。

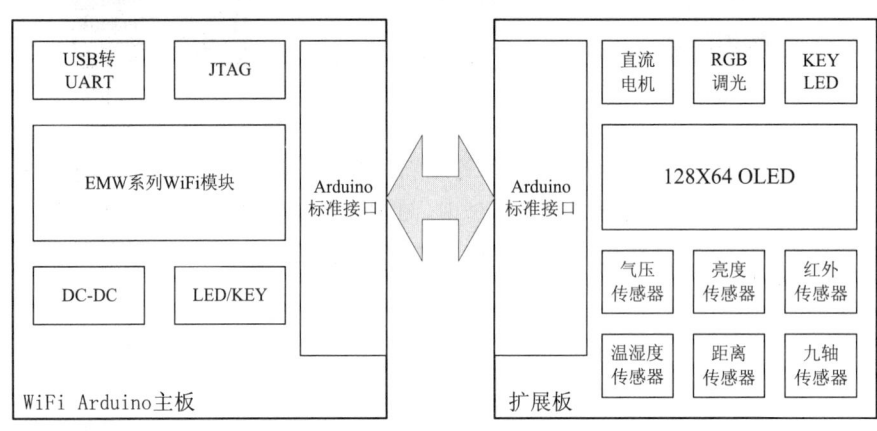

图 16-4 MiCOKit 硬件结构图

16.2.1 电源电路

MiCOKit 采用 USB 接口进行通信和供电。板载一片 1.5MHz 恒定频率同步降压稳压器 TD6817,如图 16-5 所示,该稳压器最大输出电流为 2A,输入电压范围为 2.5～5.5V,适用于单节锂离子电池供电的应用。芯片输出电压由反馈电阻决定,芯片引脚 FB 输入反馈电压 0.6V,通过调节反馈电阻 R5 和 R6 的取值可以获得所需电压,图 16-5 所示电源电路输出电压为 3.3V。TD6817 器件具有过温保护功能和短路保护功能,内部同步开关提高了效率并省去了外部肖特基二极管。和其他 BUCK 电路一样,电感 L1 的取值由电流脉动值决定:

$$\Delta I_L = \frac{1}{f \times L} V_{out} \left(1 - \frac{V_{out}}{V_{in}}\right) \tag{16-1}$$

其中 V_{in}、V_{out} 为输入输出电压,f 为开关频率,这里为 1.5MHz,L 为输出电感值,ΔI_L 为电流脉动值。电感的选择通常在一定范围均可接受,本例为 1～4.7μH,电感值越大脉动电流越小。

对于输入电容 C6 和输出电容 C7 一般选择低 ESR(等效电阻)的电解电容,C7 为高频瓷片电容。芯片引脚 RUN 用于控制芯片启动。C8 可以提高芯片负载调整带宽。发光二极管 D1 为电源指示灯。采样电阻 R7(0.22Ω)和短路跳线 J1 组合可以用于检测板子的电流,计算系统功耗。

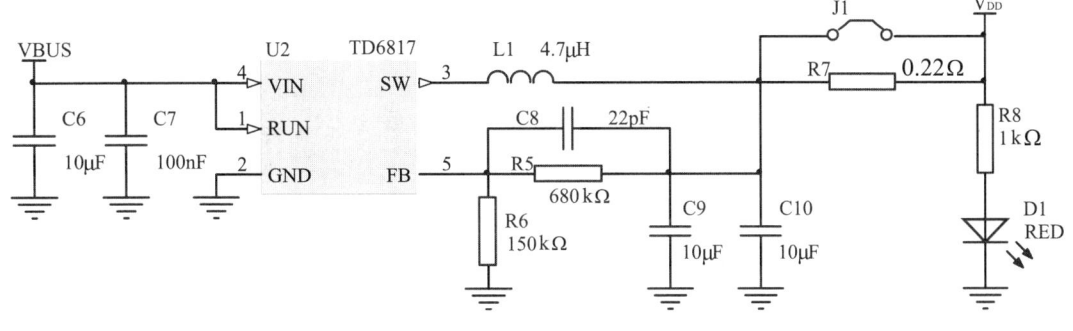

图 16-5 电源电路

16.2.2 MCU 电路

MiCOKit 开发套件 MCU 电路以两种形式呈现：一种为内含 MCU 的 WiFi 模块的一体式结构，另一种为 MCU＋独立无 MCU 的 WiFi 模块分体式结构。一体式结构中，MCU 为 STM32F4 系列 MCU，具有体积小，应用难度低，但 MCU 引出的管脚较少，所提供的资源与功能非常有限。分体式结构中，MCU 一般选择 ST、TI 和 NXP 等公司的相应型号，以充分利用 MCU 内部的资源，降低硬件成本，但是应用难度较大。本章介绍的 MiCOKit-3165 属于一体式结构，调试方式采用 SWD 模式，电路连接如图 16-6 所示。

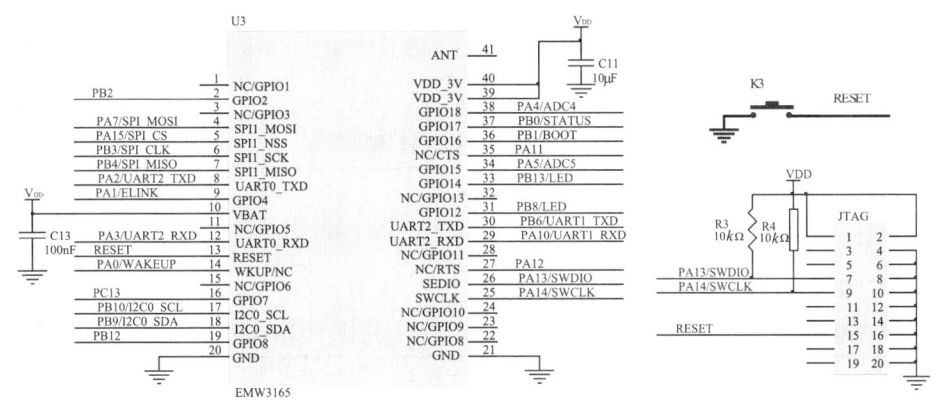

图 16-6 MCU 及调试接口电路

16.2.3 USB 转 UART 电路

为便于使用和调试，MiCOKit 的主板上配有一个 USB 转 UART 硬件电路。电路采用 FT230X 芯片，接口简单，不需要编程，使用方便。电路如图 16-7 所示。其中 C3、C4、C5 为电源滤波电容，C1、C2 为信号滤波电容（可选），R1、R2 为 USB 信号线匹配电阻。FT230X 兼容 USB2.0，支持 MODEM 接口信号，UART 通讯速率最高可达 3Mbps。

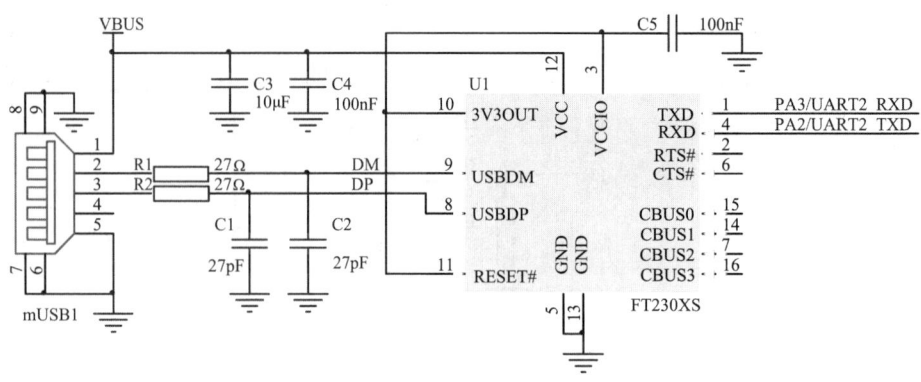

图 16-7　USB 转串口电路

16.2.4　按键与显示电路

主板上有 2 个 LED 指示灯 D2 和 D3,用来实时反映程序的执行情况和套件工作状态。随机配备的 Demo 程序默认使用 D2 来指示模块的状态：

(1)系统运行起来后,底板右下角的 D2 会先亮起,然后熄灭；
(2)Wi-Fi 连接成功后,底板右下角的 D2 会常亮；
(3)连接云端成功后,底板右下角的 D2 会以 1s 的周期闪烁。

主板上 SW 为拨码开关,可控制程序的运行。在 Demo 程序中,拨码开关的定义如表 16-1 所示。

表 16-1　拨码开关与 Demo 程序状态

工作模式	PB1/BOOT	PB0/STATUS
正常模式	OFF	X
引导升级	ON	OFF
产测模式	ON	ON

用户也可以根据自己程序需要,重新设置拨码开关的功能；K1 按键为用户自定义按键,电路如图 16-8 所示。这部分电路简单,读者可以自己分析。

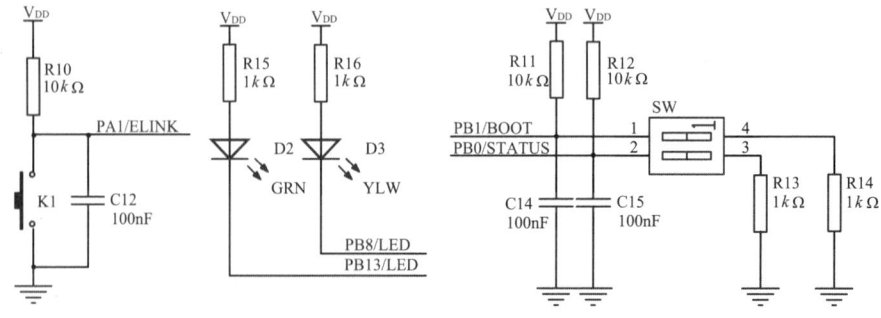

图 16-8　发光二极管及按键电路

16.2.5 Arduino 标准接口电路

为了扩大应用领域,MiCOKit 采用了当前流行的 Arduino 标准接口,定义如图 16-9 所示。

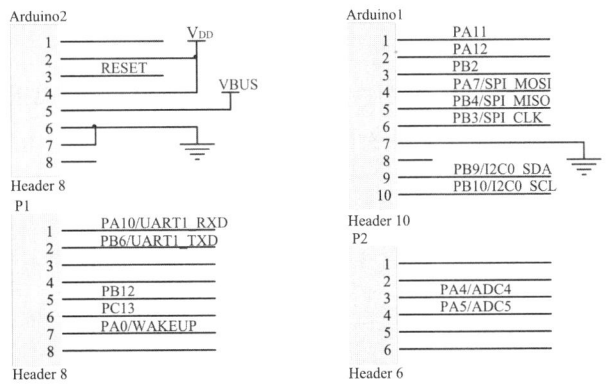

图 16-9 Arduino 标准接口电路

16.2.6 扩展板传感器电路

MiCOKit 扩展板配置了众多传感器和部分执行机构,便于开发日常生活中的各类应用。同时,按照相应的接口标准,用户也很容易自行扩展。由于 MCU 模块 I/O 资源有限,传感器和其他外设大多采用 I^2C 总线扩展方式。

BMX055 为九轴运动传感器,包含了一个 12 位的三轴加速度传感器、一个 16 位的三轴角速率计(陀螺仪)和一个全功能的三轴地磁传感器。

- 加速度传感器的测量范围为:$\pm 2g$、$\pm 4g$、$\pm 8g$、$\pm 16g$。
- 角速率计的检测范围为:$\pm 125°/s$ 到 $\pm 2000°/s$。
- 地磁传感器的测量典型值为:$1300\mu T$(X 轴、Y 轴)和 $\pm 2500\mu T$(Z 轴)。

BMX055 具有标准的 I^2C 接口(可选 SPI),内置的三个传感器都有独立的中断功能。其接口电路如图 16-10(1)所示。其中引脚 INT1～INT5 为传感器中断输出;SPI 和 I^2C 接口选择由引脚 PS 电平决定;引脚 CSB1、CSB2 为 SPI 接口引脚;引脚 DRDYM 为磁场传感器状态输出。

BME280 为环境传感器,该芯片集成了数字湿度、温度和大气压等三种传感器。

- 湿度传感器响应时间为 1s,在很宽的温度范围内实现高精度($\pm 3\%$)。
- 压力传感器是一个绝对大气压传感器,精度高达 $\pm 0.25\%$。
- 温度传感器优化了噪声干扰,提高了分辨率,主要用于内部压力传感器和湿度传感器的温度补偿,也可用于环境温度的监测。

BME280 具有标准的 I^2C 接口(可选 SPI),接口方式由芯片引脚 CSB 电平决定,电路连接简单,如图 16-10(2)所示。其中引脚 SDO 是 SPI 接口模式配置时的数据输出引脚。

MiCOKit 扩展板还配置了常用的温湿度传感器 DHT11。传感器包含一个电阻式感湿元件、一个 NTC 测温元件和一片 MCU。每个 DHT11 传感器都出厂前已校准,校准系数储存在 OTP 内存中。DHT11 采用单线制串行接口,信号传输距离可达 20m。电路连接如图 16-10

(3)所示。芯片采用 5V 电平供电，R19 为限流电阻。

此外，MiCOKit 扩展板还配置了 APDS-9930 模块，它集成了环境亮度传感器（Ambient Light Sensor，ALS）和红外 LED 的接近传感器。

- 环境亮度传感器使用双光二极管来近似 0.01Lux 照度下低流明性能的人眼视觉反应。
- 接近传感器经过完全调校可进行 100 毫米物体检测，灵敏度高，可靠性高，功耗低。

APDS-9930 采用 I^2C 接口，电路如图 16-10(4) 所示。LEDA 和 LEDK 为发光管，连接到 LDR 由内部驱动。引脚 INT 采用开漏极输出模式，用于中断请求。

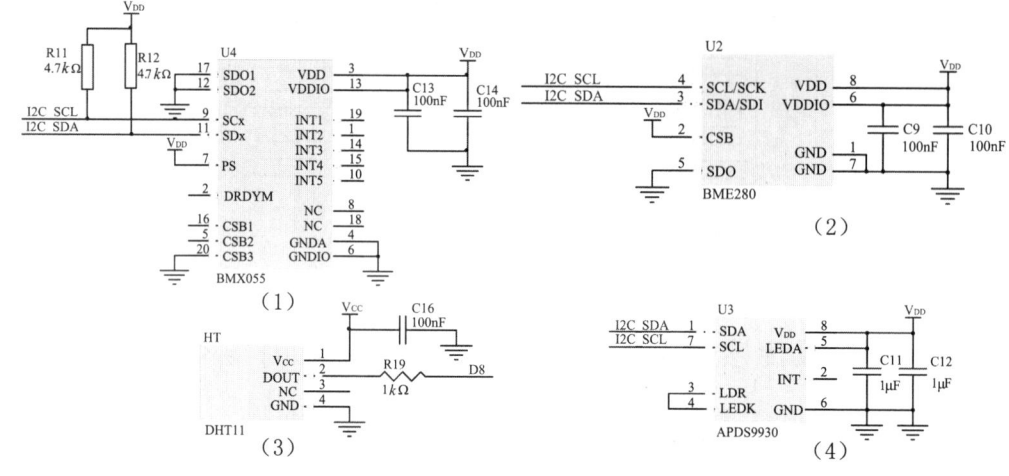

图 16-10　运动与环境传感器电路

16.2.7　扩展板 RGB LED 灯与电机驱动电路

MiCOKit 扩展板配置了一路三色 RGBLED 灯，可用于智能玩具、情景灯等应用场景。通过控制红、绿、蓝三色 LED 的电流可以控制相应灯的亮度，进而合成不同颜色。P9813 模块为全彩点光源 LED 驱动芯片。

- CMOS 工艺，提供三路恒流驱动及 256 级灰度调制输出；
- 双线传输方式，可脱机或联机运行；
- 最大串行输入数据时钟频率 15MHz；
- 具有信号锁相再生能力；
- 1MHz 数据传输速度下级联点光源可达 1024 个。

应用电路如图 16-11(1) 所示。芯片引脚 JEN 为高电平时采用无时序校验，低电平时采用时序校验。引脚 MODE 为高电平时采用恒流驱动模式，低电平时则采用恒压驱动模式；引脚 R-EXT 可调节输出电流；引脚 DOUT 和 COUT 可用于级联输出。

MiCOKit 扩展板上还配置了一个 LX0610C 空心杯电动机作为执行机构。空心杯电机属于直流、永磁、伺服微特电机，采用一个 NPN 的三极管驱动，通过 PWM 信号控制 Q1 通断实现调压调速。电路如图 16-11(2) 所示。R17 阻值由电机额定电流计算而得。R18、R26 阻值根据 Q1 饱和导通与截止电压计算而得。

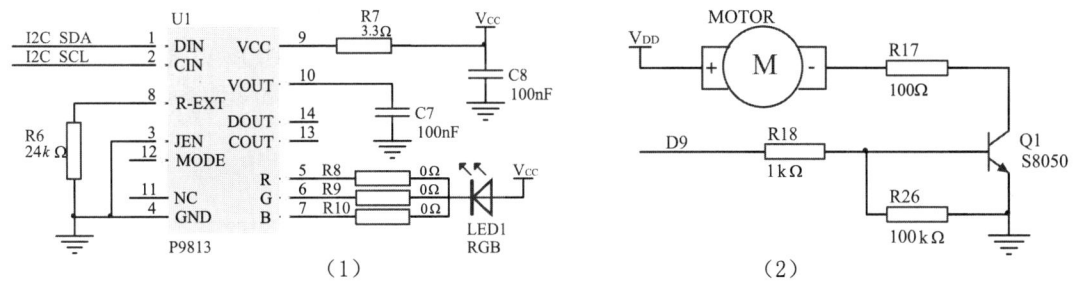

图 16-11　RGB LED 与直流电机驱动电路

16.2.8　扩展板距离检测和光敏电路

　　MiCOKit 配置了距离检测电路，如图 16-12(1)所示，元件 U7 采用的是 RPR220 型一体化反射型光电对管探测器，发光二极管发光后，由对应光敏三极管检测反射回来的光线强弱来确定反射距离，三极管集电极接在 ADC 输入接口上，距离远近的变动通过采集 A3 的电压计算而出。同时，该电压的变化将导致流过另一个发光二极管 D1 的电流变化，使其亮度变化。故可根据 D1 亮度粗略指示反射距离的远近。R13、R14 根据数据手册额定参数计算而得。R15、R16 为限流电阻，阻值适用范围较广，根据经验选择即可。

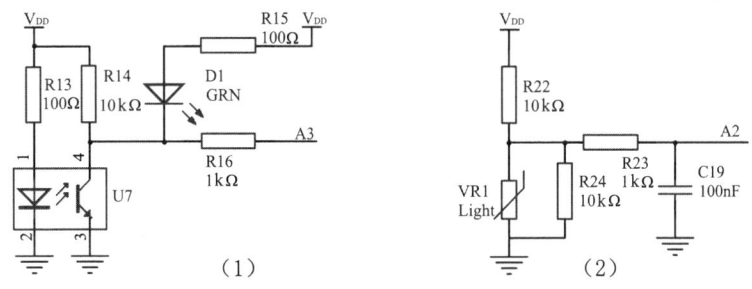

图 16-12　光敏与接近传感器电路

　　MiCOKit 专门设计了一个光亮度传感器电路。感光元件采用光敏电阻，可用于光的测量、控制与光电转换。常用的光敏电阻器是硫化镉光敏电阻，它是由半导体材料制成的。光敏电阻器对光的敏感性（即光谱特性）与人眼对可见光（波长 $0.4\sim0.76\mu m$）的响应接近，只要人眼可感受的光都会引起它的阻值发化。通过固定电阻与光敏电阻串联，通过 ADC 检测光敏电阻上电压的变化，就能推算出光强的变化。电路如图 16-12(2)。

16.2.9　扩展板显示电路

　　有机发光二极管（Organic Light-Emitting Diode，OLED）具有自发光、无需背光源、对比度高、厚度薄、视角广、反应速度快、可用于挠曲性面板、使用温度范围广、构造及制程较简单等优异特性，被认为是下一代的平面显示器首选元件。

　　MiCOKit 采用了一块 0.96 寸、128×64 点阵式、黄蓝双色 OLED 显示屏。上面 128×16 为黄色显示区，下面 128×48 为蓝色显示区，OLED 内部驱动器为 SSD1306，其驱动电路如图

16-13所示。其中芯片引脚BS1,BS2用于选择接口工作模式,用于选择8位并口、SPI或I2C工作模式(如表16-2所示)。MiCOKit选择SPI模式。D0~D7、D/C、R/W、E/RD的功能根据选择的接口工作模式不同而异(如表16-3所示)。C3、C4为电荷泵电容,需要根据数据手册上的推荐值选择。

表16-2　　　　　　　　　　OLED接口模式选择

引脚	6800芯片并口模式	8080芯片并口模式	I^{2}C串口模式	SPI串口模式
BS1	0	1	1	0
BS2	1	1	0	0

表16-3　　　　　　　　　　OLED接口信号配置

接口 \ 引脚	数据/命令信号线								控制信号线			
	D7	D6	D5	D4	D3	D2	D1	D0	E/RD	R/W	CS	D/C
8080并口模式	D[7:0]								RD	WR	CS	D/C
6800并口模式	D[7:0]								E	R/W	CS	D/C
4线SPI	连接低电平			NC		SDIN		SCLK	连接低电平		CS	D/C
I^{2}C	连接低电平			SDAO		SDAI		SCL	连接低电平			SA0

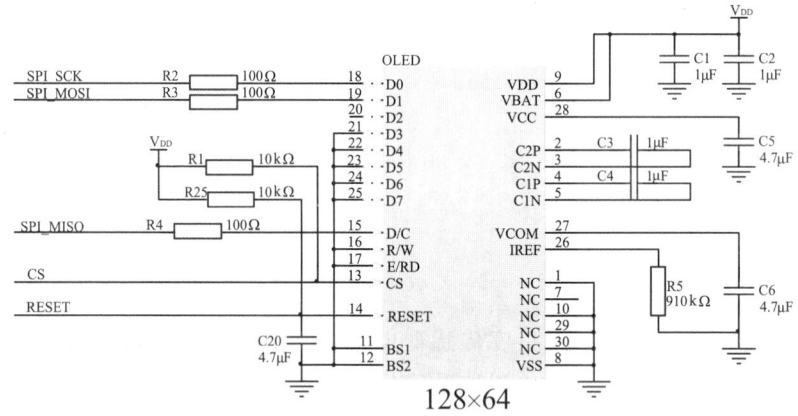

图16-13　OLED显示电路

16.2.10　扩展板接口电路

MiCOKit扩展板接口电路同样包含标准的Arduino接口电路用于和主板连接,信号定义如图16-14所示。图中的JP1、JP2是用于扩展其他传感器的Arduino传感器接口。

16.2.11　扩展板其他电路

MiCOKit扩展板预留了一路UART接口,用于通信或扩展具有UART接口的传感器。

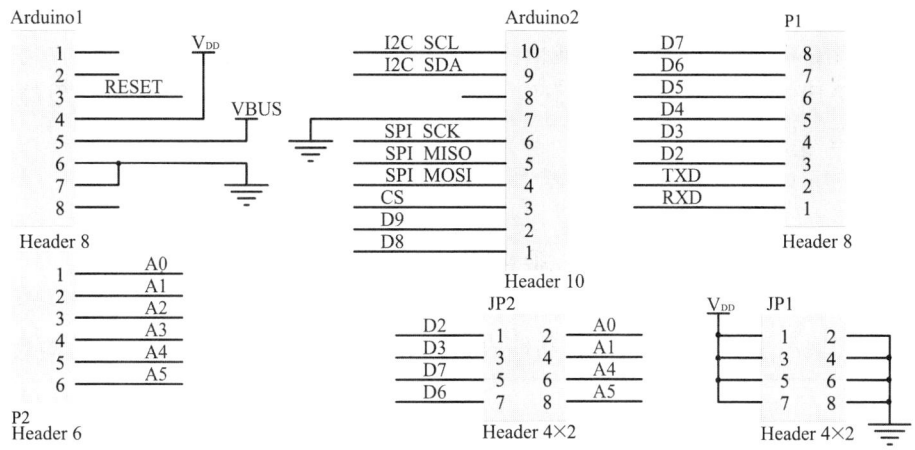

图 16-14 扩展版接口电路

MiCOKit 还板载一款认证芯片(Apple authentication coprocessor, CP)U5(图 16-15),用于开发苹果认证的 Home Kit 外设。该芯片采用 I^2C 接口,连接简单。K1、K2 按键由用户定义或模拟数字输入信号。C17、C18 用于键盘去抖动硬件滤波。

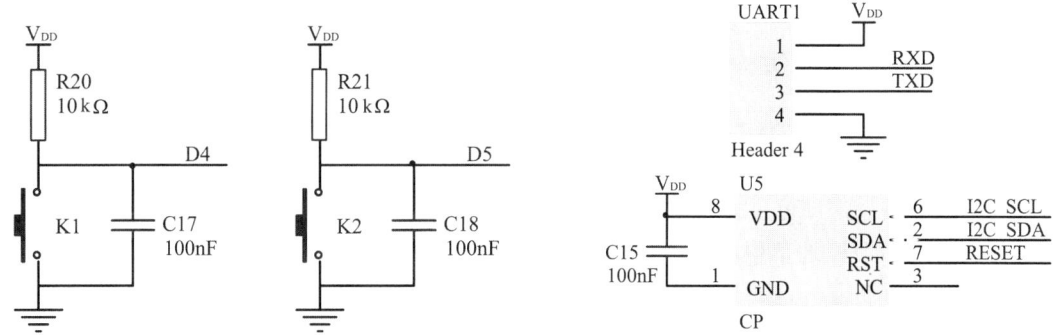

图 16-15 扩展板其他电路

通过对 MiCOKit 硬件电路分析可以看出,基于物联网的嵌入式系统在硬件设计上与传统的嵌入式系统硬件电路设计方法基本相同,但更为注重:

(1) 强大的通信功能设计。通常需要支持包括以太网、WiFi、蓝牙等多种通信方式。目前这些通信方式发展很快,集成度越来越高,甚至出现了集成一种或多种通信功能的芯片或模块,大大降低了硬件设计门槛。

(2) 高集成度设计。许多应用领域对智能硬件体积提出了限制,因此普遍采用高集成度的芯片解决方案,这也降低了硬件设计需求。

(3) 低功耗设计。对于电池供电的物联网设备,低功耗设计是很重要一环。普遍采用的策略包括降低工作频率、休眠/唤醒交替工作、动态显示等。

16.3 物联网设备软件设计

物联网中各结点的嵌入式设备与传统的嵌入式设备有很大的不同,它更侧重于数据收集和运算结果的显示与输出,所采集的数据及大量的复杂计算均借助先进通信技术由云端服务器完成,并反馈给各结点的嵌入式设备。因此,物联网设备软件,除了嵌入式设备自身软件外,还包括云端计算机软件、手机 APP、通信协议等内容,因此整个物联网系统的软件复杂度大大增加。手机 APP 和云端计算机软件不是本书重点,因此不再作深入分析,有兴趣的读者可以参考相关书籍或网站上的案例。

本节以 MiCOKit 软件设计为例,介绍两种物联网设备软件框架。

16.3.1 物联网设备软件一般框架

图 16-16 展示了基于物联网设备软件的一般框架结构,其内容包含以下几个部分:

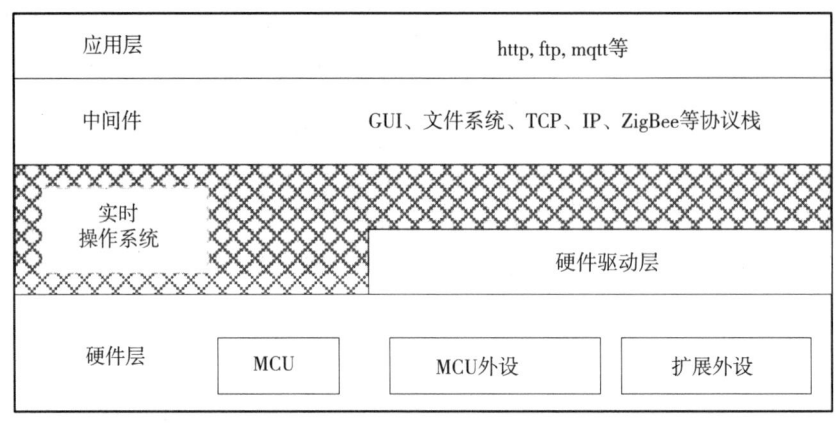

图 16-16 物联网设备软件一般框架

(1) 硬件层。这部分主要是 MiCOKit 硬件电路,主要包括 MCU 内部的外设资源和扩展的传感器、执行部件、通信模块等内容。

(2) 硬件驱动层。这部分包括硬件层各外设部件的驱动程序,IC 厂商往往提供了丰富的驱动软件库供用户使用。

(3) 实时操作系统层。该层为可选层,用户在综合评估软件复杂度、CPU 资源、成本和开发工具等多种因素后决定是否采纳。因为物联网设备通常伴随复杂的通信协议,基于操作系统的设计可以减少软件耦合度,提高实时性。目前有很多嵌入式操作系统可供选择,开源的如 RT-Thread、FreeRTOS、eCos、uCLinux、RTEMS、uTRON 等。商业嵌入式操作系统如 VxWorks、uCos、embOS、Nucleus、RL-RTX 等。

(4) 中间件层。主要包括文件系统、GUI 栈,以及 TCP/IP、WiFi、ZigBee、蓝牙等一种或几种通信协议栈。这些协议栈可由 IC 厂家提供,用户也可以选用开源的协议栈或其他商用协议栈。

(5) 应用层。应用层主要用于人机交互,嵌入式设备与云端通信功能。物联网通讯协议目前还没有统一的标准,不同"云"采用的通信协议也各异。

采用图 16-16 软件框架开发,开发者可以很好地掌控软件运行,开发出功能强大、效率高、节约资源的嵌入式软件系统。从图中不难看出,该结构中包含大量的软件构件和通信协议栈,如果再使用嵌入式实时操作系统,整个软件部分将变得非常复杂,利用成熟的中间件进行二次开发,将显著提高开发效率。

16.3.2 基于 MiCO 操作系统的软件架构

MiCO 是一个面向智能硬件优化设计的、运行在微控制器上的、高度可移植的操作系统和中间件开发平台。作为独立的系统，拥有开放架构，它并不依赖于微控制器型号，同时具有硬件抽象层。固件的应用开放接口已实现包括海尔、美的、AO、Apple MFi、HomeKit、Siri 语音控制等多种协议。MiCO 还包括了底层的芯片驱动、无线网络协议、射频控制技术、安全、应用框架等模块。MiCO 操作系统的软件架构如图 16-17 所示。

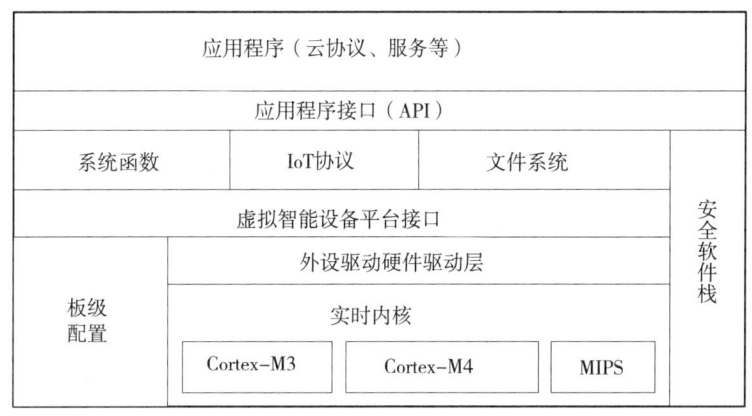

图 16-17 MiCO 操作系统软件架构图

MiCO 操作系统提供核心功能和非核心功能两部分：

(1) 核心功能(图 16-17 中阴影区)。主要包括实时多线程内核、网络通讯协议栈、安全加密算法和协议、无线网络管理、文件系统、系统消息通知、本地设备发现服务等。

(2) 非核心部分功能。主要包括在 MiCO 上长时间运行的功能代码，本身可以实现特定应用的功能，如 HTTP 服务器、HomeKit 服务器、DHCP 服务器、DNS 服务器、本地配置服务器等；通讯协议规约，例如 SNTP 协议、HTTP 协议、MQTT 协议等；常用软件对象的处理和算法，如 Json 工具、String 工具等。

MiCO 采用了类似安卓操作系统的开发模式，将成熟内核与 TCP/IP 协议栈、WiFi 管理软件及其 IoT 相关软件模块整合成的物联网操作系统，因此系统具易用性和高可靠性。

基于 MiCO 系统的开发非常方便，如果使用内嵌 MCU 的 WiFi 模块只需要编写应用程序代码和外设驱动程序。嵌入式系统设备和云端通信可以采用 MiCO 提供的 API 实现。对于使用无 MCU 的 WiFi 模块用户需要编写符合 MiCO 接口规范的驱动程序和应用程序即可。

通过对比可以发现，基于 MiCO 开发相对容易得多。针对 MiCOKit 开发套件，有一个微信控制 RGB 灯，并显示当前环境温湿度的应用案例就是基于 MiCO 系统开发的。详细代码读者可以通过 MiCO 开发者网站(WWW.MiCO.io)下载，限于篇幅，本书不再赘述。

16.4 总结

物联网技术已经成为嵌入式系统发展的新热点。本章以 MiCOKit 开发套件为例，详细分析了基于物联网的嵌入式系统特点、硬件平台设计和软件架构及其设计方法，为用户深入物联网应用提供了一种途径。虽然本节所涉及的通信方式仅限于 WiFi，其介绍的方法同样适用于 IoT 中的 ZigBee、蓝牙等通信方式。鉴于本书侧重点不在此，而且系统过于复杂，有兴趣的读者在熟悉系统框架的基础上，可进一步阅读相关文献深入学习。

习题

1. 简述嵌入式系统不同架构及其特点。
2. MiCOkit 硬件电路中使用了哪些传感器？
3. 电源芯片 TD6817 输入电压 $3.3 \sim 5.0 \text{V}$，输出电压 1.8V，画出电路并计算电感、电容值。
4. 阅读芯片 BME280 用户手册，按照书中电路，编写该芯片的 I2C 驱动程序。
5. 查阅驱动器 SSD1306 资料，编写 OLED 驱动程序。
6. 简述基于一般嵌入式软件架构与基于 MiCOkit 的软件架构异同点。
7. 依据 MiCOkit 硬件电路，发挥想象力，提出一种新型智能设备的构想。

主要参考文献

[1] Cortex^{TM}-M3 Technical Reference Manual Revision r2p1[EB/OL]. [2010-12-01]. http://infocenter.arm.com/help/index.jsp.

[2] ARMv7-M 体系结构应用程序级参考手册[EBO/OL]. [2010-12-01]. http://www.arm.com/products/CPUs/ARM_Cortex-M3_v7.html.

[3] Joseph Yiu. ARM Cortex-M3 权威指南[M]. 宋岩,译. 北京:北京航空航天大学出版社,2009.

[4] Joseph Yiu, Andrew Frame. ARM 公司白皮书:从 ARM7 迁移到 Cortex-M3. [EB/OL]. [2010-12-01]. http://www.arm.com/files/pdf/Cortex-M3_programming_for_ARM7_developers.pdf.

[5] 王永虹,徐炜,郝立平. STM32 系列 ARM Cortex-M3 微控制器原理与实践[M]. 北京:北京航空航天大学出版社,2008.

[6] Baker B. 嵌入式系统中的模拟设计[M]. 李喻奎,译. 北京:北京航空航天大学出版社,2006.

[7] STM32 32 位微控制器[EB/OL]. [2010-12-01]. http://www.st.com/stm32.

[8] AN2557:STM32F10x in-application programming using the USART [EB/OL]. [2010-12-01]. http://www.st.com/internet/com/TECHNICAL_RESOURCES/TECHNICAL_LITERATURE/APPLICATION_NOTE/CD00161640.pdf.

[9] AN2586:STM32F10xxx hardware development:getting started [EB/OL]. [2010-12-01]. http://www.st.com/cn/com/TECHNICAL_RESOURCES/TECHNICAL_LITERATURE/APPLICATION_NOTE/CD00164185.pdf.

[10] AN2604:STM32F101xx and STM32F103xx RTC calibration [EB/OL]. [2010-12-01]. http://www.st.com/internet/com/TECHNICAL_RESOURCES/TECHNICAL_LITERATURE/APPLICATION_NOTE/CD00167326.pdf.

[11] STM32F103x8 and STM32F103xB, Medium-density performance line ARM-based 32-bit MCU with 64 or 128 KB Flash, USB, CAN, 7 timers, 2 ADCs, 9 communication interfaces [EB/OL]. [2010-12-01]. http://www.st.com/internet/com/TECHNICAL_RESOURCES/TECHNICAL_LITERATURE/DATASHEET/CD00161566.pdf.

[12] Keil MCBSTM32E 开发板规格及原理图[EB/OL]. [2010-12-01]. http://www.keil.com/mcb-stm32e.